炼油装置防腐蚀技术

Anti-corrosion Technologies for Crude Oil Refining Units

凌逸群　主编

中国石化出版社

内 容 提 要

本书介绍了炼油装置防腐蚀管理、原油性质及分析表征方法、常见腐蚀类型和机理、腐蚀监检测方法、工艺防腐等方面的内容，对14类炼油装置及水务、储运和火炬系统的典型工艺、易腐蚀部位和腐蚀机理、设备选材、防腐蚀对策、典型腐蚀案例等进行了详细描述。

本书可供石油化工行业工艺、设备、安全、环保等相关专业管理人员、技术人员以及操作维护人员借鉴，也可供高校相关专业师生学习。

图书在版编目（CIP）数据

炼油装置防腐蚀技术 / 凌逸群主编. —北京：中国石化出版社，2021.8

ISBN 978-7-5114-6357-9

Ⅰ. ①炼… Ⅱ. ①凌… Ⅲ. ①石油炼制-石油化工设备-防腐 Ⅳ. ①TE986

中国版本图书馆 CIP 数据核字(2021)第 122692 号

中国石化出版社出版发行

地址：北京市东城区安定门外大街 58 号

邮编：100011　电话：(010)57512500

发行部电话：(010)57512575

http://www.sinopec-press.com

E-mail：press@sinopec.com

北京富泰印刷有限责任公司印刷

全国各地新华书店经销

*

787×1092 毫米 16 开本 30 印张 644 千字

2021 年 8 月第 1 版　2021 年 8 月第 1 次印刷

定价：188.00 元

编委会

主　　编　凌逸群

副 主 编　杨　哲　杨　锋　屈定荣

编写人员　王建军　曹东学　卢衍波　石　宁　任　刚
吕　伟　刘小辉　李春树　刘志民　莫少明
张立金　严伟丽　丁明生　苏同君　丁少军
陈文武　张中洋　谢守明　韩　磊　许述剑
牛鲁娜　张艳玲　章炳华　梁自生　吴建平
李贵军　黄贤滨　单广斌　邱　枫　叶成龙
柴永新　方　煜　张卫斌　刘　毅　赵　震
卢晓龙　李松泰　蒋　秀　张　林　谭　红
刘　艳　潘　隆　张伟亚　吴　倩　宁志康
陈闽东

PREFACE / 前言

石油炼制过程中，原油中的硫、氮、氧、氯以及重金属和杂质等，在特定温度、压力和催化条件下，与碳、氢原子相互作用，转化为各类腐蚀性介质，形成复杂多变的腐蚀环境，对炼油设备和管道带来多种类型的腐蚀损伤。随着石油资源的深度开采以及进口高硫、高酸原油的不断增加，原油劣质化趋势日趋明显，给炼油装置的安全及长周期运行带来了严重影响。据统计，中国石化炼油企业2017~2019年因设备、管线腐蚀导致的泄漏事件占全部泄漏事件的43%。发生腐蚀泄漏次数较多的装置包括焦化、催化裂化、加氢、常减压装置等。发生频次较多的腐蚀类型有氯化铵腐蚀(硫氢化铵腐蚀)、应力腐蚀、循环水腐蚀和保温层下腐蚀等。

为保障炼油装置长周期安全运行，我国石化行业自主开发的一系列设备防腐蚀技术，比如设防值评估、腐蚀适应性评估、加工高硫(高酸)原油选材方法、工艺防腐技术、防腐蚀管理平台、腐蚀监检测技术、大修腐蚀调查技术等，有力地遏制了装置腐蚀事故的频繁发生。随着炼油装置防腐蚀技术的提升，中国石化炼油装置平均硫含量设防值已经提升到1.88%(质量)，平均环烷酸设防值提升到0.98mgKOH/g，装置运行周期基本实现“四年一修”，正在向“五年一修”迈进。

为了进一步指导炼油装置防腐蚀工作，总结科研机构和炼化企业探索研发的炼油装置防腐蚀新方法、新技术、新材料，我们在2008年《炼油装置防腐蚀策略》内部资料的基础上，修订完善形成了《炼油装置防腐蚀技术》，并公开发行。根据炼油技术发展趋势，书中增加了原油分析、S Zorb 装置、硫酸烷基化装置等相关章节。同时修订了其他章节，特别是防腐蚀管理、腐蚀机理、腐蚀监检测、工艺防腐等方面的内容，增补了大量腐蚀失效案例，为企业工程技术人员提供了更为详细的实践参考。

本书在编写和出版过程中，得到了中国石化科技部、炼油事业部、青岛安全工程研究院等相关单位和部门的大力支持，还得到了石化设备管理和技术领域众多专家、学者的帮助，在此表示衷心感谢。

相信本书的公开发行，对提升炼油企业设备防腐工作和工程技术人员的技术水平，对炼油装置“安、稳、长、满、优”运行，必将起到积极的促进作用。由于编者水平和时间限制，本书难免存在疏漏和错误，敬请广大读者批评指正。

中国石油化工集团有限公司

2021 年 4 月 15 日

CONTENTS / 目录

CHAPTER 1 / 第一章

炼油装置防腐蚀管理

第一节　防腐蚀策略的意义

原油中除存在碳、氢元素外，还存在硫、氮、氧、氯以及重金属等杂质元素，非碳氢元素在原油加工过程中高温、高压条件以及催化剂作用下转化为各种各样的腐蚀性介质，原油与加工过程中加入的化学助剂一起形成了复杂多变的腐蚀环境。

原油中的含硫化合物包括活性硫和非活性硫，在原油加工过程中，非活性硫可向活性硫转变。炼油装置的硫腐蚀贯穿一次和二次加工装置，对装置产生严重的腐蚀，腐蚀类型包括低温湿硫化氢腐蚀、高温硫腐蚀、连多硫酸腐蚀、烟气硫酸露点腐蚀等。原油中的部分含氧化合物以环烷酸的形式存在，在原油加工过程中，对常减压等装置高温部位产生严重的腐蚀，因而加工高酸原油的常减压装置应该进行全面材质升级以应对环烷酸的腐蚀问题。原油中的含氮化合物经过二次加工装置高温、高压和催化剂的作用后可转化为氨和氰根，在催化裂化、焦化、加氢裂化流出物系统形成氨盐结晶，严重可堵塞设备和管线，而且会引起垢下腐蚀。氰化物还会造成催化裂化吸收、稳定、解吸塔顶及其冷凝冷却系统的均匀腐蚀、氢鼓泡和应力腐蚀开裂。原油中的无机氯和有机氯经过水解或分解作用，在一次和二次加工装置的低温部位形成盐酸复合腐蚀环境，造成低温部位的严重腐蚀。腐蚀类型包括均匀腐蚀、局部腐蚀和不锈钢材料的氯离子应力腐蚀开裂。原油中的重金属化合物在原油加工过程中残存于重油组分中，进入二次加工装置，引起催化剂的失效，严重影响装置的正常运转。原油中的重金属钒在原油加工过程中会在加热炉炉管外壁形成低熔点化合物，造成合金构件的熔灰腐蚀。众所周知，当原料或原料油含硫大于0.5%，酸值大于0.5mgKOH/g，含氮大于0.1%时，在加工过程中会造成设备及其工艺管道较为严重的腐蚀。

炼油装置设备和管道腐蚀环境复杂多变，牵涉到所有的炼油装备类别，防腐专业化程度高，对防腐管理系统化要求程度高。炼油设备防腐蚀管理面临的新形势和挑战具体如下所述。

一、原料性质呈现劣质化趋势

随着石油资源的深度开采以及进口高硫、高酸原油的不断增加，原油劣质化趋势日趋明显。随着国内原油资源的深度开采，原油的密度和酸值不断提高。比如，已经投产的新

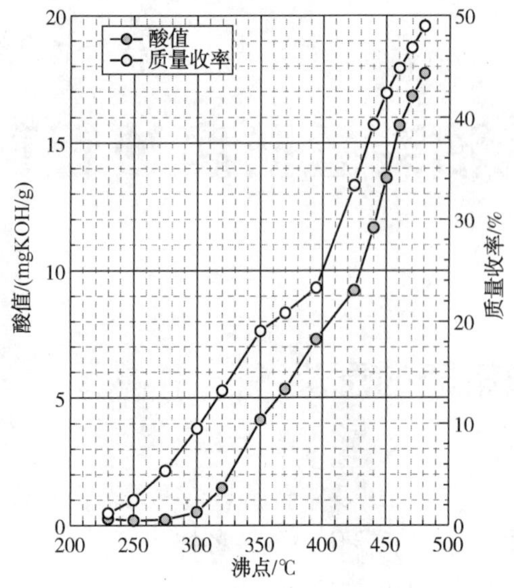

图 1-1　春风原油实沸点蒸馏及酸值分布曲线

疆春风油田超高酸原油在常温下呈黏稠状，流动性较差，密度(20℃)为 0.9516g/cm^3，属于重质原油。该原油酸值极高，达到 10.4mgKOH/g，各馏分总酸值分布如图 1-1 所示。此外，三次采油过程中加入了许多极性助剂，如含氯清洗剂、堵水剂等，使得炼油装置的腐蚀加剧。同时，随着世界原油供应市场的变化，炼油企业倾向于采购价格较低的高硫原油，硫含量增加较快，总酸值有所降低，见图 1-2。近年来，中国石化加工的原油 API 度有所上升，原油轻质化趋势明显，但仍然比美国炼油厂加工的原油 API 度低。部分炼油企业阶段性地进口了高酸达混油、高 H_2S 南帕斯凝析油，在取得较好经济效益的同时，部分装置腐蚀严重，长周期安全生产面临很大压力。据统计，中国石化 2017～2019 年炼化企业上报泄漏事件共 2048 起，因设备、管线腐蚀原因导致的泄漏事件占 43%。2018～2020 年因腐蚀导致的非计划停工占全部非计划停工的 19.7%。

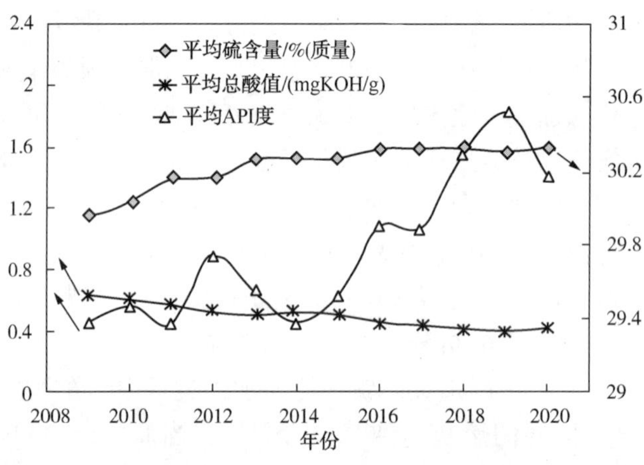

图 1-2　近年来加工的原油性质变化

二、部分装置设防值不足

有的企业装置原设计材质标准低，对原料适应性差，在原(料)油性质频繁变化的情况下，实际加工的原油硫含量已超出设计标准，造成设备、管线腐蚀严重。为满足装置加工高硫高酸原油的要求，有的装置进行了装置适应性改造，但由于技术、费用等方面的限制，设备、管线的材质升级不彻底，仍然存在薄弱环节，对加工劣质原油的适应性差。

三、长周期运行要求提升

我国炼油生产装置从20世纪六七十年代开始的“一年一大修，大修保一年”，到八九十年代“三年两修”、21世纪初的“两年一修”，一直到“十二五”时期的“三年一修”，“十三五”时期的“四年一修”，经历了很长时间追赶发达国家先进水平。到目前为止，我国有相当数量的炼油企业实现了全厂性的“四年一修”，化工企业已经全面实现“四年一修”，部分企业达到了“五年一修”。就统计数据来看，目前我国炼油企业整体处于“三年半一修”。部分先进企业炼油、化工装置将在“十四五”期间，整体向“五年一修”的国际先进水平挺进。石化生产装置运行周期的延长，对装置腐蚀控制、腐蚀管理和检维修水平的要求越来越高。

四、系统化防腐蚀管理势在必行

随着科技发展日新月异，炼油企业装置防腐蚀管理也在发生根本性的改变。传统上，静设备的防腐蚀管理归属企业机动或设备部门管理，一般都配有防腐蚀管理专员，车间设备管理人员也具备基本的设备防腐知识。炼油装置的工艺防腐是设备长周期运行的重要技术手段，但传统上工艺防腐归属工艺部门管理，不便于工艺防腐管理效果的考核以及激励兑现。随着企业改革逐步深入，人员精简，具有丰富现场经验的人员陆续退休，新的防腐技术人员成长需要时间。企业静设备防腐更多依靠社会力量和专业机构，提供专业化的大修腐蚀调查、腐蚀监测、维保服务等。设备防腐技术也在不断进步，各种新型腐蚀监检测技术层出不穷，电磁超声测厚、在线测厚、超声导波、主被动声融合监测、脉冲涡流、超声相控阵等技术日渐成熟，并逐步推广应用，为静设备的状态监测提供了更多更可靠的技术手段。防腐蚀管理理念和做法也在不断更新迭代，传统的基于风险的检验技术逐渐向实时、动态风险管理过渡；炼油装置硫、环烷酸、氯含量设防值评估与应用，装置腐蚀适应性评估已经被企业广泛接受，纳入企业日常管理；企业的设备管理活动，包括设备防腐、压力容器定期检验、装置防腐管理平台等日益系统化，基于风险的设备管理理念深入人心，设备完整性管理体系已经成为最新发展趋势。在设备防腐领域，基于风险和体系化的思想也越来越受到重视，成为新的发展趋势。装置防腐蚀控制文档、完整性操作窗口、可靠性评价技术等先进理念和技术已经成为设备防腐蚀领域重要支撑技术。

本章将充分结合传统防腐蚀管理经验，阐述体系化的设备防腐蚀管理方法最新发展成果，并介绍几种防腐蚀管理技术。

第二节　防腐蚀管理和技术的主要内容

防腐蚀工作能否得到有效落实，腐蚀管理是关键。炼化企业设备防腐蚀管理应该传承我国石化设备管理优良传统和经验，结合炼化企业设备完整性管理发展趋势，与企业管理文化深度融合，逐步形成适应我国炼化企业的设备防腐蚀管理体系。切实按照 PDCA 戴明环这一通用的现代管理模式，规范各项设备防腐蚀管理活动。在计划阶段(P 阶段)，要做好防腐蚀管理规划，制定出设备防腐的目标，根据装置运行计划，编制各项设备防腐施工方案，制定考核指标等，梳理各项制度和技术标准，培训技术人员，准备防腐项目所需的各类资源；在实施阶段(D 阶段)，严格按照编制的工作计划开展各项活动，并根据实际情况做好变更管理和风险管控；在检查阶段(C 阶段)，切实监督检查计划的实施效果；在处理阶段(A 阶段)，及时完成工程结算、交付归档，重在总结经验教训，提升技能和认识水平，在下一轮 PDCA 循环过程中持续提升。

按照完整性管理体系要求，装置防腐管理应做到全覆盖；空间维度上，要涵盖装置中每台设备及管道；时间维度上，要涵盖装置全生命周期的每个阶段。不同的阶段有相应不同的关注重点，设计阶段重点关注选材方案、工艺防腐方案和设备监测方案制定；建设阶段注重材质确认、设备可靠性分析；运行阶段开展风险评估与定级、减缓措施、完整性操作窗口(IOW)、腐蚀控制文档(CCD)、腐蚀监测、设防值评估与原料性质监控等；大修阶段注重腐蚀检查、失效分析、改进等。

对于炼化企业来说，重点应做好以下几方面的防腐蚀管理：

(1) 建立健全各装置防腐蚀控制文档和管理体系。形成由公司(厂)领导牵头，设备部门、工艺部门、生产车间、科研检测部门等组成的一体化腐蚀管理体系。各部门都应建立相应的设备工艺防腐台账，对腐蚀事故、重点腐蚀监控部位、防腐措施等进行详细认真的记录和管理。厂有关部门应制订严格的腐蚀控制指标，加大对防腐措施，尤其是工艺防腐措施的考核力度，以提高各单位对腐蚀防护管理的重视程度，同时建立月报制度。

(2) 从源头抓起，做好炼油装置设防值评估与管理。在炼油厂设计过程中，就应该明确装置拟加工的原油性质，测算环烷酸、硫、氯在装置各部位的分布和平衡。设计人员应当充分分析设备可能存在的腐蚀环境，判断可能发生的腐蚀类型，从设备选材、工艺设计、结构设计等方面出发尽可能消除腐蚀隐患。应加强对防腐方案设计的审核，征求相关腐蚀防护专家的意见，核算装置的酸、硫、氯设防值。

在运行过程中，要从炼油厂设备腐蚀与防护的角度考虑，进厂原油和进装置原料油中的主要腐蚀介质含量应严格按照设防值指标控制，以确保装置的长周期安全运转。炼油厂的原料控制应遵循以下原则：

① 通过上级部门统一协调，尽量保证进厂原油品种稳定。

② 进厂原油应尽量做到“分储分炼”，如果原油硫含量和酸值不能满足设防值要求时，应在罐区对原油混掺，原油掺混时应采取有效措施使不同种类原油混合均匀，避免由于原油混合不均匀对设备造成的冲击。

③ 进二次加工装置原料油的酸值、硫含量及氯等腐蚀性介质含量应低于装置的设防值。

④ 当加工原油的酸值和硫含量高于装置设防值时，应组织有关部门进行装置的腐蚀适应性评估和基于风险的检验(RBI)风险评估，通过腐蚀适应性评估和 RBI 对全装置的设

备、管道的腐蚀状况和安全隐患进行综合分析，摸清装置的薄弱环节，做到心中有数，有针对性地采取相应的措施，如材质升级、加强腐蚀监检测、完善工艺防腐措施等。

（3）积极采用各项监检测新技术和管理手段，做好各阶段的腐蚀监检测。腐蚀监检测是炼油厂防腐蚀的关键，各企业要根据自身情况，开展各项腐蚀监检测工作，及时发现装置设备管道存在的腐蚀问题，防患于未然。腐蚀监测的关键在于定点定人，即监测部位要确定、监测人员要固定。不仅要加强装置运行当中的腐蚀监检测，还应加强停工检修期间的腐蚀检查。要加强对腐蚀监检测数据的处理和管理，实现腐蚀速率预测和剩余寿命评估。

设备腐蚀监检测应遵循以下几方面的原则：

① 定点测厚是炼油企业最使用最广泛的腐蚀监测方法，各企业可参考《加工高含硫原油装置设备及管道测厚管理规定》，结合自身装置特点全面开展该项工作，并注意提高检测有效性。定点测厚选点规范、测厚数值准确、数据处理及时，并探索与设备二维码、RFID 等技术结合，开发检测数据管理信息系统或移动 App。

② 腐蚀在线监测系统已经在炼油企业得到了很好的推广应用，应逐步规范，并纳入企业设备防腐蚀管理信息系统和完整性管理平台。

③ 高水准做好停工装置腐蚀调查工作。要根据装置运行情况和特点，提前制订腐蚀检查方案，并由专业防腐技术人员进行检查，并提出检修建议。检查完成后要提交检查报告和防腐建议，作为下一周期安全运行的基础资料。

④ 装置开工前，应进行现场腐蚀挂片，各装置重要及腐蚀严重的塔、容器、冷换等部位都可以挂入现场腐蚀挂片，随装置运行一个周期后再取出测量腐蚀速率。在高温高压部位可以采取腐蚀探针进行腐蚀监测，有条件的可以增设腐蚀监测旁路，以保证监测的安全性。

⑤ 积极引进和采用先进腐蚀监检测技术，采用主被动声发射融合监测技术、在线测厚、氢通量检测、超声导波、红外成像、露点腐蚀监测等腐蚀检测技术，提高腐蚀检测的准确性和工作效率。

⑥ 跟踪进装置物料的腐蚀介质，如油品的硫、酸、氮等，系统氢气、化学水和循环水等含氯量、pH 值等。跟踪监测原料油及侧线油酸值、铁离子或铁镍比，根据其变化情况判断高温环烷酸严重程度。

⑦ 加强与腐蚀相关的工艺参数的监测和分析化验。比如，应开展“三注”后的冷凝水分析，监测频率为每周 3 次。有条件的企业可以增设 pH 在线监测系统，并逐步实现自动控制加药。催化、焦化等装置分馏塔顶冷凝冷却系统，稳定吸收的解吸塔顶系统，各加氢装置反应单元的高压冷凝冷却系统以及分馏单元分馏塔顶冷凝冷却系统等部位也可以考虑进行冷凝水或酸性水分析。有溶剂的装置要分析溶剂，如胺脱硫要分析胺液的酸性气吸收量、胺老化物质的量、铁离子和机械杂质；如制氢装置采用本菲尔法，用环丁砜溶剂要分析缓蚀剂 V_2O_5 浓度和铁离子。

（4）强化工艺防腐管理。工艺防腐蚀是指为解决常减压装置“三顶”（初馏塔、常压塔、减压塔顶）系统，以及催化裂化、焦化、重整、加氢精制、加氢裂化等装置分馏系统中低温轻油部位设备、管道腐蚀所采取的以电脱盐、注中和剂、注水、注缓蚀剂等为主要内容的工艺防腐蚀措施。炼油装置工艺防腐要点主要包括以下几个方面：

① 电脱盐是蒸馏装置工艺防腐的基础，当原油性质发生变化时，应及时进行电脱盐工艺条件评定和药剂的筛选，确保脱后含盐含水达到控制指标。

② 常减压装置“三顶”和二次加工装置分馏系统的低温部位，应考虑在水溶液的露点温度前加注中和剂，控制冷凝水 pH 值。

③ 常减压装置“三顶”和二次加工装置分馏系统的低温部位，当塔顶油气中的无机盐冷凝后有可能结垢时，应考虑在水溶液的露点温度前加注水。

④ 常减压装置“三顶”和二次加工装置分馏系统的低温部位，当塔顶冷换设备为碳钢，且介质中腐蚀性介质含量较高时，可考虑在水溶液的露点温度前加注缓蚀剂。

⑤ 常减压装置减压系统的高温部位，当加工高酸原油时，若减压侧线管道材质为碳钢或低合金钢，管道腐蚀严重时，可考虑在侧线抽出管线上加注高温缓蚀剂。

⑥ 工艺防腐药剂的使用效果应采用化学分析或仪器分析方法进行跟踪监测，并根据监测结果及时调整注量。

⑦ 工艺防腐药剂注入口的设计应能保证注入的药剂在油气中均匀分散，避免在注入口附近管壁出现局部露点腐蚀；注入口应伸入工艺管道内，流向与工艺介质流向相同。

⑧ 原油加工方案和工艺流程的变化、操作条件的波动等因素有可能对装置的腐蚀位置和腐蚀程度产生影响，因而在生产过程中，应考虑加工方案的变化、操作条件波动带来的腐蚀问题。

⑨ 进一次加工装置原油必须进行腐蚀性介质分析(硫含量、酸值、盐、水分等)，采样除了在原油罐区外，在电脱盐罐前必须采样分析，但分析频次各企业可根据自身情况适当调整。

⑩ 必须跟踪监测电脱盐的运行状况，对脱后含盐、脱后含水、排水含油等指标定期监测，确保电脱盐系统的有效运行。

(5) 结合炼化企业设备完整性操作窗口，开发装置防腐蚀管理信息系统，加强装置运行过程中的腐蚀控制。以装置流程为基础，对反应器、塔器、容器、换热器、加热炉、管道、接管等按照腐蚀回路和材料回路，结合腐蚀监测点的监测数据，编制设备外部信息(防腐保温)、设备工艺参数、设备扩展信息、介质信息等标准化数据收集和储存方法，开发数据接口；开发各腐蚀回路的腐蚀机理模型，包括腐蚀减薄、应力腐蚀以及其他类型腐蚀速率计算模型，研究设备、管线预警厚度计算方法；确定各腐蚀回路的完整性操作窗口范围和风险值；按照装置腐蚀流程图、PFD、PID、管道单体图等，图形化展示炼化装置腐蚀完整性操作窗口和风险分布；实现炼油装置的防腐蚀工作周/月/季/年报、腐蚀检查报告、失效分析等报告初稿的自动生成，为装置防腐蚀管理提供技术支撑。

(6) 开展腐蚀失效分析。腐蚀失效分析是积极寻找腐蚀失效原因、判断腐蚀失效性质的有效途径，同时，腐蚀失效分析也可为技术开发和技术改造提供决策信息和方向。腐蚀失效分析包括现场调查和实验室分析，现场调查主要是对腐蚀失效现场进行取证，收集相关背景资料等，只有极少数情况下通过现场分析能够得出腐蚀失效的准确原因，大多数案例都需要进一步开展实验室分析。实验室分析涉及材料、腐蚀产物或介质的表征，一般采用的分析手段有：

① 失效部件的宏观及微观组织分析。对于失效部件的分析，除了简便直观的肉眼观察及内窥镜等宏观观察技术外，还有借助于金相显微镜、电子显微镜等的微观组织分析。微观组织分析是通过建立材料的显微组织与各种性能之间的定量关系，研究材料组织的转变，揭示材料性能与材料成分、工艺措施之间的内在规律。这类性能包括屈服强度、断裂强度、硬度、韧性、蠕变等。

② 腐蚀形貌及腐蚀产物分析。在装置运行或检修期间，对腐蚀设备进行腐蚀产物取样分析和腐蚀形貌分析，结合设备实际工艺操作条件(温度、压力、介质等)，判断腐蚀产物组成，可为确定腐蚀机理及失效原因提供依据。

腐蚀形貌真实地反映材料被腐蚀的全过程，通常是宏观观察表面特征，粗略估计腐蚀表面腐蚀程度及坑蚀大小等，再利用显微镜法对典型腐蚀部位进行微观观察，同时利用显微镜附带的能谱对微区微量元素定性和定量分析，获得腐蚀表面的元素分布。显微镜法包括光学显微镜、电子显微镜、扫描电镜等，其中带有 X 射线能谱仪(EDX)的扫描电镜(SEM)是进行腐蚀分析的有力工具。SEM 利用电子束从样品中获取信息，所检测到的主要信号类型是背散射电子和二次电子，它们在高倍率下生成样品的灰色图像，而 EDX 则用于定性元素的类型和定量元素的浓度百分比，因此该仪器既可以进行材料的形貌观察，也可以测定样品中各种元素组成和分布，并且这是一种非破坏性的表征技术，需要很少或不需要样品的制备，在腐蚀分析中被广泛应用。

表面形貌分析还需要结合腐蚀产物组成分析结果，才能更准确地判断腐蚀机理。首先，腐蚀产物的采集是确保分析准确的一个重要环节，如果采集不准确将直接影响分析结果，采样方法参照 SY/T 0546—2016《腐蚀产物的采集与鉴定技术规范》、GB/T 16545—2015《金属和合金的腐蚀 腐蚀试样上腐蚀产物的清除》进行。常用的腐蚀产物组成分析方法包括 X 射线衍射法、火焰光谱法、光电子能谱法、化学分析法等，如果需要，还可以采用电子探针、红外光谱、紫外/可见光谱、质谱等方法进行更为细致的分析。

(7) 跟踪国内外最新防腐技术发展趋势，及时传递技术情报，加强新技术的开发与应用。加强国内外同行业的防腐蚀技术调研，适时进行有效性评估，打破技术壁垒，互通有无，借鉴其他厂家的先进经验。加强企业员工的腐蚀防护教育。加强防腐攻关，开展腐蚀失效案例的根本原因分析和腐蚀规律研究，建立腐蚀机理模型，为腐蚀预测和监测提供理论依据。

第三节 腐蚀控制文档

腐蚀控制文档(简写为 CCD)是关于炼油装置材料损伤敏感性所有信息的知识库或知识体系，是设备完整性项目的重要组成部分；用于鉴别承压管道和设备损伤机理的敏感性，是影响损伤机理敏感性的因素之一，可提供降低泄漏或非计划停工风险的建议措施。

API于2017年发布了《腐蚀控制文档》推荐做法API RP970，规范了腐蚀控制文档的制定、实施和维护，并与其他设备完整性项目整合，如变更管理(MOC)、过程危害分析(PHA)、基于风险的检验(RBI)、完整性操作窗口(IOW)和以可靠性为中心的维护(RCM)等，有效建立起完整的炼油装置防腐蚀管理体系，实现设备长期处于健康状态。腐蚀控制文档在国内炼化企业尚未得到广泛应用，但我国有些炼化企业结合炼油装置运行情况，开展了初步的探索实践。

一、腐蚀控制文档常用的相关术语与定义

腐蚀回路：是指处于相似腐蚀性、相同预期损伤机理的工艺环境中，设计条件和结构材料相似的管道、设备和部件，其预期损伤类型和失效速率也大体相同，这些管道、设备和部件等组成的“闭环”，或“系统”“回路”。

腐蚀材料图(CMD)：是一种修改后的工艺流程图(PFD)或者数据库，包含有关设备和管道损伤机理、操作条件、建造用材、系统/回路，以及CCD团队认为对某个部位可能有用的其他信息。

完整性操作窗口(IOW)：是工艺参数的预设限值，如果工艺操作在预定时间内偏离该既定限值(包括临界、标准和理想IOWs)，则可能影响设备的完整性。

二、腐蚀控制文档简介

1. 腐蚀控制文档特点

腐蚀控制文档应该是一个动态文档，具有以下特点：

① 它是炼油装置或流程的损伤控制源文件或知识库，供装置/设备的所有利益相关者使用；

② 包含关键工艺信息、装置特定损伤机理、管道和设备的材质、检验历史、经验总结和工艺变更记录等；

③ 它是制定检查计划、腐蚀相关IOWs、RBI策略和维护计划的基础。

2. 腐蚀控制文档关键内容

腐蚀控制文档至少应包括以下内容：

① 工艺装置的用途和操作说明，包括装置的建造时间、重大改造及扩建的详情。

② 可能影响装置中相关部件损伤机理的实际工况条件(温度、压力等)。

③ 装置中的各种工艺介质成分列表。

④ 标注材质、各回路(或系统)的相关损伤机理等的工艺流程图(PFD)。

⑤ 关于每种损伤机理的预防、检测、控制、监测或处置的解释说明，包括监检测技术以及监检测报告。

⑥ 监测的注入点和混合点列表；需要特殊监测(一般管道检查程序除外)的盲管段清单；需要特别监测的合金规格改变处和异种金属焊缝清单。

⑦ 所有可能影响或促进损伤机理的关键操作列表及说明，如操作异常、启动、停机或其他辅助过程(蒸汽排出、氢气提等)，或上述操作组合。

⑧ 所有特殊维护的清单和说明，如碱洗或其他停机/重启程序、特殊焊接预防措施、特殊设备处理要求(如防止脆性断裂)。

⑨ 导致重大事故后果的损伤机制清单及说明，包括重大故障、修理或更换，或其组合。

⑩ 其他公司该装置发生过的相同损伤机理，获得的经验教训清单和说明。

⑪ 所有审核、检查、评估所提的建议措施清单和说明，如装置设防值评估所提的材质升级建议、监测建议等。

⑫ 与损伤机理有关的关键工艺参数 IOW 限值，以及超过限值的建议措施清单。

三、建立腐蚀控制文档的基本流程

1. 建立腐蚀控制文档的前期准备工作

首先要明确建立腐蚀控制文档的目的。开展 CCD 工作之前，应清楚某些变更会对损伤机制有重要影响，有必要就此建立腐蚀控制文档。常见的变更包括：

① 装置设备用材与管道仪表图(P&ID)或原设计选材变更；

② 安全和环境相关法律法规的修订；

③ 加工原料发生变化；

④ 操作条件发生变化；

⑤ 装置停工检修周期发生变化；

⑥ 检验规范或标准变更；

⑦ 新建装置，或者装置流程或设备发生重大变更。

2. 腐蚀控制文档编制的组织机构

为了准确识别炼油装置的损伤机理和失效场景，应建立由多学科专家组成的腐蚀控制文档编制团队，核心成员应该包括操作、工程、维护和检查(缩写为 OEMI)等专家。各专业专家跨学科互动、协作努力，才能够制定出高水平的腐蚀控制文档。通常，该团队包括：

① 现场腐蚀/材料专家；

② 装置工艺工程师/专家；

③ 装置巡检人员；

④ 经验丰富的企业运营代表；

⑤ 熟悉 CCD 工作流程的协调员；

⑥ 装置静设备工程师；

⑦ 实验人员；

⑧ 有职业资质的技术专家；

⑨ 控制系统专家；

⑩ 工艺化学处理供应商；

⑪ 如果没有足够现场人员，也可聘请外部专家。

3. 腐蚀控制文档编制的岗位职责

企业应明确参与编制腐蚀控制文档的岗位人员和职责，管理层应为CCD配备足够外部专家和团队人员。

腐蚀/材料专家负责为CCD团队确定损伤机理。腐蚀/材料专家负责开发腐蚀材料图(CMD)，估算腐蚀速率，评估IOW超标的影响，对检验方案提供建议，为工艺工程师提供建议，优化工艺操作，避免材料损坏。腐蚀专家还应参与CCD系统化工作，实现防腐蚀管理PDCA循环的闭环管理。腐蚀在CCD团队中起主导作用，记录和发布CCD成果。腐蚀专家还需要对操作员进行CCD培训。

工艺工程师向CCD团队提供工艺设计、实际操作条件(包括当前、过去和未来的操作参数)，以及工程数据。工艺工程师负责确保其所在装置CCD的工艺操作符合CCD文档中的相关规定。

检验人员提供检维修的历史数据以及设备故障信息，CCD团队使用这些信息创建和更新CCD。检验人员根据CCD更新、意外结果，以及IOW超标等，及时更新检测计划和工作。检验人员负责选用合适的无损检测方法和仪器，识别炼油厂常见损坏类型。检验人员还应提供重点检查项目的检查结果，用于识别工艺装置的损伤机理。

运营商代表负责向CCD团队提供装置的运营数据和信息，包括非计划停工或异常工况的信息，向CCD团队陈述单元实际操作与设计工况的差异。

CCD团队协调员通常由经验丰富的腐蚀/材料或设备完整性专家担任，可来自工厂、总公司或第三方。CCD团队协调员负责组织和带领跨专业的团队研讨。协调员应根据资料文档或者专家“认为应该这样做”，引导现场操作人员说出现场真实情况。有经验的协调员应通过探索性问题，让团队充分理解可能影响CCD工作过程的信息。团队协调员负责审查CCD的讨论记录，并进行必要的修订，维护和更新CCD和CMD文件。

炼油厂的过程化学处理供应商(PCTV)负责解释化学处理过程，以及对装置腐蚀和IOWs的影响。

实验人员根据CCD文件要求，及时对腐蚀和IOW监测的样品进行分析、记录和报告。

控制系统人员根据CCD推荐的IOW，负责监控系统的设计、采购、安装和维护工作。

静设备工程师协助腐蚀/材料工程师和检查人员，识别设备故障，固化维修经验，并根据需要开展合于使用评估。

4. 腐蚀控制文档团队所需数据

团队需要大量信息来构建每个单元的CCD，通常包括：

① 系统/回路边界；

② 工艺流程简介和化学反应描述；

③ 工艺流程图；

④ 包括采样点、IOW监测设备等的管道仪表图(P&ID)；

⑤ 管道轴测图，包括保温层、所有注入点、混合点、死管段、规格变更、伴热，以及检验程序中提及的其他管道硬件细节；

⑥ 现有的完整性操作窗口；

⑦ 带标识的启动管线、临时使用管线和常闭阀门；

⑧ 相关操作和维护程序；

⑨ 工艺化学处理方案；

⑩ 物料及中间产品的来源、数量、成分；

⑪ 腐蚀性介质浓度，是否存在液态水；

⑫ 工艺装置中可能发生的损伤机理；

⑬ 工艺装置运行、维护和检查的历史记录；

⑭ 运行装置或类似装置的故障分析、合于使用评价和经验教训等报告；

⑮ 设备/工艺设计数据；

⑯ 工艺装置的相关实验室数据；

⑰ 启动、关停和异常操作条件；

⑱ 运行装置的变更管理记录；

⑲ 管卡或临时维修记录；

⑳ 现有采样点和采样数据；

㉑ 现有工艺参数的控制和测量点，如压力显示(PIs)、温度显示(TIs)、分析仪、流量控制(FCs)；

㉒ 与工艺装置预期损伤机理相关的冶金和腐蚀信息和数据；

㉓ 结构材料和材料工程知识，包括腐蚀材料图(CMDs)；

㉔ 操作知识；

㉕ 适用的行业和公司推荐做法和标准；

㉖ 适用的工艺和腐蚀建模工具；

㉗ 装置原料成分的历史和预测。

收集到上述资料以后，CCD 会议的第一步是审查现有机械/材料设计，以及当前/先前的操作条件(正常、不正常、启动、关闭等)。掌握机械设计、过程操作条件(温度、压力、使用条件、抑制剂等)，以及设备材质，包括合金和材料的等级、制造方法、热处理和机械处理等，识别损伤机理。审查正常和非正常操作过程中，可能导致的意外损伤机理或加速腐蚀。

5. 腐蚀系统和腐蚀回路

在腐蚀控制文档中，装置的腐蚀系统可以被细分为腐蚀回路。腐蚀系统通常定义在 PFD 级别，并且腐蚀回路通常定义在 P&ID 级别。腐蚀系统将装置潜在腐蚀问题做初步切分，用于了解装置腐蚀损伤的大体位置。腐蚀系统通常具有以下一个或多个共同特征：

① 加工目的(如塔顶回流系统)；

② 过程控制方案(如温度/终点)；

③ 工艺物料的组成；

④ 设计运行条件；

⑤ 具有相似的或相关的 IOWs；

⑥ 腐蚀系统可能包含一个或多个设备（如交换器、泵），通常包含多个管道回路。

腐蚀回路是将腐蚀系统进一步分解为若干部分，包括那些在相同腐蚀性介质中，预期损伤机理相似的管道和部件，具有相似的设计条件和材质，预期的损伤机理和腐蚀速率大致相同。

识别腐蚀回路有助于检验计划和数据分析，腐蚀回路通常具有以下特点：

① 相同的材质；

② 相同的设计条件；

③ 相同的操作条件；

④ 相同的一个或多个损伤机理；

⑤ 相同的预期腐蚀速率；

⑥ 相同的预期损伤位置/形态。

从风险的角度看，可以根据风险级别进一步细分管道回路。例如，泵出口或控制阀上游可能具有与泵吸入口或控制阀下游相同的腐蚀特性，但由于更高的泄漏率，高压段的风险可能更大。在这种情况下，高压部件可单独作为一个腐蚀回路。

6. 损伤机理

工艺设备/管道可能出现不同的损伤机理，可以计算特定设备腐蚀速率，或预测未来的腐蚀速率。可以参考多种资料，来确定损伤机理，比如适用于炼油和石化行业的 API RP571、API RP580 和 API RP581、API 579/ASME FFS-1、GB/T 30579 等。

7. 期望运行时间

编制腐蚀控制文档之前，需要确定装置的可靠运行和可接受的经济寿命，即期望运行时间。在期望运行时间，装置的损坏率或最大损坏量是设计的前提条件。

8. 工艺参数与完整性操作窗口

在确定损伤机理之后，需要识别与设备损伤机理相关的每个工艺参数，并根据 API RP584 设置 IOW（图 1-3）。“标准值”是位于标准水平高低线之间的区域，是长期安全运行的可靠范围。在该区域内需要在指定时间范围内采取措施使该工艺得以恢复到最优目标区间，从而避免问题升级到临界极限；超出这个界限，长期运行会失效，需要将该工艺调

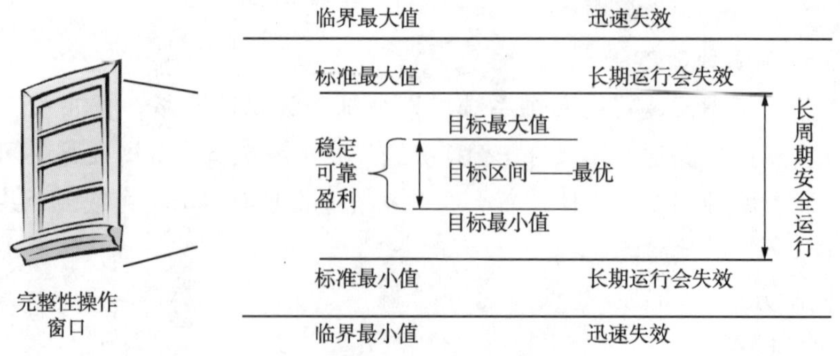

图 1-3　完整性操作窗口分类及设定标准

整回安全操作区域。有些 IOW 存在“临界值”，或者只有一个上限或者下限，超出临界值的参数需要快速有效的措施，在短时间内控制或者切断工艺。在标准值范围内，可能还存在能够长期稳定、可靠的运行区间，称为“优化值”。

设置 IOW 的关键在于：

（1）正确划分腐蚀回路（单元）；

（2）研究腐蚀回路的腐蚀机理，评估腐蚀的严重程度，分析影响腐蚀的操作因素；

（3）根据腐蚀回路的机理模型，确定影响常减压装置腐蚀的操作参数极限范围和最优范围；

（4）结合工艺操作实时数据库和分析化验数据，开发腐蚀控制“完整性操作窗口”系统，将受控参数实时运行状况提供给操作人员，及时指导调整操作。

炼油厂各装置常见的关键工艺参数如下：

常减压装置：原油化验、进料和一次切割或产品物料的平均硫含量、总酸值（TAN）、加热炉监测数据（红外检测和工艺温度）、侧线温度、塔顶工艺参数（如流速、pH 值、氯含量）、原油盐含量、脱盐率和脱盐合格率、脱后原油的注碱率等。

加氢处理装置：氢气、硫化氢和氨气的分压、冲洗水量、注入点、冲洗水来源和水质等。

胺系统：胺的种类、用量、过滤、顶置排放/吹扫速率、氯含量、CO_2、H_2S 含量、氧含量、HSAS（热稳定胺盐）含量、胺中水含量、胺重沸器的蒸汽温度等。

催化裂化装置：进料硫、多硫化物注入系统、油浆固含量、燃气系统中的 HCN 和碳酸盐浓度、水洗速率等。

克劳斯硫黄装置：酸性气进料温度、冷壁热反应器温度、凝汽器最终出口温度、酸性气负荷、硫含量等。

酸性水汽提装置：循环回流中 NH_3浓度、H_2S 浓度、流速等。

催化重整装置：转化炉温度、转化炉循环气中的 H_2S 含量、循环气中的水含量等。

延迟焦化装置：进料中的 Na^+、酸值（TAN）、循环时间，以及焦化炉炉管温度和流速。

9. 与现有过程安全管理（PSM）程序的整合

应将 CCD 的编制、更新与废止，和变更管理结合起来。装置工艺运行条件、流程、原料或设备等发生重大变更时，应做好风险识别，履行变更管理程序，并及时编制、更新与废止 CCD。

CCD 应与装置停工检修计划结合起来，利用 CCD 确定装置局部减薄和开裂的可能位置，并采用适当的检查技术。检修完成后，应将大修腐蚀调查发现的检查结果与 CCD 预测结果进行比较。如果发现意料之外的腐蚀，应重新评估和调整 CCD 有关腐蚀速率的预测模型和预测结果。如果发现未预料到的损伤机理，则应对 CCD 损伤机理进行重新评估。

应根据 CCD 提出的操作和维护建议措施或变更清单，更新装置的以下操作程序：

① 开停工程序；

② 升温、降温程序；

③ 清洗程序(蒸汽排出、碱洗、中和、酸洗、水力清洗等);
④ 非计划停工程序;
⑤ 催化剂更换和再生程序;
⑥ 除焦和在线除焦程序;
⑦ 间歇或连续水洗程序;
⑧ 冷热备用程序;
⑨ 水压试验和高压水清洗程序。

10. 更新CCD

应根据检测、操作、工艺变更和维护情况，及时更新CCD。企业应根据装置运行情况，确定CCD审查和更新的最佳时机。具体如下：

过程发生重大变化后，应评估每项重大变更对设备和管道损坏的可能性及损伤速率进行重新评估。

经过一定周期运行后，尽管装置可能没有发生重大变化，但随着时间的推移，许多小的变化积累，导致操作环境发生重大变化，应及时更新CCD。

装置大修前后，会制定大量的检查、维修和改造工作计划，应及时更新CCD。

出现意外的腐蚀失效，或超出风险承受能力的故障时，应重新评估CCD，以确定腐蚀控制策略是否可靠。

四、腐蚀控制文档的利用与实施

建立CCD后，应适时通过课堂教学、现场实操等培训方式，将装置的CCD传授给以下相关人员，并严格按照CCD操作。

① 操作人员;
② 操作监督/管理部门;
③ 检查人员;
④ 工艺工程师;
⑤ 机械/可靠性工程师;
⑥ 静设备工程师;
⑦ 腐蚀/材料专家;
⑧ 安全/过程安全管理(PSM)/环保人员。

五、其他与腐蚀控制文档相关的事项

1. CCD与其他有关工作流程的整合

CCD工作流程应与其他承压设备完整性工作流程(检查、腐蚀管理和维护等)紧密结合。工艺装置IOW、过程危害分析(PHA)、设备检查方案、RBI、变更管理(MOC)等均应和CCD工作流程紧密结合起来。

2. CCD的交付

对于新建项目，应将CCD作为承压设备完整性工作流程重要组成部分，随项目完工一并交付。

3. 维护与更新

所有 CCD 及其相关图纸和附件应以受控修订的方式存储，便于相关人员调阅和使用。设备主管领导或部门应制定 CCD 的审查、更新、终止工作计划，确保 CCD 的有效性。

第四节 设防值技术

炼油装置设防值是针对某企业改加工高酸原油后，为确保装置的安全平稳运行研发，借鉴国外先进风险评估技术，逐步发展、完善起来的一项石化设备定量风险评估技术，是由装置的腐蚀适应性评估技术进一步延伸出来的。在实践应用中，对于保障加工劣质原油装置的长周期安全，起到了重要作用。

一、装置设防值研究的必要性

原油加工装置是针对特定的原料进行设计和建造的，对于新建装置，以设计的硫、酸含量作为设防值是合理的。但装置建成投产后，由于原料的变化以及随着生产时间的推移，情况将发生变化。

1. 原油劣质化程度加重

世界上含硫和高含硫原油的产量已占世界总产量的 75%，其中硫质量分数大于 2%的高含硫原油约占 30%；年全球高酸原油(原油酸值>1.0mgKOH/g)产量占比不断提高，已超过全球原油总产量的 10%。不少炼油企业由于原油种类繁多，原油调和设施不完善，原油质量监控不及时，给装置带来了较为严重的腐蚀问题。确定装置设防值可以帮助企业合理排产，合理采购原油，合理地进行原料混兑，保证装置不因腐蚀发生事故造成停车。

2. 装置本身存在缺陷

由于装置本身存在缺陷，长期超设防值运行极易产生异常腐蚀。一些早期设计的装置，设防值较低，只能靠“吃精粮”，“吃不了粗粮”，但装置已经找不到“精粮吃”，只能靠“吃粗粮”，造成了装置长期超设防值运行。有的装置由于加工原油种类的变化，造成了装置长期超设防值运行。有的企业由于效益任务压力大，就在原油采购上尽量节省费用，以此降低加工成本，获取效益最大化，从而不顾装置设备和管道的腐蚀承受力，大量采购劣质原油，因而造成长期的超设防值运行，最终酿成了安全事故。还有些装置在生产运行期间或停工检修期间，根据需要，进行工艺消缺、材质变更，如对部分设备管道进行更换、升级或改扩建等，装置材质和操作条件的变化也将影响到装置对腐蚀介质的耐受能力，需要进一步评估设防值。

3. 原油的合理采购与优化排产需要

作为炼油装置生产的组织并不只是一个部门的事情，而应从原料、排产、设备、生产、计划、技术和安全等方面齐抓共管，按照装置的设防值要求组织生产，才能最大限度避免安全事故的发生。随着原油价格的变化，加工劣质“机会”原油的相对优势也会发生变化，企业的意愿也会随之发生改变。为了提高经济效益，挖掘装置加工劣质原料的潜力，企业希望了解装置各环节对于物料腐蚀介质的耐受能力，以期通过少量的材质升级或有针对性地加强薄弱环节的监检测，来提高装置腐蚀介质耐受能力，获得最大化的经济效益。

二、设防值评估步骤

硫和酸等腐蚀性杂质在高温下对材质造成高温硫和环烷酸腐蚀，随着温度升高腐蚀加剧；装置低温部位也会产生湿硫化氢等引起的腐蚀，低温部位的腐蚀可以通过工艺防腐蚀等措施来控制，从而减缓腐蚀。高温硫和环烷酸对装置造成的腐蚀只在装置某些部位发生，设防值的研究就是针对这些部位的设备、管道考虑的。比如说，各套炼油装置都有它的重点部位，对这些重点部位的设防，实质上就是装置的设防。

设防值评估首先是根据原油评价数据、硫分布和酸分布数据确定装置关键部位腐蚀介质含量；其次是结合高温部位进行理论腐蚀速率计算；然后根据现场监检测数据计算实际腐蚀速率并与理论腐蚀速率对比。综合考虑以上三方面因素给出装置腐蚀薄弱部位清单，核算这些薄弱部位所能承受的腐蚀介质最大含量，推算原料中允许的最大硫含量和酸值，评价装置当前设防值的合理性。同时给出目前装置薄弱部位的材质升级、腐蚀监检测等应对措施。

完整的设防值评估步骤如下：

1. 设置假设前提

合理的确定设防值是一项相当复杂的工作，不同原油中，硫和酸种类和在各馏程中分布不同，不同馏分段的硫和酸腐蚀性各异。为了做好设防值评估，必须化繁为简，抓主要矛盾，设置两个假设前提：

① 原油和馏分中的硫和酸腐蚀性是相同的，与原油的产地和来源无关，与馏分的沸程也无关。应该说，这一假设是与正常的科学原理不符的，但是从统计角度上看，为了简化模型，必须做出这一假设。

② 含硫化合物和环烷酸在各馏分中的分布与原油来源无关，可以选取典型原油作为参照，根据原油的硫含量和总酸值，推算出各馏分的硫含量和总酸值。

这两个假设可以表述为：

$$TAN_i = k_i \cdot TAN_{crude} \tag{1-1}$$

$$S_i = k'_i \cdot S_{crude} \tag{1-2}$$

式中 TAN_{crude}——原油的总酸值(TAN)，mgKOH/g；

TAN_i——侧线馏分 i 的总酸值(TAN)，mgKOH/g；

k_i——侧线馏分 i 的总酸值系数；

S_{crude}——原油的硫含量,%(质量)；

S_i——侧线馏分 i 的硫含量,%(质量)；

k'_i——侧线馏分 i 的硫含量系数。

2. 建立腐蚀速率预测模型

为预测不同硫含量和总酸值条件下材料的高温腐蚀速率，需要建立腐蚀速率数据库和预测模型：

$$CR=f(Steel,\ T,\ S,\ TAN) \tag{1-3}$$

式中 CR——腐蚀速率，mm/a；

$Steel$——材料种类，比如碳钢，Cr5Mo，304，316L 等；

T——温度,℃或℉；

S——硫含量,%(质量)；

TAN——总酸值，mgKOH/g。

式(1-3)中，腐蚀速率、硫含量、总酸值中知道任意两个参数，均可以反算出另外一个参数。不同材料的高温腐蚀速率数据库和预测模型是设防值与腐蚀适应性评估的关键。缺乏自建高温腐蚀速率数据库的咨询机构，可以参考 McConomy 曲线或 API RP581 推荐的腐蚀速率数据。根据目前的实践，这些公开数据对于高温部位的腐蚀速率预测不可靠、不准确，偏保守。

3. 计算理论腐蚀速率

根据装置不同部位的材质、馏分的硫含量、总酸值和温度，可以计算该部位的理论腐蚀速率：

$$CR_i^{theor}=f(Steel_i,\ T_i,\ S_i,\ TAN_i) \tag{1-4}$$

式中 CR_i^{theor}——侧线 i 的理论腐蚀速率，mm/a；

$Steel_i$——侧线 i 处的材料种类，比如碳钢、Cr5Mo、304、316L 等；

T_i——侧线 i 处温度,℃；

S_i——侧线 i 硫含量,%(质量)；

TAN_i——侧线 i 总酸值，mgKOH/g；

CR_i^{theor}——是侧线 i 处的理论腐蚀速率，与腐蚀监测的真实腐蚀速率可能不同。

4. 计算不同部位可承受的总酸值

给定一个可接受的腐蚀速率，比如0.1mm/a，对于给定部位 i，假设标准硫含量为 S_i，可以计算出该部位能够承受的总酸值 $TAN_i^{bearable}$：

$$CR_i^{bearable}=f(Steel_i,\ T_i,\ S_i,\ TAN_i^{bearable}) \tag{1-5}$$

式中 $CR_i^{bearable}$——侧线 i 处可接受的腐蚀速率，mm/a；

$TAN_i^{bearable}$——侧线 i 处能够承受的总酸值，mgKOH/g。

各部位标准硫含量为 S_i 时，$TAN_i^{bearable}$ 该部位能够承受的总酸值。由此可以推算出各部位标准硫含量为 S_i 时，对应的可承受原油总酸值：

$$TAN_i^{bearable}=k_i \cdot TAN_{crude_i}^{bearable} \tag{1-6}$$

式中 $TAN_{crude_i}^{bearable}$——对于部位 i 来说的可承受原油总酸值，mgKOH/g。

由于各部位的材质、温度、硫含量均不同，不同部位 i 对应的可承受原油总酸值 $TAN_{crude_i}^{bearable}$ 也不同。装置的可承受原油总酸值应该由最薄弱部位决定，所有 $TAN_{crude_i}^{bearable}$ 的最小值即为装置总的可承受原油总酸值的 $TAN_{crude}^{bearable}$。

5. 计算不同部位可承受的硫含量

采用跟上面类似的方法，可以计算出不同部位可承受的硫含量。给定一个可接受的腐蚀速率，比如0.1mm/a，对于给定部位 i，假设标准硫含量为 TAN_i，可以计算出该部位能够承受的总酸值 $S_i^{bearable}$：

$$CR_i^{bearable}=f(Steel_i,\ T_i,\ S_i^{bearable},\ TAN_i) \tag{1-7}$$

式中 $S_i^{bearable}$——侧线 i 处能够承受的硫含量,%(质量)。

同样地，如果部位 i 处的总酸值保持为 TAN_i，对应侧线 i 处能够承受的硫含量为 $S_i^{bearable}$。并由此可推算出部位 i 处的总酸值保持为 TAN_i，对应的可承受原油硫含量：

$$S_i^{bearable}=k'_i\cdot S_{crude_i}^{bearable} \tag{1-8}$$

式中 $S_{crude_i}^{bearable}$——对于部位 i 来说的可承受原油硫含量,%(质量)；

$S_{crude_i}^{bearable}$——最小值即为整个装置总的可承受原油硫含量。

6. 验证装置可承受的硫含量和总酸值

上述计算过程中，对于给定一个可接受的腐蚀速率，另外还分别假定了硫含量和总酸值，才获得 $TAN_{crude}^{bearable}$ 和 $S_{crude}^{bearable}$，需要对 $TAN_{crude}^{bearable}$ 和 $S_{crude}^{bearable}$ 进行核算，各部位的腐蚀速率同样要低于给定的可接受腐蚀速率。当原料的总酸值和硫含量分别为 $TAN_{crude}^{bearable}$ 和 $S_{crude}^{bearable}$ 时：

$$TAN'_i=k_i\cdot TAN_{crude}^{bearable} \tag{1-9}$$

$$S'_i=k'_i\cdot S_{crude}^{bearable} \tag{1-10}$$

式中 TAN'_i——原料总酸值为 $TAN_{crude}^{bearable}$ 时，i 处的总酸值，mgKOH/g；

S'_i——原料硫含量为 $S_{crude}^{bearable}$ 时，i 处的硫含量,%(质量)。

再次计算各部位 i 的总酸值和硫含量分别为 TAN'_i 和 S'_i 时的腐蚀速率：

$$CR_i^{theor'}=f(Steel_i,\ T_i,\ S'_i,\ TAN'_i) \tag{1-11}$$

式中 $CR_i^{theor'}$——各部位 i 的总酸值和硫含量分别为 TAN'_i 和 S'_i 时的腐蚀速率，mm/a。

如果 $CR_i^{theor'}$ 低于可接受腐蚀速率，则 $TAN_{crude}^{bearable}$ 和 $S_{crude}^{bearable}$ 可设为装置的总酸值和硫含量设防值。

三、应用效果

1. 评估发现

由于装置的腐蚀介质相当复杂，影响因素非常多。设防值评估从装置长周期安全出发，估算得到了一个相对可靠的参数，不是保障装置绝对安全的准确数。这一点从企业运行实际经验也得到了验证。自2008年开展设防值评估和原料劣质化程度控制以来，配合高温部位的材质升级和腐蚀监检测，由于高温部位腐蚀减薄，进而导致泄漏着火的安全事故逐年减少。

装置核算的每个部位的硫、酸分布值是核算的基础数据，对评估结果的准确性非常重要。直接采用McConomy曲线和API RP581标准提供的腐蚀速率数据，修正难度大，偏保守，根据自建的数据库和专家经验进行修正。为降低核算工作量，需用专业软件进行。

企业要求开展设防值评估，出发点一般是为了适应原料进一步劣质化，长周期安全运行压力增大。但企业预期设防值普遍偏高，不能完全满足装置腐蚀适应性要求。按照企业预期的设防值，通过详细的核算，大部分装置仍存在有腐蚀薄弱部位，往往需要采取局部材质升级并加强腐蚀监检测工作。从满足企业提出的需求考虑，对硫含量或酸值单项调低后再进行设防值的核算，结果行不通；也就是说，如果硫含量不变，将酸值降低，核算结果表明装置不适应；相反也不适应。评估机构不能片面照顾企业生产需要，而忽视腐蚀风险。

设防值评估主要针对高温部位工艺设备和管道等主体部位，对设备接管和管道上小支管无法做全面的评估，需要企业核实这些部位的材质，等级不得低于设备本体或主管道材质，并采取特别的监测技术。

炼油装置设防值高温部位只考虑原油中的硫和酸。对于中低温度(<200℃)，主要应考虑其他腐蚀性介质的影响，如盐含量、有机氯含量、氮化物含量和重金属含量对设备的腐蚀。

一般而言，可以对常减压蒸馏装置、催化裂化装置、延迟焦化装置、加氢裂化装置、渣油加氢装置、加氢精制装置等的进料硫含量和总酸值进行评估。但是炼油装置防腐蚀设防值不应只以常减压蒸馏装置的设防能力来确定，而应该根据全厂所有的一次、二次加工装置防腐蚀能力进行综合评估。

2. 设防值的应用与效果

炼油装置设防值与腐蚀适应性评估技术是中国石化青岛安全工程研究院于2008年首先提出，并逐渐发展成熟，目前已经得到了我国石化企业的普遍认可。经权威机构评估的设防值，已为许多企业采用，作为装置实际运行考核指标。企业为此下达了生产管理文件，要求生产、技术、安全、设备管理部门及各生产装置在组织生产中严格控制进装置原料的硫、酸值，做到不超设防值。原油中环烷酸只对一次装置和少数二次装置及润滑油质量产生影响，硫化物将贯穿整个炼制过程，并对产品质量产生影响。对已完成材质升级的企业，要根据装置设备材质实际情况，以及全厂脱硫设施和脱硫能力、产品质量要求等因素，合理确定出各装置原料的硫、酸设防值，指导企业组织原油资源，同时做好设备防腐蚀工作。

根据不完全统计，2012年以前评估的56套常减压蒸馏装置硫含量设防值算术平均值为1.78%，总酸值为0.95mgKOH/g。2010年至今评估的29套常减压蒸馏装置硫含量设防值算术平均值为2.01%，总酸值为0.952mgKOH/g。可见，随着原料劣质化，在完成材质升级后，炼油装置硫含量耐受能力提升较多，总酸值耐受能力略有提升。

第五节　防腐蚀管理信息平台

防腐蚀管理技术是企业设备防腐的重要支撑工具。防腐蚀管理包括工艺条件、设备和管道基础资料、腐蚀流程、工艺防腐、腐蚀监检测数据、检维修、腐蚀调查、腐蚀分析专家系统、腐蚀失效案例等，内容非常庞杂。各炼化企业经过多年探索，建设了大量与设备防腐相关的信息系统或平台，比如石化设备防腐分析化验数据查询系统、化工腐蚀平台、装置检修管理平台、腐蚀决策系统、腐蚀信息管理系统、腐蚀监测数据实时展示等，这些平台呈碎片化，缺乏动态查询、综合分析、腐蚀状态量化评估与监控预警功能，没有形成标准化管理流程，面对出现的腐蚀问题，技术支撑作用不理想。随着大数据、云计算、人工智能、5G及智能机器人的发展，腐蚀防护技术与信息技术深度融合趋势进一步加快，炼化装置防腐蚀管理与智能控制功能日渐丰富，在腐蚀监检测数据管理功能基础上，深化腐蚀模型及预测功能，全面接入设备状态监测数据，集成专家系统和腐蚀智能控制等新功能，建设数据共享、功能强大的统一防腐蚀管理与控制平台已经成为行业发展趋势，必将逐步成为设备专业技术人员的日常工作平台和“操作系统”。

一、平台架构

防腐管理平台集成现有腐蚀监测、检测、管理、决策的相关系统信息，为腐蚀工程师日常工作提供技术支撑，其数据来源于ERP/EM、LIMS、实时数据库、腐蚀在线监测、腐蚀在线测厚等系统。装置防腐蚀管理平台整体架构见图1-4。

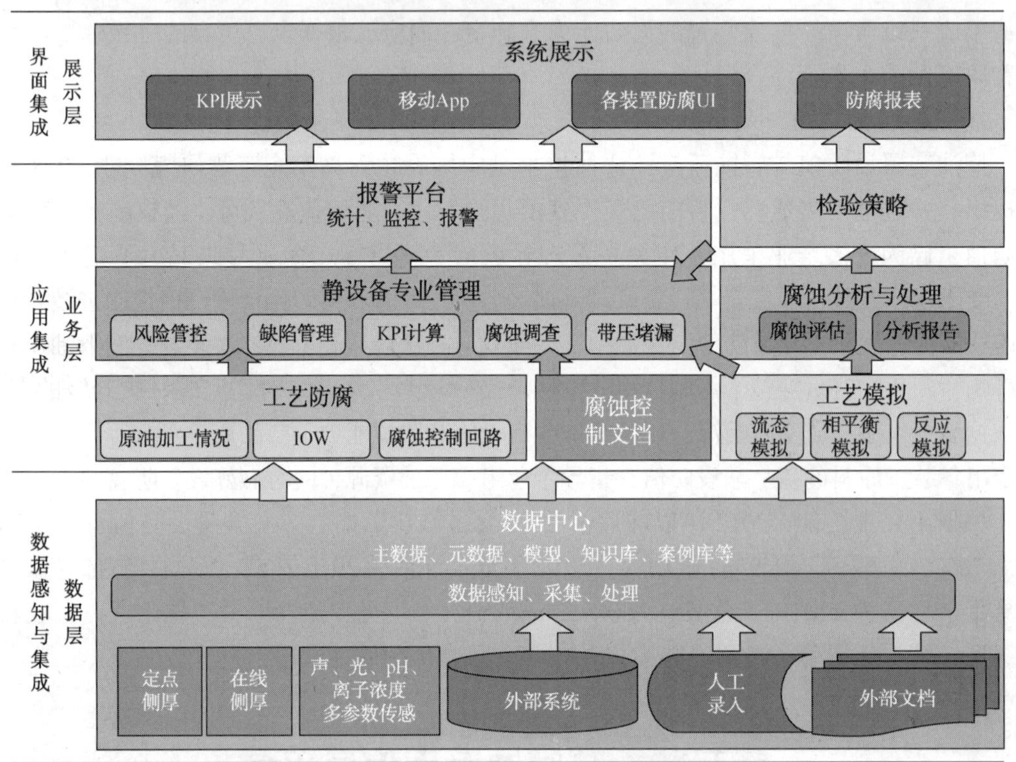

图1-4 装置防腐蚀管理平台整体架构

防腐蚀管理与控制平台的目标是：

① 集成与防腐相关的工艺、设备、化验、监检测数据，建立一体化数据平台，减少信息孤岛，便于查询和分析设备及管道基本信息和防腐数据。

② 通过设定阈值和开发腐蚀预测模型进行数据二次加工处理，动态评估腐蚀风险并提供及时预警。

③ 通过腐蚀风险报警、防腐月报、监测计划等功能，为腐蚀控制、监检测及检维修决策提供依据，实现防腐闭环管理。

④ 提供失效分析、腐蚀检查等各类腐蚀文档管理，持续积累防腐数据，从而不断完善，同时也为设备完整性管理提供技术支撑。

一般来说，装置防腐蚀管理平台由数据层、业务层和展示层组成，分别实现设备状态数据感知、防腐专业应用、用户界面与交互功能。数据层主要包括各种腐蚀监检测系统、外部工艺参数、资料文档、设备台账及主数据、与其他数据系统的交互等。业务层主要功能是协助防腐蚀专业技术人员开展各类技术工作，包括全厂的工艺防腐、腐蚀控制文档、风险管控、完整性操作窗口、腐蚀分析与处理、基于风险的检验策略等。展示层主要是用户界面，通过图形化界面、移动 App 等与用户互动。

图 1-5 是防腐蚀管理平台的业务流程架构。按照体系化管理的思想，防腐蚀管理平台遵循 PDCA 循环闭环管理。结合炼油装置的设备、操作、工艺、检验、监控等状态数据，通过动态 RBI 评估，制定工艺防腐计划，并评价装置的腐蚀风险分布，对设备隐患、缺陷、风险进行分级分类管理和处置，制定检维修策略，并通过装置大检查、停工检修等，考核和评价防腐蚀工作成效。

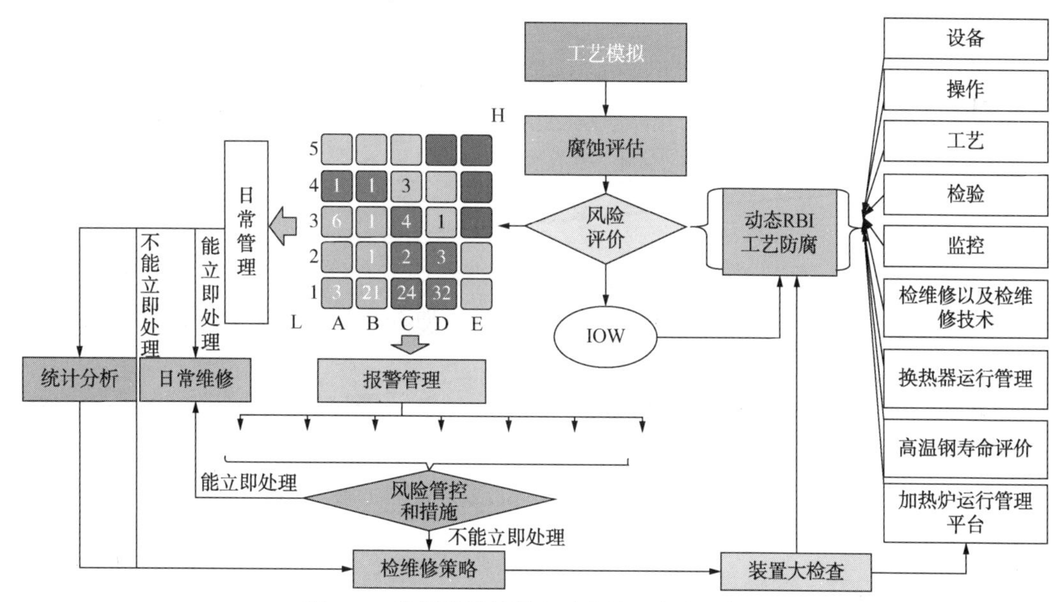

图 1-5 装置防腐蚀管理平台的业务流程架构

二、功能组件

1. 关键绩效指标监控

设备防腐是炼化企业静设备管理的重要内容。结合炼化企业设备完整性管理体系要求，对于影响炼化设备和管道腐蚀的关键绩效指标（KPI）进行实时监控，帮助各级管理人员和防腐蚀技术人员掌控装置健康状况。表 1-1 展示了一些需要监控的主要 KPI，各企业应根据自身企业大小和现状、行业优秀企业管理水平等制定各 KPI 的目标值。

2. 原料监控

炼化装置原料中的腐蚀性介质，如有机酸、硫、氯、金属离子等杂质元素，是导致设备腐蚀的主要原因。及时、准确地掌握原料的腐蚀性质至关重要，需要监控加工原料的种类、加工量等关键信息。包括进厂原油的评价、原油加工记录、装置原料的硫含量、总酸值及设防值监控、氮和氯的平衡及传递等，实现对主要装置腐蚀相关的关键原料信息的监控及管理。

表 1-1　与炼化装置防腐蚀相关的关键绩效指标

KPI 指标	指标说明	参考目标值
静设备全年发生 4 级以上故障次数	由设备原因导致发生 4 级以上强度故障次数	≤6 次
静密封泄漏率	静密封泄漏率＝静密封泄漏次数/静密封点总数×100%	<0.12‰
换热器泄漏台数	换热器由于腐蚀等原因造成内漏台数	<30 台
设备腐蚀泄漏次数(有毒有害易燃易爆介质)	盛装有毒有害、易燃易爆介质的容器和管道因内、外腐蚀造成泄漏次数	<30 次
压力容器定检率	压力容器定检率＝实际检验台数/到期应检台数×100%	100%
常压储罐定检完成率	实际检验台数/到期应检台数×100%	100%
装置 RBI 评估有效率	RBI 评估有效期内装置数/应进行 RBI 评估的装置数×100%	100%
压力管道年度检验计划完成率	实际完成项数/计划项数×100%	100%
安全阀年度校验计划完成率	检验台数/到期需检验总台数×100%	100%
设备腐蚀监测计划完成率	实际完成项数/计划项数×100%	100%
静设备检维修一次合格率	∑检修一次合格台数/检修设备总台数	≥98%

3. 腐蚀监检测

炼油装置腐蚀监检测工作包括普查测厚、定点测厚、在线定点测厚、脉冲涡流扫查、电阻探针和电感探针等在线腐蚀速率监测、腐蚀性介质在线测量、大修腐蚀调查、换热器空冷器管束无损检测等。

原油加工能力 1000 万吨/年的炼化企业全系列炼油装置布置一般有约 5000～10000 个定点测厚布点。根据预期的腐蚀严重程度、风险、历史测厚数据，按月、季度、半年或每年由专业人员测厚。企业应将反应器、容器、管线、关键小接管等需要定点测厚的设备标注二维码加以识别，并标识测厚布点。在线定点测厚主要用于实时监测重点部位、高风险部位的壁厚变化趋势。弯头等易发生局部减薄部位，实施脉冲涡流扫查。高风险换热器空冷器检修时，进行换热管腐蚀检测。开发定点测厚和在线定点测厚管理模块，实时计算腐蚀速率、最小承压壁厚、预期剩余寿命，并将高风险部位推送给相关领导、机动处和装置设备管理人员。

在线腐蚀特征参数监测的技术和仪器比较多，应用比较广泛，这些实时数据也应该接入到腐蚀管理平台。电感探针灵敏度高，可用于工艺防腐操作，动态调节助剂的添加量和添加速率。电阻探针寿命长，可实现腐蚀速率长期在线监测。最近开发了腐蚀多参数传感器，多电极电化学噪声测量可监测腐蚀速率，Ag/AgCl 电极实时测量水环境中的氯离子浓度，并与 pH 电极、温度探针等集合在同一个电极上。

大修腐蚀调查也会产生大量与设备腐蚀有关的数据，通过防腐蚀管理平台和智能终端，可以将停工检修期间的腐蚀调查与上一周期设备的运行状况结合起来，更好地指导设备维修和下一周期的设备运行。

4. 完整性操作窗口(IOW)

以某厂常减压装置为例说明IOW的设置和管理，见表1-2。

表1-2 常减压装置完整性操作参数及指标

名称	完整性操作参数	单位	临界值	标准值
脱前原油	水质量含量	%	≤0.5	≤0.5
	硫质量含量	%	≤2.56	≤2.56
脱后原油	总酸值	mgKOH/g	≤0.22	≤0.22
	盐含量	mg/L	≤3.0	≤2
	有机氯含量	ppm	≤5.0	≤2.0
	水质量含量	%	≤0.3	≤0.2
初顶污水	氯离子	mg/L	≤100	≤30
	铁离子	mg/L	≤3	≤1
	pH值	—	6.5~8	—
常顶污水	氯离子	mg/L	≤100	≤30
	铁离子	mg/L	≤3	≤1
	pH值	—	6.5~8	—
减顶污水	氯离子	mg/L	≤100	≤30
	铁离子	mg/L	≤3	≤1
	pH值	—	6.5~8	—

根据某厂常减压装置选材情况，经评估装置硫含量设防值为2.56%，总酸值设防值为0.22mgKOH/g。根据工艺防腐管理相关规定，脱后原油盐含量应控制不超过3mg/L，作为装置的标准值(控制指标)。考虑到电脱盐效率和操作能力，脱前原油盐含量不应过高，建议脱前原油盐含量临界值为100mg/L，标准值为50mg/L。

原油中的有机氯对常压塔顶、减压塔顶及后续二次加工装置低温部位的腐蚀有重要影响。国内炼油厂一般要求原油有机氯不超过5ppm($1ppm=10^{-6}$)。国外炼油厂有机氯限值也没有统一的数值，但一般为0~5mg/L，多数限制在1~3mg/L。综合考虑国内外经验和炼油厂具体情况，建议将原油有机氯临界值设定为5ppm，标准值为3ppm。

三顶低温部位腐蚀因素是塔顶回流罐污水氯离子、铁离子和pH值，各参数的临界值和标准值参照工艺防腐蚀管理规定设定。此外，还应考虑挥发线的结盐温度、初凝点温度与塔顶注水点位置。

常减压装置高温侧线及塔体相应部位的实测腐蚀速率建议控制低于0.1mm/a。如果没有在线定点测厚，可以根据理论腐蚀速率进行预测和控制。可根据炼油厂高温腐蚀预测模型，计算腐蚀速率，判断高温侧线馏分硫和酸值是否超过操作极限。

5. 循环水监测与管理

循环水线监测及智能预警模块的核心目标是实时监测循环水水质参数，建立模型，智能化决策，指导缓蚀阻垢剂、杀菌灭藻剂、酸、碱的投加及排污、补水等过程，维持循环水的热阻及腐蚀速率正常，并保证水质参数维持在操作规范指定的范围内。

首先采集循环水水质参数。在调节缓蚀阻垢剂及杀菌灭藻剂投加量时，根据循环水pH、氧化还原电位(ORP)、电导率等参数，建立循环水多参数污垢及腐蚀预测模型；根据当前水质参数状态、当前污垢热阻及腐蚀速率值，预测下一周期内的污垢热阻及腐蚀速率；根据当前水质参数与预测结果给出调整加药方案的建议，或直接控制加药量。使用荧光示踪剂测定缓蚀阻垢剂浓度，保证其浓度在要求范围内。连续监测循环水中ORP及余氯浓度，调节杀菌灭藻剂的投加，维持余氯浓度保持在给定范围中。通过在线pH仪表获得实时酸碱度，进而驱动执行机构，调节循环水pH值。

6. 知识管理与综合分析

收集行业标准、优秀实践、事故分析、失效案例等，以装置、设备、材质等为主数据，建立炼化设备防腐蚀知识图数据库，实现设备和管道基础信息、装置的生产工艺和介质信息、腐蚀检测信息、历史运行情况的高效查询和利用。提供塔顶露点腐蚀和NH_4Cl腐蚀、高温硫和环烷酸腐蚀、加氢反应流出物系统铵盐结晶和含硫污水腐蚀、烟气露点腐蚀等计算模型分析工具。

7. 各装置防腐蚀应用

上述防腐蚀管理平台各功能组件应结合具体炼化装置加以应用和展示。图1-6显示了防腐蚀管理平台的业务逻辑。针对具体装置，从原料性质监控出发，获取工艺操作参数、设备和管线选材、腐蚀监检测、循环水监测等相关数据，结合国内外相关标准规范和最佳实践、腐蚀预测模型模型、企业工艺卡片、设防值和专家经验等，形成腐蚀风险回路图、工艺防腐和材质升级方案；确定装置防腐策略，优化腐蚀监检测工作；评价装置腐蚀现状，确定装置腐蚀风险分布；并通过静设备KPI管控腐蚀风险。图1-7以常减压装置为例，按照工艺流程说明了防腐蚀管理平台在炼油装置上的应用。实现了实时数据库、LIMS、日加工原油台账、工艺防腐记录、在线腐蚀探针数据、加热炉检测数据、定点测厚数据等腐蚀相关数据的集成与整合；并根据不同的腐蚀回路，嵌入了塔顶露点腐蚀和NH_4Cl腐蚀、高温硫和环烷酸腐蚀等模型；以腐蚀风险流程图和交通灯报警形式在流程界面上直观展示；实现超IOW参数自动报警和自动生成防腐月报。

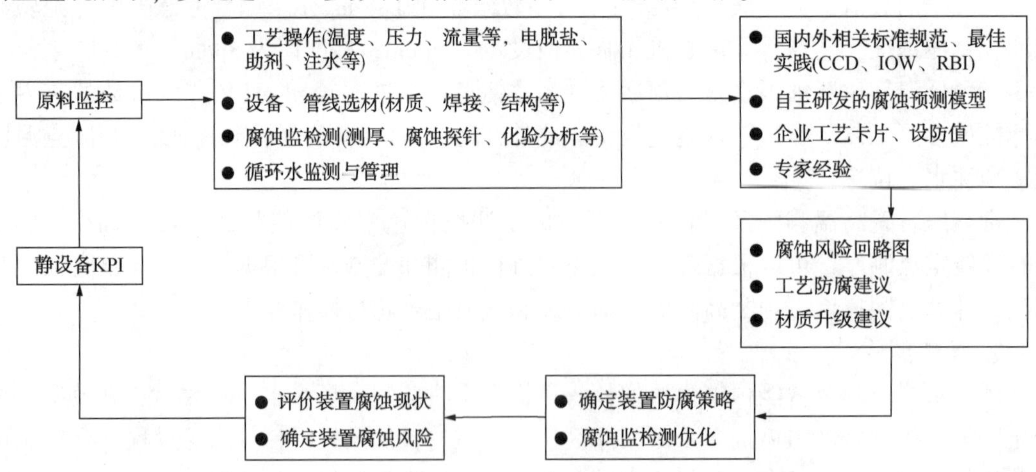

图1-6 基于数据和模型的防腐蚀管理信息平台业务逻辑

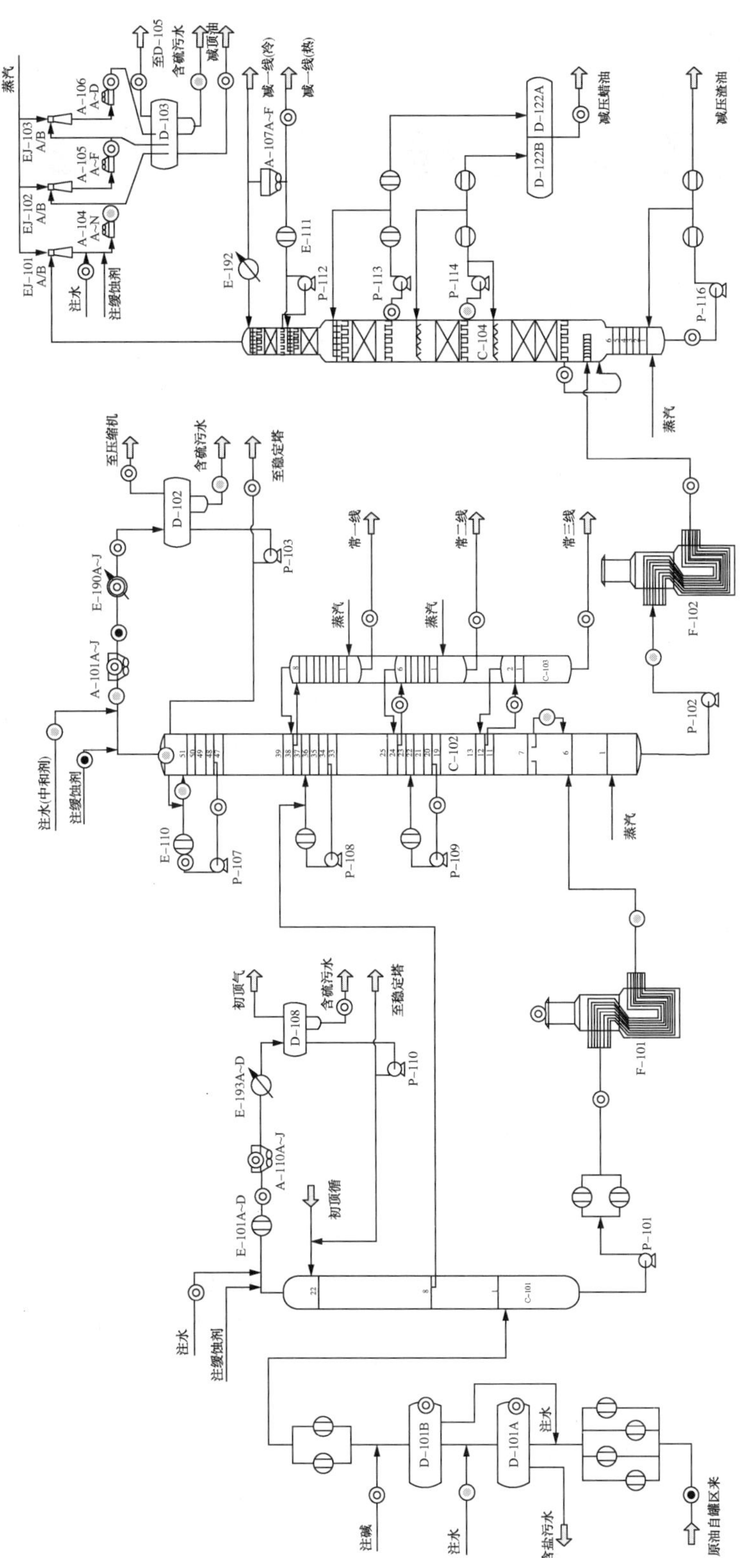

图1-7 防腐蚀管理平台在炼油装置上的应用

第二章 CHAPTER 2

原油性质及加工过程常用表征方法

原油是一种多组分的复杂混合物，主要由碳、氢、硫、氮、氧五种元素组成，还含有微量的金属元素。碳、氢两种元素一般占95%(质量)以上，硫、氮、氧等杂原子总含量不到5%(质量)。虽然非碳氢元素含量甚微，但它们对石油加工设备的腐蚀性和产品质量却有很大影响。

我国是能源消费大国，原油的消费增速显著高于产量增速，从2011年起，原油对外依存度持续提升，2019年已达72.6%。图2-1是国家统计局近年来的我国原油生产、进口及消费量统计表。2013~2016年全国进口原油分析报告数据显示，中国原油进口国从43个增加到49个，进口油种从130种增加到170种。2020年进口原油高达5.42亿吨，稳居全球最大的原油进口国。随着技术的发展，世界炼油能力稳步增长，2018年中国炼油能力已达到8.31亿吨/年，占全球炼油能力的16.7%，其中，中国石化以2.61亿吨/年排名全球第一，恒力石化长岛炼油厂首次跨入全球2000万吨级大型炼油厂之列。

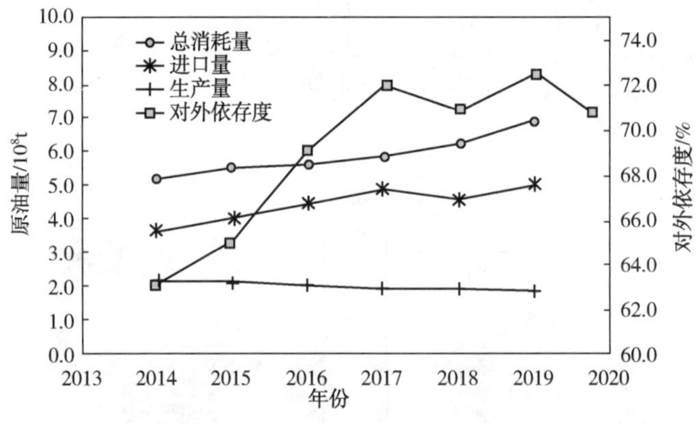

图2-1　近年来我国原油生产、进口及消费量发展趋势

（数据来源：国家统计局）

图2-2是2018年世界不同地区国家的炼油能力。不同油田开采的原油，因组成不同，往往性质差别较大。即使同一油田，在不同产区和不同地层开采中原油性质的也可能存在差异，加之采油助剂的使用，更加大了原油性质的变化。在全球可开采的石油资源中，有超过7成是重质原油。我国原油进口来源地以中东和非洲为主，并逐渐向美洲及周边资源国扩展，其中大部分是中间基原油，也有少部分石蜡基和环烷基原油。为了控制原油采购成本，提高炼油效益，劣质、重质原油进口量不断增加。这些劣质原油性质差别大，存储、运输和加工过程中容易造成设备腐蚀，且加工产物对环境影响大，给炼油厂带来很大的安全隐患和环保压力。

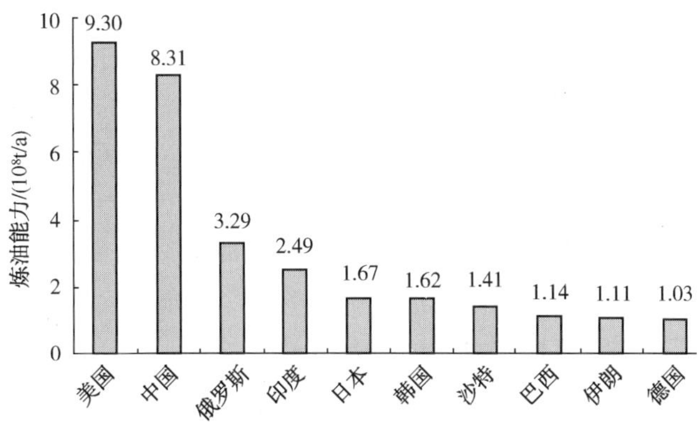

图 2-2 2018 年世界前 10 大炼油国家

（数据来源：中国石油集团经济技术研究院）

碳氢化合物并不腐蚀金属设备，但劣质原油中普遍含有的硫、氧、氯、氮等元素及其化合物却能够对设备产生腐蚀。这些元素有些本身是腐蚀性介质，有些则会在加工过程中转化形成腐蚀性介质。此外，炼制过程中加入的氢、溶剂及酸碱等化学剂也会成为腐蚀介质，加速设备的腐蚀。某 100%加工进口高硫低酸劣质原油的千万吨级常减压装置由于露点腐蚀、铵盐垢下腐蚀、湿硫化氢腐蚀等原因曾出现常压塔顶冷凝、冷却系统及常压塔壁多次腐蚀泄漏。某加工含硫、氯、环烷酸均较高的俄罗斯原油的企业多次发生常压塔顶油气换热器管束、管箱本体及油气出口阀阀体等部位的危险泄漏。某加工中东含硫原油的企业常减压装置脱丁烷塔底重沸器曾发生硫化亚铁自燃导致报废，催化裂化装置因硫酸露点腐蚀和冲刷腐蚀造成烟气脱硫塔塔体腐蚀泄漏。可见，加工劣质原油造成的腐蚀问题已成为炼油企业长周期运行的主要瓶颈。

本章将简要介绍原油的分类及评价方法，并从炼油厂设备腐蚀与防护角度，针对原油加工过程中主要腐蚀性介质的分析表征进行讨论。

第一节 原油分类及特点

鉴于原油的复杂性，对其进行简单又确切的分类是十分困难的，至今尚无一个公认的标准分类方法。较为常见的有以下几种：

① 特性因数法（K 值）。以特性因数的大小为分类标准，将 $K \geqslant 12.1$ 的原油称为石蜡基原油，K 值在 11.5～12.1 之间的原油为中间基原油，K 值在 10.5～11.5 之间的原油为环烷基原油。

② 美国矿务局的相关指数分类法（BMCI）。根据原油中特定的轻重两个馏分的 API 度为指标对原油分类，轻、重馏分都是石蜡基，则原油属于石蜡基；轻馏分是石蜡基，重馏分是中间基，则原油是石蜡-中间基；以此类推。

③ 原油性状指数法。根据原油的某个性质进行分类，如原油密度、酸值、硫含量等。

按照原油密度分类，相对密度小于0.852称为轻质原油，相对密度在0.853~0.930之间的称为中质原油，相对密度在0.931~0.998之间的称为重质原油，相对密度大于0.998的称为特稠原油。按照原油硫含量分类，硫含量低于0.5%(质量)的原油为低硫原油，硫含量高于2%(质量)的为高硫原油，硫含量在0.5%~2%(质量)之间的称为含硫原油。按照原油总酸值分类，总酸值小于0.5mgKOH/g的为低酸原油，总酸值在0.5~1.0mgKOH/g之间的为含酸原油，总酸值大于1.0mgKOH/g的为高酸原油。

根据不同的使用场合，选用不同的原油分类标准。讨论原油对加工设备的腐蚀性时，一般采用原油硫含量或总酸值指标对原油进行分类。

第二节　原油评价

原油评价是分析原油加工性能的基础，也能够帮助初步判断加工过程中对设备的腐蚀风险。根据不同需要，原油评价的深度不同，分为简单评价和详细评价。针对腐蚀风险判断的目的，一般进行原油的基本性质、组成以及馏分性质分析。

一、原油基本性质分析

原油的基本性质包括密度、黏度、水含量、盐含量、硫含量、酸含量、金属含量、氯含量、胶质和沥青质等。测定时，必须确保原油中水含量低于0.5%，若水含量较高，需先进行脱水操作，否则测试结果是油水混合物的性质，不能反映原油的特性。原油一些基本性质的测定方法见表2-1。

表2-1　原油基本性质常用分析方法

项目	标准号	标准名称
原油脱水	SY/T 6520—2014	原油脱水试验方法 压力釜法
密度	GB/T 1884—2000	原油和液体石油产品密度实验室测定法(密度计法)
	ASTM D1298—17	Standard Test Method for Density, Relative Density, or API Gravity of Crude Petroleum and Liquid Petroleum Products by Hydrometer Method
	ASTM D2320—17	Standard Test Method for Density(Relative Density) of Solid Pitch(Pycnometer Method)
运动黏度	GB/T 11137—1989	深色石油产品运动黏度测定法(逆流法)和动力黏度计算法
	ASTM D445—19a	Standard Test Method for Kinematic Viscosity of Transparent and Opaque Liquids(and Calculation of Dynamic Viscosity)
馏程	GB/T 26984—2011	原油馏程的测定
水含量	GB/T 8929—2006	原油水含量测定 蒸馏法
	ASTM D4006—16	Standard Test Method for Water in Crude Oil by Distillation
盐含量	SY/T 0536—2008	原油盐含量的测定 电量法
	GB/T 6532—2012	原油中盐含量的测定 电位滴定法
	ASTM D6470—15	Standard Test Method for Salt in Crude Oils(Potentiometric Method)

续表

项目	标准号	标准名称
氯含量	GB/T 18612—2011	原油有机氯含量的测定
	DB21/T 2974—2018	原油和液体石油产品中总硫和总氯的测定 燃烧氧化-离子色谱法
	ASTM D4929—19	Standard Test Method for Determination of Organic Chloride Content in Crude Oil
	ASTM UOP779—2008	Chloride in Petroleum Distillates by Microcoulometry
硫含量	GB/T 17040—2019	石油和石油产品中硫含量的测定 能量色散X射线荧光光谱法
	ASTM D429—16	Standard Test Method for Sulfur in Petroleum and Petroleum Products by Energy Dispersive X-ray Fluorescence Spectrometry
氮含量	NB/SH/T 0704—2010	石油和石油产品中氮含量的测定 舟进样化学发光法
	SH/T 0657—2007	液态石油烃中痕量氮的测定 氧化燃烧和化学发光法
	GB/T 17674—2012	原油中氮含量的测定 舟进样化学发光法
	ASTM D5762—18	Standard Test Method for Nitrogen in Liquid Hydrocarbons, Petroleum and Petroleum Products by Boat-inlet Chemiluminescence
酸含量	GB/T 18609—2011	原油酸值的测定 电位滴定法
	ASTM D664—17	Standard Test Method for Acid Number of Petroleum Products by Potentiometric Titration
	ASTM D974—14	Standard Test Method for Acid and Base Number by Color-indicator Titration
	GB/T 7304—2014	石油产品酸值的测定 电位滴定法
金属	SH/T 0715—2002	原油和残渣燃料油中镍、钒、铁含量测定法(电感耦合等离子体发射光谱法)
	GB/T 18608—2012	原油和渣油中镍、钒、铁、钠含量的测定 火焰原子吸收光谱法
	ASTM D5863—00	Standard Test Methods for Determination of Nickel, Vanadium, and Iron in Crude Oils and Residual Fuels by Flame Atomic Absorption Spectrometry
	GB/T 37160—2019	重质馏分油、渣油及原油中痕量金属元素的测定 电感耦合等离子体发射光谱法
	ASTM D5708—15	Standard Test Methods for Determination of Nickel, Vanadium, and Iron in Crude Oils and Residual Fuels by Inductively Coupled Plasma(ICP) Atomic Emission Spectrometry
沉淀物	GB 6531—1986	原油和燃料油中沉淀物测定法(抽提法)
	GB/T 6533—2012	原油中水和沉淀物的测定 离心法
	ASTM D4007—08	Standard Test Method for Water and Sediment in Crude oil by the Centrifuge Method (Laboratory Procedure)
蜡、胶质、沥青质	SY/T 7550—2012	原油中蜡、胶质、沥青质含量的测定
	GB/T 26982—2011	原油蜡含量的测定

表2-2列举了几种典型原油的基本性质。可以看出，大庆原油和南帕斯凝析油为低硫石蜡基原油，总酸值、硫含量都较低，性质较好。胜利原油为高酸原油，对常减压装置的高温部位腐蚀严重，加工时应提高装置材质等级。此外，高酸原油乳化比较严重，不利于脱盐脱水。塔河原油为高硫中间基原油，黏度、盐含量、氮含量和沥青质含量均较高，对电脱盐及后续加工过程均不利，可产生装置腐蚀、催化剂中毒等问题。伊朗重质原油属

于含硫原油，沙轻和沙重原油属于高硫原油，加工此类原油装置存在硫腐蚀风险。

表 2-2　典型原油基本性质

项　目	大庆原油	胜利原油	塔河原油	南帕斯凝析油	沙特轻质原油	沙特重质原油	伊朗重质原油
API/(°)	31.60	20.79	16.80	59.22	31.11	27.20	30.50
密度(20℃)/(g/cm³)	0.8640	0.9256	0.9512	0.7474	0.8660	0.8879	0.8698
50℃运动黏度/(mm²/s)	23.23	150.40	539.40	0.89(20℃)	5.62	15.60	11.54
残炭/%	3.18	6.88	15.29	<0.02	4.68	8.2	5.93
硫含量/%(质量)	0.10	0.95	2.10	0.26	2.03	2.84	2.22
酸值/(mgKOH/g)	0.04	1.61	0.11	0.03	0.22	0.08	0.45
水含量/%(质量)	0.03	0.35	0.32	<0.025	0.03	<0.025	<0.025
盐含量(mgNaCl/L)	1.4	35.4	279.7	19.2	7.0	/	11.8
氮含量/(μg/g)	0.13	0.55	0.47	13.60	794.00	0.14	0.34

（数据来源：《当代化工》2019 年第 4 期、中国石化原油评价数据库）

二、原油组成及馏分性质分析

常减压蒸馏将原油分为直馏馏分和二次加工原料。原油中的腐蚀介质随各馏分进入不同侧线和装置，因此还需要对原油的组成分布及各馏分性质进行分析。

实沸点蒸馏能够模拟常减压装置，对原油进行馏分切割，原油中不同沸点范围的烃类和非烃化合物分别进入不同的馏分段，形成不同沸程的馏分油。实沸点蒸馏一般采用 GB/T 17280—2018、GB/T 17475—2020 或 ASTM D2892—2016、ASTM D5236—2018 方法切割馏分，然后各馏分油再进行基本性质分析。馏分油的性质与其烃类及非烃类的组成和分布有着密切联系。

第三节　原油中腐蚀介质的表征

进厂原油和进装置原料油中的主要腐蚀介质含量应严格控制，以确保装置的长周期安全运行。这些腐蚀介质包括硫化物、环烷酸、无机盐、氮化物、氢气和水等。它们有的自身具有腐蚀能力，可直接对金属产生腐蚀，有的具有潜在腐蚀能力，在加工过程中转化产生腐蚀性物质。硫化物腐蚀贯穿一次和二次加工装置，腐蚀类型包括低温湿硫化氢腐蚀、高温硫腐蚀、连多硫酸腐蚀、烟气硫酸露点腐蚀等。原油中部分含氧化合物以环烷酸的形式存在，对常减压等装置的高温部位产生环烷酸腐蚀。氯化物盐类经过水解或分解作用，在装置低温部位形成盐酸复合腐蚀环境，腐蚀类型包括均匀腐蚀和不锈钢材料的氯离子应力腐蚀开裂。氮化物经过高温、高压和催化剂的作用转化为氨、胺根和氰化物，与 HCl 结合形成的氨/胺盐结晶严重可堵塞设备和管线，引起垢下腐蚀，氰化物还会造成催化裂化吸收、稳定、解吸塔顶及其冷凝冷却系统的均匀腐蚀、氢鼓泡和应力腐蚀开裂。金属残存于重馏分中，不仅能使催化剂失活，高温下也可形成低熔点化合物导致合金构件发生熔灰腐蚀。为了有效控制原油中腐蚀介质对装置造成的影响，需要对腐蚀介质进行详细跟踪和分析，系统地研究腐蚀介质的种类和形态分布特点，考察影响油品腐蚀性的因素，将腐蚀介质分子结构与油品的腐蚀性质建立联系，有助于预测未知原油样品的腐蚀性，有针对性地加强原料控制和腐蚀监检测，进而制定合理有效的防腐措施。

一、硫

原油中硫组分的种类和含量是决定原油硫腐蚀的关键因素。按照硫化物对设备的腐蚀能力不同可将硫组分分为活性硫与非活性硫两大类。活性硫具有较高的腐蚀性，能够与设备直接发生腐蚀反应，包括单质硫、H_2S、硫醇和二硫化物；其他大多数有机硫，如噻吩、硫醚、砜等，属于非活性硫，不与金属直接发生反应，但是在一定的条件下，它们可以转化成活性硫对设备产生危害。

原油中的硫分布于原油所有馏分中，随着馏分变重，馏分中硫所占的比例越大。常减压蒸馏是对原油的一次分离，各馏分段产品中的硫分布与原油中的硫分布有直接对应关系。表 2-3 和图 2-3 给出了几种典型含硫原油及其馏分油的硫分布情况，可以看出，绝大部分硫集中在柴油、蜡油和碱渣等重质馏分中。

表 2-3　典型含硫原油的硫分布

名称	原油含硫量/%(质量)	汽油		煤油		柴油		蜡油		减渣	
		硫含量/%(质量)	占比/%	硫含量/%(质量)	占比/%	硫含量/%(质量)	占比/%	硫含量/%(质量)	占比/%	硫含量/%(质量)	占比/%
胜利	1.00	0.008	0.02	0.012	0.05	0.343	6.0	0.68	17.9	1.54	76.0
伊朗轻	1.35	0.06	0.6	0.17	2.1	0.18	15.5	1.62	16.9	3.00	65.4
伊朗重	1.78	0.09	0.7	0.32	3.1	1.44	9.4	1.87	13.5	3.51	73.9
阿曼	1.16	0.03	0.3	0.108	1.4	0.48	8.7	1.10	20.1	2.55	69.5
伊拉克轻	1.95	0.018	0.2	0.407	4.4	1.12	7.6	2.42	38.2	4.56	49.6
北海混合	1.23	0.034	0.7	0.414	5.2	1.14	10.2	1.62	34.3	3.21	49.5
卡塔尔	1.42	0.046	0.8	0.31	3.7	1.24	10.3	2.09	33.8	3.09	51.4
沙特轻质	1.75	0.036	0.4	0.43	3.9	1.21	7.6	2.48	44.5	4.10	43.6
沙特中质	2.48	0.034	0.3	0.63	3.6	1.51	6.2	3.01	36.6	5.51	53.3
沙特重质	2.83	0.033	0.2	0.54	2.4	1.48	4.9	2.85	32.1	6.00	60.4
科威特	2.52	0.057	0.4	0.81	4.3	1.93	8.1	3.27	41.5	5.24	45.7

不同来源的原油中硫化物的存在形式和含量有很大差别，且分布不均匀。硫醇硫和 H_2S 主要集中在 50~250℃馏分中，单质硫、二硫化物以及少量烷基噻吩主要集中在 100~250℃馏分中，在高于 350℃的渣油馏分中含量较少。硫醚和芳基噻吩等残余硫化物则主要分布在高于 200℃以上的馏分中。随着沸点的增加，含硫化合物结构越来越复杂，多为

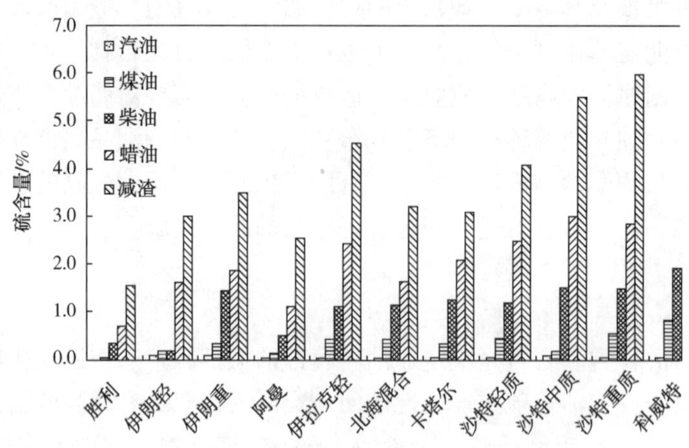

图 2-3 不同原油馏分油中硫含量

富含芳环的苯并噻吩、二苯并噻吩及苯并萘并噻吩类化合物，稳定性相对较高。虽然活性硫主要存在于原油低沸点馏分中，而且所占比例很少，它们对设备的腐蚀能力却不容忽视。

最早应用于原油中硫分析的方法是电化学方法，该方法只能得到一些结构简单的硫化物的含量，若要进行大分子有机硫化物的准确结构定性，还需要与其他方法结合，或者进行多次测定，操作繁琐复杂，误差较大。ASTM D129—18 氧弹法和 ASTM D1552—16 高温管式炉法也是两种测定石油产品中硫含量的标准方法。氧弹法是将试样在氧弹中燃烧，Na_2CO_3溶液洗出后用钡盐进行沉淀，最后通过硫酸钡的质量计算得到硫含量。高温法是在氧气氛围中，油样在燃烧炉中高温燃烧，硫和硫化物全部转化为二氧化硫，气流通过红外检测器吸收红外光能量，根据降低的能量与SO_2含量关系得到硫含量。这两种方法仅适用于高黏度的石油产品，而且过程中可能造成不完全燃烧或样品在燃烧炉内表面分解，定量结果准确性欠佳。能量扩散 X 射线荧光光谱法虽然解决了燃烧带来的问题，并且分析效率高，但是实验采集到的 X 射线谱中的元素特征谱线强度与元素浓度并不呈线性关系，必须通过理论物理模型得到，得到的结果存在一定的误差，另外对于组成复杂的原油样品很难建立相应的理论模型以获得准确的硫含量结果。电量法是将含硫样品高温裂解氧化，使样品中各种形式的硫转化为二氧化硫，二氧化硫载气进入滴定池与三碘离子发生反应，指示-参比电极对滴定池中的三碘离子浓度降低变化和给定的偏压相比较，将信号输入微库仑放大器，经放大输出的电压加到指示-参比电极，电极阳极发生反应补充三碘离子，消耗的电量就是电解电流对时间的积分，然后根据法拉第定律计算硫含量。同样的，上述方法也只能测定石油中的总硫含量，不能得到原油中硫化物的组成。表 2-4 是总硫和典型活性硫含量常用的分析方法。

气相色谱与特定的选择性检测器连用是测定轻质油品中各种硫化物含量和类型分布最有效的方法。这些检测器包括脉冲火焰光度检测器(PFPD)、原子发射检测器(AED)、硫化学发光检测器(SCD)等，其中 SCD 是目前公认的检测硫最灵敏、选择性最宽的检测器。

该方法依靠硫化物标准品保留时间对照进行定性，而原油及其馏分中硫化物结构复杂，异构体数目多，且不能够获得全部的标准物质，所以即使应用了具有强大分离功能的全二维气相色谱和能够大幅降低烃组分干扰的硫选择性检测器，仍然难以对所有硫化物进行单体定性，气相色谱法更适用于分析组成简单的气相或石脑油等轻馏分中的硫化物。

表 2-4 总硫和活性硫含量常用的分析方法

标准号	标准名称
GB/T 17040—2019	石油和石油产品中硫含量的测定 能量色散 X 射线荧光光谱法
SH/T 0689—2000	轻质烃及发动机燃料和其他油品的总硫含量测定法(紫外荧光法)
GB/T 34100—2017	轻质烃及发动机燃料和其他油品中总硫含量的测定 紫外荧光法
GB/T 387—1990	深色石油产品硫含量测定法(管式炉法)
ASTM D129—18	Standard Test Method for Sulfur in Petroleum Products(General High Pressure Decomposition Device Method)
ASTM D1552—16	Standard Test Method for Sulfur in Petroleum Products by High Temperature Combustion and Infrared(IR)Detection or Thermal Conductivity Detection(TCD)
ASTM D4294—16	Standard Test Method for Sulfur in Petroleum and Petroleum Products by Energy Dispersive X-ray Fluorescence Spectrometry
GB/T 1792—2015	汽油、煤油、喷气燃料和馏分燃料中硫醇硫的测定 电位滴定法
NB/SH/T 0174—2015	石油产品和烃类溶剂中硫醇和其他硫化物的检验 博士试验法
GB/T 26983—2011	原油硫化氢、甲基硫醇和乙基硫醇的测定
ASTM UOP163—2010	Hydrogen Sulfide and Mercaptan Sulfur in Liquid Hydrocarbons by Potentiometric Titration

质谱法能够提供详细的化合物结构信息，特别是高分辨质谱的出现以及与高分离能力色谱的联用，成为硫化物分子结构表征的有力工具，该方法能够实现活性硫和非活性硫的区分，获得不同类型硫化物的分布。但是，油品中的硫化物含量通常较低，表征时极易受到高含量烃类的掩盖，尤其是组成复杂的重组分中的硫化物，若要准确进行组成和结构鉴定，就需要在分析前对样品中的硫化物进行富集分离。有许多文献报道预分离方法，如配位交换色谱将馏分中的硫化物分离富集再测定，以及选择性氧化法将弱极性的硫醚氧化成强极性的亚砜、将噻吩选择性氧化为砜，从而实现硫醚和噻吩硫的 GC-MS 结构鉴定等。

二、环烷酸

原油中的酸性物质统称为石油酸，主要包括脂肪酸、环烷酸、酚类等，其中环烷酸约占石油酸总质量的 90%，因此通常所说的石油酸就是环烷酸。环烷酸的结构可分为两大类：羧基直接与饱和环相连和羧基通过亚甲基或次甲基与环相连，它们相对分子质量在 180~700 之间，小分子环烷酸易溶于水，而大分子环烷酸几乎不溶于水。在高酸原油中，单、双环环烷酸含量较高，随着馏分变重，多环或带有芳香环的环烷酸含量逐渐增加。一般石蜡基原油中环烷酸含量较低，其次是中间基原油，而环烷基原油中环烷酸含量最高，有报道称加利福尼亚原油中有 1500 多种环烷酸。早在 19 世纪 20 年代就有关于环烷酸腐蚀的研究出现，国外学者指出环烷酸一直对炼油设备造成破坏，其腐蚀已成为石油加工行业的宿敌。

总酸值(TAN)是指中和1g油中的酸性物质所需的KOH毫克数，由于油品中所含无机酸、酚类和脂肪酸等物质较少，所以酸值与环烷酸含量基本成正比，可以作为衡量环烷酸含量高低的一个参考指标。按照终点判断的方法可将酸值分析分成电位滴定法和指示剂法两类，分析过程中无机酸、脂类等杂质可能会对分析结果造成影响，可以首先依照UOP 565的方法去除大部分杂质。电位滴定法是将试样溶解在滴定溶液中，以氢氧化钾-异丙醇标准溶液作为滴定剂、以玻璃指示电极-饱和甘汞电极作参比电极组成的复合电极作为电极，绘制电位值对应滴定体积的电位滴定曲线，将明显的突跃点作为滴定终点，计算得到酸浓度。终点滴定法是利用沸腾乙醇溶液抽出样品中的酸性物质，用氢氧化钾异丙醇标准溶液进行滴定，乙醇溶液由蓝色变为浅红色或由黄色变为紫红色为滴定终点。

目前对环烷酸的分布研究方法主要是通过实沸点蒸馏得到原油的窄馏分，然后采用石油产品酸值测定方法GB/T 18609—2011对各馏分油的酸值进行测定。表2-5、图2-4和图2-5分布为典型高酸原油和典型低酸原油的酸分布。原油中的酸值随馏分温度变化规律基本相同。200℃以前的馏分酸值很低，随馏出温度升高，窄馏分油酸值逐渐增加，当温度达到395~425℃时酸值下降明显，随后趋于平稳或逐渐升高至450~500℃左右出现极大点。

表2-5 典型含酸原油及其馏分油酸含量

名称	原油酸值/(mgKOH/g)	馏分油酸值/(mgKOH/g)				
		石脑油	煤油	柴油	蜡油	减渣
渤西	0.27	0.005	0.037	0.140	0.294	0.367
俄罗斯	0.25	0.069	0.100	0.220	0.297	0.333
马林匹亚	0.04	0.005	0.014	0.084	—	—
威特亚兹	0.12	0.010	0.038	0.274	0.256	0.308
伊朗重质	0.05	0.032	0.045	0.042	0.052	0.044
江南	1.06	0.02		0.290	0.750	—
鲁宁	1.43	0.03		0.530	0.750	—
南阳	1.65	0.04		0.420	0.910	—
春风	10.40	0.253	6.539		33.418	9.728

环烷酸结构是影响腐蚀速率的重要因素，酸值相同的原油，若所含环烷酸结构不同，其腐蚀性差别较大，且环烷酸腐蚀性随碳原子数目增加而先升高后降低。Heloisa P. Dias等利用模型化合物考察了链状石油酸、环烷酸和芳环取代石油酸的腐蚀性能，结果表明，石油酸的相对分子质量、分子结构中的芳环数与其腐蚀性呈反比关系，即使极低的酸值也会导致较大的腐蚀速率。

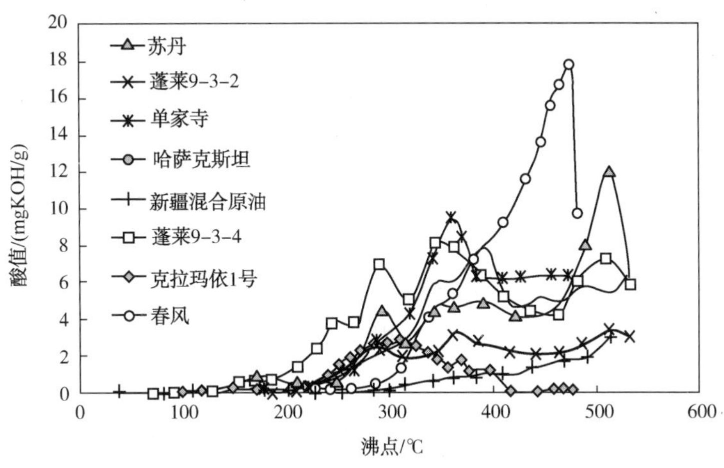

图 2-4　典型高酸原油酸值分布

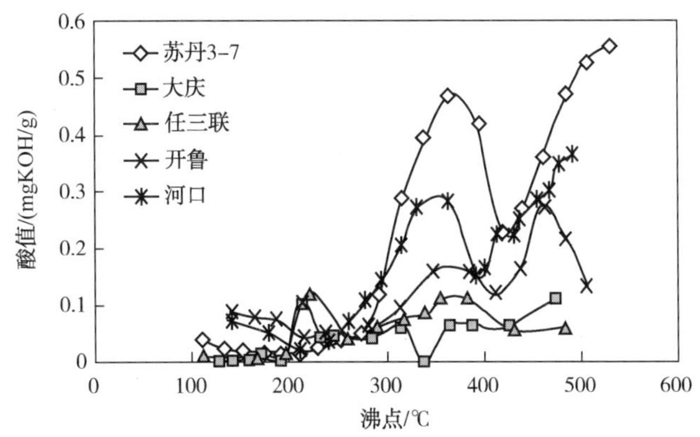

图 2-5　典型低酸原油酸值分布

环烷酸种类、数量有成千上万种，仅依靠一种方法对其进行完整表征是难以实现的，一般需要结合多种分析手段，目前应用较多的主要有紫外、红外、色谱、质谱、核磁共振等。紫外和红外光谱能够得到环烷酸分子的官能团信息；色谱能够将环烷酸按照沸点、极性进行分离、定量；核磁共振能反映分子中的碳、氢等原子所处化学环境的种类和数目比；质谱则是被认为较为理想的定性方法，色质联用只适用于低分子量、结构简单和易挥发组分的分析，对原油中大分子的环烷酸难以进行准确的鉴定，近年来发展起来的傅里叶变换离子回旋共振质谱使得环烷酸表征上了一个新台阶，其可以获得环烷酸的碳数分布和详细分子结构类型，许多文献都有质谱法应用的相关报道。与硫化物一样，高酸原油中环烷酸含量并不高，为了更好地认识环烷酸，降低仪器表征时的基质干扰，一般需要预处理将其分离富集。关于石油酸分离技术主要包含以下几种：碱洗分离、溶剂抽提分离、氨醇分离、微波辐射分离、固相萃取分离、吸附分离、离子交换分离、膜分离等，较为普遍应用的是碱洗分离和固相萃取法。碱洗是目前仍为国内外炼油厂沿用的一种脱酸方式，它利用碱与环烷酸中和生成环烷酸盐，再通过盐析或醇作用将环烷酸盐从油中分离出来，经过酸化、萃取和分离得到精制的环烷酸。该方法的优点是投资少、成本低、操作简单，可用于大规模分离；缺点是油水分离困难，环境不友好。固相萃取是一种新发展的分离方法，利用环烷酸在特定固定相上吸附力大于油品中其他组分的原理，将环烷酸与其他组分分离，分离之后的环烷酸再用适当的溶剂洗脱下来。该方法的优点是方便迅速、节约原料、污染小；缺点是对环烷酸具有特异吸附力的固定相较难选择，更适用于实验室研究。

三、氯

近年来原油重质化、劣质化程度日趋严重，氯作为原油中的微量元素之一，其含量也呈现增加的趋势，在原油馏分中的分布也相应发生着变化。2013 年 5 月国内某油田出现高有机氯问题，对华北和沿江地区 10 余家炼油企业的安全生产造成了严重的影响，多套装置被迫停工。原油中氯化物含量超标的问题已成为国内外关注的重点。

原油中的氯化物分为无机氯化物和有机氯化物两大类。无机氯主要以游离态氯离子的形式存在于氯化钠、氯化镁、氯化钙等碱金属和碱土金属化合物中，也有部分可能与悬浮在原油中的极细矿物质微粒发生离子交换而存在于这些微粒上或吸附在这些微粒的表面上。同时，氯离子还可以以离子键的形式与氮原子结合，被任何形式的碱捕获，例如胺和嘧啶。原油中天然存在的有机氯化物主要以复杂的络合物形式分布在胶质和沥青质中，这类氯化物含量一般较少，但随着油田进入原油开采中后期，大量含氯油田化学剂的使用导致了采出原油中有机氯含量增高。化学助剂中不同有机氯化物的含量和沸点不同，使得原油中氯的形态和分布也不尽相同。氯代烷烃类沸点相对较低，存在石脑油中，而氯代芳烃等高沸点化合物则通常以复杂的聚合态形式存在于重油中。

氯分布在原油的全馏分中。表 2-6 是原油中典型氯化物的密度和沸点，其中有机氯沸点较低，无机氯沸点均超过 350℃，有机氯主要进入汽油馏分中，无机氯主要分布在重馏分中。然而，随着油品劣质化程度的增大，以复杂络合物形式存在的天然有机氯化物以及被含氮化合物捕获的氯离子含量增加，该类化合物集中在重馏分段，使得有机氯含量在原油中呈波谷型分布。由于轻馏分中含有一定量的氯化物，同时，重组分中的氯化物经过热解或催化作用，分解形成小分子氯化物进入轻组分，这必然给塔顶系统带来氯腐蚀风险。

表 2-6　原油中部分氯化物的密度和沸点

化合物	$CHCl_3$	$ClCH_2CH_2Cl$	CCl_4	NaCl	KCl	$CaCl_2$
密度(20℃)/(g/cm^3)	1.4832	1.2351	1.5940	2.165	1.984	2.150
沸点/℃	61.7	83.47	76.54	1413	1500	>1600

原油及其馏分油中总氯含量的测定主要依据电量法，包括联苯基钠还原法和氧化微库仑法两大类。联苯基钠还原法是很多氯含量分析方法的基础，其通过加入联苯基钠试剂将有机氯转化为氯化钠，再利用容量滴定法或电位滴定法进行 Cl^- 定量分析。氧化微库仑法是在高温(800℃)、富氧(80%氧气和 20%惰性气体)条件下使油样燃烧，氯化物氧化裂解转化为 HCl，再通过微库仑滴定法测得氯含量。由于联苯基钠试剂价格昂贵、不稳定、操

作具有危险性，且不适合黏度大、颜色深的原油，因此氧化微库仑法更为常用。另外，美国环境保护机构的 EPA 9075 法利用能量散射 X 射线荧光光谱(ED-XRF)能够对原油总氯进行定量，ASTM D808—16 方法利用氯化银沉淀法测定润滑油和添加剂中的总氯含量。

原油中无机氯含量的测定主要是通过盐含量分析方法，包括 ASTM D6470—15 和 SY/T 0536—2008。前者通过回流抽提，将原油中的无机氯萃取到水相，采用 Ag^+电位滴定法定量分析萃取液中氯离子的含量；后者通过高频振动萃取、离心分离的方式使无机氯萃取到水相得到萃取液，采用微库仑电位滴定法定量分析萃取液中氯离子的含量。两种方法均需要使用有机萃取液，环境不友好。ASTM D3230—2019 电导法是采用电导仪测定电导值，根据盐含量与电导值关系的工作曲线，查得原油的盐含量。常用的电导仪是科勒盐含量测定仪，其工作原理是基于原油中盐类物质的导电性，将原油溶解在混合醇溶剂中测定电导率，并与已知混合物中氯盐的标准曲线进行对比或根据线性回归方程得到氯盐含量。该分析方法假设镁盐与钙盐都是氯化物，且以钠盐进行计算。国内目前还未将 ASTM D3230—2019 标准进行转化或制定成盐含量电导分析法。

ASTM D4929—19 是原油中有机氯的标准分析方法，该方法先进行原油切割得到 204℃前馏分，再碱洗和水洗脱除硫化氢和无机氯，最后用氧化微库仑法或联苯基钠还原法对氯定量。但是该方法用 204℃前馏分中的有机氯来推算原油中的总有机氯含量，原理存在一定缺陷，其忽略了原油中高沸点的有机氯化物，这将导致测定结果偏低。因此，较为适宜的有机氯定量方法是通过总氯和无机氯含量差减法求得。此外，也可以通过 GC-ECD 电子捕获检测器气相色谱法通过氯化物的谱峰面积计算含量。

氯化物的形态表征主要是将气相色谱与不同检测器联用，如电子捕获检测器(ECD)和质谱检测器(MS)。ECD 具有高选择性和灵敏度，它只对电负性物质有响应，电负性越强，灵敏度越高，能测出 10^{-14}g/mL 的电负性物质，由于其是利用谱图中化合物的保留时间与已知氯化物保留时间对照而进行定性，因此在石脑油、汽油等轻质组分有机氯定性方面应用最为广泛；MS 强大的谱库能够实现未知氯化物的定性，但是若样品组分复杂，往往存在峰重叠，所以对于富集原油重馏分中的高沸点氯化物的组成及形态结构认识也相对薄弱。

四、氮

氮在原油中含量并不高，但它特殊的性质尤其是较强的极性，使其能与水、固体有机物质、岩石矿物之间产生强烈的相互作用，从而可能对原油的黏滞性、密度、润湿性等产生较大影响。

原油中的氮化物以有机氮化物为主，通常按照高氯酸非水溶性滴定法将有机氮化物分为碱性和非碱性两类，分别是以吡啶类和吡咯类为主的化合物。其中，吡啶类化合物具有碱性，可与 HCl 等酸性物质反应形成盐类，而含吡咯类化合物分子结构中存在一个封闭的环形电子共轭刚性体系，因此该类化合物失去碱性而呈中性。上述有机氮化物主要集中在重馏分段，且热稳定性较强，经过常减压装置仅有少量能够释放进入塔顶系统，大部分作为原料进入二次加工装置，在催化剂或高温的条件下分解成小分子胺/氨，进入塔顶物料。

除原料自身携带的氮化物之外，塔顶注入的中和剂、未有效脱除氨的汽提净化水和上游的采油注剂也是塔顶系统胺/氨的重要来源。这些胺/氨与氯结合形成铵/胺盐，可造成塔顶系统结盐和垢下腐蚀。

目前国内炼油企业主要是进行原料总氮和塔顶切水中氨氮含量的检测，其结果能够在一定程度上判断塔顶低温系统的结盐风险，但这忽略了有机胺对结盐的贡献，尤其是塔顶中和剂使用有机胺以及原料中氮含量较高时，获取氮在装置中的组成和分布就显得尤为重要。此外，深入了解氮组成、分布也能为科学开发和筛选中和剂提供支持。

原油及其馏分油中氮含量的标准测定方法是化学发光法和氧化燃烧法，氮种类的表征目前没有标准方法，与硫、氯等的类型分析类似，氮化物表征也主要是借助于色谱和定性功能强大的质谱或高选择性的氮磷检测器联用来实现的。针对重馏分中的氮化物，大多首先采用分离富集手段提取富氮组分再进行分析。较为常用的分离方法有萃取法、柱色谱法、高效液相色谱法等。其中，酸萃取法是分离碱性氮化物的有效方法，但是该方法受制于样品在萃取液中的溶解度，因此不适用大分子氮化物的分析；柱色谱法通过选择不同固定相将原油分离出富氮馏分，操作快速步骤简单；高效液相色谱法与柱色谱法原理相似，其灵敏度和选择性更高，由于流动相为液态，分析基本不受温度控制，不破坏样品组成，因此在重馏分的分离上具有优势，采用极性氰氨基柱分离氮化物时，能够实现吡咯类和吡啶类氮化物的分离，也更容易分离氮化物的异构体，为后续分子结构鉴别提供强有力的保障。色谱鉴别时氮选择性检测器有氮化学发光检测器(NCD)、原子发射检测器(AED)、脉冲式火焰光度检测器(PFPD)等，这些传统的鉴别表征手段能够获得氮化物的类型信息(如苯胺类、吡啶类、咔唑类等)和部分小分子氮化物的准确定性，但对于复杂重馏分和更详细的分子组成分析较为困难。随着技术的进步，研究发现采用负离子 ESI 电离源模式的傅里叶变换离子回旋质谱可以直接选择性电离原油中的中性氮化物，不需要色谱预分离，且能够获得化合物中碳、氢、氧、氮、硫等原子的组合方式，更进一步地分析氮化物结构和含量，获取原油及重馏分中氮化物的分子组成。尽管目前的研究工作已具备氮化物深度表征的能力，但是仍未将氮形态组成与设备腐蚀进行关联和应用。

五、金属

微量金属的存在可引起原油黏度增加、设备腐蚀、内壁结垢、脱盐脱水难度加大、催化剂中毒失活等一系列危害。原油中的金属一般以盐的形式存在，还有一部分被包裹在复杂胶质、沥青质体系中以配合物形式存在。除了利用盐含量测试方法对无机盐进行分析外，还可以直接对金属元素进行测定，常用的方法有原子吸收光谱法(AAS)、X 射线荧光光谱法(XRF)、电感耦合等离子体发射光谱法(ICP-AES)、离子色谱法(IC)等。表 2-1 中列出了部分常用油品中金属元素的检测标准方法，可见原子吸收和电感耦合等离子体发射光谱法在现有标准体系中使用较为广泛。此外，以电感耦合等离子体作为源，联合质谱检测器的电感耦合等离子体质谱法近年来发展迅速，该方法几乎能分析所有金属元素，灵敏度高，检出限低，可实现对未知元素的定性定量检测。

六、水

原油含水对原油开采、集输和加工都会带来较大危害，可增加输送过程中动力的消耗，以及引起金属管道和设备的结垢与腐蚀。常减压蒸馏装置作为一次加工装置，若原油中含有盐和水，将受到严重影响。因此，必须对原油中的水进行分析和脱除。

原油中的水测定通常采用离心法和蒸馏法，但是前者测得的水含量一般低于实际水含量，故当测定精度要求高时，应使用 GB/T 8929—2006《原油水含量的测定 蒸馏法》或 GB/T 260—2016《石油产品水含量的测定 蒸馏法》。中国石化《炼油工艺防腐蚀管理规定》中规定，原油电脱盐后脱后含水应不大于 0.3%，中国石油《炼油装置工艺防腐运行管理规定》中规定脱后含水不大于 0.2%。

第四节 水相中腐蚀介质分析

炼油过程中水相腐蚀介质分析主要包括常减顶冷凝水分析、催化装置酸性水分析、加氢装置酸性水分析、脱硫装置再生塔顶酸性水分析、电脱盐排水分析等项目。通过水相中腐蚀介质分析可以判断被监测部位总的腐蚀情况，以便于及时调整工艺操作，减轻腐蚀，还可以用于监测、评价工艺防腐措施的使用效果。如冷凝水分析主要用于监测装置低温部位腐蚀情况，常规分析项目有 $Fe^{2+/3+}$、Cl^-、pH、S^{2-} 四项，对于常减压装置三顶冷凝水，前三个分析项目有控制指标，用于考核装置“一脱三注”防腐措施运行情况，其中 pH 要求控制在 6.5~8.5，Cl^-要求小于 30mg/L，$Fe^{2+/3+}$要求小于 3mg/L。表 2-7 是炼油厂常用的与水相中腐蚀相关的分析方法。

表 2-7 与水相中腐蚀相关的分析方法

项目	标准号	标准名称
铁离子	HJ/T 345—2007	水质 铁的测定 邻菲啰啉分光光度法
	GB/T 9739—2006	化学试剂铁测定通用方法
氯离子	GB/T 15453—2018	工业循环冷却水和锅炉用水中氯离子的测定
	HJ/T 343—2007	水质 氯化物的测定 硝酸汞滴定法
硫化物	HJ/T 60—2000	水质 硫化物的测定 碘量法
油含量	GB/T 12152—2007	锅炉用水和冷却水中油含量的测定
COD	GB/T 15456—2008	工业循环冷却水中化学需氧量(COD)的测定 高锰酸钾法
氨氮	HJ 535—2009	水质 氨氮的测定 纳氏试剂分光光度法
CN^-	HJ 484—2009	水质 氰化物的测定 容量法和分光光度法
pH	GB/T 6920—1986	水质 pH 值的测定 玻璃电极法

pH 值作为指征水相腐蚀性最重要的指标之一，其数值低表明加速阳极腐蚀反应的发生，数值高则影响腐蚀产物的稳定程度。pH 值测量的原理是利用溶液电化学性质测定溶

液中氢离子浓度，从而获得溶液的酸碱度。以玻璃电极为指示电极、饱和甘汞电极为参比电极组成电池，25℃理想条件下，氢离子浓度变化10倍，电动势偏移59.16mV。即当溶液中氢离子浓度发生变化时，pH复合电极所输出的电动势也随之发生变化，电势变化关系符合能斯特公式。

pH值分析可以是在线实时的，见图2-6及图2-7，也可以是离线的。在线监测通常使用在线pH计，一般其使用温度不超过99℃，压力不超过2MPa，一些特殊的pH计使用压力可以达到70MPa。在高浓度盐溶液中，由于Na^+活性远超过H^+活性，所以在这种环境中pH测量的数据没有意义。pH计使用寿命一般较短，由于结垢等原因，探头需要经常清理维护。例如监测分馏塔顶冷凝水pH值时，pH计容易受硫化氢污染，在硫化氢含量比较大时应增加处理装置，并定期对pH计清洗保养，以延长使用寿命。为避免高温、高污染造成的电极寿命短和测量误差大等问题，开发了在线pH计自动清洗系统，即在伸缩式护套的基础上配合使用水洗或化学清洗系统，根据需要实现自动标定。

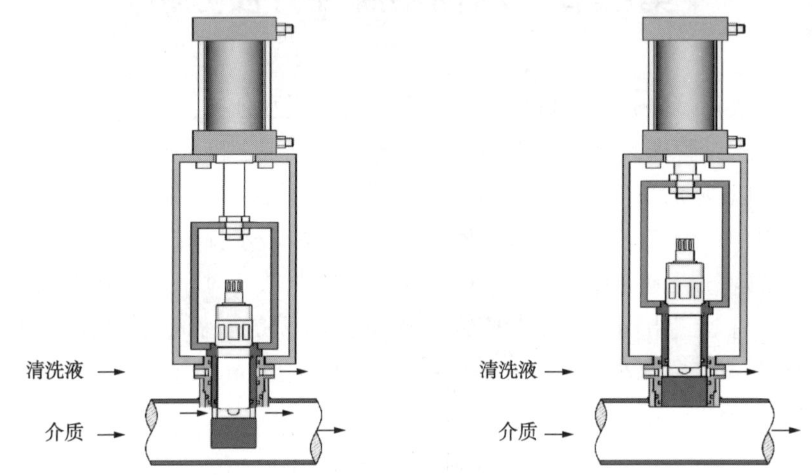

图2-6　在线pH计

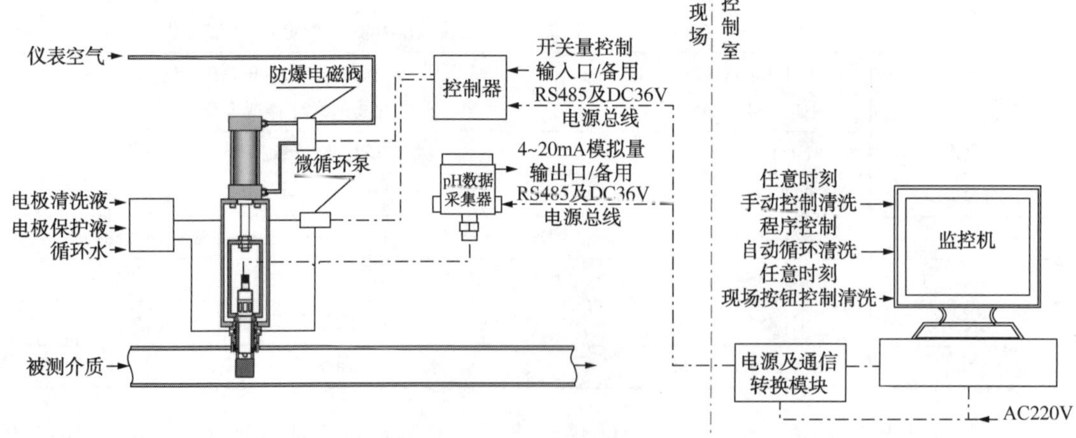

图2-7　带自动清洗的pH在线监控系统

此外，近年来出现的智能电极管理及各种数字电极，与传统的测量方式相比具有很多优点，如即插即测、可离线标定、信号传输更优、接线距离更长等。pH 值在线监测技术与注剂系统结合构成的 pH 自动调控系统，见图 2-8，可以通过控制 pH 值自动反馈调节注剂量，使防腐效果更加稳定，达到自动防腐的目的，也可以消除各种人为因素的影响。

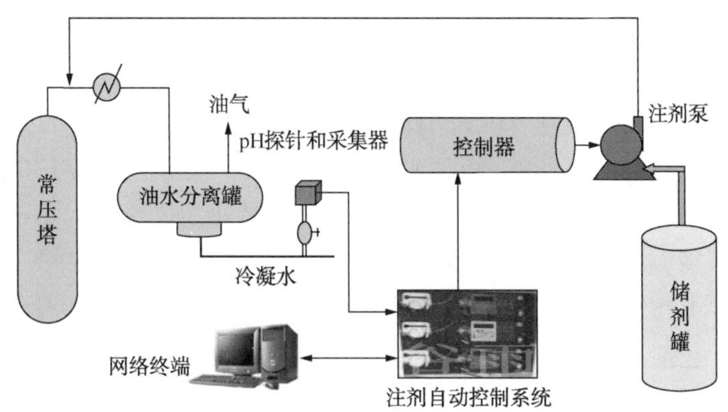

图 2-8 自动注剂系统示意图

水中的溶解氧与其他各种离子相互协同，构成了典型的电化学腐蚀体系，使设备遭受腐蚀破坏。中国石化《炼油工艺防腐蚀管理规定》对装置用水中氧含量的控制指标有明确要求，如：电脱盐注水氧含量不高于 50μg/g，塔顶注水氧含量不高于 50μg/kg，锅炉给水中氧含量也应每周分析一次。目前在溶解氧测定中，常用的检测方法标准有：GB 7489—1987《水质 溶解氧的测定 碘量法》、HJ 506—2009《水质 溶解氧的测定 电化学探头法》和美国标准 ASTM D888—05。

碘量法的原理是在水中加入硫酸锰及碱性碘化钾溶液，生成氢氧化锰沉淀，由于氢氧化锰稳定性差，迅速与水中溶解氧反应生成硫酸锰，反应完全后加入浓硫酸使棕色沉淀与溶液中所加入的碘化钾反应，溶解氧含量多，析出碘越多，溶液颜色越深，然后采用标准溶液滴定法计算溶解氧含量。电极法是依据电化学反应中扩散电流与溶解氧浓度成正比的关系，由电流数值转换为溶解氧浓度。荧光法则是利用氧分子的猝息效应，将荧光物质激发的光强与氧浓度关联计算得到的。三种方法中，电极法测定步骤简单快捷，仪器价格低廉，是推荐的较为适用于现场测定的方法。

第三章 CHAPTER 3

炼油装置典型腐蚀类型及机理

腐蚀是指材料在服役环境中，受环境介质的物理、化学和电化学作用产生的材质本体损坏或变质、材料服役性能降低的现象，是材料、环境、力学共同作用的结果。炼油装置接触到的工艺介质中，含极性元素的化合物对设备的腐蚀性比较强，比如硫化物、氯化物(包括 NaCl 及有机氯)、铵盐、环烷酸及氧化物等。这些物质在装置的不同部位会导致不同类型的腐蚀，常见腐蚀类型有高温部位的硫腐蚀和环烷酸腐蚀、低温含水工艺介质导致的水环境腐蚀，还包括奥氏体不锈钢的 Cl^- 应力腐蚀开裂、胺盐或碱引起的应力腐蚀开裂、糠醛引起的腐蚀、高温炉管的高温氧化与渗碳等。单质氢或者反应生成的活性氢对材质的腐蚀性也很强。此外，还存在循环水系统的腐蚀、蒸汽系统的腐蚀、埋地管线的土壤腐蚀、临海炼油厂的大气腐蚀等。本章将选择性地介绍炼油装置典型的几种腐蚀类型及其机理：硫腐蚀、环烷酸腐蚀、与氢有关的腐蚀、连多硫酸应力腐蚀开裂、氯离子应力腐蚀开裂和保温层下腐蚀等。

第一节　硫腐蚀

根据原油中的含硫组分对炼油设备的腐蚀性，一般将原油中存在的硫分为活性硫和非活性硫。元素硫、硫化氢和低分子硫醇都能直接与金属作用而引起设备的腐蚀，因此它们被统称为活性硫；其余不能直接与金属作用的硫化物统称为非活性硫。活性硫在一定温度下可以与钢直接发生反应造成腐蚀，非活性硫在高温、高压、催化剂的作用下可部分分解为活性硫。有些硫化物在 120℃ 就开始分解。原油中的硫化物与氧化物、氯化物、氮化物、氰化物、环烷酸和氢气等其他腐蚀性介质相互作用，可以形成多种含硫腐蚀环境。由于原油加工过程中不断有非活性硫在高温、高压、催化剂的作用下分解为活性硫，因此硫的腐蚀不仅存在于一次加工装置，也使二次加工装置遭受硫的腐蚀，甚至延伸到下游化工装置，可以说硫的腐蚀问题贯穿于整个炼油的全过程。原油中的总含硫量与原油腐蚀性之间并无精确的对应关系，原油的腐蚀性主要取决于硫化物的种类、含量和稳定性，如果原油中的非活性硫化物易于转化为活性硫，即使含硫量很低的原油，也将对设备造成严重的腐蚀。这种变化使硫化物的腐蚀发生在低温及高温各部位。

一、高温硫腐蚀

1. 概述

元素硫、硫化氢和硫醇都可以导致高温硫腐蚀。通常硫腐蚀发生在有氢存在的情况下，但实际上有无氢的存在都能够发生硫腐蚀；按照其机理，硫腐蚀分为两类：不含 H_2 的高温硫腐蚀和 H_2/H_2S 腐蚀。

不含 H_2 的硫腐蚀通常包括蒸馏装置常、减压塔的下部及塔底管线，常压重油和减压渣油换热器等；流化催化裂化装置主分馏塔的下部，延迟焦化装置主分馏塔的下部及其管线等。硫腐蚀的发生不需要临界硫含量。在某些流程的分馏器中，硫含量或者 H_2S 浓度低至 1ppm 也发生过硫腐蚀。无 H_2 时，硫腐蚀一般发生在 230℃以上，可以用修正的 McConomy 曲线预测硫腐蚀。大体上看，在相同温度和硫含量条件下，腐蚀速率随钢中 Cr 含量增加而降低。

有 H_2 时，即 H_2/H_2S 腐蚀在 230℃腐蚀速率显著增加，可以用 Couper-Gorman 曲线预测硫腐蚀速率，其腐蚀速率与温度和 H_2S 含量有关。在相同温度和 H_2S 含量条件下，钢材中 Cr 含量从低增加到中等对腐蚀速率影响不大。通常需要用到 18Cr-8Ni 不锈钢才能够获得显著提高耐蚀性。H_2/H_2S 腐蚀典型例子是加氢裂化装置的反应器、加氢脱硫装置的反应器以及催化重整装置原料精制部分的石脑油加氢精制反应器等。

2. 高温硫腐蚀机理

在高温条件下，活性硫与金属直接反应，它出现在与物流接触的各个部位，表现为均匀腐蚀，其中硫化氢的腐蚀性很强。化学反应如下：

$$H_2S+Fe \longrightarrow FeS+H \qquad S+Fe \longrightarrow FeS \qquad RSH+Fe \longrightarrow FeS+\text{不饱和烃}$$

高温硫腐蚀速率的大小，取决于原油中活性硫的多少，但是与总硫量也有关系。

3. 不含 H_2 的高温硫腐蚀

不含 H_2 的硫腐蚀通常发生在以下的高温流动部位：常压塔、减压塔、焦化塔、减黏装置、加氢装置的蒸馏单元。环烷酸腐蚀通常与硫腐蚀同时存在，硫腐蚀形成的腐蚀产物膜通常能够部分地减轻环烷酸腐蚀。要严格区分环烷酸腐蚀与硫腐蚀通常很难，也没有必要，因为环烷酸反应或者裂化反应释放少许氢，同样算作不含 H_2 的硫腐蚀。

低于 230℃时，腐蚀速率基本为 0；温度由 230℃上升到 425℃，腐蚀速率呈指数上升；一般认为腐蚀速率的峰值出现在 425℃，温度进一步升高，腐蚀速率下降。可能的原因包括焦化、活性硫化物的分解、形成更稳定的表面膜。

McConomy 曲线可以用来预测几种材料的硫腐蚀速率。McConomy 曲线在 20 世纪 60 年代是由工业界原油加热管的平均腐蚀速率计算出来的。后来发现对于蒸馏塔管道和压力容器来说太过保守，发展出了修正的 McConomy 曲线，见图 3-1。修正的 McConomy 曲线针对不同的硫含量，给出了比例因子用于计算腐蚀速率。大体上讲，硫含量高，腐蚀性高。但是硫含量对腐蚀速率的影响不及温度因素。

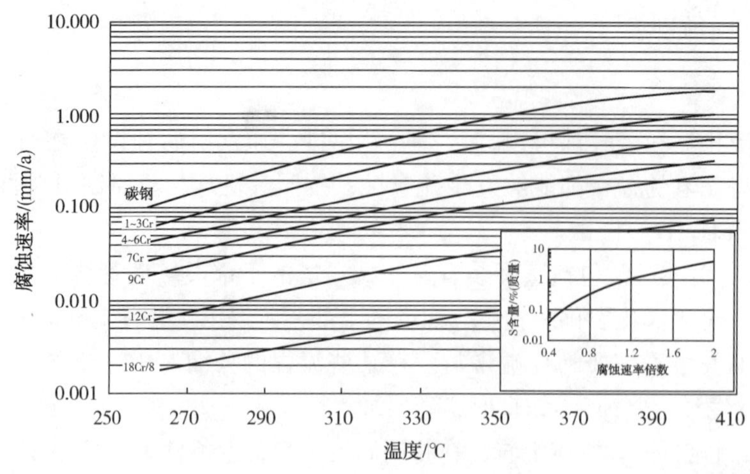

图 3-1 修正的 McConomy 曲线(S 含量为 0.6%)

需要注意的是，腐蚀速率数据十分分散，实际观测到的腐蚀速率可能更高或更低(最多可至 10 倍的误差)。特别是对于高温油浆、焦化分馏塔等部位，实际的腐蚀速率可能远低于 McConomy 曲线推荐的腐蚀速率，这是因为高温下焦化形成的碳化物具有很好的保护效果。实际情况比修正的 McConomy 曲线要复杂得多。大部分原油包含一系列的硫化物，包括 H_2S、硫醇、元素硫、多硫化合物、噻吩、脂肪族硫化物、脂肪族多硫化物等，这些硫化合物有不同的反应活性，对腐蚀速率的影响也不同。硫化物倾向于在重质液态馏分中聚集，但是在相同硫含量和温度条件下，轻质气态馏分中的硫腐蚀更严重。这有两种可能原因，一是轻重馏分中硫组分不同，二是重质的碳氢化合物在表面的吸附阻止了硫腐蚀的发生。

碳钢、低合金钢(直到 9Cr-1Mo)对不含 H_2 的硫腐蚀敏感(腐蚀速率较高)；修正的 McConomy 曲线表明了 Cr 作为合金元素对不含 H_2 硫腐蚀的有益作用，即硫腐蚀速率，从碳钢到 5Cr 钢、9Cr 钢逐步降低；通常认为，随着钢中 Cr 含量增加，表面形成的铁-铬-硫化合物的稳定性及保护性增强。工业经验表明，低 Si(< 0.10%)碳钢在不含 H_2 环境中的硫腐蚀速率很高。如果钢材中 Si 含量不足(或不明)，可能会导致失效事故。BP 公司经验表明，材质中 Si 含量低的部分腐蚀速率更高，见图 3-2。催化裂化装置高温油浆线失效案例是一个很好的例证。

碳钢和低合金钢在含硫环境中形成的硫化物膜能够降低硫腐蚀速率。在高的剪切力条件下，硫化物膜能够被除去(特别是有环烷酸存在的情况下)，导致腐蚀加速。常压塔底渣油线流速高，保护性的硫化物膜不能够形成，容易产生严重的硫腐蚀，而相同条件下，低流速段腐蚀不那么严重。不流动或者流速很低也有害。这是由于腐蚀性介质的分层导致倾向性腐蚀。比如在塔底，低流速或者长的停留时间可能引起更多的 H_2S 产生；表面是否润湿对硫腐蚀影响也很大。表面是干的时候，腐蚀速率高(可能高至 6 倍)。对于非传热器件，结焦层总体来讲会隔离金属表面和流动介质，从而降低腐蚀速率。在传热条件下，比如加热炉管，结焦层可能会导致局部温度升高，产生严重后果。

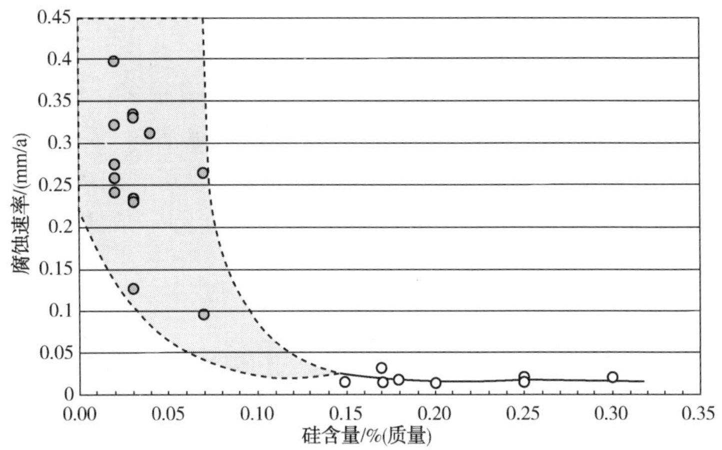

图 3-2 催化裂化油浆失效管道材质腐蚀速率与 Si 含量关系

（操作条件：340~370℃，1MPa）

4. H_2/H_2S 腐蚀

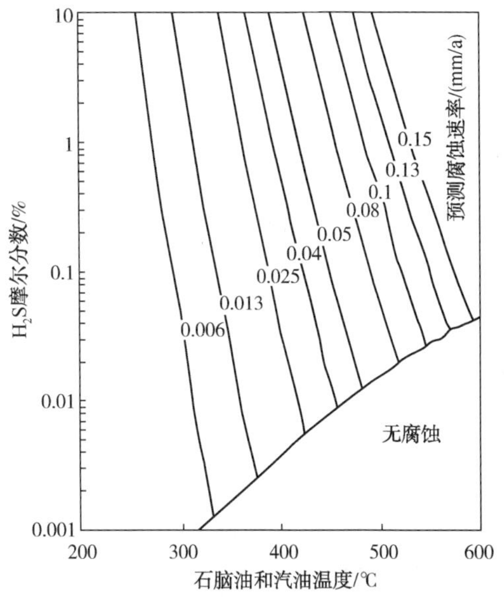

图 3-3 碳钢的 Couper-Gorman 曲线

H_2/H_2S 腐蚀通常发生在脱硫、加氢裂化等装置的注氢入口下游，包括在分离部分前的反应器部位。

H_2/H_2S 腐蚀发生在 232℃ 以上，腐蚀速率随着温度升高而加快。一般采用 Couper-Gorman 曲线预测 H_2/H_2S 腐蚀速率，见图 3-3。馏分对 H_2/H_2S 腐蚀速率的影响很大。因此，Couper-Gorman 曲线有专门针对石脑油和汽油的曲线。可以看出，汽油产品的 H_2/H_2S 腐蚀更严重。有些公司不区分石脑油和汽油，统一采用更加保守的汽油 Couper-Gorman 曲线。

Couper-Gorman 曲线表明腐蚀速率随着 H_2S 的摩尔分数上升而上升。大部分情况下，腐蚀性强的环境中采用 300 系列不锈钢，基本不受流速流态的影响，碳钢和低合金钢对流速(表明剪切力)敏感。馏分相态(气态/液态)对腐蚀速率影响很大，当其他条件相同时，馏分相态的不同(气态/液态)可以导致腐蚀速率相差 6 倍(气态更高)。

H_2 含量增加，降低硫的反应活性，从而导致腐蚀速率降低。有大量的 H_2 和 H_2S 存在时，这种变化表现得不明显，比如在加氢装置的反应器部分。加氢装置的分馏部分，由于氢气被移除，腐蚀速率一般有所增加。轻质油的加氢处理通常不会因为焦化对 H_2 和 H_2S 腐蚀有影响。重质油加氢时，焦化可能对 H_2 和 H_2S 腐蚀有影响。在非加热的压力容器、管道等装置上，焦化一般降低腐蚀速率；在加热炉管内部，结焦层厚度过厚，会影响传热，可能会导致局部超温，甚至材料失去强度，发生失效事故。

5. 影响因素

工业经验和实验室试验都表明影响高温硫腐蚀的因素有很多，包括温度、总硫浓度、硫化物的浓度、硫化物的类型、馏分的类型(轻汽油还是重油)、流速(或者流态)、传热条件、有无氢的存在、材质。高温硫腐蚀可以导致接头、管道、加热器管、压力容器等的壁厚减薄。发生在管道上的工业事故最多。高温硫腐蚀在特定条件下可以表现为局部腐蚀，但是大部分硫腐蚀是均匀腐蚀。

(1) 温度的影响

当温度升高时，一方面促进活性硫化物与金属的化学反应，同时又促进非活性硫的分解。非活性硫化物受温度影响，热分解形成活性硫化物，规律比较复杂，也有多种不同认识，尚存在争议。

一般认为，温度低于 120℃时，非活性硫化物未分解，在无水情况下，对设备无腐蚀。但当含水时，则形成炼油厂各装置低温轻油部位的腐蚀，特别是在相变部位(或露点部位)造成严重的腐蚀。

温度在 120~240℃之间时，原油中活性硫化物未分解。

温度在 240~340℃之间时，硫化物开始分解，生成硫化氢，对设备也开始产生腐蚀，并且随着温度的升高腐蚀加剧。

温度在 340~400℃之间时，硫化氢开始分解为 H_2和 S，S 与 Fe 反应生成 FeS 保护膜，具有阻止进一步腐蚀的作用。但在有酸存在时(如环烷酸)，FeS 保护膜被破坏，使腐蚀进一步发生。碳氢化合物在该温度段开始焦化，形成焦炭附着在金属表面，一定程度上降低腐蚀速率。

温度在 426~430℃之间时，高温硫腐蚀最为严重。

温度大于 480℃时，硫化氢几乎完全分解，腐蚀性开始下降。

高温硫腐蚀，开始时速率很快，一定时间后腐蚀速率会恒定下来，这是因为生成了硫化铁保护膜的缘故。而介质的流速越高，保护膜就容易脱落，腐蚀将重新开始。

(2) 环烷酸的影响

环烷酸形成可溶性的腐蚀产物，腐蚀形态为带锐角边的蚀坑和蚀槽，物流的流速对腐蚀影响更大，环烷酸的腐蚀部位都是在流速高的地方，流速增加，腐蚀率也增加。而硫化氢的腐蚀产物是不溶于油的，多为均匀腐蚀，随温度的升高而加重。当两者的腐蚀作用同时进行，若含硫量低于某一临界值，其腐蚀情况加重。亦即环烷酸破坏了硫化氢腐蚀产物，生成可溶于油的环烷酸铁和硫化氢，使腐蚀继续进行。若硫含量高于临界值时，硫化氢在金属表面生成稳定的 FeS 保护膜，则减缓了环烷酸的腐蚀作用。也就是我们平常所说的，低硫高酸比高硫高酸腐蚀还严重。

6. 防护措施

高温硫腐蚀主要采用材料防腐，炼油装置塔体高温部位可选用碳钢+0Cr13 或 0Cr13Al 之类的铁素体不锈钢复合板。0Cr13 有较好的耐蚀性，且膨胀系数与碳钢相近，易于制造复合板。

塔内件则可选用0Cr13、碳钢渗铝等，换热器的管束可选用碳钢渗铝和0Cr18Ni9Ti。

塔体材料也可选择碳钢+0Cr18Ni10Ti复合板，其耐硫腐蚀和环烷酸腐蚀性要优于0Cr13或0Cr13Al，且加工性好。管线使用Cr5Mo防腐是适宜的，对硫腐蚀严重部位可选用321，对于转油线弯头等冲刷腐蚀严重的部位，可选用316L。

装置各部位的选材策略详见SH/T 3096—2012《高硫原油加工装置设备和管道设计选材导则》。

二、低温硫腐蚀

原油中存在的硫以及有机硫化物在不同条件下逐步分解生成的H_2S等低分子的活性硫，与原油加工过程中生成的腐蚀性介质（如HCl、NH_3、CO_2等）和人为加入的腐蚀性介质（如乙醇胺、糠醛、水等）共同形成腐蚀性环境，在装置的低温部位（特别是气液相变部位）造成严重的腐蚀。典型的有蒸馏装置常减压塔顶的$HCl+H_2S+H_2O$腐蚀环境、催化裂化装置分馏塔顶的$HCl/HCN+H_2S+H_2O$腐蚀环境、加氢裂化和加氢精制装置流出物空冷器的$H_2S+HCl+NH_3+H_2O$腐蚀环境、干气脱硫装置再生塔、气体吸收塔的RNH_2（乙醇胺）+$CO_2+H_2S+H_2O$+HSAS（热稳定性胺盐）腐蚀环境等。

1. $HCl+H_2S+H_2O$型腐蚀环境

该腐蚀环境主要存在于常减压蒸馏装置塔顶及其冷凝冷却系统、温度低于120℃的部位，如常压塔、初馏塔、减压塔顶部塔体、塔盘或填料、塔顶冷凝冷却系统。一般气相部位腐蚀较轻，液相部位腐蚀较重，气液相变部位即露点部位最为严重。

在$HCl+H_2S+H_2O$型腐蚀环境中碳钢表现为均匀腐蚀，0Cr13表现为点蚀，奥氏体不锈钢表现为氯化物应力腐蚀开裂，双相不锈钢和钛材具有优异的耐腐蚀性能，但价格昂贵。在加强"一脱三注"工艺防腐的基础上，制造的换热器、空冷器在保证施工质量的前提下，采用碳钢+表面改性（涂料、镍-磷化学镀等技术）方案也可保证装置的长周期安全运转。

2. $HCN+H_2S+H_2O$型腐蚀环境

催化原料油中的硫和硫化物在催化裂化反应条件下反应生成H_2S，造成催化富气中H_2S浓度很高。原料油中的氮化物在催化裂化反应条件下部分转化成NH_4^+，少量转化成HCN。在吸收稳定系统的温度（40~50℃）和水存在条件下，从而形成了$HCN+H_2S+H_2O$型腐蚀环境。

由于$HCN+H_2S+H_2O$型腐蚀环境中CN^-的存在使得湿硫化氢腐蚀环境变得复杂，它是腐蚀加剧的催化剂。对于均匀腐蚀，一般来说H_2S和铁生成FeS在pH值大于6时能覆盖在钢表面形成致密的保护膜，但是CN^-能使FeS保护膜溶解生成络合离子$Fe(CN)_6^{4-}$，加速腐蚀反应的进行；对于氢鼓泡，碳钢和低合金钢在$Fe(CN)_6^{4-}$存在条件下，可以大大加剧原子氢的渗透，它阻碍原子氢结合成分子氢，使溶液中保持较高的原子氢浓度，大大提高氢鼓泡的发生率；对于硫化物应力腐蚀开裂，当介质的pH值大于7呈碱性时，开裂较难发生，但当有 CN^- 存在时，系统的应力腐蚀敏感性大大提高。

对于催化裂化装置吸收稳定系统的耐蚀选材而言，由于系统中湿硫化氢环境的存在，而且 CN^- 存在时可大大提高应力腐蚀开裂敏感性，因此目前吸收稳定系统的设备以碳钢为主，但要注意焊后热处理；塔体也有用 0Cr13 或 0Cr13Al 复合钢板。在催化裂化吸收稳定系统加注一定量的咪唑啉类缓蚀剂，能取得较好的防腐效果。

3. RNH_2(乙醇胺)+CO_2+H_2S+H_2O 型腐蚀环境

腐蚀部位发生在干气及液化石油气脱硫的再生塔底部系统及富液管线系统(温度高于90℃，压力约 0.2MPa)。腐蚀形态为在碱性介质下，由 CO_2 及胺引起的应力腐蚀开裂和均匀减薄。均匀腐蚀主要是 CO_2 引起的，应力腐蚀开裂是由胺、二氧化碳、硫化氢和设备所受的应力引起的。

对于存在 MEA 和 DIWA 溶液的装置，所有碳钢设备和管道要进行消除应力处理；存在 DEA 的装置碳钢金属温度大于 60℃以及存在 MDEA 的装置碳钢金属温度大于 82℃都要消除应力处理。确保热处理后的焊缝硬度(HB<200)，防止碱性条件下由胺盐引起的应力腐蚀开裂。

4. NH_4Cl+NH_4HS+H_2O

加氢装置高压空冷器 NH_4Cl+NH_4HS 腐蚀环境主要存在于加氢精制、加氢裂化等装置反应流出物空冷器中。NH_4Cl 和 NH_4HS 在加氢装置高压空冷器中的结晶温度分别约为 210℃和 121℃，处于一般加氢装置高压空冷器的进口温度和出口温度的范围内，因此在加氢装置高压空冷器中极易形成 NH_4Cl 和 NH_4HS 结晶。在空冷器流速低的部位由于 NH_4Cl 和 NH_4HS 结垢浓缩，造成电化学垢下腐蚀，形成蚀坑，最终形成穿孔。

应根据用户预期设计寿命要求，加工原料的硫、氮、氯的含量，K_p 值等要求，结合工艺防腐要求，空冷器主要元件材料可采用碳钢、Cr-Mo 钢和 NS1402 等材料。

在加氢装置运行期间应加强高压空冷器物料中 H_2S、NH_3 浓度和流速的监测，通过 K_p 预测高压空冷器的结垢和腐蚀情况。由于 NH_4Cl 和 NH_4HS 均易溶于水，因此增加注水量能有效地抑制 NH_4Cl 和 NH_4HS 结垢，在注水的过程中应注意注入水在加氢装置高压空冷器中的均匀分配，避免造成偏流，或形成流速滞缓的区域。在加氢装置高压空冷器注水点处加入水溶性缓蚀剂，缓蚀剂能有效吸附在金属表面，形成防护膜，从而起到较好的防护作用。再者可以考虑加入部分 NH_4HS 结垢抑制剂。能优先与氯化物和硫化物生成盐类，这种盐结晶温度高于 200℃，并且极易溶于水中，能有效抑制 NH_4Cl 和 NH_4HS 结垢，从而达到减缓腐蚀的作用。

5. CO_2+H_2S+H_2O 型腐蚀环境

该腐蚀环境存在于气体脱硫装置的溶剂再生塔顶及其冷凝冷却系统，温度为 40~60℃酸性气体部位。其腐蚀主要是酸性气中 CO_2、H_2S 遇水造成的低温腐蚀。

在该腐蚀环境中，碳钢为均匀腐蚀、氢鼓泡、焊缝应力腐蚀开裂。奥氏体不锈钢焊缝会出现应力腐蚀开裂。

$CO_2+H_2S+H_2O$ 腐蚀环境采取的防腐措施以材料为主。溶剂再生塔顶内构件采用 0Cr18Ni9Ti（或 304L），塔顶筒体用碳钢+321（或 304L）复合板。塔顶冷却器壳体用碳钢，管束用 0Cr18Ni9Ti。酸性气分液罐用碳钢或碳钢+0Cr13Al。

6. H_2S+H_2O 型腐蚀环境

该腐蚀环境存在于液化气球罐、轻油罐顶部、气柜以及加氢精制装置后冷器内浮头螺栓等部位。

在该腐蚀环境中，对碳钢为均匀腐蚀、氢鼓泡、焊缝硫化物应力腐蚀开裂。

H_2S+H_2O 腐蚀环境中采取的防护措施：

球罐：球罐用钢板应做 100%超声波探伤，严格执行焊接工艺进行焊接；球罐焊后要立即进行整体消除应力热处理，控制焊缝硬度 HB≤200；液化气中的 H_2S 含量应<50ppm。

加氢精制后冷器内浮头螺栓：应力值不应超过屈服极限的 75%；控制碳钢螺栓硬度 HB≤200；采用合理的热处理工艺，如 30CrMo，淬火后采用 620～650℃ 回火，可防止断裂。

三、其他类型的硫腐蚀

1. 高温烟气硫酸露点腐蚀与防护

加热炉中含硫燃料油在燃烧过程中生成高温烟气，高温烟气中含有一定量的 SO_2 和 SO_3，在加热炉的低温部位，SO_3 与空气中水分共同在露点部位冷凝，生成硫酸，产生硫酸露点腐蚀，严重腐蚀设备。在炼油厂多发生在加热炉的低温部位如空气预热器和烟道；废热锅炉的省煤器及管道、圆筒加热炉炉壁等位置。

硫酸露点腐蚀的腐蚀程度并不完全取决于燃料油中的含硫量，还受到二氧化硫向三氧化硫的转化率以及烟气中含水量的影响。因此正确测定烟气的露点对确定加热炉装置的易腐蚀部位、设备选材以及防腐蚀措施的制定起着关键作用。

由于烟气在露点以上基本不存在硫酸露点腐蚀的问题，因此在准确测定烟气露点的基础上可以通过提高进料温度达到预防腐蚀的目的，但这种方法排放掉高温烟气，造成能量的浪费。

为了解决高温烟气硫酸露点腐蚀的问题，我国于 20 世纪 90 年代开发了耐硫酸露点腐蚀的新钢种——ND 钢，在钢中加入了微量元素 Cu、Sb 和 Cr，采用特殊的冶炼和轧制工艺，保证其表面能形成一层富含 Cu、Sb 的合金层，当 ND 钢处于硫酸露点条件下时，其表面极易形成一层薄的致密的含有 Cu、Sb 和 Cr 的钝化膜，这层钝化膜是硫酸腐蚀的反应物，随着反应生成物的积累，阳极电位逐渐上升，很快就使阳极钝化，ND 钢完全进入钝化区。该钢种在几家炼油厂的加热炉系统应用，取得了较好的效果。要注意的是 ND 钢在 pH 值偏酸性环境下使用有一定效果，如果初凝点部位硫酸的 pH 太低，防腐效果与碳钢区别不大。

2. 停工期间硫化亚铁自燃

随高硫原油加工企业的不断增多，在装置停工检修期间打开人孔以后，往往会发现硫化亚铁自燃，有的甚至出现火灾。硫化亚铁自燃一般会出现在气体脱硫和污水装置、硫黄回收装置、减压塔、焦化装置、储罐的部位，其中以填料塔最严重。

硫化亚铁自燃的原因为：当装置停工时，由于设备内部油退出，其内部腐蚀产物硫化亚铁逐渐暴露出来。由于蒸汽吹扫，硫化亚铁表面的油膜汽化、挥发，失去了与 O_2 接触的保护膜，设备停工检修时，由于大量空气进入设备内，其氧化反应不断放出热量，造成局部温度超出残油的燃点，引起着火事故。

对易发生硫化亚铁自燃的设备，先用清洗剂清洗后，再打开设备即可避免局部自燃。

第二节　环烷酸腐蚀

环烷酸是一种存在于石油中的含饱和环状结构的有机酸，其通式为 RCH_2COOH，石油中的酸性化合物包括环烷酸、脂肪酸、芳香酸以及酚类，而以环烷酸含量最多，故一般称石油中的酸为环烷酸。其含量通常采用滴定法测定，对于轻质油品，一般用酸度(mgKOH/100mL 油)表示；对于重质油品，一般用酸值(mgKOH/g 油)表示。作为原油中所有有机酸集合名字，环烷酸可分为非活性酸与活性酸。环烷酸可能因为原油的产地不同而导致腐蚀性差异很大，同一种原油中的环烷酸也可能因为分子量或者分子结构的不同而腐蚀性各异。高酸原油中的环烷酸广泛分布在各直馏馏分中，主要集中在柴油和蜡油馏分中。比如蓬莱原油在 235~360℃馏分中酸值为 4.8mgKOH/g，占全部酸的 26.03%，360~450℃馏分和 450~524℃馏分中酸值分别为 4.3mgKOH/g 和 3.7mgKOH/g，各占全部酸的 17.73%和 18.79%。环烷酸在不同温度段馏分中分子结构和分子量不同、含量也不同，因此其腐蚀性也必然不同。此外，在实验室里通过实沸点蒸馏获得的各馏分和工业实际中对应各馏分中的环烷酸分布也不同。比如，Flora 等研究了总酸值在不同温度段馏分的分布规律，发现轻烃可能在蒸馏塔顶部聚集。Carlos 等研究了转油线压力对环烷酸在气相和液相中的分布，发现对某些轻烃而言，液相的总酸值可能因为环烷酸在气相中富集而下降多达 45%。

一、环烷酸腐蚀机理和形貌

环烷酸在石油炼制过程中，随原油一起被加热、蒸馏，并随与之沸点相同的油品冷凝，且溶于其中，从而造成该馏分对设备材料的腐蚀。

目前，大多数学者认为，环烷酸腐蚀的反应机理如下：

$$2RCOOH+Fe \longrightarrow Fe(RCOO)_2+H_2$$

环烷酸腐蚀形成的环烷酸铁是油溶性的，再加上介质的流动，故环烷酸腐蚀的金属表面清洁、光滑无垢。在原油的高温高流速区域，环烷酸腐蚀呈顺流向产生的锐缘流线沟槽，在低流速区域，则呈边缘锐利的凹坑状，见图 3-4。

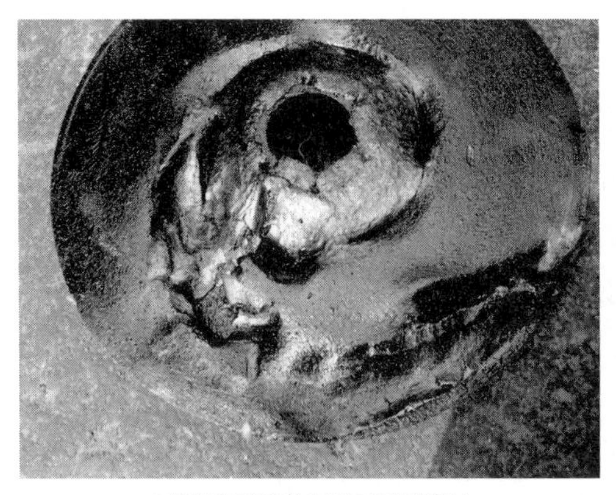

(a)某常底泵壳体环烷酸冲刷腐蚀

(b)某常底转油线环烷酸冲刷腐蚀

图 3-4 典型的环烷酸冲刷腐蚀形貌

二、影响环烷酸腐蚀的因素

1. 酸值的影响

原油和馏分油的酸值是衡量环烷酸腐蚀的重要因素。实验室中，通常采用工业提纯的环烷酸与导热油配置成不同酸值的介质，模拟研究环烷酸腐蚀。研究表明，酸值在 0.6~32mgKOH/g 范围内，酸值对腐蚀速率的影响见式(3-1)。

$$V=k\cdot TAN^{\frac{1}{2}}+B \tag{3-1}$$

式中 k——速率常数，$(mm/a)/(mgKOH/g)^{\frac{1}{2}}$；

B——常数，mm/a。

采用最小二乘方法拟合结果表明 Cr5Mo 的速率常数[$k_1=1.75(mm/a)/(mgKOH/g)^{1/2}$]比 Q235 的速率常数[$k_2=1.51(mm/a)/(mgKOH/g)^{1/2}$]高，说明 Cr5Mo 的环烷酸腐蚀对酸值改变比 Q235 更加敏感。

真实馏分中环烷酸腐蚀速率受环烷酸的分布、硫腐蚀等的影响，并不严格遵循上述规律。经验表明，在一定温度范围内，腐蚀速率和酸值的关系中，存在一临界酸值，高于此值，腐蚀速率明显加快。一般认为原油的酸值达到 0.5mgKOH/g 时，就可引起蒸馏装置某些高温部位发生环烷酸腐蚀。原油酸值低于 0.5mgKOH/g 时，要关注高流速部位的环烷酸冲刷腐蚀。某企业加工原油总酸值低于 0.5mgKOH/g，但转油线流速高，导致了腐蚀穿孔。

由于在原油蒸馏过程中，酸的组分是和它相同沸点的油类共存的，因此，只有馏分油的酸值才真正决定环烷酸腐蚀速率。在常压条件下，馏分油的最高酸值浓度在 371~426℃至真实沸点范围内；在减压条件下，原油沸点降低了 111~166℃，减压塔中馏分油的最高酸值应出现在 260℃的温度范围内。

酸值升高，腐蚀速率增加。在 235℃时，酸值提高 1 倍，碳钢、7Cr-0.5Mo 钢、9Cr-1Mo 钢的腐蚀速率约增加 2.5 倍，而 410 不锈钢的腐蚀速率提高近 4.6 倍。

2. 温度的影响

温度对环烷酸腐蚀的影响很大。一般认为，环烷酸腐蚀的最低温度为220℃。而后，腐蚀速率随着温度的升高而逐渐增加。在270~280℃范围内，腐蚀速率达到最大。超过280℃，环烷酸腐蚀减小。在350℃以上，腐蚀速率再度迅速增加，但这绝大部分是由于硫的作用。一般认为，在400℃以上时，环烷酸发生分解，因而未见环烷酸腐蚀。很多研究表明，在一定酸值下，温度高于288℃时，每上升55℃，环烷酸对碳钢和低合金钢的腐蚀速率增加2倍，如果系统中的环烷酸不损失，那么这种递增关系在425℃以前都是有效的。

进一步研究温度和腐蚀速率的关系，温度的倒数和腐蚀速率的对数呈线性关系，符合阿累尼乌斯方程。比如在320~340℃温度范围内，有文献研究表明温度和腐蚀速率的关系为：

$$R = 83.82 \cdot A \cdot \exp\left(-\frac{2100}{T}\right) \tag{3-2}$$

式中 T——油气温度，K；

R——原油的腐蚀性，mm/a；

A——原油酸值，mgKOH/g。

将不同温度下的环烷酸腐蚀速率进行热力学方程拟合，可以计算出环烷酸反应的活化能。高延敏等人测定了不同温度下A3钢在环烷酸中的腐蚀速率，表观活化能为 E_a = 34.6kJ/mol。屈定荣测得了Cr5Mo和Q235环烷酸腐蚀反应活化能，活化能分别为63.2kJ/mol和54.0kJ/mol。与Gutzeit的研究结果(68.88kJ/mol)相当。由此可见，化学反应过程控制环烷酸腐蚀。Cr5Mo的活化能较高，说明温度对Cr5Mo环烷酸腐蚀速率的影响比Q235更为明显。

温度对环烷酸腐蚀的显著影响还表现在它能够和压力共同决定环烷酸的存在相态。压力对环烷酸腐蚀动力学的直接影响较小，它对腐蚀的间接影响主要是改变环烷酸的冷凝点或者汽化温度。不同种类的环烷酸都有其固有的沸点，在沸点附近活性最大、腐蚀性最强。因此温度和压力决定了环烷酸是以液相还是气相存在。环烷酸发生相变时，腐蚀加剧。已经有实验证实在气液相共存区或气液相变区(如转油线中的汽化状态或减压塔中的凝结状态)其腐蚀相当严重。常压间歇蒸馏还证明了由于环烷酸的优先汽化和冷凝，使得冷凝液的酸值比母液明显增大。

3. 流速、流态的影响

流速在环烷酸腐蚀中是一个很关键的因素。模拟计算表明流体对容器器壁的压力大小与流体密度、流量、流速、压强等有关。流体受到局部阻碍时，能量损耗与流速平方成正比；流体对器壁作用的能量也大致与流速的平方成正比。在高压釜的搅拌器上悬挂试样的环烷酸腐蚀实验表明：腐蚀速率与流速的0.7次方成正比。扩散是腐蚀速率的控制因素，可能是环烷酸扩散到金属表面的速率，也可能是环烷酸铁扩散到油中的速率。但高压釜模拟条件下油的流速一般比较低，通常只为数m/s。据介绍，流速、酸值和腐蚀速率之间分别存在一个临界值，即酸值临界值和流速临界值，在临界值以上，腐蚀速率迅速增加。但是到目前为止还缺乏系统的研究，无法界定不同情况下临界流速是多少，而且这个临界流速随温度而变化。油的挥发性、操作压力、喷入蒸汽等因素也都对流速有较大影响，流速临界值还受介质中硫含量的影响。在高流速下，特别是产生旋涡的部位(弯头、大小头、连接部位、泵、阀门和热电偶套管插入处等)腐蚀加剧。在高流速和湍流条件下，还会发生冲蚀。高速气流中的液滴还会导致严重的冲蚀。Tosco Trainer PA 公司发现在炼制来自尼日利亚和安哥拉等西非低硫原油[<0.5%(质量)]时，即便 TAN 小于 0.5mgKOH/g，三个减压单元均出现了环烷酸腐蚀现象，而在 5Cr 材质的减压炉出口拐角处更出现了腐蚀穿孔泄漏，并且其他炼制相同原油的炼油厂也出现了类似的问题。位于欧洲的姊妹厂则发现，对于来自尼日利亚的这种原油，存在一个临界流速，大约为 47～55m/s，超过此流速，由碳钢、5Cr、12Cr 制造的转油管线将发生严重腐蚀。在高流速条件下，甚至酸值低至 0.3mgKOH/g 的油液也比低流速条件下，酸值高达 1.5～1.8mgKOH/g 的油液具有更高的腐蚀性。

4. 硫含量的影响

环烷酸和硫同时存在时，环烷酸腐蚀和硫腐蚀会相互影响。一般认为，硫腐蚀形成的 FeS 膜具有一定保护作用，能减缓环烷酸腐蚀。然而，FeS 膜并不能完全阻止环烷酸腐蚀。这层膜在油气冲击作用下也会遭到破坏，膜的形成和破坏交替进行，使钢铁不断受到腐蚀。另外，环烷酸还能与 FeS 按下式反应：

$$2RCOOH+FeS = Fe(RCOO)_2+H_2S$$

使保护膜破坏而生成油溶性的环烷酸铁，同时产生 H_2S 继续腐蚀金属。

前已述及，环烷酸腐蚀有一个临界浓度。当环烷酸腐蚀低于这一临界浓度时，环烷酸基本上没有腐蚀作用。有人推测这可能和石油中的硫腐蚀有关。当石油中同时含有硫化氢和环烷酸时，就可能存在硫化氢在金属表面形成硫化铁膜和环烷酸溶解硫化铁膜之间的竞争。加工高环烷酸原油时，H_2S 分压很高的 Cr-Mo 钢炉管的性能很好，这说明加热炉中高的 H_2S 分压使得硫化物膜的稳定性得到了提高，从而可以抑制环烷酸腐蚀。而在 H_2S 分压低得多的塔内，尽管酸值基本相同，但 Cr-Mo 钢还是发生了环烷酸腐蚀。H_2S 抑制环烷酸腐蚀的机理可能是提高了环烷酸腐蚀的临界酸值，如果油品酸值超过了这个临界酸值，H_2S 就不再能够起到抑制环烷酸腐蚀的作用了。

三、常见环烷酸腐蚀的发生部位

1. 减压塔内高温环烷酸腐蚀和硫腐蚀

某石化公司减压塔内介质的气液相状态、流速、环烷酸的分布等比较复杂，导致塔内件环烷酸腐蚀十分严重，局部冲刷腐蚀严重的部位连 316L 材料也不能适应。减压塔内减三中抽出弯头底部及减二线受液盘的 316L 材料都曾因为冲刷腐蚀出现大空洞。对于减压塔内环烷酸冲刷腐蚀严重部位，即使使用 316L 材料也应定期检查更换。研究表明，奥氏体不锈钢 Mo 含量、馏分在塔内反复蒸馏/冷凝相变、酸与硫的交互作用、气液相流速都是导致减压塔内壁和塔内件腐蚀严重的重要原因。

2. 环烷酸冲刷腐蚀

某石化厂多处高温高流速部位，选用了碳钢、Cr5Mo 材料等低等级材料，炉管出口弯头、阀门、转油线、常压塔壁及内件、减压塔塔壁及内件、减压侧线等承受了严重的环烷酸冲刷腐蚀。Cr5Mo 材料的常减压转油线腐蚀严重，特别是弯头段冲蚀严重，壁厚减薄明显。转油线仪表插管受到高酸值油冲蚀严重，陆续升级到 1Cr18Ni9Ti 或 316L。通过改变管道急弯布线等措施，降低冲刷腐蚀风险，结合使用高温缓蚀剂，增加测厚点数量，增加管道定点测厚频次，降低高温环烷酸冲刷腐蚀程度的同时有效降低了高温部位腐蚀减薄导致泄漏着火的风险。此外，减压渣油泵、减压三线泵等高温泵叶轮和壳体过流部件，由于流速快、温度高、馏分油总酸值高，冲刷腐蚀都十分严重，选用 ZGlCr13 作为叶轮和壳体材料可有效降低腐蚀速率。其他，如在一些相变部位，流速变化大或者比较高的部位，比如弯头、管道变径处腐蚀也非常剧烈。

四、环烷酸腐蚀的控制措施

1. 控制环烷酸浓度

原油的酸值可以通过混合来降低，如果将高酸值和低酸值的原油混合到酸值低于环烷酸腐蚀的临界值以下，则可以在一定程度上解决环烷酸腐蚀问题。

针对重质高酸原油，还可以采用原油直接催化脱酸工艺，避免环烷酸高温腐蚀。

2. 选择适当的金属材料

材料的成分对环烷酸腐蚀的作用影响很大，碳含量高易腐蚀，而 Cr、Ni、Mo 含量的增加对耐蚀性能有利，所以碳钢耐腐蚀性能低于含 Cr、Mo、Ni 的钢材，低合金钢耐腐蚀性能低于高合金钢，选材的顺序应为：碳钢→Cr－Mo 钢（Cr5Mo→Cr9Mo）→0Cr13→0Cr18Ni9Ti→316L→317L。目前国外采用 AISI316SS 较多。

我国炼油厂一般采用 SH/T 3129—2012《高酸原油加工装置设备和管道设计选材导则》。常减压炉对流管及辐射管、常减压转油线通常选用 Cr5Mo，腐蚀较为严重的则采用 1Cr18Ni9Ti 类或者 316L 材料。炼油厂经验及实验室试验都表明，在静态条件下，Cr5Mo、Cr9Mo 甚至直到 13Cr 以前的材料其耐环烷酸腐蚀性能和碳钢差不多，甚至略差。但是这些含 Cr 材料耐冲刷腐蚀及有高温硫腐蚀存在时耐腐蚀性比碳钢要好。减压蜡油和渣油管线材质等级通常略高一些。常压塔和减压塔塔体及塔内构件根据不同部位选用不同材质，一般为 1Cr18Ni9Ti、316L 和 317L 等。渗铝及镍磷化学镀材料在高酸值炼油厂中也有应用。尽管大部分加工高酸值原油的炼油厂基本上采用了防酸腐蚀高等级材料，出人意料的腐蚀问题还是时有发生。为了提高炼油厂对原油种类的适应性，有些炼油厂在设计阶段还要考虑加工高硫原油的可能性。这些炼油厂的选材还需要参考 SH/T 3096—2012《高硫原油加工装置设备和管道设计选材导则》。

3. 注缓蚀剂等实施工艺防腐

某沥青公司采取向减压塔减三、减四线注高温缓蚀剂工艺防腐，使用效果比较理想。

塔内填料由从1年1换减至2~3年换1次。某石化公司使用高温缓蚀剂，在原油换热器到230℃部位、常压侧线、减压侧线等部位注入，缓蚀效果较明显。试用国产某高温缓蚀剂，温度小于300℃时效果不错，高于300℃则性能下降较快。使用高温缓蚀剂还要考虑到含磷缓蚀剂对后续二次加工催化剂的毒性作用。辽河石化以辽河油田超稠原油直接作为焦化装置原料，同时根据装置特点和炼制超稠原油的防腐经验，设计时整体选材级别较高，装置运转平稳，重点部位未出现严重的腐蚀问题。这可能与焦化温度很高(达到500℃)，环烷酸大量分解有关。直接以超稠原油作为焦化装置原料避免了常减压装置的高酸腐蚀问题，但需要考虑加工路线的经济效益。

4. 控制流速和流态

(1) 扩大管径，降低流速。

(2) 设计结构要合理。要尽量减少部件结合处的缝隙和流体流向的死角、盲肠；减少管线震动；尽量取直线走向，减少急弯走向；集合管进转油线最好斜插，若垂直插入，则建议在转油线内加导向弯头。

(3) 高温重油部位，尤其是高流速区管道的焊接，凡是单面焊的尽可能采用亚弧焊打底，以保证焊接接头根部成型良好。

第三节 与氢有关的腐蚀

一、湿硫化氢腐蚀与防护

湿硫化氢腐蚀环境，即H_2S+H_2O型的腐蚀环境，是指水或含水物流在露点以下与H_2S共存时，在压力容器与管道中发生开裂的腐蚀环境。湿硫化氢环境广泛存在于炼油厂二次加工装置的轻油部位，如流化催化裂化装置的吸收稳定部分、产品精制装置中的干气及液化石油气脱硫部分、酸性水汽提装置的汽提塔、加氢裂化装置和加氢脱硫装置冷却器、高压分离器及其下游的过程设备。

1. 腐蚀机理

在H_2S+H_2O腐蚀环境中，下面反应对设备造成腐蚀：

硫化氢在水中发生电离：

$$H_2S = H^+ + HS^-$$
$$\qquad \hookrightarrow H^+ + S^{2-}$$

钢在硫化氢的水溶液中发生电化学反应：

阳极过程：$Fe \longrightarrow Fe^{2+} + 2e$

$Fe^{2+} + HS^- \longrightarrow FeS\downarrow + H^+$

阴极过程：$2H^+ + 2e \longrightarrow 2H$

$\hookrightarrow 2H$(渗透到钢材中)

从上述反应过程可知，湿硫化氢对碳钢设备可以形成两方面的腐蚀：均匀腐蚀和湿硫化氢应力腐蚀开裂。湿硫化氢应力腐蚀开裂可表现为多种形式，包括 HB(氢鼓泡)、HIC(氢致开裂)、SSCC(硫化物应力腐蚀开裂)和 SOHIC(应力导向氢致开裂)。

氢鼓泡(HB)　硫化物腐蚀过程析出的氢原子向钢中渗透，在钢中的裂纹、夹杂、缺陷等处聚集并形成分子，从而形成很大的膨胀力。随着氢分子数量的增加，对晶格界面的压力不断增高，最后导致界面开裂，形成氢鼓泡。裂缝分布平行于钢板表面。氢鼓泡的发生并不需要外加应力。

氢致开裂(HIC)　通常发生在钢的内部氢鼓泡区域。当氢的压力继续增高时，小的鼓泡裂纹趋向于相互连接，形成阶梯状氢致开裂。钢中带状分布的 MnS 夹杂会增加 HIC 的敏感性。HIC 的发生也无需外加应力。

硫化物应力腐蚀开裂(SSCC)　是湿硫化氢环境中产生的氢原子渗透到钢的内部，溶解于晶格中，导致氢脆，在外加应力或残余应力作用下形成开裂。SSCC 通常发生在焊缝与热影响区等高硬度区。

应力导向氢致开裂(SOHIC)　是指在应力引导下，氢在夹杂物与缺陷处聚集，沿着垂直于应力方向发展，形成成排的小裂纹。SOHIC 通常发生在焊接接头的热影响区及高应力集中区，如接管处、几何突变处、裂纹状缺陷处或应力腐蚀开裂处等。

2. 腐蚀状况

腐蚀调查发现，湿硫化氢对碳钢设备的均匀腐蚀，随温度的升高而加剧。在 80℃时腐蚀速率最高，在 110~120℃时腐蚀率最低。在开工的最初几天腐蚀速率可达 10mm/a 以上，随着时间的增长而迅速下降，到 1500~2000h 后，其腐蚀速率趋于 0.3mm/a。

美国 Unocal 公司雷蒙特Ⅲ号炼油厂乙醇胺吸收塔爆炸并引起大火，就是硫化氢应力腐蚀开裂引起的。研究还发现，从酸性环境(pH<5.5)到碱性环境(pH>7.5)，湿硫化氢应力腐蚀开裂均能发生。

引起压力容器开裂的湿硫化氢极限浓度目前尚不明确，但工业上的经验值为 50mg/L。NACE RP 0103 标准将湿硫化氢腐蚀环境下的压力容器分为两类，即 H_2S 浓度大于 50mg/L、氰化物浓度大于 20mg/L 和 H_2S 浓度大于 50mg/L，并规定了每种类型的重点检查项目。

3. 防腐措施

对硫化氢浓度大于 50mg/L 的腐蚀环境中，壳体宜选用抗拉强度不大于 414MPa 的碳钢或碳锰钢材料；对硫化氢浓度大于 50mg/L，氰化物大于 20mg/L 的腐蚀环境，壳体宜选用碳钢或碳锰钢+0Cr13 复合钢板，内件选用 0Cr13。

当选用碳钢或碳锰钢做壳体材料时，需注意：①应控制焊缝硬度不大于 HB200；②避免焊缝合金成分偏高；③对过程设备进行焊后热处理；④对板厚超过 200mm 时进行 100%超声波检查；⑤对焊缝进行 100%射线探伤检查。

用碳锰钢作壳体材料时，MnS 的带状分布增加 HIC 敏感性，Mn 的偏析容易产生马氏体和贝氏体，焊后组织开裂倾向增加。根据这些研究结果，有人认为含 Mn 的低合金钢不宜用于制造湿 H_2S 环境中的压力容器。目前通用的做法是控制 Mn 含量，如国内的

16MnDR 钢规定 Mn 小于 1.60%，而日本的相应钢种 TStE355 则规定 Mn 含量在 1.4% 左右。

降低钢中的含硫量（小于 0.002%），可以降低 HIC 的敏感程度。但用一般检查 HIC 的方法（如 NACE TM0284—2016）尚不足以检查出 SOHIC 的开裂倾向，需要更加苛刻和灵敏的检查手段。

二、高温氢腐蚀与防护

1. 高温氢腐蚀的特征

高温氢腐蚀是在高温高压条件下扩散侵入钢中的氢与不稳定的碳化物发生化学反应，生成甲烷气泡（它包含甲烷的成核过程和成长），反应式如下：

$$Fe_3C+2H_2 \longrightarrow CH_4+3Fe$$

氢在晶间空穴和非金属夹杂部位聚集，引起钢的强度、延性和韧性下降与劣化，同时发生晶间断裂。具体过程见图 3-5。

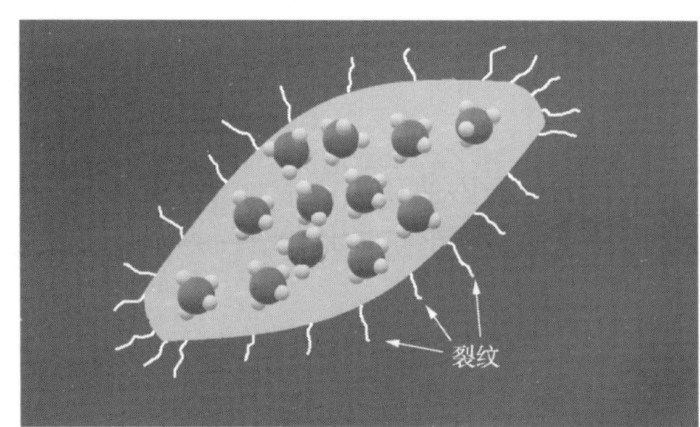

(a)钢材出现裂纹

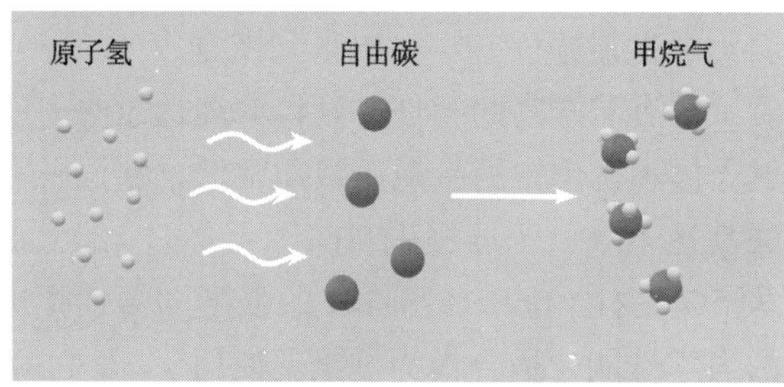

(b)合成甲烷分子

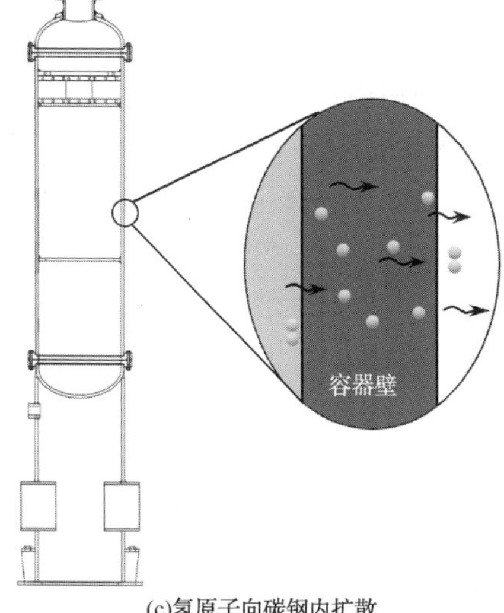

(c)氢原子向碳钢内扩散

图 3-5　高温氢腐蚀原理图

由于这种脆化现象是发生化学反应的结果，所以它具有不可逆的性质，也称永久脆化现象。

高温氢腐蚀有两种形式：一是表面脱碳；二是内部脱碳。

表面脱碳不产生裂纹，在这点上与钢材暴露在空气、氧气或二氧化碳等一些气体中所产生的脱碳相似，表面脱碳的影响一般很轻，其钢材的强度和硬度局部有所下降而延性提高。

内部脱碳是由于氢扩散侵入到钢中发生反应生成了甲烷，而甲烷又不能扩散出钢外，就聚集于晶界空穴和夹杂物附近，形成了很高的局部应力，使钢产生龟裂、裂纹或鼓包，其力学性能发生显著的劣化。高温高压条件下，氢可以渗入材料内部，温度越高，氢分压越大，进入材料中的氢也就越多。氢与材料中的缺陷、夹杂、第二相界面复合，容易导致材料的不可逆氢损伤，通常400℃以下进行保温并不能消除这种不可逆氢损伤。

高温高压氢引起钢的损伤要经过一段时间。在此段时间内，材料的力学性能没有明显的变化；经过此段时间后，钢材强度、延性和韧性都遭到严重的损伤。在发生高温氢腐蚀之前的这段时间称为“孕育期”(或称潜伏期)。“孕育期”的概念对于工程上的应用是非常重要的，它可被用来确定所采用钢材的大致安全使用时间。“孕育期”的长短取决于许多因素，包括钢种、冷作程度、杂质元素含量、作用应力、氢压和温度等。

2. 影响因素

(1) 温度、压力和暴露时间的影响

温度和压力对氢腐蚀的影响很大，温度越高或者压力越大，发生高温氢腐蚀的起始时间就越早。

(2) 合金元素和杂质元素的影响

凡是在钢中添加能形成稳定碳化物的元素(如铬、钼、钒、钛、钨等)，就可使碳的活性降低，从而提高钢材抗高温氢腐蚀的能力。

合金元素对抗氢腐蚀性能的影响很大，元素的复合添加和各自添加的效果不同。例如铬、钼的复合添加比两个元素单独添加时可使抗氢腐蚀性能进一步提高。在加氢高压设备中广泛地使用着铬-钼钢系，此为其原因之一。

Q345R，14Cr1MoR，15CrMoR，2.25Cr-1Mo-0.25V等材料微观组织都是以BCC结构为主，氢在这些材料中的扩散速率较快，常温下扩散系数大都在$10^{-6}cm^2/s$数量级，材料中过饱和的点阵中氢和氢陷阱中的氢在常温下就容易脱出，滞留的氢浓度较低，在自然温度下，长时间自然放置后可逆氢造成的材料力学性能损失基本可以得到恢复。

06Cr18Ni11Ti为奥氏体不锈钢，未充氢试样有非常高的塑性，延伸率高达50%，高温高压充氢后可扩散氢浓度约23ppm。氢在奥氏体不锈钢中的扩散系数非常低，室温长期保存氢也不会逃逸。充氢导致的氢致塑性损失高达40%，强度损失20%，但经过400℃保温除氢，塑性损失和强度损失都可恢复到损失5%左右。06Cr18Ni11Ti的强度和塑性损失都是可逆的，经适当热处理可完全恢复原来的力学性能，适合作为抗氢钢使用。

022Cr23Ni5Mo3N为双相不锈钢，有很高的强度和延展性。300℃、20MPa充氢100h后氢浓度也可达23ppm，但充氢后材料剩余氢浓度高，材料受氢影响很大，性能下降幅度大。在400℃加热2h的除氢工艺下材料性能能得到较好的恢复，不可逆氢损伤小于10%。但双相钢的氢损伤仍然大于06Cr18Ni11Ti奥氏体不锈钢，这可能与双相钢有相当比例的铁素体有关。

(3) 热处理的影响

钢的抗氢腐蚀性能与钢的显微组织也有密切关系。对于淬火状态，只需经很短时间加热就出现了氢腐蚀。但是施行回火，且回火温度越高，形成稳定的碳化物越多，抗氢腐蚀性能就得到改善。另外，对于在氢环境下使用的铬-钼钢设备，施行焊后热处理同样可提高抗氢腐蚀能力。

(4) 应力的影响

在高温氢腐蚀中，应力的存在肯定会产生不利的影响。在高温氢气中蠕变强度会下降。特别是由于二次应力(如热应力或由冷作加工所引起的应力)的存在会加速高温氢腐蚀。当没有变形时，氢腐蚀具有较长的“孕育期”；随着冷变形量的增大，“孕育期”逐渐缩短。当达到一定程度变形量时，则无论在任何试验温度下都无“孕育期”，只要暴露到氢气中，立刻就发生裂纹。

3. 防护措施

高温高压氢环境下高温氢腐蚀的防止措施主要是选用耐高温氢腐蚀的材料，工程设计上都是按照原称为“纳尔逊(Nelson)曲线”来选择的。该曲线最初是在 1949 年由 G. A. Nelson 收集到的使用经验数据绘制而成。从 1949 年至今，根据实验室的许多试验数据和实际生产中所发生的一些按当时的纳尔逊曲线认为安全区的材料在氢环境使用后发生氢腐蚀破坏的事例，相继对曲线进行过 8 次修订，可参考最新版本 API RP 941《炼油厂和石油化工厂用高温高压临氢作业用钢》。

第四节　连多硫酸应力腐蚀开裂

一、概述

连多硫酸应力腐蚀开裂(PTA SCC)是指在奥氏体不锈钢(或其他敏化奥氏体合金)设备运行期间，与介质中硫化物发生反应在设备表面生成硫化亚铁，在装置停工期间，设备表面的硫化亚铁与大气中氧和水分接触生成连多硫酸($H_2S_xO_y$，$x=1\sim5$，$y=1\sim6$，其中 $H_2S_4O_6$腐蚀性最强)，造成敏化的奥氏体不锈钢产生沿晶开裂。

连多硫酸应力腐蚀开裂最易发生在石化系统中由敏化不锈钢制造的设备上，比如，高温、高压含氢环境下的反应塔器及其衬里和内构件、储罐、换热器、管线、加热炉炉管，特别在加氢脱硫、加氢裂化、催化重整等系统中用奥氏体钢制成的设备。这些设备在高温、高压、缺氧、缺水的干燥条件下运行时一般不会形成连多硫酸，但当装置运行期间遭受硫的腐蚀，在设备表面生成硫化物，装置停工期间有氧(空气)和水进入时，与设备表面生成的硫化物反应生成连多硫酸($H_2S_xO_6$)。此外，设备材质停工时通常也存在拉伸应力(包括残余应力和外加应力)。敏化的奥氏体不锈钢或其他奥氏体高合金受到连多硫酸和拉伸应力的共同作用，就有可能发生连多硫酸应力腐蚀开裂。

催化裂化装置再生系统在运行过程中，会生成 SO_2 和 SO_3，它们在某些特定部位可能形成连多硫酸，从而引起奥氏体不锈钢和奥氏体合金部件出现 PTA SCC。

二、机理

1. 连多硫酸的生成机理

含硫原油在加工过程中，通过不含 H_2的高温硫腐蚀和 H_2/H_2S 腐蚀，与钢作用生成 FeS。停工检修打开设备时，内表面的 FeS 与氧气和水接触，从而形成连多硫酸，总反应式为：

$$FeS+O_2+H_2O \longrightarrow Fe_2O_3+H_2S_xO_y$$

上式中，$x=1\sim5$，$y=1\sim6$。

典型的反应为：

$$8FeS+11O_2+2H_2O = 4Fe_2O_3+2H_2S_4O_6$$

2. 连多硫酸应力腐蚀开裂机理

有三种机理常用来解释连多硫酸应力腐蚀开裂，分别是晶间贫铬区阳极优先溶解理论、“滑移-溶解-断裂”理论和形变马氏体溶解理论。晶间贫铬区阳极优先溶解理论最为广泛接受。该理论认为，敏化的奥氏体不锈钢(或其他敏化奥氏体合金)晶界会产生杂质偏聚，以 $Cr_{23}C_6$形式在晶界析出，导致晶界贫铬，贫铬区耐蚀性能变差，钝化膜不稳定，成为点蚀的敏感位置，贫铬区阳极优先腐蚀溶解，形成局部应力集中，萌生裂纹，成为断裂源。

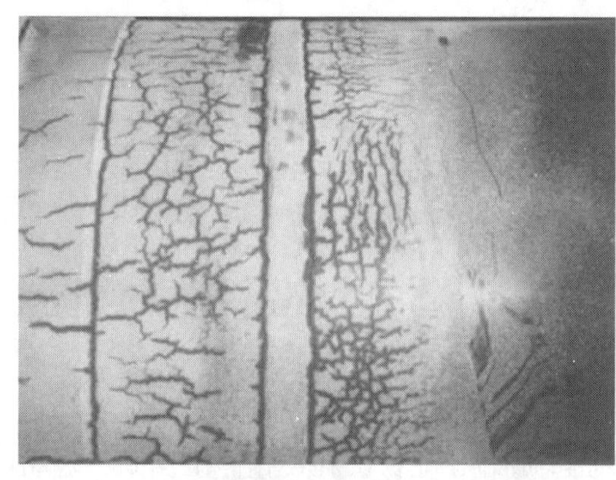

图 3-6 某管道焊缝开裂的宏观形貌

连多硫酸应力腐蚀开裂机理可以从失效件的宏观和微观形貌得到旁证。连多硫酸应力腐蚀多为沿晶型开裂，见图 3-6 和图 3-7。通常靠近焊缝或高应力区域，而裂纹萌生和扩展的临界拉伸应力相对较低，由此，开裂蔓延迅速，可能在数分钟或几小时内沿厚度方向迅速扩展，并穿透管线和部件。

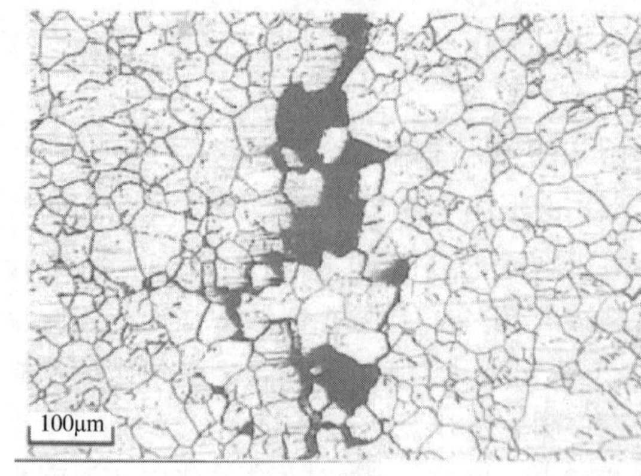

图 3-7 连多硫酸应力腐蚀开裂晶间裂纹的微观形貌

三、影响因素

1. 环境

连多硫酸通常由炼油设备内表面的含硫腐蚀产物和氧、水反应生成的。氧气最主要来源是停工后打开设备后暴露于大气引进的，氮气吹扫或氮封时使用的氮气也有可能含有少量氧气。

停工检修和检测活动都会引入少量水，比如水压测试、高压水洗和高压水线性切割等。停工过程中设备蒸汽吹扫会残留少量冷凝水，加热炉除焦时除焦蒸汽或除焦柱的动力用水都会引入液态水。这些都有助于形成 PTA SCC 环境。根据不同的地理气候条件，降雨、多雾或达到露点的潮湿环境，都可能形成液态水。

大量实验数据和工程实践表明，连多硫酸溶液的浓度、pH 值、氧含量及有害成分等因素都影响着不锈钢连多硫酸应力腐蚀开裂的发生。随着连多硫酸浓度的增大、pH 值的降低，应力腐蚀开裂产生时间缩短，见图 3-8。连多硫酸溶液中的连四硫酸是导致不锈钢发生应力腐蚀开裂的主要成分，并且随着氧含量的增加，连四硫酸更容易生成，因而氧的存在加剧了连多硫酸应力腐蚀开裂。

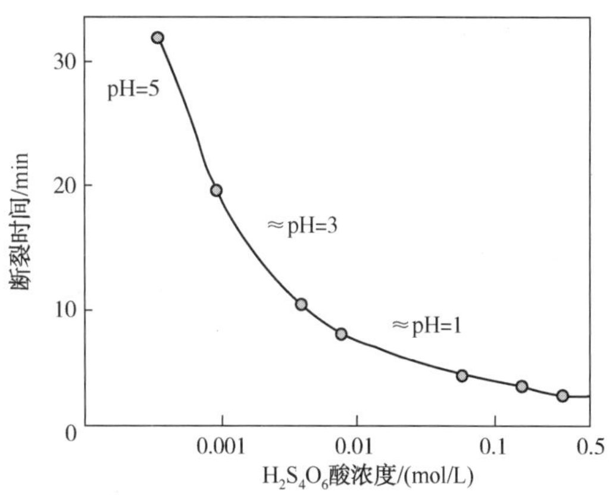

图 3-8 连多硫酸浓度对腐蚀不锈钢的影响

氯离子的存在对连多硫酸应力腐蚀开裂具有明显的促进作用，氯离子对不锈钢钝化膜具有极强的穿透性，氯离子吸附在钝化膜表面会替换其中的氧，导致钝化膜表面出现缺陷并优先发生腐蚀，进而在腐蚀介质和应力的综合作用下，加速了不锈钢的应力腐蚀开裂。

2. 材料

Cr、Ni 等合金元素能够在奥氏体不锈钢表面形成钝化膜，从而提高其耐蚀性能。当不锈钢处于温度敏化区时，合金中 C 元素会优先与 Cr 形成 $Cr_{23}C_6$并在晶界析出，导致晶界贫铬，耐腐蚀性能降低，因而导致连多硫酸应力腐蚀开裂发生。目前，通常采用添加稳定化元素 Ti 或 Nb，以降低晶界贫铬，提高不锈钢耐连多硫酸应力腐蚀开裂性能。如果合金中 Ti 或 Nb 含量不足(Ti/C 或 Nb/C 低)，C 元素不能被完全固溶，奥氏体不锈钢敏化倾向增大，就越容易发生连多硫酸应力腐蚀开裂。研究结果表明，具有奥氏体和铁素体双相组织的不锈钢具有一定的耐连多硫酸应力腐蚀开裂性能，临界铁素体含量为 10%，高于该含量的不锈钢不易发生连多硫酸应力腐蚀开裂。不锈钢的硬度对其耐连多硫酸应力腐蚀开裂性能也有较大的影响，其硬度越高，越容易发生连多硫酸应力腐蚀开裂。当不锈钢洛氏硬度低于 20 HRC 时，其应力腐蚀敏感性很低，但是当洛氏硬度超过 30 HRC 时，其连多硫酸应力腐蚀敏感性明显增大。一般在 H_2S 或含硫腐蚀环境下的材料应控制其洛氏硬度低于 22 HRC。

3. 应力

拉应力容易引起金属材料发生应力腐蚀开裂，与裂纹发展方向垂直，包括外应力和内应力两个方面。外应力主要源自设备安装、服役过程中承受的外加结构应力，对应力腐蚀开裂的影响远小于内应力。在连多硫酸腐蚀环境中，应力的存在促进了不锈钢晶间贫铬区的阳极溶解，内应力的大小直接影响着应力腐蚀开裂的发生。在不锈钢-连多硫酸腐蚀体系中，存在一个临界应力值，当材料所承受的应力大于该应力值时，就会发生应力腐蚀开裂，且应力越大，断裂时间越短。导致 PTA SCC 的临界敏化程度和临界应力值一般很难得知。

四、控制方法

（1）充入氮气避免氧气进入

通常需要选择干燥不含氧的氮气，但需要注意的是商品氮气中通常含有少量的氧气（约 1000μL/L）。氮气吹扫时，如果环境中含有水或氧气时，需要向吹扫氮气中加入 5000μL/L 的氨，并确保氨不会对催化剂产生影响。氮封的同时，往往也达到了去除其中水分的目的。炉管等需要用水蒸气进行吹扫除焦时，需在露点温度 72℃ 以上停止蒸汽改用氮气吹扫，在安装盲板以前应一直保持吹扫。在安装盲板后，应保持氮气正压。如果无法避免水蒸气冷凝，可以通过添加少量胺，调节冷凝液的 pH 值大于 9.5，以便中和生成的连多硫酸。

（2）设备碱液清洗

碱洗的目的主要是为了中和可能存在的连多硫酸。但是，使用碱液清洗需要确保碱不会对催化剂等其他材料产生不利的影响。碱洗液通常是质量分数约为 2%的 Na_2CO_3溶液，也可以使用质量分数为 5%的 Na_2CO_3+$NaHCO_3$溶液，使用 K_2CO_3的不多，不得使用 NaOH 等苛性碱。另外，碱洗液中需要加入质量分数为 0.2%的表面活性剂和一定量的缓蚀剂。碱液清洗的过程中需要定期对循环碱液的 pH 值和氯含量进行测定，并及时更新。排除碱洗液后可在设备表面生成一层碱膜，从而对再次生成的连多硫酸起到中和作用。用于加氢装置的清洗碱液须控制其氯离子质量浓度低于 250mg/L，并采取措施清除设备中的氯化物沉积物。碱洗除盐导致氯浓度局部回升比较常见，通常纯碱溶液不具有清除氯化物的功能，需要加入 $NaNO_3$，以降低氯应力腐蚀开裂的可能性。如果工艺介质中并不含氯，但设备碱洗液难以排空时，碱液的原始氯含量应控制在 25mg/L 以下。即使氯含量控制在这一低水平，也应尽量消除残液，因为温度升高时残液浓缩，氯浓度会增加，增加了氯应力腐蚀开裂的可能性。

对于表面易结焦的奥氏体不锈钢炉管，在碱洗前须对管内进行除焦，从而保证碱液能够到达管壁表面，否则不能达到防止连多硫酸应力腐蚀开裂的效果。

（3）充入干燥气体避免冷凝水的形成

用于除湿的干燥空气露点温度应低于设备内壁金属温度至少 22℃，可有效避免连多硫酸应力腐蚀开裂的发生。

(4) 避免奥氏体不锈钢长时间停留在敏化温度区间

敏化的奥氏体不锈钢才具有连多硫酸应力腐蚀开裂倾向。敏化指制造或运行过程中，奥氏体不锈钢处于敏化温度范围，含铬碳化物在晶界沉积所致，导致位于晶界的铬减少，从而降低材料的耐蚀能力。奥氏体不锈钢在其敏化温度区间停留会导致晶界贫铬，且碳含量越高、停留时间越长，敏化程度越深，越容易发生连多硫酸应力腐蚀开裂。表 3-1 是常见奥氏体不锈钢的敏化温度区间。

表 3-1 常见奥氏体不锈钢的敏化温度区间

类别	奥氏体不锈钢牌号	敏化温度区间
低碳不锈钢 (<0.03% C)	UNS S30403(304L SS) UNS S31603(316L SS) UNS S31703(317L SS)	400~815℃
常规不锈钢 (<0.08% C)	UNS S30400(304 SS) UNS S31600(316 SS) UNS S31700(317 SS)	370~815℃
高碳不锈钢 (<0.10% C)	UNS S30409(304H SS) UNS S31609(316H SS)	370~815℃
化学稳定不锈钢	UNS S32100(321 SS) UNS S34700(347 SS)	400~815℃
Ni 基奥氏体合金	UNS N08800(Alloy 800) UNS N08825(Alloy 825) UNS N06625(Alloy 625)	370~815℃ 650~760℃ 650~760℃

图 3-9 显示了敏化温度和时间对 304 不锈钢在连多硫酸和硫酸-硫酸铜溶液中晶间腐蚀的影响。

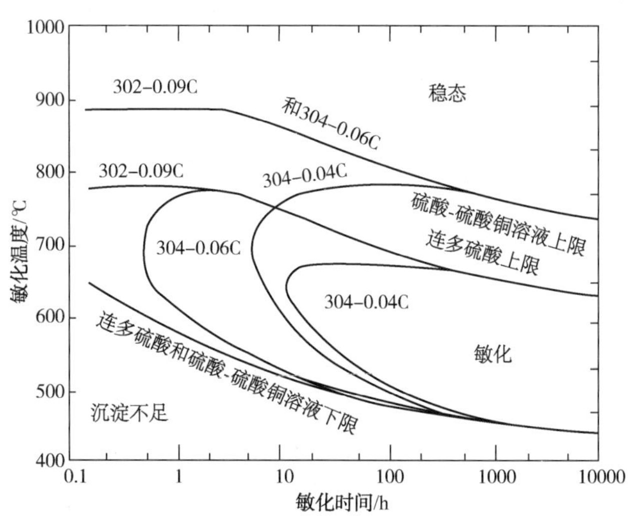

图 3-9 敏化温度和时间对 304 不锈钢在连多硫酸和硫酸-硫酸铜溶液中晶间腐蚀的影响

(5) 采用耐连多硫酸应力腐蚀开裂的不锈钢

降低碳含量、加入固C元素Ti和Nb等方式可以抑制不锈钢的晶间贫铬趋势。点蚀往往是诱发连多硫酸应力腐蚀开裂的重要因素。因此，可藉由不锈钢的耐点蚀指数PRE来比较各种不同材料的耐连多硫酸应力腐蚀开裂性能：

$$PRE=\%Cr+3.3\times\%Mo+16\times\%N$$

碳含量、Ti/C和Nb/C比对不锈钢晶间腐蚀开裂影响显著，防止不锈钢晶间应力腐蚀开裂存在临界Ti/C和Nb/C值，该比值随着碳含量的降低而增大。日本新日铁住金(NSSMC)公司利用这一原理，开发一系列耐连多硫酸应力腐蚀开裂的AP(Anti-PTASCC)奥氏体不锈钢用于炼化装置。AP系列奥氏体不锈钢碳质量分数低至0.02%，Nb/C比值达到15以上，有效避免了焊接热影响区$Cr_{23}C_6$的析出。试验结果表明，347AP经565℃、10000h热过程后较347不锈钢和321不锈钢仍具有良好的耐连多硫酸应力腐蚀开裂性能。AP系列钢的显著特点是不需要焊后热处理和稳定化处理仍具有良好的耐连多硫酸应力腐蚀开裂性能。近年随着加工高酸原油企业的增多，为实现常减压装置材料同时具备耐环烷酸腐蚀和连多硫酸应力腐蚀开裂性能，NSSMC公司开发了高含钼的317AP不锈钢，进一步改善了347AP的耐环烷酸腐蚀性能的目的。自20世纪90年代，347AP已在日本多套炼化装置的加热炉管上得到了成功应用。采用AP系列奥氏体不锈钢，避免了制造加工过程中的焊后热处理和稳定化处理工艺，缩短了制造工期。使用过程中省去了装置停工过程中碱洗、氮气吹扫等保护措施，节约了设备维修和运行成本。

(6) 降低应力水平

为避免连多硫酸应力腐蚀开裂的发生，可以从设计、制造、安装等方面考虑避免应力集中、降低应力水平。设计中应严格要求选择合适的焊接材料。加工制造过程中，确保焊前预热处理及焊后热处理的有效实施，从而达到改善焊接热影响区金相组织性能和消除残余应力的目的。安装过程中应严格遵从安装程序及规程，避免强迫安装，尽量降低因不合理安装产生的附加应力。装置运行过程中应操作平稳，尽量避免装置波动，减少装置的开停车次数。

第五节　氯离子应力腐蚀开裂

一、概述

氯是原油中极性最强的元素之一，因氯化物腐蚀导致设备腐蚀和装置停车的案例在国外时有报道，并且氯化物的腐蚀危害逐渐由常减压装置扩展到二次加工装置。按照水溶性，原油氯化物可分为两类：能够被电脱盐脱除的氯化物和“不可提取的氯化物”。“不可提取的氯化物”一般包括难溶金属盐及矿物颗粒，以及有机氯化物，通常在高温或催化剂作用下分解，对二次加工装置危害严重。随着许多油田逐步进入三次采油阶段，为提高产量，常常需使用含氯化物的清洗剂、堵水剂、缓蚀剂等助剂，这些助剂构成原油中有机氯化物的重要来源。因此，有必要控制采油助剂中的氯含量，提前防范对下游炼化装置的不良影响。

易受氯化物影响的装置有如下部位：

（1）蒸馏常压塔塔顶设备

塔顶、塔顶塔盘、塔顶管道和换热器会遭遇积垢和腐蚀。由于铵盐和/或氯化胺盐从蒸汽相凝结出来，沉积物可能发生于低流量区。若存在铵盐或氯化胺盐，则塔顶回流系统可能会受到影响。

（2）加氢装置

反应器流出物遭遇氯化铵盐积垢和腐蚀。所以在包括热进料/出料换热器的出料侧在内的许多部件上可形成氯化铵盐。

加氢装置是氯化铵腐蚀重灾区，反应流出物中通常含有一定比例的 H_2S，100～10000ppm 的 NH_3，可能还有大约 1～7ppm 的 HCl。受原料油方面（油品密度大或杂质含量高）和操作压力（这两个因素都能促使盐产生沉积）的影响，加氢处理的工况越苛刻，盐开始产生沉积的温度就会越高，而且也就越可能发生沉积盐的垢下腐蚀问题。

（3）催化重整装置

反应器流出物和循环氢系统会遭遇氯化铵盐渍和腐蚀。NH_4Cl 会造成稳定塔或脱丁烷塔顶的点蚀和结垢。

（4）催化裂化装置

分馏塔塔顶设备和塔顶回流系统易遭受氯化铵腐蚀和盐渍作用。

随着反应流出物在换热器中逐渐冷却，过程流体越来越接近盐沉积的温度，在达到沉积温度之前必须对流出物进行水冲洗。注水将与过程流体进行充分混合，以使 NH_3、HCl 及大部分的 H_2S 被水相吸收，由此产生的水相流体具有很强的腐蚀性。这种措施将防止设备和管道中析出干的（而不是吸湿性的）沉积盐。真正“干”的结晶盐是没有腐蚀性的。但是在某些情况下，当循环气或原料中存在充足的水分时，或者停工后暴露于大气就会因为吸湿而导致垢下腐蚀。如果水冲洗系统水量不足或注入的水分布不均匀，那么就会在注水点之后产生盐沉积，导致腐蚀和设备失效。

氯离子危害集中表现在氯化铵结晶导致换热器、空冷器及管线堵塞；换热效率降低，加热炉负荷增大；压缩机叶片结垢，导致喘振；碳钢材质设备、管道腐蚀加重；换热管腐蚀穿孔以及炼油装置低温部位腐蚀。近年来，危害最严重、表现最为突出的是不锈钢设备、管道氯化物应力腐蚀开裂。

二、不锈钢氯化物应力腐蚀开裂机理

不锈钢的氯化物应力腐蚀开裂（缩写为 Cl-SCC）微观形貌有多种，可表现为多分支的穿晶裂纹、穿晶裂纹向沿晶裂纹过渡、穿晶裂纹混杂沿晶裂纹、脆性沿晶裂纹等，这与材料是否敏化、应力及环境因素有关。

不锈钢 Cl-SCC 过程与材料、环境和力学等多种因素有关，尚无统一的理论。较普遍的 Cl-SCC 机理有三种，即阳极溶解机理、氢脆机理、阳极溶解和氢脆共同作用的机理。最普遍接受的是阳极溶解机理，即阳极金属的不断溶解导致了应力腐蚀裂纹的形成和扩散，当裂纹一旦形成，裂纹尖端的应力集中导致裂纹尖端前沿区发生迅速屈服，晶体内位错沿着滑移面连续地到达裂纹尖端前沿表面，产生大量瞬间活性溶解质点，导致裂纹尖端(阳极)快速溶解。

三、不锈钢 Cl-SCC 影响因素

不锈钢 Cl-SCC 的影响因素众多，主要与应力状态、介质环境、材料的合金成分等有关，环境因素中比较重要的有氯离子含量、温度、pH 值、氧气等。这些因素相互作用十分复杂，单独研究一种或者某几种因素对不锈钢 Cl-SCC 的影响，会受到材料的交货状态、焊接工艺、热处理等因素的干扰，往往得出相互矛盾的结论。

1. 氯离子含量

随着氯离子含量的升高，奥氏体不锈钢发生 Cl-SCC 的敏感性增加。工程实践表明，开裂常发生在温度高的部位，特别是热传递速率大、易发生干湿交替的部位。在实际工况中，因设备结构和其所处环境条件的变化而发生设备局部的氯离子浓缩，进而导致奥氏体不锈钢发生 Cl-SCC。有研究表明气相部位产生 Cl-SCC 所需的氯离子含量比在液相部位要低。确定导致 Cl-SCC 的氯离子浓度上限非常困难。现阶段，可以参考图 3-10 来确定不同材料耐 Cl-SCC 的氯离子含量、温度许用极限。需要指出的是图 3-10 给出目前业内较为接受的耐 Cl-SCC 的氯离子含量限值，但有工业经验表明该限值较为保守，特别是在 pH 较高的情况下。

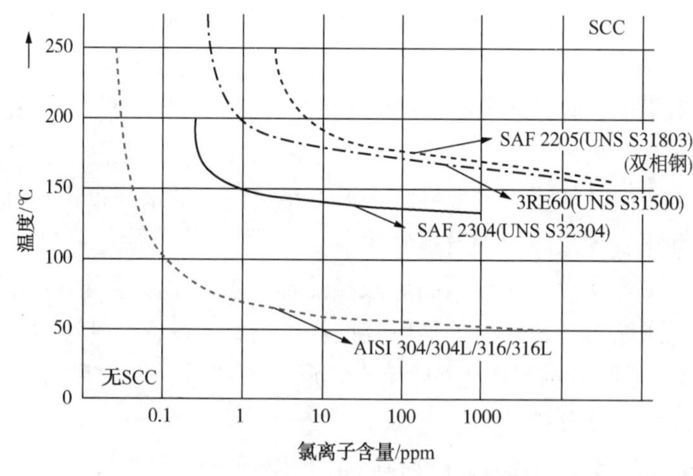

图 3-10　不同材料耐氯离子应力腐蚀开裂的许用极限

2. 温度

温度是奥氏体不锈钢发生 Cl-SCC 的一个重要参数，奥氏体不锈钢在含氯离子溶液中发生 Cl-SCC 的敏感性随温度升高而增加，而且断裂所需的 Cl^- 浓度和 O_2 含量下降。API

RP571 规定发生 Cl-SCC 的起始温度为 60℃；API RP581 规定根据溶液的 pH 值和氯离子浓度，苛刻条件下 38℃以上环境就需要考虑氯化物开裂。一般来讲，对于一些体系存在着一个临界 Cl-SCC 温度，高于此值时材料才破裂，低于此值时材料不会破裂；但是，溶液的其他条件(如 pH 值、含氧量等)改变时，Cl-SCC 的临界温度也会发生变化。另外，不同金属在同一种介质中，引起应力腐蚀破裂的温度并不相同；有的金属要在沸腾温度下才能破裂，有的金属在室温下便产生应力腐蚀开裂。

3. pH 值

对不同的体系，pH 值的影响有所不同。对奥氏体不锈钢而言，随着体系 pH 值下降，加快了 Cl-SCC，破裂速率增大。但它不遵循提高 pH 值就一定会减轻 SCC 的规律，影响裂纹发展的是裂纹尖端的 pH。溶液本体是中性或者碱性时，裂纹尖端缝隙内的 pH 可能是酸性的。Baker 测出了奥氏体不锈钢裂纹尖端处溶液的 pH 值仅为 1.2~2.0。

API RP581 计算奥氏体不锈钢发生 Cl-SCC 敏感性等级时，将体系的 pH 值分为 pH>10 和 pH≤10 两种情况分别考虑。

4. 氧

氧对 Cl-SCC 的影响取决于溶液的性质。在稀释水溶液中，如果不含氧，即使在氯化物含量较高的情况下，也不会发生应力腐蚀开裂。在高温水中加入氧化剂(如氧气)时，Cl-SCC 敏感性显著增强。这是由于氧气在裂缝中的消耗速率大于扩散速率，在进入裂缝内一段距离后，氧气就被消耗完，使得裂纹尖端仍处于低氧状态，使得裂纹尖端和金属本体形成氧浓差电池，加速 Cl-SCC 的发展。Speidel 指出，304 钢在 260~300℃的高温水中能发生 Cl-SCC 的临界 Cl^- 离子浓度和溶解 O_2 有关，见图 3-11。

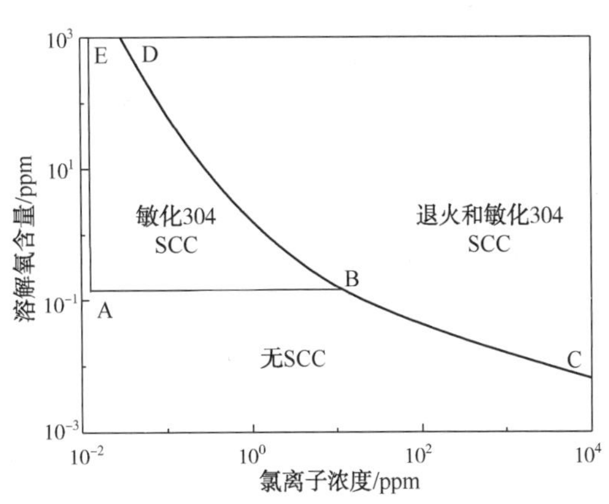

图 3-11 高温水中 304 钢 Cl-SCC 的临界 Cl^- 浓度随 O_2 含量的变化

四、控制方法

(1) 随温度升高，产生 Cl-SCC 的时间缩短，而且断裂所需的 Cl^- 浓度和 O_2 含量降低。建议临时注水洗盐时，控制系统温度。

(2) 溶解氧是重要的影响因素，O_2 含量上升，断裂所需的温度和 Cl^- 浓度降低。建议对加氢注水的溶解氧进行分析，最高不应超过 50ppb，避免采用含氧高的水源，最好采用除氧水。

(3) 通常 pH 值升高，SCC 敏感性降低。建议将加氢酸性水 pH 值控制在偏碱性，但是不要超过 10。

第六节　保温层下腐蚀

一、概述

保温层下腐蚀(Corrosion Under Insulation，缩写为CUI)是由于冷、热设备或者管道需要保温、节能或维持工艺运行需要，采取绝热措施导致的设备或者管道本体腐蚀，即隔热层下金属发生的腐蚀。此外，包括用于保护关键结构的耐火材料也会引起钢材表面潮湿，进而引起的腐蚀。

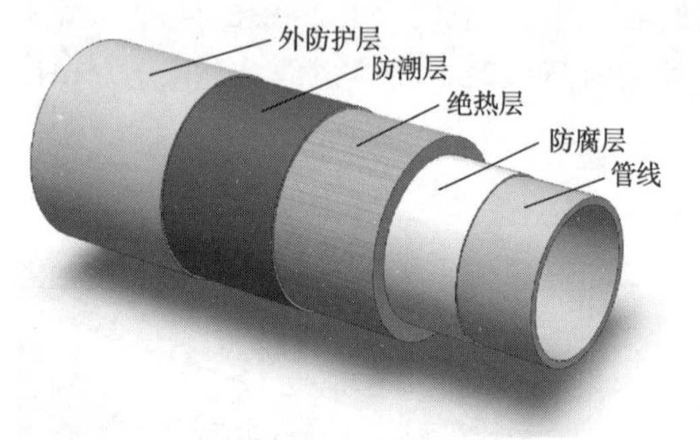

图3-12　典型的管道防腐保温结构示意图

典型的保温层结构如图3-12所示。其中，起绝热作用的保温层所用材料多为硅酸钙、岩棉及矿渣棉制品。玻璃棉、硅酸铝棉、珍珠岩或泡沫塑料，尽管对热量具有很好的隔热效果，但由于它们属于毛细结构，特别容易吸附水分，因此不仅难以阻止水分的入侵，而且难以让水汽向外蒸发。

根据设备或者管道材质不同，保温层下腐蚀可分为两种不同类型：

① 碳钢管道、压力容器和结构部件由保温层下的水，连同其他因素导致的外腐蚀。碳钢CUI在炼化装置比较常见，见图3-13。

② 保温层下的奥氏体不锈钢和双相钢的外部氯化物应力腐蚀开裂(External Stress Corrosion Cracking，缩写为ESCC)。

图3-13　某气分装置排凝管线保温层下腐蚀

(彩图见本书附录)

二、腐蚀机理

保温层下腐蚀(CUI)环境和本体材质决定了其腐蚀机理。CUI环境主要包括水分和腐蚀性介质。CUI 水的来源主要有两种：

① 从外部渗入，比如雨水、冷却塔流下来的水、工艺物料溢出的水、从灭火装置、喷淋系统和冲洗系统溅出的水等；

② 冷凝水，包括冷壁设备上凝结水、蒸汽在表面凝结的水等。

保温层下水中主要腐蚀性介质包括从外部进入和隔离材料自身溶出的腐蚀性介质。氯化物和硫酸盐是保温层下主要的腐蚀性介质，它们的金属盐极易溶于水，导电性很高。有时候这些盐水解形成低 pH 水溶液，产生局部腐蚀。

温度对碳钢 CUI 有重要影响。温度决定了水与碳钢接触时间、保护涂层、封闭和密封剂的使用时间等，更重要的是，温度对氧在水中的溶解度有显著影响，见图 3-14。可以看出，无论在开放还是密闭系统中，碳钢的腐蚀、氧含量与温度有高度相关的关系。对碳钢而言，通常认为 CUI 温度范围为-4~149℃。

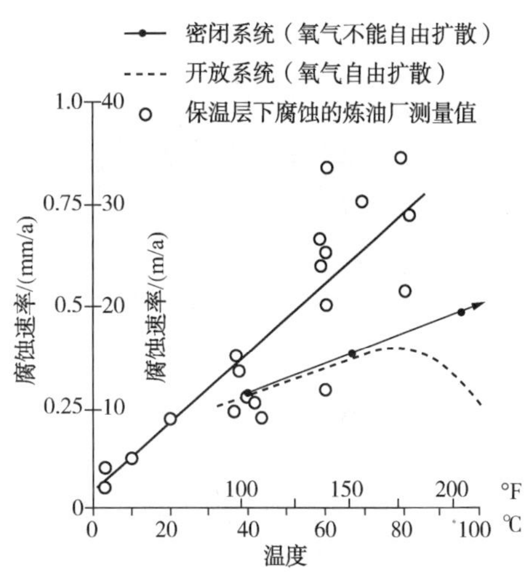

图 3-14 在开放和密闭系统中碳钢腐蚀、氧含量与温度的关系

对不锈钢而言，CUI 主要表现为外部氯化物应力腐蚀开裂(ESCC)的形式和机理。ESCC 发生在奥氏体不锈钢管道和工艺设备上。氯在保温层中几乎所有的部位都有，包括保温层、胶黏剂和密封剂。水中的氯浓度不必很高，因为热的金属表面通过蒸发使氯浓缩，达到开裂水平。经验显示，发生 ESCC 的位置保温层中氯含量仅为 350ppm。ESCC 残留物中发生氯的含量仅为 1000ppm。可以将这一含量作为保温层材料允许的氯含量。硅酸盐可用来抑制保温层中氯对奥氏体不锈钢的 ESCC。

不锈钢发生 ESCC 的温度区间为 50~149℃。

对应力腐蚀开裂敏感的奥氏体不锈钢，通常在内、外壁不同腐蚀环境下同时起裂，发生沿晶开裂，见图 3-15。

三、影响因素

1. 机械设计

保温层设计对 CUI 有重要的影响。保温层设计技术规范要求应完整和详细。必须清晰描述材料、应用和竣工要求。如有特殊要求，应该在规范中列出。

设计不好或者保温层不合理，会造成保温层有突出，水可以渗入保温层，腐蚀了保温层下面的金属。抗风化层和防潮层破损，设备和管道直接暴露在空气中，造成结构失效、非计划停工或延长停工时间，或者是设备非计划更换。对设备和管道上的突出、附件和支撑等部位，保温设计良好，可以延长保温层的寿命，基体金属腐蚀也可以降低。应该避免的设计特征有：

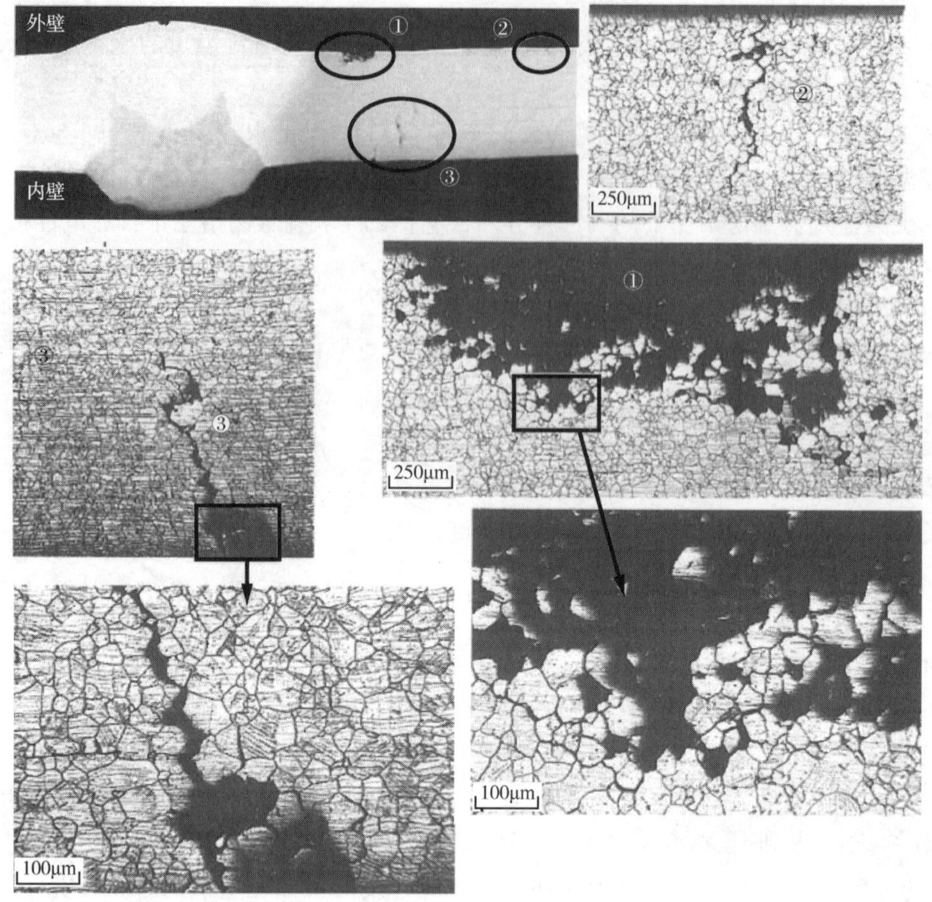

图 3-15　某减压炉进料管内壁发生连多硫酸应力腐蚀开裂，外壁发生外部氯化物应力腐蚀开裂

（1）形状上容易造成存水，例如水平面、真空环和保温支撑圈。

（2）形状上难以抗风化，例如角撑板、工字梁和其他结构。

（3）漏斗形状容易造成水进入保温层，例如角钢支架。

（4）其他部件造成抗风化层不连续，例如梯子支架、接管、铺板和平台、管道的支撑等。

（5）冷设备上的凸出部位，造成由冷到环境温度的温度梯度。

设备、管道和压力容器，以及其附件是保温层设计的重要部分。不同的形状、外形和附件需要有不同的设计方案，具体可参考 NACE 0198—2004 等相关标准和技术规范。

2. 保护涂层

保温层下使用的涂层包括有机薄层涂料、熔融烧结的涂层、喷涂和石蜡涂料。使用前，应咨询涂料生产商或者进行性能检测，确定是否合适用于保温层下碳钢和不锈钢材料。选用合适的涂料，应遵循以下基本原则：

（1）涂料中不能含有可溶解的氯或卤化物。氯或其他卤素化合物存在于树脂分子中是无害的，但不能在工作温度范围内因老化而释放出来。

（2）奥氏体不锈钢易受到 ESCC。同时，如果涂层中含有低熔点的金属，还会面临液态金属开裂(缩写为 LMC)的风险，涂料配方中不应含有锌、铅、铜以及它们的化合物。

(3) 如果工作温度处于冷凝温度区间，选择涂料时应考虑潮气对涂料的影响。

(4) 蒸汽吹扫管线所选择的涂料应能在吹扫期间具有很好的耐温性。

(5) 无机富锌涂料或镀锌不应在 50~150℃ 范围内长期使用或循环使用。在封闭且潮湿环境下，锌的抗腐蚀能力不够。

(6) 热喷涂铝涂层在海洋和高温环境下有很好的性能。

(7) 石蜡带涂层可应用于干态或经过露点的循环条件下，但应遵循 NACE RP0375—2006 对石蜡带涂层的要求。

3. 保温、耐火和附件材料

国内常用的保温材料包括岩棉、硅酸铝、复合硅酸盐、玻璃棉、膨胀珍珠岩、矿渣棉、海泡石、微孔硅酸钙、泡沫玻璃和聚氨酯等。这些材料提取液的 pH 值、电导率、SO_4^{2-}、Cl^- 和 F^- 离子含量各不相同，对碳钢的腐蚀速率差异很大。

奥氏体不锈钢使用的保温材料按照 ASTM C795-08 化验合格。有些用户规定了比 ASTM C795-08 更为严格的氯含量。有些企业规定了保温材料最大氯含量，例如珍珠岩最大为 100ppm，硅酸钙最大为 200ppm，人造矿物纤维最大为 25ppm。同时，为了保护奥氏体不锈钢免受 ESCC，规定了不同材料的硅酸钠与氯的最小比值。对硅酸钙，最小比值为 20 : 1；对珍珠岩，最小比值为 200 : 1。

ASTM C795-08、ASTM C692-13 规定了保温材料的测试方法。

(1) 硅酸钙

硅酸钙常用于高温保温。室温下，可以吸收自身质量 4 倍的水。在潮湿条件下，可以从潮湿空气中吸收 20%~25% 自身质量的水。因此，硅酸钙在室外使用时，最低使用温度为 150℃。硅酸钙受潮后呈碱性，pH 为 9~10。高 pH 值对涂层有害，例如醇酸树脂和无机锌。

(2) 膨胀珍珠岩

膨胀珍珠岩性能参见 ASTM C610-17。它由膨胀珍珠岩、无机硅酸盐黏合剂、纤维加强和防水聚硅酮添加剂制成。膨胀珍珠岩用于中温至高温的保温。添加的防水剂能够让材料在较低的温度下保持干燥。在高温 315℃ 左右，防水添加剂可能失效，失去防水性。ASTM C610-17 包含了测试温度对防水性关系的方法。

(3) 人造矿物纤维

ASTM 将玻璃和矿物纤维保温材料归为同一类，通常包括岩石、矿渣和玻璃通过熔融态制成纤维状保温材料，其中还掺有一些有机黏合剂。这些材料可用室温到高温条件下。最高使用温度取决于纤维和黏合剂的种类。

(4) 泡沫玻璃

泡沫玻璃规格参见 ASTM C552-16a。它是熔融条件下起泡形成的封闭细胞构造，一般呈块状。适用于低温至中等温度(-25~200℃)。普遍用于需要防冻或工艺控制的电伴热和蒸汽伴热的管道。泡沫玻璃是防水的，在开裂的表面会吸收少量的水。然而，水通过裂纹或接头进入保温系统，可以抵达钢材表面并引起腐蚀和 ESCC。

（5）有机泡沫保温材料

ASTM 有各种类型的有机泡沫保温材料规范。常用的包括聚氨酯、聚异氰脲酸酯、软的人造橡胶和酚醛。聚苯乙烯和聚烯烃很少使用。有机泡沫保温材料适用于低于室温到中等温度、水蒸气分压 2.5～127mm 的环境。

上述材料通常含有不同量的可溶解氯、氟化物、硅酸盐和钠离子，按照 ASTM C871-18 进行测量。pH、含氯量、氟化物含量、硅酸盐含量和钠含量可通过蒸煮的泡沫碎屑而溶解来测量。可溶解氯含量覆盖 0～200ppm。pH 在 1.7 ～10.0 变化。当 pH 值低于 6.0 时，需要采取特殊措施保护，防止 CUI。

四、检测

CUI 发生之前通常有一个潜伏期或者孕育期，CUI 问题通常在五年后才发现比较显著。国外的调研结果表明，80%的保温层下腐蚀都发生在管道系统，服役 16 年以上的管道容易发生腐蚀泄漏。我国炼化企业低压蒸汽管道保温层下腐蚀最为常见，专项调查表明 80%管线在运行 15 年后，保温层内的防腐底漆都掉光，保温层下腐蚀非常严重。企业近年来因 CUI 造成多起非计划停工及人员伤亡事故。

对炼化装置 CUI 进行专项腐蚀检查是发现保温层下腐蚀的最直接手段，也是设备专业管理的一项基础性工作。企业应结合环境、保温层状态、工艺操作条件、材质进行综合分析，计算装置 CUI 风险，对重点部位制定有针对性的检测计划和方案，综合采取各种 CUI 检测技术，掌握保温层下腐蚀趋势与动态，为腐蚀管理提供支持。目前常用的 CUI 检测技术包括目视检查、射线检查方法、实时（透视）、剖面 RT、数字 RT、导波检查（GWT）、中子散射和红外热成像技术等。

制定检测计划时，重点关注保温层变形破损处、积雨管线、支架处、高点放空、低点排凝、结构不连续等部位。根据某企业实际检查经验，CUI 主要发生在以下部位：

（1）温度接近常温的管线及部位，如加热炉的瓦斯线、设备及管线的蒸汽吹扫线、设备的放空线等；

（2）管径较小的管线及引出管，如排凝管；

（3）保温有破损或不连接处的部位或管线下部会有雨水存积的管件处；

（4）保温管线上凸起的一些死角和附件，操作温度不同于主管线；

（5）塔壁或罐壁的直梯焊接处或保温的支撑圈处；

（6）埋地管线的地表以上 5cm 处；

（7）使用石棉绳+玻璃丝布进行保温的管线；

（8）穿平台管线的平台以下第一个发生走向变化的管件；

（9）暴露在冷却水塔附近水雾区的地方；

（10）暴露在蒸汽口的区域；

（11）操作温度为-4～150℃，带绝缘的碳钢管道系统；

(12) 正常运行在120℃以上，但间断使用的碳钢管道系统；

(13) 涂层性能劣化的管道系统。

对近8000个检查部位进行统计分析，CUI严重(Ⅲ级)和危险(Ⅳ级)所占比例分别为3.3%和2.4%，较好地排除了装置内CUI安全隐患。在风险评估的基础上，确定检查范围，在一定程度上减少了保温层下腐蚀检查的工作量，有效节约了经济成本。

第四章 CHAPTER 4

炼油装置腐蚀监检测

腐蚀监检测就是利用各种仪器工具和分析方法，确定材料在工艺介质环境中的腐蚀速率，及时为工程技术人员反馈设备腐蚀信息，从而采取有效措施减缓腐蚀，避免腐蚀事故的发生。通常，腐蚀监检测主要有以下几个目的：

(1) 判断腐蚀发生的程度和腐蚀形态。

(2) 监测腐蚀控制方法的使用效果(如选材、工艺防腐等)。

(3) 对腐蚀隐患进行预警。

(4) 判断是否需要采取工艺措施进行防腐。

(5) 评价设备管道使用状态，预测设备管道的使用寿命。

(6) 帮助制定设备管道检维修计划。

炼化装置的腐蚀类型十分复杂，腐蚀监检测技术种类繁多。每种技术都有它各自的优点与局限性，往往需要同时采用多种腐蚀监检测技术，充分发挥不同监检测技术的优势，弥补各自的缺点，才能有效监测装置的腐蚀状况。

按照不同的分类标准，腐蚀监检测技术有多种分类方法。可以分为直接监检测和间接监检测，也可以分为侵入式检测技术和非侵入式检测技术，还可以分为在线监检测技术和离线监检测技术。本章主要介绍在炼油装置应用较为成熟可靠的腐蚀监检测技术，包括各类腐蚀监检测技术的原理、用途及其局限性，并简要介绍一些腐蚀监检测前沿技术，以及炼油装置制定腐蚀监检测方案的策略。

第一节 电学及电化学原理腐蚀监检测技术

利用电信号或者电化学信号能够方便、快速地检测到材料的腐蚀状况。采用在线监测方式，将探针直接安装在设备和管道中，通过监测探针的电阻、电感等电参数，经过计算可以将这些数据转化为腐蚀速率，从而反映被监测设备或管道的腐蚀变化情况。还可以通过监测腐蚀过程中金属与溶液介质之间发生的电化学反应，实现对腐蚀过程的快速测量。电学及电化学腐蚀监检测技术发展迅速，常用的主要有电阻探针(ER)、电感探针、电场指纹(FSM)监测技术、斯特恩(Stern)法监测技术、电化学噪声(EN)监测技术等。

一、基于电学的腐蚀监检测技术

1. 电阻探针(ER)

电阻探针(ER)是通过测量金属元件在工艺介质中腐蚀时的电阻值变化，计算金属腐蚀速率的方法。当金属元件在工艺介质中遭受腐蚀时，金属横截面面积会减少，造成电阻相应增加。电阻增加与金属损耗有直接关系，因此，可以换算出金属腐蚀速率。电阻探针测量腐蚀速率计算公式如下：

$$CR = 8760 \times \frac{\Delta h}{\Delta T} \tag{4-1}$$

式中 CR——腐蚀速率，mm/a；

Δh——两次测量值的差值，μm；

ΔT——两次测量时间的间隔值，h。

电阻探针检测是一定单位时间内腐蚀程度的检测，短时间内金属损耗引起的电阻变化非常细微，探针阻值的变化要有一定量的积累才能检测，同时温度、应力及电噪声都会对信号产生影响，因此测量时采用一些高灵敏电子元件，提高其灵敏度。电阻探针分辨率一般为总厚度的千分之一，探针厚度一般为0.05~0.64mm，而高分辨探头分辨率一般可以达到探头厚度的1/262144。随着电子技术的发展，基于ER原理，采用细丝状的电阻探针和超级电阻技术，提高了检测的灵敏度和反馈速率，反应时间通常需要2h。电阻金属元件材质与待测设备或管道材质相同时，电阻金属元件腐蚀速率才可以近似代替待测设备或管道的腐蚀速率。实际应用过程中，一般会使用一支温度补偿探头进行对比，补偿温度对电阻的影响。

电阻探针是目前国内炼油厂应用最广泛的在线监测技术。电阻探针适用范围广、检测灵敏度较高、结构简单，可以使用在线或旁路安装，不需从该系统中取出探头就可以进行测量，不受介质是否为电解质的影响，几乎可以用于炼油厂所有介质环境中，包括气相、液相、固相和多相流环境。对于监测缓蚀剂效果作用明显，可用于缓蚀剂优化。

监测结果一般代表均匀腐蚀的腐蚀速率或冲蚀速率，电阻探针对坑蚀、孔蚀检测灵敏度不高，对于局部腐蚀敏感性较差。某些条件下，导电腐蚀产物(如硫化铁)沉积在探头表面，可能导致腐蚀速率测量值降低。安装环境出现较大温度波动时，会引起测量腐蚀速率出现波动。电阻探针受腐蚀产物及介质电阻率影响，探针若发生局部腐蚀，则误差较大。

图4-1 安装在空冷管箱上的电阻探针

电阻探针应安装在露点形成即腐蚀最严重部位，一般为换热器或空冷器的出口段与空冷入口段及两者之间的工艺管线(图4-1)。探针安装应保证探头与管线内部的腐蚀性介质充分接触；若探针安装部位有注剂，则探针应安装在注剂位置之后并保持一段距离或隔有弯头之类，以确保探针所接触介质中注剂已均匀混合。

2. 电感探针

电感探针技术发展于20世纪90年代，又称为磁阻探针技术。当高频电流信号加至金属/合金敏感元件的线圈两端时，线圈周围就会产生电磁场，腐蚀减薄所引起的线圈内空气中磁力线长度增大，会引起金属/合金敏感元件线圈的电感变化 ΔL，故通过检测电感变化量，可推算出金属试片的腐蚀减薄程度。

磁场强度对在线电感探针检测方式有一定影响。导磁材料会影响磁场强度，材料厚度和材料质地都会对磁场强度产生很大影响，会对线圈电感量 ΔL 带来影响。电感探针由于具有很高的导磁性，敏感元件强化了线圈周围的磁场强度，反过来又增大了线圈的感抗。与电阻探针相比，电感探针具有响应时间短、检测分辨率高，不仅适用于液体腐蚀，同样适用于气体腐蚀；检测信号为交流信号，有很强的抗干扰能力；由于温度对钢铁材料导磁性的影响要比对电阻率的影响小几个数量级，因此温度对分辨率和响应时间的影响很小。只要采用与电阻探针相同的温度补偿法，就几乎可以全部消除温度所引起的影响。因此，电感探针结合了线性极化的快速响应和电阻探针广泛适用的优点，克服了它们各自不足之处，使得在任何腐蚀性环境下快速准确地测量腐蚀速率成为可能。电感探针一般为管状结构，为解决现场管径小于 *DN*150 管道安装问题，研发了片状电感探针。

3. 电场指纹(FSM)腐蚀监测技术

电场指纹(FSM)腐蚀监测技术是基于欧姆定律的一种无损监测技术。该技术原理是向被监测区域的设备和管道上引入直流电信号，通过安置于被监测管道或设备外表面的阵列式多探针，测量各探针上的电位差，用测得的电压值与初始测量值进行比较，反映电场强度的微小变化，依此来检测设备或管道的缺陷、裂纹或蚀坑等，见图4-2。FSM的独特之处在于将所有测量的电位同监测的初始值相比较。FSM有很高的灵敏度和精确度，比超声波技术要高10倍以上。可用于腐蚀早期优化预防措施，是优化缓蚀剂应用的有效工具。FSM可用于高温工况，可以在线连续监测，无需开孔。

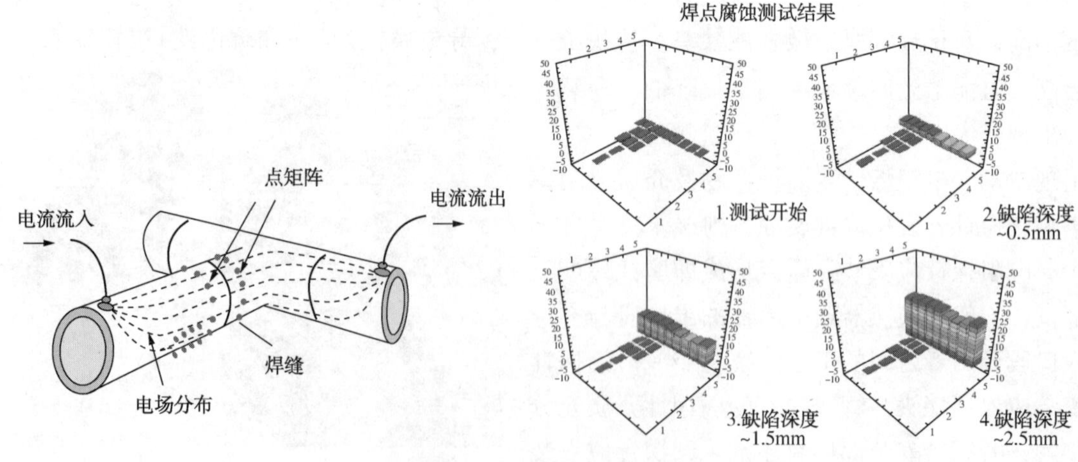

图4-2　电场指纹(FSM)腐蚀监测技术原理及应用

二、电化学监检测技术

炼化装置除了高温部位的硫腐蚀、环烷酸腐蚀、高温氧化等腐蚀过程以外，大部分腐蚀机理属于电化学反应，理论上都可以通过电化学方法进行监测。线性极化法(linear-polarization)、弱极化法(low-polarization)、强极化法(high-polarization)等都可以用来测量腐蚀电流密度 I_{corr}，进而按照法拉第定律(Faraday law)换算成工业上常用的腐蚀速率。电化学噪声技术(简称EN)常用来监测局部腐蚀，如点蚀趋势，也可用于均匀腐蚀测量。恒电量技术常用于研究被测电极双电层结构及电化学行为。电化学交流阻抗技术(简称EIS)是通过外加周期性电信号，研究被测体系的电化学性质。这三种测量技术，往往是间接表征金属在电解质环境中腐蚀行为的方法。电化学检测技术检测快速、简单，可以测得瞬时腐蚀速率，能够及时反映环境因素的变化，可快速、精确描述金属的腐蚀行为和微观电化学过程，在实验室研究中应用广泛。受限于实际工业环境中影响因素复杂，不可控因素过多，能够用于炼化装置的电化学监检测技术不多。

1. 斯特恩(Stern)法测腐蚀速率

斯特恩(Stern)法也叫线性极化法。理论上可以证明，在金属自腐蚀电位附近，极化电阻和腐蚀电流密度呈反比，即Stern定律可以表示为：

$$I_{corr}=\frac{\beta_a \cdot \beta_c}{\beta_a+\beta_c}\cdot\frac{1}{R_p} \tag{4-2}$$

或者：

$$I_{corr}=\frac{B}{R_p} \tag{4-3}$$

式中 B——极化常数，由金属材料和介质决定；

R_p——极化电阻；

I_{corr}——腐蚀电流密度；

β_a，β_c——腐蚀过程的阳极反应和阴极反应塔菲尔斜率。

极化电阻 R_p 可以通过测量自腐蚀电位附近[一般为±(10~30mV)]的极化曲线计算电压与电流的比值获得，也可以采用电化学交流阻抗测量获得。线性极化法的测量适合导电性良好的电解质溶液中进行，不适合气相介质中的腐蚀测量。采用线性极化法需要对电极安装的部位进行分析，以免给出错误的结论。

2. 电化学噪声(EN)监测技术

电化学噪声是指电化学动力系统演化过程中电位、电流、电容等电化学状态参量的随机非平衡波动现象。电化学噪声可因腐蚀电极局部阴阳极反应活性的变化、电化学成核与生长、环境温度的改变、腐蚀电极表面钝化膜的破坏与修复、扩散层厚度的改变、表面膜层的剥离及电极表面起泡的产生等而产生。

电化学噪声技术相对于传统的腐蚀监测技术，是一种原位无损监测技术。检测过程中测量过程不施加极化，不会对腐蚀体系产生任何影响。检测设备简单，响应速率快，可进行实时在线监测，实现过程控制。

通过EN数据分析能够看出正在发生的腐蚀破坏的类型，区分出均匀腐蚀和局部腐蚀。可以通过噪声暂态峰的数量和形态来判断局部腐蚀的严重程度。图 4-3 说明了某体系中加入氯离子前后发生均匀腐蚀和局部腐蚀的不同 EN 特征信号。

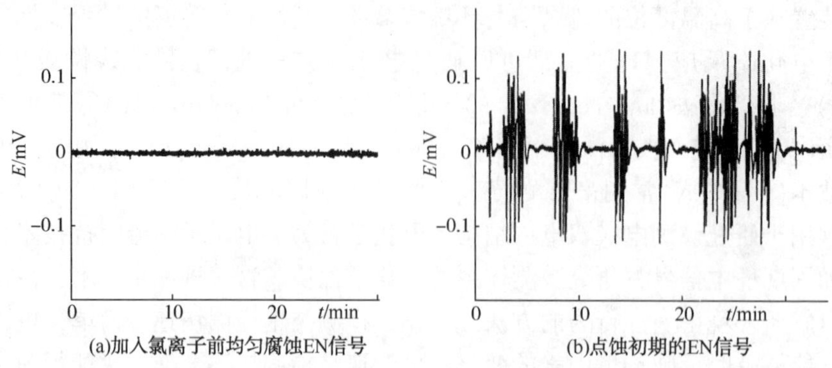

图 4-3 均匀腐蚀和局部腐蚀的 EN 特征信号

EN 技术最突出的优点是能够迅速提供反映局部腐蚀倾向的信息，从而对可能发生的突然失效提供预警和防范，从而快速对系统变化做出反应，实现过程控制(比如工艺操作的变化、注水注剂的调节等)。局部腐蚀通常集中在个别位置急剧发生、破坏迅速，隐蔽性强、难以预测监控，其危害远远大于均匀腐蚀。事实上大部分腐蚀失效和事故是由局部腐蚀造成的。随着原油品质劣质化，原油中的盐含量和有机氯含量增加，加工过程中发生 Cl^- 点蚀、氯化物应力腐蚀开裂、湿 H_2S 应力腐蚀开裂等局部腐蚀的可能性大大增加，而传统的腐蚀监测手段却很难对局部腐蚀进行监测和预警。EN 技术是目前唯一可以监测局部腐蚀倾向性的技术。

某炼化企业在 2#焦化常顶空冷器入口安装了 EN 监测仪器，监测结果见图 4-4。平均腐蚀速率为 0.763mm/a，属于极严重腐蚀。点蚀/局部腐蚀指数非常高，表明该管段易于发生点蚀。表面不稳定性指数高，说明表面膜处于不稳定的状态。

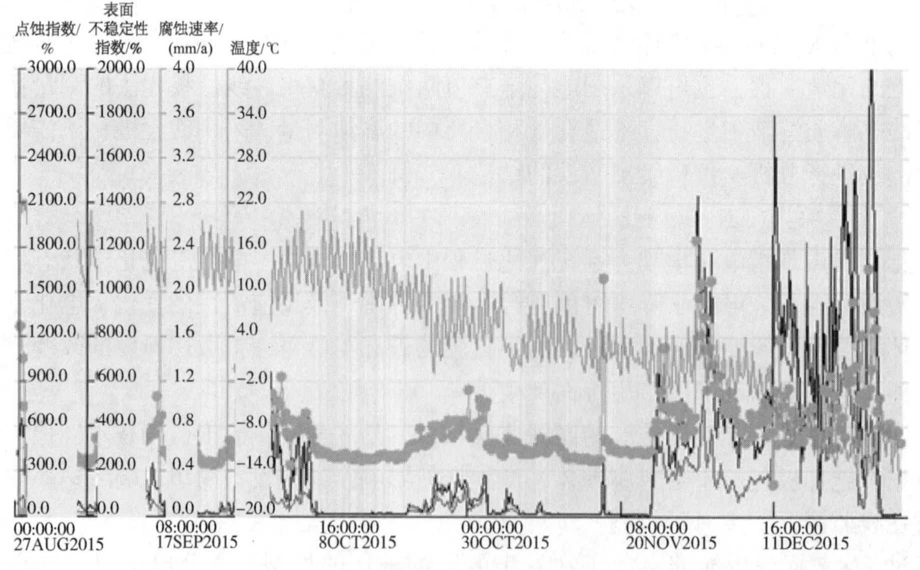

图 4-4 某企业 2#焦化常顶空冷器入口 EN 监测结果

第二节 声学原理腐蚀监检测技术

声音或机械弹性波在材料内部的产生、传播、消亡过程往往与材料的多种因素紧密相关，比如裂纹萌生、腐蚀过程、残余应力、缺陷等。检测声音或机械弹性波在材料内部的发生、传播过程，可以用来掌握材料的腐蚀状态。

超声检测(UT)是工业上常用的无损检测方法。超声波进入物体遇到缺陷时，一部分声波会产生反射，接收器可对反射波进行分析，就能异常精确地测出缺陷来，并且能显示内部缺陷的位置和大小，测定材料厚度等。

一、超声测厚

超声测厚是根据脉冲反射原理测量被测物体的厚度。超声波通过被测物体到达材料分界面时，由于不同材料声阻抗的差异，超声波被反射回探头，通过测量超声波在材料中传播的时间可以确定被测材料的厚度。常用超声波测厚技术只能针对一个点的厚度进行测量，带有扫查器的测厚系统，可以在大表面进行几千甚至上万个点的测厚。对于微小的金属损失，超声波测厚的测量精度与灵敏度相对于其他物理技术或电化学技术稍差。测量精度受到不同金属中声速差异、基体的温度波动、材料表面状况(如涂层、坑洼不平)、接触面弯曲程度(小直径大壁厚)、声反射识别能力以及测厚人员水平的影响。测试前，一般需要使用标准试块进行校准，标准试块需采用与现场设备同种材质，并保持在相同温度。

随着技术的发展，不需要耦合剂且可在高温下直接测厚的电磁超声测厚技术逐渐替代了常规的压电超声测厚技术。

二、超声探伤

超声探伤是利用超声波能透入金属材料深处，并由一截面进入另一截面时，在界面边缘发生反射的特点来检查缺陷的一种方法。当超声波束自被检部件表面由探头通至金属内部，遇到缺陷与被检部件底面时发生反射，形成反射脉冲波，根据这些脉冲波形可以判断缺陷位置和大小。超声波探伤能够快速便捷、无损伤、精确地进行工件内部多种缺陷(裂纹、夹杂、折叠、气孔、砂眼等)的检测、定位、评估和诊断。既可以用于实验室，也可以用于工程现场。超声波在介质中传播时，在不同质界面上具有反射的特性，如遇到缺陷，缺陷的尺寸等于或大于超声波波长时，则超声波在缺陷上反射回来，探伤仪可将反射波显示出来。当缺陷的尺寸小于波长时，声波将绕过缺陷而不能反射。超声波的指向性好，频率越高，指向性越好。以很窄的波束向介质中辐射，易于确定缺陷的位置。

三、超声相控阵

超声相控阵是将多个超声波晶片按照一定规律进行排列，并根据检测需要，通过软件

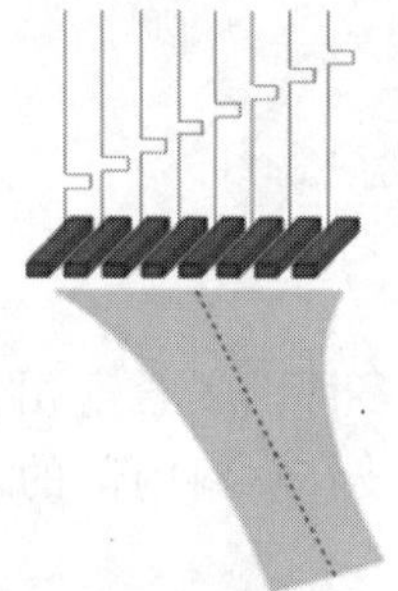

图 4-5　超声相控阵信号聚焦原理

控制对每个晶片按照一定的时间和次序激发超声波信号，产生符合需要的声束方向超声波，将超声波信号能量聚焦到目标区域，实现对材料内部缺陷的检测、定位和诊断。如图 4-5所示，平行排列的相控阵多晶片按照延迟时间递增的规律依次激发各晶片，就能够实现超声波声束向一侧偏转，等效于带角度楔块的常规超声探伤。

相控阵技术的优势主要体现在成像直观，常用视图显示方式有 A、B、C、D、S 等，见图 4-6。探头沿着焊缝方向行走，称为扫查轴，焊缝坡口切面水平向叫步进轴，深度方向为超声轴。

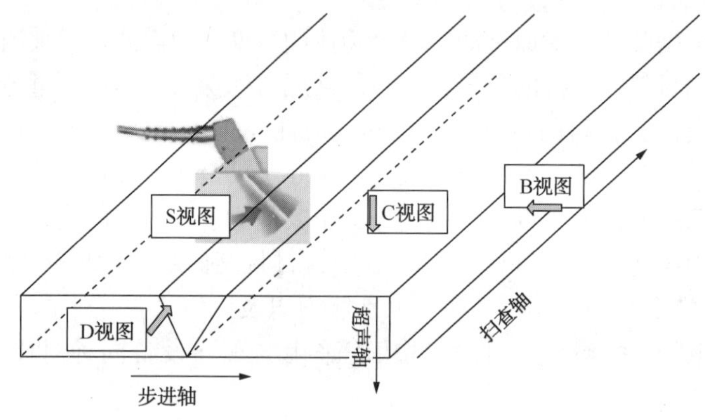

图 4-6　相控阵检测视图示意

图 4-7 是钢结构一级焊缝进行相控阵检测的 S 视图，发现了多处夹渣、未熔合等点型和线型缺陷，最长一处线型缺陷长度达 0. 5m，起到了较好的质量监督作用。相控阵检测结果直观，检测精度高，应用面越来越广。

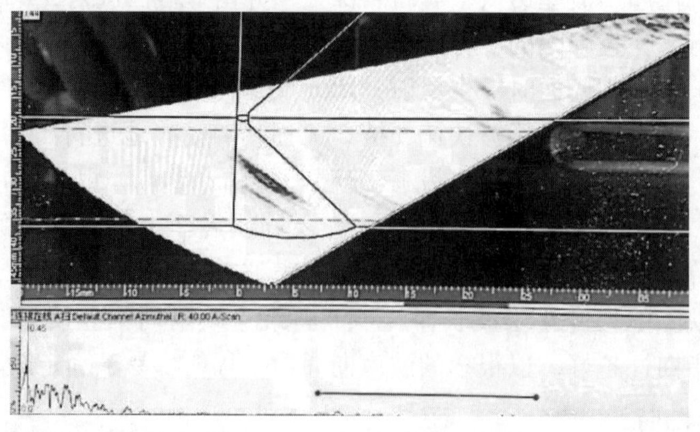

图 4-7　超声相控阵 S 视图示意

四、超声衍射时差检测

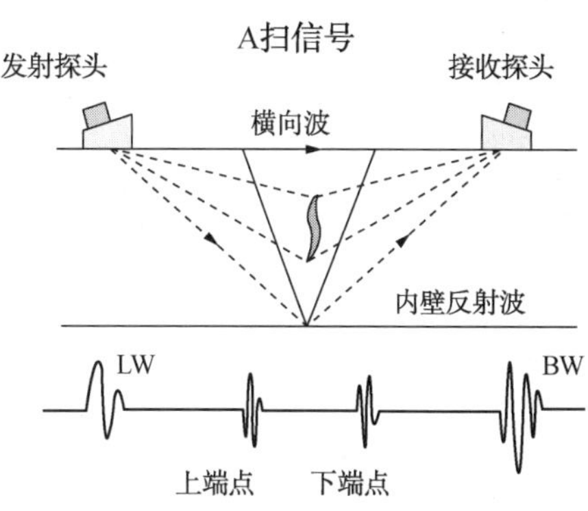

图 4-8 超声波衍射时差法检测原理及检测波形图

超声波衍射时差法(TOFD)，是一种依靠从待检试件内部结构(主要是指缺陷)的"端角"和"端点"处得到的衍射能量来检测缺陷的方法，用于缺陷的检测、定量和定位。TOFD 技术于 20 世纪 70 年代由英国哈威尔国家无损检测中心 Silk 博士首先提出。其原理源于对裂纹尖端衍射信号的研究，见图 4-8。

在同一时期我国中科院也检测出了裂纹尖端衍射信号，发展出一套裂纹测高的工艺方法，但并未发展出现在通行的 TOFD 检测技术。衍射现象是 TOFD 技术采用的基本物理原理。TOFD 技术采用一发一收两个宽带窄脉冲探头进行检测，探头相对于焊缝中心线对称布置。发射探头产生非聚焦纵波波束，以一定角度入射到被检工件中，其中部分波束沿近表面传播被接收探头接收，部分波束经底面反射后被探头接收。接收探头通过接收缺陷尖端的衍射信号及其时差来确定缺陷的位置和自身高度。

TOFD 技术优点：

(1) 一次扫查几乎能够覆盖整个焊缝区域(除上下表面盲区)，可以实现非常高的检测速率；

(2) 可靠性要好，对于焊缝中部缺陷检出率很高；

(3) 能够发现各种类型的缺陷，对缺陷的走向不敏感；

(4) 可以识别向表面延伸的缺陷；

(5) 采用 D-扫描成像，缺陷判读更加直观；

(6) 对缺陷垂直方向的定量和定位非常准确，精度误差小于 1mm；

(7) 和脉冲反射法相结合时检测效果更好，覆盖率 100%。

TOFD 技术缺点：

(1) 近表面存在盲区，对该区域检测可靠性不够；

(2) 对缺陷定性比较困难；

(3) 对图像判读需要丰富经验；

(4) 横向缺陷检出比较困难；

(5) 对粗晶材料，缺陷检出比较困难；

(6) 对复杂几何形状的工件比较难测量；

(7) 不适合于 T 型焊缝检测。

五、超声导波检测

超声波在棒状、管状等空间受限的线状材料边界内，沿着结构件有限的边界传播，并被构件边界形状约束、导向，在前进方向上遇到材料几何外形变化(包括缺陷)时，部分能量被反射回传感器，从而被检测到，见图 4-9。因为检测时需要传感器主动激发声波信号，超声导波有时也被称作主动声发射。材料中传播的超声波有纵波、扭力波、弯曲波、兰母波、水平剪切波和表面波等多种模态。其中只有扭力波的声速是恒定不变的，不随导波的频率改变而变化，而且只在固体中传播，管道内传输的液体对其传播特性没有任何影响，故导波技术在管道检测中一般都采用扭力波模式。此外，扭力波对纵向较深的裂纹和横截面积损伤灵敏，可在较宽频率范围内使用，回波信号包含管轴向方向缺陷信息，信号识别较容易，检测距离长。兰母波传输距离长、穿透性好，可用于罐底板等的检测。

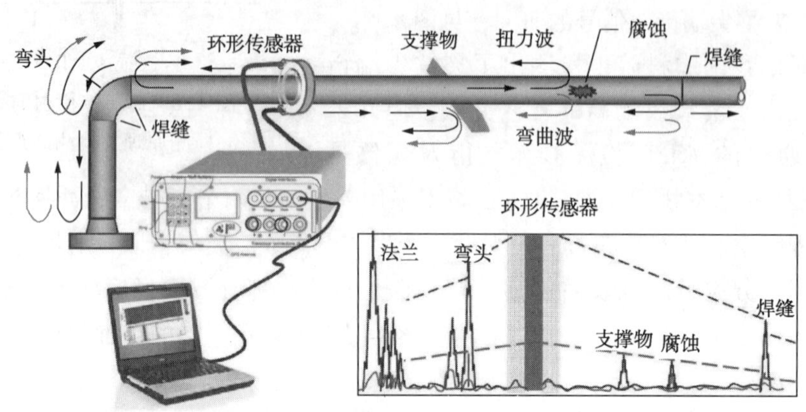

图 4-9 管道超声导波检测原理

超声导波检测时，通过软件控制，可使产生在被测工件传播的导波在线状材料中向两端传播。导波传播过程中遇到引起导波传播方向横截面内的金属缺损时，超声波在缺损处反射。分析接收到的反射信号，即可确定被检工件缺损的位置、大小。用于管道检测的超声导波技术主要有两种，一是以压电效应为基础的多晶片卡环式超声导波检测系统，另外一种是以磁致伸缩效应及逆效应为基础的导波技术。

超声导波技术是一种长距离检测技术，可以在运行状态用于埋地或带保温层管道、穿墙管线、罐底板等检测难度大的工件的腐蚀检测。导波频率越高，越容易发现微小缺陷，检测长度越短。声波可轻易穿过 90°弯头，声波信号强度随经过弯头(90°)数量增多而减弱，45°弯头检测难度大。超声导波不能分辨金属内表面或外表面的金属损失，检测结果为导波传播方向横截面损失的百分比。导波检测必须与被检工件外表面直接接触。对缺陷尺寸的敏感度随着管线尺寸的增大而减少，对于大壁厚工件检测灵敏度低。表面的涂层会严重影响检测效果，某些涂料会明显降低声波传输。腐蚀产物的聚集会降低检测范围。如果有电线与被检工件平行，则会引起信号减弱。超声导波检测是一种半定量法的检测技术，探头安装位置应为完好无壁厚缺损的部位，否则易造成漏检。

图 4-10 是采用超声导波检测某 *DN*200 管道的情况，检出了 W1、W2、W3 等缺陷。

图 4-11 是采用储罐底板主动声发射检测系统对某 50000m^{3}原油储罐的检测情况。采用主动声激励的方式，在 60m 直径的储罐边缘激励超声信号，在储罐边缘均匀分布 36 个接收传感器，接收经储罐底板缺陷调制之后的声信号。经罐底板 60m 的传播距离后，能

够在储罐另一面检测明显信号，信号幅值为2.5mV。经分析计算后，合成了对储罐底板内部缺陷的检测结果。储罐内部有三处轻微腐蚀区域，或者是类似腐蚀的结构缺陷。

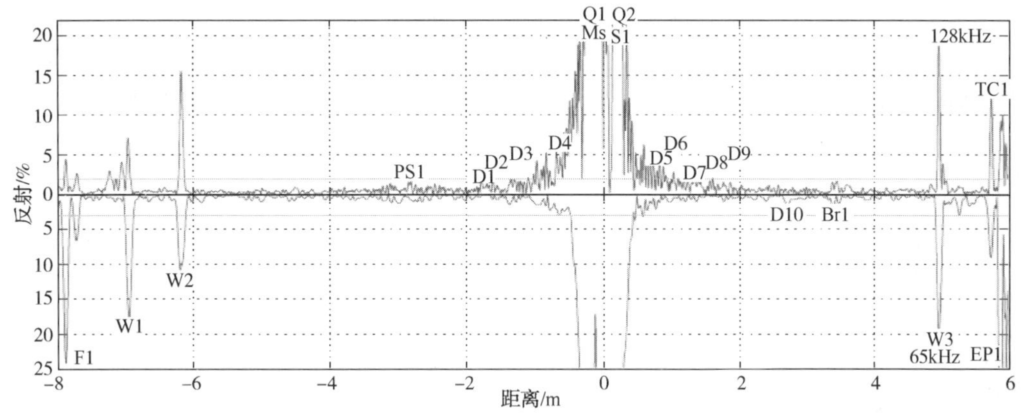

图4-10 管道超声导波检测

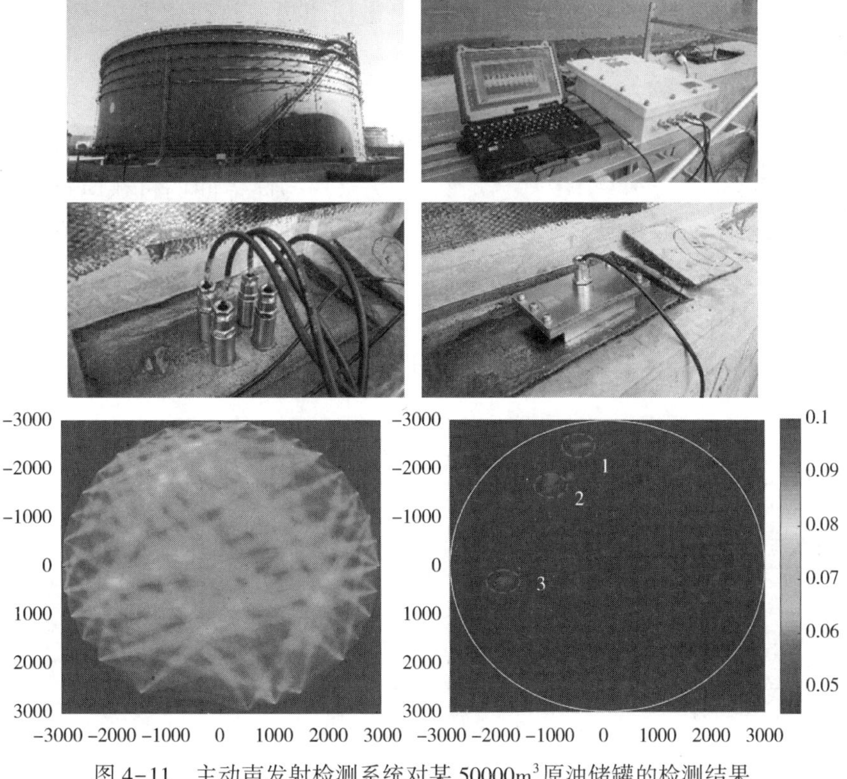

图4-11 主动声发射检测系统对某50000m^{3}原油储罐的检测结果

（彩图见本书附录）

六、声发射(简称AE)

材料或构件在受力过程中产生变形或裂纹时，以弹性应力波的形式释放应变能的现象，称为声发射。含有活性缺陷信息的声发射波触发传感器，用仪器探测、记录、分析声发射信号，进而推断声发射源性质与严重性的方法即声发射检测技术。声发射是一种常见物理现象，各种材料声发射信号的频率范围很宽，从几 Hz 的次声频、20Hz～20kHz 的声频到数 MHz 的超声频。材料在应力作用下的变形与裂纹扩展，是结构失效的重要机制。这种直接与变形和断裂机制有关的源，被称为声发射源。流体泄漏、摩擦、撞击、燃烧等与变形和断裂机制无直接关系的另一类弹性波源，被称为其他或二次声发射源。

声发射技术已成熟应用于设备停工检测。可作为整体的结构健康监测方法，常应用于常压储罐在线检测、反应器等压力容器的水压试验过程，并已经形成相关标准。声发射技术可以在线或离线使用，也可以用于裂纹发展的实时监测。声发射只能检测到活跃的缺陷，声发射检测产生大量数据，需进行复杂的过滤分析，对该结果的分析工作，需要人员具有较高的专业技术水平。

图 4-12　新制加氢反应器水压试验过程中的声发射检测

图 4-12 是对某新制加氢反应器水压试验过程中进行声发射检测的情况。对发现的三处声源进行复验。对两处(声源 1 和声源 2)采用超声波进行复验，未发现超标缺陷。声源 1 位于筒体中部，经分析为加载过程中水流微渗产生的流动噪声。声源 2 在第二次加载循环保压阶段消失，根据所处位置，确定为鞍座与筒体间的机械摩擦信号。声源 3 在第二次加载循环定位信号较集中，经表面渗透探伤复检为弯管内堆焊层表面裂纹。根据声发射检测结果，认为该加氢反应器在最高试验压力 13.75MPa 下，上封头弯管内堆焊层表面在声源 3 位置存在裂纹缺陷，需进行修复。见表 4-1。

表 4-1　水压试验过程声源评价结果

声源序号	第一次加载循环/MPa			第二次加载循环/MPa		声源活度	声源强度	声源综合等级
	8.61 保压	11.0 保压	13.75 保压	11.0～13.75 升压	13.75 保压			
1	×	○	○	×	○	活性	弱强度	C
2	×	○	○	×	×	弱活性	弱强度	B
3	×	×	○	×	○	活性	弱强度	C

注：○表示加压或保压阶段有声源；×表示加压或保压阶段无声源。

第三节　电磁原理腐蚀监检测技术

一、涡流检测

涡流检测，是一种非接触式的检测方式。将通有交流电的线圈置于待测的金属板上或套在待测的金属管外(图 4-13)。这时线圈内及其附近将产生交变磁场，使试件中产生呈旋涡状的感应交变电流，称为涡流。涡流的分布和大小，除与线圈的形状和尺寸、交流电流的大小和频率等有关外，还取决于试件的电导率、磁导率、形状和尺寸、与线圈的距离以及表面有无裂纹缺陷等。因而，在保持其他因素相对不变的条件下，用一探测线圈测量涡流所引起的磁场变化，可推知试件中涡流的大小和相位变化，进而获得有关电导率、缺陷、材质状况和其他物理量(如形状、尺寸等)的变化或缺陷存在等信息。但由于涡流是交变电流，具有集肤效应，所检测到的信息仅能反映试件表面或近表面处的情况。缺陷深度越深，检测灵敏度越低。按试件的形状和检测目的的不同，可采用不同形式的线圈，通常有穿过式、探头式和插入式线圈 3 种。穿过式线圈用来检测管材、棒材和线材，它的内径略大于被检物件，使用时使被检物体以一定的速率在线圈内通过，可发现裂纹、夹杂、凹坑等缺陷。探头式线圈适用于对试件进行局部探测。应用时线圈置于金属板、管或其他零件上，可检查飞机起落撑杆内筒上和涡轮发动机叶片上的疲劳裂纹等。插入式线圈也称内部探头，放在管子或零件的孔内用来作内壁检测，可用于检查各种管道内壁的腐蚀程度等。涡流检测设备便携，对点蚀、均匀腐蚀、冲蚀、磨蚀、鼓泡、开裂、镀层及脱合金腐蚀等缺陷都十分敏感，可在条件受限的情况下，用于换热器管束的快速检测。检测信号可能受局部渗磁及温度的影响。温度高于材料居里温度的设备无法用涡流检测。涡流检测只能对被检测设备的表面进行检测，而超声波方法检测能够对检测设备的腐蚀深度进行测量，所以在检测领域广泛使用的方法是将涡流检测和超声波检测相结合，从而更多地获得腐蚀信息。

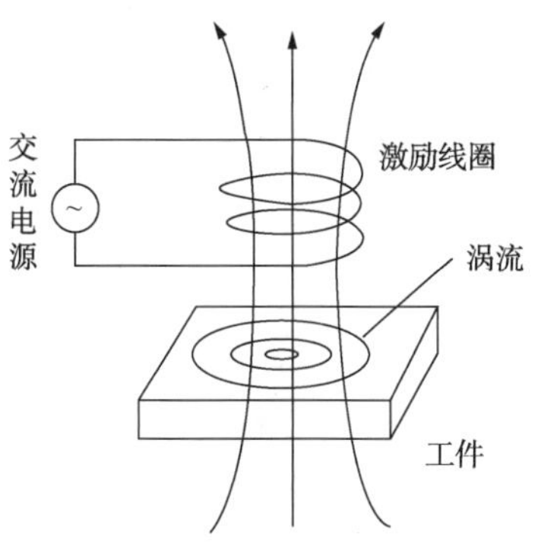

图 4-13 涡流检测原理

二、脉冲涡流检测

脉冲涡流(PEC)检测技术是基于涡流检测技术发展起来的，也称为暂态涡流检测技术。其基本原理是在线圈中通入恒定电流或电压，则在一定时间内，被测构件中会产生稳定的磁场，当断开输入时，线圈周围会产生电磁场，该电磁场由直接从线圈中耦合出的一次电磁场和构件中感应出的涡流场产生的二次电磁场两部分叠加而成。后者包含了构件本身的厚度或缺陷等信息，采取合适的方法和检测元件对二次场进行测量，分析测量信号，即可得到被测构件信息。与传统涡流检测不同，脉冲涡流检测采用方波或阶跃而不是正弦波激励，接收元件拾取的电磁信号，通常称之为脉冲涡流信号，是以构件为中心的系统脉冲或者阶跃响应。

与涡流检测技术类似，被检测设备不需进行特殊清理，现场测试的数据需与标准校准数据(相近材质、尺寸)进行比较，检测结果是传感器覆盖面积下涡流信号损失的百分比。因此对由冲蚀、腐蚀引起的壁厚减薄，大范围蚀坑等十分敏感，一些小的缺陷，如金属内部细微裂纹、点蚀、麻坑等，可能无法检出。PEC 信号频率成分丰富，其中包含的超低频涡流信号能够穿过薄的金属保护层和较厚的非金属层，实现被测构件深处缺陷检测，提取构件较深层次信息，克服了传统涡流检测中趋肤效应的影响。PEC 对于内部和外部缺陷的检测效果相同，不能区分内外部缺陷。PEC 传感器激励线圈激发的磁场幅值大，在大提离下仍可得到检测信号。PEC 传感器覆盖面积大，能够检测大面积的金属腐蚀。检测信号可能受局部渗磁及温度的影响。详细的检测方法可参考 GB/T 28705—2012《无损检测 脉冲涡流检测方法》。

某催化装置高压瓦斯线阀组为碳钢材质，介质为瓦斯，原始壁厚为 8mm。采用脉冲涡流扫查技术对单线图中部位进行涡流扫查，见图 4-14。检测发现 3 处严重减薄，01 处外弯存在缺陷，02 处直管段存在缺陷，04 处存在缺陷。通过检测发现，其中 01 部位外弯测厚数据为 3. 72mm；02 部位直管段底部测厚数据为 4. 54mm；04 部位外弯测厚数据为 4. 65mm，减薄率最高为 53. 3%。

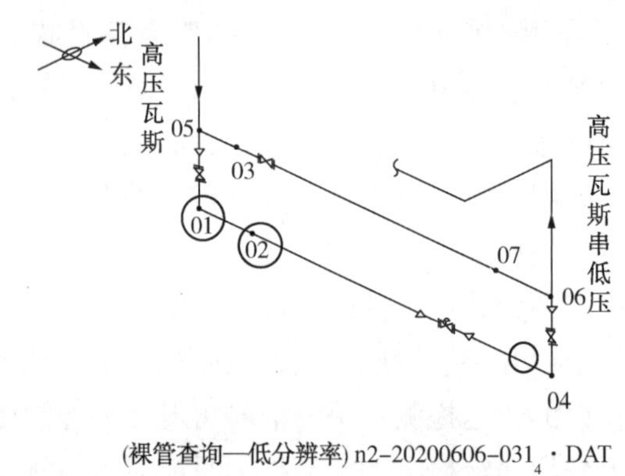

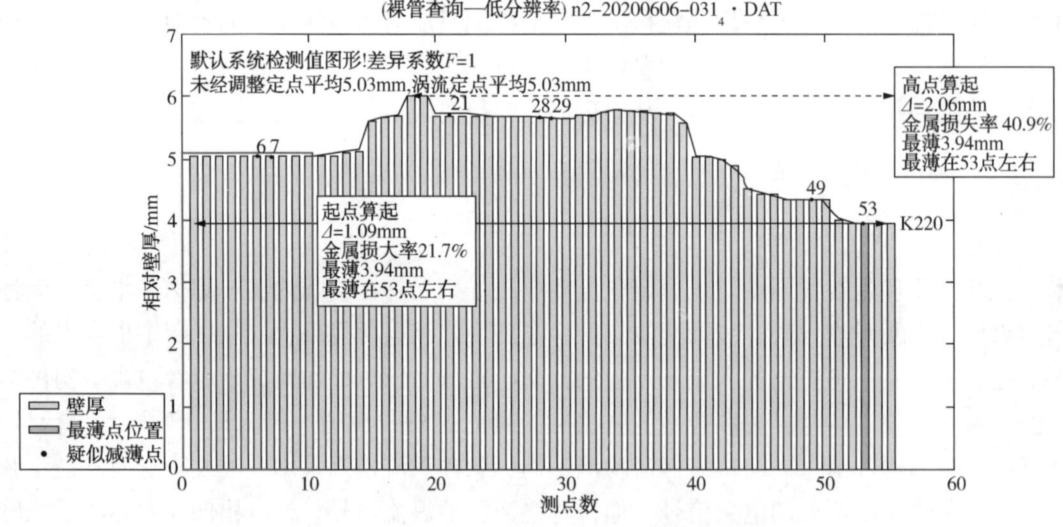

图 4-14 催化装置高压瓦斯线 PEC 检测

三、漏磁检测技术

漏磁检测是指铁磁材料被磁化后，其表面和近表面缺陷在材料表面形成漏磁场，通过检测漏磁场以发现缺陷的无损检测技术。漏磁检测原理如图 4-15 所示。被检测的铁磁材料磁化后，若材料的材质是连续、均匀的，则材料中的磁感应线将被约束在材料中，磁通平行于材料表面，几乎没有磁感应线从表面穿出，被检表面没有磁场[图 4-15(a)]。当材料中存在着切割磁力线的缺陷时，材料表面的缺陷或组织状态变化会使磁导率发生变化。由于缺陷处的磁导率很小，磁阻很大，使得磁路中的磁通发生畸变，磁感应线会改变途径，除了一部分的磁通会直接通过缺陷或是在材料内部绕过缺陷外，还有部分磁通会离开材料的表面，通过空气绕过缺陷再重新进入材料，在材料表面缺陷处形成漏磁场[图 4-15(b)]。因此，通过磁敏感传感器检测带缺陷材料漏磁场的分布及大小，就能达到无损检测的目的。

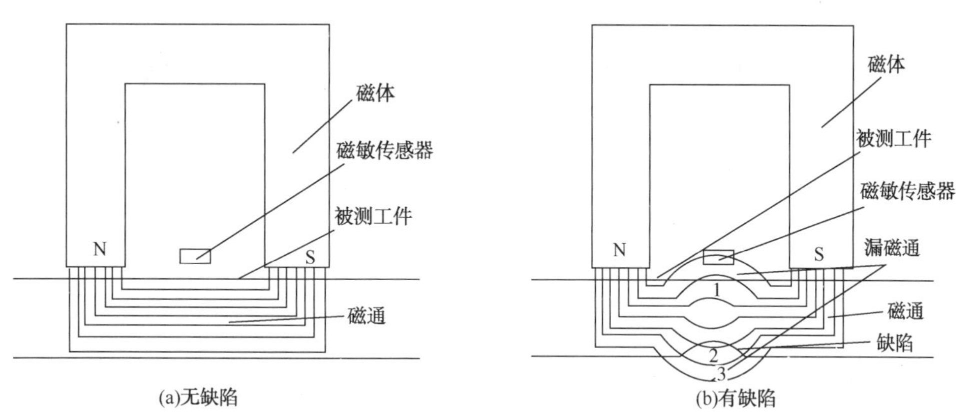

图 4-15 漏磁检测原理

漏磁检测方法操作简单、检测速率快、检测费用较低，对设备内的介质不敏感，可以进行油、气、水多相流设备的腐蚀检测，可以覆盖被检设备的整个圆周。与常规检测方法相比，漏磁检测具有检测结果量化、可靠性高、低污染等特点。漏磁检测方法还具有在线检测能力强、自动化程度高等独特优点，可满足管道运营中的连续性、快速性和在线检测的要求，在管道检测中使用极为广泛。实际应用中，漏磁检测仍存在一些缺点，漏磁检测产生的信号在腐蚀不严重但边缘陡峭的局部腐蚀所产生的信号比腐蚀严重但边缘平滑的腐蚀所产生的信号强，必须对信号进行准确解释，以准确评价腐蚀的程度。漏磁检测的检测结果易受被检工件材料的影响，检测精度随壁厚的减小而提高。有关缺陷都能检测出来，但不能可靠地确定缺陷的大小。漏磁检测对腐蚀坑和三维机械缺陷最为敏感，对与磁场方向平行的缺陷不敏感。漏磁检测时需要使用强磁体提供磁通量，在定位腐蚀，如点蚀等效果显著，检测速率相对较快，适用于储罐底板大面积检测，或长距离管线检测。不适用于检测平缓的壁厚减薄。漏磁检测需要被检测表面清洁程度较高，以确保传感器与表面的良好接触。检测时应保证线圈紧贴被检工件表面，如果脱离，将影响检测精度。在检测过程中，需保持仪器与被检测表面的相对速率恒定。在某些情况下，强磁体可能导致传感器移动困难。漏磁检测不适用于检测平缓的壁厚减薄。磁场强度固定后，检测灵敏度与强磁体磁场强度直接相关，检测时需要根据实际情况进行校准。

第四节　光学和辐射原理腐蚀监检测技术

一、射线检测技术

射线检测技术可以用来检测管道局部腐蚀，借助于标准图像特性显示仪可以测量壁厚。该技术几乎适用于所有管道材料，对检测物体形状及表面粗糙度无严格要求，对管道焊缝中的气孔、夹渣和疏松等体积型缺陷的检测灵敏度较高，对面型缺陷的检测灵敏度较低。射线检测技术的优点是可得到永久性记录，结果直观，检测技术简单，辐照范围广，检测时不需去掉被检工件上的保温层。为防止人员受到辐射，射线检测时检测人员必须采取严格的防护措施。

随着计算机技术、数字图像处理技术及电子测量技术的飞速发展，数字射线检测技术日趋成熟，并已得到广泛应用。数字射线检测技术(见图 4-16)与胶片射线照相检验技术的不同表现在两个方面：一是用 IP 板、增强器、线阵列或面阵探测器替代胶片接收射线衰减变化；二是通过信号转换和计算机采集、存储、处理得到数字图像，根据数字图像的影像对材料、制品内部缺陷的存在情况进行分析，通常对影像进行评估、分析。数字射线检测技术系统由探测器系统、透照技术、图像数字化技术、图像显示与评定和技术稳定性控制构成。数字射线检测具有以下特点：

(1) 对被检测制品的材料、形状、表面形态无特殊要求；

(2) 检测结果可直接或间接快速、直观显示，可实现自动化、智能化在线或离线检测；

(3) 使用计算机储存、分析、处理图像，并对缺陷准确定位、定量、定性；

(4) 图像不需要暗室处理，没有环境污染、环保；

(5) 图像动态范围大，厚度宽容度大，层析图像可显示各方向不同层面信息；

(6) 检测过程的成本较低，检测效率高；

(7) 放射源小，对人体无射线伤害。

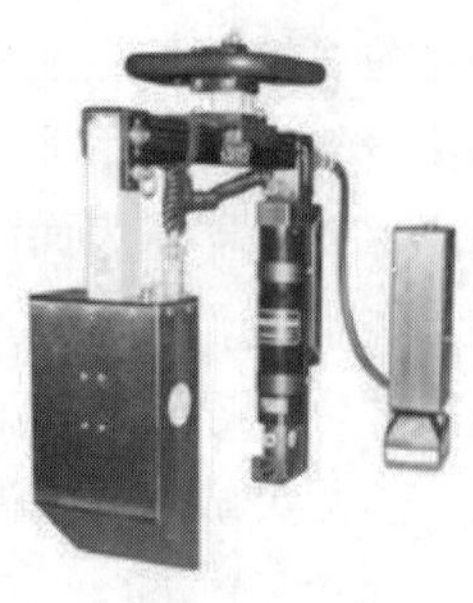

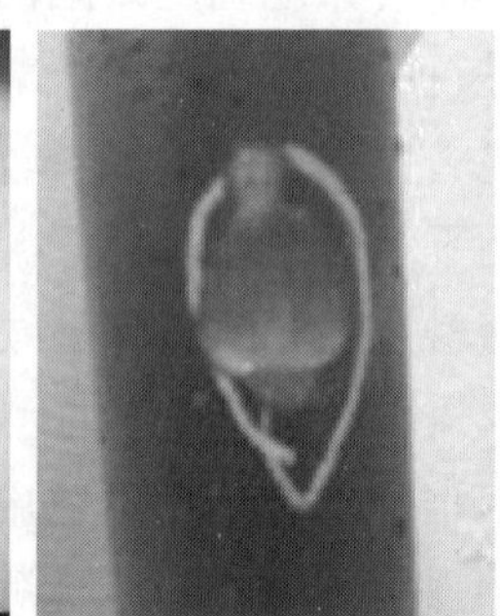

图 4-16　数字射线及其应用

二、内窥镜检测技术

内窥镜检测技术操作方便、效率高，可清晰地探测到表面破损及表面裂纹等缺陷。工业内窥镜检测是集光学、精细机械、电子机械、电子技术和显微摄像技术一体的新型检测方法。内窥镜技术突破了人眼观察的局限性，用于常规无损探伤技术无法触及、非可视部位外表缺陷的检测。由光纤传输照明光，显微摄像，视频信号经过处置放大，送监视器显像，在明晰的图像上，可供多人同时察看和剖析缺陷情况。

三、红外成像监测技术

红外成像的原理是依据斯蒂芬-波尔兹曼定律：

$$E=\varepsilon \cdot \sigma \cdot T^4 \tag{4-4}$$

式中 E——物体的辐射能，kW/m^2；

ε——物体的辐射率；

σ——斯蒂芬-波尔兹曼常数，为 $5.673\times10^{-11}kW/(m^2 \cdot K^4)$；

T——物体的绝对温度，K。

通过探测器测出物体表面的辐射能，实现物体表面温度分布的测量。通过对物体表面温度分布的分析，可以找出温度异常的部位，从而诊断被监测设备的运行状态。红外成像检测可以快速检测温度差异，应用面很广，主要用于监测诊断加热炉炉管、加热炉衬里、反再系统衬里、蒸汽管线、烟气管道等设备故障；还可用于检测保温层的破损或失效、高温衬里失效、炉管剩余寿命评估、反应器衬里损伤评估、加热炉保温效果评估等；监测静设备的外保温、保冷层效果，可间接判断高温设备及管道的内部腐蚀情况，可用于判断冷换设备的内部偏流情况。对于旋转机械，主要是针对机组转动轴承以及机组外护罩的红外温度监测；对于旋转电机的检测主要包括炭刷及母线的检测；对正常运行的仪表设备，主要是对接线终端及仪表缝隙发热处进行检测，对以上部位每季度检测不少于两次；对重负荷仪表设备，运行环境差时应适当缩短检测周期。图 4-17 是某高压加氢空冷器红外成像监测结果，可明显看到该空冷器存在偏流现象。

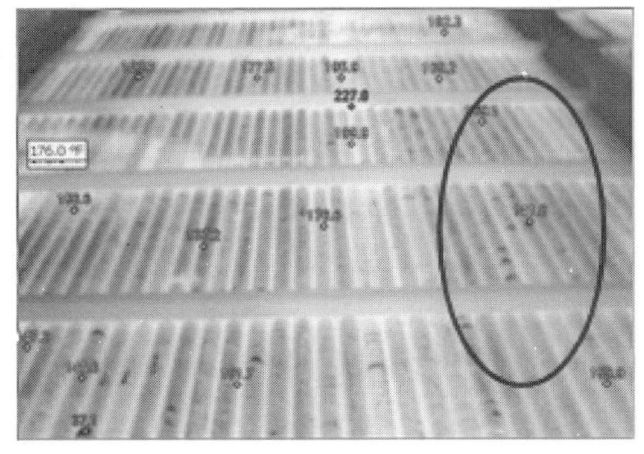

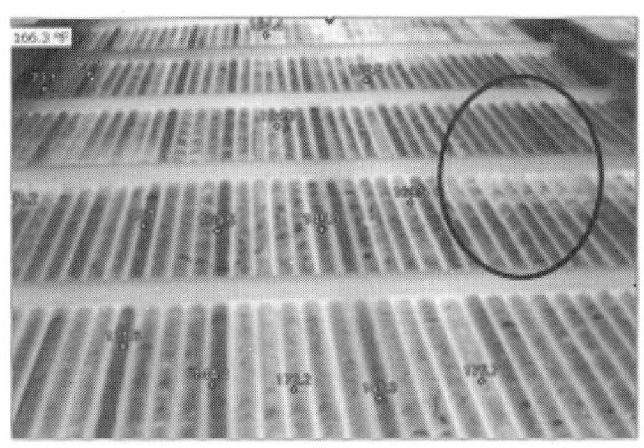

图 4-17 某高压加氢空冷器红外成像监测

（彩图见本书附录）

第五节　其他腐蚀监检测技术

一、氢渗透腐蚀监测技术

氢去极化的酸性腐蚀环境中，阴极会产生氢原子。氢原子由于体积极小，可以渗透入金属当中。活性的氢原子渗透穿过钢本体，会导致多种氢损伤，包括氢致开裂(HIC)、应力导致氢致开裂(SOHIC)和剥离。氢原子从管道或者容器内表面或者外表面的穿过量被称为氢渗透或氢通量。氢通量检测通过检测渗透入金属，并穿过金属基体，到达表面的氢原子的量，从而表征被检工件内部的腐蚀程度。

渗透入金属中氢原子的比例受许多因素的影响，如流体状态、流速、温度、杂质以及位置等。比如：当介质中存在 H_2S 时，氢气更容易渗透入金属内部。因此，氢渗透检测技术可用于监测氢鼓泡、氢致开裂等腐蚀，还可以作为在线或实时监测手段。

在炼油装置中，该技术常用于高温环烷酸腐蚀、湿 H_2S 环境下的腐蚀、HF 烷基化中的腐蚀、各种形式的氢损伤、焊接除氢监测、焊前除氢工艺的控制等，并用于工艺防腐注剂的评价和实时控制。

氢通量检测的响应时间一般为几小时，灵敏度极高，可用于微量氢的检测，如光电离氢元素检测技术分辨率可达 10^{-12}L/(cm^2·s)。可用于高温环境，当监测数据与以往氢鼓泡或氢致开裂数据进行关联后，可以有效预警可能出现的氢损伤。目前，还没有能将氢渗透率与腐蚀速率、开裂、氢鼓泡等绝对关联起来的方法，检测数据只代表被检测局域，不能代表系统其他部位。

当前，氢渗透检测技术主要有以下几种形式：

(1) 密封腔氢压力(或真空)探针；

(2) 带有氢分析仪的非密封式外部贴片探针；

(3) 电化学贴片探针；

(4) 光电离氢元素检测；

(5) 氢燃料电池探针。

二、腐蚀挂片监测

腐蚀挂片监测是腐蚀监测最基本的方法之一，具有操作简单，数据可靠性高等特点。美国材料和试验协会 ASTM G4-01 给出了工业腐蚀挂片监测的步骤。ASTM G1-03 列出了挂片的准备、清洗和称重步骤。腐蚀挂片监测结果通常以均匀腐蚀来表示，单位通常为毫米/年(mm/a)。腐蚀速率计算公式如下：

$$CR=3650\times\frac{w_0-w_1}{S\times t\times\rho} \tag{4-5}$$

式中 CR——腐蚀速率，mm/a；

w_0——试片的初始质量，g；

w_1——清除了腐蚀产物后的试片质量，g；

S——试样的面积，cm^2；

t——腐蚀进行的时间，d；

ρ——金属的密度，g/cm^3。

腐蚀挂片需直接暴露于工艺介质中，通过失重测量及挂片表面形貌了解均匀或局部腐蚀状况。腐蚀挂片所获得的腐蚀速率是挂片时间内的平均腐蚀速率，局部腐蚀需通过显微镜等技术进行测量。通常局部腐蚀发生前需要一定时间的孕育期，挂片时间过短可能导致结果不具代表性。评估点蚀和缝隙腐蚀的挂片最短需要 3 个月。一般来说，腐蚀起始阶段腐蚀速率较高，挂片时间短，会导致数据高于真实的腐蚀速率。挂片期间无法判断腐蚀失效的程度，腐蚀速率只能在挂片取出后进行计算。挂片的清理对于结果的计算影响很大，需参照相关腐蚀产物清洗标准。

第六节 腐蚀监测方案的制定

由于炼油厂工艺介质环境比较复杂，单纯采用某一种腐蚀监测方法一般不能实现对设备管道腐蚀状态的全面掌握，要获得良好的腐蚀监测效果，必须制定相应的腐蚀监测方案。通常一个腐蚀监测方案包括腐蚀监测位置、腐蚀监测方法及腐蚀监测频率的确定。

制定腐蚀监测方案需要考虑以下几个方面：

(1) 各种腐蚀类型的出现部位；

(2) 各种腐蚀类型影响因素；

(3) 各种腐蚀类型的腐蚀形态(均匀腐蚀、点蚀、开裂)；

(4) 各类腐蚀形态的可监测性；

(5) 各种腐蚀监测技术的特点及适应性。

一、腐蚀监测位置的确定

腐蚀监测位置的确定直接决定着腐蚀监测效果的好坏。一般来说，对设备和管道造成严重威胁的是局部腐蚀以及高温部位的腐蚀。因此如何监测设备管道腐蚀相对严重的部位，即腐蚀监测位置的选择就显得十分重要。这些部位随着设备管道工艺条件、材质、结构等的不同而变化，通常以下几个部位腐蚀严重：

(1) 有水凝结的部位，尤其是水凝结开始的部位，如常减压塔顶冷凝冷却系统空冷器出口及水冷器出入口。

(2) 腐蚀介质被浓缩的部位，如循环冷却水系统。

(3) 设备管道高湍流区域，如管道的弯头等。

(4) 高温高压腐蚀严重的部位。

(5) 事故发生频繁的设备和管道。

(6) 接近生命周期后期的设备和管道。

各生产装置要根据本装置设备管线腐蚀特点，结合装置用材、腐蚀造成的后果严重程度等因素，制定本装置的腐蚀监测部位。重点考虑装置的以下部位：

(1) 常减压装置：电脱盐罐前后、含盐污水系统、初顶油气系统、初底油系统(包括常压炉和转油线)、常顶油气系统、常压塔高温侧线系统(温度高于 240℃)、常底油系统(包括减压炉和转油线)、减顶油气系统、减压塔侧线系统、减底渣油系统。

(2) 催化装置：进反应器前原料管线、再生器及烟道系统、分馏塔顶系统、分馏塔底油浆系统、稳定吸收塔顶系统。

(3) 焦化装置：原料系统管线、焦化炉、焦炭塔上部、大油气线、分馏塔高温部位、分馏塔塔顶系统。

(4) 重整装置：预分馏塔塔顶系统、反应产物流出系统、预加氢反应器、重整产物冷凝系统、芳烃抽提单元低温部位。

(5) 加氢装置：混氢点前的原料线、加热炉、反应器、反应产物流出系统(包括高压换热器、高压空冷、高低分罐、管线等)、脱丁烷塔顶系统。

(6) 脱硫装置：再生塔塔底系统(包括重沸器)、贫富液管线、再生塔塔顶系统、酸性水线。

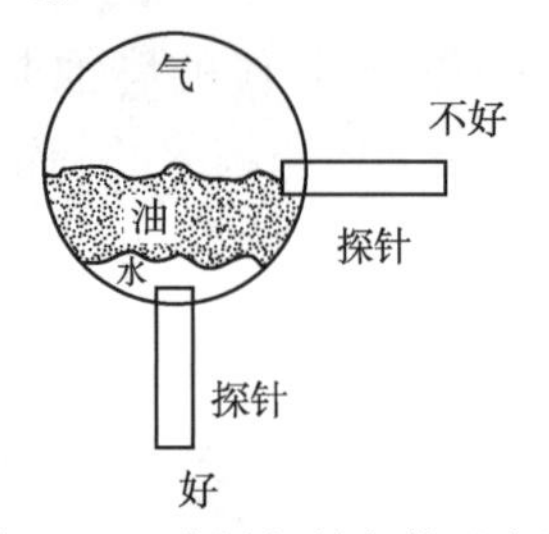

图 4-18　腐蚀探针安装示意图

此外，在设置腐蚀监测点时要注意几个问题：

(1) 腐蚀监测试片要尽量浸入有水的地方。通常，水平段选择 6 点的位置(底部位置)，不适合采用 3 点或 9 点的位置，见图 4-18。不少探针被安装在管道的一侧，而不是底部。尽管侧面便于安装，但试片或探针不能准确反映管道的腐蚀速率，除非管道内充满水。有时由于探针拆装位置不合适，也可以安装在 5 点的位置。

(2) 一般应在相邻两个位置同时使用挂片和探针监测，以便相互比较测量结果。两套探针的开口都应在水平管的 6 点位置。两个开口的间距应为管直径的 6~10 倍，以防止第一根探针导致湍流影响到第二个探针或挂片。

二、腐蚀监测方法的选择

腐蚀监测方法种类繁多，各企业要根据自身情况加以选择。各企业应按照防腐蚀管理规定开展定点测厚、大修腐蚀调查、腐蚀介质分析和腐蚀在线监测。推荐有条件的企业开展腐蚀探针挂片、腐蚀产物分析等。

具体到某一部位需要采取的腐蚀监测方法，应根据腐蚀环境的介质成分、预测的腐蚀速率和需要的灵敏度来确定。如果腐蚀介质全部为水，可以采用电化学监测方法，如果有油，用电阻或电感腐蚀监测方法较好。如果流速变动或有固体颗粒存在，敏感元件上应加一个流速保护套。对于长期监测，应选择一个长寿命的探针元件。常见的腐蚀监测方法适应性见表 4-2。

表 4-2 炼油厂常用腐蚀监测方法比较

方法	定点测厚	腐蚀介质分析	腐蚀在线监测			现场挂片	探针挂片	氢通量监测
			电阻	电感	电化学			
监测频率	几天～几个月	几分钟～几天	几分钟～2h	几分钟	2～10min	1 个周期	1～2 个月	10min
过程控制	否	可	否	否	可	否	否	否
现场监测	可	可	可	可	可	可	可	可
插入式	否	—	是	是	是	是	是	否
均匀腐蚀	可	可	可	可	可	可	可	可
局部腐蚀(定性)	有些情况可以	—	否	否	否	有些情况可以	有些情况可以	有些情况可以
局部腐蚀(定量)	有些情况可以	—	否	否	否	有些情况可以	有些情况可以	否
灵敏度	很低	很低	中	高	高	很低	很低	高
探针寿命	长	—	短	短	中等	长	长	长
水溶液	可	可	可	可	可	可	可	可
空气、油水混合物	可	可	可	可	可	可	可	可
土壤、混凝土	可	可	可	可	否	可	可	—
高温高压	可	可	不推荐	不推荐	可	可	可	可

在现实生产过程中，采用单一的腐蚀监测方法通常不能满足用户的要求，通常需要同时采用多种方法才能获得比较准确可靠的腐蚀监测信息。例如，电阻探针腐蚀监测数据通常需要用腐蚀挂片数据进行校正，以防止由于探头污染等因素造成的数据偏差。另外，工艺介质分析和腐蚀产物分析也十分重要，可以反映出腐蚀发生的主要原因和腐蚀状况，与腐蚀监测数据相关联后，这些数据可以用于预测可能发生的腐蚀及程度。例如，常减压装置常减压塔顶冷凝冷却系统可以采用包括腐蚀挂片、电阻探针、冷凝水分析、pH 在线检测等多种腐蚀监测方法。对于高硫高酸原油高温部位的腐蚀，可以采取定点测厚、原油及侧线油硫和酸值分析、侧线油铁离子或铁镍比分析、腐蚀挂片、高温腐蚀探针、氢通量检测等腐蚀监测方法。

三、腐蚀监测频率的确定

腐蚀监测可以周期性进行，也可以连续性进行。监测频率由监测方法、被监测部位腐蚀程度及监测费用三方面确定。监测方法决定着腐蚀速率的响应时间，如腐蚀挂片通常需要一个月以上的监测周期，而电阻探针的监测周期可以是几小时至几天。被监测部位腐蚀加重时应加大腐蚀监测频率，而腐蚀比较轻微的部位其监测频率应相应减少。监测费用对于炼油厂来说也十分重要，过于频繁地采用高成本的监测方法，耗费巨大。各企业要根据自身情况，制定本企业的腐蚀监测方案。常用腐蚀监测方法的监测频率见表 4-2。

四、特殊部位腐蚀监测

炼化装置存在许多特殊部位，有些非常隐秘，长期被忽视；有些非常重要，一旦腐蚀失效后果严重；有些部位腐蚀机理特殊，需要特别考虑。对于特殊部位要有针对性地制定监测措施。

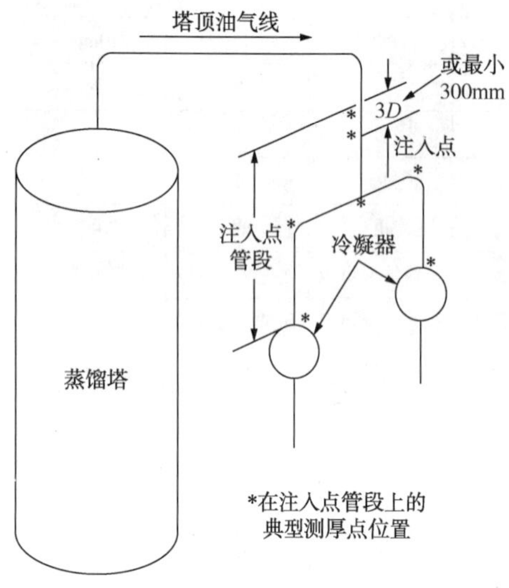

图 4-19 典型注入点附近检验位置的选择

1. 注入点

助剂注入点易加剧腐蚀或产生局部腐蚀。这些部位应按独立的管道检验对待，并且在定期检验时，对其进行全面检验。

助剂注入点附近检验位置推荐选择的注入点为管段上游最小 300mm 或者 3 倍管道直径，选择较大者。注入点下游管段的检测位置宜为第二个流动方向改变的部位，或距第一次流动方向改变部位 7.6m，选择其中较小者。图 4-19 展示了典型注入点附近检验位置的选择方法。

在产生局部腐蚀的注入点管段上选取测厚点时，应遵从以下原则：

① 在注入点管段上选取适当附件作为测厚点；

② 选取受注入流体冲击的位置作为测厚点；

③ 在注入点长直管道上选取中间部位作为测厚点；

④ 在注入点管段上选取上游和下游的两端位置作为测厚点。

检验注入点较好的方法为射线及超声波检验。如果温度适合，推荐使用超声波检验。

在有些情况下，应拆下双端法兰管对其内表面作外观检查，同时也要求作厚度测量，确定它的剩余厚度。对于重点管段，在检验周期内，应自注入管口上游 300mm 到下游 10 倍管径区域进行更全面的检验，并记录所有注入点管段测厚值。

2. 盲管

盲管与相邻管道的腐蚀速率区别较大。应测量所选择盲管的厚度，包括滞流末端和它与相邻管道的连接处。对于高温管道系统，在盲管内部由于对流而产生的局部高温区域易形成腐蚀。对工艺没有特殊作用的盲管应考虑将它拆除。

3. 绝热层下腐蚀(CUI)

绝热层下腐蚀又称为“保温层下腐蚀”。带有绝热层管道系统的外部检验内容应包括复查绝热系统的完好性和检查绝热层下有无腐蚀迹象。潮湿的来源包括雨水、漏水、冷凝水和防洪系统等因素。最常见的绝热层下腐蚀是碳钢的局部腐蚀和奥氏体不锈钢的氯化物应力腐蚀。

保温层下腐蚀检查方法主要包括宏观外部检查、超声波测厚、腐蚀坑深测量、导波、红外热成像等，还包括不需要拆除保温层的无损检测技术，如剖面射线照相、脉冲涡流技术等，适用范围各不相同，应根据实际情况适当选用。通常保温层下腐蚀检查的流程如下：

① 确定检查范围为炼化装置及系统管架保温使用4年以上，工作温度小于150℃的碳钢以及奥氏体不锈钢设备管线。

② 对范围内的设备管线使用保温的必要性进行论证，拆除不必要的保温层。

③ 根据现场情况以及保温层下腐蚀的发生条件进行风险评估，对容易发生保温层下腐蚀的高风险部位进行100%检查；对风险较低的部位，首先用红外热像、脉冲涡流等进行筛查；对保温破损的部位进行100%检查，对保温未破损的部位进行抽查。使得检查更具针对性，减少工作量。

④ 根据检查部位的作业难度选择检查方法。对于附塔管线、高空管线等拆除保温进行宏观检查难度大的管线，可采用导波检测，检测结果显示良好的，不再拆除保温。

⑤ 对于现场宏观检查难度小以及导波检测显示腐蚀严重的管线设备，拆除保温进行宏观检查，同时辅助采用超声波测厚、腐蚀坑深测量等手段客观评估腐蚀程度。

（1）易产生绝热层下腐蚀的管道

易产生绝热层下腐蚀的特定区域和管道系统有：

① 处于水冷却塔的喷水潮湿环境中的部位。

② 处于蒸汽出口的部位。

③ 处于防洪系统中的部位。

④ 受工艺喷溅水影响，潮湿侵蚀或酸性蒸气侵蚀的部位。

⑤ 碳钢管道系统，包括那些带有绝热层，操作温度在-4~120℃之间的管道。操作温度频繁变化，容易引起冷凝和空气中潮湿介质二次汽化的部位，绝热层下腐蚀更为严重。

⑥ 操作温度通常高于120℃，且间歇使用的碳钢管道系统。

⑦ 凸出管道绝热层且与管道工作温度不同的盲管和连接件。

⑧ 奥氏体不锈钢管道的氯离子应力腐蚀开裂。

⑨ 具有绝热层损坏倾向，且易受水冲蚀的振动管道系统。

⑩ 曾泄漏过的蒸汽伴热管道系统，特别是管道绝热层下的连接部位。

⑪ 涂盖层及防腐带破损的管道系统。

（2）易产生绝热层下腐蚀的管道系统部位

易产生绝热层下腐蚀的具体部位包括：

① 绝热层脱落或破损的部位，如：

- 盲管部位（排气管、排水管和其他类似部位）；
- 管道的吊架和其他支架；
- 阀门和附件（绝热层表面不规则的）的部位；
- 螺栓连接的管道热板；
- 蒸汽伴热管道的渗漏部位。

② 法兰和其他管道附件绝热层终止的部位。

③ 绝热层损坏或缺少的部位。

④ 在水平管道上绝热层的开裂部位或绝热层密封不良的部位。

⑤ 垂直管道的绝热层终止部位。

⑥ 填充物已经变硬、分离、脱落的部位。

⑦ 绝热层或防腐系统的隆起、风化或是缺少箍带的部位。

⑧ 已知绝热系统存在破裂的管道系统的低点，包括长且无支承管道的低点。

⑨ 高合金钢管道系统中隔热层下的碳钢或低合金钢法兰、螺栓和其他组件。

应关注管道系统中测厚点附近的绝热层。测厚操作完成后，这些部位的绝热塞应妥善回装并且密封好。

五、土壤-空气界面

对于没有阴极保护的埋地管道土壤/空气界面应有计划地定期进行外部检验。检验的内容应包括涂盖层检验、光管检验和坑深测量。若发现严重腐蚀，则应进行测厚和对管道进行挖掘，并进行评定。测厚时应露出金属表面，若测厚部位的涂盖层和防腐带没有妥善恢复，则腐蚀就会加快。若管道安装有满足监测要求的可靠的阴极保护系统，则只有在证明涂盖层或防腐带损坏时方可进行挖掘。对于无阴极保护的埋地管道，混凝土与空气的接触面及沥青与空气的接触面，应检查地面是否开裂和存在潮湿入侵。

六、特殊工况和局部腐蚀

检验方案应包括下列各项，它们可以帮助识别特殊工况的潜在危害、局部腐蚀和选择合适的测厚位置。

① 具备管道工况知识和了解哪些部位容易产生腐蚀的检验员；

② 使用多种无损检测方法；

③ 当影响腐蚀率的工艺变化时，应与操作人员取得联系。

下列部位易产生这类腐蚀：

① 注入点的下游管道和产品分离器的上游管道，如加氢反应器的流出物管道；

② 蒸汽冷凝的露点腐蚀，如塔顶冷凝器；

③ 工艺介质携带有不可预测的酸液或碱液进入非合金管道，或携带的碱液进入未经焊后热处理的钢制管道；

④ 加氢流体中铵盐冷凝的位置；

⑤ 输送酸性介质管道系统中混合物流动和湍流的区域；

⑥ 输送高温且具有腐蚀性的原油（230℃或是更高温度，硫含量>0.5%以上）的异种碳钢连接的管道；

⑦ 流体淤泥、结晶或结焦等沉积层下腐蚀；

⑧ 在催化重整再生系统中输送氯化物的管道；

⑨ 外部伴热管道上发生的热点腐蚀。该工况下管道的腐蚀随温度的增高而增加。如碳钢管道中的碱性介质，在介质流速很低的情况下，热点处就会产生腐蚀或应力腐蚀开裂（SCC）。

七、冲蚀及冲刷腐蚀部位

冲蚀可以定义为由大量固态或液态颗粒的碰撞作用导致的金属表面脱落。其特征是产生带有方向性的凹槽、圆孔、波纹和凹陷。冲蚀通常发生在涡流区域，如管道系统中方向改变处或者控制阀的下游发生汽化的部位。冲蚀通常随流体中高速流动的固态或液态颗粒的增加而增加。冲蚀和腐蚀共同作用比冲蚀或腐蚀单独作用对材料的损伤更严重。这种腐蚀类型发生在高流速、强涡流的区域。下列位置在检验时应特别注意：

① 控制阀的下游，特别是当发生汽化时；

② 孔板的下游；

③ 泵出口的下游；

④ 流向改变的位置，如弯头的内侧和外侧；

⑤ 管道结构件(如焊缝、温度计插孔和法兰)下游产生涡流的部位，特别是在对流速非常敏感的系统中，如铵氢硫化物和硫酸系统。

对于容易产生局部冲蚀/腐蚀的部位，应当采用适当的无损检测方法进行大面积测量，如超声波扫描、射线照相或涡流检测。

八、应力腐蚀开裂的部位

管道系统通常选取能够抵抗各种形式应力腐蚀开裂(SCC)的材料。然而由于工艺条件的改变、绝热层下腐蚀、冷凝作用或处于潮湿的硫化氢或碳酸盐中，管道系统容易产生环境开裂。例如：

① 由绝热层下、沉积物下、垫片下或裂纹内的潮湿和氯化物导致奥氏体不锈钢产生氯化物应力腐蚀开裂；

② 由于处于硫化物、冷凝水蒸气或氧气中，敏感的奥氏体合金钢产生多硫应力腐蚀开裂；

③ 碱性应力腐蚀开裂(有时称作自然苛性脆化)；

④ 未经消除应力的管道系统的胺应力腐蚀开裂；

⑤ 碳酸盐应力腐蚀开裂；

⑥ 存在湿硫化氢的环境下发生的应力腐蚀开裂，如送酸性水的管道系统；

⑦ 氢鼓泡或由氢导致的开裂损伤。

九、衬里和沉积物下的腐蚀

如果管道的内、外部涂盖层和耐火衬里、防腐衬里完好，且没有理由怀疑其下面发生劣化，则通常在管道系统检验时，可不拆除它们。如果防腐衬里破损或穿孔，其效力会大大降低。因此应检查衬里的脱落、破损、穿孔和鼓包情况。如果发现了上述情况，就有必要拆除部分内部衬里，检查衬里的效力以及衬里下管道的表面状况。也可以选择在外表面使用超声波检测壁厚，并检查衬里是否脱落、破损和鼓包。耐火衬里在使用中会松脱或破裂，也可能导致严重问题。耐火衬里下的腐蚀可能导致衬里脱离和膨胀。如果发现耐火衬里出现脱离和膨胀，应拆除部分耐火衬里检查其下的管道，否则应在金属外表面进行超声测厚。在管道表面出现沉积物的部位，如结焦部位，确定沉积物下是否存在严重的腐蚀是非常重要的。这可能需要对所选部位做全面的检验。对于大口径管道，应清除选定区域的沉积物进行现场检验。对于小口径管道，可能需要拆除选定双端法兰管，或者采用无损检测方法，如射线探伤，对该区域进行检测。

十、疲劳断裂

管道系统的疲劳断裂是由于经常受到略低于材料静态屈服强度的循环应力而产生的。循环应力可以由于受到变化的压力、温度及机械作用而产生，并可导致高频疲劳或低频疲劳。低频疲劳断裂的开始通常与温度升降的循环次数直接相关。管道系统的振动(如机器或流体引起的振动)也会导致高频疲劳破坏。疲劳断裂发生在应力集中的部位，如管道分支的连接处。将热膨胀系数不同的材料焊接一起的位置容易产生热疲劳。检验疲劳裂纹较好的无损探伤方法包括渗透探伤(PT)或磁粉探伤(MT)，也可以在压力试验中采用声发射方法检测是否存在被压力或应力激活的裂纹。

十一、蠕变断裂

蠕变取决于时间、温度和应力。由于一些管道标准规定的许用应力在材料发生蠕变的范围内，因此蠕变断裂可能发生在设计条件下。当工作载荷在材料的蠕变范围内周期性变化时，蠕变与疲劳的交互作用将加速蠕变。检验员应特别注意应力集中区域。如果温度过高，金属材料的机械性能和微观结构将发生变化，这样将持续地削弱装置的机械性能。由于蠕变取决于时间、温度和应力，在管道评定时，应使用这些参数的实际或估计值。检验蠕变断裂的无损检测方法包括渗透探伤、磁粉探伤、超声波探伤、射线探伤和现场金相检查，也可以在压力试验中采用声发射方法检测是否存在被压力或应力激活的裂纹。

十二、脆性断裂

在常温或低于常温下，碳钢、低合金钢和其他铁素体钢易于产生脆性断裂，脆性断裂不涉及薄壁管道。除非在使用当中产生了严重缺陷，多数脆性断裂发生在首次应用于特定压力等级时(即首次水压试验或超载时)。再次水压试验时应考虑脆性断裂的潜在危害，采用气压试验或者增加额外的载荷时应更加留意，应特别注意低合金(特别是2.25Cr-1Mo)，因为它易于产生回火脆化，也应特别注意铁素体不锈钢。

十三、冻结损伤

在低于冰点的温度下，管道系统中的水或水溶液可能冻结，从而由于介质的膨胀导致管道失效。在意外的严寒天气出现后，应在管道系统解冻前检验露天的管道组成件是否被冻结损伤。如果发生断裂现象，结冰的流体可能暂时堵塞住泄漏。应仔细检查管道系统中有水的低位处、放水口和盲管是否受损。

第七节　定点测厚技术

定点测厚技术是目前国内外炼化企业普遍采用的腐蚀监测技术。它采用超声波测厚方法，通过测量壁厚的减薄来反映设备管线的腐蚀速率。测厚通常包括普查测厚和定点测厚。定点测厚分为在线定点、定期测厚和检修期间定点测厚。管道的普查测厚应结合承压特种设备检验工作进行。普查测厚点应包括全部定点测厚点。

一、一般原则

测厚监测主要针对设备、管道的均匀腐蚀和冲刷腐蚀，对于氢腐蚀、应力腐蚀等应通过其他检测手段进行监测。在高温硫和高温环烷酸腐蚀环境下，应重点对碳钢、铬钼合金钢制设备、管道进行测厚监测。新建装置或新投用的设备及管道，在投用前就应确定定点测厚的位置，并取得原始壁厚数据。

生产装置上的测厚检查原则上都应定点。重要生产装置(包括常减压蒸馏、延迟焦化、催化裂化、加氢裂化、渣油加氢、汽煤柴油加氢、重整、硫黄、S Zorb 装置等)必须建立本装置的定点测厚布点图(或单体图)。

定点测厚点必须有明显的标示和编号。在裸管上的测厚点，可用耐候耐温漆涂一个直径为 3cm 的圆作标记；有保温层的设备及管道上的测厚点，应安装可拆卸式保温罩(盒)并标上编号。有保温的设备管道定点测厚方式见图 4-20。管线定点测厚推荐采用活动保温套方法[图 4-20(a)、图 4-20(b)]，设备本体定点测厚推荐采用插拔式保温塞[图 4-20(c)]或开关式保温塞[图 4-20(d)]。采用这些方法是应充分考虑并采取措施降低拆卸式保温罩对保温层下腐蚀。

二、定点测厚布点原则

定点测厚布点应由设备管理部门组织车间的设备及工艺技术人员根据工艺工况及介质的腐蚀性和历年的腐蚀检查情况确定，应能覆盖全厂的腐蚀部位。定点测厚选点非常重要，对有硫腐蚀和环烷酸腐蚀的管线弯头、泵出口、转油线、大小头这些重要部位一定要进行选点，同时也要根据腐蚀探针的监测情况对测厚点进行增减。由于定点测厚只能测量出面积很小的腐蚀减薄，面积不超过 $1cm^2$，所以在选点时同一位置要布三个点以上，这样给出的结论才有把握。

设计测厚方案时可参考中国石化《加工高含硫原油装置设备及管道测厚管理规定》并结合装置的材质、工艺特点研究制定，具体布点原则如下：

(1) 对于易腐蚀和冲刷部位应优先考虑布点，如加氢反应产物流出物系统在注水点以后的管线、常减压高低速转油线等。这些部位包括：

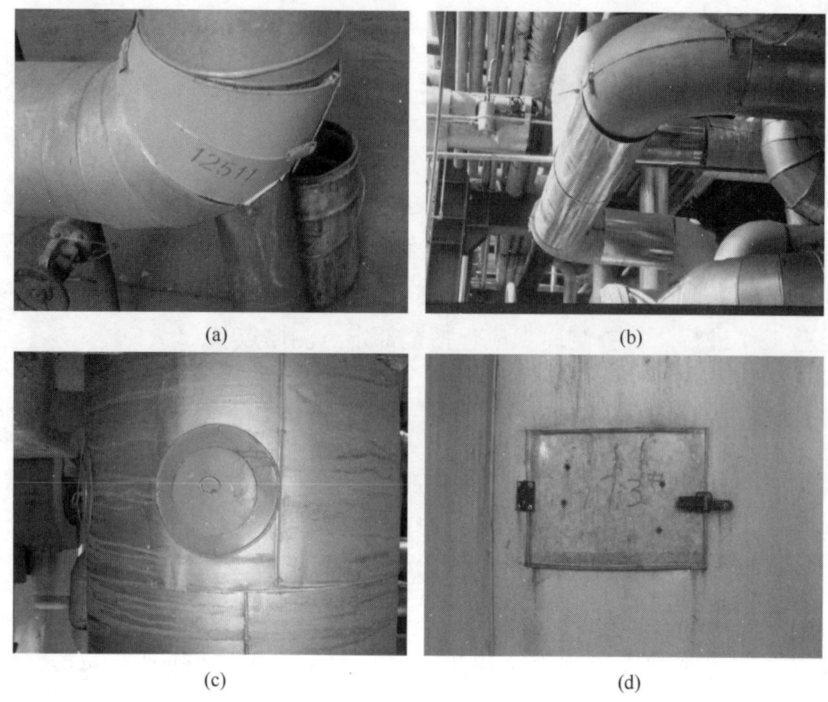

(a) (b)

(c) (d)

图 4-20　管道定点测厚常用定点方法

• 管线腐蚀冲刷严重的部位：弯头、大小头、三通及喷嘴、阀门、调节阀、减压阀、孔板附近的管段等；

• 流速大(大于 30m/s)的部位，如常减压转油线、加热炉炉管出口处、机泵出口阀后等；

• 环烷酸腐蚀环境下的气液相交界处和液相部位；

• 硫腐蚀环境下气相和气液相交界处；

• 流体的下游端(包括焊缝、直管)容易引起严重冲刷的部位；

• 同一管线的热端；

• 换热器、空冷器的流体入口管端；

• 塔、容器和重沸器、蒸发器的气液相交界处；

• 换热器、冷凝器壳程的入口处；

• 流速小于 1m/s 的管线(包括水冷却器管束)，有沉积物存在易发生垢下腐蚀的部位；

• 盲肠、死角部位，如排凝管、采样口、调节阀副线、开停工旁路、扫线头等。

(2) 输送腐蚀性较强介质的管道，直管段长度大于 20m 时，一般纵向安排三处测厚点，长度为 10~20m 时，一般安排两处，小于 10m 时可安排一处。

(3) 介质腐蚀性较轻的管道一般在直管段(两个弯头间的连接管)安排一处测厚点，在弯头处安排一处测厚点。

(4) 管线上的弯头、大小头及三通等易腐蚀、冲蚀部位应尽可能布置测厚点。

（5）考虑现场实际，一般不要将在线测厚点选在测厚人员不易操作的位置（腐蚀特别严重，需特别重视的部位除外）。

（6）对大小头、弯头、三通管、调节阀或节流阀后、集合管等有关管道常见结构的布点位置可参考中国石化《加工高含硫原油装置设备及管道测厚管理规定》。

（7）管道上同一截面处原则上应安排4个测厚点，至少在管道底部（或冲刷面）及两侧测3点。一般布置在冲刷腐蚀可能严重的部位和焊缝的附近（主要在介质流向的下游侧）。

三、定点测厚频率的确定

定点测厚频率应根据设备管线腐蚀程度、剩余寿命、腐蚀危害性程度等进行确定，通常采取以下原则：

（1）当腐蚀速率在0.3～0.5mm/a或剩余寿命在1～1.5年之间时，应每三个月测定一次。

（2）当腐蚀速率在0.1～0.3mm/a或剩余寿命在1.5～2年之间时，应每六个月测定一次。

（3）当腐蚀速率小于0.1mm/a时，可在每次停工检修时测定一次。

（4）对腐蚀极为严重（腐蚀速率大于0.5mm/a）或剩余寿命小于1年的部位应进行监控，对监控部位应增加测厚频率（测厚频率及位置由测厚管理部门、车间和检测单位共同确定）。

（5）停用设备及管道重新启用前应增加一次测厚。

（6）当原料中腐蚀性介质含量如酸值、硫、氯等发生明显变化时，应适时调整测厚频率。

（7）在装置检修期间应对装置所有的定点测厚点进行常温测厚。

四、定点测厚方法

定点测厚仪采用的超声波测厚仪，要求分辨率不低于0.1mm，测量误差应在$\pm(H\times1\%+0.1)$mm范围内（H为壁厚，mm）。每次测厚前，应按照使用说明书对测厚仪器进行标定。应做到测厚点固定、测厚人员固定、测厚仪器固定，以保证数据的可靠性和连续性。

对中高温条件下（100～500℃）的测厚，在测量过程中要注意：

① 要选择合适的高温测厚仪。采用压电超声测厚仪，高温探头通常采用双晶探头或延迟线探头。采用双晶探头时，要注意零点校准。选用带有自动零点校准功能的测厚仪可以提高工作效率。高温测量时，探头与高温表面长时间接触会导致明显的热量堆积，如果内部温度足够高，会导致探头永久性损坏。对表面温度在约90～425℃时，推荐的工作周期为接触热表面的时间不超过10s（推荐5s），接着是最少1min空气冷却。通常，如果探头外壳温度高到无法用手舒适地拿着，那么探头内部温度就已经达到一个潜在的损坏温度，在继续检测前必须将探头冷却。高温测厚时应先将一滴耦合剂滴在探头表面，然后将

探头稳稳地压在被测表面。高温部位优先推荐采用电磁超声测厚技术。电磁超声测厚技术通常采用超声横波测厚，因此检测最小壁厚一般不应小于4mm。测厚前应根据被检测部件材质和温度对测厚仪进行设定。测厚过程不需要耦合剂。将探头安装在高温测厚手柄上，先用探头侧面接触被检工件，然后缓慢使得探头与被检工件垂直贴合，读取测厚仪示值即为高温部位的壁厚值。

② 中高温条件下测厚数据比实际值偏大，应注意进行修正。修正方法有常高温转换公式法和声速校正法，其中声速校正法比较常用。通常，温度每升高55℃，声波在钢中的传播速率下降1%(准确值随合金成分而改变)。

③ 不能扭曲或磨探头，否则会造成探头磨损失效。在两次测量之间，任何探头表面的残留物都必须从探头表面去除。

五、在线定点测厚系统

近年来在线定点、在线测厚技术，已经在不少炼油厂应用。该系统可提供前所未有的连续高频率、精确及成本效益最有效的腐蚀状况变化监测，向用户提供在线及时和直观的设备和管道完整性状况，并可集成提升工厂的预防性维修策略。

六、测厚数据的处理

定点测厚数据可以用于预测腐蚀速率、评估设备管线剩余寿命。剩余寿命估算采用所测得的剩余壁厚值减去最小承压壁厚，所得差值除以平均腐蚀速率即为钢制炼油设备及管道的剩余寿命。该剩余寿命的可靠程度取决于测厚数据的可靠程度，且只能用于均匀腐蚀，可指导确定检测频率，不宜作判废依据。

腐蚀减薄量超过设计腐蚀裕度时，应及时核对数据的准确性。如确认无误，应分析原因，提出处理建议。

定点测厚的有关数据资料，如测厚数据、管道测厚图、管道基本参数等推荐使用计算机软件进行管理，使数据处理规范化科学化。

第八节 大修腐蚀调查技术

设备的腐蚀情况仅靠正常生产中的腐蚀监检测是不够的，设备内部的腐蚀情况还必须靠装置停工期间的腐蚀检查工作来完成。该项工作与设备腐蚀第一手资料的积累和设备的科学管理等有着直接关系。停工期间的腐蚀检查主要通过宏观检查、测厚、垢样分析等方法，采用内窥镜、照相机、蚀坑深度计、测厚仪等设备，对腐蚀形貌进行观察以及测量。装置停工期间的腐蚀检查可以快速检查大面积区域，并发现局部腐蚀，可使用特定设备对实际蚀坑深度、点蚀率等进行测量。

在装置停工检修前，需要根据装置运行情况制定出腐蚀检查方案，以确保检修期间腐蚀检测工作的顺利进行。在装置停工期间，要成立专业腐蚀检查队伍，对停工装置进行全面的腐蚀检查，对腐蚀严重的部位进行照相，并采集腐蚀产物进行分析。对于检修中发现的腐蚀问题，有关部门要及时采取防护措施。检修结束后，要提交各装置的腐蚀调查报告。对于各套装置的重点腐蚀检查部位和各类设备的腐蚀检查规范可以参考中国石化《关于加强炼油装置腐蚀检查工作的管理规定》。装置停工检修常用的腐蚀检查方法见表 4-3。

表 4-3 停工检修常用腐蚀检查方法

检测设备	检测项目	检测方法	仪器设备
塔、容器	1. 污垢状况 2. 腐蚀状况 3. 连接配管及内构件情况 4. 壁厚测定	1. 目视检查 2. 测厚 3. 垢样分析	1. 手锤及量具，照相机等 2. 刮刀、采样袋 3. 超声波测厚仪
加热炉	1. 炉管氧化、蠕变裂纹、局部变色、弯曲变形、结垢 2. 炉管弯头及直管厚度测量 3. 焊接部位检查 4. 支撑、吊架等内构件检查	1. 目视检查 2. 锤击检查 3. 测厚检查	1. 手锤及量具、照相机 2. 超声波测厚仪
冷换设备	1. 壳体、管束、管板及联接管件腐蚀状况 2. 管束内外表面污垢情况 3. 换热管、壳体、短节厚度	1. 目视检查(内窥镜) 2. 锤击检查 3. 测厚 4. 垢样分析	1. 扁铲、量具、照相机、内窥镜等 2. 刮刀、采样袋 3. 超声波测厚仪
储罐	1. 腐蚀及结垢情况 2. 涂层缺陷检查	1. 目视检查 2. 测厚 3. 火花检测	1. 手锤、照相机 2. 超声波测厚仪 3. 电火花检测仪
管道	1. 内外观检查 2. 厚度测定 3. 污垢、腐蚀检查 4. 缺陷检查：裂纹、焊缝区	1. 测厚 2. 目视检查(内窥镜) 3. 硬度检查 4. 垢样分析	1. 手锤、扁铲、照相机 2. 超声波测厚仪 3. 刮刀、采样袋 4. 硬度计
机泵	1. 套管、附属配管等腐蚀状况 2. 厚度测定	1. 内外观检查 2. 测厚	1. 量具、扁铲 2. 超声波测厚仪
阀门	1. 阀体和阀杆及密封情况 2. 厚度测定	1. 测厚 2. 目视检查(内窥镜)	1. 超声波测厚仪 2. 手锤、照相机

CHAPTER 5 / 第五章

炼油厂工艺防腐

传统上，工艺防腐是指为解决装置低温部位设备、管道腐蚀所采取的以电脱盐、注中和剂、注水、注缓蚀剂等为主要内容的防腐蚀措施，是炼油生产装置低温部位防腐蚀的主要手段。从广义上说，控制腐蚀环境条件的防腐措施都可以归入工艺防腐的范畴，涉及原料腐蚀性杂质控制、与腐蚀相关的工艺参数控制、化学分析以及开停工保护等。工艺防腐作为一个数据获取—数据分析—反馈控制的过程，十分适合与腐蚀监检测、腐蚀预测技术相结合，迅速对出现的腐蚀问题做出响应，顺应信息化、智能化的发展方向。

第一节　原油预处理

一、原油管理

国外通常在原油卸船到罐区这段过程就开始进行原油预处理，从而使原油进入电脱盐装置之前水、盐和固体颗粒含量更少，也更加干净、更容易混炼，减轻了电脱盐的压力。相比之下，国内炼油厂对原油预处理的重视程度远远不够，往往将脱除原油中有害杂质的压力全部集中在电脱盐装置。随着原油中氯化物含量上升、固体杂质增加、密度增大、乳化严重等问题的产生，无论怎样对电脱盐进行优化也难以避免电脱盐操作波动、脱水脱盐效果不佳的后果。

原油管理除了包括原油预处理、电脱盐、污油管理和污水处理，还包括问题诊断、最佳操作、岗位职责等一整套方案。图 5-1 归纳了“原油管理”涵盖的工艺流程，从图中可以看出，以优化一次加工装置进料质量为目的的原油管理职能范围的面非常广，包括原油装卸过程中和罐区的预处理、污油处理、电脱盐助剂、废水处理和回用等，其中电脱盐仅视为影响整个装置安全平稳运行大网络中的一部分。同时，原油管理理念还表现在综合考虑多种因素的影响，如原油种类(轻质、重质、硫含量、酸含量、高固体含量、成油机制、生产方式等)、原油输送方式(管输、水运、槽车运输)、混兑(相容性和沥青质的稳定性)、混兑分层(收油/付油设计、收油注入速率、混合器)、储罐液面变化、收付油点(固定点、浮动点、底部、高位)、储罐操作(收付油情况，满罐并且静置、静置时间)、污油/回炼油(回炼油的来源和处理方式，掺炼比例)等因素。

进入炼油厂的原油中含有各种各样的杂质，包括泥沙、黏土、原油开采所带的流动性砂石、铁的氧化物和硫化物；沥青质、树脂、蜡、有机酸、硫化氢、二氧化碳、重金属；

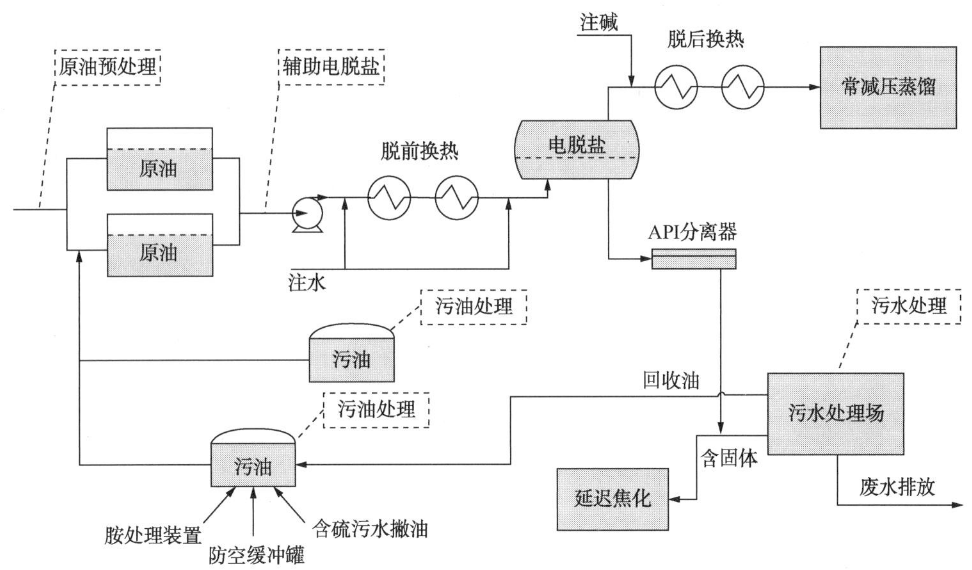

图 5-1 “原油管理”包含的工艺流程范围示意图

各种化学助剂；含有 Na、Mg、Ca 的氯化物、碳酸盐及硫化物的乳化水等等。原油进罐后，含盐的油泥在罐底沉积，不但会导致数百吨的原油在油泥中损失掉，而且会由于油泥带入蒸馏装置导致电脱盐乳化严重、罐容降低，脱盐效果降低。一些原油单炼或混炼时会发生沥青质失稳析出，形成稳定乳化液，导致结垢、发泡、排水带油等问题。

原油预处理一般指的是在电脱盐之前采取各种化学或物理方法脱除其中有害杂质的过程，例如：

(1) 原油在罐区应当进行沉降脱水，保证进入蒸馏装置的原油含水量不大于 0.5%，并尽量避免边收边付的活罐操作。

(2) 根据需要，原油进罐之前可以加入低温破乳剂等预处理药剂，通过快速聚结水和润湿固体颗粒，将油包水乳化液分散成相对不含水和固体的油及较为清澈的含盐污水，达到减少油泥和净化排水的效果。注入点应尽量靠近上游，停留时间越长，破乳脱水效果越好。

(3) 一些原油单炼或混炼时会发生沥青质失稳析出，形成稳定乳化液，导致结垢、发泡、排水带油等问题，因此有必要时，应对原油沥青质稳定性进行测试，根据需要加入沥青质稳定剂和分散剂。

(4) 一些装置(常常是加工高酸原油)会加入脱金属剂(脱钙剂)来脱除原油中的钙、铁、镁、钠等金属。环烷酸钙是一种天然的乳化稳定剂，容易造成电脱盐破乳困难，脱金属剂能够与之络合，形成溶于水的钙盐，随电脱盐脱水排走。

(5) 固体润湿剂用来润湿被油包裹的固体颗粒，以较小的添加量提高破乳效果，使界面清晰，从而减少排水带油。

(6) 反向破乳剂(界面控制剂)是一种分散聚合物水溶液，用来减小界面面积，降低电脱盐排水带油。

(7) 炼油厂产生的各种污油应根据其不同性质进行相应处理，而不是不加处理直接进入电脱盐回炼。污油中含有大量杂质，尤其是其中的固体颗粒和表面活性剂将对电脱盐产生严重冲击，因此含有焦粉、催化剂颗粒、生物废料、清洗废料或石蜡等杂质的污油不能进入电脱盐。

(8) 进入常减压蒸馏装置的(脱前)原油应当控制其硫含量和酸值不能超过设防值；盐含量、有机氯含量也应当设定控制指标或作为监控指标。

(9) 如原油使用脱硫剂，使用强碱性脱硫剂时，应评估引起下游设备碱脆的风险；不允许使用含强氧化剂脱硫剂，否则会破坏设备表面保护膜，形成胶质与结垢。

图 5-2 显示了一整套原油预处理化学药剂处理方案。

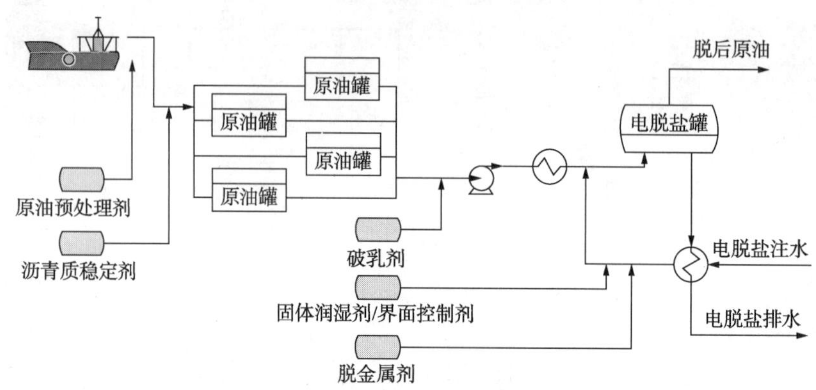

图 5-2　原油预处理化学药剂处理方案

二、原油电脱盐

原油中含有的无机氯化物盐在常减压蒸馏加热过程中水解(主要是 $MgCl_2$ 和 $CaCl_2$)产生 HCl，进而导致塔顶系统的低温腐蚀，原油电脱盐是目前炼油厂控制氯化物腐蚀最关键的环节。

1. 电脱盐原理

电脱盐通过向原油中注水，通过充分混合使原油中所含盐分溶于水相；再通过注破乳剂等措施，降低水滴界面张力和界面膜强度；同时利用高压电场，使分散在原油中的小水滴产生极化、振荡、电泳等作用，聚结成较大水滴；借助油水密度差使水滴沉降脱除，从而使原油中所含的盐及固体颗粒等杂质随之脱除。

水滴在原油中的沉降速率符合刚体球颗粒在流体中沉降的斯托克斯(Stokes)公式，见式(5-1)：

$$\nu=\frac{(\rho_W-\rho_O)\cdot d^2\cdot g}{18\eta} \tag{5-1}$$

式中　ν——水滴沉降速率，m/s；

ρ_W——水相密度，kg/m^3；

ρ_O——油相密度，kg/m^3；

d——水滴直径，m；

g——重力加速度，$g=9.8\text{m/s}^2$；

η——油相黏度，Pa·s。

上式表明，增大油水密度差、降低原油黏度以及增大水滴粒径可以提高水滴沉降速率。尤其是由于水滴沉降速率与水滴粒径的平方成正比，因此增大水滴粒径可以大大加快沉降速率。

在不同电场作用下，分散相水滴之间可产生极化、振荡、电泳、介电泳等作用，其中偶极聚结是主要的聚结方式之一。油水乳化液中的水滴受电场静电感应产生极化，在两端产生不同极性的电荷，相邻的两个同样大小水滴之间的聚结力满足式(5-2)：

$$F=6\varepsilon E^2 r^2\left(\frac{r}{l}\right)^4 \tag{5-2}$$

式中 F——相邻水滴间的偶极聚结力，N；

ε——油相介电常数，F/m；

E——电场强度，V/m；

r——水滴半径，m；

l——相邻水滴中心距，m。

上式表明，电场强度、水滴粒径及间距是影响偶极聚结力的关键因素。其中偶极聚结力随水滴间距增加而急剧减小，只有当水滴距离足够近时才会明显作用，当原油含水率较低时，由于水滴平均间距很大，偶极聚结力很弱不足以使水滴聚结，因此必须加入新鲜水增大分散相含量，这也是电脱盐需要注水的重要原因。

尽管提高电场强度能够促进水滴聚结，但是当电场强度过高时，则会导致液滴变形界面失稳而发生电分散。临界场强符合式(5-3)：

$$E_c=C\sqrt{\frac{\lambda}{\varepsilon_1\varepsilon_0 r}} \tag{5-3}$$

式中 E_c——临界电场强度，V/m；

C——比例常数，无量纲；

λ——界面张力，N/m；

ε_1——油相介电常数，无量纲；

ε_0——真空介电常数，F/m；

r——水滴半径，m。

此外，研究表明水滴在电场中的聚结或破裂在短时间内即可完成，因此原油乳化液通过电场的时间和电场强度应适当，盲目增加电场强度或电场中的停留时间不会改善脱水效果。目前在电脱盐罐体设计时主要考虑原油在罐内停留时间、原油在电场中停留时间、原油在罐体最大横截面的上升速率。

2. 电脱盐工艺技术

国内电脱盐技术在引进和消化国外技术的基础上，先后研发了交流电脱盐、100%全阻抗变压器、交直流电脱盐、平流鼠笼式电脱盐、高速电脱盐、脉冲变压器、超声脉冲电脱盐技术、智能调压电脱盐、双进油双电场电脱盐等，目前国内应用较为广泛的主要是交直流电脱盐、交流电脱盐和高速电脱盐技术，处理流程多为两级。在加工原油劣质化以及装置大型化的背景下，以交直流电脱盐和高速电脱盐为基础开发的各型电脱盐罐结构及电气和控制系统成为主要的应用类型，包括高效和节能的电场设计、智能响应电场控制以及脉冲高压电源设备等；一些炼油厂开始通过增设三级电脱盐、强化罐区预处理或污油处理等手段达到深度脱盐的效果。图5-3显示了目前国内最为常见的两级电脱盐工艺的原则流程。

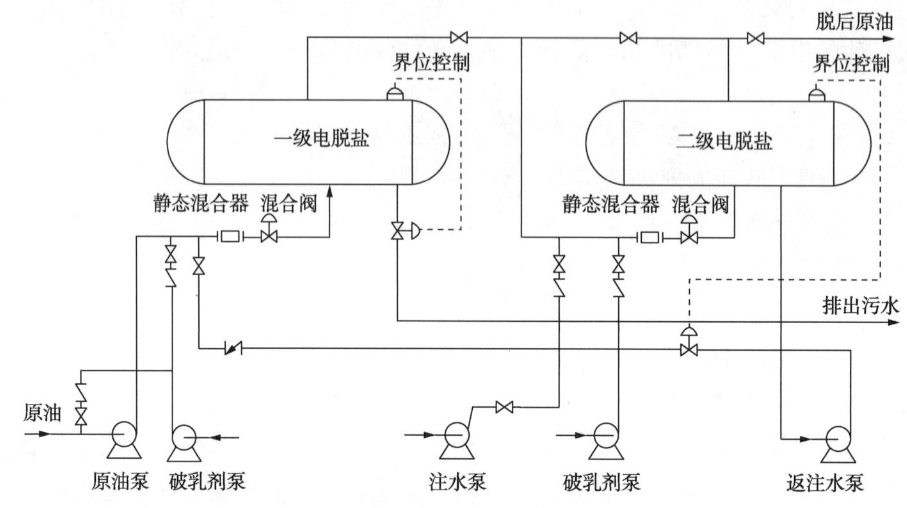

图5-3　国内常用的两级电脱盐原则流程

（1）电脱盐控制指标

目前国内炼油厂一般要求在原油蒸馏之前将原油中含盐量降低至3mgNaCl/L以下，以减轻对设备的腐蚀，部分炼油厂为了达到更佳的防腐效果，已经开始追求2mgNaCl/L的深度脱盐。表5-1和表5-2分别为中国石化和中国石油对于电脱盐效果的控制要求。

表5-1　中国石化对原油电脱盐的控制指标

项目	指标	测定方法
脱后原油含盐/(mgNaCl/L)	≤3	SY/T 0536—2008
脱后原油含水/%	≤0.3	GB/T260—2016
电脱盐排水含油/(mg/L)	≤200	SY/T 0530—2011

表5-2　中国石油对原油电脱盐的控制指标

分析项目	控制指标	建议分析方法	建议分析频次	月合格率
脱后原油含盐	≤3mg/L	SY/T 0536	1次/日	>98.5%
	≤2mg/L	SY/T 0536	1次/日	>50%
脱后原油含水	≤0.2%	GB/T 8929	1次/日	>90%

（2）破乳剂

电脱盐采用的破乳剂通常为高分子量的非离子型表面活性剂，其作用是破坏原油-水乳化液界面膜，促进油水分离。原油乳状液的稳定作用主要来自天然乳化剂在油水界面形成的吸附膜，但因其在油水界面上的活性并不太大，故界面张力相对较高。加入的破乳剂分子分散于原油乳状液中，由于破乳剂具有比原油中天然乳化剂更高的界面活性，能在油水界面强烈吸附并部分置换界面上吸附的天然乳化剂，从而显著降低界面张力，破坏界面膜，促进破乳。

按照其溶解性，破乳剂可分为水溶性和油溶性两大类。通常油溶性破乳剂分子量较高、用量小、单价高；水溶性破乳剂分子量较低、用量大、单价低，由于水溶性破乳剂经电脱盐后随排水进入污水处理系统，一定程度上会增加污水处理难度。

由于国内外原油的组成各不相同，特别是原油中存在的乳化剂类型和含量存在差异，因而造成破乳剂具有很强的选择性，一种特定类型的破乳剂往往只能满足少数原油的破乳要求，因此破乳剂的筛选和评定工作非常重要。

(3) 操作条件

① 操作温度

电脱盐操作温度升高，原油黏度降低，油水界面张力减小，有利于水滴聚结和沉降，从而促进脱水脱盐。但提高操作温度会增加能耗，同时需避免原油在电脱盐罐内汽化以及绝缘件强度降低。

实际应用中通常根据原油密度确定适当的温度范围，原油密度越大，操作温度越高。通常电脱盐操作温度边界条件已经由设计换热流程确定，并列入工艺控制指标。实际操作时可以根据加工油种的变化结合实验室实验或工业实践确定电脱盐操作温度。

② 操作压力

操作压力对电脱盐过程并不产生直接影响，主要是避免原油与水在电脱盐罐内汽化，一般要求操作压力比操作温度下油水混合物的蒸气压高 0.15~0.2MPa。

③ 注破乳剂

破乳剂的类型和用量对脱盐效果影响很大，应当进行实验室筛选和评价，并通过工业实践确定。一般油溶性破乳剂注入量为 3~12μg/g(相对于原油)，重质原油可适当提高，但最大一般不超过 20μg/g；水溶性破乳剂一般稀释后注入，注入量约为 10~50μg/g(相对于原油)，重质原油可适当提高。

④ 注水

注水的目的主要是溶解油中的无机盐类，使其随着水分的脱除而脱除；另一方面，注水增加了分散相水滴数量，缩小了液滴间距，从而促进了水滴聚结。注水位置、水质、水量都会对脱盐效果产生重要影响。

注水点一般设置在混合器之前，为减少原油预热换热器结垢，也可以将一部分水从原油预热换热器前注入。对于常见的二级电脱盐系统，一般将净化水或新鲜水注入二级混合阀前，将二级排水回注到一级混合阀前。

电脱盐注水水源可以采用工艺处理水(净化水、冷凝水)、新鲜水、除盐水等，其水质控制可以参考表 5-3。注水的 pH 值是一个重要控制参数，低 pH 值易导致腐蚀，而高

pH 值则导致水相的氨/胺向原油中转移，更高 pH 值下还可导致稳定乳化。

注水量范围一般为原油总处理的 2%～10%，原油越重注水量越高。

表 5-3 电脱盐注水水质控制

种类	指标	分析方法
$NH_3+NH_4^+$	≤20μg/g； 最大不超过 50μg/g	HJ 535—2009 HJ 536—2009 HJ 537—2009
硫化物	≤20μg/g	HJ/T 60—2000
含盐(NaCl)	≤300μg/g	GB/T 15453—2018
O_2	≤50μg/g	HJ 506—2009
F	≤1μg/g	HJ 488—2009 HJ 487—2009
悬浮物	≤5μg/g	GB 11901—1989
表面活性剂	≤5μg/g	HG/T 2156—2009
pH	6～9	GB/T 6920—1986
COD	<1200mg/L	HJ/T 399—2007

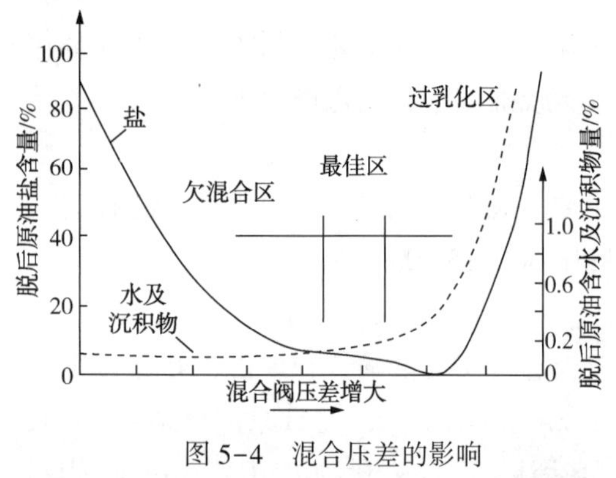

图 5-4 混合压差的影响

⑤ 混合强度

目前国内电脱盐装置普遍采取静态混合器+混合阀混合系统，其混合强度通过混合阀压差来衡量。混合压差存在最优区间(参考图 5-4)，过低则洗水与原油接触不充分，不能有效脱除盐和固体颗粒；过高则可能产生过度乳化而难以将水脱除。

混合压差范围一般为 20～150kPa，轻质和中质原油混合压差为 50～150kPa，重质原油混合压差为 20～80kPa。

⑥ 停留时间

实际上，水滴在电场中的聚结在短时间内即可完成，剩余小水滴即使延长电场中的停留时间也无法聚结。但是水滴的沉降仍然需要时间，因此延长停留时间有利于提高脱水脱盐效果。原油越重，所需停留数据越长。

⑦ 油水界位

界位控制对电脱盐的稳定运行影响显著，界位过高，会导致电脱盐运行电流升高，甚至极板间短路，无法建立电场；界位过低，则会导致排水带油。

⑧ 电场强度

电场强度越高，水滴间聚结力越大，但是电场强度过高时又会发生电分散，文献中提出的导致液滴失稳的临界场强约为 3500～5000V/cm。国内炼油厂电脱盐罐内场强多为

300~1800V/cm，并且往往会设计强弱不同的多段电场，因此在实际工业实践中，提高场强有利于促进水滴聚结。然而场强的提高又会导致变压器负荷上升、电流增大，在国内常用的全阻抗变压器条件下，就会表现为电流增大、电压降低，当电压降低至正常值50%~60%左右时，电场作用变得无效，并可进一步导致击穿。

⑨ 反冲洗

电脱盐罐在运行期间应当定期进行反冲洗操作，从而清除罐底沉积物，保证有效罐容。反冲洗频率一般为每月3~5次，可以由工业实践确定。每罐冲洗时间30~80min，以脱水口、罐底排污口见清水为冲洗合格。

3. 电脱盐设备

(1) 电极结构

不同电脱盐技术的基本原理是相同的，主要区别在于电极结构、进油方式以及供电方式等。

交流电脱盐技术是在水平电极板之间施加交流高压电场，一般根据处理量及罐体大小可设计2~4层水平电极板。

交直流电脱盐技术将经过半波整流的交流高压电场引入电脱盐罐内，其正、负极分别与两组交替垂直悬挂的电极板相连，从而在极板之间形成直流电场，同时在极板下沿与油水界面之间形成交流电场。

平流鼠笼式电脱盐技术采用鼠笼式电极结构，原油从卧式罐体一端进入，水平流经电场后从另一端流出，根据处理量及罐体大小可设计单层或多层极板，另外电场一般设计成弱、过渡和强三段不同区域，鼠笼式电脱盐的设计初衷是有效提高罐内空间利用率。

高速电脱盐技术采用水平极板和油相进油，通过特殊设计的进油喷嘴将原油乳化液直接喷入高压强电场。与传统电脱盐技术相比，在高速电脱盐技术设计中，原油在电场中的停留时间和原油在罐内总停留时间大大缩短，据报道Petreco Bilectric高速电脱盐设计处理能力约为同样大小低速电脱盐的1.75倍。但是在国内应用实践中发现，高速电脱盐技术对于劣质重质原油的适应性一般。

国内电脱盐设计普遍追求使原油尽可能长时间地在电场区域停留，电极结构也呈现复杂化的趋势。如目前国内较多采取的一种智能响应多级梯度交直流电脱盐，通过在电脱盐罐内设置上下两层电场结构依次形成五段强弱不同的电场，结合智能调压技术，增强对于高电导率乳化层的破乳效果并保证设备稳定运行。另一种双进油双电场电脱盐，除了设置上下两部分互不相关联的电场外，还将进油方式改为向上下电场分别供油，并可调节两路处理量。根据厂家资料，该技术可充分利用罐内空间，有效降低了原油上升速率，适应性强。

(2) 变压器及控制系统

电脱盐专用的变压器应具备以下特点：输出电压可调，以适应不同性质原油；理想的特性曲线，特别是在输出短路时电流不应超过额定值；具有防爆结构；运行可靠、维护方便。目前国内电脱盐装置多采用充油防爆型电抗变压器，有单相和三相两种形式，设置若干固定挡位，当需要调节输出电压时，需要停电手动调挡。

交直流电脱盐采用的电源设备配备防爆整流器。脉冲供电系统则由脉冲变压器和控制系统构成，输入经逆变、升压、二次蒸馏后输出单向或双向脉冲电压。

国内电脱盐装置采用的变压器均为全阻抗(或称高阻抗)变压器，其特点是在输入侧串联(或相当于串联)大的阻抗器，当负载电流增大时，输入侧电流增大，阻抗器阻值增大，起到限流作用，从而保护变压器。这种设计虽然保护了变压器，但是当原油性质波动、电流增加时会导致电压降低，脱盐效果下降。

智能响应调压控制系统能够根据次级电流调整输出电压，避免短路、跳闸等故障。功率补偿控制系统通过监测一次电流和二次电压并依靠晶闸管功率调节器实现"恒压限流"，实现变压器无级在线调压，并根据负载自动恒压，保证足够电场强度，提高脱水脱盐效率；同时在原料性质波动或其他异常情况导致电流升高时，自动降压限流，保护变压器和绝缘件，实现连续稳定工作。

(3) 混合设备

早期原油注水和破乳剂在进料泵前注入，通过泵叶轮转动进行混合，但是泵前混合无法控制混合强度，容易产生过度乳化。目前国内普遍采用静态混合器与混合阀串联的混合方式。静态混合器有 SS 型、SX 型、SXS 型等多种形式。混合阀通过调节开度控制压差，从而获得理想的混合强度。

(4) 界位控制系统

油水界位控制对于保持电脱盐稳定运行以及油水分离效果至关重要，油水界位检测仪有侧装双法兰微压差式、磁致伸缩、短波吸收、射频导纳等，目前在炼油厂电脱盐装置应用最为广泛的是射频导纳式的界位仪。

上述界位仪不能监测乳化层厚度，目前有一些新的界位监控技术开始得到应用，例如基于微波能量吸收的界位监控系统或基于伽马射线的剖面仪。图 5-5 显示了美国 AGAR 公司的界位监控系统，该系统配备 2~4 个水含量监测探头，其中探头 1 用于控制排水阀，避免排水含油；探头 2 用于监测乳化层增长情况，设置在电极板下方，避免乳化层过高，电流上升，电极过载；探头 3 和探头 4 为选配，用于监控来油水含量和罐底污泥情况。图 5-6 为英国 Tracerco 公司的剖面仪，该剖面仪探头部分包含一个低能量伽马射线放射源杆和两个探测杆，能够反映每一层介质的密度，从而获得罐内各相流体分布和相界面。

(5) 进料分配器

根据不同电脱盐罐形式，进料方式主要有水相进料、油相进料及侧向进料三种。其中交流和交直流电脱盐一般采取水相进料，进料分配器为多孔分配管或多孔分配管加倒扣槽。高速电脱盐为油相进料，原油通过专用的喷嘴喷射到电场中。有些提速型交直流电脱盐也采用多孔分配管油相进料。侧向进料用于平流鼠笼式电脱盐，一些鼠笼式电脱盐罐在进口端设置了多孔分配器。目前 CFD 仿真技术被越来越多地应用于电脱盐罐以及电脱水器内多相流动和分布研究，从而指导进料分配器以及罐内结构设计。

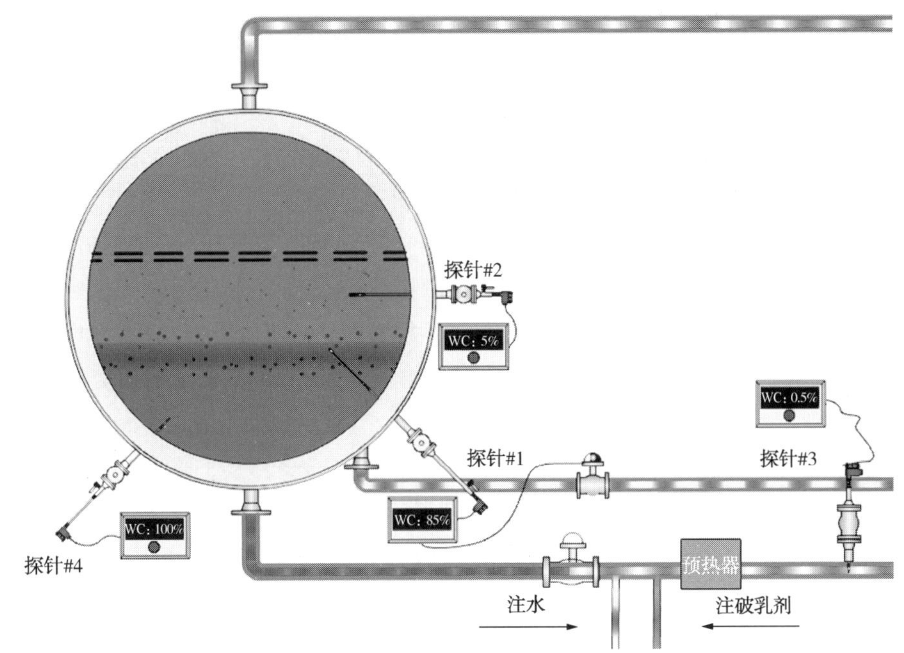

图 5-5 AGAR 公司界位控制系统

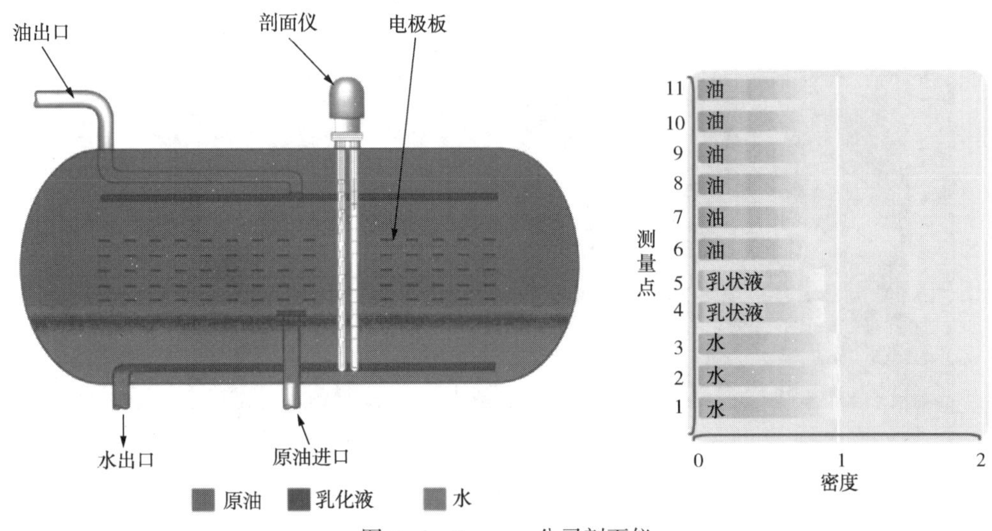

图 5-6 Tracerco 公司剖面仪

（彩图见本书附录）

(6) 反冲洗

原油中所含固体颗粒会在电脱盐罐底沉积，有时还会在电极系统的支撑结构上沉积，特别是重质原油。这将导致脱盐罐有效罐容减小，缩短水相停留时间，影响电脱盐效率及稳定操作。因此电脱盐罐底部设有水冲洗系统，在电脱盐运行过程中定期进行反冲洗操作，将罐底沉积物随洗水一起排出。

除了形成罐底沉积物，小固体颗粒还会在油水界面聚结，导致乳化层增厚并促进稳定乳化层的形成。一些电脱盐设计了乳化层排出系统。这有助于稳定电脱盐操作，但是排出的乳化液需要专门进行处理，例如离心分离、微波辅助破乳、加入稀释剂促进分离等。

4. 原油脱盐技术进展

(1) 强化电场高效电脱盐

我国在消化吸收国外电脱盐技术基础上进行的电脱盐技术开发，无论是早期的交流电脱盐技术、交直流电脱盐技术，还是后来的平流鼠笼式电脱盐技术、双电场电脱盐技术，对于电脱盐罐内结构设计，一直是追求增大电场空间，使原油尽早进入电场以及延长停留时间。然而实际上国内外许多研究表明小水滴的极化和聚结可以在短时间内完成，那么电极板就不需要占据很大的空间，电极面积增大、层数增加不但容易造成脱盐电流增大、无谓增大电耗，而且压缩水相空间不利于油水分离。为此，青岛安全工程研究院研发了强化电场电脱盐技术。

强化电场高效电脱盐基于上述思路设计，具体包括：

① 原油为下进上出流动方式，设置二次进料分配槽，保证原油平稳通过电场；

② 简化电场结构，只保留一层竖挂垂直极板，并通过压缩极板间距提高场强；

③ 减小极板面积，减小无谓电耗；同时极板安装位置上提，提高界位操作弹性，利于改善排水；

④ 电极板由传统格栅式改为纯钢板(如图 5-7 所示)，电场更均匀，减少尖端放电可能性；

图 5-7　传统电极与强化电场电极板对比

⑤ 设置功率补偿电源控制系统，能够在正常工况下根据负载自动将电压恒定在设定值，保证高强和稳定的电场，在原油性质劣化、油水乳化等电流大幅上升的情况下自动降压限流，避免电场崩溃，并在介质性质稳定、电导率降低后自动恢复强电场，保证变压器连续工作。

(2) 电动力电脱盐

美国 NATCO 公司开发的动态电脱盐(Electro-Dynamic Desalting，EDD)技术通过综合采用多项革新技术达到单级电脱盐取代传统多级的极高效率，代表了目前世界上领先的电脱盐技术。EDD 具体采取的技术包括：

① 双极性静电场

相当于国内的交直流电场设计，两组极板分别通过方向相反的二极管连接到变压器同一端子，从而在极板直接形成直流电场，同时在电极板下沿与油水界面之间形成交流电场。根据资料，大液滴在极板之外的交流电场中聚结，而小液滴在直流电场中发生极化、电泳、碰撞、聚结并最终沉降。

② 复合材料电极

当原油含水过高时，电极之间可能产生电弧，并立即导致整个钢质的电极组放电，电脱盐停止工作。通过采用石墨/玻璃纤维特制的复合材料电极可以抑制表面电流，当产生电弧时，只会造成电极板一小块区域放电，其余极板区域将会继续工作。

采用复合极板在波动条件下仍可保持高效运行，最大限度减少未经电场处理的原油，即使含水量高达30%也能够处理，并可降低对界面污泥层的敏感性。

③ 负载响应控制

为了保持稳定的脱盐效果并减少波动，应当根据不同原料调整电场。传统的电脱盐变压器通过手动调挡改变输出电压，而通过负载响应控制器(LRC)可以方便地根据原油状态变化自动调整电压。

此外当原油含水高时，常规系统通过降低输出电压进行补偿，这会降低脱盐效果。而NATCO的LRC系统仍会提供全功率的电压脉冲尖峰来进行补偿，只是会根据原油电导率调整其持续时间和频率。这样既保护了变压器过热，又能够保留大部分电场的聚结能量。

④ 逆流水洗工艺

常规的电脱盐脱水是在进入电脱盐罐之前注入并与原油混合，而NATCO在电脱盐罐内顶部设计了一个注水分配器，水直接在罐内注入，通过静电混合技术使向上流动的原油与逆流的水滴在经过电极板组时达到极高效地接触。如图5-8所示。

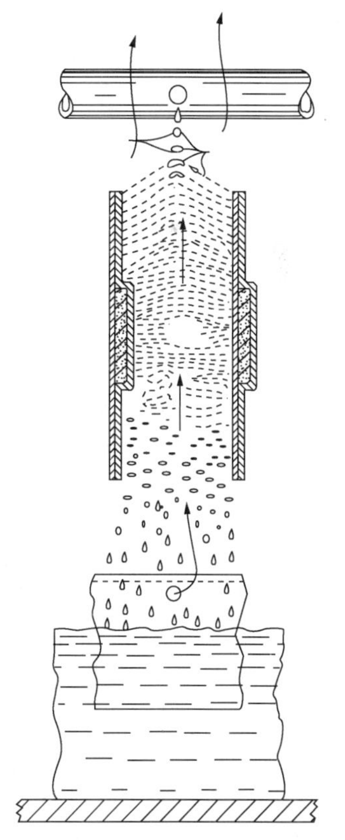

图5-8 逆流水洗示意

注水量只需要2%~3%并可循环使用，产生的废水很少，单级效率可以达到二级或三级传统电脱盐。

⑤ 电动力混合工艺

通过一个快速变化的周期电场实现水滴的破碎和聚结。首先大水滴从分配器中落下并在强电场中分散成小液滴，接着小液滴在EDD电场中反复聚结和破碎从而使稀释水与原油中携带的盐水最大程度混合；最后分散的液滴在较低强度电场中聚结并从原油中沉降、分离。如图5-9所示。

(3) 双频电脱盐

NATCO的双频电脱盐仍然是交直流电场结构，但是采用了专门的控制器、LRC-Ⅱ智能用户接口和三相变压器产生可定制的电场，并针对不同原油进行优化。其变压器单元由封装在充油外壳中的三个主要组件构成：能够产生可变幅值和可变频率电压的电源电路(对于许多现场安装，这是最关键的)、能够提高二次电压的中频电源单元以及二次电压整流单元。

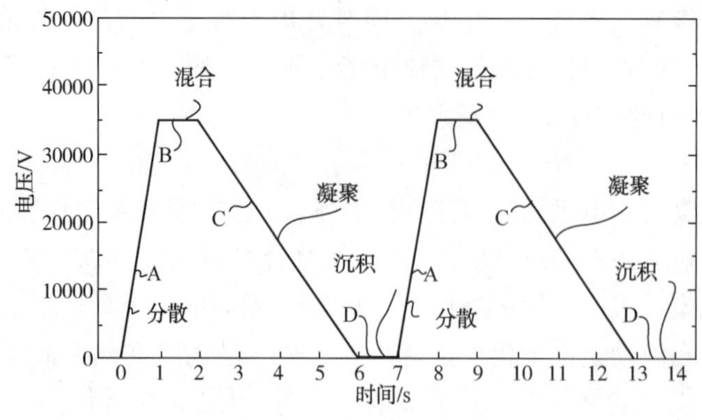

图 5-9 电动力混合示意

在常规交直流电场中，每组极板在交流电场的半个周期内充电，并通过电容存储作用在未充电的半个周期内维持一定电场。但是电压衰减导致水滴上的电荷减少，降低了电脱盐效果，并且电压衰减速率随原油电导率增加而增大(图 5-10)。要解决此问题，应当缩短充电间隔，即提高频率(图 5-11)。

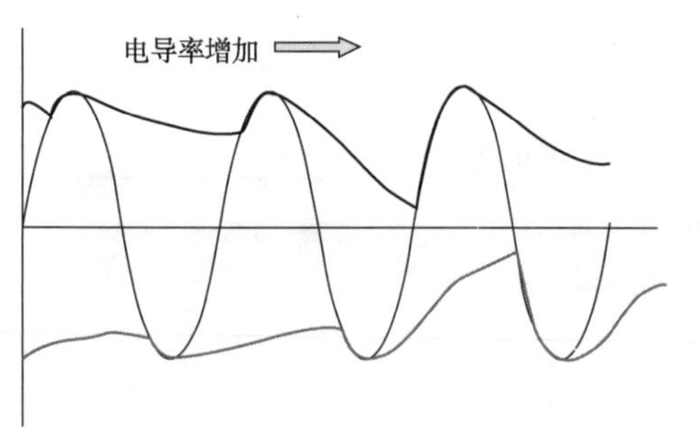

图 5-10 实际场强随电导率变化示意

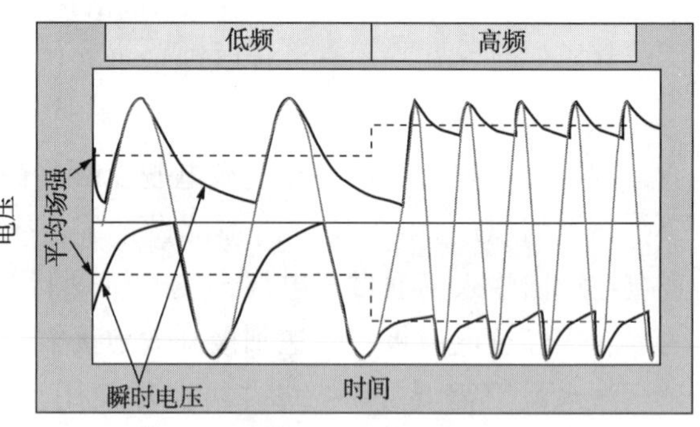

图 5-11 实际场强随频率变化示意

图 5-12 为双频技术示意图，首先提供一个高频电压(基频)以减小电场衰减效应。NATCO 研究指出此基频应与原油电导率呈正比，例如对于电导率 75nS/m 的原油，理想的

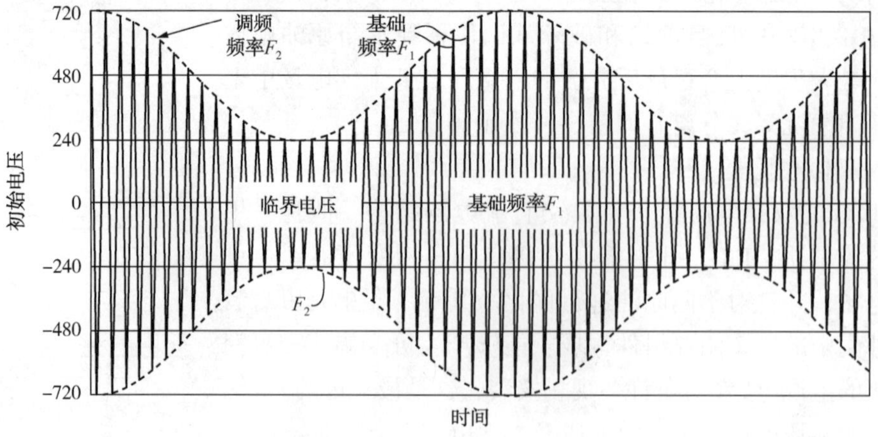

图 5-12 双频(基频和调制频率)电场示意

基频应在1450Hz；对于电导率100nS/m的原油，基频提高至1600Hz。在此基础上对振幅进行调制使之产生一个对水滴变形和聚结最有利的频率(调制频率)，从而达到最佳聚结效果，调制频率应随液滴尺寸减小而增加，例如当乳化液中水滴平均粒径在500μm时，调制频率约6.4Hz可更有效聚结。实际应用中基频范围约为60~2500Hz，而调制频率约0.1~100Hz。

(4) 膜法强化传质脱盐

原油膜强化传质预处理技术是以膜接触器为核心，膜接触器内装有大量具有一定规格和形态的细长纤维，当原油和注水与纤维束接触时，因油水表面张力和对纤维的亲和性不同，水相更易于在纤维束表面铺展，被纤维拉成一层极薄的膜，从而使小体积水相扩展成大面积液膜，油相顺着已被水相浸润的纤维流下，并与液膜之间存在一定的摩擦力，从而使液膜变得更薄。由于油水两相是在平面膜上发生接触，在接触过程中进行传质，因此膜接触器具有接触面积大、传质效率高、不易形成油水乳化等优点。图5-13为一套三级串联的膜接触原油预处理工艺的基本流程。

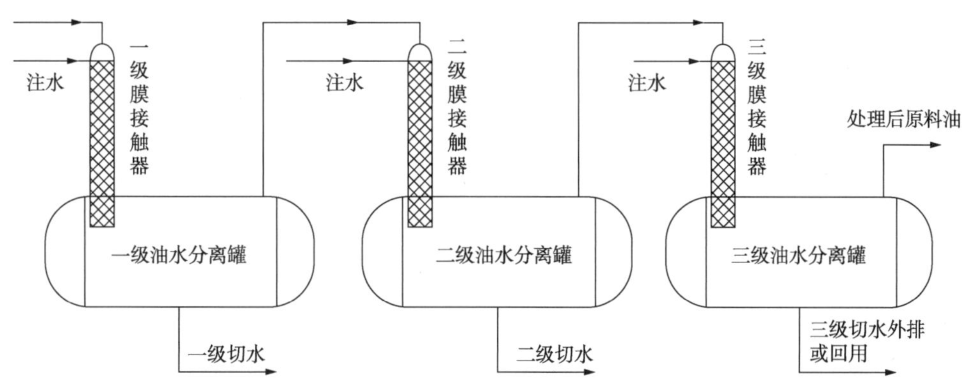

图5-13 三级膜强化传质原油预处理

电脱盐的基本原理是以化学破乳剂降低水滴界面张力，同时利用电场作用使水滴聚结并沉降最终实现油水分离。膜法则是直接利用纤维表面完成油水接触传质和分离，是完全不同的技术路线，其最突出的优点是无需外加电场和破乳剂，但是当原油中的固体颗粒、沥青质等物质在纤维膜上堆积，需要进行冲洗净化操作，膜法脱盐长期运行的可靠性仍需要进一步验证。

三、注碱

注碱的作用是将原油中易水解的氯化钙、氯化镁等氯化物转化为氯化钠，而氯化钠在蒸馏装置预热流程或加热炉环境中很少水解，从而抑制了HCl的生成，减轻塔顶系统腐蚀。但是注碱存在一定的副作用，例如引起原油预热换热器结垢，加热炉结焦，常压塔和焦化分馏塔顶发生发泡，高温下碳钢的碱脆和碱开裂，增加渣油中的钠含量，影响重油和石油焦质量以及导致重油催化裂化和重油加氢等催化剂中毒等。20世纪80年代后期，国内大部分炼油厂停止注碱，目前仅有少数常减压蒸馏装置采取了注碱的措施。不过注碱对于降低塔顶氯离子含量、抑制塔顶系统腐蚀是一种经济而有效的手段，在国外炼油厂仍是一项普遍采用的工艺防腐措施。根据 NACE 对 89 套蒸馏装置的调查，有 53 套装置采取了注碱的措施，占全部装置的 59.6%。

注碱的目标一般是将塔顶排水的氯离子控制在 20~30mg/L 以内，表 5-4 显示了 NACE 调查统计的塔顶氯离子浓度。

表 5-4 NACE TG342 对蒸馏装置塔顶腐蚀控制措施的调查(塔顶氯离子上限)

范围	其中注碱的装置		调查的所有装置	
	装置数	占比	装置数	占比
≤20ppm	30	57%	36	40%
21~30ppm	19	36%	28	31%
31~40ppm	2	4%	5	6%
41~50ppm	2	4%	5	6%
51~75ppm	0	0%	6	7%
76~100ppm	0	0%	2	2%
>100ppm	0	0%	1	1%
未答复	0	0%	6	7%
总计	53	100%	89	100%

关于注碱的一些具体考虑如下：

(1) 碱的浓度

注碱一般采用新鲜的 NaOH 水溶液，典型浓度为 2%~5%，低浓度注入有利于更好地混合与分散。如果采用了适当的喷嘴，则碱液浓度可适当提高，最高浓度控制在 25%以内。

(2) 注碱量

初始的注碱量只能粗略设定，实际注量一般根据常压塔顶氯离子含量确定，而上限还需要考虑原油预热换热器结垢、加热炉结焦以及塔底物料钠含量等因素确定。根据国内一些炼油厂的经验，很多情况下单纯通过注碱不能达到 20~30mg/L 的控制目标。

典型注碱量为 0~6mgNaOH/L 原油，对于有电脱盐的常减压装置，注碱量上限不超过 10~15mg/L。

(3) 注碱位置

最常见的注碱位置是在电脱盐后、脱后原油换热器之前，注入点温度应小于 149℃。如果电脱盐罐与脱后原油之间有升压泵，则可以注在该泵入口。有些炼油厂为避免脱后原油换热器结垢，在脱后原油换热器后注碱，但是在这一位置注碱一般要采用喷头。

(4) 注碱设备

一套典型的注碱系统由碱液罐、注入泵和喷头组成。碱液罐可采用低碳钢或高密度玻璃纤维玻璃钢制造，应配备搅拌器或循环泵，如果采用双罐稀释系统最理想。注入泵一般采用容积式泵，其能力应在设计注入量基础上保证至少 1/3 裕量。注入喷嘴建议采用实心棒加工，不应采用焊接方式加工端部，推荐喷嘴材质选择400、625或哈氏B合金。注入管嘴应插入原油管道中心位置，注入碱液应保证一定流速，一般2~3倍于主管线中的原油流速。高温下注入时，建议先将碱液与一股旁路侧线原油载流混合，当载流量降低至设计流量85%以下时停止注碱泵。

（5）对注碱的监控

注碱可能产生的副作用包括：脱后原油预热换热器结垢、常减压加热炉炉管结焦、加热炉炉管和原油预热换热器及管线碱开裂、常减压装置蒸馏塔发泡、因重组分钠污染导致焦化产品污染、减黏裂化结焦和产品污染、二次加工装置催化剂污染等问题。为此应当对注碱后的防腐效果及其可能带来的风险进行监控。

建议碱液罐出口安装流量计来准确控制注入量。每班检查两次碱液浓度和注入量，每日巡检注碱泵、碱液罐和注碱管线。新设注碱口第一年内每季度进行无损检测，可以采用超声扫描、射线拍照、红外成像等方法。应当对常减压重组分中的钠含量进行监测，控制渣油钠含量低于20~50μg/g。

第二节 常减压装置工艺防腐

一、注水

注水的作用是稀释酸性物质，提高初凝区pH值，将沉积的盐洗走，以及从气相中洗去可能结盐的物质。由于注水会导致水露点温度升高，因此初凝区的位置会随注水量发生变化。影响注水的关键因素包括注水量、注水水质、注水位置以及相关的注入设备等。关于塔顶注水的一些具体考虑，如下：

（1）注水量

注水量应使注入点存在足量液态水，一般是使塔顶物料达到水露点所需水量再加上10%~50%过量，典型目标是25%，水露点和注水量可以通过工艺仿真计算获得，计算一般应采取最坏情况假设，即塔顶馏出量最大、注汽量最小以及塔顶压力最小。

（2）注水水质

注水水质应当为无氧、适中的pH值、低的铁含量及总悬浮固含量的性质，注水中含有溶解氧易导致腐蚀加速，而pH值过高的注水易导致生成FeS，造成结垢和堵塞问题。常见的注水来源是汽提脱硫净化水或回用的本装置塔顶含硫污水，表5-5为塔顶注水水质要求。

表5-5 注水水质指标

成分	最高值	期望值	分析方法
氧/(μg/kg)	50	15	HJ 506—2009
pH	9.5	7.0~9.0	GB/T 6920—1986

续表

成分	最高值	期望值	分析方法
总硬度/(μg/g)	1	0.1	GB/T 6909—2018
溶解的铁离子/(μg/g)	1	0.1	HJ/T 345—2007
氯离子/(μg/g)	100	5	GB/T 15453—2018
硫化氢/(μg/g)	—	小于 45	HJ/T 60—2000
氨氮/(μg/g)	—	小于 100	HJ 535—2009 HJ 536—2009 HJ 537—2009
CN^-/(μg/g)	—	0	HJ 484—2009
固体悬浮物/(μg/g)	0.2	少到可忽略	GB 11901—1989

(3)注水位置

注水位置一般在塔顶挥发线及多列塔顶冷换设备的入口，挥发线注水可以增加接触时间，提高水洗效率，提高物料达到水露点的可能性，但是容易产生分散不均问题；在每列冷换设备入口注水能够改善分布，理想情况下应在两个部位都设置注水点(如图 5-14 所示)，但相对成本较高。国内多数设计塔顶注水点位于中和剂、缓蚀剂注入点之后的塔顶油气管线上，这种设计的主要问题是容易产生注水分散不均，以及注水点距离流向变化太近容易造成弯头的腐蚀。国外要求注水点应在流向变化(如弯头或三通)上游至少 10 倍管径处，可以设置在挥发线竖直管段，国内一些设计中也已经开始采用这种方式(如图 5-15 所示)。

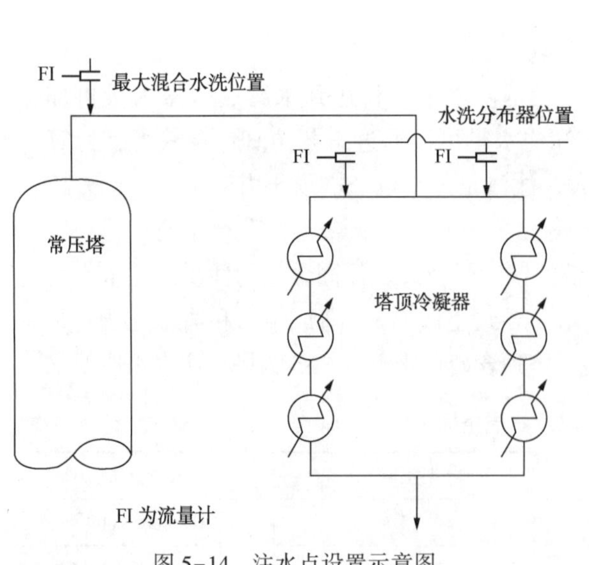

图 5-14　注水点设置示意图

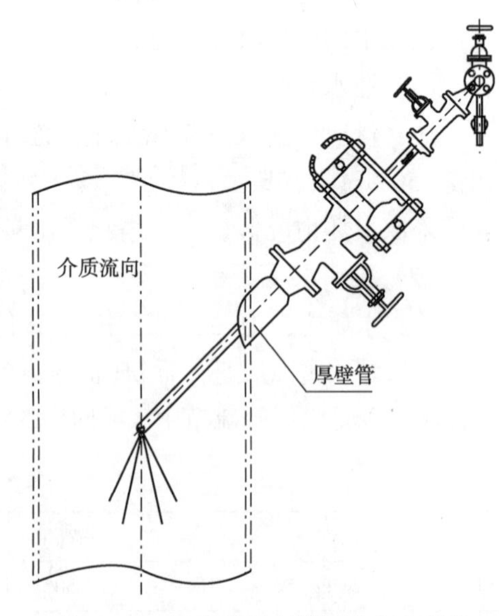

图 5-15　挥发线竖直管段注水示意图

对于二级回流的常顶系统，第一级带水操作的，通常在第一级冷换和第二级冷换前分别注水；第一级不带水操作的，通常只在第二级冷换前注水，但有时第一级可保留注水设施以便必要时能够进行间断在线水洗。

（4）注水设备

注水应采用雾化喷头以提供良好的气-液接触和分散效果，喷头应采用耐蚀材料，伸入管道中央顺流向喷射以便使雾化保持尽可能长的时间，喷射角范围应覆盖整个管道，但是不能直接冲击管壁，喷头一般采用圆锥形雾化喷头，只有一个开孔，以降低堵塞风险，喷头应保证足够压降形成稳定雾化并获得最小水滴粒径，一般约 140kPa。影响喷嘴性能的因素包括喷射方式、液滴尺寸、操作压力、压降及流量，有的喷嘴还使用气体或稀释剂达到进一步的雾化分散效果。

注水系统应配备过滤器及流量计，过滤器应当能过滤注水系统中最小孔径（包括喷头、流量计或阀门等）1/10 尺寸的颗粒，流量计应当在每个注入点都安装，选择不易结垢（如具有大口径、无磁性部件等）型号。注水泵应保证足够的裕量，通常设计为所需最大注水量 2 倍，并一开一备。

二、注中和剂

注中和剂的作用是中和塔顶物流中的酸性物质，提高凝液的 pH 值。

（1）中和剂类型

中和剂的成分为氨水或有机胺，氨水对于将塔顶水相 pH 值整体提高到安全的范围是有效的，但是由于在较高的露点温度下不易溶于水相，因此在初凝区不能有效起到中和作用，不建议单独使用。有机胺中和剂可能为单一的有机胺或多种有机胺复配，其挥发性应当能够在略高于水露点的条件下处于气相，同时又能随水一起冷凝，常见的沸点范围 93~149℃，并在 204℃保持热稳定。选择的中和剂应当在水中比油中更易溶，具有较高的中和效率，形成的盐酸盐具有较低的熔点或升华温度、较高的饱和蒸气压以降低结盐风险。一些广泛使用的有机胺中和剂组分包括吗啉、EDA、MEA 和 MOPA 等，上述所有胺类的盐酸盐都是水溶性的，其中 MOPA 和 MEA 可在较高温度下产生液态盐。

图 5-16 显示了温度及中和剂对塔顶 pH 的影响，其中曲线Ⅰ表示了一个无中和剂注入的塔顶系统 pH 随温度变化曲线，初凝区的 pH 值可低至 1，随着温度降低，由于冷凝水的稀释作用，pH 值逐渐上升，当水完全冷凝其自然 pH 值升至 4 左右。曲线Ⅱ是注氨时的情况，其对初凝区 pH 值的提升有限。曲线Ⅲ是最为理想的中和情况，在整个冷凝区内 pH 值都均匀地提升至 5~6 左右的范围，对于抑制腐蚀最为有利。

（2）注入量

注有机胺时一般将塔顶 pH 值控制在 5.0~5.5 以上，注氨时一般将塔顶冷凝水 pH 值控制在 7.5 以上，可参考表 5-6。过量注入中和剂可能导致塔顶系统氯化铵/胺沉积，并导致腐蚀。中和胺最低注入量可以设为中和塔顶 HCl 所需摩尔当量的 1.05~1.2 倍，而其

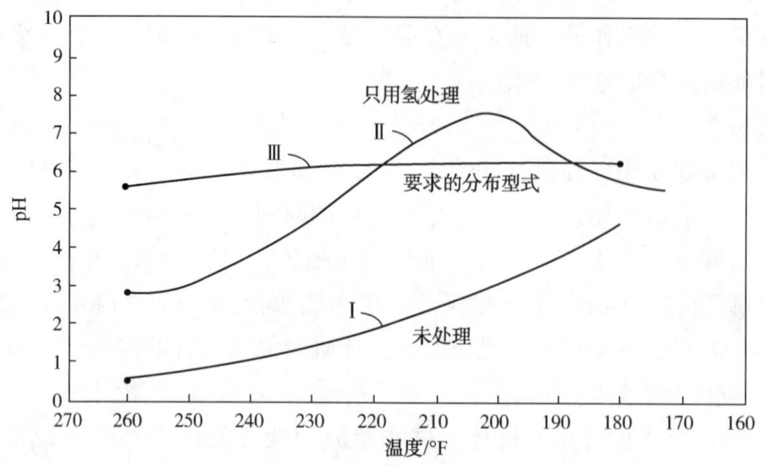

图 5-16　中和剂对塔顶 pH 影响的示意图

上限应当保证各种氨/胺所形成盐酸盐的分压不超过其在水露点(考虑 15℃左右的安全余量)时的饱和蒸气压。利用离子模型技术可以对含有机胺的多相体系进行严格热力学计算，从而精确给出塔顶水露点温度、水相 pH 分布以及中和剂注入量等，但是这需要大量有机胺类的热力学数据。

图 5-17 显示了利用离子模型模拟的含 20mg/L HCl、20mg/L NH_3和 25mg/L H_2S 的常顶冷凝水相 pH 值相对温度曲线，与图 5-16 相比，图 5-17 更加准确地描述了整个塔顶冷凝区间 pH 值的变化。在初凝区大量 HCl 进入少量水相，而由于露点处温度较高 NH_3却不易溶于水，因此产生了极低的 pH 值。随着塔顶物料的冷却，更多的水凝结，由于稀释、NH_3溶解量增大以及降温的作用，pH 值开始上升。即使回流罐排水的 pH 值为中性，露点处仍可能产生极低的 pH 值，这就是盐酸露点腐蚀的原因。

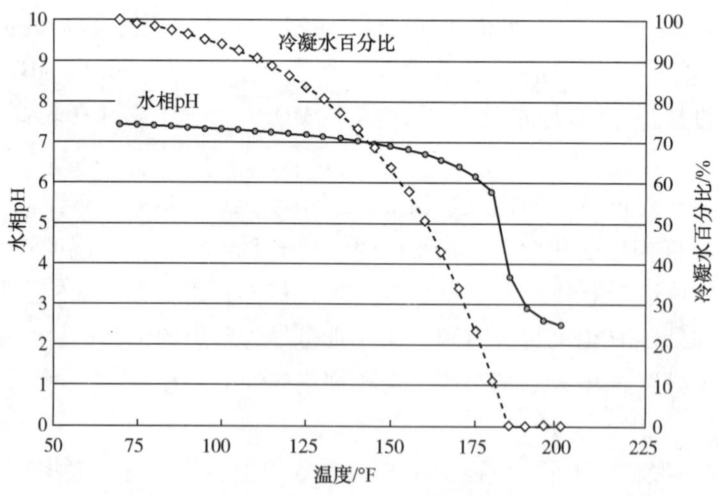

图 5-17　利用离子模型得到的常顶系统 pH 值相对温度曲线

（3）注入位置

中和剂通常在水露点之前注入，多数情况下可以随注水注入，但应当与缓蚀剂分开注入。单级不注水塔顶系统中和剂一般注在塔顶一出来的挥发线，二级回流的塔顶系统如果第一级不带水操作则不应注入中和剂。当中和剂注在挥发线时，一般不需要稀释。随水注入时由于高 pH 值容易导致 FeS 沉淀析出，应注意避免注水系统堵塞，可以在注水线过滤器之后与注水混合。图 5-18 显示了一种常压塔顶系统的注水和注剂方案。

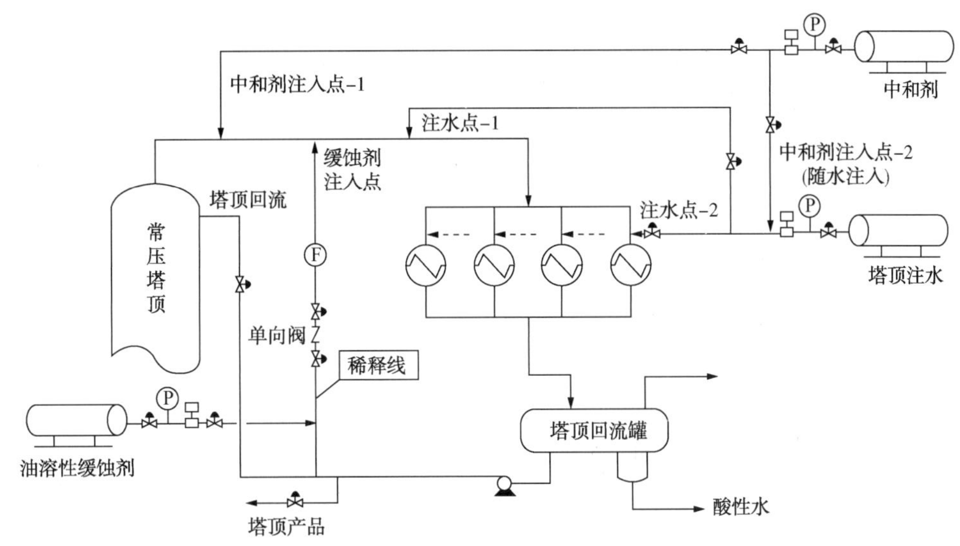

图 5-18　一种常压塔顶三注方案示意

（4）注入设备

当向不带注水的常顶挥发线注入中和剂时，通过一根简单的伸到管道中心线的管注入一般就够了。常顶系统使用的大部分中和剂具有足够的挥发性而在塔顶挥发线中汽化。

三、注缓蚀剂

塔顶使用的缓蚀剂为成膜型缓蚀剂，其作用是在钢铁表面吸附并形成一层保护膜，从而抑制腐蚀。

（1）缓蚀剂类型

缓蚀剂主要分为油溶性和水溶性，油溶性缓蚀剂常见类型有二酰胺、咪唑啉、磷酸酯、硫代磷酸酯等，水溶性缓蚀剂常见类型有季铵盐、季铵烷基吡啶等。应当根据塔顶系统液相水与烃量之比、是否有注水及注水位置等选择。选择的缓蚀剂应当能够在较宽的 pH 值范围和较高温度（至少 149℃）下成膜，并具有良好缓蚀效果（一般要求缓蚀率不低于 90%）。在正常用量下不会导致油水乳化或者发泡，油溶性缓蚀剂应具有优异的轻烃溶解性以及高的水分离指数。

（2）注入量

油溶性缓蚀剂典型加注量为 3～10ppm，水溶性缓蚀剂典型加注量为 10～20ppm（均为相对于塔顶馏出量)，在加注初期或波动时可临时提高，国内一般以控制塔顶水中的铁含量不超过3mg/L为目标，也可以利用在线腐蚀探针对注剂效果进行评估，参见表5-6。过量注入缓蚀剂也可能产生副作用，例如导致油水乳化或者发泡。图5-19显示了缓蚀剂产生的油水乳化作用，这会导致回流带水，从而把盐和其他腐蚀性介质带入塔内，造成腐蚀。此外国内有许多炼油厂采用中和缓蚀剂，这种复配的药剂存在不能单独控制中和剂或缓蚀剂注入量的问题，增大了产生结盐、结垢等副作用的风险。

(3) 注入位置

缓蚀剂通常在水露点之前注入，并且通常应在塔顶弯头或三通等上游注入，以降低冲刷腐蚀风险。为了保证分散效果，对于具有不对称管道分叉、多列并列冷换设备的系统，多点注入比较常见。对于二级回流的塔顶系统，应在每一级分别注入。

(4) 载流

成膜缓蚀剂是留在液相中的高沸点化合物，另外许多浓缩的缓蚀剂在较高温度下本身也可导致腐蚀，因此应采用适当载流进行稀释。水溶性缓蚀剂用水稀释，有时也随注水注入，油溶性缓蚀剂最常见的载流是石脑油或汽油，典型稀释比例(20：1)~(100：1)。载流应具有一定温度以降低冲击冷凝风险，另外为了减少注入后闪蒸使药剂浓缩而导致腐蚀，最好选择具有较高沸点的载流。图5-20显示了一个由于缓蚀剂浓缩而导致注入点附近腐蚀的案例，所注药剂为水溶性中和缓蚀剂，没有经过稀释，注入点位于常压塔顶挥发线，注入点的操作温度约125℃。

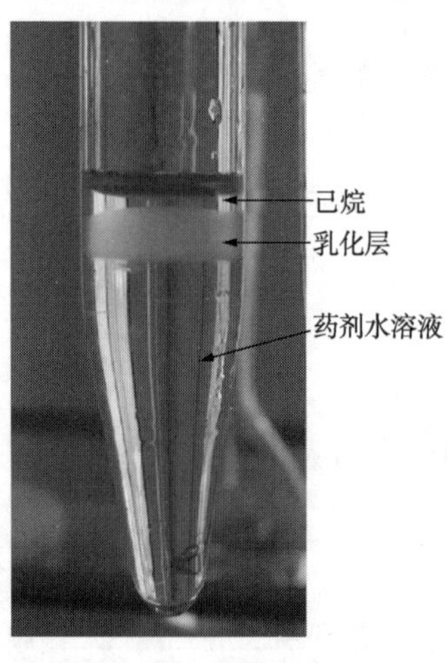

图5-19　注入的缓蚀剂产生了油水乳化作用

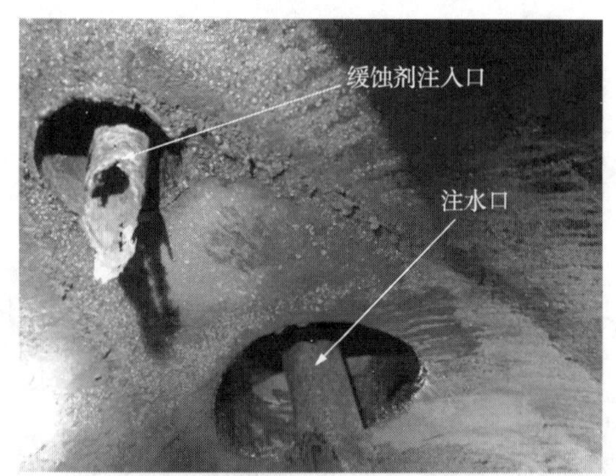

图5-20　缓蚀剂注入点发生腐蚀

(5) 注入设备

如前所述，成膜缓蚀剂注入后呈液态，除了需要使用载流稀释，还应设置雾化喷头以提高其分散性。缓蚀剂注入管或喷头应选择高等级材质，例如20合金或C-276合金。由于缓蚀剂需要载流稀释，因此一般配有稀释系统，油溶性缓蚀剂可以从塔顶回流泵出口、控制阀前引出塔顶油作为载流。

表 5-6 为中国石化对于“三注”后塔顶冷凝水的控制要求。

表 5-6 中国石化对“三注”后塔顶冷凝水的控制指标

项目	指标	测定方法
pH 值	5.5~7.5(注有机胺时) 7.0~9.0(注氨水时) 6.5~8.0(有机胺+氨水)	GB/T 6920—1986
铁离子含量/(mg/L)	≤3	HJ/T 345—2007
氯离子含量/(mg/L)	≤30	GB/T 15453—2018
平均腐蚀速率/(mm/a)	≤0.2	在线腐蚀探针或挂片

四、智能加注系统

塔顶系统的“三注”作为一个“测量→分析→反馈”的过程，非常适合与自动化、信息化技术结合，从传统的离线分析、经验驱动和人工操作向实时在线监测、数据模型驱动和智能控制转变是必然发展趋势。国外已有技术公司推出了成熟的自动测量和控制系统，其核心是塔顶含硫污水的水质在线分析以及包含离子平衡的塔顶腐蚀预测模型。国内早期一些企业应用了基于在线 pH 计的注氨系统，目前也开发了多参数的监测系统以及包含中和剂、缓蚀剂和水的自动加注系统，主要问题是在线测量及控制算法可靠性仍待提高。

(1) 塔顶水质和腐蚀的在线监测

常规的分析化验检测频率低、时效性差，不能满足塔顶“三注”实时控制的要求，实现关键参量(包括塔顶含硫污水的 pH 值、铁离子、氯离子、氨氮、温度、腐蚀速率等)的在线测量是智能加注的必要前提。目前在线 pH 计应用相对比较成熟，可用于控制中和剂注入，为了缓解电极污损导致的测量不准、延长使用寿命，可以采用具有自动清洗和自动伸缩功能的在线 pH 测量系统。对于含硫污水中各种离子的在线测量，目前并没有成熟的监测方案，采用插入式离子选择性电极由于容易污损可靠性不高，NALCO 公司的 3D TRASAR 采用基于分光光度法的监测系统解决上述问题，实现对 pH 值、铁离子和氯离子的在线测量，Baker Hughes 公司也有类似的技术报道。对于塔顶低温系统腐蚀速率的监测，适合采用电感探针(磁阻探针)或电化学探针，相对于失重或测厚等方法，能够对工艺防腐的调整迅速做出响应。有研究机构开发了多参数集成的插入式探针，能够同时测量包括温度、pH 值、氯离子和腐蚀速率等多个参数，不过其在塔顶环境的适用性仍有待进一步验证。见图 5-21。

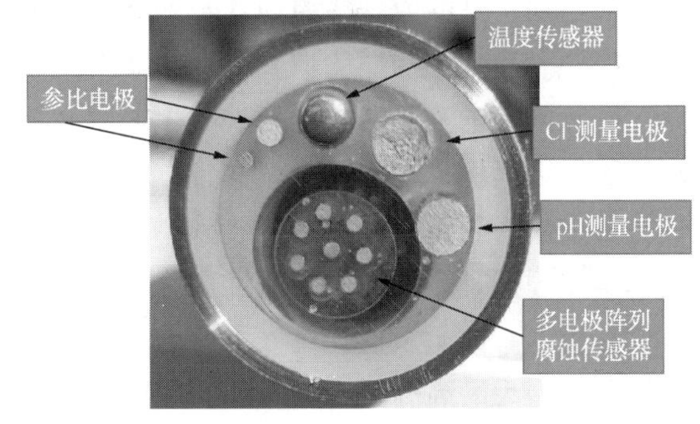

图 5-21 多参数腐蚀探针

(2) 塔顶低温腐蚀和结盐的预测模型

塔顶腐蚀预测模型以及“三注”控制逻辑是智能加注系统的核心。通过在线监测系统获得的测量参数与塔顶系统的工艺操作参数以及“三注”操作数据一起作为输入参数输入腐蚀预测模型，通过模型计算出塔顶水露点、饱和注水量、水相 pH 值、氯化铵/胺盐结晶温度与结晶速率等关键参数，进而控制注水、注中和剂和缓蚀剂的量。国内自动注剂系统的控制模型通常较为简单，主要包括：根据 pH 值调节中和剂注入量，根据铁离子或腐蚀速率调节缓蚀剂注入量，根据计算的饱和注水量调节注水量。

实际上由于塔顶腐蚀的复杂性，涉及多相之间的相平衡、水相的电解质平衡、电化学腐蚀过程、氯化铵/胺结晶反应，甚至多相流动过程等，要建立准确可靠的腐蚀模型需要大量持续的基础研究，国外一些企业和研究机构多通过联合工业项目(JIP)的形式开展工作。例如 Shell 公司针对塔顶系统含有机胺的多相体系开发了一个严格的热力学模型，通过实验获得了许多有机胺物质的热力学、电解质热力学和物理性质以及相平衡数据，Baker Hughes 公司基于该技术开发了离子模型(IM)，用于塔顶腐蚀及中和剂注入的评估，NALCO、GE、栗田等公司也有类似的模型应用。OLI system 公司开发的 OLI Studio 系列软件是目前比较权威的商业电解质仿真软件之一，能够预测塔顶系统的相平衡、水化学、铵/胺盐沉积以及电化学腐蚀过程，给出严格的理论预测结果。在 Honeywell 公司的一项 JIP 中，其针对塔顶系统的腐蚀和结盐问题设计了一系列实验设备和方法，通过开展长期和大量实验获得基础腐蚀数据及其影响因素，并据此开发预测软件，更进一步地可建立实时预测模型并集成到 DCS，从而将腐蚀速率作为过程变量进行监控。

表 5-7 列出了一个全面的工艺防腐智能加注系统所能调整的参数及其调整所依据的变量，其中的控制变量既有来自在线监测的数据，也有来自腐蚀模型计算的数据。

表 5-7　智能加注系统相关控制和调整参数

控制变量	调整参数	控制变量	调整参数
理论注水量	注水量	腐蚀速率或铁离子	缓蚀剂量
氯离子	注碱量	氯化铵结晶温度	注碱量、塔顶温度
pH 值(回流罐及露点部位)	中和剂量	氯化胺结晶温度	注碱量、中和剂量、塔顶温度

五、高温缓蚀剂

对于加工高酸或含酸原油的蒸馏装置，可以通过在高温侧线注入高温缓蚀剂来抑制环烷酸腐蚀。通常炼油厂为应对环烷酸腐蚀会采取一些措施，如将高酸原油与低酸原油混兑、脱除或者中和原油中的环烷酸，或者升级高等级材质等，这些措施的成本都很高，而高温缓蚀剂提供一种相对经济并且方便实施的抑制高温环烷酸腐蚀的手段。

目前市售高温缓蚀剂多为专利产品，主要为磷基、硫基或磷/硫混合基团的有机物，其基本原理都是缓蚀剂中的活性成分在高温下与钢铁作用在其表面形成保护膜，从而抑制环烷酸腐蚀。由于微量磷进入下游加工装置可能会对催化剂产生不良作用，因此目前国内多推荐使用无磷高温缓蚀剂。高温缓蚀剂的注入位置通常在环烷酸腐蚀严重的高温侧线，如减压塔的一中回流、二中回流、减二线、减三线、减四线等，一般材质为碳钢和低合金钢。高温缓蚀剂的典型注入量一般不超过10ppm(相对于侧线抽出量),在加注初期可适当提高,缓蚀效果应当通过适当监测来进行评估,例如监测侧线馏分油的铁含量、设置在线腐蚀探针或高精度在线测厚系统,控制铁含量不超过1ppm。

六、其他工艺控制措施

1. 流速

当装置处于超负荷运行、加工含酸原油或轻组分较多的原油时,因高流速导致的腐蚀比较常见。冲刷腐蚀与多相流环境及流态密切相关,实际上应当采用壁面剪切应力来表征其严苛性,比采用流速作为表征参数更为恰当。高剪切应力往往会破坏保护膜(在常减压装置通常是铁的硫化物),将新鲜金属表面暴露于腐蚀环境,从而加速了该部位的腐蚀。另外,环烷酸、低pH值的酸性液滴以及固体颗粒等都会削弱腐蚀产物膜,因而降低破坏保护膜所需的剪切应力。

在常减压装置,冲刷腐蚀经常出现在存在环烷酸的高流速或湍流部位设备及管道、气速较高的塔顶冷换设备入口等。对于塔顶系统,工业经验显示,气速在15m/s以下时,冲刷腐蚀风险较低;气速在15~20m/s时,存在一定的腐蚀风险;气速超过20m/s时,有可能产生中等至严重的腐蚀。对于高温环烷酸腐蚀,有研究表明当壁面剪切应力低于70Pa(流速约5~6m/s)时,对腐蚀速率影响不明显;而当壁面剪切应力上升至135Pa(流速约8~9m/s)时,腐蚀速率超过原来的2倍。另有资料表明,当流速上升至30m/s时,腐蚀速率可上升至原来的5倍。

此外,低流速也可能带来因积液或盐沉积导致的腐蚀,这种情况多发生在一些冷换设备流动不良区域或塔顶系统的接管、盲头等流动死区。

对于流速相关的腐蚀问题,除了通过合理设计降低流速、避免湍流、防止冲击,在工艺控制方面应对流速进行核算,合理控制负荷,降低冲刷腐蚀风险。

2. 温度

将塔顶系统的操作温度保持在水露点及氯化铵/胺盐结晶温度之上,对于抑制常压塔顶部和顶循环回路中因酸液或结盐导致的腐蚀是一项非常有效的措施,不过温度的调整往往受限于工艺和质量方面的考虑。通常要求塔顶操作温度高于计算的水露点温度14℃以上。国内有很多常压塔采用的冷回流,在返塔部位容易产生局部低温腐蚀环境,可以通过提高回流温度或者与顶循环混合后返塔等措施缓解;另外采用二级回流的常压塔顶系统常顶温度通常较高,常压塔顶部产生腐蚀的风险相对较低,但是有些装置第一级塔顶回流罐仍然在水露点或结盐温度以下运行,仍存在腐蚀环境,并且当只有少量水冷凝时,腐蚀控制可能变得非常困难。

即使塔顶整体操作温度高于水露点或结盐温度,在局部区域(如接管、盲头、注入点等)仍然可能产生露点或结盐环境,对于这些区域应进行充分的保温,在寒冷天气下有时还要采用伴热,以降低腐蚀风险。

塔顶水露点温度或氯化铵/胺盐结晶温度可以利用数学模型进行定量计算,从简单的

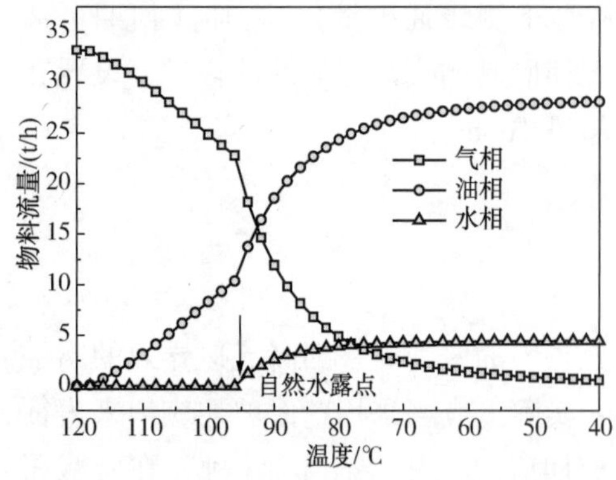

图 5-22　塔顶物料三相冷凝过程

饱和水蒸气表到包含电解质的严格工艺仿真。一种估算塔顶水露点的简单方法是假设塔顶物料中的水和烃全部以气相存在，计算水分压，再通过查水蒸气表获得水露点温度。不过这种方法准确性较差，计算结果通常比实际偏低。图 5-22 显示了利用工艺仿真计算的塔顶物料冷凝过程中气-烃-水三相流量的变化，从中可以清楚地获得水露点温度。

对于氯化铵的结晶温度，其简单估算方法与水露点类似，首先计算塔顶物料中 HCl 和 NH_3 的分压，其中 HCl 和 NH_3 的量一般根据塔顶含硫污水化验数据估计，再通过查 K_p 值(分压乘积)与温度关系曲线(如图 5-23)即可获得 NH_4Cl 结晶温度。

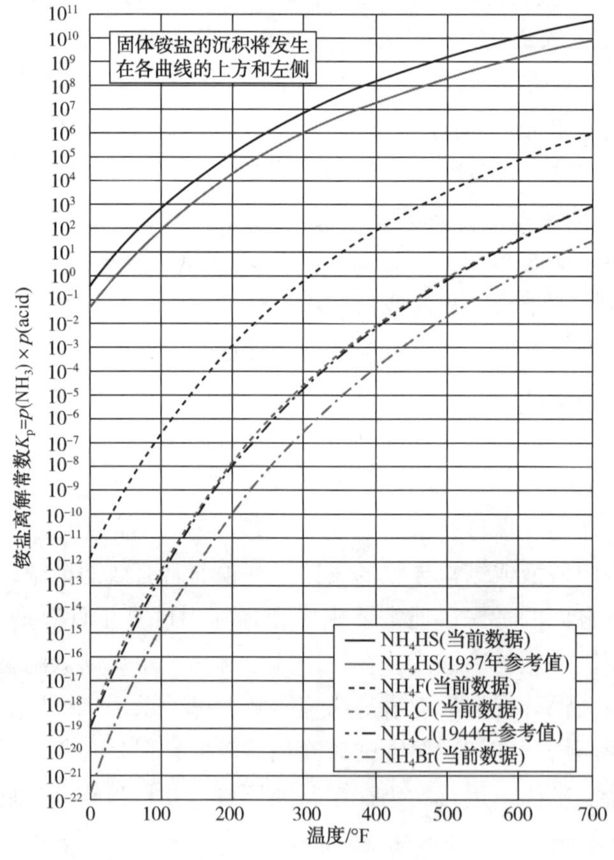

图 5-23　K_p 值与铵盐沉积温度的关系

对于加热炉烟气露点腐蚀，首先应控制燃料硫含量，通常燃料气硫含量小于 100mg/m³，燃料油硫含量小于 1%。要加强系统瓦斯管理，做到全回收、全压缩、全脱硫，密闭排放和密闭采样，正常情况下未经脱硫处理的瓦斯不得直接进加热炉。将排烟温度提高到烟气露点以上，可以预防烟气露点腐蚀的发生，烟气露点温度可以通过露点检测仪测量或者根据经验模型计算，一般要求管壁温度高于烟气露点 8℃以上。由于实际运行中一般测的是烟气温度，因此建议空气预热器烟气出口温度高于烟气露点 15℃以上。

3. 压力

塔顶系统的操作压力会影响水露点或氯化铵/胺结晶温度，在系统中腐蚀性介质（如 H_2O、HCl 和 NH_3）组成分数不变的条件下，提高系统压力使其相应分压上升，导致水露点温度或结盐温度上升，更容易产生露点或结盐环境。

原则上，提高系统温度和降低系统压力对于抑制蒸馏装置塔顶低温腐蚀是有利条件。

七、与腐蚀相关的化学分析

化学分析对于分析装置的腐蚀程度及原因，评估工艺防腐效果至关重要，主要包括对工艺物料的分析、水分析、垢物分析等。对于常减压装置的工艺防腐，电脱盐及塔顶含硫污水的化验数据是非常重要的指标。

常减压装置与腐蚀相关的化验分析包括脱前原油的盐含量、水含量、酸值、硫含量、总氯、有机氯、金属含量等，用于了解原料的腐蚀性；脱后原油的盐含量、水含量、有机氯、电脱盐排水含油等用于监测电脱盐效果；三顶含硫污水的 pH 值、铁离子、氯离子、氨氮等，用于监测塔顶腐蚀及结盐情况；注水的 pH 值、氨氮等用于控制电脱盐及塔顶注水的水质。一些企业为了全面了解蒸馏装置腐蚀介质的分布情况，会对各侧线烃的硫、氯、氮和酸值等进行化验分析。其他的化验还包括燃料气硫化氢含量或燃料油硫含量、烟气 SO_2 和 O_2 含量等。

在设备检修、更换以及发生失效时，往往进行腐蚀产物、垢物分析或失效分析以了解腐蚀原因。

八、开停工保护

为防止减压塔内构件和减压单元换热器硫化亚铁自燃，推荐停工时采取 FeS 钝化措施，但要密切关注钝化剂本身和钝化残剂对设备或管线的腐蚀，钝化步骤后增加水冲洗，并注意对导淋等相对不流动位置残剂的排放。

第三节 其他装置工艺防腐要点

一、延迟焦化

延迟焦化装置分馏塔顶及顶循系统容易产生氯化铵盐沉积及低温腐蚀，其控制措施与常压塔顶类似。可以通过核算塔顶露点温度和氯化铵结晶温度判断腐蚀风险，指导塔顶操作温度控制。由于在焦化装置相对于蒸馏装置更多的氮转化为氨，因此其分馏塔顶氨氮含量通常高于常压塔顶，塔顶回流罐排水呈碱性，分馏塔顶挥发线可以根据需要注水、注缓蚀剂，一般不注中和剂，控制塔顶回流罐排水铁离子含量不高于3mg/L，pH值小于8.5。注水水源一般为本装置含硫污水、净化水或除盐水。当注缓蚀剂时，推荐注入量不超过20μg/g(相对于塔顶总流出物)。富气压缩机出口处也可采取注水、注缓蚀剂措施，控制排水pH值小于8.5。

焦化装置与腐蚀相关的化验分析包括焦化原料硫含量、酸值、氮含量、氯含量及残炭含量，分馏塔顶水和富气压缩机冷凝水的pH值、铁离子、氯离子、硫化物及氨氮含量，富气H_2S含量，加热炉烟气SO_2含量、O_2含量等，以帮助掌握装置高温硫和环烷酸腐蚀风险、分馏塔顶系统结盐结垢风险、低温系统湿硫化氢腐蚀及开裂风险、烟气露点腐蚀风险等。掺炼催化油浆的，控制油浆固含量不大于6g/L。加热炉燃料气硫化氢含量应小于$100mg/m^3$，宜小于$50mg/m^3$。

焦化加热炉炉管在线烧焦时，推荐400℃以前的升温速率为100℃/h；400~600℃的升温速率为80℃/h。1Cr5Mo材质炉管壁温推荐不超过650℃，1Cr9Mo材质炉管壁温推荐不超过705℃，其他材料炉管温度控制见表5-8。炉管烧焦时颜色以微红为好，不可过红(粉红至桃红)，如炉管过红，应先降温，再逐渐增加蒸汽量、减少风量，一次燃烧炉管应控制在2~3根。炉膛温度不超630℃，短时最高推荐不超过650℃。当烧焦完成后，推荐炉膛以80℃/h速率降温。

表5-8 各种材料炉管烧焦控制温度

材料	型号或类别	极限设计金属温度	
		℃	℉
碳钢	B	540	1000
C-0.5Mo钢	T1或P1	595	1100
1.25Cr-0.5Mo钢	T11或P11	595	1100
2.25Cr-1Mo钢	T22或P22	650	1200
3Cr-1Mo钢	T21或P21	650	1200
5Cr-0.5Mo钢	T5或P5	650	1200
5Cr-0.5Mo-Si钢	T5b或P5b	705	1300
7Cr-0.5Mo钢	T7或P7	705	1300
9Cr-1Mo钢	T9或P9	705	1300
9Cr-1Mo-V钢	T91或P91	650[a]	1200[a]
18Cr-8Ni钢	304或304H	815	1500
16Cr-12Ni-2Mo钢	316或316H	815	1500
16Cr-12Ni-2Mo钢	316L	815	1500
18Cr-10Ni-Ti钢	321或321H	815	1500
18Cr-10Ni-Nb钢	347或347H	815	1500
Ni-Fe-Cr	Alloy800H/800HT	985[a]	1800[a]
25Cr-20Ni	HK40	1010[a]	1850[a]

注a：该值为断裂强度数据可靠值的上限。这些材料通常用于温度较高、内压很低且达不到断裂强度控制设计范围的炉管。

二、催化裂化

催化分馏塔顶及顶循系统也容易产生氯化铵盐沉积及低温腐蚀，其控制措施可参考焦化分馏塔。气压机出口防腐措施也参考焦化富气压缩机。催化反应可产生少量 CN^-，能够使 FeS 保护膜溶解，生成络离子 $Fe(CN)_6^{4-}$，从而加速腐蚀反应；CN^-还可促进较高 pH 值下氢在钢中的渗透，从而加剧湿硫化氢开裂风险。此外，催化分馏塔顶冷凝系统及富气压缩冷凝系统还存在碳酸盐应力腐蚀开裂风险。因此对于催化分馏塔顶及富气压缩机排水，应适当增加 CN^-和 CO_3^{2-}的化验。

催化裂化装置再生器应控制外壁温度在露点温度以上，防止发生 NO_x-SO_x-H_2O 型腐蚀。同时要对易发生露点腐蚀的部位如注汽点、烟道膨胀节等进行重点监测和检查。

催化裂化装置与腐蚀相关的化验分析包括催化原料硫含量，酸值、氮含量、氯含量，油浆固含量，分馏塔顶水和富气压缩机冷凝水的 pH 值、铁离子、氯离子、硫化物、氨氮、氰根和碳酸根含量，富气 H_2S 含量，再生烟气 SO_2含量、O_2含量，余热锅炉给水 pH 值、电导率、溶解氧、硬度、碱度、磷酸根、悬浮物以及炉水 pH 值、硫酸根等，以帮助掌握装置高温硫和环烷酸腐蚀风险、油浆系统冲蚀风险、分馏塔顶系统结盐结垢风险、低温系统湿硫化氢腐蚀及开裂风险、烟气露点腐蚀风险、锅炉的结垢及腐蚀风险等。加热炉燃料气硫化氢含量应小于 $100mg/m^3$，宜小于 $50mg/m^3$。

催化裂化装置停工时须防止催化分馏塔顶冷凝系统、吸收稳定系统的凝缩油罐和再沸器等硫化亚铁自燃，推荐停工时采取 FeS 钝化措施，但要密切关注钝化剂本身和钝化残剂对设备或管线的腐蚀；钝化步骤后增加水冲洗，并注意对导淋等相对不流动位置残剂的排放。

三、加氢处理和加氢裂化

1. 原料控制

加氢原料中的硫、氮和氯在加氢反应中转化生成 H_2S、NH_3和 HCl 进入反应流出物中，在适当条件下可产生 NH_4Cl 和 NH_4HS 铵盐沉积，NH_4Cl 和 NH_4HS 结晶温度计算与塔顶系统类似，首先根据原料中硫、氮、氯元素含量计算反应流出物中 H_2S、NH_3和 HCl 的分压，再通过查 K_p 值(分压乘积)与温度关系曲线即可获得结晶温度。通常加氢反应流出物系统中的 NH_3和 H_2S 含量远高于常压塔、催化或焦化装置主分馏塔，同时加氢装置具有更高的系统压力，因此其 NH_4Cl 结晶温度较高。通常计算的 NH_4Cl 沉积温度为 175～230℃，NH_4HS 为 25～65℃。一般情况下，反应流出物系统在主要注水点之前的腐蚀往往由酸性氯化物环境造成，而高压空冷器出口端及下游的腐蚀多由含 NH_4HS 水冲蚀造成。

对于加氢装置应重点分析原料油硫、氮、氯含量，以及新氢中的氯化氢含量，并核算反应流出物系统铵盐结晶温度、硫氢化铵 K_p 值、硫氢化铵浓度、注水量等参数。

加氢装置设计时原料氯含量一般按照不超过 1ppm 考虑，其出发点是加氢原料中不应含氯，一旦含氯则加氢反应后必将产生氯化物环境，由于无法避免局部浓缩的可能性，从而给反应流出物系统的选材带来困难。实际上，国内炼油厂加氢装置原料氯含量很难控制在1ppm以内，尤其是重油加氢装置，此时应综合评估氯化铵盐沉积、氯化物腐蚀及应力腐蚀开裂风险，确定适当的设防值。

2. 反应流出物系统注水

注水对于控制加氢反应流出物系统铵盐结晶和腐蚀是最为实用和有效的措施，国内设计一般在高压空冷器入口连续注水，而在具有结盐风险的高压换热器前间断注水。

空冷器进出口集合管的布置应当完全对称，注水点尽量设置在流向变化(如弯头或三通)上游至少10倍管径处。对于平衡对称的高压空冷器入口管道系统，建议采用单点注水方式，注水位置设置在高压空冷器前总管，结合注水喷头或静态混合器，保证洗涤水与反应流出物充分接触混合。对于采用多点注水的设计，宜在各个注水点设置注水调节阀，或在注水点设置限流控制手段(如限流孔板)，以保障均匀的注水分配。即使采取了平衡对称，其中物料流动状态和均匀性仍会受到操作条件影响，高压空冷器不应局部停用风机或局部关闭百叶窗，安装变频器的风机应当保持运行，并保证变频开度的一致性。可以采用红外成像、温度测量等方法，监测高压空冷器偏流和结垢情况。

注水量可以考虑满足如下两个条件：(1)保证总注水量的至少25%在注水部位为液态；(2)对于碳钢高压空冷器，控制高分酸性水的NH_4HS浓度小于4%(建议柴油原料类加氢装置按小于4%控制；蜡油原料类加氢装置和渣油加氢装置按小于3%控制)。注水可采用除氧水或临氢系统净化水，其中净化水用量最大不能超过总注水量的50%，其水质应满足设计要求(可参考表5-5)。注水系统要加强氮封，防止空气进入系统。

干燥的氯化铵盐没有腐蚀性，但会产生结垢堵塞问题。而潮湿的氯化铵盐具有强腐蚀性。有文献指出，氯化铵对碳钢产生腐蚀性的临界相对湿度随温度升高而降低，例如80℃时相对湿度≥20%氯化铵会对碳钢产生腐蚀性，而204℃时临界相对湿度约为10%。不过根据理论计算的结果，加氢反应流出物系统注水前的相对湿度远低于10%。间断注水可以用于操作条件不苛刻的装置。对于通常的柴油加氢、加氢裂化等装置，通常需要对操作温度降至结盐温度的高压换热器进行间断水洗以去除氯化铵盐，一般根据压降监控情况进行注水操作；在最后一台高压换热器之后、高压空冷器之前连续注水以避免水相氯化铵和硫氢化铵腐蚀。对于操作条件苛刻，铵盐沉积量大，造成设备和管道的堵塞和腐蚀的装置，需要采用连续注水。间断注水的关键是保证足够的水量，将设备和管道内的铵盐冲洗干净，避免产生潮湿的盐。当不注水时必须保证注水阀门关严、无内漏，以防少量水漏入系统导致加速腐蚀。

3. 注缓蚀剂

加氢反应流出物系统通常不会注入缓蚀剂，少数有使用多硫化钠或成膜胺型缓蚀剂。采用多硫化物类型缓蚀剂时，应控制注入水中氧含量≤15ppb且pH值为8~10。若采用成膜胺型缓蚀剂，其效果受流态影响，需要选择能够持续抵御与湍流相关的高腐蚀风险的药剂。另外由于胺分布进入液相，不能提供对气相区的保护。

根据实际腐蚀情况，可以在脱硫化氢汽提塔、脱丁烷汽提塔及分馏塔塔顶挥发线注入缓蚀剂，控制塔顶排水铁离子含量不高于3mg/L。

4. 其他工艺控制

控制循环氢脱硫后硫化氢含量不大于0.1%(体积)。

控制高压空冷器出口温度不低于40℃。

加热炉燃料气硫化氢含量应小于100mg/m^3，宜小于50mg/m^3。

5. 与腐蚀相关的化学分析

加氢装置与腐蚀相关的化验分析包括原料油的硫含量、氮含量、总氯、金属含量、酸值等；新氢氯化氢含量；循环氢硫化氢含量；反应流出物注水的氧含量、pH值、氯离子、氨氮、硫化物等；低分油水含量；冷高分和冷低分以及脱硫化氢汽提塔顶、脱丁烷塔顶、脱乙烷塔顶、分馏塔顶含硫污水的pH值、铁离子、氯离子、氨氮、硫化物等。

6. 开停工保护

加氢装置在开停工过程中，要特别注意因氢脆或回火脆化引起的脆性开裂问题。在开停工过程中，凡临氢设备、管线应遵循开工时先升温、后升压，停工时先降压、后降温的原则。降温过程中，应加入“脱氢处理”过程，即从操作温度冷却到260~350℃范围内，恒温保持一段时间，以减少器壁中残留的氢含量，反应器壁温度降到135℃前，必须将反应压力降至3.5MPa以下，以防铬钼钢回火脆化。

由于加氢装置较多采用了奥氏体不锈钢设备和管线，在装置停工期间为保护防止发生连多硫酸应力腐蚀开裂，对于停工检修时不需要打开的设备，需要严加防护，防止外界的氧和水分等有害物质进入系统。对于需要打开检修设备，在打开前应参照NACE SP0170进行碱洗防护。

推荐停工时采取FeS清洗钝化措施，以防止FeS自燃。

四、催化重整

重整进料中硫含量低于0.25μg/g时，需要向重整进料中注硫(注硫剂应不含磷)。注硫除了能抑制催化剂的初期活性，还有一个重要作用，即钝化反应器壁，形成保护膜，防止渗碳发生，减少催化剂积炭。

预加氢反应流出物空冷器前可以采取注水的措施，可以参考加氢反应流出物系统。根据实际腐蚀情况，预加氢汽提塔塔顶挥发线可以采取注缓蚀剂和注水的措施，控制塔顶排水铁离子含量不高于3mg/L，当pH值过低时，缓蚀剂不能有效发挥作用，此时可结合注入中和胺，控制塔顶排水pH值5.5~7.5。

芳烃抽提装置通过溶剂净化、控制再生塔底温度、避免氧气进入系统等措施防止溶剂降解劣化，控制再生贫溶液pH值在适当的范围，必要时添加MEA。中国石化要求控制溶剂pH值不低于8.0，控制溶剂再生塔底操作温度低于180℃，防止重沸器超过溶剂分解温度造成腐蚀。

催化剂再生系统循环烧焦气采用碱液脱氯时，控制循环碱液的Na^+浓度2%~3%，pH值8.5~9.5。循环烧焦气若采用高温脱氯剂脱氯，应监控脱氯罐出口气中氯小于30mg/m^3。

加热炉燃料气硫化氢含量应小于100mg/m^3，宜小于50mg/m^3。

开停工过程需要注意临氢系统的Cr-Mo钢回火脆性问题，遵循“先升温、后升压，先降压、后降温”的原则，可参考加氢装置。装置停工期间，芳烃抽提系统须做好真空系统的气密和真空试验，及时检测发现并修复系统中的漏点，有条件应采取密闭方式进行老化溶剂排放，再生后的溶剂应采用氮封保护。

重整装置与腐蚀相关的化验分析包括原料油的硫含量、氮含量、总氯、金属含量等；循环氢硫化氢含量；重整产氢氯化氢含量；预加氢产物分离器、预加氢汽提塔顶、脱戊烷塔顶含硫污水的pH值、铁离子、氯离子、氨氮、硫化物；加热炉烟气SO_2含量、O_2含量等。

五、溶剂再生、酸性水汽提、硫黄回收

1. 胺脱硫装置

胺脱硫装置应加强胺液管理，监测热稳态盐含量，通过过滤或净化装置控制热稳态盐含量最大不超过4%，MEA和DEA推荐不超过2%，MDEA推荐不超过0.5%。如果系统中使用奥氏体不锈钢，胺液pH值应控制大于9.0，推荐大于10.0。MEA、DEA为吸收剂时，控制酸性气吸收量小于0.3mol/mol，MDEA为吸收剂时，控制酸性气吸收量小于0.4mol/mol。注意控制再生塔操作温度，防止酸性气释放量过大。再生塔重沸器操作温度不超过149℃，防止胺液发生降解。注意关注富液线和再生塔顶酸性水线流速。对于碳钢，富胺液在管道内的流速应不高于1.5m/s，在换热器管程中的流速推荐不超过1m/s，富液进再生塔流速推荐不超过1.2m/s。再生塔顶酸性水系统碳钢管线控制流速推荐不超过5m/s，奥氏体不锈钢管线控制流速推荐不超过15m/s。

胺液系统的容器需要充氮气保护，防止氧气进入胺液发生降解。

脱硫装置与腐蚀相关的化验分析主要是胺液的pH值、硫化氢硫含量、热稳盐、氯离子、总铁和固体物含量等。

2. 酸性水汽提装置

酸性水汽提装置脱NH_3汽提塔顶温度应保持在82℃以上，防止露点腐蚀和冷凝器结盐堵塞。脱H_2S汽提塔提高汽提压力、降低塔顶温度可使NH_3在水中的溶解度提高，又可消除或减少塔顶H_2S管线的结晶物，但是塔顶温度过低(<20℃)时，H_2S和水生成H_2S-$6H_2O$，容易堵塞管道。若塔顶冷凝器压降增加，可采用间断注水或用蒸汽加热措施。H_2S汽提塔底液变送器、玻璃板液面计、汽提塔流量计等引线需定期用水冲洗，防止结晶堵塞。对于碳钢，污水进料线和回流循环线的流速控制在0.9~1.8m/s，H_2S/NH_3汽提塔顶冷凝物料的速率控制在12m/s以下，汽提塔顶管线中气体的流速控制在15m/s以下。

塔顶和塔顶管线需采取保温措施，可同时对管线进行蒸汽伴热，防止气相冷凝物的腐蚀。汽提塔和容器等需要保温措施，防止因剧烈降温出现结晶物。脱H_2S汽提塔液控阀、压控阀需加伴热线和保温措施，防止结晶堵塞。

酸性水汽提装置与腐蚀相关的化验分析主要是净化水的pH值、氯离子、硫化物和氨

氮含量等。

开工时装置的设备和工艺管线推荐使用蒸汽、氮气或工业水置换装置内的空气，防止腐蚀和腐蚀产物堵塞管道。停工时，用工业水切换原料污水并冲洗设备和管线。注意水不能串进酸性气线和放火炬线，停工时不宜用压缩空气吹扫系统设备，防止发生腐蚀问题。防止汽提塔内构件和部分换热器硫化亚铁自燃，推荐停工时采取 FeS 清洗钝化措施。

3. *硫黄回收装置*

硫黄回收装置原料酸性气烃含量控制≤3%，防止不完全燃烧影响硫黄质量和炉温过高导致耐火衬里损坏，燃烧过程气串入炉壁产生腐蚀。反应炉外壁温度应控制在 150℃以上，避免露点腐蚀。碳钢材质的硫冷却器管束、余热锅炉过程气出口温度应控制在 315℃（600℉）以下，以降低高温硫化腐蚀风险。

加强液硫脱气管理，保证脱气后液硫中硫化氢小于 20ppm，防止硫化氢腐蚀生成硫铁化合物产生自燃。通过注氨、优化操作等措施，控制急冷水 pH 值不小于 5.5。

硫黄回收装置与腐蚀相关的化验分析包括酸性气总烃含量，过程气 H_2S 和 SO_2 含量，净化尾气 H_2S 含量，贫液浓度、H_2S 含量，富液 H_2S 含量，急冷水 pH 值、硫化物、氨氮含量，锅炉水 pH 值、磷酸盐含量，焚烧炉烟气 SO_2 含量、O_2 含量等。

硫黄装置停工时应采用干燥惰性气体降温、吹扫脱硫。高温时过氧时间尽可能短，保证装置停工后，设备和管线内部不应存在任何酸性介质（残硫、过程气）。对于任何不需要打开检查的设备和管线应充满氮气保护密封，防止系统中湿气的冷凝，保持温度在系统压力所对应的露点温度以上。检查或检修的设备，应先用氮气吹扫，清除酸性介质和腐蚀产物。对于余热锅炉炉管、硫冷凝冷却器内存在硫化亚铁腐蚀产物，需要按照相关标准进行处理，防止硫化亚铁自燃。装置开工时，余热锅炉和硫冷凝器壳体通加热蒸汽，防止设备升温时局部过冷，生成凝结水造成腐蚀。

第四节 工艺防腐管理

加强工艺防腐管理是确保工艺防腐效果的重要手段。随着石油资源的深度开采以及进口高硫、高酸原油的不断增加，原油劣质化趋势日趋明显，而且原油性质变化频繁，有的炼油厂原油酸值和硫含量已经超出原设计指标，这就对炼油厂的腐蚀控制和腐蚀管理提出了更高的要求。另一方面，装置有些部位由于选材的局限性，工艺防腐仍然是减轻设备腐蚀，保证安全生产的重要手段。

炼油厂的工艺防腐管理需要考虑以下两方面的问题：一方面，由于管理部门的分工不同，出现工艺防腐的管理工作存在“割裂”现象，管理存在薄弱环节；另一方面，由于影响工艺防腐效果的因素比较多，有药剂质量、技术方案、运行效果监测、工艺调整等，这些因素需要有效的组织与协调，才能取得保证工艺防腐的效果。

加强工艺防腐管理主要从以下几方面入手：

(1) 各管理部门充分发挥作用，强化职责和相互协调。

企业主管工艺技术的领导、工艺技术管理部门、设备管理部门、物资采购(供应)部门、生产车间等部门应明确各部门职责，贯彻执行上级管理部门有关工艺防腐蚀工作的标准、规范、制度，制定本企业工艺防腐管理制度。确保工艺防腐措施有效落实和工艺防腐效果的评定工作顺利开展。

(2) 加强药剂管理。

当工艺防腐药剂无法满足现场要求时，应由工艺技术管理部门牵头，组织有关部门对工艺防腐药剂进行实验室性能评定，进行工艺防腐药剂的筛选，确定药剂的型号和用量，并进行现场工业应用试验，考察药剂的现场使用性能，现场试验合格后，确定防腐蚀药剂的型号和供应商。应当定期(例如每年)对药剂的性能和使用效果进行评价。

工艺防腐蚀药剂在入厂时必须进行严格的质量检验，检验合格后方可入库存放或由车间领取使用。药剂的质量检验工作由物资采购(供应)部门负责组织。物资采购(供应)部门在购进工艺防腐蚀药剂后，首先应认真检查其产品质量报告单(包括产品合格证)，然后严格按照有关标准进行质量检验(抽样检查)，具体的抽样检查工作可指定本单位具有药剂性能检测能力的部门或委托第三方承担，检验后应出具正式的质量检验报告。

(3) 工艺防腐蚀措施的运行管理。

工艺防腐蚀操作必须严格按照工艺卡片制定的相关指标执行，如要更改工艺防腐蚀操作指标时，必须办理工艺指标更改审批手续。工艺防腐监控指标应当建立即时预警机制，当工艺防腐蚀控制指标分析结果连续两次不合标准时，应及时报告工艺技术管理部门、设备管理部门和防腐蚀监测研究机构，由专业技术人员协助尽快查出原因，制定并落实解决措施。工艺防腐蚀设施的操作人员和管理人员应定期对工艺防腐蚀设施的运行及完好情况进行检查，发现问题时及时报告有关人员进行处理，确保其处于完好状态。

(4) 工艺变更或调整时要考虑设备和管线的承受能力。

及时分析进装置的原料、辅料和助剂是否偏离设计指标；其中对设备有不良影响时应作好评估，检查是否超过设计许可范围，必要时要考虑材料升级或增加防腐措施。对工艺参数需要改变时，也要考虑对设备的影响。

(5) 通过本厂和其他工厂的腐蚀案例发现工艺防腐存在问题时，应尽快分析，必要时采取相应改进措施。

(6) 检查与考核。

工艺技术管理部门每季度应对工艺防腐蚀装置、仪器、药剂注入的具体实施情况进行检查，发现问题及时解决。工艺技术管理部门应会同设备管理部门防腐蚀专业技术人员，每月对各装置有关工艺防腐蚀的设备卡、工艺卡、操作记录及分析数据进行检查，若发现有问题，应及时提出处理意见并及时通报有关部门。工艺技术管理部门在装置正常运行时每季度应编制、汇总工艺防腐蚀小结，每年进行总结。

CHAPTER 6 / 第六章

常减压装置腐蚀与防护

第一节　典型装置及其工艺流程

一、装置简介

常减压装置通常也称原油蒸馏装置，原油进入装置进行初步加工是原油加工的第一道工序。一般来说，原油很难仅通过常减压装置的加工而生产出最终的合格产品。常减压装置的主要作用是为下游二次加工装置或其他化工装置提供高质量的原料。

根据原油性质和产品要求的不同，常减压装置的加工工艺流程种类大致可分为燃料型、燃料-化工型、燃料-润滑油型和拔头型四种主要类型。

二、主要工艺流程

为了合理分配常压及减压系统的加工负荷，有效地进行热量整合，优化换热流程，降低能耗，以适应装置大型化和加工原油多样化的要求，目前已经开发出了多种原油蒸馏工艺流程，主要有以下几种：单系列三级蒸馏流程、两级闪蒸的单系列蒸馏流程、带预闪蒸的单系列三级蒸馏流程、单系列四级蒸馏流程和双系列常压单系列减压蒸馏流程。在一些大型炼油厂，为了解决进口原油(尤其是中东高含硫轻质原油)加工量逐步增多的问题，在常减压装置中还配套设有轻烃回收单元。

常减压装置典型的单系列三级蒸馏流程[即初馏(或闪蒸)-常压-减压蒸馏三级流程]一般包括原料预处理单元(电脱盐)、初馏(或闪蒸)单元、常压蒸馏单元以及减压蒸馏单元。

第二节　腐蚀体系与易腐蚀部位

原油中含有少量杂质，如硫化物、氮化物、氯化物、金属化合物、水以及机械杂质等。当原油进入常减压装置时，几乎所有的杂质均未经脱除，极易产生腐蚀性环境。因此，常减压装置往往是炼油厂中腐蚀问题最为突出的装置。

一、腐蚀体系

在常减压装置中，最为典型的腐蚀体系为：低温轻油部位的 H_2S-HCl-NH_3-H_2O 腐蚀，以及高温重油部位的高温硫和环烷酸腐蚀。主要表现为塔顶系统的露点腐蚀和铵/胺盐腐蚀，以及 220℃以上设备和管线的高温硫和环烷酸腐蚀。其他腐蚀机理还包括：加热炉对流段炉管及空气预热器的烟气露点腐蚀、酸性水腐蚀和循环水腐蚀等。

1. 低温 H_2S-HCl-NH_3-H_2O 腐蚀环境

低温轻油部位存在的腐蚀机理主要包括以下几个方面：盐酸露点腐蚀，铵/胺盐沉积与垢下腐蚀，湿硫化氢腐蚀，低分子有机酸、CO_2 等酸性物质腐蚀和溶解氧加速腐蚀。其中最为普遍和严重的是塔顶系统的盐酸露点腐蚀和铵/胺盐沉积与垢下腐蚀。

（1）盐酸露点腐蚀

盐酸露点腐蚀是塔顶系统典型的腐蚀机理之一。原油中含有不同数量的无机氯化物盐（NaCl、$MgCl_2$ 和 $CaCl_2$），这些盐的比例很大程度上取决于原油地质形成的原生水比例、采油伴生水比例以及船运过程等。HCl 主要由常减压装置原油预热及加热炉加热环境下 $MgCl_2$ 和 $CaCl_2$ 的水解产生。$MgCl_2$ 的水解约在 121℃开始发生，至 340℃时，水解量约达到 90%；$CaCl_2$ 的水解约在 204℃时开始发生，至 340℃时，水解量约达到 10%；而 NaCl 在 230℃以下不发生水解，且在 340℃时，水解量仅约 2%，因此一般认为 NaCl 对常减压装置塔顶系统的腐蚀问题贡献不大。但是，有研究表明，原油中存在的环烷酸会促进 $MgCl_2$ 和 $CaCl_2$，甚至 NaCl 的水解，因此 NaCl 的存在还是会影响原油中释放出的 HCl 量。此外，HCl 的另一个重要来源是不可萃取的氯化物，包括有机氯化物和不能在电脱盐脱除的无机氯化物。

HCl 在高于水露点温度的区域不会造成腐蚀，但可能生成腐蚀性盐。HCl 在初凝区最具腐蚀性，此处大量 HCl 进入少量水相，由于露点处温度较高，NH_3 却不易溶于水，从而导致 pH 值最低可达 1~2，形成腐蚀环境。其腐蚀强度主要取决于进入塔顶的氯离子量。

随着塔顶物料的冷却，更多的水凝结，由于稀释、NH_3 溶解量增大以及降温的作用，pH 值开始上升。但即使塔顶回流罐排水的 pH 值为中性，露点处仍可能产生极低的 pH 值，这就是盐酸露点腐蚀的原因。盐酸对于金属材料具有极强的腐蚀性，在 10%（体积）的盐酸溶液中，即使是 2205 双相钢，其腐蚀速率也高达 33.66mm/a，图 6-1 显示了一个典型的常压塔顶系统水相 pH 值分布情况。盐酸腐蚀通常发生在有水凝结的塔顶设备或管线内，有时在整体温度高于露点但存在局部冷区的地方也会发生 HCl 腐蚀，这种情况通常发生在换热器管束表面、保温状况较差的管道、常压塔顶冷回流返塔区域等。

（2）铵/胺盐沉积与垢下腐蚀

在高于水露点的温度，HCl 就能与 NH_3 从气相直接反应产生 NH_4Cl 结晶。NH_4Cl 的形成温度取决于 HCl 和 NH_3 的分压，通过塔顶罐水相中测得的氯化物和氨的含量，并结合系统中的水蒸气和烃分压能够估算出 HCl 和 NH_3 的分压。NH_4Cl 具有很强的吸湿性，即使是还没凝结的水蒸气，仍能够从中吸收水分，而湿 NH_4Cl 对许多材料具有很强的腐蚀性。

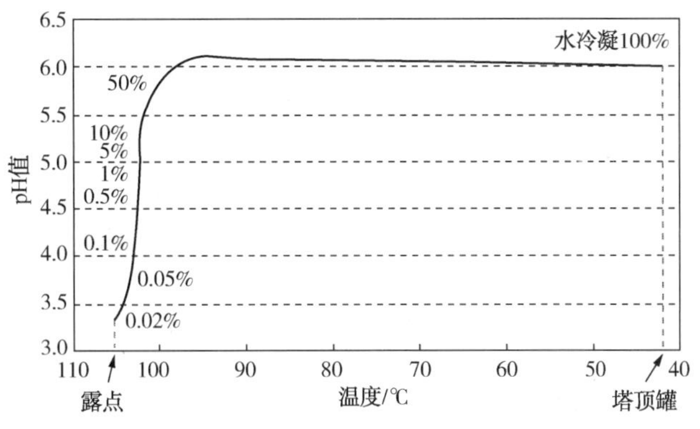

图 6-1 典型的常压塔顶冷凝水 pH 值分布示意图

在露点附近较高温度下的 NH_3 不稳定，会从水相进入气相，留下 HCl 在微量的水中，产生很低的 pH 值而形成腐蚀环境，其实质是盐酸腐蚀。因此，若注水量不足会导致铵/胺盐在露点附近(或露点以上位置)的腐蚀性非常强。由于 NH_4Cl 极易溶于水，故足量的凝结水一般均可溶解和消除 NH_4Cl 盐沉积，从而有效防止腐蚀。

HCl 还可以与有机胺结合生成与 NH_4Cl 具有相似性质的氯化胺，加之以液态存在的氯化胺以及由于高于露点温度产生的有机胺盐，在其共同作用下将会导致结垢和腐蚀等问题。有机氯化胺盐的腐蚀性取决于胺的碱性，胺的碱性越弱，产生的氯化胺酸性越强。

NH_3/胺的来源主要有以下几个：

① 塔顶注入的中和剂，如果没有加入足够的水，NH_3 会在露点之上与 HCl 结合产生固态氯化铵沉积，此为最常见的来源。

② 在电脱盐时被过量的水带入或者由于高 pH 操作导致 NH_3 从水相转移到原油中。当电脱盐注水的 pH 值高于 8.0 时，NH_3 的转移变得相当明显，并随着 pH 值增加而越发显著。图 6-2 为不同电脱盐排水 pH 值下 NH_3/胺在油相的分配系数。含 NH_3 很高的电脱盐注水可能来自加氢装置或者没有有效脱除 NH_3 的汽提净化水。

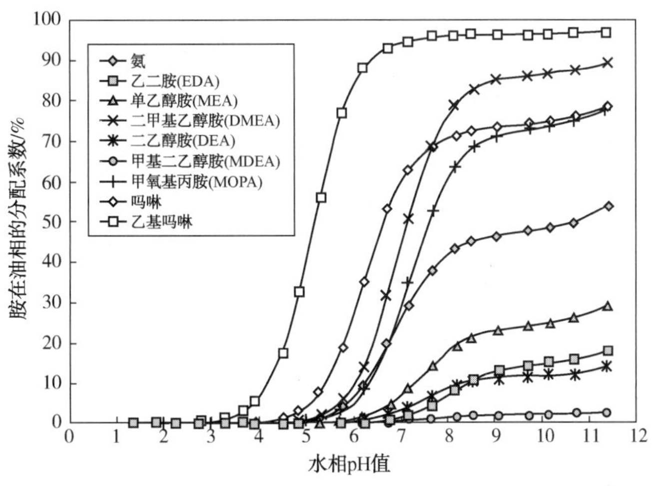

图 6-2 不同电脱盐排水 pH 值环境下胺在油相的分配系数

③ 来自作为常减压装置进料的加氢装置的烃，尤其是如粗石脑油这类轻烃，其中，有时还含有来自加氢装置的含硫污水。

④ 原油加热过程放出的NH_3，与放出H_2S类似。

⑤ 有机胺的来源一般是加入塔顶系统的中和剂，也有原油携带的来自上游或者炼油厂废液循环中的胺，例如，用于炼油厂气体处理的胺可能进入常减压装置。

NH_4Cl的沉积和腐蚀常发生在常压塔顶内部、塔顶管线和冷换设备滞留区域、顶循环回路以及塔顶保温不好的接管、盲头等部位。塔顶的结盐除了与塔顶操作温度有关，还可能由于塔顶回流罐分离效果不好使得盐随带水回流返回塔内，导致结盐。另外，由盐酸腐蚀产生的氯化铁会与系统中存在的H_2S反应生成难溶的硫化铁，导致结垢，且难以通过水洗去除。

(3) 有机氯腐蚀

经过加热炉加热后，原油中产生的HCl增加，通常有机氯产生HCl的量大约4倍于等量无机氯化物盐产生的HCl。即使原油中仅含1ppm有机氯，但在加热炉中形成HCl的量也会加倍。未水解的有机氯化物随馏分油进入下游装置，根据经验，原油中约50%的有机氯进入石脑油。据此可知，原油中每含1mg/L的有机氯，轻石脑油产品约含0.5mg/L的有机氯。进入馏分油的有机氯在加氢反应中转化为HCl，并与反应生成的氨形成NH_4Cl盐，导致反应流出物系统NH_4Cl的结盐堵塞，形成垢下腐蚀等问题。另外，也会导致300系列不锈钢设备及管道的点蚀和氯化物应力腐蚀开裂。

2013年某国内油田原油有机氯含量突然升高，造成齐鲁石化、扬子石化等企业炼油装置严重的腐蚀问题。现场调研发现，受到加工高含氯原油影响较大的装置主要有柴油加氢、汽油加氢、航煤加氢等装置，普遍出现加氢反应流出物系统高压换热器、空冷器结盐堵塞，甚至腐蚀泄漏，换热系统因压降高被迫进行降温降压水洗等问题。常减压、催化、焦化、加氢裂化、渣油加氢等装置未出现明显的设备腐蚀问题。

(4) 湿H_2S腐蚀

常减压装置H_2S的主要来源是原油中溶解以及其他含硫化合物的热分解。H_2S在水中的溶解和解离受温度和pH值影响显著。露点位置通常由于较高温度和低pH，导致H_2S的溶解度非常低。随着温度降低，水分凝结，pH值上升，H_2S溶解度随之增大，解离产生的HS^-增加，去极化作用明显，使得腐蚀加速。当pH值过高时，容易形成不溶于水的FeS，从而导致结垢和垢下腐蚀等问题。在未经中和或低pH值条件下，H_2S可加速HCl腐蚀，但对于一个管理较好的塔顶系统，H_2S的影响远不及HCl腐蚀严重。

针对碳钢和低合金钢而言，在有水凝结的区域内，H_2S还可触发钢材的湿H_2S损伤。表现为氢鼓泡(HB)、氢致开裂(HIC)、应力导向氢致开裂(SOHIC)以及硫化物应力腐蚀开裂(SSC)四种损伤类型。不过与其他装置相比，常减压装置发生湿H_2S开裂的可能性和敏感性都相对较小。

(5) 其他酸腐蚀

除了H_2S以外，其他酸一般含量较少，其中低分子有机酸如甲酸、乙酸、丙酸和丁酸通常是原油中的高分子量有机酸(环烷酸)热分解的结果。另外，低分子量有机酸(如乙酸)有时还会被直接注入上游的脱水器或炼油厂的电脱盐设备来作为脱钙剂使用。一般而言，低分子量有机酸比高分子量有机酸更具腐蚀性。

二氧化碳(CO_2)可能来源于在油田操作过程中或者环烷酸的热分解。CO_2溶于水形成碳酸，与 HCl 腐蚀形成相对均匀光滑的形貌相比，湿 CO_2腐蚀通常形成粗糙表面，而且高 CO_2含量会使 pH 控制特别困难。

SO_x 基酸主要是亚硫酸和硫酸，其来源可能是由外界引入，例如，有些常减压装置使用 H_2SO_4将电脱盐注水的 pH 值降低到期望水平，导致 SO_x 基酸引入；也有可能由于空气进入将 H_2S 或其他含硫物质氧化生成 SO_x 基酸。另外，减压塔塔顶系统因其负压操作，进入空气的可能性高，形成 SO_x 基酸的可能性也更高。这些酸是强酸，腐蚀性与盐酸类似。

总之，自然存在于常减压装置的 NH_3量不足以完全中和产生的 HCl 及其他酸性物质。对于一个不注中和剂的塔顶系统，其 pH 值一般在 4 左右。上述各种酸性物质都会消耗中和剂。

(6) 氧加速腐蚀

即使小浓度的溶解氧，也常常会急剧加速碳钢、铜合金、Monel 400 等金属材料的腐蚀速率。塔顶系统的氧可能来自泄漏的水冷器或空冷器管束、电脱盐注水或原油进料等方面。电脱盐注水中含氧也可导致电脱盐设备及原油预热换热器的加速腐蚀。减压塔由于其负压操作更容易进入空气(氧气)。

在停工检修设备打开期间，氧对腐蚀的加速作用非常显著。潮湿的 NH_4Cl 沉积物在有氧环境下，其腐蚀性急剧增大，当结盐的管束离开服役环境而暴露在潮湿空气中时，NH_4Cl 沉积严重的碳钢换热器管束会迅速腐蚀。

2. 高温硫和环烷酸腐蚀环境

常减压装置高温重油部位的腐蚀机理，主要为高温硫和环烷酸腐蚀，见图 6-3。高温腐蚀主要发生在 220℃以上含高温重油的设备和管线内部，其腐蚀程度决定于设备管道用材、操作温度、硫化物种类和含量、酸种类和含量、流速和流态等因素的协同作用。

高温硫腐蚀和高温环烷酸腐蚀的协同作用比较复杂，通常认为装置加工低硫高酸原油时呈现的腐蚀程度，要高于加工高硫高酸原油时的腐蚀程度。

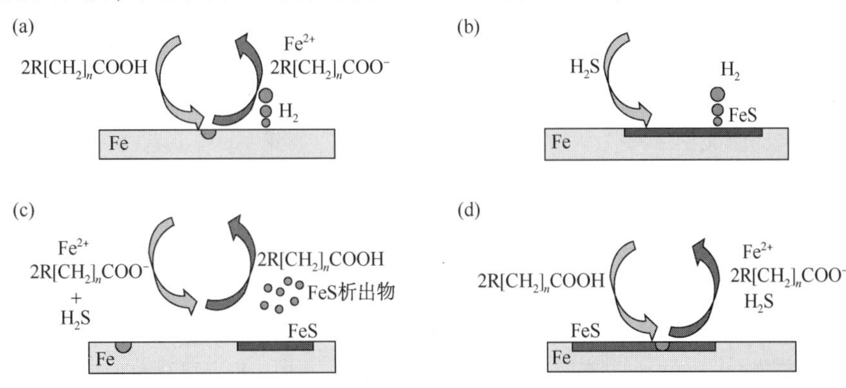

图 6-3 高温硫和环烷酸腐蚀机理图

常减压装置存在的高温硫腐蚀是不含 H_2的高温硫腐蚀，一般表现为均匀的腐蚀减薄。高温环烷酸腐蚀一般发生在局部，腐蚀结果表征为金属表面比较光滑、无垢，高流速区域呈顺流向沟槽状，低流速区域呈点蚀、坑蚀或局部减薄。

二、易腐蚀部位

常减压装置易发生 $H_2S-HCl-NH_3-H_2O$ 腐蚀的部位包括塔顶及顶循段的内壁、内构件、塔顶冷凝冷却系统和顶循线的换热器、空冷器、水冷器及其管线、塔顶注剂管口及其焊缝、塔顶保温不好的接管、盲头等部位。尤其以常压塔顶系统及顶循段的设备(或内构件)和管线的盐酸露点腐蚀和铵/胺盐沉积与垢下腐蚀最为严重。

易发生高温硫和环烷酸腐蚀的部位包括：温度高于 230℃、接触原油和馏分油的管道和管件，常压塔和减压塔下部塔壁、内件和抽出侧线，常压炉和减压炉炉管，常压和减压转油线，换热器以及泵等部位。有可能出现较严重的高温硫和环烷酸腐蚀的部位包括：存在高流速、湍流或流向变化的设备及管道，如常压和减压转油线、常压塔和减压塔内存在相变、高速雾沫夹带的区域，泵叶轮、泵进出口阀阀芯、弯头、三通等以及管道内容易引起扰动的焊瘤、热偶套管等部位。

易发生烟气露点腐蚀的部位包括加热炉低温部位，如对流段、空气预热器和烟道等部位。

易发生循环水腐蚀的部位包括水冷器水侧的管板、换热管壁等部位。

常减压装置腐蚀类型见表 6-1，易腐蚀部位如图 6-4 所示。

表 6-1　常减压装置易腐蚀部位和腐蚀类型

部位编号	易腐蚀部位及腐蚀环境	材质	腐蚀形态
1、3、8	初馏塔、常压塔和减压塔(塔顶封头、塔壁及上层塔盘) $HCl-H_2S-H_2O$ 腐蚀	碳钢	均匀减薄腐蚀
		0Cr13	点蚀
		奥氏体不锈钢	点蚀和应力腐蚀开裂
2、6、10	初馏塔、常压塔和减压塔(塔顶冷凝冷却系统) $HCl-H_2S-H_2O$ 腐蚀	碳钢	酸露点减薄腐蚀
		奥氏体不锈钢	点蚀和应力腐蚀开裂
4、5、9	常压塔、减压塔(220℃以上的塔壁和塔内件) $S-H_2S-RSH-RCOOH$ 腐蚀	碳钢、合金钢	高温硫腐蚀的均匀腐蚀，高温环烷酸腐蚀的点蚀和冲刷腐蚀
7、11	常压塔、减压塔(高温侧线系统温度大于 220℃的管线和换热器) $S-H_2S-RSH-RCOOH$ 腐蚀	碳钢、合金钢	高温硫腐蚀的均匀腐蚀，高温环烷酸腐蚀的点蚀和冲刷腐蚀
12、14	常压炉、减压炉(炉管内壁) $S-H_2S-RSH-RCOOH$ 腐蚀	碳钢、合金钢	高温硫腐蚀的均匀腐蚀，高温环烷酸腐蚀的点蚀和冲刷腐蚀
	常压炉、减压炉(炉管外壁)	碳钢、合金钢	高温氧化均匀减薄、燃灰腐蚀，表面积灰及热腐蚀蠕变
13、15	常压炉、减压炉(炉体、空气预热器)	碳钢、合金钢	烟气硫酸露点腐蚀、均匀腐蚀、点蚀
16、17	常压、减压转油线 $S-H_2S-RSH-RCOOH$ 腐蚀	合金钢	高温硫腐蚀的均匀腐蚀，高温环烷酸腐蚀的点蚀和冲刷腐蚀

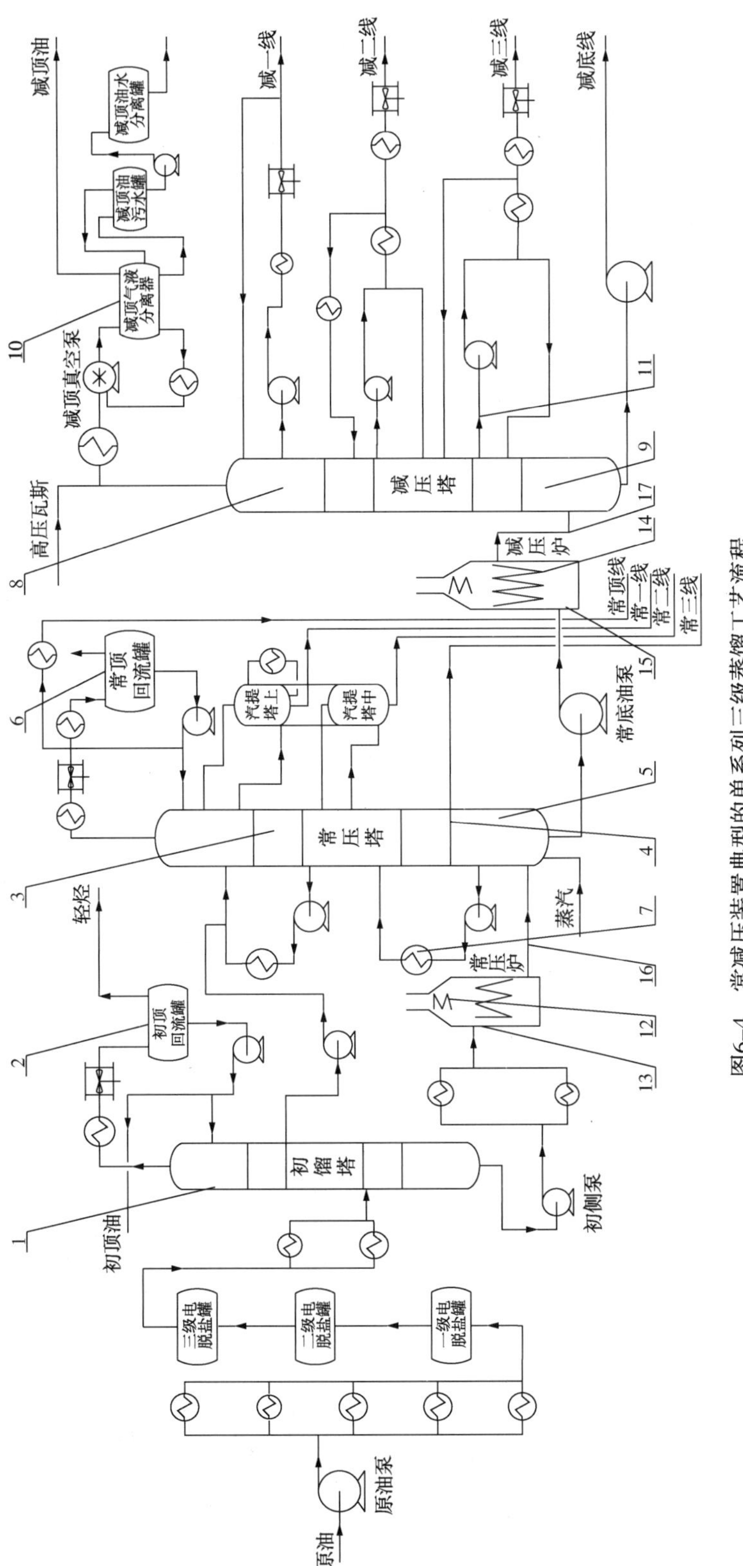

图6-4 常减压装置典型的单系列三级蒸馏工艺流程

注：图中编号1~17对应表6-1中部位编号。

第三节　防腐蚀措施

随着SH/T 3096—2012和SH/T 3129—2012加工高硫、高酸原油选材导则的颁布与实施，基本上消除了常减压装置由于材料选用导致的高温部位腐蚀问题。但随着原油劣质化的日趋明显，国内炼油厂加工高硫、高酸及高含盐原油的比例越来越大，装置塔顶系统低温轻油部位的腐蚀问题愈发突出。

常减压装置的塔顶低温部位防腐蚀措施以实施“一脱四注(电脱盐、注碱、注水、注中和剂、注缓蚀剂)”和优化工艺操作参数等工艺防腐措施为主，而以提高用材耐蚀等级、表面处理等材料防护为辅。因此，加强针对工艺防腐的管理是控制装置腐蚀的关键。

一、工艺防腐

中国石化《炼油工艺防腐蚀管理规定》实施细则中针对常减压装置的原油处理量及质量控制、加热炉操作、电脱盐装置操作、低温部位防腐、腐蚀监检测、开工停工保护、与腐蚀相关的化学分析等方面的工艺防腐措施，提出了具体的控制指标，可操作性强。建议结合本书第五章，参照执行该实施细则，并补充列出以下几条成熟的实践经验：

(1) 将塔顶系统盐酸露点腐蚀和铵盐结晶的理论计算模型与炼油厂实时数据库整合，并结合装置实际腐蚀情况，实现塔顶腐蚀风险的动态评估，为工艺防腐提供科学指导。

(2) 国内有不少炼油厂采用了塔顶注中和缓蚀剂的方法来减缓塔顶腐蚀，但无法准确控制中和剂或缓蚀剂的注入量，导致产生副作用的风险增大。同时，若将成膜缓蚀剂与中和剂一起注入，则不利于发挥药剂性能。因此最好将二者分开加注，且注剂的顺序如下：先注中和剂，再注缓蚀剂，最后注水。当塔顶注中和缓蚀剂时，在满足pH值和铁离子指标要求的前提下，应尽量减少其注入量，且缓蚀剂注入量不宜超过20ppm(相对于塔顶物料流量)，避免由于注剂过量而导致副作用的产生。

(3) 首选油溶性缓蚀剂，由于其宽pH值范围的适应性以及较高温度下的稳定性。若露点在注水点附近，注水溶性缓蚀剂产生的缓蚀效果更佳。

(4) 原油注碱技术作为一种传统且有效的工艺防腐措施，在兼顾对碱脆、结垢和二次加工装置催化剂中毒等不利因素的条件下，对于控制常减压蒸馏装置塔顶系统腐蚀具有非常良好的效果。NACE TG342调研了56个炼油厂的81套常减压装置，其中53套装置采用了原油注碱措施。具备原油注碱前提条件的装置，根据国内外炼油厂的操作经验，建议注入的碱液浓度以NaOH质量分数为3%～5%为宜，且使用新鲜的苛性碱配置；建议碱液注入量为每吨原油注入0～5g NaOH，初步注入量可考虑在每吨原油中注入2g NaOH，然后分析跟踪塔顶氯离子和产品中钠离子含量，经监控调整后确定最佳注入量；建议碱液的注入部位一般设置在电脱盐之后或者换热器出口之后(初馏塔前)的原油管线；建议注入喷嘴的材质推荐采用镍基合金N04400和N06625制造以防止碱脆腐蚀。

(5)塔顶注水应采用雾化喷头以提供良好的气-液接触和分散效果，注水系统配备过滤器及流量计，并且注水泵应保证足够的裕量。

(6)根据需要，原油进罐之前可以加入低温破乳剂等预处理药剂。通过快速聚结水和润湿固体颗粒，将油包水乳化液分散成相对不含水和固体的油及较为清澈的含盐污水，从而达到减少油泥和净化排水的效果。注入点应尽量靠近上游，停留时间越长，破乳脱水效果越好。

(7)进厂原油应尽量做到“分储分炼”。一些原油单炼或混炼时会发生沥青质的失稳析出，形成稳定乳化液，导致结垢、发泡、排水带油等问题。因此，必要时应对原油沥青质稳定性进行测试，根据需要，适时加入沥青质稳定剂和分散剂。

二、选材

新建常减压装置的选材建议参照SH/T 3096—2012《高硫原油加工装置设备和管道设计选材导则》和SH/T 3129—2012《高酸原油加工装置设备和管道设计选材导则》执行，旧装置中设备和管道的用材防腐等级达不到选材导则推荐的，建议对其进行材质升级。

对装置塔顶低温部位的选材，由于塔顶系统存在氯离子，常规的奥氏体不锈钢易出现点蚀和应力腐蚀开裂，故在进行设备和管线材质升级时不建议选用。塔顶系统存在的盐酸露点及铵盐垢下腐蚀环境，可在局部产生极低的pH值，多数材质无法耐受这种严苛的腐蚀环境，部分企业采用的2205双相钢空冷器也频繁发生腐蚀穿孔。事实上，如果单纯依靠材质升级进行防护，需要大范围更换Ni-Cr-Mo合金或Ni-Cu合金(如C-276、Inconel625、Monel400等)或钛材等高级材料，这将产生巨额的成本费用。许多炼油厂出于成本考虑，更倾向于采用碳钢冷换设备，且常备备件，适时更换。表6-2给出了选材导则和NACE 34109—2009中提供的塔顶系统选材建议，炼油厂在常减压装置塔顶系统选材时可参考。

表6-2 常减压装置塔顶系统选材建议

部位	选材导则	NACE 34109—2009	
		典型材质	典型升级材质
初馏塔顶	碳钢+06Cr13(06Cr13Al)/碳钢	碳钢	碳钢衬/覆Ni-Cr-Mo或Ni-Cu合金
初顶塔盘	06Cr13	铁素体或马氏体不锈钢	Ni-Cr-Mo或Ni-Cu合金
初顶油气线	碳钢	碳钢	全部或衬/覆Ni-Cr-Mo或Ni-Cu合金
常压塔顶	碳钢+NCu30/碳钢+06Cr13/碳钢+2205或2507	碳钢	碳钢衬/覆Ni-Cr-Mo或Ni-Cu合金
常顶塔盘	NCu30/06Cr13/2205或2507	铁素体或马氏体不锈钢	Ni-Cr-Mo或Ni-Cu合金
常顶油气线	碳钢/碳钢+06Cr13	碳钢	全部或衬/覆Ni-Cr-Mo或Ni-Cu合金
减压塔顶	碳钢+06Cr13	碳钢	—

续表

部位	选材导则	NACE 34109—2009	
		典型材质	典型升级材质
减顶塔盘	06Cr13	铁素体或马氏体不锈钢	奥氏体不锈钢、Ni-Cr-Mo 或 Ni-Cu 合金
减顶油气线	碳钢/碳钢+06Cr13	碳钢	全部或衬/覆 Ni-Cr-Mo 或 Ni-Cu 合金
蒸汽喷射器		奥氏体不锈钢	Ni-Cr-Mo 或 Ni-Cu 合金
塔顶冷换管束	2205 或 2507/碳钢（可内涂防腐涂料）		Ni-Cr-Mo 或 Ni-Cu 合金或钛
初顶、常顶冷换设备	管箱或壳体：碳钢+2205 或 2507/碳钢+钛 管束：2205 或 2507 /碳钢(可内涂防腐涂料)	碳钢	塔顶工艺介质侧：碳钢衬/覆 Ni-Cr-Mo 或 Ni-Cu 合金 管束：Ni-Cr-Mo 或 Ni-Cu 合金或钛

三、腐蚀监检测

1. 与腐蚀相关的化学分析

建议按照中国石化《炼油工艺防腐蚀管理规定》实施细则相关规定执行，详见表 6-3。

表 6-3 常减压装置与腐蚀相关的化学分析一览表

分析介质	分析项目	单位	最低分析频次	建议分析方法
脱前原油	含盐量	mgNaCl/L	1 次/日	SY/T 0536—2008
	含水量	%	1 次/日	GB/T 8929—2006
	金属含量	μg/g	按需	Q/SH 3200—134
	酸值	mgKOH/g	3 次/周	GB/T 18609—2011
	硫含量	%	3 次/周	GB/T 17040—2019
	总氯	μg/g	2 次/月	SN/T 4570—2016
	有机氯	μg/g	2 次/月	SN/T 4570—2016
脱后原油	含盐量	mgNaCl/L	2 次/日	SY/T 0536—2008
	含水量	%	2 次/日	GB/T 8929—2006
初顶油 初侧线油 常顶油 常压侧线油 常压渣油 减顶油 减压侧线油 减压渣油	硫含量	%	按需	GB/T 17040—2019
	酸值	mgKOH/g	按需	GB/T 18609—2011
	金属含量	μg/g	按需	Q/SH 3200—134

续表

分析介质	分析项目	单位	最低分析频次	建议分析方法
燃料油	硫含量	%	1次/周	GB/T 17040—2019
燃料气	硫化氢含量	%	1次/周	GB/T11060. 1—2010
电脱盐排水	pH 值		按需	GB/T 6920—1986
	氯离子含量	mg/L	按需	GB/T 15453—2018
	硫化物	mg/L	按需	HJ/T 60—2000
	铁离子含量	mg/L	按需	HJ/T 345—2007
	含油量	mg/L	按需	
初顶水 常顶水 减顶水	pH 值		1次/日	GB/T 6920—1986
	氯离子含量	mg/L	2次/周	GB/T 15453—2018
	硫化物	mg/L	按需	HJ/T 60—2000
	铁离子含量	mg/L	2次/周	HJ/T 345—2007
电脱盐注水	pH 值		2次/周	GB/T 6920—1986
常压炉烟道气 减压炉烟道气 集合管烟道气	CO	%	1次/周	Q/SH 3200—129
	CO_2		1次/周	
	O_2		1次/周	
	氮氧化物		1次/周	HJ 693—2014
	SO_2		1次/周	HJ 57—2017

2. 定点测厚

炼油厂根据常减压装置实际腐蚀状况，并结合国内外同类型装置出现的腐蚀案例和运行经验，制定合理的在线和离线定点测厚方案，建议采取以下原则：

（1）应根据装置的腐蚀评估结果制定定点测厚方案，并根据监检测数据反映出的腐蚀趋势，调整在线定点测厚布点、离线定点测厚布点和检测频次，优化方案，使其针对性更强，效率更高。

（2）塔顶及顶循系统等低温腐蚀较重的区域尽量多布点，尤其是常压塔顶和顶循系统。

（3）装置定点测厚布点位置选取基本原则：初馏塔塔顶冷凝冷却系统的空冷器、冷却器壳体及出入口短节，塔顶挥发线及回流线；常压塔塔顶封头、4层以上塔壁、各侧线抽出口短节、进料段以下塔壁及塔底封头；常压塔塔顶冷凝冷却系统及顶循系统的泵出口管线、空冷器、冷却器壳体及出入口短节，塔顶挥发线及回流线；常压塔高温侧线系统温度大于230℃的泵出口管线、换热器壳体、出入口短节及相关管线；减压塔塔顶封头、各段填料和集油箱所对应的塔壁、各侧线抽出口短节、进料段以下塔壁及塔底封头；减压塔塔顶冷凝冷却系统的塔顶空冷却器抽出入口管线，塔顶挥发线及回流线；减压塔高温侧线系统的温度大于230℃的泵出口管线、换热器壳体、出入口短节及相关管线；加热炉对流段每路出口弯头；转油线的直管及弯头；调节阀和截断阀后管线。

（4）离线定点测厚在保证测厚点固定的同时要求做到测厚人员固定、测厚仪器类型固定，以保证数据的可靠性和连续性。

3. 在线腐蚀探针

（1）对于初馏塔、常压塔、减压塔塔顶冷凝冷却系统，在空冷器或换热器的进出口管线上安装电阻或电感探针；在回流罐的出口管线上安装 pH 在线检测探针。

（2）加工高酸原油时在减压侧线（减二线、减三线、减四线）上安装高温电阻或电感探针。

4. 停工期间的腐蚀检查

重点检查：塔内壁和内构件，尤其是常压塔和减压塔；加热炉炉管、转油线、空气预热器；塔顶和顶循系统换热器、水冷器和空冷器；塔顶回流罐；塔顶和顶循油气管线、泵体和过流件等。

第四节　典型腐蚀案例

[案例 6-1] 减压塔减三、减四线段塔壁和内构件腐蚀

背景：国内某炼油厂加工高硫低酸原油的常减压装置一级减压塔 T-201。

结构材料：T-201 操作介质为常压渣油，顶封头及第二过渡段以上壳体材质为 Q345R+S11306，其余为 Q345R+S30403。

失效记录：减三线集油箱塔壁附着较厚层黑色垢物，垢下塔壁（复合层）蚀坑连片；靠近南侧塔壁处，6 个升气筒顶板腐蚀减薄、穿孔，人孔处 2 个升气筒顶板腐蚀穿孔，集油箱较多升气筒顶板蚀坑连片；减三内回流分布管蚀坑连片；减四线集油箱二级分配槽边缘明显腐蚀减薄，近 90% 挡板腐蚀掉落至填料上方。见图 6-5～图 6-8。

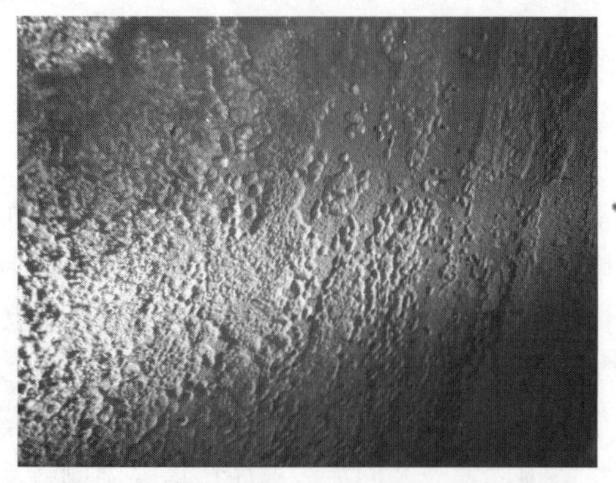

图 6-5　减三线集油箱塔壁复合层腐蚀形貌

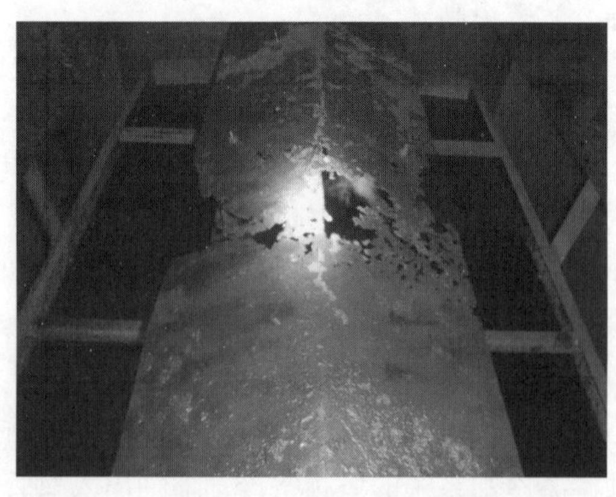

图 6-6　升气筒腐蚀形貌

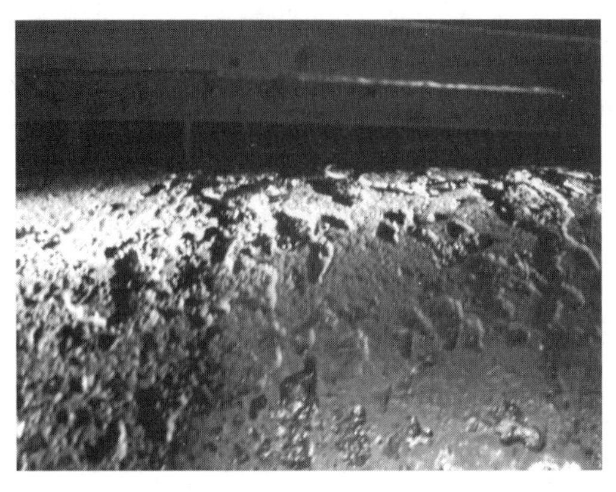

图 6-7 减三内回流分布管外壁腐蚀形貌

图 6-8 减四线集油箱二级分配槽挡板腐蚀形貌

失效原因及分析：对 T-201 减三线集油箱塔壁腐蚀产物进行 EDX 元素分析，腐蚀产物中元素成分以 Fe、S 为主；采用 XRD 衍射光谱对腐蚀产物物相进行分析，腐蚀产物中主要以铁的硫化物、铁的氧化物为主。减三线回流段至减四线抽出段的塔壁材质为 Q345R+S30403，第Ⅳ、Ⅴ段填料材质为 S31603，其余内构件材质为 S30408 和 S30403。减三线油自Ⅳ段集油箱抽出，温度为 316℃，洗涤油返回 T-201 的Ⅴ段预分布管处，温度为 316℃，减三中油返回 T-201 的Ⅳ段预分布管处，温度为 219℃；减四线油自Ⅴ段集油箱抽出，温度为 376℃。减三线油、减四线油硫含量最大值分别为 3.33% 和 4.33%。综合 T-201 减三、减四线操作温度、侧线油硫含量、内构件材质、腐蚀产物分析和现场检查腐蚀形貌分析，减三、减四线塔壁及内构件失效原因主要为高温硫和环烷酸腐蚀，且 T-201 减三、减四线集油箱升气筒附近流速、流态的改变，加速了腐蚀。

解决方案和建议：

（1）对减三线集油箱升气筒顶板拆除，整体更换，材质升级为 S31603。

（2）对减四线集油箱二级分配槽整体更换处理，材质升级为 S31603。

（3）更换减三内回流分布管，材质升级为 S31603。

（4）控制进装置加工原油的硫含量和酸值在设防值以内，尤其是应控制减三和减四线段物流中的酸值不超过 0.80mgKOH/g。

（5）条件允许的话，改变集油箱升气筒集液板结构，避免直吹塔壁及其塔内件，或者在塔壁相应的位置增加防冲板。

（6）下周期运行时，加强 T-201 腐蚀监测，尤其是高温部位。

（7）下次检修，重点检查 T-201 高温段塔壁复合层及内构件。

（8）做好下次检修减压塔 T-201 的塔内件材质升级计划。

[案例 6-2] 减压塔减一线填料腐蚀

背景：国内某炼油厂加工含硫高酸原油的常减压装置减压塔 C-1004。

失效记录：减一线段填料(材质为 304L)底部腐蚀减薄破损，失去弹性，规整填料腐

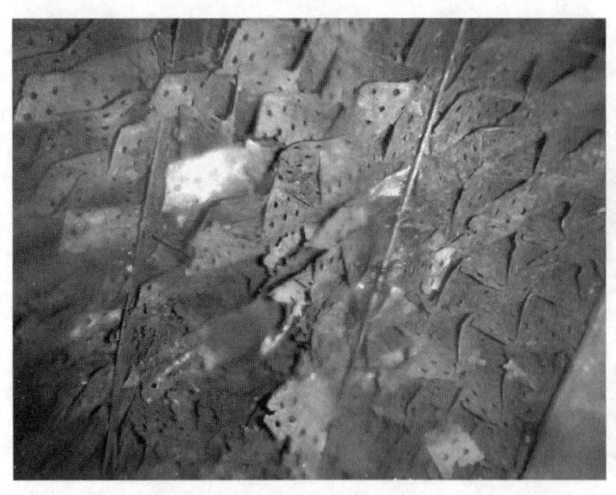

图 6-9 减一线填料底部腐蚀形貌

蚀较重的区域集中在减一抽出与减顶回流之间，见图 6-9。

失效原因及分析：

C-1004 填料形状基本完整，表面呈现黑色和红褐色，分散着一些透亮的腐蚀小孔，大部分小孔直径不足 1mm，存在均匀腐蚀和局部点蚀形貌，见图 6-10 和图 6-11。

对点蚀坑处的表面成分进行分析，除填料的本体元素外，主要含有 S 和 Cl 元素。S 元素质量分数为 12.03%，Cl 元素质量分数为 1.29%。对黄褐色腐蚀产物表面的成分进行分析，除填料的本体元素外，主要含有 O 和 S 元素，且含量均较高，O 含量为 21.58%，S 含量为 10.09%。

图 6-10 减一线填料宏观腐蚀形貌

（彩图见本书附录）

图 6-11 减一线填料微观腐蚀形貌

（彩图见本书附录）

查阅 2016 年 1~4 月操作记录可知，减一线抽出温度最高值为 184℃，最小值 105℃，平均值为 151℃；减顶回流温度最高值为 58℃，最小值 25℃，平均值为 46℃；减顶回流流量最高值为 137t/h，最小值为 54t/h，平均值为 99t/h；减顶下回流流量最高值为 44t/h，最小值 20t/h，平均值为 30t/h。

减一线规整填料的材质为 304L，耐蚀性较高，但在含有 Cl^- 环境下易发生点蚀。在本周期运行期间，减顶 D1004 含硫污水中 Cl^- 含量最高值为 48.48mg/L，最低值为 18.80mg/L，平均值为 33.35mg/L。减压塔采用了微湿工艺，含有一定量的水蒸气，且该段回流温度较低，2016 年 1~4 月操作记录显示减顶回流最低仅 25℃，低温下形成 $H_2S-HCl-H_2O$ 型腐蚀环境，并且产物分析中检测到 S 和 Cl 元素，证实存在 $H_2S-HCl-H_2O$ 型腐蚀；同时，在减顶含硫污水分析记录中也发现含有较高的氨氮，最高值达 2270mg/L，见表 6-4。减顶存在 $H_2S-HCl-NH_3-H_2O$ 型腐蚀，铵盐结晶形成的氯化铵盐结晶具有强烈的吸湿作用，在铵盐垢下形成强腐蚀环境，对填料产生强烈腐蚀。减一线工艺流程图见图 6-12。

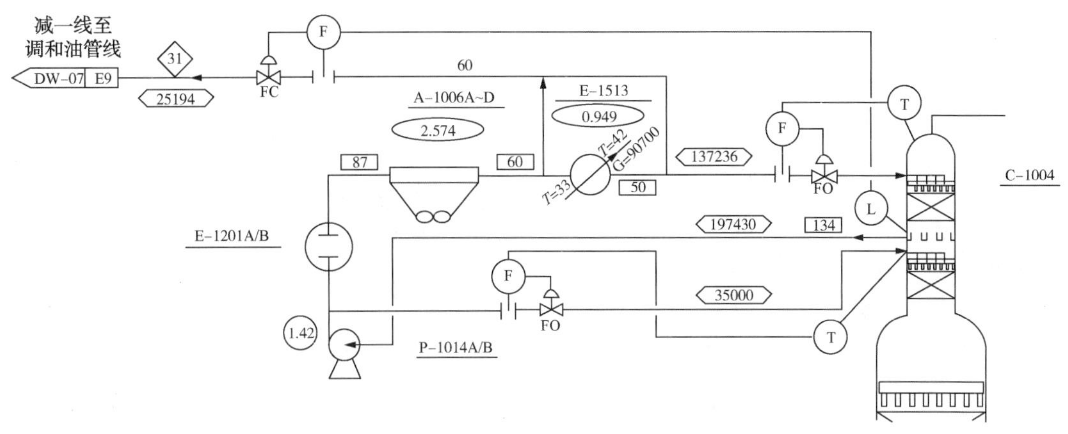

图 6-12 减一线工艺流程图

表 6-4 D-1004 含硫污水氨氮含量统计(2015 年 1 月~2016 年 3 月)

统计	氨氮/(mg/L)	统计	氨氮/(mg/L)
分析次数	58	最小值	15.1
最大值	2270	均值	496.4759

另外，原油中的活性硫除了单质硫以外，还有一类活性硫，即硫醇。有研究表明，在较低温度下，硫醇就可以与阳极一次产物亚铁离子反应，生成二次产物硫醇铁，当硫醇铁暴露在空气中时，会生产氧化铁，或者四氧化三铁和单质 S。从填料的宏观形貌可观察到表面有红褐色腐蚀产物，成分中同时检测到高含量的 O 元素，即填料发生了硫醇的腐蚀，生成了氧化铁腐蚀产物。

解决方案和建议：

(1) 升级并更换减一线填料，Mo 元素对于抗点蚀有着重要作用，建议将减一线填料更换成 316L 材质，Mo 含量不低于 2.5%，且填料厚度 2mm 左右。

(2) 控制原油中 Cl、N 含量，如工艺操作条件许可，适当提高顶回流温度，并减少蒸汽量。

[案例 6-3] 轻烃回收系统脱丁烷塔腐蚀

背景：国内某炼油厂加工高硫含酸原油的常减压装置轻烃回收系统脱丁烷塔 T-3005。

结构材料：T-3005 主体材质 20R，操作温度 212℃，操作压力 1.2MPa，介质为初顶油和常顶油。

失效记录：塔顶封头、筒体、降液板表面附着一层很厚的红黑色锈垢，基体不平整，坑蚀较重；塔盘上堆积了很多锈垢，使浮阀无法活动，影响传质。顶部塔壁及塔盘腐蚀形貌见图 6-13 及图 6-14。

失效原因及分析：T-3005 整塔都有锈垢，尤其是上部锈垢很多，垢下坑蚀较重，由上至下，锈垢逐渐减少。第二层塔盘垢样分析，主要成分为铁的硫化物以及少量 C_4 有机组分，见图6-15。第四层塔盘垢样分析，主要成分为C_6、C_{13}有机组分以及少量铁的氧化物。塔内腐蚀环境为H_2S-H_2O型腐蚀，轻烃中硫化氢与材料反应形成的硫铁化合物产物，产物结构疏松，很容易与材料剥离并堆积在塔壁和塔内件上。

图6-13　顶部塔壁腐蚀形貌

图6-14　塔盘锈蚀形貌

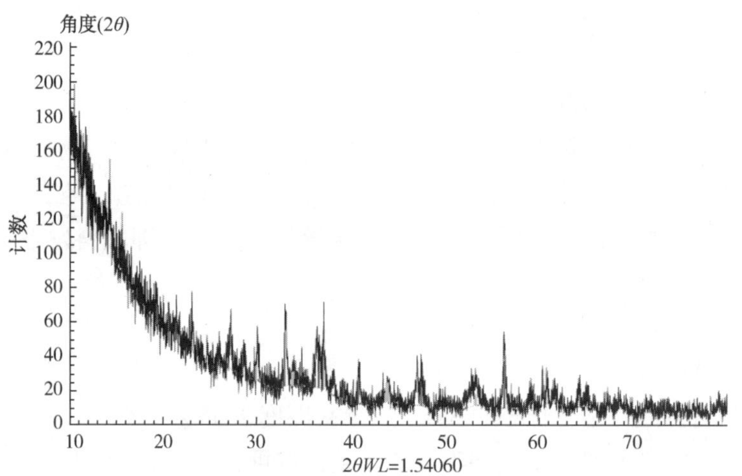

图6-15　第二层塔盘垢样XRD分析图

解决方案和建议：

(1) 彻底清理塔内垢物。

(2) 有条件的情况下升级塔和内构件材质。

[案例6-4] 常压塔塔顶、塔壁及内构件腐蚀

背景：国内某炼油厂加工高硫含酸原油的常压塔T-102。

失效记录：塔顶附着少许浮锈，基体布满浅蚀坑，坑深约0.3~0.6mm，其中以塔顶回流管接管与塔壁连接焊缝下侧塔壁坑蚀尤为严重，坑蚀最深处达10.5mm(塔壁厚度为14.5mm左右)，接近穿孔，且其周围$\phi100\times250$mm区域塔壁坑蚀严重；塔顶安全阀接管内壁黏附较多锈蚀物，下部管壁有较多腐蚀坑，安全阀接管与塔壁连接焊缝有较大间隙，形成沟槽状，且其下侧封头塔壁有冷凝液流挂现象，塔壁坑蚀较重，坑深约 1.0~2.0mm 之间；受液槽上部 10cm 区域段塔壁锈蚀坑蚀较重；注剂口已腐蚀殆尽。各部位腐蚀形貌见图 6-16~图 6-20。

(a)

(b)

图 6-16　塔顶回流接管焊缝下侧塔壁坑蚀区域

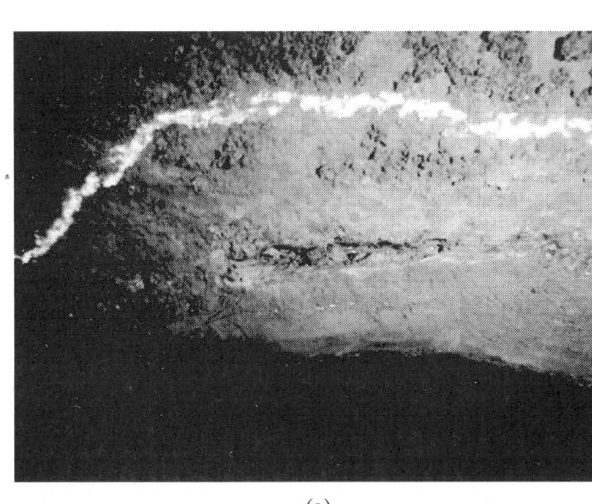

(a)

(b)

图 6-17　安全阀接管与塔壁交合处焊缝形成沟槽形貌

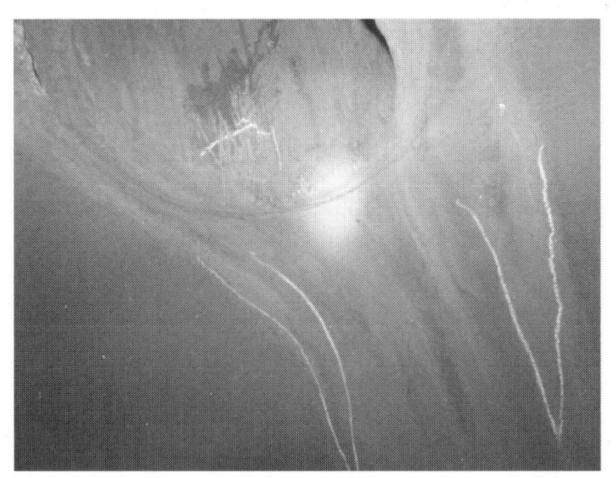

图 6-18　安全阀下侧凝液流挂区域

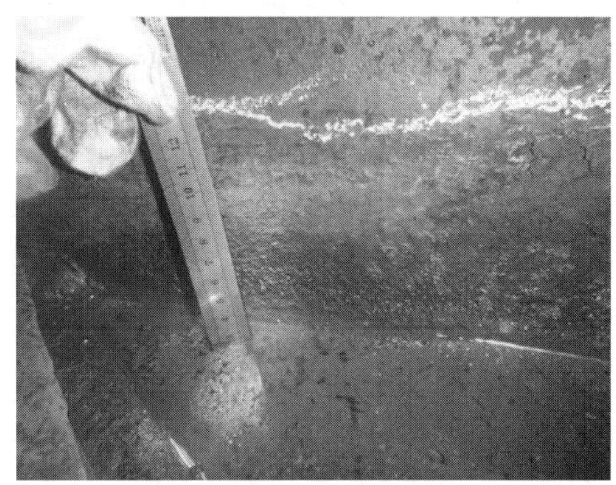

图 6-19　受液槽塔壁坑蚀形貌

图 6-20　塔顶挥发线注剂口区域管壁锈蚀形貌

失效原因及分析：

(1) 化验数据显示脱后原油总氯含量约 4.8mg/kg，如果按差减法(总氯-无机氯含量)计算，则脱后原油中含有大约 3.5mg/kg 的有机氯，这可能给塔顶系统或二次加工装置带来结盐和腐蚀。

(2) 塔顶低温腐蚀评估结果显示 T-102 塔顶的自然水露点温度(注水前的露点温度)为 90.6℃，高于自然水露点温度 30.4℃，塔顶内部整体环境露点腐蚀风险较低。但在局部冷区，例如顶回流返塔入口附近，塔顶的盲头、注入点等保温不好的位置，可能温度低于水露点而产生凝液，尤其是在寒冷季节。塔顶采用冷回流操作，返塔温度仅为 24℃，在回流入口附近由于温度尚未达到平衡，会产生局部凝液造成腐蚀。

(3) 电脱盐注水和塔顶注水均为汽提净化水，根据采样分析结果，其 pH 值高于 9，氨氮含量高于 100mg/L，均偏高。过高的注水 pH 值和氨氮含量会稳定乳化层，加大塔顶冷凝冷却系统的 NH_4Cl 盐或氯化胺盐腐蚀风险。

(4) 与露点腐蚀类似，即使塔顶内部整体环境温度高于 NH_4Cl 结晶温度，但在局部冷区仍可能存在结盐和腐蚀风险，例如顶循环回路、塔顶保温不好的部位等。T-102 顶循抽出和返塔温度为 145℃ 和 77℃，顶循环回路温度较低部分的设备和管路均存在结盐风险。

(5) T-102 塔顶存在较严重的 $H_2S-HCl-NH_3-H_2O$ 腐蚀。

解决方案和建议：

(1) 顶回流接管与塔壁交合处的筒体腐蚀减薄处堆焊处理，再在堆焊处贴板焊接 3mm 的 0Cr13 钢板。接管焊接部位打磨后补焊处理。

(2) 更换塔顶 1~4 层塔盘，材质为 0Cr13。

(3) 安全阀接管下侧焊缝沟槽打磨后，补焊处理。

(4) 建议按照中国石化《炼油工艺防腐蚀管理规定》实施细则相关规定控制电脱盐注水和塔顶注水的水质。

(5) 建议做好塔顶的放空、安全阀短接、注剂口等处的保温。

[案例 6-5] 常压炉和减压炉炉壁板腐蚀

背景：国内某炼油厂加工高硫含酸原油的常减压装置常压炉 F-103 和减压炉 F-104。

失效记录：F-103 二层平台辐射室壁板整体有明显腐蚀减薄，南侧壁板有明显腐蚀穿孔；由于壁板较薄，多处锚固钉焊接直接焊透，形成孔洞。见图 6-21。F-104 底层壁板有明显腐蚀减薄，局部有明显腐蚀穿孔；由于壁板较薄，个别锚固钉焊接直接焊透，形成孔洞。见图 6-22。

图 6-21　辐射室锚固钉腐蚀图

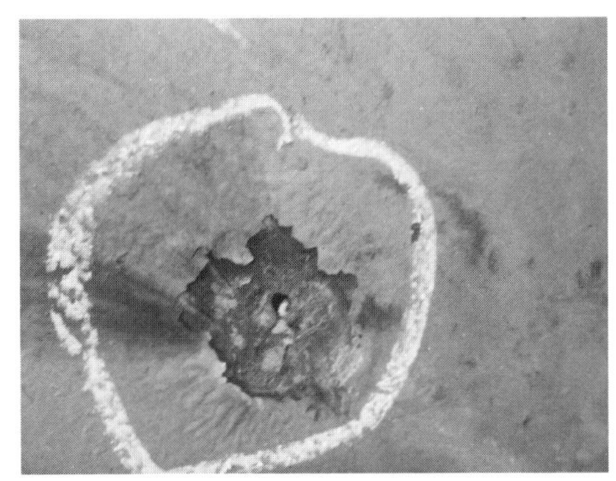

图 6-22　辐射室底层壁板局部腐蚀穿孔形貌

失效原因及分析：加热炉隔热衬里强度逐渐降低，衬里产生穿透性裂纹，导致烟气串入壁板，遇冷冷凝，壁板因烟气露点腐蚀减薄，导致局部腐蚀穿孔。

解决方案和建议：

(1) F-103 辐射室衬里全部更换；辐射室壁板更换底部 2 层板；对腐蚀穿孔及锚固钉焊透孔洞处壁板外侧贴板处理。

(2) F-104 更换辐射室衬里；更换辐射室腐蚀严重的底层壁板(局部)；对腐蚀穿孔及锚固钉焊透孔洞处壁板外侧贴板处理。

(3) 加强加热炉衬里施工质量管理。

第七章 CHAPTER 7

催化裂化装置腐蚀与防护

第一节 典型装置及其工艺流程

一、装置简介

催化裂化装置(FCC)是炼油企业最重要的二次加工手段，主要以常减压直馏蜡油、减压渣油、焦化蜡油、加氢蜡油、轻污油等作为原料油，以回炼油、粗汽油等作为回炼油，生产汽油、柴油、液化石油气等产品。为适应石油化工的发展，在催化裂化工艺的基础上，开发了以多产低分子烯烃(以丙烯为主)的催化裂解工艺(DCC)、多产异构烷烃的催化裂化工艺(MIP)和最大生产汽油和液化石油气的缓和催化裂解工艺(MGG)。

各企业间的催化裂化装置工艺区别主要体现在两个方面，一是反应、再生部分的提升管、沉降器、再生器、内外取热器、烧焦罐等的功能、形式、数量及布置不一样，两器结构及布置形式主要有并列式床程催化裂化、单器单管床程催化裂化、并列式提升管催化裂化、同轴式提升管催化裂化、并列式前置烧焦罐两段再生催化裂化、同轴式后置烧焦罐两段再生催化裂化等，目前提升管裂化逐步取代了床层裂化；二是工艺流程长短不一样，一般包括反应、再生、分馏、吸收稳定及烟气能量回收设施，较长的流程还包括产品精制、气体分馏及烟气脱硫脱硝等。

二、主要工艺流程

催化装置按工艺流程一般可分为反应-再生部分、分馏部分、吸收稳定部分以及烟气能量回收部分。近年来，随着响应国家污染减排治理的要求，催化装置普遍增设了烟气脱硫脱硝装置，以减少氮氧化物等污染物的排放，实现了对污染排放的有效的治理。

反应-再生部分：原料进入原料油缓冲罐，换热升温后，与来自分馏部分的回炼油及回炼油浆经原料油雾化喷嘴进入提升管反应器下部，与来自再生器的高温催化剂接触，完成原料的升温、汽化及反应过程。反应后产生的反应油气与待生催化剂在第一提升管反应器出口迅速分离，反应油气进入床层反应器进一步反应。反应油气经两级旋分器分离催化剂后，离开沉降器进入分馏塔。待生催化剂与来自旋风分离器回收的催化剂一起进入汽提段，汽提后的催化剂经待生斜管、待生滑阀进入再生器烧焦再生。再生催化剂通过再生斜管及再生滑阀，进入提升管反应器底部。在干气、蒸汽的提升下，完成催化剂加速过程，然后与雾化原料接触。催化剂烧焦再生时产生的烟气进能量回收系统。

分馏部分：由沉降器来的反应油气进入分馏塔底部，通过人字形挡板与循环油浆逆流接触，洗涤反应油气中催化剂并脱过热，使油气呈“饱和状态”进入分馏塔进行分馏。分馏塔顶油气经换热后，进入分馏塔顶油气分离器进行气、液、水的三相分离。分离出的粗汽油一路作为吸收剂打入吸收塔，另一路作为分馏塔顶冷回流打入分馏塔第一块塔板。富气进入气压机。轻柴油自分馏塔抽出，自流至轻柴油汽提塔，汽提后的轻柴油换热后，一路作为产品出装置，另一路送至再吸收塔作为再吸收剂使用。回炼油自分馏塔自流至回炼油罐，经回炼油泵升压后一路与原料油混合后进入提升管反应器，另一路返回分馏塔。油浆自分馏塔底由循环油浆泵抽出后分为两路，一路作为回炼油浆与原料油混合后直接送至提升管反应器；另一路经换热后，分为三路，上下两路返回分馏塔，另一路作为产品油浆送出装置。

吸收稳定部分：自分馏系统来的富气进入气压机一段进行压缩，然后由气压机级间冷却器冷却后，进入气压机级间分离器进行气、液分离。分离后的富气进入吸收塔被吸收介质的粗汽油及稳定汽油进行吸收，经吸收后的贫气至再吸收塔底部，用轻柴油作吸收剂进一步吸收后至产品精制脱硫。凝缩油进入解吸塔第一层，以解析出凝缩油中小于 C_2 组分。脱乙烷汽油由塔底流入稳定塔进行多组分分馏，液化石油气从稳定塔顶馏出。稳定汽油自稳定塔底作为产品至产品精制脱硫醇。

烟气能量回收部分：再生塔来的烟气先经两级旋风分离器分离催化剂后，再经三级旋风分离器进一步分离催化剂后进入烟气轮机膨胀做功。从烟气轮机出来的烟气经脱硝脱硫后由烟囱排入大气。

脱硫脱硝部分：烟气脱硫工艺目前以贝尔格的 EDV 脱硫和中国石化自主知识产权的双循环新型喘冲文丘里除尘脱硫技术为主，脱硝工艺以选择性催化还原法(SCR)和臭氧低温氧化(LOTOX)为主。EDV 脱硫大体流程为来自余热锅炉的烟气进入洗涤塔，依次经过激冷、洗涤、滤清和水珠分离各段，去除大部分的硫化物及催化剂粉尘，进入烟囱。双循环新型喘冲文丘里除尘脱硫技术大体流程为来自余热锅炉的烟气先进入激冷塔，后进入综合塔，再经顶部的电除尘除雾器，进入烟囱。SCR 脱硝反应器设置在省煤器之前，臭氧氧化脱硝设置在洗涤塔激冷段。

第二节　腐蚀体系与易腐蚀部位

一、腐蚀体系

在催化裂化装置中，主要的腐蚀体系有：反再部分的高温气体腐蚀、催化剂的磨蚀和冲蚀、热应力引起的焊缝开裂；分馏塔低温部位 $H_2S+HCl+NH_3+H_2O$ 型腐蚀、塔底高温硫腐蚀；吸收稳定部分的 $H_2S+HCN+H_2O$ 型腐蚀、H_2S+H_2O 型腐蚀；烟气余热回收及脱硫脱硝部分的烟气露点腐蚀、氯离子引起的奥氏体不锈钢应力腐蚀开裂。另外还有再生器器壁的硝酸盐应力腐蚀开裂、停工期间奥氏体不锈钢管线焊缝及膨胀节波纹管的连多硫酸应力腐蚀开裂、酸性水腐蚀和循环水腐蚀等。

1. 高温气体腐蚀

高温气体主要指的是催化剂再生烧焦过程产生的烟气，其成分包含 CO_2、CO、N_2、NO_x和水蒸气。在高温条件下，与烟气接触的设备和构件表面发生氧化反应生成 Fe_2O_3和 Fe_3O_4，随着温度升高，氧的扩散能力增强，通过 Fe_2O_3和 Fe_3O_4膜的氧原子与 Fe 生成另外一种形式的氧化物 FeO，其结构疏松，附着力很弱，对氧原子几乎无阻隔作用，因而 FeO 层愈来愈厚，最后氧化层全部脱落，暴露出新的金属表面，进一步开始氧化反应。再生烟气环境中，钢不仅发生氧化反应，而且还会发生脱碳反应：

$$Fe_3C+O_2 \longrightarrow 3Fe+CO_2$$

$$Fe_3C+CO_2 \longrightarrow 3Fe+2CO$$

$$Fe_3C+H_2O \longrightarrow 3Fe+CO+H_2$$

$$Fe_3C+2H_2 \longrightarrow 3Fe+CH_4$$

近年来，为了提高再生效果和热能回收率，再生温度普遍提高，并大量使用助燃剂以使 CO 完全燃烧，提高了烟气中 CO_2含量，更加加剧了钢的高温气体腐蚀。

2. 催化剂的磨蚀和冲蚀

在反应再生系统中，高温催化剂处于高线速流化状态，内部构件受到冲刷或在其表面形成漩涡而造成磨损。近年来，由于广泛采用新型的催化剂，其高温强度显著提高，而且再生温度提高，流速加快，催化剂的磨蚀和冲蚀更加剧烈。

3. 热应力引起的焊缝开裂

热应力引起的焊缝开裂，主要有三种情况：①构件本身各部分间的温差引起的开裂；②具有不同热膨胀系数的异种钢焊接接头的开裂；③结构因素引起的热膨胀不协调导致开裂。

4. $H_2S+HCl+NH_3+H_2O$ 型腐蚀

原油中所含氮化物主要为吡啶、吡咯及其衍生物。这些氮化物在常减压装置中很少分解，但是在深度加工如催化裂化及焦化等装置中，由于温度高，或者催化剂的作用，则会分解生成可挥发的氨和氰化物(HCN)。

在催化分馏塔塔顶及顶循系统，当产物在分馏塔冷却，达到铵盐的结晶温度时，固体铵盐就会从汽相里结晶出来。根据结晶温度不同，首先析出的铵盐成分为氯化铵(NH_4Cl)，其次为硫氢化铵(NH_4HS)。铵盐结晶沉积会堵塞设备的塔盘及换热器管，造成垢下腐蚀，而当其遇水潮解时，酸式铵盐溶液具有很强的腐蚀性，导致碳钢迅速腐蚀。

5. 高温硫腐蚀

高温硫腐蚀环境是指 240℃温度以上的重油部位硫、硫化氢和硫醇形成的腐蚀环境。典型的高温硫化物腐蚀环境存在于流化催化裂化装置主分馏塔的下部。

在高温条件下，活性硫与金属直接反应，出现在与介质接触的各个部位，表现为均匀腐蚀，其中以硫化氢的腐蚀性最强。化学反应如下：

$$H_2S+Fe \longrightarrow FeS+H_2$$

$$S+Fe \longrightarrow FeS$$

$$RSH+Fe \longrightarrow FeS+\text{不饱和烃}$$

高温硫腐蚀速率的大小，取决于介质中活性硫的多少，但是与总硫量也有关系。当温度升高时，一方面促进活性硫化物与金属的化学反应，同时又促进非活性硫的分解。

在高温硫的腐蚀过程中，会出现一种递减现象：腐蚀速率开始很大，一段时间后腐蚀速率会恒定下来。这是由于生成的 FeS 保护膜阻滞了腐蚀反应进行的缘故。当介质流速高的时候，保护膜容易脱落，腐蚀继续进行。

6. $HCN+H_2S+H_2O$ 型腐蚀

催化原料油中的硫和硫化物在催化裂化反应条件下反应生成 H_2S，造成催化富气中 H_2S 浓度很高。原料油中的氮化物在催化裂化反应条件下约有 10%～15%转化成氨，有 1%～2%则转化成 HCN。在吸收稳定系统的温度和水存在条件下，从而形成了 $HCN-H_2S-H_2O$ 型腐蚀环境。低合金钢在湿硫化氢腐蚀环境中会发生均匀腐蚀、氢鼓泡、硫化物应力腐蚀开裂等。

由于 $HCN-H_2S-H_2O$ 型腐蚀环境中 HCN 的存在使得湿硫化氢腐蚀环境变得复杂。对于均匀腐蚀，一般来说 H_2S 和铁生成 FeS，在 pH 值大于 6 时能覆盖在钢表面形成致密的保护膜，但是由于 CN^- 能使 FeS 保护膜溶解生成络合离子 $Fe(CN)_6^{4-}$，加速了腐蚀反应的进行。

$$FeS+6CN^- \longrightarrow Fe(CN)_6^{4-}+S^{2-}$$

$Fe(CN)_6^{4-}$ 与铁继续反应生成亚铁氰化亚铁：

$$2Fe+Fe(CN)_6^{4-} \longrightarrow Fe_2[Fe(CN)_6]$$

亚铁氰化亚铁在停工时被氧化为亚铁氰化铁 $Fe_4[Fe(CN)_6]_3$ 对于氢鼓泡，由于低合金钢在 $Fe(CN)_6^{4-}$ 存在的条件下，可以大大加剧原子氢的渗透，它阻碍原子氢结合成分子氢，使溶液中保持较高的原子氢浓度，使氢鼓泡的发生率大大提高。对于硫化物应力腐蚀开裂，当介质的 pH 值大于 7 呈碱性时，开裂较难发生，但当有 CN^- 存在时，系统的应力腐蚀敏感性大大提高。

为提高轻油收率，企业在再生器内加注 CO 助燃剂后，吸收稳定系统中 HCN 含量大为降低，一般均匀腐蚀，氢鼓泡情况减轻很多，系统基本变为 H_2S+H_2O 型腐蚀环境。

7. 烟气露点腐蚀

催化剂再生系统产生了大量的二氧化碳和二氧化硫，这些酸性气将随着温度的降低和积垢、液态水的出现转化成碳酸和亚硫酸，其中亚硫酸因氧气存在约 1/3 转化成硫酸，对系统的设备及管线造成严重的露点腐蚀。

研究表明：高温烟气硫酸露点腐蚀与普通的硫酸腐蚀有本质的区别，普通的硫酸腐蚀为硫酸与金属表面的铁反应生成 $FeSO_4$。而高温烟气硫酸露点腐蚀首先也生成 $FeSO_4$，$FeSO_4$在烟灰沉积物的催化作用下与烟气中的 SO_2和 O_2进一步反应生成 $Fe_2(SO_4)_3$，而 $Fe_2(SO_4)_3$对 SO_2向 SO_3的转化过程有催化作用，当 pH 值低于 3 时 $Fe_2(SO_4)_3$本身也将对金属腐蚀生成 $FeSO_4$，形成 $FeSO_4$、$Fe_2(SO_4)_3$、$FeSO_4$的腐蚀循环，大大加快了腐蚀速率。

硫酸露点腐蚀的腐蚀程度并不完全取决于燃料油中的含硫量，还受到二氧化硫向三氧化硫的转化率以及烟气中含水量的影响。

二、易腐蚀部位

1. 反应-再生系统

反应-再生器是催化裂化的核心设备，该系统的腐蚀主要表现为高温气体腐蚀、催化剂引起的磨蚀和冲蚀、热应力引起的焊缝开裂、取热器奥氏体钢蒸发管的高温水应力腐蚀开裂(SCC)和热应力腐蚀疲劳等腐蚀问题。

(1) 原料油进料单元

① 原料油进料管线、原料油一中油换热器及其连接管线、回炼油进料管线处主要表现为高温硫的腐蚀。

② 原料油管线助剂注入部位主要表现为汽蚀、冲刷减薄和穿孔。

③ 原料油回炼油混合器及出口管线至提升管入口喷嘴、原料油循环油浆换热器及其出口管线部位主要表现为高温硫腐蚀+高温环烷酸腐蚀。

(2) 反应沉降单元

① 提升管反应器本身及进料喷嘴部位主要表现为高温硫腐蚀+催化剂冲蚀。

② 提升蒸汽、干气喷嘴部位主要表现为催化剂冲蚀。

③ 沉降器内旋风分离器及料腿碳钢材料主要表现为石墨化，强度下降，焊缝开裂。

④ 沉降器顶部的集气室及油气管线部位主要表现为热疲劳+石墨化。

(3) 再生单元

① 再生器至脱硝反应器之间与烟气接触的设备和构件的高温气体腐蚀。再生烟气和钢不仅产生氧化反应，还会产生脱碳反应。随着氧化和脱碳的不断进行，腐蚀形态表现为钢完全丧失金属的一切特征(包括强度、发黑、龟裂、粉碎)。

② 再生器的主风分布管喷嘴、热电偶套管、旋分器灰斗、翼阀阀板、滑阀阀道及阀板、烟气和油气管道上弯头部位主要表现为催化剂磨蚀和冲蚀，腐蚀形态为均匀减薄、沟槽或局部穿孔。

③ 主风管与再生器壳体的连接处、不锈钢接管或内构件与设备壳体的连接焊缝、旋风分离器料腿拉筋以及两端焊接固定的松动风管、测压管等部位产生热应力引起的焊缝开裂。

④ 再生器中的不锈钢旋风分离器、管线系统及阀门材质主要表现为 σ 相脆化。σ 相

脆化引起的损伤以开裂形式出现，在焊缝或高约束区尤为显著。

⑤ 再生器器壁部位主要表现为硝酸盐应力腐蚀开裂。在待生催化剂再生过程中，S 和 N 被氧化成 SO_x 和 NO_x 等酸性气体且通过设备隔热衬里的缝隙进入到设备金属器壁内壁，当烟气露点温度高于壁温时，烟气中的水蒸气凝结成水，在内壁与 NO_x、SO_x 等形成含有硝酸盐的酸性水溶液，为再生器应力腐蚀提供了敏感性介质。裂纹类型包括沿焊缝熔合线的纵向裂纹，焊缝热影响区裂纹，垂直于焊缝并延伸到母材的横向裂纹，保温钉热影响区裂纹等等，这些裂纹往往从内壁起裂。

⑥ 烧焦罐底部至催化剂罐之间的卸剂线弯头及阀门部位主要表现为冲蚀和磨蚀穿孔。

⑦ 取热器奥氏体钢蒸发管部位主要表现为高温水应力腐蚀开裂(SCC)和热应力腐蚀疲劳。该腐蚀主要是由蒸汽与水的汽液两区温差及锅炉用水的杂质所引起的，常见于再生器内取热器盘管，破坏点都是离入水口有一定距离的管子顶部，绝大多数都远离焊缝，裂纹密集，均呈环向。

2. 分馏系统

分馏系统的腐蚀主要是分馏塔底的高温硫腐蚀，分馏塔顶冷凝冷却系统、顶循环回流系统的 $H_2S+HCl+NH_3+H_2O$ 腐蚀，以及在油浆系统中存在的催化剂的磨蚀。

(1) 反应油气进料单元

① 反应油气管线至分馏塔进料管线部位主要表现为高温蠕变+石墨化。

② 分馏塔进料段塔壁、人字挡板及塔底部位主要表现为高温硫腐蚀。

(2) 塔顶冷凝冷却单元

① 分馏塔顶、内构件及出口油气管线部位主要表现为 $H_2S+HCl+NH_3+H_2O$ 型腐蚀。

② 分馏塔顶油气冷却器、空冷器及其出入口管线部位主要表现为 $H_2S+HCl+NH_3+H_2O$ 型腐蚀。

③ 分馏塔顶油气分离罐部位主要表现为湿硫化氢腐蚀。

④ 分馏塔顶循部位塔盘、抽出集油槽、抽出管线、回流管线部位主要表现为铵盐结垢与潮解腐蚀。

(3) 油浆单元

① 分馏塔底油浆出口至油浆上下返塔管线、阀门、原料油循环油浆换热器、油浆蒸汽发生器、油浆泵叶轮及蜗壳部位主要表现为高温硫腐蚀+催化剂磨蚀。

② 油浆蒸汽发生器管板部位主要表现为应力腐蚀开裂。

(4) 轻柴油汽提单元

① 轻柴油汽提塔塔顶及返回线部位主要表现为氯化铵腐蚀。

② 轻柴油热水换热器及其出入口管线、贫吸收油冷却器及其出入口管线、轻柴油冷却器及其出入口管线部位主要表现为湿硫化氢腐蚀。

3. 吸收稳定系统

吸收稳定系统的腐蚀主要包括：$H_2S+HCN+H_2O$ 型的腐蚀。腐蚀形貌表现为：均匀腐蚀、氢鼓泡、硫化物引起的应力腐蚀开裂。

（1）富气压缩单元

① 富气压缩机级间凝缩油系统管线、接管、管件焊缝部位主要表现为湿硫化氢应力腐蚀开裂。

② 富气压缩机级间气封、级间冷却器管束部位主要表现为硫化氢(物)酸性液腐蚀减薄、穿孔。

③ 干气分液罐底部及出口管线、气压机入口油气分离罐底部及出口管线部位主要表现为酸性水腐蚀。

（2）吸收稳定单元

① 均匀腐蚀。H_2S 和铁生成的 FeS，与介质中的 CN^- 生成络合离子 $Fe(CN)_6^{4-}$，然后和铁反应生成亚铁氰化亚铁，在停工时被氧化为亚铁氰化铁，呈普鲁士蓝色，这一腐蚀多发于吸收塔顶部和中部、解吸塔顶部、稳定塔顶部和中部，腐蚀形貌为坑蚀、穿孔。

② 氢鼓泡。这类腐蚀多发于解吸塔顶和解吸气空冷器至后冷器的管线弯头，解吸塔后冷器壳体，凝缩油沉降罐罐壁，吸收塔壁。腐蚀形貌表现为鼓泡或鼓泡开裂。

③ 硫化物引起的应力腐蚀开裂。这类腐蚀常见于处于拉应力、H_2S+H_2O 腐蚀环境的敏感材料。

4. 能量回收系统

能量回收系统的腐蚀主要有三种：高温烟气的冲蚀和磨蚀、亚硫酸或硫酸的露点腐蚀、氯离子引起的奥氏体不锈钢应力腐蚀开裂。

（1）烟机单元

① 三旋的分离单管、滑阀内构件、临界喷嘴部位主要表现为烟气冲蚀和磨蚀。

② 烟机叶片部位主要表现为烟气冲刷、热应力疲劳断裂。

③ 再生器顶出口至三旋烟气管线部位主要表现为烟气露点腐蚀、焊缝应力腐蚀开裂。

④ 三旋顶部至烟机 18-8 型不锈钢烟气管线部位主要表现为蠕变开裂，管线焊缝及膨胀节波纹管部位主要表现为连多硫酸应力腐蚀开裂。

⑤ 烟机出口管线部位主要表现为烟气露点腐蚀、焊缝应力腐蚀开裂。

（2）余热锅炉单元

① 烟气管线至余热锅炉入口部位主要表现为烟气露点腐蚀、焊缝应力腐蚀开裂。

② 水封罐内导流筒部位主要表现为氯离子点蚀及焊缝应力腐蚀开裂。

③ 余热锅炉过热段部位主要表现为烟气冲刷腐蚀及省煤段的烟气露点腐蚀。

④ 余热锅炉吹灰器部位主要表现为烟气露点腐蚀。

5. 烟气脱硫脱硝系统

烟气脱硫系统的腐蚀主要包括：含有 Cl^- 等介质的酸性溶液腐蚀、高流速部位的冲刷腐蚀、碱性介质引起的均匀减薄及焊缝应力腐蚀开裂、氯离子引起的奥氏体不锈钢点蚀及焊缝应力腐蚀开裂、烟气的露点腐蚀、碱洗脱硫中和后的含硫浆液水对阀门、法兰密封件的腐蚀。

（1）烟气脱硫单元

目前石化脱硫系统以湿法脱硫为主，使用碱性溶液与烟气中的酸性物质发生反应，从而去除 SO_x、NO_x 等。主要以酸性物质的腐蚀、高流速部位的冲刷腐蚀为主。主要集中在洗涤塔的急冷段和分离段和烟囱(EDV)，急冷塔喷头区域和综合塔消泡段及其上部(双循环新型喘冲文丘里除尘脱硫技术)。

① 急冷塔烟气入口部位的稀硫酸腐蚀。在急冷塔烟气入口部位存在一个干湿界面的区域，烟气中的 SO_3、SO_2等物质溶解在液体中，会在设备表面结露，形成强酸溶液，区域存在强酸腐蚀和大量颗粒物的磨蚀，环境相当恶劣。高温烟气又不断蒸发酸液中的水分形成含有高浓度可溶性盐的沉积物，形成干湿交替的腐蚀环境。同时干湿交替区可外延至入口烟道，造成烟道腐蚀。

② 洗涤塔上部及烟囱的氯离子腐蚀。洗涤塔及烟囱材质为 S31603+Q345 复合材料，在烟囱段温度急剧下降后水蒸气冷凝形成液体，氯离子快速溶解到水溶液中，在烟囱器壁局部存在简单的氯离子对奥氏体不锈钢的腐蚀，也存在复杂的电化学腐蚀，导致腐蚀加剧穿孔。

③ 烟囱段的露点腐蚀、开裂、氯离子形成的酸腐蚀穿孔和局部腐蚀减薄。

④ 烟气脱硫碱洗系统管线及设备碱脆腐蚀主要集中在补碱线和新鲜碱线、碱罐及相关设施。主要是焊缝开裂，弯头均匀腐蚀减薄，储罐角焊缝腐蚀开裂。另外管线流程中局部死角和滞流区，碱液结晶及催化剂粉末积累后腐蚀更为严重。

⑤ 浆液系统及循环回流系统的浆液中含有硫及硫化物，介质通过密封面滞留后使密封垫片(橡胶垫片)硬化失去弹性，密封失效而泄漏，同时对阀门阀体密封面也存在严重腐蚀。

（2）烟气脱硝单元

脱硝工艺主要有：低温氧化法(Lotox)、选择性非催化还原技术(SNCR)和选择性催化还原技术(SCR)。Lotox 技术是使用 O_3、H_2O_2等氧化剂将 NO_x 转化为高价态的 N_2O_5，通过液体吸收转化为硝酸盐溶液。SNCR 技术是利用还原剂在高温下分解为 NH_3，并与 NO_x 发生反应生成 N_2。SCR 技术是加入催化剂，降低了反应温度和能耗。主要的腐蚀表现为：低温氧化法(Lotox)脱硝工艺中的臭氧加注管线的腐蚀。脱硝后烟气至余热锅炉省煤器、换热后至脱硫塔烟气入口的流程区域。脱硝后烟气中含有相当量的 NH_3，NH_3能够和烟气中的 SO_3结合生成硫酸氢铵，在脱硝后下游区域析出附着在设备器壁、换热管束等部位。硫酸氢铵易吸潮，其吸潮后可以和烟气中的灰尘结合成附着力较强的垢，而当其潮解会形成强酸腐蚀环境的垢下腐蚀。硫酸氢铵垢下腐蚀主要发生在省煤器换热管束及膨胀节。

催化装置易腐蚀部位如图 7-1 所示，标注部位所对应的常用材质及腐蚀形态如表 7-1 所示。

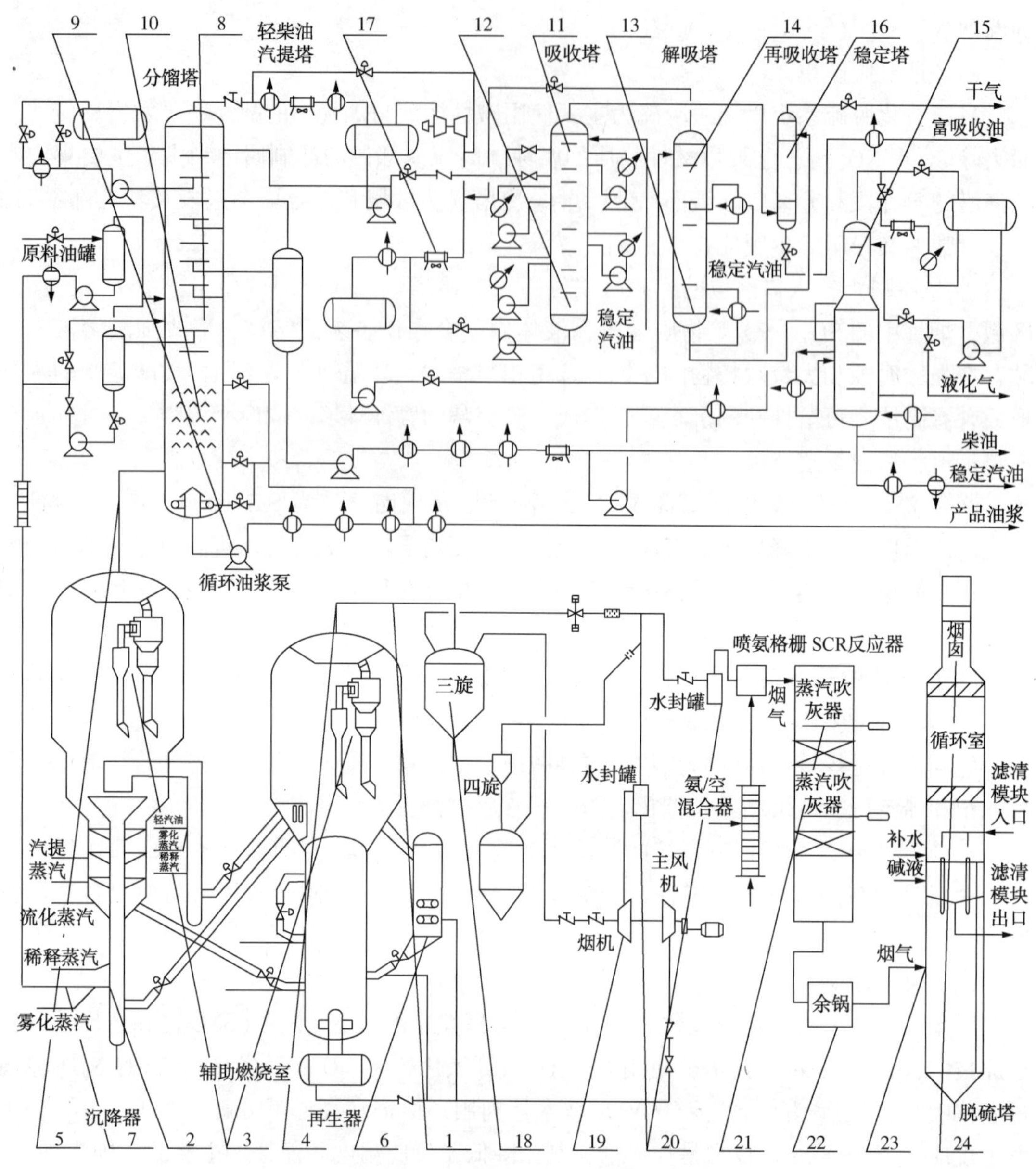

图 7-1　催化装置典型工艺流程图

注：图中编号 1~24 对应表 7-1 中部位编号。

表 7-1　催化装置易腐蚀部位和腐蚀类型

部位编号	易腐蚀部位	材质	腐蚀形态
1	烟道	非金属衬里；耐蚀金属材料	高温烟气腐蚀。钢材氧化、龟裂、粉碎
		碳钢	亚硫酸或硫酸的“露点”腐蚀。局部坑蚀，穿孔
		高合金钢	膨胀节波纹管，Cl^-引起的奥氏体不锈钢的应力腐蚀开裂

续表

部位编号	易腐蚀部位	材质	腐蚀形态
2	提升管预提升蒸汽喷嘴、原料油喷嘴、主风分布管。提升管出口快速分离设施	耐磨衬里	催化剂磨蚀，导致大面积减薄、局部穿孔
3	旋风分离器系统	耐磨衬里	催化剂磨蚀，导致大面积减薄、局部穿孔
			再生器主风分布管，旋风分离器料腿拉杆热应力引起的焊缝开裂，停工期间的连多硫酸应力腐蚀开裂
4	烟气管道上弯头	耐磨衬里	催化剂磨蚀，导致大面积减薄、局部穿孔
5	油气管道上弯头	耐磨衬里	催化剂磨蚀，导致大面积减薄、局部穿孔
6	外取热器	壳体：碳钢内衬隔热耐磨衬里； 取热管：低合金钢	高温水腐蚀，热应力疲劳开裂，磨蚀(外部)
7	反应器原料油进料段	碳钢、不锈钢	环烷酸腐蚀，管线减薄，沟壑状蚀坑
	原料线助剂注入口	不锈钢	气流冲刷及振动引起的管线焊缝开裂
8	240℃以上部位；分馏塔高温侧线	碳钢、不锈钢	高温硫腐蚀，管线局部腐蚀减薄
9	分馏塔进料段；泵壳内表面，叶轮	碳钢、不锈钢	高温硫腐蚀，局部坑蚀减薄
10	分馏塔下部(人字挡板和下部几层塔盘)	碳钢、不锈钢	高温硫腐蚀，坑蚀、均匀减薄
11	吸收塔顶部塔壁、塔盘、内构件	碳钢、不锈钢	一般腐蚀(H_2S+HCN+H_2O腐蚀)均匀减薄、点蚀、坑蚀、穿孔。不锈钢氯离子SCC
12	吸收塔底部塔壁、塔盘、内构件	碳钢、不锈钢	一般腐蚀(H_2S+HCN+H_2O腐蚀)均匀减薄点蚀、坑蚀、穿孔。不锈钢氯离子SCC
13	解吸塔底部塔盘	碳钢、不锈钢	均匀腐蚀、点蚀、坑4蚀。不锈钢氯离子SCC
	解吸段塔壁	碳钢、不锈钢	氢鼓泡(H_2S+HCN+H_2O腐蚀)。鼓泡或鼓泡开裂，不锈钢氯离子SCC
14	解吸塔顶部塔壁或塔盘及构件	碳钢、不锈钢	一般腐蚀(H_2S+HCN+H_2O腐蚀)。均匀腐蚀、点蚀、坑蚀，不锈钢氯离子SCC
			鼓泡开裂
15	稳定塔顶部及中部塔壁、塔盘	碳钢、不锈钢	一般腐蚀(H_2S+HCN+H_2O腐蚀)均匀减薄、点蚀、坑蚀、穿孔，不锈钢氯离子SCC
	稳定塔塔壁及塔顶油水分离器器壁	碳钢、不锈钢	氢鼓泡(H_2S+HCN+H_2O腐蚀)。鼓泡或鼓泡开裂，不锈钢氯离子SCC
16	再吸收塔顶部及中部	碳钢	一般腐蚀(H_2S+HCN+H_2O腐蚀)。均匀减薄、点蚀、坑蚀，不锈钢氯离子SCC

续表

部位编号	易腐蚀部位	材质	腐蚀形态
17	解吸气空冷器至后冷器的管线弯头，解吸塔后冷器壳体，凝缩油沉降罐罐壁	碳钢、不锈钢	氢鼓泡(H_2S+HCN+H_2O 腐蚀)。鼓泡或鼓泡开裂，不锈钢氯离子 SCC
18	三旋后的分离单管、三旋后双动滑阀、烟气轮机叶片	碳钢、合金钢	高温烟气的冲蚀和磨蚀，沟槽，裂纹，衬里脱落，局部减薄
19	烟气轮机叶片	碳钢、合金钢	高温烟气的冲蚀和磨蚀，热应力疲劳断裂
20	水封罐	碳钢、不锈钢	水封罐内导流筒的氯离子点蚀及焊缝应力腐蚀开裂
21	脱硝反应器	不锈钢、耐蚀合金	低温氧化法(Lotox)脱硝工艺中的臭氧加注管线的腐蚀
22	省煤器	碳钢、不锈钢或者09CrCuSb	省煤器换热管束及膨胀节的硫酸氢铵垢下腐蚀，管束及膨胀节减薄、穿孔
23	脱硫塔烟气入口	不锈钢、耐蚀合金	含氯离子的酸性溶液腐蚀，局部腐蚀减薄、穿孔
24	脱硫塔上部及烟囱	不锈钢、耐蚀合金	烟气露点腐蚀、氯离子点蚀、氯离子应力腐蚀开裂。局部腐蚀减薄、穿孔，焊缝应力腐蚀开裂

第三节　防腐蚀措施

一、工艺防腐

为减轻和防止工艺介质对设备的腐蚀，企业应积极采取工艺防腐蚀措施。主要包括以下内容：脱除引起设备腐蚀的某些介质组分，如炼油生产中脱盐、脱硫，蒸汽生产中的除氧等；加入减轻或抑制腐蚀的缓蚀剂、中和剂，加入能减轻或抑制腐蚀的第三组分；选择并维持能减轻或防止腐蚀发生的工艺条件，即适宜的温度、压力、组分比例、pH 值、流速等；其他能减缓和抑制腐蚀的工艺技术。

各企业要制定工艺防腐蚀管理制度，健全管理体系和责任制，工艺防腐蚀的主要控制指标应纳入生产工艺平稳率考核。应加强对各种进厂化工原料材料中腐蚀介质的检测分析，对原油进行含硫量、含盐量、酸值、含氮量和重金属含量等指标的检测分析，以便及时调整工艺防腐蚀方案。企业应根据规定选用能满足工艺防腐蚀技术要求的工艺防腐蚀药剂(如缓蚀剂、中和剂等)，制定相应的质量检验标准，有关单位应按标准严格进行药剂质量检验工作，防止不合格药剂进入生产装置。设备管理部门必须对工艺防腐蚀措施的实施效果进行跟踪检查和考核，并将检查结果及时反馈给生产技术部门，为改善工艺防腐蚀效果、筛选防腐蚀药剂提供可靠依据。生产技术管理部门应定期对工艺防腐蚀药剂使用的情况进行检查，并根据设备管理部门提供的信息，及时调整工艺操作指标或防腐蚀药剂。

1. 反应再生系统

针对再生器取热管发生的环向开裂问题，可以采用控制水质的方法，特别是控制给水中的 Cl^- 含量和溶解氧含量，水的 pH 值控制在 8 左右。同时保持较大的给水量，提高水的流速和降低水的汽化率。

2. 分馏系统

(1) 分馏塔顶温度及回流控制：核算塔顶水露点温度，控制塔顶温度高于露点温度 28℃，塔顶回流温度高于 90℃；

(2) 催化裂化装置分馏塔顶挥发线可注中和剂和缓蚀剂（油溶性或水溶性），其控制条件为配制浓度 1%~3%，用量不大于 20μg/g，注入位置于分馏塔顶出口管线，采用泵注方式，排水铁离子含量应不高于 3mg/L；

(3) 顶循环油中注水 3%~5%，洗涤 Cl^- 等有害介质；

(4) 解决盐垢的方法：蒸塔或洗塔处理；

(5) 参照 HG/T 2160—2008《冷却水动态模拟试验方法》及 GB/T 18175—2014《水处理剂缓蚀性能的测定——旋转挂片法》选用适宜的缓蚀阻垢药剂，根据实际工艺条件在循环水中投放缓蚀阻垢剂及杀菌灭藻剂。

3. 吸收稳定系统

(1) 富气压缩机出口管线注水、注缓释剂（必要时），注剂用量不大于 20μg/g，控制 pH 值小于 8.5；

(2) 在吸收塔前注水，必要的时候加注缓蚀剂。

4. 烟气余热回收系统

控制水封罐中水的 pH 值大于 5.5，可通过注氨进行调节控制。

5. 烟气脱硫脱硝系统

控制氨逃逸，控制 pH 值和 Cl^-，控制溶液中固体颗粒含量。

二、选材

催化裂化装置设备、管线的选材应根据所加工油品的性质，参照 SH/T 3129—2012《高酸原油加工装置设备和管道设计选材导则》和 SH/T 3096—2012《高硫原油加工装置设备和管道设计选材导则》及相关标准、规范进行选用。下面分别对各系统常用的腐蚀防护措施进行简述。

1. 反应再生系统

本系统中，针对高温气体腐蚀通常采用的防护措施有使用非金属衬里，采用耐蚀金属材料等。为防止催化剂磨蚀，常采用的防护措施有加耐磨衬里、改善结构设计、堆焊硬质合金、材质表面处理以及使用高温陶瓷等。对热应力引起的焊缝开裂等，常用的防护措施有尽量减少异种钢焊接，保证焊接质量，保证隔热衬里质量。

对于再生器取热管腐蚀的防护措施主要有：

（1）不用奥氏体不锈钢，采用15CrMo材料；

（2）在结构设计上保证水流通畅，有足够的膨胀补偿；

（3）防止热冲击，开停工升降温时，采用适当的蒸汽保护措施，不得中途停止供水。

再生器器壁焊缝开裂是常见的一种腐蚀形态，国内至今已发生过几十起。这类开裂多发于再生器和三旋等部位，以环向裂纹居多，多集中于焊缝上。国内研究确定是由于壁温低于烟气露点温度，在器壁形成含亚硫酸、硫酸、二氧化碳、HCN和NO_3^-离子的冷凝液，在焊缝热影响区的残余应力作用下形成沿晶开裂。防止的办法是合理设计隔热衬里厚度，调整整体衬里导热系数以控制壁温在烟气露点温度之上，也可以在器壁外增加隔热涂层或外保温。

催化装置滑阀螺栓开裂，造成装置被迫停工检修，也有数次报道。造成螺栓开裂的原因主要是螺栓工作温度偏高，滑阀滑动时产生剪切应力。对这类腐蚀的防护措施有：

（1）每个检修周期对螺栓进行全部更换；

（2）严格工艺操作，保证不超温运行，一旦出现超温运行，必须对紧固螺栓进行更换；

（3）进行材料出厂鉴定，防止代料。

随着原油的劣质化，催化进料系统腐蚀日渐严重，这类腐蚀包括高温硫腐蚀和环烷酸腐蚀，对这一部位应在加强监测的条件下，根据McConomy曲线及API 581综合考虑硫和酸腐蚀的影响，适当提升材质。

本系统中典型腐蚀部位的防护及选材见表7-2。

表7-2 反应再生系统易腐蚀部位及其选材与防护措施

易腐蚀部位	腐蚀形态	选材与防护措施
烟道	钢材氧化、龟裂、粉碎	非金属衬里如矾土水泥+陶粒+蛭石隔热衬里+矾土水泥+矾土熟料的耐磨衬里；BL型隔热耐磨衬里，钢纤维增强混凝土型衬里，TA-218型高强耐磨衬里，无龟甲网JA-95型耐磨衬里；耐蚀金属材料。对于小直径的管线及形状复杂的构件，用抗氧化性能更好的18-8不锈钢材质
提升管预提升蒸汽喷嘴、原料油喷嘴、主风分布管；提升管出口快速分离设施；旋风分离器系统；烟气和油气管道上弯头	大面积减薄、局部穿孔	选用耐磨衬里；改善结构设计，合理选材，堆焊硬质合金，材质表面处理，高温陶瓷
再生器主风管，旋风分离器料腿拉杆	开裂	保证焊接质量；优化结构设计。定期更换
内取热器	环向开裂、穿孔	控制水质，控制Cl^-和氧含量，pH值控制在8左右；合理选材

2. 分馏系统

针对现场多次发生的油浆发生器管板开裂，目前所采用的防护措施主要有：

（1）消除管板与管子间隙，采用高精度管，管板钻孔杜绝一次成型，要一次钻孔，二次铰孔；

(2) 改进管子与管板的连接形式，管子与管板的连接形式原为“强度焊+贴胀”，将其改为“强度胀+密封焊”；

(3) 改进生产使用条件，控制装置开、停工时的管程油浆投用速率：停工时，缓慢关闭油浆入口阀，减少产气量，监测现场设备管壳程壁表面温度差的减小速率，当温差变化很缓慢时，则完全关闭油浆出口阀，将管程切除，壳程置换排水；开工时，控制好汽包除氧水液面，通过逐步关小副线，同时缓慢开启管程入口阀和出口阀，控制投用速率，检测蒸汽产量，通过控制油浆进入的速率，保障蒸汽产量缓慢上升；缓慢停开对防止管板产生冷热疲劳开裂，控制破坏程度有很好的作用。

原料的劣质化，使分馏塔的腐蚀有加重趋势，对此通常采用的防护措施有提高材质，严格工艺管理等。具体选材见表 7-3。

表 7-3　分馏系统易腐蚀部位及其选材与防护措施

易腐蚀部位	腐蚀形态	选材与防护措施
分馏塔顶低温部位	均匀减薄、蚀坑	6 层塔盘以上至变径处使用 SB42+SUS405 复合板
分馏塔顶冷换设备	积垢、蚀坑	200～300℃工况可采用 Ni-P 镀层。加大塔顶注水冲洗稀释 HCl 和 HCN，pH 小于 7.6 时要注氨(中和剂)，注缓蚀剂。换热器管可选择碳钢或 2205 双相钢
240℃以上部位；分馏塔高温侧线；分馏塔进料段；泵壳内表面，叶轮	均匀减薄、坑蚀	6 层塔盘以下塔体可以选用 0Cr13 或 0Cr18Ni9Ti 复合钢板，塔盘 0Cr18Ni9，1Cr13
分馏塔下部人字挡板和下部几层塔盘	均匀减薄、穿孔	碳钢渗铝；1Cr13；0Cr18Ni9Ti

3. 吸收稳定系统

为提高轻油收率，企业在再生器内加注 CO 助燃剂后，吸收稳定系统中 HCN 含量大为降低，一般均匀腐蚀，氢鼓泡情况减轻很多，系统基本变为 H_2S+H_2O 型腐蚀环境。吸收稳定系统易腐蚀部位及其选材与防护措施见表 7-4。但鉴于原油劣质化，会导致这一系统的腐蚀加剧，所以其选材还应严格参照导则。

表 7-4　吸收稳定系统易腐蚀部位及其选材与防护措施

易腐蚀部位	腐蚀形态	选材与防护措施
吸收解吸塔	均匀腐蚀、点蚀、坑蚀、穿孔	采用工艺防腐措施水洗法，注缓蚀剂，抗 HIC 钢。 冷换设备管束化学镀镍。 塔盘：0Cr13，渗铝碳钢
解吸塔顶和解吸气空冷器至后冷器的管线弯头；解吸塔后冷器壳体；凝缩油沉降罐罐壁；吸收塔解吸段塔壁；再吸收塔壁；稳定塔塔壁及塔顶油水分离器器壁	鼓泡或鼓泡开裂	
处于拉应力、H_2S+H_2O 腐蚀环境的敏感材料	焊缝开裂	保证焊接质量，焊后热处理

4. 能量回收系统

能量回收系统的腐蚀问题主要是膨胀节破损开裂，其易腐蚀部位及其选择与防护措施见表 7-5，具体防护措施主要有：

（1）膨胀节尽量选用FN合金或B315钢等材质，要求固溶化处理；

（2）烟机或其他部位尽量选用多层，如果单层太薄容易引起腐蚀穿孔或鼓泡，一般宜用厚度为1mm的钢板3层，以减少穿孔或鼓泡损伤；

（3）在结构上进行改良，用陶纤塞入导流筒和膨胀节内，增加密封板，密封板内用不锈钢网或金属软管塞紧，防止陶纤被高温气流抽走，同时阻止烟气进入波纹管内；

（4）对必须设置吹扫蒸汽的膨胀节，在开停工时膨胀节底部的防空排凝阀要打开，装置开工过程中，不要急于打开吹扫蒸汽，开阀前先排凝并注意不要通汽过快，以免膨胀节鼓泡变形；

（5）对烟机入口膨胀节进行外部保温，提高膨胀节外壁温度，防止冷凝液的产生。

表7-5 能量回收系统易腐蚀部位及其选材与防护措施

易腐蚀部位	腐蚀形态	选材与防护措施
高温烟气管道；三旋后的分离单管；三旋后双动滑阀；烟气轮机叶片	沟槽、裂纹、衬里脱落、局部减薄	优化结构设计，隔热耐磨衬里，如矾土水泥+陶粒+蛭石隔热衬里+矾土水泥+矾土熟料的耐磨衬里；BL型隔热耐磨衬里，钢纤维增强混凝土型衬里，TA-218型高强耐磨衬里，无龟甲网JA-95型耐磨衬里。对于小直径的管线及形状复杂的构件，应选用抗氧化性能更好的18-8不锈钢材质
烟气管线；膨胀节波纹管	局部坑蚀、穿孔、开裂	Incoloy800，HastelloyC-276，FN合金，B315钢，00Cr25Ni20，00Cr17Nil4Mo2，00Cr18Nil2Mo2Ti，外保温

5. 烟气脱硫脱硝部分

烟气脱硫脱硝系统的腐蚀问题主要是酸性溶液的腐蚀、臭氧腐蚀、颗粒冲刷腐蚀等，典型易腐蚀部位及选材见表7-6。

表7-6 烟气脱硫脱硝系统易腐蚀部位及其选材

易腐蚀部位	腐蚀形态	选材与防护措施
臭氧分布管	腐蚀减薄	Alloy20或耐蚀涂层
洗涤塔滤清模块文丘里管	局部腐蚀、冲刷	316L或耐蚀涂层
水珠分离器，虾米腰，烟囱上部	局部腐蚀、焊缝及热影响区腐蚀	304L或316L，烟囱可选用玻璃鳞片防腐涂料
综合塔消泡剂集液槽上方塔壁	塔壁腐蚀减薄、焊缝及热影响区局部腐蚀	内衬PU、光固化贴片或其他耐蚀涂料，严格控制施工质量，并检查和维修过程中对涂层的损伤
除尘激冷塔激冷喷嘴和逆喷喷嘴之间的塔体和内件	冲刷腐蚀	Q345R+AL6XN，内衬PO

三、腐蚀监检测

对于易发生腐蚀、可能会对生产和安全带来严重影响的设备，应建立定期监测制度，设置固定监测点，由专人定期进行监测。监测可采用化学分析、挂片、探针、测厚等方法。针对工艺生产特点，加强对物料中腐蚀性介质含量的监测和分析，建立定期分析制度，严格控制腐蚀性介质的含量。对工艺流程中反映设备腐蚀程度及介质腐蚀性的参数（如铁离子含量、氯离子含量、硫化氢含量、pH 值、露点温度等）进行定期分析，并根据分析结果及时调整工艺操作。对采取阴级保护等电化学防腐措施的设备，应定期检查保护参数，及时调整保护电位。对于催化装置，各系统监检测包括如下几个方面：

1. 反再系统

此处重点监测部位为进料系统，包括原料油管线及换热器，对这些部位应进行定点测厚。在进料管线也可布置在线探针，实时收集腐蚀数据。同时在原料油缓冲罐内可以布置挂片，对原料油成分、硫含量等进行化学分析。见表 7-7。

表 7-7 反应再生系统腐蚀监检测方案

腐蚀挂片	腐蚀探针	定点测厚	化学分析	红外热像仪
原料油罐，腐蚀较重的高温换热器	进料系统管线	进料系统管线；200℃以上高温换热器出入口管线；催化剂卸剂线	分析原料油成分；硫、酸、氮、盐含量分析	监测反应器、再生器、各外循环管、斜管热点温度，外壁温度在 150~180℃之间

2. 分馏系统

此处应重点关注的监测部位包括分馏塔壁及塔顶出口管线、塔顶冷换设备、分馏塔底塔壁及高温管线、油浆换热器等，对这些部位应布置定点测厚。也可以在高温管线上安装在线探针，同时对塔顶铁离子含量、氯离子含量等进行化学分析。见表 7-8。

表 7-8 分馏系统腐蚀监检测方案

<table>
<tr><th>腐蚀挂片</th><th>腐蚀探针</th><th>定点测厚</th><th>化学分析</th></tr>
<tr><td rowspan="2">分馏塔顶、进料、塔底</td><td>塔顶挥发线、塔顶冷凝冷却系统管线</td><td>塔顶、塔底壁厚；塔顶挥发线；顶循线；轻柴油抽出及返回线；塔顶冷换设备</td><td rowspan="2">分馏塔顶 Fe 离子、Cl^-、硫含量、氨含量、pH 值；循环水、补充水水质分析</td></tr>
<tr><td>在腐蚀严重的高温管线上安装电阻探针</td><td>回炼油线；油浆线</td></tr>
</table>

3. 吸收稳定系统

此处需重点关注的监测部位包括吸收塔、解析塔以及稳定塔塔顶、塔底及塔底重沸器，对上述部位采取腐蚀挂片和定点测厚。在气压机入口油气分离罐底部出口管线及干气分液罐底部出口管线安装腐蚀探针。见表 7-9。

表 7-9 吸收稳定系统腐蚀监检测方案

腐蚀挂片	腐蚀探针	定点测厚	化学分析
各塔塔顶、塔底； 各塔顶回流罐	气压机出口管线； 干气分液罐底部出口管线	富气管线； 吸收、解吸、稳定塔顶，塔底、塔顶挥发线； 塔底重沸器壳体，进出口短节	富气硫化氢含量； 富气压缩机出口排水 Fe 离子、Cl^-、硫含量、氨含量、pH 值

4. 能量回收及热工系统

此处监测重点是烟气管线，宜用定点测厚的方式加以监测。对烟气成分进行化学分析，估算露点。见表7-10。

表7-10　能量回收系统腐蚀监检测方案

系统	定点测厚	化学分析
能量回收系统	烟气管线	烟气成分，露点计算
热工系统	蒸汽管线弯头部位	锅炉给水 pH 值、SiO_2、溶解氧、硬度等水质指标分析

5. 烟气脱硫系统

不同的工艺路线，易腐蚀部位不同，相应的重点监测部位也不同，一起列于表7-11中。

表7-11　烟气脱硫系统腐蚀监检测方案

定点测厚	化学分析
洗涤塔烟气入口、滤清模块与筒体拼接处、虾米腰附近； 除尘激冷塔喷嘴附近塔壁； 综合塔消泡段及上部变径段；浆液循环线泵出口及弯头	烟气中的 SO_2 及氮氧化物，塔底循环浆液，滤清循环浆液、氧化罐排液的 pH 值及 Cl^-，外排液铁离子等

6. 腐蚀调查

(1) 腐蚀调查重点部位

对装置进行的停工腐蚀检查，应严格按照关于加强炼油装置腐蚀检查工作管理规定进行，具体到催化装置，其重点检查部位如下：

反再系统：①主要检查反应、再生器的旋风分离器及内部件，包括翼阀、料腿的冲刷和焊缝裂纹；②检查烟道管的焊缝裂纹、膨胀节裂纹、滑阀内件冲刷腐蚀；③检查外取热器、三旋内件的冲刷腐蚀；④检查再生器-三旋烟气系统的壁板焊缝应力腐蚀裂纹；⑤三旋至烟机18-8型不锈钢管线的蠕变裂纹，低点冷凝酸性水腐蚀；⑥反应器至分馏塔大油气管的蠕变裂纹、石墨化。

分馏系统：分馏系统应重点检查高温油浆系统设备管线，分馏塔进料段管线和分馏塔中下部，分馏塔顶冷却器、回流罐。

吸收稳定系统：吸收塔、解吸塔、稳定塔顶，没有内衬的设备，解吸塔、稳定塔塔底重沸器。

能量回收系统：余热锅炉省煤段的露点腐蚀及过热段的冲刷腐蚀，烟气管道低温部分、低点死角、膨胀节等部位。

烟气脱硫系统：洗涤塔烟囱段露点腐蚀、开裂，含氯离子的酸性溶液腐蚀区域；碱性介质对容器、管线阀门阀板阀体的腐蚀。

(2) 腐蚀调查的专项检查、评价

① 开展RBI结果复核和验证检查，评价RBI的准确性及报告涉及重点问题采取处理

措施的合理性；

② 开展循环水系统水冷器结垢、腐蚀专项检查，评价水冷器水侧腐蚀及结垢状况、运行期间的水处理效果；

③ 开展工艺防腐措施专项检查，分析进料原料油腐蚀性质变化趋势影响及评价装置注剂、注水等工艺防腐措施的效果；

④ 开展针对上周期改造、更新所采用的腐蚀措施的专项检查，评价结构优化、材料选择等相关防腐措施的效果；

⑤ 开展针对装置涂料防腐措施的专项检查，评价设备、管线、钢结构的涂装防腐状况、防腐效果以及所采用涂装体系的合理性；

⑥ 开展针对保温、防火覆盖层下的腐蚀的专项检查，评价设备、管线、储罐及钢结构防火、保温覆盖层下的金属腐蚀情况；

⑦ 开展针对凝汽器、水冷器、储罐及地下管网阴极保护的专项检查，评价阴极保护（外加电流的阴极保护、牺牲阳极的阴极保护）的保护效果；

⑧ 开展针对停工期间定点测厚的专项检查，评价和验证日常定点测厚布点的科学性和测厚数据的准确性。

四、其他注意事项

（1）双层带龟甲网衬里出现不同程度的鼓泡、断裂和衬里开裂脱落现象，原因为：龟甲网选材不当，目前的经验来看采用 0Cr13 较好，含碳量低，韧性好，可焊接性好；保温钉布置太稀，规范要求为每平方米布置 16 个，在筒节开口相贯线部位应适当多布置，以减少开裂的发生；保温钉与器壁焊接质量太差，导致龟甲网鼓泡处保温钉被连根拔起，焊接时注意检查保温钉的焊接质量。

（2）提升管的进料喷嘴、事故蒸汽和沉降器及再生器内的旋分器料腿、拉筋、翼阀、测压、测密度管等尽量使用奥氏体不锈钢材料。

（3）两器内开口接管的衬里护圈，烧焦罐内的空气分布管可以采用低合金强度钢，如 Cr5Mo、12CrMo 等。

（4）带有防腐涂层的设备，应选择合理的检查方法和参数，防止击穿造成防护层损伤。

第四节　典型腐蚀案例

［案例 7-1］催化剂冲蚀与磨蚀

失效背景：某石化公司反再系统经四年运行后，停工检修时发现反再系统内构件的催化剂冲蚀与磨蚀十分严重，其中主风分布管支管大部分断裂，再生滑阀导轨冲蚀出凹坑，三级旋风分离器单只管磨蚀穿孔。见图 7-2。

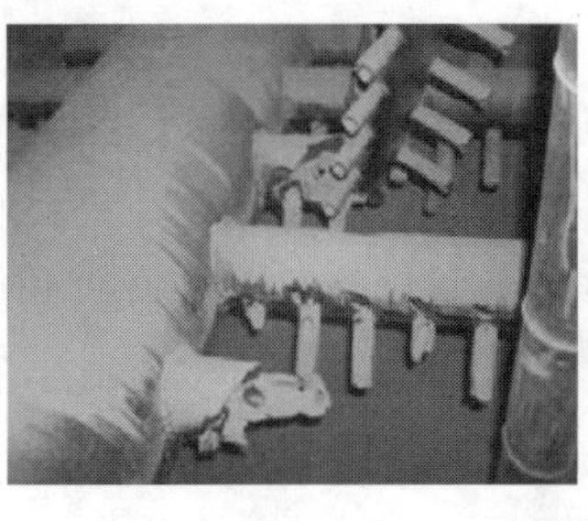

图 7-2　反再系统内构件的磨蚀与冲蚀

失效原因及分析：高线速催化剂冲刷、磨蚀。

解决方案和建议：

(1) 控制衬里施工质量。

(2) 对于无法进行耐磨衬里的构件如滑阀导轨等，通过堆焊耐蚀合金及表面渗硼等表面强化处理提高抗冲蚀能力。

(3) 优化局部结构，减缓流速，避免局部形成涡流。

[案例 7-2] 催化分馏塔顶铵盐结晶垢下腐蚀

失效背景：某厂催化装置分馏塔顶循集油箱运行期间抽出泵抽不上量，大检修期间检查发现集油箱底部腐蚀穿孔，相邻塔盘腐蚀减薄严重。见图 7-3。

失效原因及分析：NH_4Cl 的垢下腐蚀。

解决方案和建议：修复集油箱，在抽出线增设洗盐设施。

[案例 7-3] 解吸气后冷器壳体的氢鼓泡

失效背景：某炼油厂催化稳定吸收解吸气后冷气，气体入口温度为 45℃，出口为 40℃，压力为 1MPa，介质含 H_2S 6%、CN^- 0.1% 及少量水。壳体出现密集鼓包。见图 7-4。

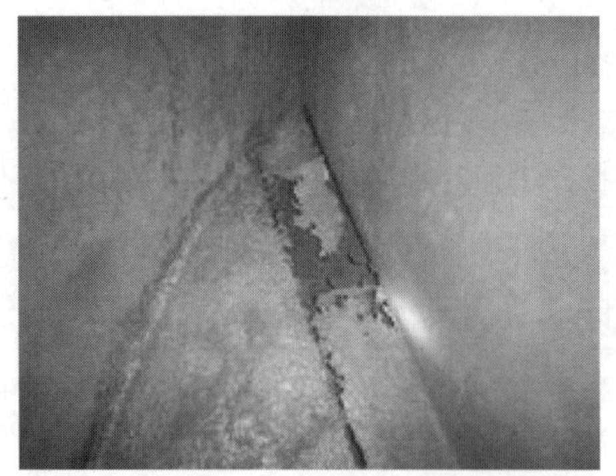

图 7-3　分馏塔顶腐蚀

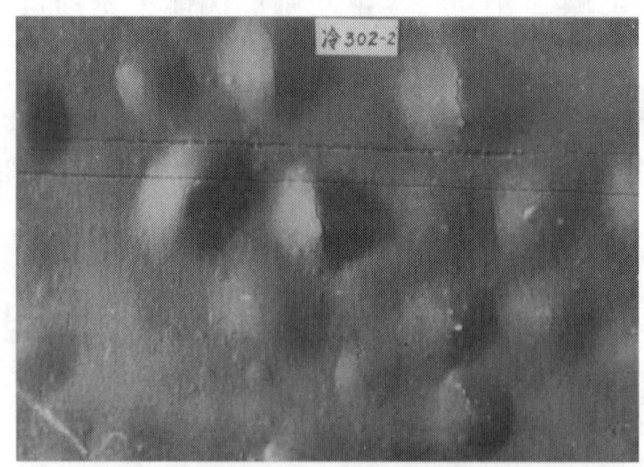

图 7-4　冷凝器壳体内部密布的氢鼓泡

失效原因及分析：工作环境为 H_2S、CN^- 及少量水，出现湿 H_2S 腐蚀。腐蚀产生氢导致材料表面的氢鼓泡。

解决方案和建议：材料更换为抗 HIC 钢。

[案例7-4] 催化油浆蒸汽发生器筒体开裂

失效背景：某公司重油催化油浆蒸发器 H207 于 1987 年 5 月建成，8 月投用。该 H207 油浆蒸发器公称直径为 700mm，筒体壁厚为 15mm，筒体材料为 16MnR。操作压力和温度：壳程 1.3MPa，150℃；管程 1.2MPa，300℃。介质：壳程为蒸汽和水，管程为催化油浆。1999 年 3 月油浆蒸发器筒体出现裂纹，经补焊处理，运行两个月后筒体环焊缝及纵焊缝又出现多处裂纹，1999 年 8 月对 H207 油浆蒸发器进行了整体更换，1999 年 10 月更换的油浆蒸发器又发生了开裂。

失效原因及分析：水侧碱性物质局部浓缩积聚，导致焊缝部位的碱脆开裂。

解决方案和建议：应提高制造质量，焊后应进行热处理，消除焊接残余应力并降低焊缝和热影响区的硬度，满足 HB 小于 200 的要求。

[案例7-5] 高温烟气管道膨胀节发生脆性开裂

失效背景：某石化公司 200×10^4t/a 催化裂化装置在停工检修检查时发现，高温取热炉烟气出口管线压力平衡型膨胀节上部元件，出现裂纹。该膨胀节工作温度为 650~680℃，工作压力为 0.127MPa，材质为 FN2，直径为 2300mm，厚度为 3mm。运行时间 14 个月，期间由于高温取热炉 3 次爆管，大量水蒸气进入烟道。见图 7-5。

图 7-5 压力平衡型膨胀节上部元件裂纹

失效原因及分析：膨胀节中的介质都是高温烟气，烟气中除了含有催化剂粉尘、水蒸气、N_2、O_2、CO_2外，还存在一定量的 SO_x 和 NO_x，并且浓度超过 1000ppm。波纹管部位存在残余应力及偏心应力，特别是开停工过程以及运行期间操作的频繁波动对波纹管产生交变应力的叠加，出现 Cl^-和酸性介质(如 $H_2S_xO_6$)引起的应力腐蚀开裂。

解决方案和建议：加强检修安装质量，保证膨胀节安装的同轴度符合要求；优化波纹管的导流设计，避免介质过度冲刷；导流筒与波纹管间压实填塞陶瓷纤维，并用不锈钢网牢固固定，避免出现酸性介质冷凝及残留空间。

[案例7-6] 脱硝臭氧加注线腐蚀穿孔

失效背景：某企业烟气脱硫装置采用 EDV 湿法脱硫+Lotox 氧化脱硝工艺，其臭氧加注管线材质为 Alloy600，入塔烟气温度为 170℃左右，臭氧加注温度为常温，装置运行过程中发生严重腐蚀，腐蚀形貌如图 7-6 所示。

失效原因及分析：局部冷流形成露点环境，臭氧及酸液对管束造成腐蚀。

解决方案和建议：更换材质为 Alloy20。

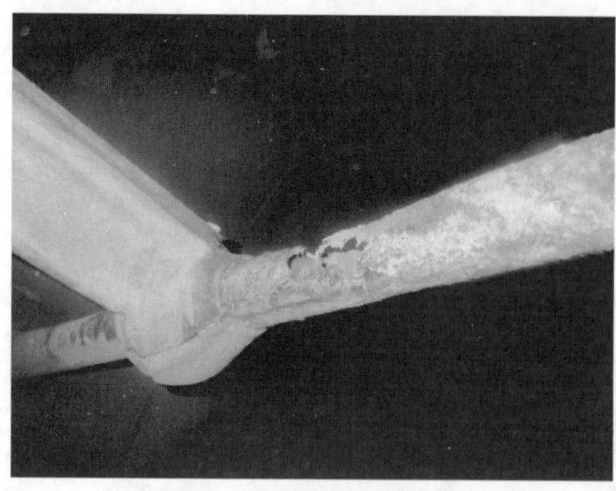
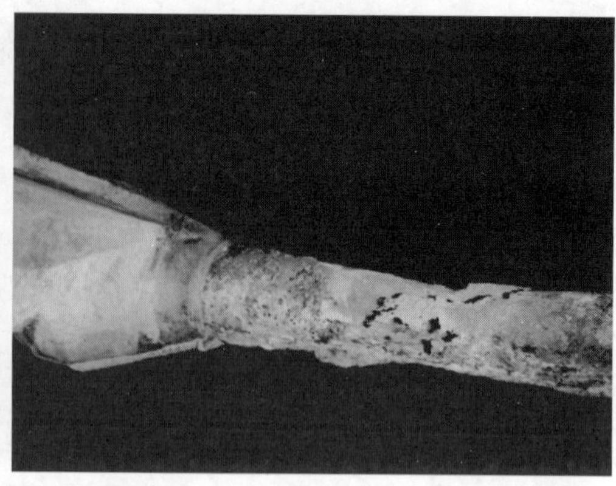

图 7-6　臭氧加注管腐蚀

［案例 7-7］脱硫塔烟囱底部腐蚀穿孔

失效背景：某企业烟气脱硫装置采用 EDV 湿法脱硫+SCR 脱硝工艺，烟囱底部与水珠分离器相贯处发生腐蚀穿孔，烟囱材质为 Q345R+S31603，腐蚀形貌如下图所示。见图 7-7。

失效原因及分析：局部发生烟气露点腐蚀。

解决方案和建议：补焊处理；表面处理技术增强局部耐蚀性能。

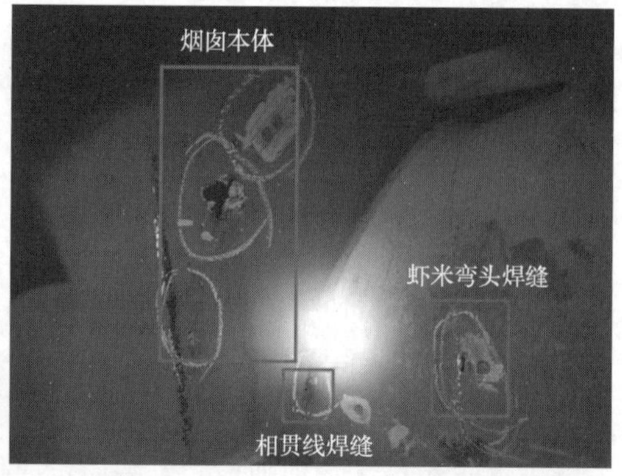

图 7-7　烟囱腐蚀

CHAPTER 8 第八章

延迟焦化装置腐蚀与防护

第一节　典型装置及其工艺流程

一、装置简介

延迟焦化工艺以减压渣油、常压渣油、催化油浆、减黏渣油、重质原油、重质燃料油和煤焦油等重质油为原料，通过加热炉在高流速、短停留时间的条件下，使重质油温度快速提升到焦化反应温度点以上，且在加热炉管内无显著焦炭生成的同时进入焦炭塔。重质油的主要裂解、缩合反应"延迟"到焦炭塔内进行，在焦炭塔内提供足够的停留时间，产生气体、汽油、柴油、蜡油和焦炭，使低价值的重质油转化为高价值的轻质油。延迟焦化工艺对处理炼油厂的渣油，特别是处理劣质的高硫含量、高金属含量(>300μg/g)和高残炭值(>25%)的渣油发挥着重要作用，它可以脱去渣油中的大部分硫、重金属和残炭组分，是技术成熟、投资低和操作费用少的重油热加工工艺。

延迟焦化装置主要由反应、分馏、吹汽放空、冷焦水密闭处理、密闭除焦及焦炭装运等单元组成。

二、主要工艺流程

焦化原料首先进入原料缓冲罐，由原料泵输送去和分馏塔产品及回流物料换热，换热后的渣油进入分馏塔底和循环油混合，由加热炉进料泵输送到加热炉。在加热炉快速加热到适宜的温度，经转油线和四通阀进入焦炭塔，在焦炭塔内生成高温油气和焦炭，焦炭停留在塔内，高温油气经大油气管线进入分馏塔。在分馏塔分离出石脑油、柴油、轻蜡油、重蜡油和循环油。循环油流入分馏塔底和渣油混合后输送至加热炉。气体经过增压后，输送至气体处理部分生产干气、液化气。石脑油、柴油、轻蜡油和重蜡油经换热和冷却后输送至下游装置或罐区。

当一个焦炭塔内的焦炭达到一定高度后，需要进行冷焦和切焦操作。这时把进料切换到另一个焦炭塔，并且通常采用小吹汽、大吹汽、小给水、大给水的冷焦方式进行处理。待焦炭塔内的水排放完后，打开塔顶和塔底法兰盖，采用高压水进行除焦作业。切完焦后，封闭塔顶和塔底法兰盖，采用蒸汽进行驱赶塔内空气和密封性试验，然后引入正在生焦塔的高温油气对该塔进行预热，油气自上而下通过焦炭塔进入甩油罐。

延迟焦化装置的工艺流程分为“一炉两塔”“两炉四塔”等多种类型。图8-1为典型的“一炉两塔”延迟焦化装置的工艺原理流程。

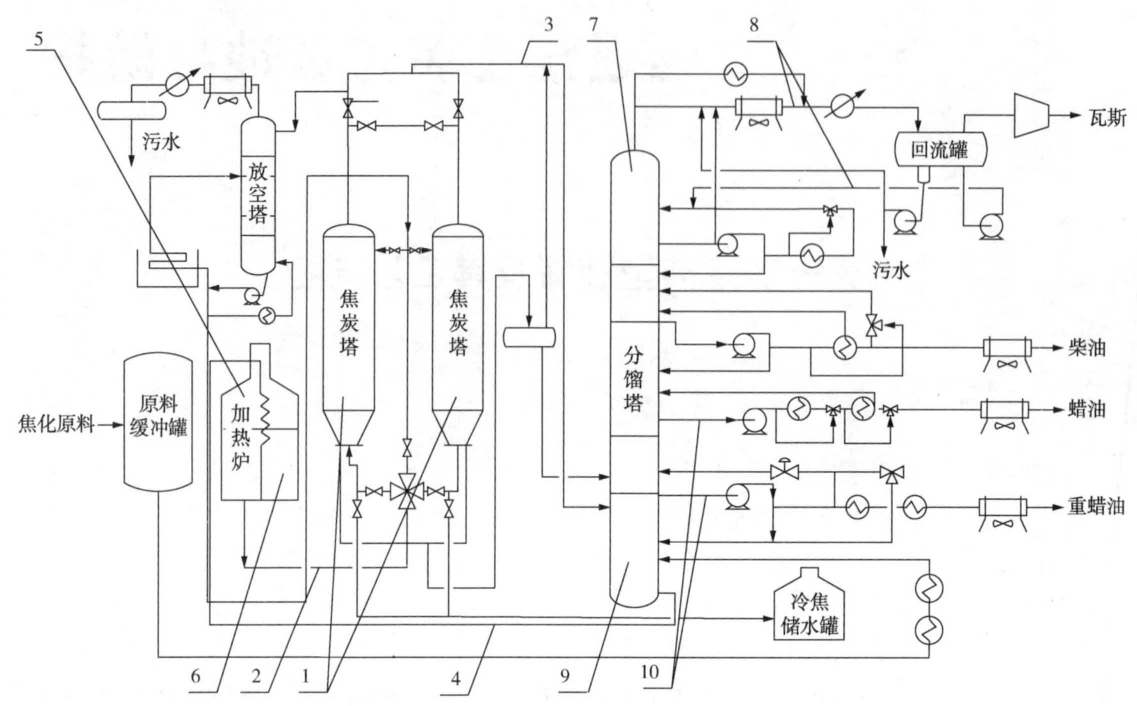

图8-1　延迟焦化装置典型“一炉两塔”工艺流程

注：图中编号1~10对应表8-1部位编号。

第二节　腐蚀体系与易腐蚀部位

一、腐蚀体系

延迟焦化装置最为典型的腐蚀体系有：分馏塔顶和顶循系统；富气压缩机系统；焦炭塔在冷却、切焦和预热期间的 $H_2S-HCl-NH_3-H_2O$ 腐蚀；焦炭塔生焦期间焦化炉炉管内壁、分馏塔及侧线232℃以上高温部位的高温硫和环烷酸腐蚀；其他腐蚀机理还包括焦炭塔低频热疲劳损伤、焦化炉对流室注水管及空气预热器的烟气露点腐蚀、焦化炉炉管外壁高温氧化腐蚀和辐射段炉管高温蠕变损伤、焦化炉对流室注水管高温高压水腐蚀、除焦水和冷焦水的冲刷腐蚀以及酸性水腐蚀和循环水腐蚀等。

1. 低温 $H_2S-HCl-NH_3-H_2O$ 腐蚀环境

焦化分馏塔顶主要的腐蚀介质 H_2S、NH_3 和 HCl 由焦化原料中含有的硫化物、氮化物和氯化物在高温下裂解产生。在温度低于120℃的部位，存在 $H_2S-HCl-NH_3-H_2O$ 腐蚀环境，因介质中有氨存在，起中和作用，使得介质的pH值由酸性变为中性甚至碱性，H_2S

和 HCl 产生的均匀腐蚀有所减弱，可以对设备的均匀腐蚀起一定的缓蚀作用。

NH_3和 HCl 反应生成 NH_4Cl 盐，NH_3和 H_2S 反应生成$(NH_4)_2S$ 盐及 NH_4HS 盐。在分馏塔顶的 $H_2S-HCl-NH_3-H_2O$ 腐蚀环境下，溶解了大量 NH_4Cl 盐的水，随着顶回流在塔内不断下降。随着温度逐渐上升，NH_4Cl 盐溶液中的水分不断汽化散失，溶液不断浓缩变成一种高浓度的半流体，这种半流体与焦炭粉末、铁锈等固体杂质混合在一起会沉淀于塔盘等分馏塔顶部内构件上，以及顶循系统设备管线内部。随着塔顶系统积聚的盐越来越多，且无法有效地带出，使顶部水相中盐浓度越来越高。析出的 NH_4Cl 盐随顶循油不断抽出，经过顶循泵升压后又返回塔内，夹带盐粒的顶循油在塔盘表面流动时，会对浮阀和塔盘表面冲刷磨损。随着浮阀的损坏、缺少和降液管结盐通道堵塞，塔盘上的液层厚度增加，会从缺少浮阀的孔或腐蚀孔流向下层，当含有盐粒的液相与自下而上的油气逆向接触时，对塔盘造成自下而上的冲刷磨损。图 8-2 是某炼油厂延迟焦化装置分馏塔第 7 层塔盘腐蚀相貌。由于介质在顶循备用泵设备内流速慢和存在不流动区域，析出的铵盐形成固体，会导致管线和设备的堵塞，从而使得设备无法启动。图 8-3 是某炼油厂延迟焦化装置顶循备用泵入口铵盐堵塞。运行的顶循泵在高含盐介质腐蚀下，同时受铵盐粒的不断冲刷，导致泵机封泄漏，损坏频繁，叶轮磨损失效，从而造成设备损坏和生产波动。图 8-4 是某炼油厂延迟焦化装置顶循运行泵叶轮腐蚀相貌。因此，在分馏塔顶及顶循系统的塔盘及设备和管线等处，根据介质流速的高低，存在由 NH_4Cl 盐沉积、垢下腐蚀和冲刷腐蚀，其中最为普遍和严重的是顶循系统的 NH_4Cl 盐腐蚀问题。

图 8-2 某炼油厂延迟焦化装置分馏塔第 7 层塔盘腐蚀相貌

图 8-3 某炼油厂延迟焦化装置顶循备用泵入口铵盐堵塞

图 8-4 某炼油厂延迟焦化装置顶循运行泵叶轮腐蚀相貌

2. 高温硫和环烷酸腐蚀环境

延迟焦化装置高温重油部位的腐蚀环境以高温硫腐蚀为主。当加工酸值含量较高的原料油时，也存在高温硫和环烷酸腐蚀环境。易发生在232℃以上含高温重油的设备和管线处，其腐蚀程度决定于设备管道用材、操作温度、硫化物种类和含量、酸种类和含量、流速和流态等因素的协同作用。

3. 低频热疲劳损伤

焦炭塔经过蒸汽预热、油气预热、换塔、进油生焦、吹蒸汽、水冷却、放水和除焦等阶段完成每一生产周期，要经受从80~500℃左右之间的反复热冲击，伴随着长期反复冷却和反复加热以及载荷的反复变化可导致塔体环向的变形、鼓胀、焊缝开裂等低频热疲劳损伤，特别是碳钢材质制造的焦炭塔，铬钼合金钢材料制造的焦炭塔变形较小。

4. 高温氧化腐蚀

焦化炉在运行过程中辐射段炉管外壁温度在580~700℃之间，对流段炉管外壁温度在350~400℃之间，在该温度范围内炉管外壁易发生高温氧化腐蚀。且温度越高，氧化越严重。随着炉管表面不断氧化，氧化层就会越来越厚，最后导致掉皮剥落。

5. 除焦水和冷焦水腐蚀

除焦水及冷焦水一般为蒸汽凝结水和补充新鲜水，循环使用。除焦和冷焦系统运转初期，除焦水及冷焦水对所有材质腐蚀性较轻。循环利用后水中的杂质含量变高，水的腐蚀性介质增加，对设备及管道的腐蚀性也随之增加，腐蚀形貌为局部冲刷腐蚀和点蚀。

二、易腐蚀部位

延迟焦化装置易发生$H_2S-HCl-NH_3-H_2O$腐蚀的部位有分馏塔塔顶及顶循段的内壁、内构件、塔顶冷凝冷却系统和顶循线的设备及其管线、塔顶注剂管口及其焊缝、塔顶保温不好的接管、盲头等部位。富气压缩机出口的设备及其管线，尤其以顶循段的设备(塔盘等内构件、顶循备用泵)和管线的铵盐沉积、垢下和冲刷腐蚀最为严重。

焦炭塔在冷却、切焦和预热期间也存在$H_2S-HCl-NH_3-H_2O$腐蚀环境，但因塔壁，特别是泡沫层以下塔壁通常附有一层牢固而致密的焦炭形成保护层，隔开了腐蚀介质，因而一般腐蚀效果不明显。泡沫段的内壁腐蚀较重是由于介质波动造成冲刷，使得塔壁上附着的焦炭层被冲刷掉，从而造成较严重的腐蚀。在塔顶部位，若由于有焊接件而导致保温不好，传热较快，达不到结焦温度，使得内壁无结焦层附着于塔壁，致使塔壁裸露而被腐蚀。

此外，焦炭塔发生裂纹最多的位置在裙座焊缝。在API调查的焦炭塔中，有约一半的塔在靠近与壳体连接处的塔裙发生开裂，开裂常常发生在塔裙与壳体连接结构的附近。

装置易发生高温硫腐蚀的部位有焦化炉辐射段炉管内壁、焦化炉转油线、焦炭塔在生焦期间的塔壁、焦炭塔塔底管线、大油气线、温度高于232℃的焦化炉进料线、分馏塔中下部塔壁和内构件，以及分馏塔高温重油侧线的设备、管线及管件。

工艺流程为原料油在分馏塔底与焦炭塔塔顶高温油气换热后再进焦化炉的装置，原料油中的轻质油蒸发出来的同时，也有一部分环烷酸进入到柴油和蜡油等重馏分油中。易发生高温硫和环烷酸腐蚀的部位有焦化炉进料线、焦化炉对流段炉管内壁，以及温度高于232℃的分馏塔中下部塔壁和内构件、分馏塔高温重油侧线的设备、管线及管件等部位。工艺流程为原料油不经过分馏塔底与高温油气换热，而直接经过高温馏分油换热器换热后再进焦化炉的装置，因焦化炉辐射段和焦炭塔内操作温度较高，原料油中的大部分环烷酸会分解，使得分馏塔的高温重油部位环烷酸腐蚀程度较轻。

此外，装置易腐蚀部位还包括：

（1）加热炉辐射进料泵、高温重油输送泵、渣油线的调节阀、副线阀等高温泵、阀腐蚀较为严重。

（2）由于工艺管线材质错用，尤其是仪表接管、平衡管、小短节等细小部位材质低于主工艺管线，导致这些部位腐蚀加剧，穿孔泄漏。

（3）空气预热器易发生烟气露点腐蚀，焦化炉炉管易发生高温氧化腐蚀。

（4）除焦水和冷焦水系统的设备和管线易发生析氢腐蚀、吸氧腐蚀和冲刷腐蚀。

（5）水冷器水侧的管板、换热管壁等部位易发生循环水腐蚀。

延迟焦化装置的易腐蚀部位见图8-1编号1~10，相应的腐蚀类型见表8-1。

表8-1 延迟焦化装置易腐蚀部位和腐蚀类型

部位编号	易腐蚀部位	腐蚀类型
1	焦炭塔	生焦期间的高温硫腐蚀、冷却、切焦和预热期间的$H_2S-HCl-NH_3-H_2O$腐蚀、低频热疲劳损伤
2	焦炭塔进料线	高温硫腐蚀
3	焦炭塔顶大油气线	高温硫腐蚀
4	焦化炉进料线	高温硫和环烷酸腐蚀
5	焦化炉对流段炉管	高温硫和环烷酸腐蚀、高温氧化腐蚀、烟气露点腐蚀
6	焦化炉辐射段炉管	高温硫腐蚀、高温氧化腐蚀、高温蠕变损伤
7	分馏塔顶及顶循段塔壁、内构件、安全阀接管及焊缝、放空阀接管及焊缝、仪表接管及焊缝	$H_2S-HCl-NH_3-H_2O$腐蚀、Cl^-应力腐蚀开裂、湿H_2S损伤
8	塔顶冷凝冷却系统和顶循线的换热器、空冷器、水冷器及其管线、仪表接管及焊缝、塔顶注剂管口及其焊缝	$H_2S-HCl-NH_3-H_2O$腐蚀、Cl^-应力腐蚀开裂、湿H_2S损伤
9	温度在232℃以上的分馏塔塔壁和塔内件	高温硫腐蚀、高温硫和环烷酸腐蚀
10	温度在232℃以上的分馏塔高温侧线的换热器、泵、管线及管件	高温硫腐蚀、高温硫和环烷酸腐蚀
11	富气压缩机出口的设备和管线、注剂管口及其焊缝	$H_2S-NH_3-H_2O$腐蚀、湿H_2S损伤
12	除焦水和生焦水系统的设备和管线	析氢腐蚀、吸氧腐蚀、冲刷腐蚀
13	水冷器水侧的管板、换热管壁	循环水腐蚀
14	空气预热器、烟道	烟气露点腐蚀

第三节　防腐蚀措施

随着 SH/T 3096—2012《高硫原油加工装置设备和管道设计选材导则》和 SH/T 3129—2012《高酸原油加工装置设备和管道设计选材导则》的颁布与实施，国内延迟焦化装置除焦炭塔塔底锥段内壁坑蚀较普遍外，其余高温部位腐蚀情况得到明显遏制。装置低温部位的腐蚀问题比较突出，主要发生在分馏塔塔顶、顶循系统以及富气压缩机系统，尤其是分馏塔顶循系统的铵盐沉积、垢下腐蚀和冲蚀问题尤为突出。

和常减压装置一样，延迟焦化装置低温部位的防腐蚀措施以实施注水、注缓蚀剂、优化工艺操作参数以及在线洗盐等工艺防腐措施为主，而以提高用材耐蚀等级、表面处理等材料防护为辅。因此，加强工艺防腐的管理是控制装置腐蚀的关键。

一、工艺防腐

中国石化《炼油工艺防腐蚀管理规定》实施细则针对延迟焦化装置的处理量及原料控制指标、加热炉操作、低温部位防腐、富气压缩机防腐、腐蚀监检测以及与腐蚀相关的化学分析等方面的工艺防腐措施，提出了具体的控制指标，可操作性强，建议结合本书相关章节，参照执行该实施细则。

鉴于分馏塔顶系统铵盐腐蚀引起设备和管线堵塞、腐蚀和泄漏，成为装置大处理量和长周期安全运行的瓶颈，建议从原料控制、优化工艺操作、在线洗盐等方面来防护塔顶系统铵盐腐蚀问题：

(1) 常减压装置常压塔结盐受 NH_3 含量控制，不同于常减压装置，延迟焦化装置分馏塔结盐受 HCl 含量的控制，因此，应控制原料油中氯含量，尽量不掺炼含氯的污油。

(2) 尽可能采用减压深拔工艺，提高减压炉出口温度，提高无机盐在常减压装置的水解率，降低减压渣油中无机盐的含量。

(3) 用在线水洗方法来除去分馏塔顶部的结盐，是目前国内炼油厂普遍使用的方式。此方法的优点在于成本低，效果明显，但每次进行水洗操作时，装置要降低处理量，且水洗期间会产生大量的污油。而且当原料油中盐含量高时，水洗后很短时间会再次出现塔顶结盐。同时，水洗易导致管线、换热器等部位腐蚀泄漏，给装置带来极大的隐患。为此，国内已有炼油厂应用分馏塔顶循油除盐成套设施(图 8-5)，取得了良好的效果。

(4) 提高分馏塔塔顶温度和顶循返塔回流温度、加大回流量；降低分馏塔顶压力。但是塔顶操作条件受很多因素的制约，操作弹性不大。

(5) 投用 APC 控制，减少分馏塔上部和塔顶温度波动，防止因塔内温度波动造成塔内冷凝水析出。

(6) 平稳吹汽操作。焦炭塔切塔后进行小吹汽操作时要平稳，控制小吹汽量，防止小吹汽时引起分馏塔顶温的大幅度变化。

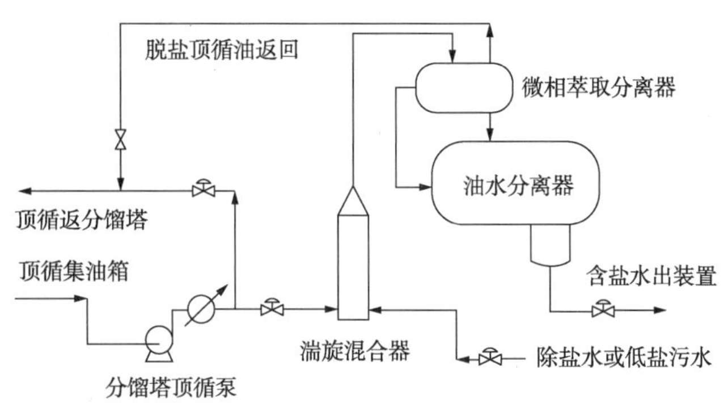

图 8-5 分馏塔顶循除盐系统工艺流程

(7) 对顶循泵进行改造，增加密封外注入蒸汽，防止泵内结盐而损坏机泵。

(8) 加入结盐控制剂。在分馏塔水洗完成后，向顶循泵入口持续加入结盐控制剂，防止铵盐在塔内聚集。这种不易挥发的添加剂在随重组分向塔盘下流动过程中，浸润塔内铵盐沉积物，逐渐使铵盐从金属表面分离，被液流冲散带走，并随产品带出塔。这种方法克服了现有水洗存在费时、装置停工或降量等缺点，但长期加入必将提高装置运行成本，目前国内利用此方法的装置很少。

(9) 结合装置操作参数和实际腐蚀情况，开展塔顶铵盐腐蚀评估，实现塔顶腐蚀风险预警，为工艺防腐提供科学指导。

二、选材

新建延迟焦化装置的选材建议参照 SH/T 3096—2012《高硫原油加工装置设备和管道设计选材导则》和 SH/T 3129—2012《高酸原油加工装置设备和管道设计选材导则》执行，旧装置中设备和管道用材防腐等级达不到选材导则推荐的，建议进行材质升级。

三、腐蚀监检测

1. 与腐蚀相关的化学分析

建议按照中国石化《炼油工艺防腐蚀管理规定》实施细则相关规定执行，相关内容见表 8-2。

表 8-2 焦化装置与腐蚀相关的化学分析一览表

分析介质	分析项目	单位	最低分析频次	建议分析方法
原料油	总氯含量	μg/g	按需	GB/T 18612—2011
	金属含量	μg/g	按需	Q/SH 3200—134
	硫含量	%	2 次/月	GB/T 380—1977
	氮含量	μg/g	2 次/月	NB/SH/T 0704—2010
	酸值	mgKOH/g	按需	GB/T 18609—2011
富气	硫化氢含量	%	1 次/周	GB/T 11060. 1—2010

续表

分析介质	分析项目	单位	最低分析频次	建议分析方法
分馏塔顶水、富气压缩机级间排水、富气压缩机出口排水	pH 值		1 次/周	GB/T 6920—1986
	氯离子含量	mg/L	1 次/周	GB/T 15453—2018
	硫化物	mg/L	按需	HJ/T 60—2000
	铁离子含量	mg/L	1 次/周	HJ/T 345—2007
	CN^- 含量	mg/L	按需	HJ 484—2009
	氨氮	mg/L	1 次/周	HJ 537—2009
加热炉烟气	CO	%	1 次/周	Q/SH 3200—129
	CO_2	%	1 次/周	Q/SH 3200—129
	O_2	%	1 次/周	Q/SH 3200—129
	氮氧化物	%	1 次/周	HJ 693—2014
	SO_2	%	1 次/周	HJ 57—2017

2. 定点测厚

炼油厂应根据延迟焦化装置实际腐蚀状况，并结合国内外同类型装置出现的腐蚀案例和运行经验，制定合理的在线和离线定点测厚方案，建议采取以下原则：

（1）应根据装置的腐蚀评估结果制定定点测厚方案，并根据监检测数据反映出的腐蚀趋势调整在线定点测厚布点、离线定点测厚布点和检测频次，优化定点测厚方案，使其针对性更强，效率更高。

（2）分馏塔顶及顶循系统、富气压缩机出口等低温腐蚀较重的区域尽量多布点，尤其是顶循系统。

（3）装置定点测厚布点位置选择的基本原则：布点位置选择为分馏塔塔顶冷凝冷却系统及顶循系统的空冷器、冷却器壳体及出入口短节、塔顶挥发线及回流线、顶循泵出入口管线、分馏塔高温侧线系统温度大于232℃的换热器壳体、出入口短节及相关管线、焦化炉对流段每路出口弯头、焦化炉转油线的直管及弯头、辐射泵和高温重油泵出入口管线、调节阀和截断阀后管线等部位。

（4）离线定点测厚在保证测厚点固定的同时，要求做到测厚人员固定以及测厚仪器类型的固定，以保证数据的可靠性和连续性。

3. 在线腐蚀探针及在线监测

针对分馏塔塔顶冷凝冷却系统的监测，可在空冷器或换热器的进出口管线上安装电阻或电感探针，在回流罐的出口管线上安装 pH 在线检测探针等。

可利用脉冲涡流精扫技术对分馏塔顶及顶循线弯头及直管进行全面扫查。

定期利用红外监测技术，对炉管壁温进行温度分析，对空气预热器的烟气露点温度进行监测。

4. 停工期间的腐蚀检查

焦炭塔：需检查塔体的腐蚀和焊缝开裂情况、塔体与裙座连接焊缝开裂情况、保温结构的破损情况、塔内壁腐蚀情况等，尤其是需要定期对塔底锥段部分塔壁鼓凸处进行现场覆膜金相检查。

焦化炉：需检查炉管结焦、蠕变变形、外壁氧化腐蚀形貌情况，对炉管壁厚测定和现场覆膜进行金相检查，对转油线进行壁厚测定以及对空气预热器进行检查。

分馏塔：对塔内壁和内构件、塔顶和顶循系统换热器、水冷器和空冷器、塔顶回流罐、塔顶和顶循油气管线、泵体和过流件等进行检查。

需特别注意的是，在装置停工检查期间，应当对设备和工艺管道材质进行光谱分析普查，确认材质，特别是仪表接管、平衡管、小短节等细小部位不能漏查，找出隐患部位进行整改。

第四节　典型腐蚀案例

[案例 8-1] 焦炭塔焊缝开裂及衬板鼓胀起拱

背景：国内某炼油厂加工高硫原料油的延迟焦化装置焦炭塔 C-32101A/B。

结构材料：装置原料油为该厂 3#常减压装置的减压渣油，其硫含量平均值为 4.46%，其酸值平均值为 0.23mgKOH/g。C-32101A/B 顶部至泡沫层以下 200mm 处壳体材质为 15CrMoR+0Cr13，其余部分壳体材质为 15CrMoR，操作温度为 420~498℃，操作压力为 0.17MPa，规格为 ϕ9400×38978×40/38/36/32/(24+3)/(22+3)，2004 年 12 月投用。

失效记录：A 塔上封头与筒体对接环焊缝内表面发现两处裂纹，一条长度约 110mm，一条位于丁字口，长度约 6mm；上封头的接管 J3 和接管 J4 的角焊缝外表面均存在裂纹。B 塔底部锥形头位置有一处衬板鼓胀起拱，相连焊缝脱焊，上封头的接管 J3、J4 和 J5 的角焊缝外表面均存在裂纹，B15 焊缝内表面存在整圈间断裂纹，裂纹位于融合线，最长的有 310mm。失效及裂纹相关形貌见图 8-6~图 8-9。

(a)

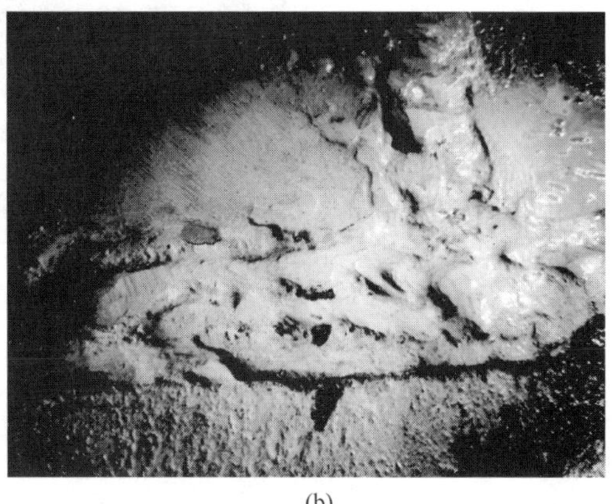

(b)

图 8-6　C-32101A 上封头与筒体对接环焊缝内表面裂纹形貌

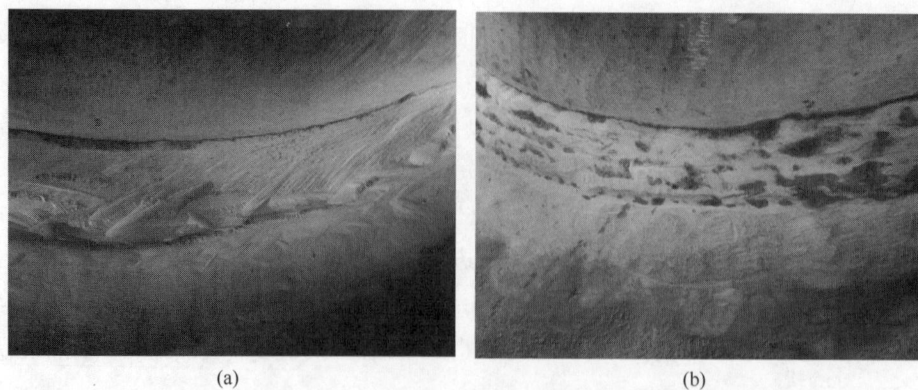

(a) (b)

图 8-7 C-32101A 上封头的接管角焊缝外表面裂纹形貌

（彩图见本书附录）

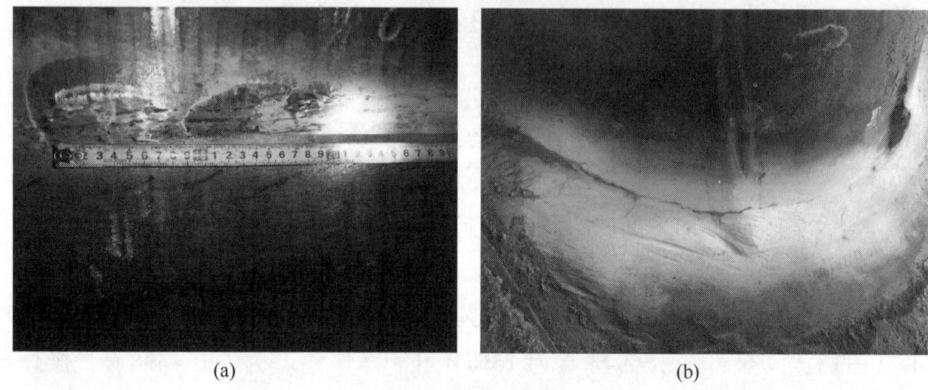

(a) (b)

图 8-8 C-32101B 塔体环焊缝内表面和塔顶接管角焊缝外表面裂纹形貌

（彩图见本书附录）

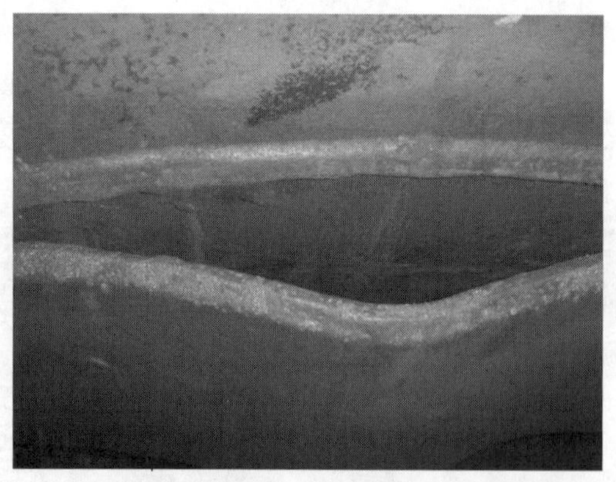

图 8-9 C-32101B 底部锥形头内衬板起拱脱焊变形形貌

失效原因及分析：塔体环焊缝和接管角焊缝裂纹产生的主要原因是长期反复冷却和反复加热以及载荷的反复变化而引起低频热疲劳损伤。B 塔底部锥形头内衬板起拱脱焊变形是由于塔体冷热交变引起伸缩变形，加之贴合焊接强度不足，使得应力集中而导致变形。

解决方案和建议：

(1) 修复 A/B 两塔焊缝裂纹，重新检测。

（2）修复补焊 B 塔塔底部锥形头内衬板，注意整体平整性，不可有翘曲变形。

（3）加强操作平稳性，尤其是焦炭塔预热过程应严格控制温升，预热过程应不少于 2.5h。焦炭塔顶部压力应严格控制，不应大幅波动。

［案例 8-2］焦炭塔内壁腐蚀

背景：国内某炼油厂加工高硫原料油的延迟焦化装置焦炭塔 C-9101A/B。

结构材料：装置原料油为该厂 3#常减压装置的减压渣油，其硫含量平均值为 4.18%。C-9101A/B 顶部至泡沫层以下 200mm 处壳体材质为 15CrMoR+410S，其余部分壳体材质为 15CrMoR，操作温度为 420～498℃，操作压力为 0.35MPa，规格为 ϕ8800×28000。

失效记录：A 塔从下至上数第二次变径处，南侧塔内壁有大面积点蚀坑，最深约 3mm 左右；西侧及北侧环焊缝和纵焊缝焊肉全部缺失并存在蚀坑，热影响区出现大面积蚀坑，最深约 2mm。B 塔从下至上数第二次变径处，南侧和西侧塔内壁有大面积点蚀坑，最深约 3mm 左右；南侧、西侧及北侧环焊缝和纵焊缝焊肉全部缺失并存在蚀坑，热影响区出现大面积蚀坑，最深约 2mm。点蚀形貌见图 8-10 及图 8-11。

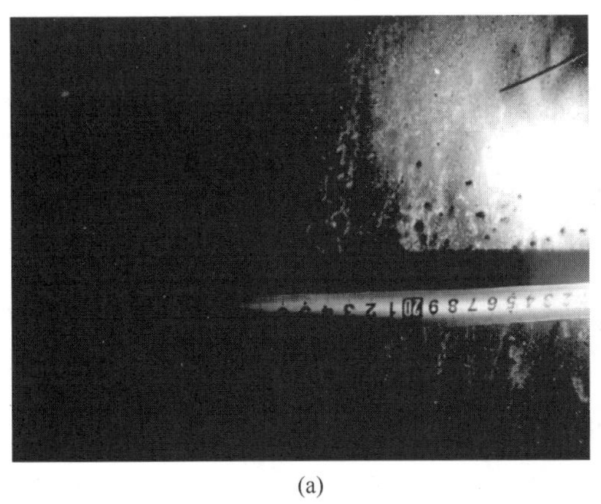

(a)

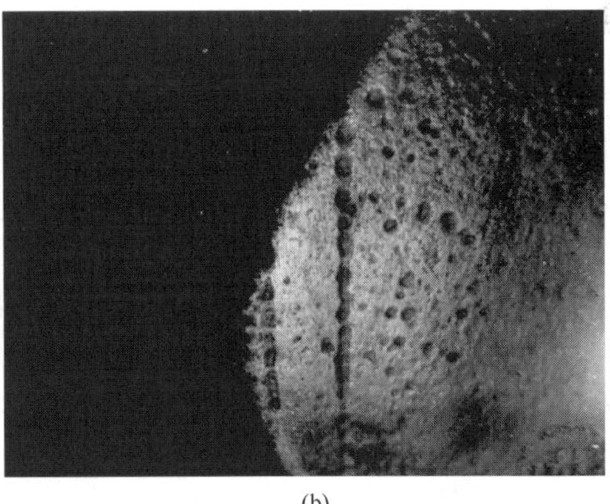

(b)

图 8-10　C-9101A 下至上数第二次变径处塔内壁及焊缝形貌

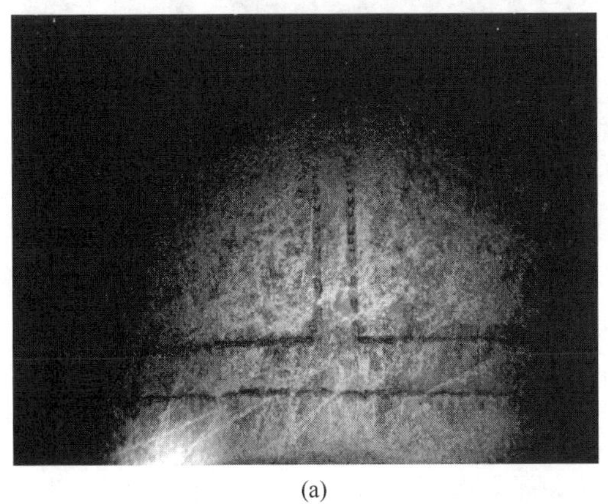

(a)

(b)

图 8-11　C-9101B 下至上数第二次变径处塔内壁及焊缝形貌

失效原因及分析：

（1）主要原因为生焦期间的塔壁高温硫腐蚀。变径处塔壁容易产生湍流、涡流及紊流等现象，致使在该区域没能及时形成牢固而致密的焦炭保护层，使高温的腐蚀介质与裸露的塔壁直接接触从而出现较严重的腐蚀。又因为15CrMoR钢属于耐热临氢用钢，抗高温硫腐蚀的能力不强，特别是当其在焦炭塔环境中不能形成牢固而致密的焦炭保护层时，容易在高温硫腐蚀环境中呈现较严重的腐蚀。

（2）在冷却、切焦和预热期间也存在 $H_2S-HCl-NH_3-H_2O$ 腐蚀。

（3）切焦期间，由于除焦水中氯离子含量较高，造成氯离子点蚀和湿 H_2S 腐蚀。

解决方案和建议：

（1）蚀坑深度在塔壁腐蚀裕量6mm的范围之内，可暂不处理，待下次检修时需重点检查。

（2）控制原料油中的硫含量和除焦水中的氯离子含量。

［案例8-3］焦炭塔内壁腐蚀

背景：国内某炼油厂加工高硫高酸原料油的延迟焦化装置焦炭塔C-101/1，2。

结构材料：装置原料油为管输原油的减压渣油和催化油浆（油浆比例为5%）。C-101/1，2壳体材质为20g（指20号碳素钢），操作温度为420~498℃，操作压力为0.35MPa，规格为φ6000×31040×28/32/36，于1998年7月投用。

失效记录：C-101/1塔锥体上方第一圈塔壁均匀腐蚀并有密集腐蚀坑，坑深约1~3mm；锥体下方密封圈焊缝坑蚀3~4mm；密封圈母材局部坑蚀2~3mm；底封头密封圈焊缝坑蚀3~4mm。C-101/2塔锥体表面均匀腐蚀并有密集腐蚀坑，坑深约1~3mm；锥体下方密封圈焊缝坑蚀3~4mm；底封头密封圈焊缝坑蚀3~4mm。失效形貌见图8-12~图8-14。

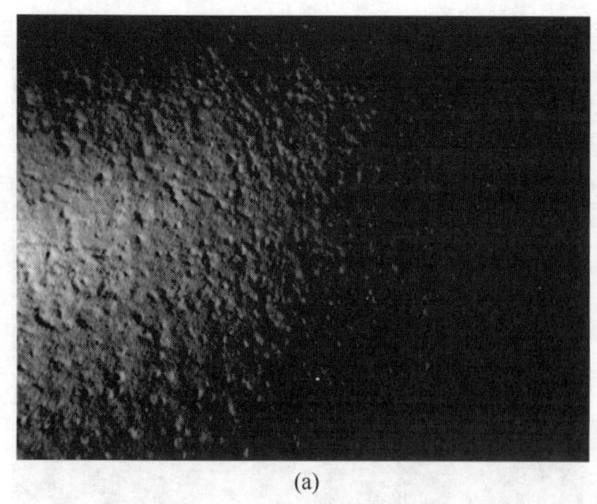

(a)

(b)

图8-12　C-101/1锥体上方第一圈塔壁和锥体下方密封圈焊缝坑蚀形貌

图 8-13 C-101/1 底封头密封圈焊缝坑蚀形貌

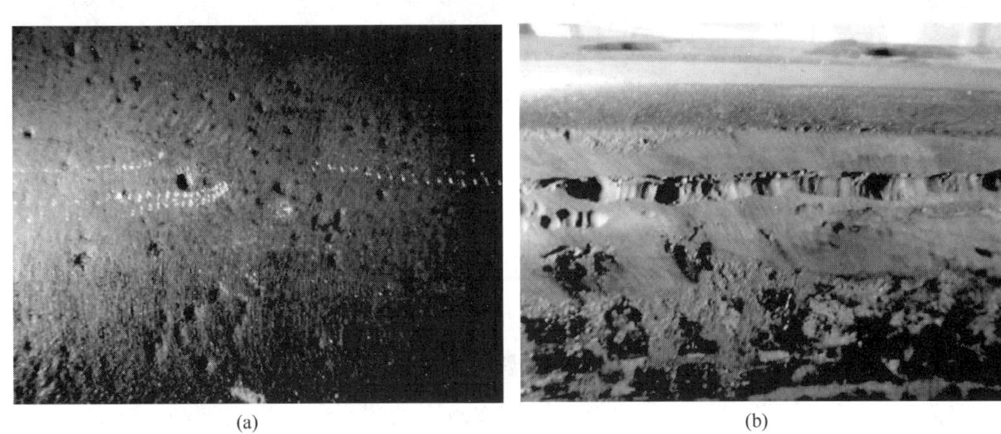

(a) (b)

图 8-14 C-101/2 锥体内壁和底封头密封圈焊缝坑蚀形貌

失效原因及分析：

（1）主要原因为生焦期间的塔壁高温硫腐蚀。塔底锥体处塔壁容易产生湍流、涡流及紊流等现象，致使在该区域没能及时形成牢固而致密的焦炭保护层，使高温的腐蚀介质与裸露的塔壁直接接触从而出现较严重的腐蚀。又因为 C-101 的壳体材质为 20g，其抗高温硫腐蚀的能力不强，特别是当其在焦炭塔环境中不能形成牢固而致密的焦炭保护层时，容易在高温硫腐蚀环境中呈现较严重的腐蚀。

（2）在冷却、切焦和预热期间也存在 $H_2S-HCl-NH_3-H_2O$ 腐蚀。

（3）切焦期间，由于除焦水中氯离子含量较高，造成氯离子点蚀和湿 H_2S 腐蚀。

（4）投用时间长。

解决方案和建议：

（1）补焊密封圈焊缝。

（2）锥体塔壁蚀坑深度在塔壁腐蚀裕量 6mm 的范围之内，可暂不处理，待下次检修时需重点检查。

（3）控制原料油中的硫含量和除焦水中的氯离子含量。

[案例 8-4] 焦炭塔内壁腐蚀

背景：国内某炼油厂加工高硫原料油的延迟焦化装置焦炭塔 C-101A~D。

结构材料：规格型号为 ϕ9400×27000mm，塔体材质 1.25Cr-0.5Mo-Si+410S，介质为热油气、焦炭，温度 450/475/495℃，2008 年 6 月投用。

失效记录：塔底锥段位置塔壁表面有密布的蚀坑，最大蚀坑深约 3~5mm，见图 8-15。

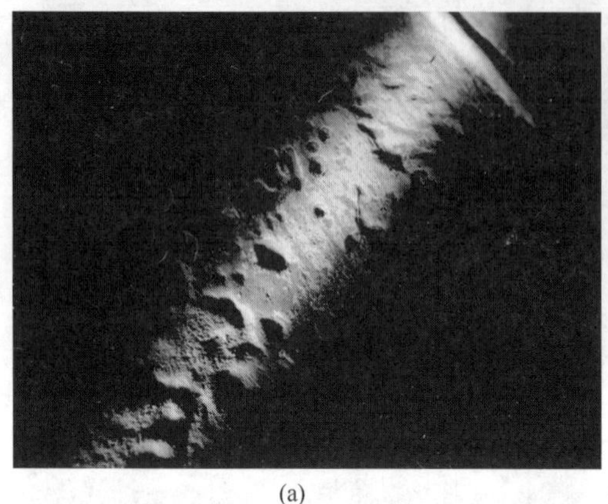

(a)

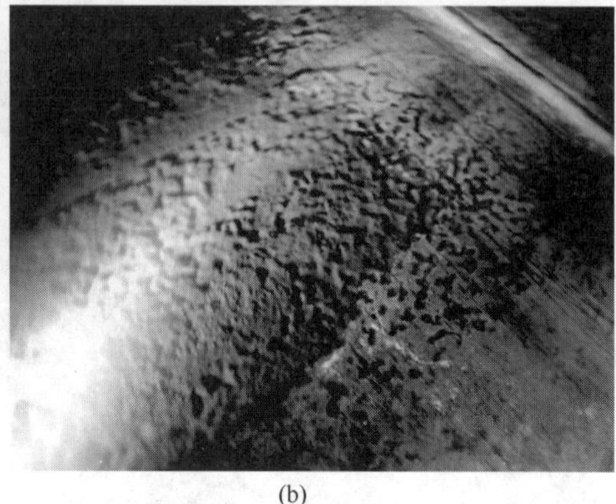

(b)

图 8-15　C-101 塔底锥段塔壁坑蚀形貌

失效原因及分析：

（1）主要原因为生焦期间的塔壁高温硫腐蚀。塔底锥体处塔壁容易产生湍流、涡流及紊流等现象，致使在该区域没能及时形成牢固而致密的焦炭保护层，使高温的腐蚀介质与裸露的塔壁直接接触，从而出现较严重的腐蚀。又因为 1.25Cr-0.5Mo-Si 钢属于耐热临氢用钢，抗高温硫腐蚀的能力不强，特别是当其在焦炭塔环境中不能形成牢固而致密的焦炭保护层时，容易在高温硫腐蚀环境中呈现较严重的腐蚀。

（2）在冷却、切焦和预热期间也存在 H_2S-HCl-NH_3-H_2O 腐蚀。

（3）切焦期间，由于除焦水中氯离子含量较高，造成氯离子点蚀和湿 H_2S 腐蚀。

解决方案和建议：

（1）蚀坑深度在塔壁腐蚀裕量 6mm 的范围之内，可暂不处理，待下次检修时需重点检查。

（2）控制原料油中的硫含量和除焦水中的氯离子含量。

[案例 8-5] 分馏塔顶循段塔盘腐蚀

背景：国内某炼油厂加工高硫高酸原料油的延迟焦化装置分馏塔 C-102。

结构材料：装置原料油为管输原油的减压渣油和催化油浆（油浆比例为 5%）。C-102 筒体材质为 20g+0Cr13，操作温度为 128~420℃，操作压力为 0.36MPa，规格为 ϕ3800×35005×(12+3)/(14+3)，于 1998 年 7 月投用。

失效记录：塔顶塔盘有不同程度的结盐，大部分浮阀不能复位。塔盘垢物较多，其中塔东侧靠近集油箱的2块塔盘(顶循抽出线)腐蚀穿孔，塔盘厚度1.9~2.2mm，部分浮阀已脱落。见图8-16。

(a)

(b)

图8-16 C-102顶循段塔盘结盐和腐蚀形貌
(彩图见本书附录)

失效原因及分析：H_2S-HCl-NH_3-H_2O腐蚀环境引起的铵盐沉积、垢下和冲刷腐蚀。

解决方案和建议：

(1) 更换塔盘。

(2) 控制原料油中的氯含量，严格控制掺渣比率。

(3) 建议结合生产实际情况，定期开展水洗或增设顶循除盐设施。

[案例8-6] 分馏塔顶循段及下部塔盘腐蚀和重蜡油段塔壁焊缝腐蚀

背景：国内某炼油厂延迟焦化装置分馏塔C-2。

结构材料：C-2筒体材质为20g+410S，操作温度为120~420℃，操作压力为0.2MPa，规格为ϕ4200×57500×(18+3)。

失效记录：顶循段及下部塔盘腐蚀严重，部分塔盘已腐蚀殆尽，浮阀大面积缺失。见图8-17及图8-18。

(a)

(b)

图8-17 C-2顶循段塔盘腐蚀形貌

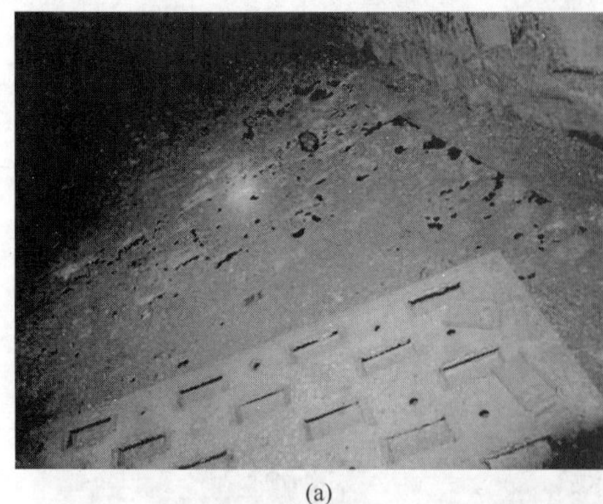
(a)

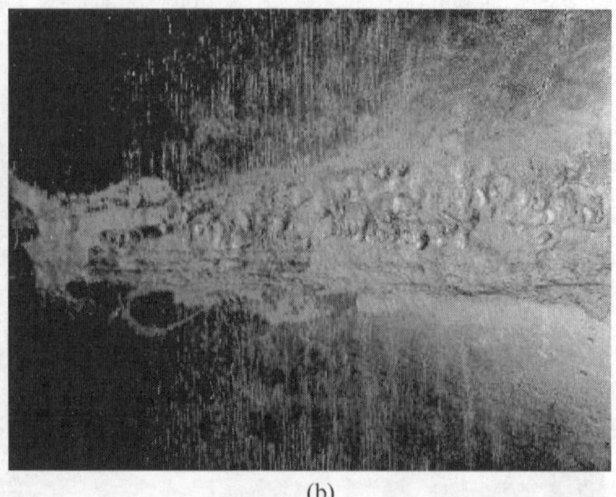
(b)

图 8-18 C-2 顶循段塔盘和重蜡油段塔壁焊缝腐蚀形貌

失效原因及分析：顶循段及下部塔盘腐蚀为 $H_2S-HCl-NH_3-H_2O$ 腐蚀环境引起的铵盐沉积、垢下和冲刷腐蚀，重蜡油段塔壁焊缝腐蚀为高温硫腐蚀。

解决方案和建议：

(1) 更换塔盘，可考虑将塔盘材质升级为 00Cr19Ni10。

(2) 控制原料油中的硫含量和氯含量。

(3) 建议增设顶循油除盐成套设施。

(4) 加强分馏塔顶部结盐处理措施。通过降低顶循温度和柴油系统温度，使水洗水下流至柴油集油箱，对顶循下部的塔盘进行全面冲洗。

(5) 重蜡油段塔壁焊缝腐蚀暂不处理，加强运行中的测厚监测，下次停工时重点检查。

[案例 8-7] 焦化炉辐射段炉管氧化腐蚀和变形

背景：国内某炼油厂延迟焦化装置焦化炉 F-1/3。

结构材料：F-1/3 辐射段材质为 Cr9Mo，操作温度为 385～500℃，操作压力为 2.5/0.45MPa，规格为 ϕ147×11。

失效记录：辐射段炉管存在明显的高温氧化爆皮及高温蠕变现象，多根(多于 10 根)有明显的弯曲变形。见图 8-19。

失效原因及分析：高温氧化、高温蠕变。

解决方案和建议：

(1) 更换变形最严重的辐射室炉管。

(2) 建议对未更换的弯曲炉管进行变形检测，下一周期对同一炉管做同样检测，与上一周期变形检测结果进行对比，计算一个周期运行后变形量的变化，在此基础上确定维护措施。

(3) 建议做炉管现场覆膜金相检验，评估炉管的剩余寿命。

(4) 严格控制炉管表面温度，防止炉管过热。

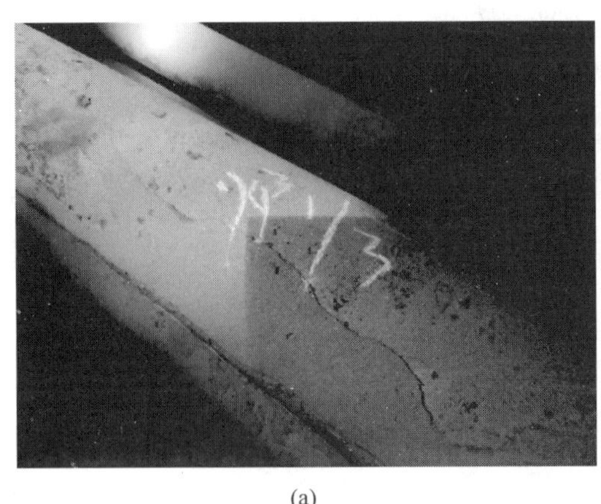

(a)

(b)

图 8-19 F-1/3 辐射室炉管外壁氧化腐蚀和弯曲变形形貌

[案例 8-8] 冷焦水系统管线腐蚀

背景：国内某炼油厂延迟焦化装置冷焦水空冷器 AC-1104/1，7，8 冷焦水入口管线。

结构材料：碳钢。

失效记录：冷焦水系统管线泄漏，对更换下来的冷焦水管线进行检查，发现减薄管线、弯头内部腐蚀形貌主要以沟槽、坑蚀为主。测厚发现 AC-1104/1 入口管线北侧直管有一处减薄，减薄部位数据为 4.6mm；AC-1104/7 入口管线北侧弯头存在腐蚀减薄，减薄部位数据分别为 4.5/4.6/6.7mm；AC-1104/8 入口管线南侧弯头腐蚀减薄严重，减薄部位测厚数据为 3.2/3.6/4.4/4.7/4.0/6.5mm。见图 8-20。

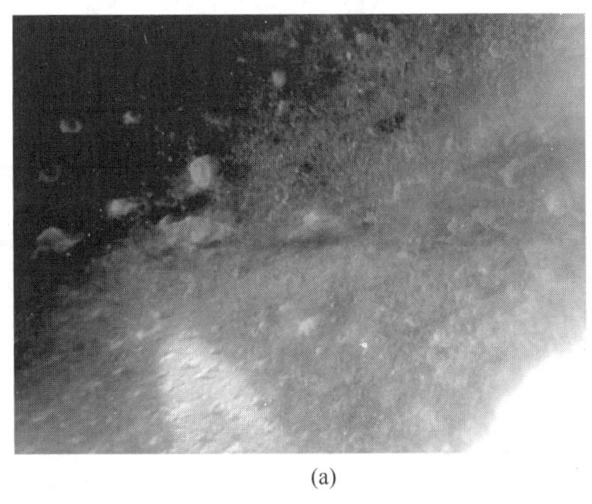

(a)

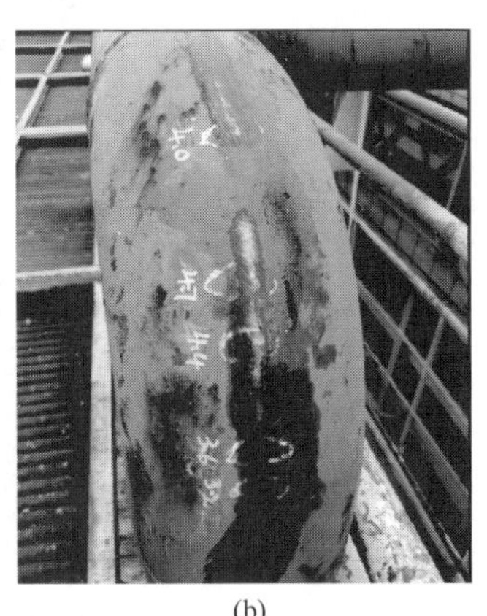

(b)

图 8-20 AC-1104 冷焦水入口管线弯头冲刷形貌和弯头测厚数据

失效原因及分析：冷焦水的析氢腐蚀、吸氧腐蚀以及冲刷腐蚀。

解决方案和建议：

(1) 更换减薄管线弯头。

(2) 定期分析冷焦水中油含量，避免乳化，制定冷焦水定期置换方案，参照冷焦水分析数据及时置换冷焦水，在冷焦水 pH 值接近中性时倒水。

（3）延长倒水时间，减缓倒水流速。既可以降低冷焦水湍流程度，减缓冲刷腐蚀的速率。

（4）采用牺牲阳极的阴极保护法，选择高纯镁、锌、铝作为阳极对空冷器管束的钢材进行阴极保护，也可以用强制电流法对钢材进行阴极保护。

（5）为了减缓冲刷腐蚀速率，应加强对放水过滤器以及切焦水过滤器的清理，增强过滤器的过滤作用。大修改造期间，冷焦水罐应强制清焦。同时，焦炭塔切换时间应充分考虑冷焦水冷却、沉降过程，降低冲刷腐蚀的发生速率。

［案例 8-9］冷焦水空冷器管束腐蚀

背景：国内某炼油厂延迟焦化装置冷焦水空冷器 A-1401A～H。

结构材料：A-1401A～H 管束材质为 10 号钢，操作温度为 95℃，操作压力为 1.0MPa，规格型号为 GP9×3-8-258-1.6K-23.4/DR-Ⅰ。

失效记录：腐蚀检查发现空冷管束以及管板部分腐蚀较为严重。运行中 A-1401A 与 A-1401F 两台空冷器泄漏最严重，其次是 B 与 H 两台，即两端的空冷器更容易泄漏。见图 8-21。

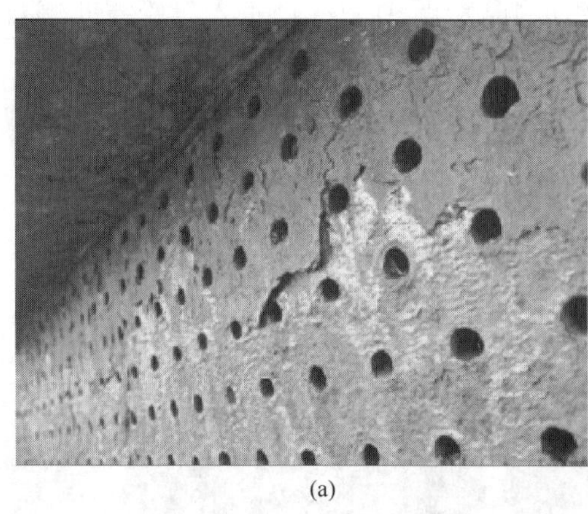

(a)

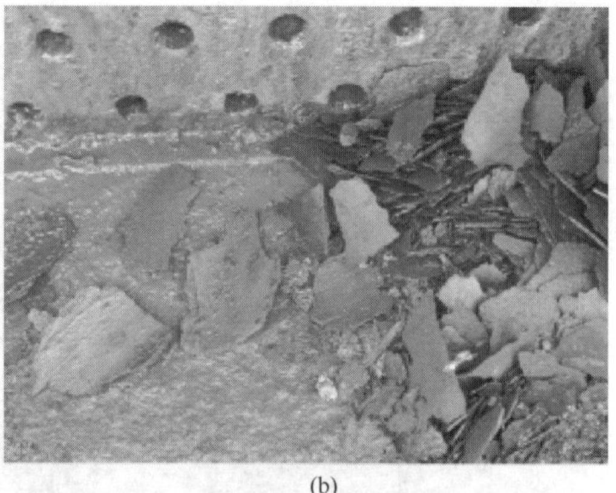

(b)

图 8-21　A-1401 管束以及管板处腐蚀情况

失效原因及分析：主要原因是发生了析氢腐蚀、吸氧腐蚀与冲刷腐蚀。其中由于冷焦水水质的原因，导致了析氢腐蚀与吸氧腐蚀的发生；由于空冷器管束结构以及与冷焦水相关的多种因素共同作用，导致了冲刷腐蚀的发生。其中，冲刷腐蚀只发生在倒水期间，而冲刷腐蚀又会对析氢腐蚀、吸氧腐蚀有促进作用。

解决方案和建议：

（1）更换空冷器管束。

（2）制定冷焦水定期置换方案，参照冷焦水分析数据及时置换冷焦水，在冷焦水 pH 值接近中性时倒水。

(3) 延长倒水时间，减缓倒水流速。即可以降低冷焦水湍流程度，减缓冲刷腐蚀的速率。

(4) 为了减缓吸氧腐蚀速率，可以考虑在倒水结束后，对闲置的冷焦水空冷器持续注入少量氮气，降低管束内氧含量。

(5) 采用牺牲阳极的阴极保护法，选择高纯镁、锌、铝作为阳极，对空冷器管束的钢材进行阴极保护，也可以用强制电流法对钢材进行阴极保护。

(6) 为了减缓冲刷腐蚀速率，应加强对放水过滤器以及切焦水过滤器的清理，增强过滤器的过滤作用，降低冲刷腐蚀的速率。

[案例 8-10] 水力除焦设施高压水泵叶轮开裂

背景：国内某炼油厂延迟焦化装置水力除焦设施高压水泵。

结构材料：高压水泵叶轮材质为 Gx4CrNi13-4+QT1。

失效记录：两台高压水泵多次发生叶轮开裂等故障。见图 8-22。

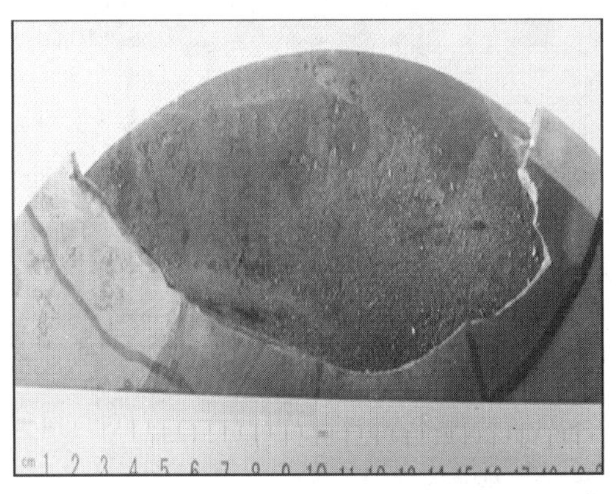

图 8-22 高压水泵叶轮腐蚀开裂形貌

失效原因及分析：由于除焦水中含有少量的焦粉，在叶轮根部沉积，导致叶轮表层有机硅涂层剥落，形成点蚀。叶轮开裂是由于有机硅涂层剥落，叶轮在氯离子的作用下发生点蚀，点蚀分布在叶轮边缘处，密度较高。在叶轮的外边缘处应力较大并产生应力集中，叶轮在周期性的工作应力作用下，发生了腐蚀疲劳开裂，此腐蚀疲劳开裂为多源的并呈现脆性开裂。

解决方案和建议：

(1) 将叶轮的材质升级为双相不锈钢 ASTM A995 Grade 1B(CD4MCuN)，即 2205 双相钢。

(2) 提高除焦水品质，降低除焦水中各种腐蚀性阴离子的含量，但需要不断更换除焦水，补充新鲜水，运行成本非常高，达不到节能降耗的目的。

[案例 8-11] 焦炭塔塔顶急冷油管线腐蚀

背景：国内某炼油厂延迟焦化装置焦炭塔 T-101B 塔顶急冷油注入管线。

结构材料：焦炭塔塔顶急冷油注入管线材质为 20 号钢。

失效记录：巡检发现焦炭塔 T-101B 急冷油线第四分支管 *DN*80 管弯头处有油气泄漏，将急冷油切出系统，对管线进行吹扫。吹扫置换后，对急冷油管线漏点处进行测厚，发现管壁严重减薄，原壁厚为 7.5mm，最薄处为 2.0mm。随后对整个注入系统管线进行测厚普查，发现该系统管线壁厚普遍减薄。对漏点部位的弯头进行更换，旧弯头剖管，确认测厚数据属实。见图 8-23。

(a)

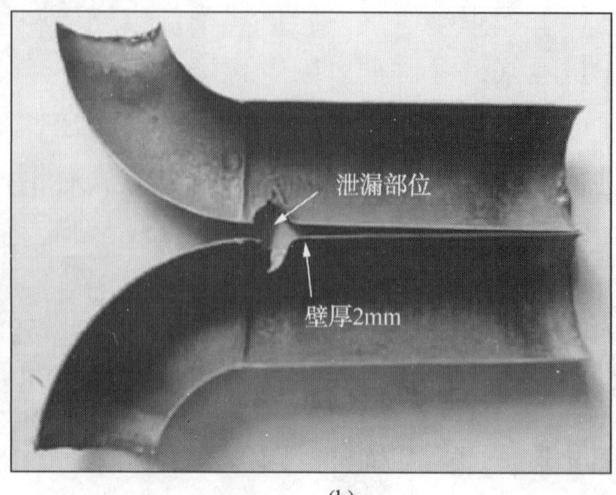

(b)

图 8-23　急冷油线弯头泄漏和泄漏的弯头剖开情况

失效原因及分析：急冷油选用焦化自产的蜡油，温度为 170℃，设计流量为 20t/h，压力 0.40MPa。由于经过技改增加了污油回炼流程，所以急冷油实际注入量在 15t/h 左右。在急冷油注入量低时，部分管线内未充满急冷油，远离总管的分支管内急冷油流量小，大管径的分支管内急冷油流量小。各分支管壁温度分布与管内急冷油的流量有着直接关系，在流量不足的情况下，管内气相空间有焦炭塔顶高温油气(420℃)串入，使管线的实际使用温度超出设计温度，由于管线正常工作状态下存在外保温，管线实际使用温度未能得到监控。在实际操作过程中，部分管线长期处于高温油气工况，形成高温硫腐蚀环境，导致管线内壁严重减薄。

解决方案和建议：

(1) 将急冷油管线材质从 20 号钢升级为 12Cr5Mo。

(2) 加强对急冷油各分支流量的监控，确保各急冷油分支正常运行，避免塔内介质反串。

(3) 增加对隔断总阀和分支隔断阀之间急冷油管线的定点测厚。

CHAPTER 9 第九章

催化重整装置腐蚀与防护

第一节 典型装置与工艺流程

一、装置简介

催化重整是以 $C_6 \sim C_{11}$ 石脑油馏分为原料，在一定温度、压力、临氢和催化剂存在的作用下，烃分子发生重新排列，使环烷烃和烷烃转化成芳烃或异构烷烃，使石脑油转变成富含芳烃的重整生成油，并副产氢气的过程。

催化重整装置主要加工直馏石脑油、加氢裂化和加氢改质石脑油，也可加工热加工石脑油(经加氢处理后的焦化石脑油和减黏裂化石脑油)、乙烯裂解汽油的抽余油和加氢后的催化裂化重石脑油等。装置按产品用途分为两种：一种是用于生产高辛烷值汽油调和组分；另一种则用于生产芳烃(苯、甲苯、二甲苯，简称 BTX)，作为石油化工基本原料。

由于目的产品不同，装置构成也不相同。用于生产高辛烷值汽油调和组分的催化重整装置包括原料油预处理部分、催化重整反应部分和产品稳定等部分；用于生产芳烃的催化重整装置，除上述外，还包括芳烃抽提和芳烃精馏等部分。连续重整装置还包括催化剂再生部分。

二、主要工艺流程

目前国内外常见的催化重整工艺主要分为半再生催化重整工艺和连续再生重整两种工艺。凭借技术上的优势，近年来在建的催化重整装置全部采用连续再生重整工艺，具体包括原料油预处理、催化重整反应(图 9-1)、芳烃抽提(图 9-2)和催化剂再生四个单元。

(1) 原料油预处理单元。原料油在进入重整反应系统之前一般都要先进行预处理，以切取合适的馏分和除去有害的杂质，包括预分馏和预加氢(石脑油加氢精制)两个部分。预分馏的目的是为经过精馏以切除原料油中的轻组分(拔头油)；预加氢的目的是脱除原料油中对重整催化剂有害的杂质，其中包括硫、氮、氯、氧、烯烃以及砷、铅、铜和水分等。如果原料油中砷含量和氯含量超高，则还需要专门的脱砷和脱氯设施，见图 9-1。

(2) 催化重整反应单元。石脑油经过预处理后作为重整部分的进料，从泵出来先与循环氢混合，然后进入换热器与反应产物换热，再经加热炉加热后进入反应器。反应器为绝

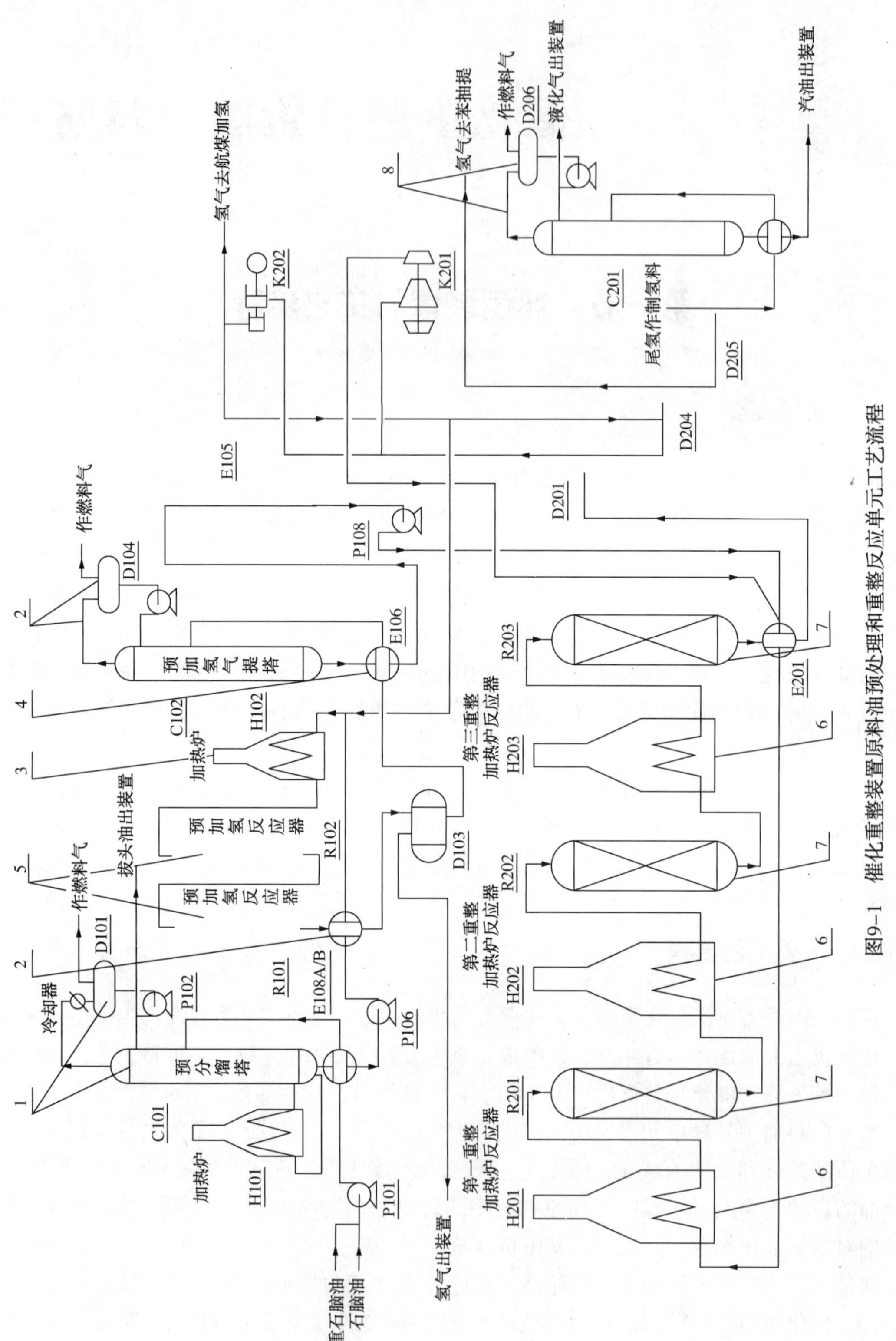

图9-1 催化重整装置原料油预处理和重整反应单元工艺流程

注：图中编号1~8对应表9-1部位编号。

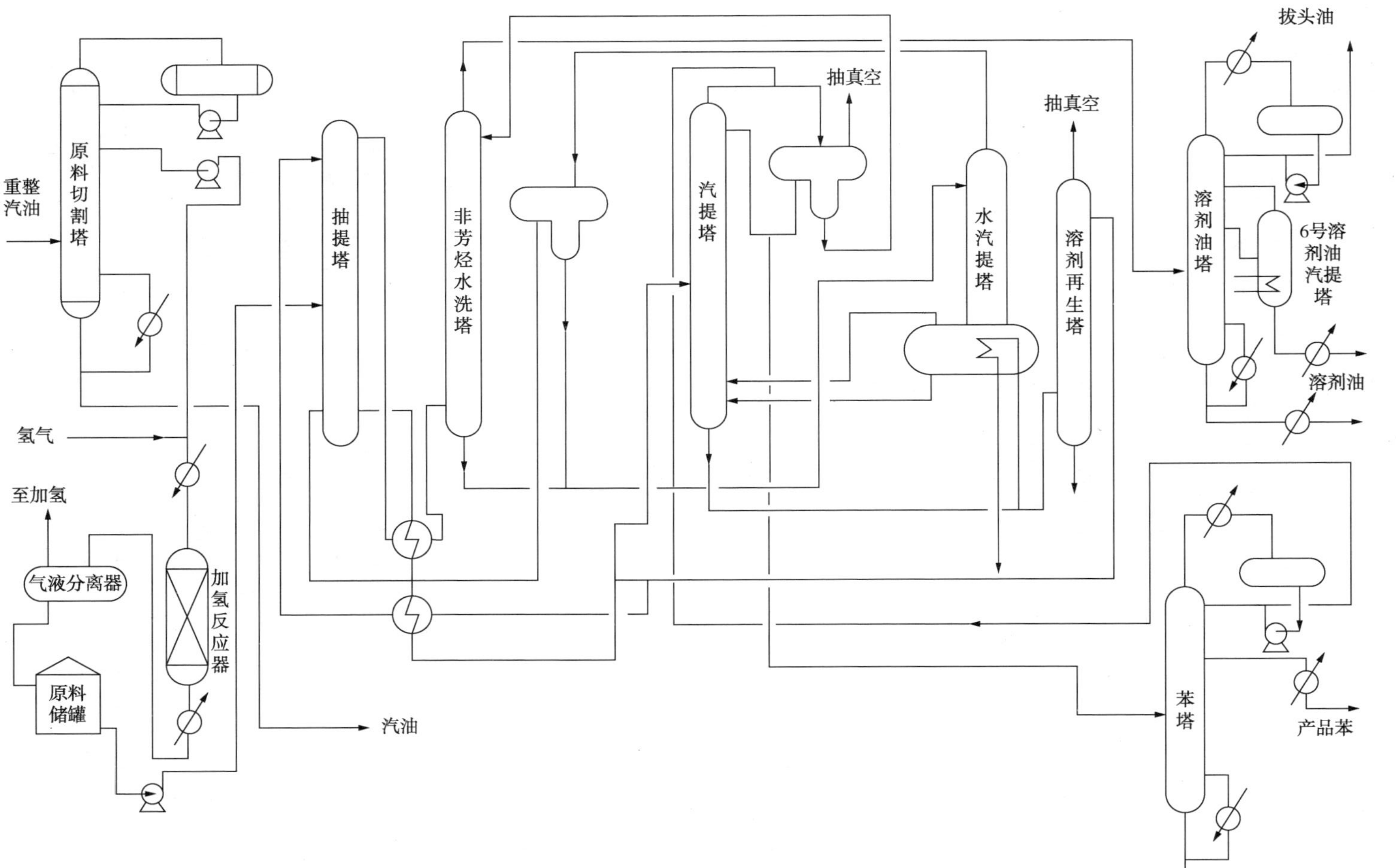

图9-2 催化重整装置芳烃抽提单元工艺流程图

热式，一般设置3~4个。由于重整反应是吸热反应，物料经过反应以后温度降低，为了保持足够高的反应温度，每个反应器之前都设有加热炉，最后一个反应器出来的物料，一部分与进料换热，一部分作为稳定塔底重沸器的热源，再经冷却后进入油气分离器。从油气分离器顶分出的气体大部分用循环氢压缩机压送，与重整原料混合重新进入重整反应器，其余部分作为产氢送至预加氢使用。油气分离器底分出的液体与稳定塔(或脱戊烷塔)底液体换热后进入稳定塔(脱戊烷塔)。在生产高辛烷值汽油时，重整汽油从稳定塔底出来冷却后送出装置；在生产芳烃时，重整生成油经脱戊烷塔脱去戊烷并经换热后送至芳烃抽提部分。

(3) 芳烃抽提单元。重整生成油中的芳香烃和其他烃类的沸点很接近，难以用精馏方法分离，一般采用溶剂抽提的办法从重整生成油中分离出芳香烃。溶剂是芳香烃抽提的关键因素，常用的溶剂有二乙二醇醚、三乙二醇醚、四乙二醇醚、二甲基亚砜和环丁砜等。重整生成油的芳烃抽提包括溶剂抽提、提取物汽提和溶剂回收三部分。芳烃精馏分离是将混合抽提出的混合芳烃通过精馏分离成单体芳香烃。

(4) 催化剂再生单元。催化剂的连续再生是连续重整的主要特点之一，部分结焦的催化剂从反应器底部连续排出，通过在线烧焦、氯化、干燥、还原等过程使经过重整反应后结焦积炭、活性降低的催化剂重新恢复活性，实现催化剂不停工再生，从而可使重整反应部分可以在更高的苛刻度下操作。

第二节　腐蚀体系与易腐蚀部位

一、腐蚀体系

催化重整装置的氯腐蚀以及氯化物引起的设备堵塞是最常见的问题。装置中氯的来源主要有两种途径：一是装置原料直馏石脑油中的氯。近年来，随着原油的深度开采，原油中的有机氯增多，这部分有机氯主要集中在汽油馏分中，经预加氢后，有机氯变成HCl进入加氢精制物料。二是重整反应系统催化剂上的氯流失。重整催化剂多为双(多)金属催化剂，具有金属功能和酸性功能。其酸性中心由载体氧化铝上的羟基以及外加卤素(如氯)构成。由于反应系统中水分的存在，为了维持催化剂的水氯平衡以及催化剂性能恢复，需不断向系统中注入氯。而注入的氯化物随重整产氢、生成油以及催化剂再生尾气不断被带出系统，造成下游设备和管道腐蚀和堵塞。

同时，原料中的含硫、含氮和含氧等有机化合物在原料预加氢过程中分别生成H_2S、NH_3和H_2O，在低温部位，形成$H_2S-HCl-NH_3-H_2O$腐蚀环境，是催化重整装置最为典型的腐蚀体系。

催化重整装置各单元具体的腐蚀环境为：

(1) 原料预处理单元。原料预分馏系统低温部位的H_2S-H_2O腐蚀；原料预加氢反应流出物系统和蒸馏汽提塔顶系统的 $H_2S-HCl-NH_3-H_2O$ 腐蚀；原料预加氢系统临氢部位的高温 H_2S-H_2 腐蚀。

（2）重整反应单元。该单元的腐蚀环境主要为低温部位的 $HCl-H_2O$ 腐蚀和临氢部位的高温 H_2 损伤。同时，有机氮在重整原料预处理过程中的脱出是最困难的，加之化验分析过程中对微量氮的定量分析存在误差，使得进料中的氮含量往往高于指标要求。进料中的有机氮在重整反应过程中被转化为 NH_3，在稳定塔的低温部位（塔顶部塔盘、空冷器管束、水冷器管束、塔顶泵及管线部位）形成 $HCl-NH_3-H_2O$ 腐蚀环境。

（3）芳烃抽提单元。该单元的腐蚀是由于抽提溶剂降解造成。芳烃抽提单元使用的溶剂基本为环丁砜（$C_4H_8SO_2$）或环丁砜基复合溶剂，在整个抽提过程循环使用。溶剂在180℃会发生分解或者劣化，230℃以上时，在有氧环境下会加速分解，分解产物中含有 SO_2，SO_2 进一步氧化为 SO_3，SO_3 遇水形成硫酸（H_2SO_4）。环丁砜还会开环水解形成磺酸，而磺酸的存在，对环丁砜开环水解起催化作用，最终成为强酸腐蚀环境，对整个溶剂系统产生严重腐蚀。环丁砜劣化的一个重要原因为系统中存在氧气，这些氧气主要来源于原料中的溶解氧、循环水系统泄漏夹带的游离氧及真空系统运行不好漏入的空气，同时氮封系统不够完善也能够造成氧气进入系统。另外，芳烃抽提进料中含有的微量氯及环丁砜溶剂本身带入的氯在装置中累积，不但加剧了抽提单元的设备腐蚀，还降低了环丁砜的 pH 值，增加了系统的酸性，加剧了环丁砜开环水解生成磺酸，含水环境中形成了盐酸腐蚀环境，对奥氏体不锈钢材质设备或管线，还存在 Cl^- 应力腐蚀开裂风险。

（4）催化剂再生系统。催化剂再生过程是在一定压力下用含少量氧气的惰性气体缓慢烧去催化剂表面的积炭，产生含大量 HCl、CO_2、CO、H_2O 的废气。在冷凝冷却系统发生酸性气露点腐蚀，对于碳钢表现为非均匀全面腐蚀或垢下腐蚀，对不锈钢表现为点蚀或应力腐蚀开裂。

（5）燃料气系统。该系统的腐蚀环境为烟气露点腐蚀。

二、易腐蚀部位

催化重整装置的易腐蚀部位主要包括：预处理单元的预分馏塔塔顶系统、预加氢进料及反应产物流出物系统、蒸馏汽提塔塔顶系统；重整反应单元稳定塔塔顶及反应产物后冷系统；芳烃抽提单元汽提塔、再生塔、回收塔、塔底重沸器；催化剂再生部分的冷凝冷却系统设备管线；临氢设备管线；加热炉等。表 9-1 列出了催化重整装置易腐蚀部位及其腐蚀类型。

表 9-1 催化重整装置易腐蚀部位和腐蚀类型

部位编号	易腐蚀部位	材质	腐蚀类型
1	预分馏塔塔顶及冷凝冷却系统	碳钢	$H_2S-NH_3-H_2O$ 腐蚀，均匀腐蚀
		0Cr13Al(0Cr13)	$H_2S-NH_3-H_2O$ 腐蚀，点蚀
		304 等奥氏体不锈钢	$H_2S-NH_3-H_2O$ 腐蚀，应力腐蚀开裂/点蚀

续表

部位编号	易腐蚀部位	材质	腐蚀类型
2	进料/反应产物换热器，反应产物流出物系统的空冷器、后冷器、管线、油气分离罐等	碳钢	$H_2S-HCl-NH_3-H_2O$ 腐蚀，均匀腐蚀
		0Cr13Al(0Cr13)	$H_2S-HCl-NH_3-H_2O$ 腐蚀，点蚀
		304 等奥氏体不锈钢	$H_2S-HCl-NH_3-H_2O$ 腐蚀，应力腐蚀开裂/点蚀
3	预加氢加热炉	低合金耐热钢	高温 H_2S-H_2 腐蚀，高温氧化
4	汽提塔底重沸炉	碳钢	高温硫腐蚀
5	预加氢反应器	碳钢、低合金钢、不锈钢	高温 H_2S-H_2 腐蚀
6	重整加热炉	低合金耐热钢	高温 H_2 腐蚀，高温氧化、碳化、脱碳、金属粉化
7	重整反应器内壁、临氢的设备管线	碳钢、低合金钢、不锈钢	高温 H_2 腐蚀
8	重整产物冷凝冷却器、脱戊烷塔顶冷凝系统	碳钢	$HCl-NH_3-H_2O$ 腐蚀
		0Cr13Al(0Cr13)	$HCl-NH_3-H_2O$ 腐蚀
		304 等奥氏体不锈钢	$HCl-NH_3-H_2O$ 腐蚀，应力腐蚀开裂/点蚀
9	芳烃抽提部分汽提塔中上部及塔顶系统（冷换、回流罐、管线等）	碳钢、合金钢、不锈钢	抽提用溶剂降解生成有机酸或无机酸，造成碳钢均匀腐蚀
10	芳烃抽提部分回收塔中上部及塔顶系统（冷换、回流罐、管线等）	碳钢、合金钢、不锈钢	抽提用溶剂降解生成有机酸或无机酸，造成碳钢均匀腐蚀
11	芳烃抽提部分再生塔塔壁	碳钢、合金钢、不锈钢	抽提用溶剂降解生成有机酸或无机酸，造成碳钢均匀腐蚀
12	芳烃抽提部分汽提塔、回收塔、再生塔的塔底重沸器	碳钢、合金钢、不锈钢	抽提用溶剂降解生成有机酸或无机酸，造成碳钢均匀腐蚀
13	催化剂再生冷凝冷却系统（尾气冷却器、管线等）	碳钢、合金钢、不锈钢	酸性气露点腐蚀，造成碳钢均匀腐蚀，不锈钢点蚀或应力腐蚀开裂

第三节 防腐蚀措施

一、工艺防腐

中国石化《炼油工艺防腐蚀管理规定》实施细则中针对催化重整装置的原料控制指标、加热炉控制（燃料、炉管温度、露点腐蚀）、预加氢单元的注剂和注水、芳烃抽提单元含水溶剂 pH 值控制、催化剂再生单元的循环烧焦气脱氯、腐蚀监检测、开工停工保护、与腐蚀相关的化学分析等方面的工艺防腐措施，提出了具体的控制指标，可操作性强，建议参照执行该实施细则，并补充列出以下成熟的实践经验。

1. 预处理单元

（1）加设原料油过滤器，过滤油品中的杂质。

（2）增设串并联高温脱氯罐，建议选择立式压力容器，应保证具有一定的高径比，最小值建议为 3，以防在高空速下氯来不及被脱氯剂吸收并带出脱氯罐。

（3）补氢时通过碱性水洗罐，严格控制氢气中 Cl^- 的含量。

（4）汽提塔系统增设大副线，若铵盐堵塞严重可将汽提塔整体切出。

2. 重整反应单元

（1）稳定塔进料前增设液相脱氯罐，用以降低进入下游装置的氯含量，缓解稳定塔低温部位的结盐现象及下游装置的氯腐蚀问题。

（2）稳定塔增设注水设施，以清洗塔盘、空冷管束，保证设备性能，但每次注水须严格控制注水水质、注水时间和注水量。见图 9-3。

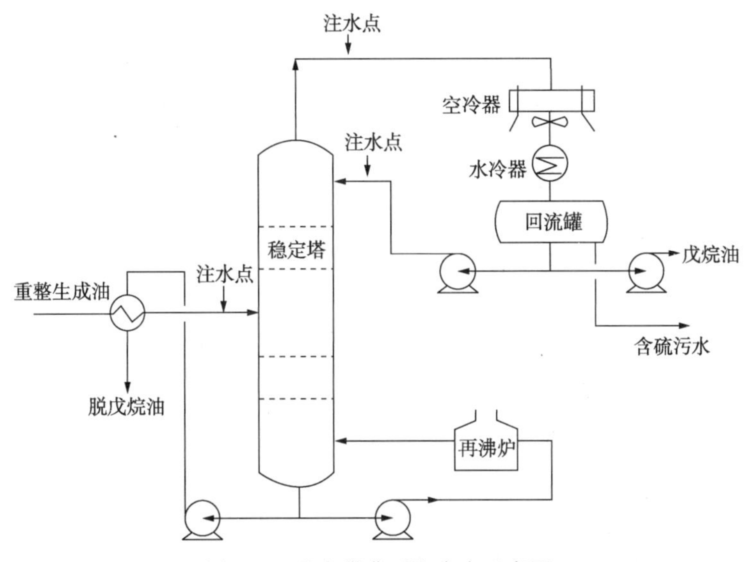

图 9-3 稳定塔典型注水点示意图

（3）稳定塔顶空冷各支路均设置隔离手阀、塔顶后冷却器增设跨线，以便在装置运行期间，空冷管束或后冷却器管束腐蚀泄漏时隔离检修，保持装置平稳运行。

3. 芳烃抽提单元

（1）尽可能地避免误操作或外界因素，造成局部超温，导致环丁砜劣化。确保加热蒸汽温度在 220℃以内，溶剂回收塔塔底温度控制在 160~175℃，压力（绝压）控制在 0.04~0.05MPa，溶剂再生塔的温度禁止超过 180℃。

（2）防止氧气进入系统。①每次停开工，加强对系统的气密，特别是真空系统；同时真空试验不合格，不能开车；②定期对循环水冷却器查漏，防止循环水夹带的氧漏入系统；监控水洗水电导率的变化，发现异常及时查找确认循环水冷却器漏点，及时消除；③系统设备及管线检修时，做好盲板隔离工作和氮气保护，防止空气串入；④应及时对原料储罐和溶剂储罐增加氮封。

(3) 加大溶剂再生塔的排放频次，可以有效脱除系统中的 Cl^-。重视对再生塔内壁及内件的检查及清洗，发现内件损坏，及时修复或更换，以保证再生塔的再生效果。

(4) 劣化环丁砜再生系统的运行状况，对改善环丁砜质量及性能影响重大。①确保树脂再生系统的再生量达到系统溶剂循环量(质量分数)的 4%以上；②重视过滤器的运行状况，当压差大于 0.2MPa，及时切出清理，并尽快投用；③当出口 pH 值低于控制值或树脂塔压差大时，应将系统切出，及时更换树脂。

(5) 控制系统的水含量。①加强对原料罐的脱水管理，形成日常工作机制；②针对系统中循环水侧压力高于系统压力的循环水冷却器，定期查漏，定期对系统中的水做电导分析，发现泄漏立即停车处理；③控制好系统注水量，避免水含量过高，加速环丁砜劣化，同时也可能对塔盘造成冲击。

(6) 在主溶剂线上设置贫溶剂过滤器，当压差超过 0.15MPa 时，及时切出清理，同时根据运行情况，适当提高过滤棒的过滤精度，提高对环丁砜中夹带杂质的脱除率，特别是当出现环丁砜劣化后，应清理贫溶剂过滤器。

(7) 可考虑在溶剂系统添加单乙醇胺。单乙醇胺既是弱碱，又是一种缓蚀剂，能中和掉循环溶剂中的有机酸，可防止有机酸对管束腐蚀，还能在金属表面形成钝化膜。

(8) 控制系统的 Cl^-。将重整稳定塔底油中的 Cl^-含量控制在 1mg/kg 以下；定期对循环水冷却器的查漏，防止 Cl^-随循环水带入系统，同时定期对回收塔回流罐水包中的水用去离子水进行置换。

4. 催化剂再生单元

(1) 严格控制干燥区入口温度，保证催化剂的充分干燥，降低水含量，可以有效避免催化剂在还原过程中，因水含量过高导致的金属聚集失活。

(2) 加强再生系统的伴热维护，可有效避免再生放空烟气系统的腐蚀问题。

5. 严格控制水氯平衡

采取脱氯剂可有效缓解含有 HCl 的原料或产品造成的腐蚀。通常脱氯罐的安装位置有预加氢反应器后、脱戊烷稳定塔进料前、重整副产品氢气离开装置前。采用脱氯剂要注意监测和计算氯容的变化，当脱氯剂的计算氯容接近脱氯剂的穿透氯容时要及时更换脱氯剂，以免脱氯剂失效造成腐蚀。

二、选材

催化重整装置的预加氢系统和重整反应再生系统，在高温临氢条件下操作的设备选材应当满足耐高温氢腐蚀的要求。预加氢系统还含有 H_2S 腐蚀介质，还需考虑高温和低温 H_2S 腐蚀。催化剂再生系统的再生器，在烧去催化剂表面及积炭时有 CO、CO_2和氯化物等腐蚀气体产生，在确定再生器的材料时，应注意烧焦生成气对钢材的腐蚀和氯化物溶液对奥氏体不锈钢造成的应力腐蚀开裂。

随着我国炼制高(含)硫原油的日益增多，作为催化重整原料的直馏石脑油或焦化石脑油，其硫含量越来越高，在反应器中生成的 H_2S 含量也随之提高，这就加重了设备的腐蚀，因而目前所建催化重整装置的预加氢反应器，主体材质基本上采用以 Cr-Mo 钢为基材的不锈钢复合钢板(15CrMoR+0Cr18Ni10Ti 或 00Cr17Ni14Mo2)，预加氢进料/反应产物换热器壳体选用 15CrMoR+0Cr13(0Cr18Ni10Ti 或 00Cr17Ni14Mo2)。预加氢高温临氢管道多选用 TP321 材质。

预加氢分馏塔和塔顶回流罐，操作压力较低，H_2S 浓度不高，宜选用强度级别较低的碳钢，如 Q245R，限制材料的碳当量和焊缝热影响区的硬度低于 200HB 即可，不宜选用强度级别较高的钢，如 Q345R。回流罐的内壁下部涂环氧树脂类涂料防止湿 H_2S 腐蚀。

重整反应器目前多采用热壁反应器，由于反应温度在 530℃，操作压力为 0.35～0.80MPa，主体通常采用抗高温氢腐蚀的 Cr-Mo 钢，根据 Nelson 曲线可选用 1Cr-0.5Mo、1.25Cr-0.5Mo-Si 或 2.25Cr-1Mo 三种低合金钢的任一种均能满足抗高温氢腐蚀的要求。但有报道称 1Cr-0.5Mo、1.25Cr-0.5Mo-Si 钢长期在高于 441℃使用时，在反应器开口焊缝热影响区粗晶区存在潜在裂纹风险，因此现在不推荐使用。目前重整反应器主体材质普遍使用 2.25Cr-1Mo 低合金钢。如选用 1.25Cr-0.5Mo-Si，则限制 C 含量低于 0.14%、S 和 P 含量低于 0.005%，且要求进行热处理消除应力和回火或其他热处理来提供退火性能。重整进料/反应产物换热器壳体选用 1.25Cr-0.5Mo-Si 或 2.25Cr-1Mo 钢。高温临氢管线多选用 1.25Cr-0.5Mo。

再生器的操作温度为 550℃，主体目前普遍选用 0Cr18Ni10Ti 或 0Cr18Ni12Mo2，主要措施是设计再生器内件的结构时不能有死角，同时在操作上采取措施，避免再生器的温度低于露点。

由于管内介质中含有一定量的 H_2 和 H_2S，预加氢进料加热炉炉管一般选用抗高温 H_2S-H_2腐蚀的 Cr5Mo 和 06Cr9Ni10；汽提塔塔底重沸炉炉管一般选用 10 号或 20 号钢管。

重整反应炉管内介质为烃类+氢气，炉出口温度为 420～553℃，压力为 0.30～0.53MPa，重整反应加热炉辐射室分支炉管通常选用 Cr5Mo 和 Cr9Mo 钢，集合管可选择 1.25Cr-0.5Mo 或 Cr5Mo。因为炉管内介质中 H_2S 很少，因此加热炉炉管有金属粉化或炭化的可能，应注意各炉管材质的操作温度不超上限。金属粉化失效是指铁、镍基合金在高碳活度气氛中由于渗碳导致其分解为石墨和金属颗粒而发生的破坏。金属粉化失效一般发生在 400～800℃，对于铁和低合金钢来说，金属粉化的过程为非稳定碳化物的形成及随后分解为金属颗粒和石墨的过程。镍基合金的抗粉化失效能力明显优于铁基合金，足够的铬含量会在金属表面形成 Cr_2O_3保护层，提高合金的抗粉化失效能力。

预加氢系统冷换设备和管线可以采用 Ni-P 镀、双相钢、涂料等方法防腐，慎用敏化型不锈钢材质。

重整反应产物后冷却系统、脱戊烷稳定塔塔顶系统、轻油管线等部位会存在比较严重的 HCl-H_2O 腐蚀。重整部分设备和管线在气体干燥时可以使用碳钢或低合金钢。对于稳定塔塔顶系统，采用碳钢基本可以满足要求，如果腐蚀严重，可以采用注氨和碱洗的措施来控制。重整反应产物后冷却器如果腐蚀严重可以采用含 Mo 的 316L 或 317L，有企业采用 304 不锈钢，发生严重的点蚀。

芳烃抽提系统的设备和管线通常采用碳钢。对腐蚀严重的部位可以采用耐酸不锈钢(如再生塔塔壁内衬)或复合 304，重沸器采用不锈钢等。

催化剂再生部分的选材要考虑工况。在烧焦再生阶段要求材料耐高温氧化，通常选用 304H 和 316H。在氯化阶段要求材料耐氯离子腐蚀，过去多采用 Inconel800，现一般采用 316H 代替，但要注意避免应力集中。还原阶段要求材料耐高温 H_2腐蚀，由于环境温度高(600℃)，1. 25Cr-0. 5Mo 容易发生表面脱碳，应采用 304H 和 316H。催化剂输送管道温度较低，采用碳钢可以满足要求，但考虑到耐磨蚀且防止腐蚀产生的铁离子污染催化剂，一般采用 304。

典型的连续重整装置主要设备选材如表 9-2 所示。

表 9-2　典型连续重整装置主要设备选材推荐表

序号	设备	主体材质
1	预加氢反应器	15CrMoR+0Cr18Ni10Ti(00Cr17Ni14Mo2)
2	预分馏塔	碳钢
3	预加氢进料/反应产物换热器	管箱：碳钢/15CrMoR+0Cr18Ni10Ti(00Cr17Ni14Mo2) 管子：碳钢/0Cr18Ni10Ti(00Cr17Ni14Mo2) 壳：碳钢/15CrMoR
4	重整反应器	1Cr-0. 5Mo、1. 25Cr-0. 5Mo-Si 或 2. 25Cr-1Mo
5	重整进料/反应产物换热器	1. 25Cr-0. 5Mo-Si 或 2. 25Cr-1Mo
6	置换气换热器	1. 25Cr-0. 5Mo-Si 或 2. 25Cr-1Mo
7	再生器	0Cr17Ni12Mo2(0Cr18Ni10Ti)
8	再生空冷器	0Cr17Ni12Mo2
9	还原气换热器	15CrMoR
10	放空气洗涤塔	碳钢
11	催化剂加料斗	不锈钢
12	催化剂闭锁料斗	不锈钢
13	分离料斗	碳钢
14	闭锁料斗	碳钢
15	粉尘收集器	碳钢
16	脱戊烷塔	碳钢

三、腐蚀监检测

1. 与腐蚀相关的化学分析

建议按照中国石化《炼油工艺防腐蚀管理规定》实施细则相关规定执行，见表 9-3。

2. 定点测厚

测厚监测方案见表 9-4。

表 9-3 催化重整装置与腐蚀相关的化学分析一览表

<table>
<tr><th>分析介质</th><th>分析项目</th><th>单位</th><th>最低分析频次</th></tr>
<tr><td rowspan="4">原料油</td><td>总氯含量</td><td>μg/g</td><td>1 次/周</td></tr>
<tr><td>金属含量</td><td>μg/g</td><td>按需</td></tr>
<tr><td>硫含量</td><td>%</td><td>1 次/周</td></tr>
<tr><td>氮含量</td><td>μg/g</td><td>1 次/周</td></tr>
<tr><td rowspan="2">循环氢</td><td>氯化氢</td><td>mg/m³</td><td>2 次/周</td></tr>
<tr><td>硫化氢含量</td><td>%</td><td>2 次/周</td></tr>
<tr><td rowspan="5">预加氢产物分离罐排出水、预加氢汽提塔顶回流罐排出水、脱戊烷塔顶回流罐排出水</td><td>pH 值</td><td></td><td>1 次/周</td></tr>
<tr><td>氯离子含量</td><td rowspan="4">mg/L</td><td>1 次/周</td></tr>
<tr><td>硫化物含量</td><td>按需</td></tr>
<tr><td>铁离子含量</td><td>1 次/周</td></tr>
<tr><td>氨氮</td><td>1 次/周</td></tr>
<tr><td rowspan="5">加热炉烟气</td><td>CO</td><td rowspan="5">%</td><td>1 次/周</td></tr>
<tr><td>CO_2</td><td>1 次/周</td></tr>
<tr><td>O_2</td><td>1 次/周</td></tr>
<tr><td>氮氧化物</td><td>1 次/周</td></tr>
<tr><td>SO_2</td><td>1 次/周</td></tr>
</table>

表 9-4 催化重整装置推荐腐蚀监测方案

<table>
<tr><th>监测方法</th><th>监测部位</th><th>监测频率</th></tr>
<tr><td rowspan="3">定点测厚</td><td>预处理部分：预分馏塔及预加氢汽提塔塔顶低温部位塔壁及出入口短节；油气分离罐筒体及出入口短节；预加氢反应器筒体及出入口短节；冷换设备壳体及出入口短节；预加氢反应产物流出物管线；塔顶挥发线</td><td rowspan="3">按照中国石化《炼油工艺防腐蚀管理规定》第 4.7.1 中规定进行</td></tr>
<tr><td>重整部分：稳定塔塔顶低温部位塔壁及出入口短节；回流罐筒体及出入口短节；重整反应器筒体及出入口短节；冷换设备壳体及出入口短节；反应产物流出物管线；稳定塔塔顶挥发线；临氢管线</td></tr>
<tr><td>芳烃抽提部分：汽提塔、再生塔、回收塔塔顶低温部位塔壁及出入口短节；回流罐筒体及出入口短节；冷换设备壳体及出入口短节；塔顶低温管线</td></tr>
<tr><td rowspan="2">腐蚀在线监测</td><td>预加氢塔塔顶冷凝冷却系统空冷器后安装电阻或电感探针</td><td rowspan="2">实时在线</td></tr>
<tr><td>稳定塔塔顶冷凝冷却系统空冷器后安装电阻或电感探针</td></tr>
<tr><td rowspan="3">腐蚀探针挂片</td><td>预加氢塔塔顶冷凝冷却系统空冷器后</td><td rowspan="3">2 月 1 次</td></tr>
<tr><td>稳定塔塔顶冷凝冷却系统空冷器后</td></tr>
<tr><td>芳烃抽提再生塔塔顶系统</td></tr>
<tr><td>现场腐蚀挂片</td><td>主要塔、容器和冷换设备</td><td>1 个周期</td></tr>
</table>

对于加热炉炉管的腐蚀监测和检查，可以采取红外监测炉管表面温度、硬度检测、现场金相分析、超声波测厚、外径检测等方法。

四、其他需要注意的问题

（1）在开停工过程中，注意临氢设备、管线等2.25Cr-1Mo材料应遵循“先升温、后升压，先降压、后降温”的原则。

（2）为防止和减少设备发生晶间腐蚀，设计选材应使用稳定型不锈钢。

（3）在选材时要对特定设备管线的现场施工提出明确要求，如焊后热处理、稳定化处理等。

（4）在高温临氢的重整装置中应避免铬钼钢的母材使用奥氏体不锈钢焊条焊接。对于所用焊接件，最好进行消除应力热处理，使焊缝及其热影响区的硬度小于相应的规定值。

第四节　典型腐蚀案例

［案例9-1］预加氢混合进料换热器坑蚀、管口减薄

背景：某催化重整装置以常减压装置、柴油加氢装置、加氢处理装置提供的石脑油为原料，生产高辛烷值汽油组分及混合二甲苯和苯等芳烃产品。2019年停工检修期间发现预加氢混合进料换热器管口腐蚀减薄开裂。

结构材料：预加氢混合进料换热器，规格型号为BFU1700-2.42/3.3-982-6/19-2/21，材质为碳钢，操作介质（管/壳）为反应产物/混合进料，设计压力（管/壳）为2.42/3.3MPa，设计温度为（管/壳）209/191℃。

失效记录：换热管内部存在较多垢物，局部腐蚀坑，换热管管口腐蚀减薄，见图9-4和图9-5。

图9-4　管束内部蚀坑

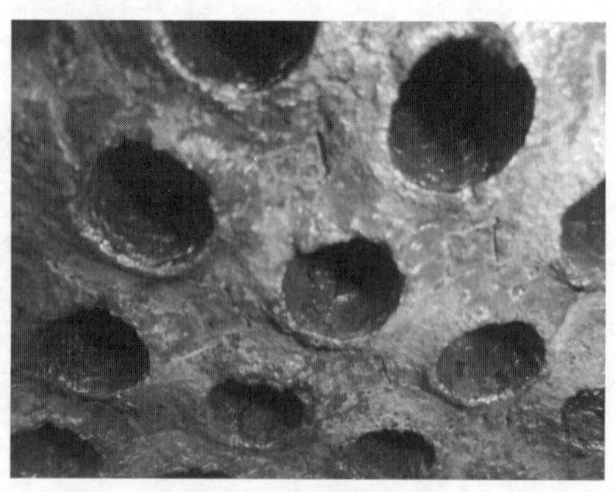

图9-5　管口腐蚀减薄

失效原因及分析：原料中的含硫、含氮和含氧等有机化合物在原料预加氢过程中分别生成 H_2S、NH_3 和 H_2O，形成 $H_2S-HCl-NH_3-H_2O$ 腐蚀环境。

［案例 9-2］环丁砜溶剂管线弯头穿孔

背景：某石化公司芳烃富溶剂管线泵后全线发生腐蚀，其特点为泵内件及管线弯头出现了连片的腐蚀坑，并有局部穿孔。

结构材料：管线材质为 A106B 钢；工艺操作温度为 135℃，压力为 0.5MPa；介质成分主要是环丁砜吸收芳烃后的产物；经检测，环丁砜中含硫 12.2%，含氯<5mg/L，pH 值 6.0；介质流量为 500~550t/h。

失效记录：弯头与管线由焊缝连接，弯头内弧内壁上出现了大量的马蹄状腐蚀坑，造成该处弯头管壁严重地减薄，焊缝处产生环形沟槽，在弯头内弧侧的焊缝附近有多处穿孔；弯头外弧侧内壁及直管内壁的腐蚀程度较轻，见图 9-6 和图 9-7。

图 9-6　腐蚀穿孔外部形貌

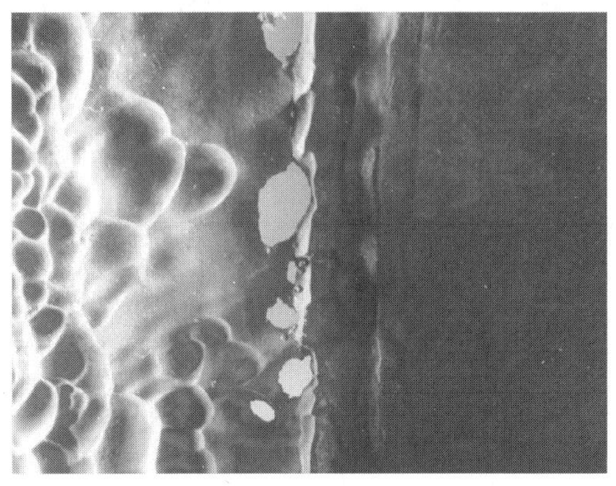
图 9-7　管内部腐蚀形貌

失效原因及分析：工艺系统中环丁砜溶剂分解所产生的酸和溶解的氧是主要的腐蚀介质；环丁砜溶剂通过管线上弯头、焊缝凸起等处产生的流向变化、湍流，加速了介质腐蚀的进程；其结果是导致管线上的弯头(焊缝)局部管壁的严重减薄直至穿孔。

解决方案和建议：

(1) 为防止芳烃抽提装置中溶剂环丁砜的早期劣化分解，可以采取多项有效措施：①降低溶剂环丁砜中的杂质环丁烯含量；②保证装置的气密性，降低系统中的氧含量；③控制溶剂中的含水量小于 3%；④通过添加中和剂单乙醇胺来中和溶剂环丁砜分解而生成的酸性物质，提高系统的 pH 值至 6.5~7.0；⑤防止氯离子在溶剂中的富集。

(2) 对焊的碳钢管道较易发生因焊缝凸起而引起的流体加速腐蚀，而增加钢中的含铬量可以大大地减轻流体加速腐蚀。因此，可以采用含铬量较高的低合金钢或不锈钢对焊管道。

(3) 定期检测装置设备的腐蚀情况。根据以往抽提装置的腐蚀和检修记录，将易腐蚀部位列为重点检测对象，进行腐蚀在线检测，实时掌握腐蚀情况，将腐蚀严重的设备材质更换为耐腐蚀的不锈钢，提高装置运行的安全性。

[案例9-3] 重整装置预加氢进料与生成油换热器泄漏

背景：某催化重整装置主要由预加氢部分与重整部分组成，原料经过预加氢部分处理后脱除了原料中的N、S、Cl、As等杂质作为重整部分的进料。预加氢处理的目的主要是为了保护昂贵的重整催化剂，精制后的原料油经重整反应后生产高辛烷值的汽油。通常油田为了提高原油产量、保证原油的正常输送会在原油中注入氯代烷烃助剂。

失效记录：1994年8月，重整装置预加氢进料与生成油换热器(E3101/5，6)管程堵塞严重，系统压降达到1.2MPa。

失效原因及分析：氯化物进入原油中，这些有机氯化物不溶于水，难以通过电脱盐的方法脱除，大部分留在了重整原料中经过预加氢反应后转化成氯化氢，对设备产生强烈的腐蚀。同时，生产的氯化氢与预加氢反应后的氮化物作用生成氯化铵，氯化铵在低温部位结晶后，堵塞换热器管束及系统管道。

解决方案和建议：为了不让装置停工，在换热器(E3101/5，6)管程入口前增加了一条*DN*25的临时注水线，在注水后换热器(E3101/5，6)处压降恢复到正常水平(0.10MPa)。但注水也带来了新的问题，1996年2月，在换热器(E3101/5，6)管程入口注水处因冲刷、腐蚀造成管线穿孔，重整装置被迫紧急停工，给安全生产带来很大损失。后增加脱氯反应器解决了问题，预加氢系统工艺流程图见图9-8。

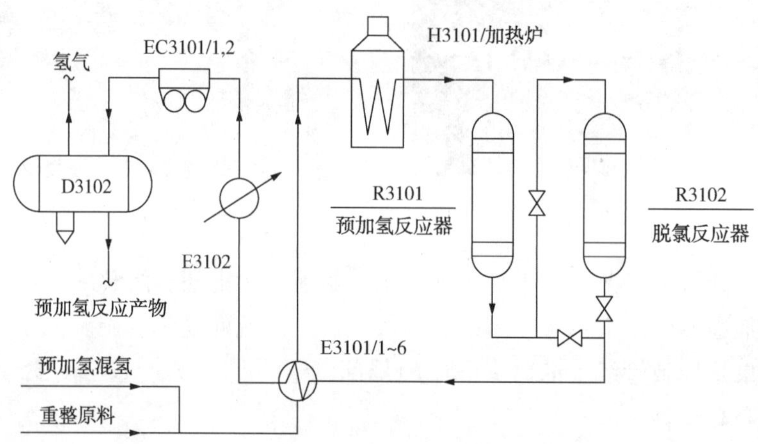

图9-8　预加氢系统工艺流程图

CHAPTER 10 / 第十章

加氢裂化装置腐蚀与防护

第一节　典型装置与工艺流程

一、装置简介

加氢裂化是催化裂化技术的改进。在临氢条件下进行催化裂化，可抑制催化裂化时发生的脱氢缩合反应，避免焦炭的生成。加氢裂化实质上是加氢和催化裂化过程的有机结合，能够使重质油品通过催化裂化反应生成汽油、煤油和柴油等轻质油品。加氢裂化装置主要类型按反应器的作用分为一段法和二段法。一段法固定床加氢裂化装置的工艺流程是原料油、循环油及氢气混合后经加热导入反应器。二段法包括两级反应器，第一级作为加氢精制段，除掉原料油中的氮、硫化物、氯化物。

二、典型工艺流程

加氢裂化是油品轻质化的重要加工手段之一，能加工多种不同性质的原料，包括轻石脑油、煤油、柴油和蜡油等，可生产清洁燃料、化工原料、润滑油基础油及裂解制乙烯原料等产品，加氢裂化产品质量好，硫、氮、金属等杂质含量低。如图 10-1 所示，原料油经过滤、脱水后进入缓冲罐，由高压泵升压后与反应产物换热到 350℃左右，与经加热炉加热的循环氢混和后进入反应器，在反应器内经加氢裂化反应后，反应流出物分别与原料油、循环氢、低分油换热到 150℃左右，进入高压空冷器冷却到 50℃左右，冷凝的油、油气、氢气和水一起进入高压分离器。在高压分离器内，气、油、水三相分离，氢气从高压分离器顶部排出去循环氢压缩机升压后循环使用；酸性水排出去汽提；生成油降压后进入低压分离器，分出低分气去脱硫，低分油与反应流出物换热后去脱丁烷塔，脱丁烷塔塔顶得到液化气和干气，脱丁烷塔底油去分馏塔分馏得到轻重石脑油、航煤、柴油和尾油，根据情况，尾油可全部回炼或部分回炼，或作为产品出装置。随着我国炼油装置加工原油硫含量的提高，加氢裂化装置原料油的硫含量相应提高，导致循环氢系统和下游分馏系统低温部位硫化氢含量显著增加，一方面导致低温湿硫化氢腐蚀加重，另一方面使反应器内氢分压下降，使加氢反应速率降低。因此加工高硫原料油的装置，以及循环氢脱硫单元，要使循环氢中硫化氢浓度降低到一定限度内。

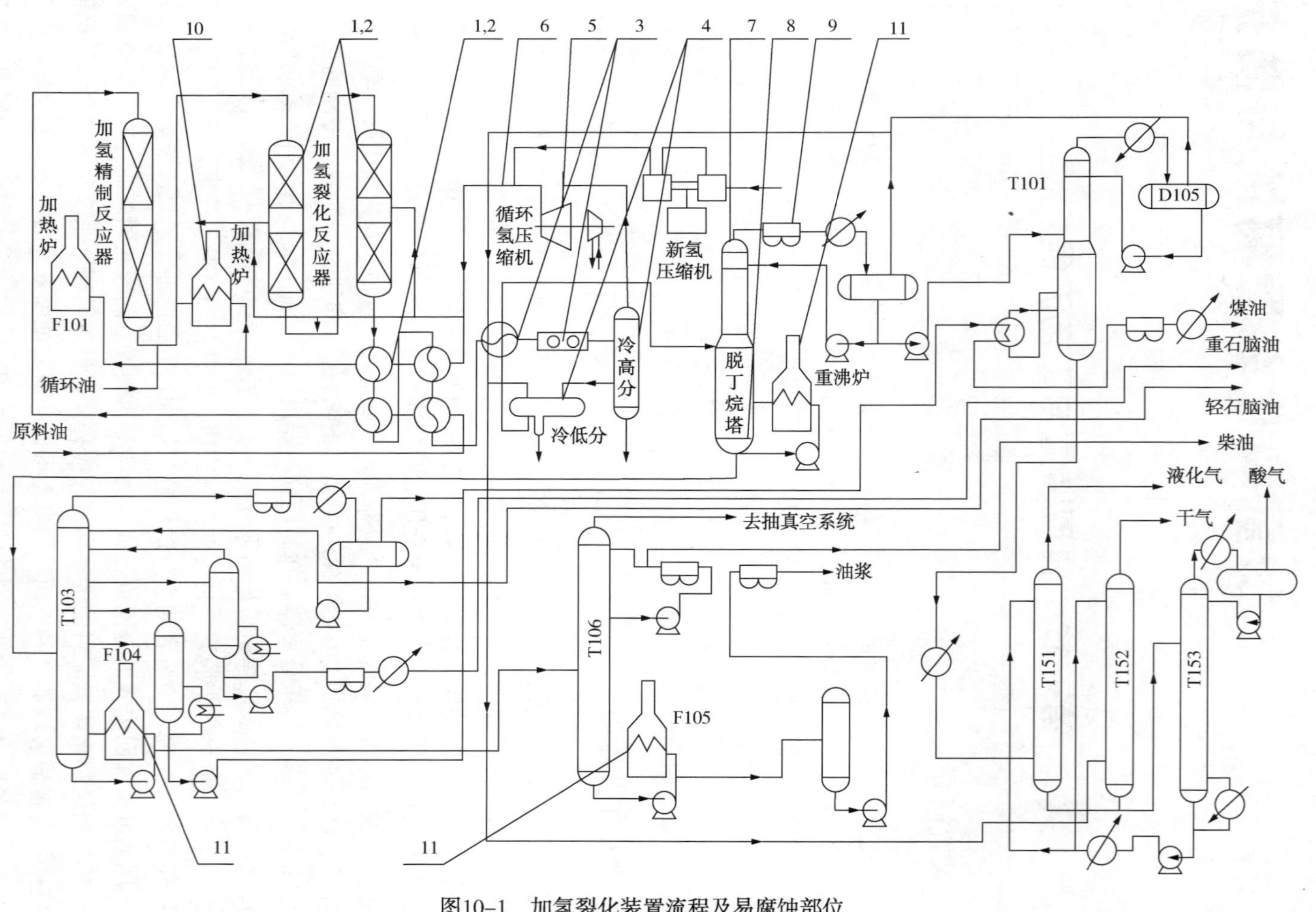

图10-1　加氢裂化装置流程及易腐蚀部位

注：图中编号1~11对应表10-1部位编号。

第二节 腐蚀体系与易腐蚀部位

一、加氢裂化装置腐蚀体系

下面是加氢裂化装置中几种常见腐蚀类型的腐蚀机理介绍。

1. 氢脆和氢致开裂

氢脆和氢致应力开裂是由于高温下，氢原子扩散进入钢中，在冷却时来不及扩散释放，造成在150℃以下氢过饱和，引起钢材晶格畸变，造成材料低温下塑性、韧性降低，在开停工过程的低温阶段，如果升降温速率过快则容易在应力集中部位造成开裂。氢脆是可逆的，经高温消氢处理后钢材的塑韧性可以得到恢复。影响氢脆的主要因素有钢中的氢浓度、钢材的强度、显微组织和热处理等因素。

在加氢反应器等临氢设备中还存在不锈钢氢脆损伤的现象(有的还兼有 σ 相脆化)，其部位多发生在反应器催化剂支持圈的角焊缝上以及法兰梯型槽密封面的槽底拐角处，在这些部位产生裂纹。

2. 堆焊层剥离

堆焊层剥离也是一种氢致开裂形式，堆焊层为奥氏体组织，氢扩散慢但氢溶解度大，母材为铁素体组织，氢扩散快但氢溶解度小，在母材和堆焊层之间的界面部位就会形成氢浓度的峰值，引起较大的组织应力，在多次升温降温循环条件下，由于母材和堆焊层之间因热膨胀系数不同而引起的热应力作用，导致堆焊层沿熔合线的碳化铬析出区或粗大的奥氏体晶界剥离。

3. 铬钼钢的回火脆化

工作在345~575℃的铬钼钢(如2.25Cr-1Mo和3Cr-1Mo)设备和管道，由于材料的回火脆化导致低温韧性降低，发生原因是钢中的杂质元素在晶界偏聚。回火脆化主要影响材料在较低温度下的韧性水平，通过严格执行热开停工程序，停工过程严格控制降温速率，防止材料在低于一定温度下承压超过规定值来防止回火脆化可能引起的脆性断裂。通过严格控制钢材中有害杂质元素(P、Sn、As、Sb等)的含量，提高钢材纯净度，可以降低回火脆化进展速率。

4. 氯化铵引起的腐蚀

氯化物来源于原料中含的氯盐和有机氯化物、重整氢含氯以及有机氯加氢产生的氯化氢。氯化铵结晶主要出现在反应系统换热流程后部，高压空冷器前面的高压换热器上，结晶的氯化铵沉积在换热管壁上，易于吸潮形成腐蚀性强的酸性溶液，引起垢下腐蚀和局部腐蚀，结晶 NH_4Cl 还会引起换热器管束的堵塞。

5. 酸性水腐蚀

酸性水腐蚀广义上定义为含 H_2S 和 NH_3 的水腐蚀，这种腐蚀是由于加氢反应产生的

H_2S 和 NH_3 生成的 NH_4HS 结晶析出，引起冲蚀和垢下腐蚀。影响腐蚀的主要因素是 NH_4HS 的浓度和流速，次要因素是 pH 值、氰化物含量和氧含量等。硫氢化铵结晶主要出现在高压空冷器，形成的硫氢化铵沉积在高压空冷器换热管壁上，流速低时结垢产生垢下腐蚀。为避免堵塞工艺要求注水，因而形成了酸性水，流速过高时会产生冲刷腐蚀，影响范围包括高压空冷器及其下游管线、冷高压分离器等。

二、易腐蚀部位

加氢裂化装置的主要腐蚀和损伤类型包括高温高压氢引起的损伤(氢腐蚀、氢脆)、高温硫化氢/氢腐蚀、低温湿硫化氢引起的损伤(腐蚀减薄、湿硫化氢应力腐蚀开裂、氢致开裂、应力导向氢致开裂)，还有铬钼钢的回火脆化、不锈钢的氯化物应力腐蚀开裂和连多硫酸开裂、氯化铵腐蚀、酸性水腐蚀等。在加氢裂化反应系统，高温部位材质主要采用不锈钢或不锈钢堆焊、铬钼钢，主要腐蚀机理是铬钼钢的回火脆化、高温高压氢引起的损伤、高温硫化氢/氢腐蚀，以及停工时的连多硫酸应力腐蚀开裂，发生部位包括加氢裂化反应器和高温高压换热器，反应加热炉以及相连管道。反应系统低温部位的主要腐蚀机理包括氯化铵腐蚀、含硫氢化铵酸性水的腐蚀、湿硫化氢引起的损伤(腐蚀减薄、湿硫化氢应力腐蚀开裂、氢致开裂、应力导向氢致开裂)，氯化铵腐蚀的主要发生部位为反应流出物换热流程中、后部的高压换热器和相连管道、新氢系统设备和管道；含硫氢化铵酸性水的腐蚀、湿硫化氢腐蚀的发生部位是高压空冷器、冷高压分离器、冷低压分离器及相连管道，以及循环氢系统的设备和相连管道。分馏系统的主要腐蚀类型包括高温硫腐蚀、湿硫化氢引起的损伤(腐蚀减薄、湿硫化氢应力腐蚀开裂、氢致开裂、应力导向氢致开裂)，高温硫腐蚀主要发生在重沸炉及进出口管线、脱丁烷塔和分馏塔的高温部位和换热器、相连管线；湿硫化氢引起的损伤主要发生在脱丁烷塔、脱乙烷塔、脱硫再生塔塔顶冷凝冷却系统的设备和管线，以及酸性水管线。加氢裂化装置详细的腐蚀机理以及易腐蚀部位如图 10-1 和表 10-1 所示。

表 10-1　加氢裂化装置易腐蚀部位、腐蚀机理和腐蚀类型

部位编号	易腐蚀部位	材质	腐蚀形态
1	反应器、高压换热器壳体	铬钼低合金钢或铬钼低合金钢堆焊不锈钢	H_2S+H_2 均匀腐蚀
			氢腐蚀，引起表面脱碳、内部脱碳形成内部鼓泡和裂纹
			回火脆化，母材和焊缝常温韧性下降
			蠕变，应力集中部位出现裂纹
			连多硫酸应力腐蚀，不锈钢表面开裂
			氢脆，堆焊层裂纹、堆焊层剥离
2	反应器、高压换热器内构件	不锈钢	H_2S+H_2 均匀腐蚀

续表

部位编号	易腐蚀部位	材质	腐蚀形态
3	流出物冷却系统换热管入口部位（小于200℃）	碳钢、合金钢、不锈钢	H_2+HCl+NH_3+H_2O、NH_3+H_2S+H_2+H_2O腐蚀环境，酸性水腐蚀减薄，NH_4Cl、NH_4HS垢下腐蚀，冲刷腐蚀，不锈钢氯离子应力腐蚀
4	冷高分、冷低分和其他低温容器换热器的壳体	碳钢、低合金钢	H_2S-H_2O腐蚀减薄 HIC/SOHIC H_2S应力腐蚀开裂，鼓泡、表面开裂、壁厚减薄
5	循环氢压缩机系统设备和管线	碳钢、合金钢	H_2S应力腐蚀开裂
6	新氢压缩机系统管线	碳钢、合金钢	NH_4Cl垢下腐蚀
7	脱丁烷塔顶部塔壁、顶封头和塔内件	碳钢	H_2S-H_2O均匀减薄腐蚀，硫化氢应力腐蚀开裂
8	脱丁烷塔底部塔体、底封头	碳钢、合金钢	高温硫均匀腐蚀减薄
9	脱丁烷塔顶冷凝冷却系统气液两相及液相区	碳钢	H_2S-H_2O腐蚀减薄，HIC/SOHIC，湿硫化氢应力腐蚀开裂
		不锈钢	点蚀，应力腐蚀开裂
10	循环氢加热炉炉管	稳定化奥氏体不锈钢	内壁高温H_2S-H_2均匀腐蚀，停工时连多硫酸应力腐蚀开裂
			外壁高温硫化、高温氧化、燃灰腐蚀。通常是均匀腐蚀减薄，但有时也表现为局部腐蚀或高流速的磨蚀-腐蚀损伤
	循环氢加热炉炉体、空气预热器	碳钢	高温烟气硫酸露点腐蚀，均匀腐蚀为主，也存在局部点蚀
11	重沸炉炉管	碳钢、合金钢	内壁高温硫均匀腐蚀减薄、结焦
			外壁高温硫化、高温氧化、燃灰腐蚀。通常是均匀腐蚀减薄，但有时也表现为局部腐蚀或高流速的磨蚀-腐蚀损伤
	重沸炉炉体、空气预热器	碳钢	高温烟气硫酸露点腐蚀，均匀腐蚀为主，也存在局部点蚀

第三节 防腐蚀措施

一、选材

1. 选材原则

反应器和操作温度高于200℃的高压临氢换热器壳体、热高压分离器和热低压分离器壳体，根据最新版 API RP941—2016《炼油厂和石油化工厂用高温高压临氢作业用钢》中的 Nelson 曲线选材合适的铬钼钢，选材时对温度和压力留出适当的裕度(一般可取压力裕度 0.35MPa、温度裕度 28℃)，对钢材、焊接材料的化学成分提出相应的要求。具体是原料要求采用电炉(+保温炉)→电炉+炉外精炼技术(如真空碳脱氧工艺及其他新的冶炼工艺的应用)冶炼。保证钢中气体、杂质含量满足要求，保证钢的 J 系数符合使用要求，对焊接材料的化学成分严格控制，保证其 X 系数满足要求。根据物料中硫化氢含量，按照 Couper-Gorman 曲线估算硫化氢/氢腐蚀速率，在此基础上确定在设备内表面是否堆焊不锈钢。在设备制造过程中，要严格进行制造质量控制，确保满足设计要求。具体见 API RP934-A、API KP934-C 和 API KP934-E。根据反应器材料实际的质量控制结果，决定实际的热态开停工措施，高于 200℃临氢管线一般选用稳定化奥氏体不锈钢，加氢裂化反应加热炉选用稳定化奥氏体不锈钢。

对于 200℃以下的高压临氢系统管线可采用优质碳钢管(提出抗 HIC 要求)，管道焊接后要进行焊后热处理；200℃以下的高压临氢系统设备要选用 HIC 碳钢，焊后进行消除应力热处理。换热流程后面的高压换热器，换热管采用 NS1402，使用可靠较高。HIC 碳钢(抗氢致开裂碳钢)是指具有低硫、低磷含量，按 GB/T 8650—2015《管线钢和压力容器钢抗氢致开裂评定方法》进行试验，其结果符合规定的裂纹率要求的碳钢或碳-锰钢。

对于高压进料系统，在低于 240℃部位可选用碳钢，高于 240℃部位根据 McConomy 曲线估算腐蚀速率后选材，根据腐蚀速率确定设备内壁是否堆焊不锈钢，管线可根据腐蚀速率决定选择 1Cr5Mo 或稳定化奥氏体不锈钢。对于进料酸值很高导致环烷酸腐蚀较为严重的情况，在注氢点前，可考虑进料系统 240℃以上管道采用 316L，设备采用堆焊 316L。

对于分馏系统，脱丁烷塔、脱乙烷塔、分馏塔塔顶系统管线选用碳钢，并进行焊后热处理，设备选用 HIC 碳钢，并进行焊后热处理。脱 H_2S 汽提塔塔顶系统工况条件下，20 号钢发生了明显腐蚀，而 304L、321、316L 不锈钢腐蚀轻微，耐蚀性好。若 H_2S 或 Cl^- 含量较高，可优先考虑 316L 不锈钢。高于 240℃的分馏系统根据 McConomy 曲线估算腐蚀速率选材，设备腐蚀速率高时可采用不锈钢复合板，管线根据腐蚀速率和经验选择 1Cr5Mo 或碳钢。

表 10-2 列出了加氢裂化装置高压部位设备的选材要求，加工高硫油设备和管道的选材具体参见 SH/T 3129 和 SH/T 3096。

表 10-2 加氢裂化装置高压部位设备和管道选材和防护措施表

设备类型	易腐蚀部位	腐蚀机理	选材和防护措施
反应器、高压换热器	壳体、内构件	H_2S/H_2腐蚀	根据苛刻程度选择材料，温度高时采用壳体内壁堆焊不锈钢
	壳体	氢损伤	API 941—2016 中 Nelson 曲线选材
	壳体	回火脆化	控制开停工升降温、升温速率和最低升压温度

续表

设备类型	易腐蚀部位	腐蚀机理	选材和防护措施
反应器、高压换热器	壳体	蠕变	结构设计减轻应力集中，避免超温
	壳体	连多硫酸应力腐蚀开裂	停车时中和清洗
	壳体	氢脆	消氢处理，控制开停工升降温、升降压速率
流出物冷却系统（小于200℃）	换热管入口部位	$HCl+NH_3+H_2O$ 腐蚀 $NH_3+H_2S+H_2O$ 腐蚀 湿 H_2S 腐蚀	（1）注除盐水清洗，控制注水量； （2）加入多硫化物； （3）加入水溶性缓蚀剂； （4）材料可选用碳钢及NS1402； （5）换热器入口加保护套
冷高分、冷低分和其他低温容器换热器	壳体	H_2S+H_2O 腐蚀、HIC/SOHIC、湿 H_2S 应力腐蚀开裂	选用HIC钢，控制杂质含量，进行焊后热处理
循环氢压缩机系统	设备和管线	湿 H_2S 应力腐蚀	设备选用HIC钢。管线考虑HIC要求选择优质碳钢，焊后进行消除应力热处理
脱丁烷塔	顶部塔壁、顶封头和塔内件	H_2S+H_2O 腐蚀	塔体材料可使用碳钢、碳钢+0Cr13Al（0Cr13），塔内件可使用碳钢、0Cr13
	底部塔体、底封头	高温硫腐蚀	加工高硫原油时塔壁可使用碳钢+0Cr13Al（0Cr13）、塔内构件可使用0Cr13、0Cr18Ni9
分馏系统塔顶冷凝冷却系统	气液两相及液相区	H_2S+H_2O 腐蚀	塔体材料可使用碳钢、碳钢+0Cr13Al（0Cr13），塔内件可使用碳钢、0Cr13
循环氢加热炉	炉管内壁	氢腐蚀、高温 H_2S/H_2 腐蚀	选用稳定化奥氏体不锈钢炉管321H或347H
	炉管外壁	高温硫化、高温氧化、熔灰腐蚀	（1）控制燃料中的硫含量； （2）定期除灰
	炉体、空气预热器	烟气硫酸露点腐蚀	（1）保持炉体衬里的完好性； （2）提高进料温度； （3）使用耐硫酸露点腐蚀用钢
重沸炉	炉管内壁	高温硫腐蚀、结焦	根据腐蚀速率，炉管可选用碳钢或1Cr5Mo，避免火嘴偏烧
	炉管外壁	高温硫化、高温氧化、燃灰腐蚀	（1）控制燃料中的硫含量； （2）定期采用除灰剂
	炉体、空气预热器	烟气硫酸露点腐蚀	（1）保持炉体衬里的完好性； （2）提高炉管进料温度； （3）使用耐硫酸露点腐蚀用钢

2. 应对原料油劣质化的选材措施

我国20世纪建成的加氢裂化装置大多数按低硫油设计，设计原料油硫含量一般不大于0.8%，从20世纪90年代末以来，我国大量加工进口高硫高酸劣质原油，导致加氢裂化装置腐蚀性介质含量增加。具体表现在：反应流出物系统硫化氢含量大大增加，由于脱丁烷塔脱除硫化氢能力不足导致分馏系统硫化氢含量增加。反应系统高温部位主要是高温硫化氢/氢腐蚀，由于选材主要是不锈钢，实际腐蚀速率变化不大。反应系统低温部位包括反应系统换热流程后部高压换热器、高压空冷器、冷低压分离器和相连管线的硫化氢含量显著增加。由于选材主要以碳钢为主，湿硫化氢引起的腐蚀加重，高压空冷器的腐蚀加重。循环氢系统的硫化氢含量大大增加，湿硫化氢引起的腐蚀加重。原设计分馏系统(脱丁烷系统、分馏塔系统设备和管道、加热炉等)主要采用碳钢，硫化氢含量增加，高温部位的高温硫腐蚀加重，塔顶系统的湿硫化氢腐蚀加重。

针对原料劣质化后以低硫油设计的加氢裂化装置腐蚀加重的情况，除工艺上采取相应措施减缓腐蚀外，还需要根据理论腐蚀速率和实际腐蚀状况，在腐蚀严重部位进行材质升级。具体包括：反应进料系统在大于240℃部位管道升级为1Cr5Mo或更高级材料，高压空冷器工艺防腐无法满足要求时考虑换热管升级为NS1402；分馏系统脱丁烷塔壳体升级为复合钢板，内件采用不锈钢，脱丁烷塔重沸炉根据理论腐蚀速率和实际腐蚀状况将炉管升级为1Cr5Mo，局部腐蚀严重部位炉管升级为321不锈钢，重沸炉出口管线升级为1Cr5Mo；分馏重沸炉炉管升级为1Cr5Mo。脱丁烷塔塔顶系统设备采用HIC碳钢，并进行焊后热处理，管道可升级为奥氏体不锈钢。分馏塔内件升级为不锈钢，分馏塔进料管线升级为1Cr5Mo，分馏塔内件升级为不锈钢；分馏塔塔顶系统设备管线采用硫、磷等杂质含量低的优质碳钢，并进行焊后消除应力热处理。

二、工艺操作

1. 原料控制和运行管理

加氢裂化装置操作条件苛刻，高温高压临氢，介质易燃易爆，加氢装置的原料控制和装置运行管理，对于设备和管道的防腐蚀非常重要。

装置加工的原料油必须符合设计要求，原料油中的硫、氮、氯离子、铁离子和总金属含量应严格控制在设计值和装置工艺卡片规定值范围内。新鲜氢气必须符合设计要求，特别要求氢气中不含氯离子。对每罐原料油均进行分析，分析项目包括硫、氮、氯、铁离子和总金属含量等；采用热联合的装置，原料油每周分析1次。

为了保证设备安全运行，防止失效，应保证工艺操作参数的稳定，防止超温、超压、超负荷，在操作出现异常时，按照应急规程谨慎处理，避免反应器的超温和急冷。按照热开停工程序开停工，控制升降温速率，在停工工序中增加300~350℃的消氢处理程序，以降低反应器壁材料中的氢浓度，以防止堆焊层裂纹和堆焊层剥离，在因操作不稳定导致非计划停工有超温或急冷时，需要根据具体情况对设备损伤进行评估，根据评估结果决定最低升压温度和运行中的监控措施。

2. 高压空冷器的运行管理

由于高压空冷器腐蚀的影响因素很多，涉及工艺、设备、操作和防腐蚀等方面，并且至今为止还缺乏深入的研究，没有精确的定量关系，只有设计和现场经验，所以为了做好高压空冷器的腐蚀防护，保证安全长周期运行，需要炼化企业机动管理部门、工艺技术部门、生产调度部门、腐蚀检测部门和车间明确分工，通力协作。

(1) 高压空冷器运行中要严格遵守操作规程，保证高压空冷器在设计允许范围内运行，严禁超温、超压和超负荷运行。当装置原料性质和处理量发生较大改变时，应核算物流的腐蚀因子 K_p 值和流速，原料性质和处理量的任何变化，都应确保 K_p 值和流速控制在合理的范围内，否则应调整原料性质和处理量，加强对高压空冷的监控，防止其产生腐蚀。

在原料油劣质化后为了把 K_p 值控制在合理范围内，对于有循环氢脱硫的装置，应保证循环氢脱硫系统的正常运行；没有循环氢脱硫的装置，需要采取适当措施(适当排放、部分提纯等)保证循环氢中硫化氢含量不超标。

在装置低负荷时装置应保持一定的处理量，防止高压空冷器因流速过低而出现偏流和管子结垢的情况(物料流速不应低于 3m/s)。

(2) 生产车间应建立高压空冷器的基础资料档案。具体包括：高压空冷台账和技术档案；竣工图纸和产品质量证明书、合格证；高压空冷器操作规程；故障、事故记录及原因分析报告；检修、抢修、技术改造记录及竣工资料；检测报告。

生产车间应建立高压空冷器完整的运行记录。具体包括：工艺操作运行记录；检查记录；原料油、新氢、注水和高分水分析记录及空冷器出口温度测量记录；定期的运行分析总结。

在装置重要工艺控制指标或处理量需要调整时，车间要填报工艺指标更改单并报技术质量管理部门、生产管理部门和机动管理部门进行审批。

(3) 生产装置人员相关工作。生产装置管理人员每天至少对高压空冷的运行情况进行一次巡检，每周检查一次冷高分酸性水的颜色，正常时其颜色应为浅黄色，当发现其颜色变为蓝色或黑色等异常情况时，应组织对高分水进行采样分析并及时调整操作；每季度编写高压空冷器的运行情况分析报告，并及时上报机动管理部门、技术质量管理部门和生产管理部门。

生产装置操作人员应按以下规定进行巡回检查：每 1~2h 对高压空冷器巡检一次，检查内容有：高压空冷器风机的运行情况和高压空冷器管束是否有渗漏、弯曲变形、膨胀变形等现象，检查高压空冷器的丝堵、密封面、垫片的密封情况，发现故障及时报告处理；每周监测、记录一次每台高压空冷器出口温度，分析其产生偏流和结垢程度。

(4) 高压空冷器运行数据分析。工艺介质的分析管理由技术质量管理部门负责，车间配合质量检验部门进行采样及分析；工艺管线、设备的检测由机动管理部门负责联系有关单位实施。

新氢每周分析 1 次硫化氢含量，循环氢每周分析 1 次，分析项目包括硫化氢含量、循环氢组成等。

注水水质每月分析 2 次，分析项目包括氧含量、氯离子含量、氰化物含量、金属含量、总固体不溶物含量和 pH 值等。

冷高分酸性水水质每月分析 2 次，分析项目包括铁离子含量、pH 值、硫氢化铵浓度、氯离子含量和氰化物含量等。如果装置原料性质发生较大变化时，应及时对高分排水水质进行分析。

每月 1 次对高压空冷器出入口管线、弯头、三通进行定点测厚。

为保持各组空冷器的介质出口温度均匀，防止空冷器管内结垢，不允许空冷器风机的不对称停用，已安装变频器的风机必须使用变频器。变频器出现故障时，维修单位应及时排除故障，确保其正常运行。

高压空冷器的开停工必须按照工艺操作规程执行。车间必须制定高压空冷器事故应急预案并加强事故演练。

三、设计制造

高压空冷系统的选材原则如下：

高压空冷系统包括换热流程后部的高压换热器（流出物温度在约 230℃以下）、高压空冷器、冷高压分离器、冷低压分离器及相连管道。

在高压换热器的操作温度下，高温 H_2/H_2S 腐蚀速率较低，考虑到氢腐蚀，依据 API RP 941-2016 中 Nelson 曲线进行选材。

应根据用户预期设计寿命要求，加工原料的硫、氮、氯的含量，操作设计条件等要求，结合工艺防腐水平，空冷器主要元件材料可采用碳钢、15CrMo 和 NS1402 等材料。

硫氢化铵的 K_p 系数以反应流出物蒸气相 H_2S 和 NH_3 为基础进行计算，其计算公式：

$$K_p = [H_2S] \times [NH_3]$$

式中 $[H_2S]$——反应流出物中硫化氢的摩尔分数（干基），%；

$[NH_3]$——反应流出物中氨的摩尔分数（干基），%。

K_p 系数的值越大，即硫氢化铵浓度越高，发生腐蚀风险越大。对于新建加氢装置，在满足下列条件时可采用碳钢或 Cr-Mo 钢（当空冷入口介质温度高于 200℃时，选 Cr-Mo 钢），否则宜采用 NS1402。

① 柴油原料类加氢装置：K_p 系数小于 0.3，酸性水中硫氢化铵浓度（硫氢化铵浓度指理论计算值，下同）小于 4%（质量分数），流速为 3~6m/s；

② 蜡油原料类加氢装置和渣油加氢装置：K_p 系数小于 0.3，酸性水中硫氢化铵浓度小于 3%（质量分数），流速为 3~6m/s。

换热管选用碳钢时，在换热管流体入口部位设置长度不小于 300 mm 的 316L 衬管，衬管与换热管应紧密贴合，衬管尾部应为喇叭口，斜度不大于 1∶4。

空冷器管箱应选用丝堵管箱，管箱设计应使换热管入口流体均匀分配，空冷的布置应完全对称。换热管选用碳钢时管箱选材应为 HIC 碳钢，并进行焊后热处理；换热管选用 NS1402 时管箱应采用复合板，以防止管箱采用碳钢时引起的电偶腐蚀。

空冷器的连接管线一般选用 HIC 碳钢，并进行焊后消除应力热处理。在注水点部位，如果腐蚀严重局部可以考虑采用316L。集合管的结构应完全对称，见图 10-2；集合管上应没有流体流动死区；空冷器出口管上设有温度指示以保证运行时每片空冷器温度相同；注水点可以单个也可多个，单点注水时注水点设在总管上，多点注水仅适用于非对称结构，并应有仪表控制各个注水点的注水量；管道支撑的布置应考虑到防腐蚀重点部位的在线检测要求。

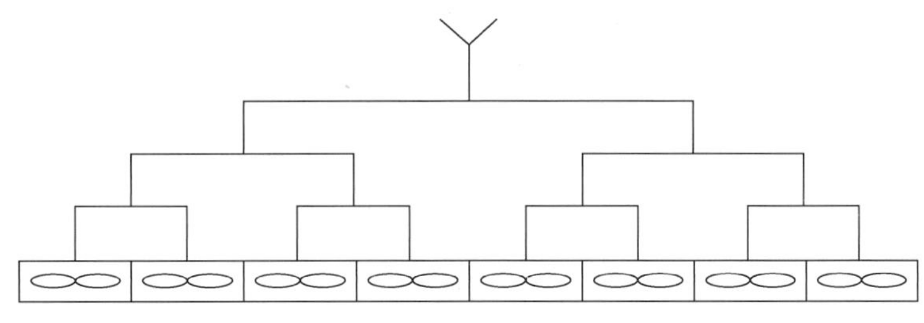

图 10-2 高压空冷器出入口集合管对称布置示意图

四、腐蚀监测

加氢裂化装置常用的腐蚀监测方法包括腐蚀探针和定点测厚。

腐蚀探针安装在脱丁烷塔、脱乙烷塔和分馏塔顶冷凝器的入口管线上，对腐蚀速率进行实时监测。根据监测结果评价工艺防腐措施的有效性，调节缓蚀剂的注入量。

装置运行中的定点测厚重点部位有：高压空冷器管箱和进出口管线、弯头、三通，高分油高压泄放至低压的管线，冷高压分离器、冷低压分离器的酸性水管线，反应系统超压泄放管线，高压进料系统超过 240℃的碳钢和铬钼钢管线；分馏系统塔顶挥发线，重沸炉的出入口管线等。对于盲肠、死角部位，如排凝管、采样口、调节阀副线、开停工旁路、扫线头等在定点测厚中应引起足够的重视，其他根据装置检修腐蚀状况适当增减在线定点测厚点。

对于加热炉，需要定期对原料中硫等杂质和烟气露点进行分析，大修期间对炉管进行测厚检查。表 10-3 是重点腐蚀监检测内容。

表 10-3 腐蚀监检测重点内容

设备类型	腐蚀探针	定点测厚	化学分析	其他
冷高压分离器		底部酸性水出口管弯头测厚	酸性水 pH、Cl^-、$Fe^{2+/3+}$、H_2S、HCN、NH_4HS、CN^-含量	
高压换热系统		空冷器、冷却器壳体及出入口短节，塔顶挥发线及回流线。流出物管线弯头、大小头等部位		空冷器停工期间用内窥镜检查

续表

设备类型	腐蚀探针	定点测厚	化学分析	其他
反应器				热电偶套管焊缝、催化剂支撑凸台表面、法兰密封槽着色检查
分馏塔顶冷凝冷却系统	（1）在空冷器后安装电阻或电感探针；（2）在回流罐前安装 pH 在线检测探针	空冷器、冷却器壳体及出入口短节，塔顶挥发线及回流线	pH 值、$Fe^{2+/3+}$、H_2S 含量	
加热炉		辐射段出口管线、对流段每路出口弯头	分析燃料中的硫含量、Ni 含量、V 含量	烟气露点的监测

五、腐蚀调查

1. 装置设备的腐蚀检查

腐蚀检查工作应遵循普查与重点检查相结合的原则，应与设备、管道的点检、日常维修、停车大修、定期检验等工作紧密结合。装置检修时将腐蚀检查工作列入检修计划，了解腐蚀形态，分析腐蚀原因，预测腐蚀发展趋势，提出维修和下一运行周期的防腐措施。加氢裂化装置的重点检查部位包括冷高压分离器、冷低压分离器、脱丁烷塔顶冷却器、回流罐，以及脱乙烷塔顶冷却器、回流罐、高压空冷器等。

加热炉腐蚀检查的重点包括：反应进料加热炉辐射炉管蠕变测量；分馏加热炉炉管及进出管测厚；奥氏体不锈钢炉管焊缝裂纹检查。

加氢反应器的腐蚀检查重点包括：堆焊层裂纹和堆焊层剥离情况；催化剂支撑凸台裂纹情况；主焊缝和接管焊缝裂纹情况；法兰梯形密封槽底部拐角处裂纹情况。

高压换热器的腐蚀检查重点包括：堆焊层裂纹和堆焊层剥离情况；主焊缝和接管焊缝裂纹情况；换热管与管板焊缝裂纹情况；以及换热管内外壁检查、测厚，管内涡流探伤或管内充水超声波探伤，内窥镜检查和密封面检查。

高低压分离器的腐蚀检查重点包括：热高压分离器检查要求与反应器相同；冷高压分离器、冷低压分离器检查内壁湿硫化氢环境下的裂纹，以及底部排水管和管线、阀门的冲刷腐蚀检查。

高压空冷器的腐蚀检查重点包括：翅片管壁外观检查；翅片管内壁涡流探伤或管内充水超声波探伤、内窥镜检查；高压空冷器注水管附近，出入口连接管弯头的冲刷腐蚀检查。

管道的腐蚀检查重点包括：检查奥氏体不锈钢材质管道焊缝及阀门的裂纹；铬钼钢管线材质鉴定、测厚情况。

2. 高压空冷器的腐蚀检查与维修

高压空冷器的检维修按照 SHS 01010—2019《空气冷却器维护检修规程》执行。

需要加强高压空冷器的日常检查和维护，发现问题要及时修理，排除故障，不影响高压空冷器的正常运行。

装置停工检修期间，高压空冷器应作必要的检查，检查以内部检查为重点。装置检修时每台高压空冷器管束应抽5~10根管子拆开两端的丝堵进行检查，检查项目包括衬管的腐蚀情况及衬管与基管的贴合情况，管子的结垢程度和腐蚀情况，管箱的结垢和腐蚀情况，要适当增加空冷器管子冲刷腐蚀检查的比例，检查重点部位结垢严重的管子，主要检查位于衬管尾端区域的部分；检查时如发现管子出现严重结垢、腐蚀和衬管脱出等异常情况时，应对所有的管子进行逐一检查。检查方法包括管端目视、使用内窥镜或涡流探伤检测等。

发现高压空冷器管内结垢时，检修应对所有管子和管箱进行化学清洗或高压水清洗。

为了解高压空冷器管子的剩余壁厚，可通过内径或局部拆除翅片用超声波测厚方法对空冷器的管子进行壁厚检测，射线检查可作为超声测厚的补充手段确定壁厚；必要时可采取破坏性方法，切下来一根或几根管子剖开检查。通过剩余壁厚可计算管子的腐蚀速率，根据腐蚀速率来确定剩余寿命。

车间应根据日常维护和停工检查、检测的结果，编制高压空冷器检修计划，做到不过度维修、不失修。

检修完的项目需按照有关规程、规范要求进行检查验收和记录。

六、工艺防腐

1. 概述

加氢裂化装置的工艺防腐蚀措施包括：在高压反应系统换热流程末端的高压换热器前、高压空冷器前的管线上注除盐水，洗去反应流出物中的铵盐，注水量和注水品质严格控制，根据具体情况选择注入缓蚀剂或阻垢剂；分馏系统塔顶挥发线注缓蚀剂；冷高压分离器和分馏系统塔顶冷凝水的分析。

冷凝水分析包括冷高压分离器酸性水分析和分馏系统塔顶冷凝水的分析，冷高压分离器酸性水分析是定期分析冷高分水中 NH_4HS 的浓度和铁离子浓度、氯离子、pH 值等，NH_4HS 的浓度确定高压空冷器的注水量以及缓蚀剂的注入量；分馏系统塔顶冷凝水分析是定期分析塔顶回流罐冷凝水的浓度和铁离子浓度、氯离子、pH 值参数，根据分析结果对塔顶挥发线上注水和注缓蚀剂进行调节。

2. 高压空冷器的工艺防腐

(1) 高压空冷器和高压换热器注水管理

为了防止氯化铵和硫氢化铵结晶堵塞换热管，在高压换热器前和高压空冷器前设有注水点进行注水冲洗。由于氯化铵量少，所以在换热流程末端高压换热器间断注水，通过对高压换热器的压降进行监控，在压降超过临界值时进行注水，注水水质要求见表10-4。在不注水时注水点阀门要关严，防止水泄漏进入系统，形成高浓度酸性溶液加快腐蚀。

空冷器入口前应设置连续注水。注水水质要求见表10-4。高压空冷器注水量应随装置的处理量和原料性质变化进行调节。洗涤水的质量要符合设计要求，并且要加强注水系统的氮封，防止空气串入系统。保证在注水位置不少于25%液态水。对柴油原料类加氢装置的碳钢或 15CrMo 的高压空冷器，酸性水中硫氢化铵浓度小于 4%控制，对蜡油原料类加氢装置的碳钢或 15CrMo 的高压空冷器，酸性水中硫氢化铵浓度小于 3.5%控制，对渣油原料类加氢装置的碳钢或 15CrMo 的高压空冷器，酸性水中硫氢化铵浓度小于 2%控制。对临氢类高压空冷器采用 NS1402 的，酸性水中硫氢化铵浓度按小于 4%控制。

空冷器注水还应该关注：

① 在积盐区前优先采用总管上单点注水，结合注水喷头和静态混合器，保证洗涤水与反应流出物油气充分接触混合，有利于液态水在反应流出物中均匀分配，以保障水洗效果。

② 对于采用多点注水的设计，宜在各个注水点设注水调节阀以保障各分支管的注水量。

③ 入口管线注水点合理设置雾化喷头和静态混合器使气液分布均匀。

④ 推荐在 DCS 界面中嵌入硫氢化铵 K_p 系数、硫氢化铵浓度、高压换热器换热系数 K 值等关键参数监控，利于装置操作和技术人员及时判断反应流出物系统工艺防腐效果，进而及时调整优化。

表 10-4　注水水质要求表

成分	最高值	期望值	成分	最高值	期望值
氧/ppb(质量)	50	15	硫化氢/ppm(质量)	—	<1000
pH	9.5	7.0~9.0	氨	—	<1000
总硬度(钙硬度)/ppm(质量)	1	0.1	CN^-/ppm	—	0
溶解的铁离子/ppm(质量)	1	0.1	固体悬浮物/ppm(质量)	0.2	少到可忽略
氯离子/ppm(质量)	100	5			

注：$1ppb=10^{-9}$，$1ppm=10^{-6}$。

(2) 防止催化剂粉末堵塞的措施

为了避免催化剂粉末堵塞高压空冷器，对混捏法制成的催化剂，需要控制磨耗小于 1.5%；对于浸渍法制成的催化剂，需要控制磨耗小于 1%。

(3) 高压空冷器缓蚀剂注入的管理

可根据原料含硫、含氮量和高压空冷器的实际使用情况，选用适当的缓蚀剂，以减缓介质对设备的腐蚀，提高设备使用寿命。

七、其他措施

加氢裂化装置操作条件苛刻，高温高压临氢，介质易燃易爆，加工高硫油后硫化氢含量提高，设备失效后果严重，工艺操作对设备腐蚀失效影响较大，装置反应系统高温部位大量使用奥氏体不锈钢，这些设备在运行期间因高温硫化氢/氢的腐蚀，在设备表面生成了硫化物，在装置停工期间有氧(空气)和水进入时，设备表面生成的硫化物与其发生反应生成连多硫酸($H_2S_xO_6$)，在存在拉应力的部位具有连多硫酸应力腐蚀开裂的敏感性，为了防止应力腐蚀开裂的发生，对于停工检修时不需要打开的设备，需要严加防护，防止外界的氧和水分等有害物质进入系统。对于需要打开检修的设备，在打开前应按 NACE 推荐执行标准 SP 0170—2012 进行碱洗防护，具体细节如下：

(1) 打开暴露于空气中的奥氏体不锈钢和其他奥氏体合金设备后，最好应使用碳酸钠(Na_2CO_3或苏打灰溶液)进行防护。苏打灰溶液中和金属表面上形成的酸，并且排净后在金属表面留下一层碱性薄膜可以中和形成的其他酸。这些溶液中也可能含有碱性表面活性剂或其他缓蚀剂。

(2) 清洗液应是Na_2CO_3浓度为2%且pH值大于9的溶液。虽然大多数用户使用2%溶液清洗，工业实际上Na_2CO_3浓度在1%~5%之间变化。浓度为1.4%~2%的苏打灰溶液在排净后通常就可以在金属表面提供足够的残留碱度。另外，较低浓度的溶液容易配制。

(3) 不能使用氢氧化钠溶液(NaOH或碱性苏打)。

(4) 使用碳酸钾溶液的经验有限。但是，使用碳酸钾代替苏打灰溶液的企业没有出现开裂的报告。

(5) 使用浓度5%倍半碳酸钠盐($Na_2CO_3 \cdot NaHCO_3 \cdot 2H_2O$)或天然碱溶液较合适。

(6) 对碱洗溶液中氯化物的控制根据应用环境的不同而有所不同。由于过去有使用含有少量氯化物碱液的成功经验，所以通常不总是要求溶液中必须不含氯化物。

(7) 对于加氢装置，能够预料到工艺侧会出现氯盐的沉积，清洗溶液中氯化物的浓度应该控制在250mg/L以下。同样，因为这些单元会有氯盐沉积，并且会发生连多硫酸应力腐蚀开裂，所以应该采用适当措施除去这些沉淀物。

(8) 由于清除氯盐导致溶液中氯离子浓度的提高经常见到。应在清洗溶液中加入硝酸钠作为缓蚀剂以降低氯化物应力腐蚀开裂的可能性。用户对清洗中循环使用的苏打粉溶液中氯离子的浓度设置一个可以接受的氯化物浓度上限。当达到氯化物浓度上限值时，应排空清洗液并补充新鲜溶液以降低氯离子的浓度。要尽力清除设备凹槽部位的残液，这些部位的残液在系统加热时会浓缩。因为加热时溶液中水分蒸发，氯化物浓度增加，使氯应力腐蚀开裂可能性增加。

(9) 当工艺侧氯盐量很难估计，设备排净残液困难时，开始清洗时应使用氯含量在25mg/L以下的溶液。即使使用氯含量在25mg/L以下的溶液，也应尽一切努力清除凹槽部位的残液，因为在体系温度升高时会浓缩。当温度升高后溶液中水分蒸发，氯浓度会增加，从而增加了氯化物应力腐蚀开裂的可能性。作为替代方法，可以使用充氨的冷凝水。

(10) 在清洗液中加入一种浓度为0.2%的碱性表面活性剂，可以提高对焦炭、垢物和油膜的渗透能力。将清洗液加热到49℃可以加速对油膜和残渣的渗透。

(11) 应使用含有缓蚀剂的碱性溶液来降低氯化物应力腐蚀开裂的可能性。

(12) 用户可以选择在冲洗溶液中添加0.4%的硝酸钠。实验室测试表明，低浓度的硝酸钠对沸腾状态下氯化镁溶液中奥氏体不锈钢的应力腐蚀开裂有有效的抑制作用。但要注意：过多的$NaNO_3$会导致碳钢的应力腐蚀开裂。

(13) 设备在暴露于空气之前必须进行碱洗。所有的设备内表面都必须和碱洗液有效接触。

（14）系统必须在惰性气氛下填充碱液以使与氧气的接触最小。

（15）设备必须浸泡或用碱液循环最少2h。如果有油泥或沉淀，洗液必须剧烈循环（最少2h）。在每一情况下更长时间是有利的。

（16）循环用的清洗液应该每隔适当的时间进行分析，以确保pH和氯离子含量限度得以维持。

（17）为确保防护到位，应保证设备表面的残留苏打水膜不会被后续的水洗或下雨以及机械操作等除掉。如果膜被破坏，应尽快应用合适的方法再次成膜。在设备维修过程中通过手工喷涂的方法重新修补膜。在整个停工过程中应保证膜一直存在，以确保一直处于防护状态。

（18）每套系统都必须进行单独评价，细心保证存有未放空气体的凹槽和叶栅状流动断面的表面能够接触到洗液。

（19）如果加热炉管外表面需要清洗除去灰垢，应该考虑苏打灰溶液的使用，因为这些部位的外表面可能会产生连多硫酸应力腐蚀开裂。

（20）特殊情况下，可以使用充氨凝结水冲洗，溶液的pH值要高于9且氯含量要小于5mg/L。

（21）进行设备的高压水冲洗时需要使用苏打灰溶液。

（22）在高压水冲洗后，设备应保持干燥，不受外部气候影响。如果这无法实现，应再次使用苏打灰溶液清洗以保证设备上保留下苏打灰膜。

（23）设备的水压试验应使用苏打灰溶液。如果设备没有打开或暴露于氧气中，也可以使用充氨冷凝水。

（24）如果工艺系统中不允许存在钠离子或氯离子，设备应该封闭后使用充氨冷凝水进行冲洗。如果装置不立即开工，溶液可以保存在设备内部，或使用氮气或干烃置换溶液。在这一程序之后，装置不能暴露于氧气中。在排净后，不要留下氨液残留膜。

（25）在碱洗完成后，应在设备重新开工之前从系统的排液口将所有的残留碱液排净。如果不这样做，会导致因水蒸发而形成碳酸盐或氯盐浓缩，导致奥氏体不锈钢的应力腐蚀开裂。

（26）将奥氏体不锈钢管线中排液管升级为能够耐氯化物应力腐蚀（冲洗或水压试验残留苏打灰水溶液引起）的材料。

第四节　典型腐蚀案例

［案例10-1］加氢裂化装置高压换热器失效

失效背景及操作条件：某公司200×10^4t/a高压加氢裂化装置于2007年7月投产，生产清洁油品和优质乙烯裂解原料，设计原料为高硫减压蜡油和部分焦化蜡油的混合油，设计加工原料油中硫质量分数为 1.7%、氮质量分数为 0.127%、氯质量分数为 0.0001%，实际加工原料油硫质量分数为 2.5%。由于装置进料油中氯质量分数经常超过 0.0001%，自 2009 年起，热高压分离罐后 3 台高压热交换器 E3103/A、E3103/B、E3102 陆续出现腐蚀泄漏，造成装置多次停工，经济损失较大。

结构材料：加氢处理后的反应产物经热高压分离罐分离后，热高压分离罐气体(简称热高分气)先后经 E3103/A、E3103/B 管程与冷低压分离罐油(简称冷低分油)及 E3102 管程与循环氢换热，再经空冷器 A3101 进入冷高压分离罐。E3103/A、E3103/B 以及 E3102 这 3 台高压热交换器主要运行参数见表 10-5。

表 10-5 三台高压热交换器主要技术参数

设备编号	介质		材质		操作温度(出/入口)/℃		操作压力/MPa	
	壳程	管程	壳程	管程	壳程	管程	壳程	管程
E3103/A	冷低分油	热高分气、H_2、H_2S	16MnR	TP316L	145/210	230/200	1.0	13.2
E3103/B	冷低分油	热高分气、H_2、H_2S	16MnR	2205	48/115	200/160	1.0	13.2
E3102	循环氢	热高分气、H_2、H_2S	16MnR	2205	65/95	160/125	15.7	14.1

失效记录：E3103/B 高压热交换器的换热管内表面有薄层油垢，剖开管子之后观察到侧面局部有腐蚀沟槽，沟槽最深部位的深度达到管子原厚度的一半，沟槽最深处有穿孔。取样部位在管束上半部，靠近壳程出口接管。腐蚀形貌见图 10-3。

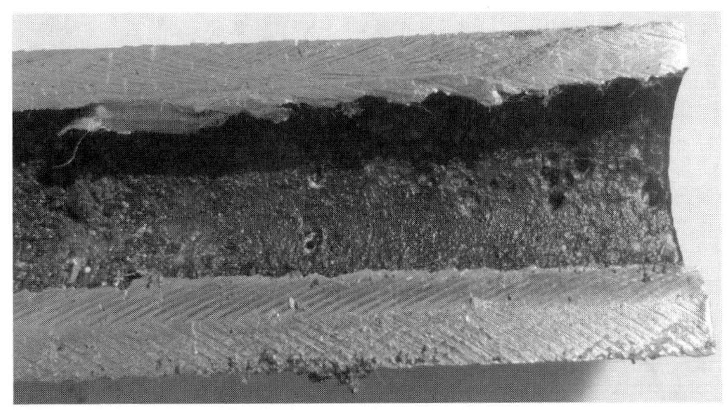

图 10-3 管束内壁存在明显的点蚀坑

失效原因及分析：

E3102 换热管内表面有薄层液态轻油，底部有一条腐蚀沟槽，沟槽最深处已经穿孔，其他部位腐蚀减薄不明显。取样部位在管束上部靠近壳程出口接管部位，沟槽和穿孔位于管子上部 10 点~14 点位置。从 E3102 管板上取白色垢样进行了不同区域的 X 射线能谱分析，样品中含有 C、N、O、S、Cl、Fe 和 Cr 等元素。其中氯元素质量分数 0.28%~0.76%、氮元素质量分数 21.71%~25.01%，来自管束腐蚀产物，垢物中含有部分有机物，大量氮元素的存在说明垢样中含有铵盐。

对 E3103/B 换热管材质进行金相组织分析，可以看到清晰的奥氏体+铁素体双相组织，铁素体含量约40%，晶粒细小均匀，晶粒大小与单相奥氏体的9.5级相近，组织未见异常。换热管腐蚀坑内部和管内表面垢物的EDX分析结果表明，管内表面垢物主要元素有C、O、S、Cl等，腐蚀坑内主要元素有C、O、S、Cl、Fe、Cr、Ni，其中氯质量分数达到4.93%，说明换热管表面垢物主要为氧化物、硫化物和部分有机物，且氯元素在腐蚀坑内富集。

E3102对换热管材质进行金相组织分析，可以看到清晰的奥氏体单相组织，晶粒较细小，晶粒度为7级。换热管腐蚀坑内和管内表面垢物的EDX分析结果显示，管内表面腐蚀坑外有C、O、S、Cl、Fe、Cr、Ni等元素，其中氯质量分数为1.08%；腐蚀坑内主要元素有C、Cl、Fe、Cr，其中氯质量分数达到6.09%，说明换热管表面垢物主要为氧化物、硫化物和有机物，且氯元素在腐蚀坑内富集。

结合生产实际，认为E3103/B和E3102换热管损坏主要是由高质量分数氯化铵溶液引起的点蚀和局部腐蚀破坏。原料油中氯、氮质量分数偏高，经过高压加氢裂解反应器后分别转变为HCl和NH_3。这两种物质随热高分气进入E3103/A、E3103/B和E3102管程，与壳程中的物料换热后达到了氯化铵结晶温度，氯化铵晶体析出附着在管束内壁表面。根据API 932-B-2019计算，装置中氯化铵结晶温度最高可达212℃。为了消除高压热交换器管束中形成的氯化铵盐，生产过程中采用注软化水对其冲洗，但注水量不足，影响清洗效果，加重了腐蚀。后续的连续注水使不锈钢换热管长时间与含氯腐蚀性水溶液接触，在材料局部薄弱部位，如沟槽、钝化膜破损部位、夹杂物、位错露头部位形成点蚀并发展，最终引起换热管腐蚀穿孔。

解决方案和建议：

(1) 加强高压加氢原料中氯、氮质量分数监控。

(2) 高压热交换器段铵盐结晶温度核算及温度控制。

(3) 合理控制高压热交换器管程压差。

(4) 控制水冲洗频次和冲洗水量。

(5) 升级管束材质，比如采用NS1402。

[案例10-2] 加氢裂化高压空冷器腐蚀

失效背景及操作条件：某石化公司100×10^4t/a中压加氢裂化装置2005年1月投用。高压空冷器A53101于2006年4月22日和2006年5月22日分别出现腐蚀泄漏事故，并造成装置非计划停工23天，造成巨大的经济损失。

结构材料：设计压力13.1MPa，操作压力11.2MPa；设计温度210℃，操作温度135℃；工艺介质主要包括循环氢、反应产物轻油和H_2S、水，油气中含2%的硫化氢和少量氨；管箱材质16MnR(HIC)、换热基管材质10号钢、衬管材质为Ti。

失效记录：

检查管束泄漏的管子，发现入口2cm处已经腐蚀减薄贯通，面积为0.8cm×2cm。从基管入口处明显可以看出穿孔部位朝一个方向，冲刷减薄显刀口腐蚀特征，见图10-4。

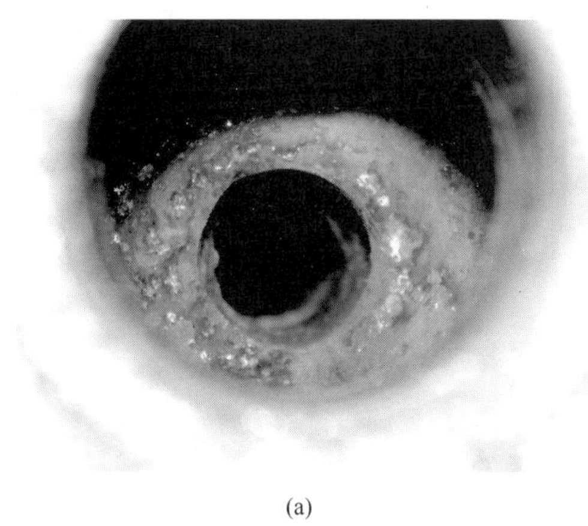
(a)

(b)

图 10-4　基管入口处腐蚀

8 台空冷器管束中 A、B 情况较好，D、E、F 衬管的冲刷严重，则说明空冷器可能存在偏流现象。但每一台管束靠近入口总管两侧的管束管口衬管均是该台冲刷最严重的部位，见图 10-5，说明油气进入空冷器后分配不均匀。

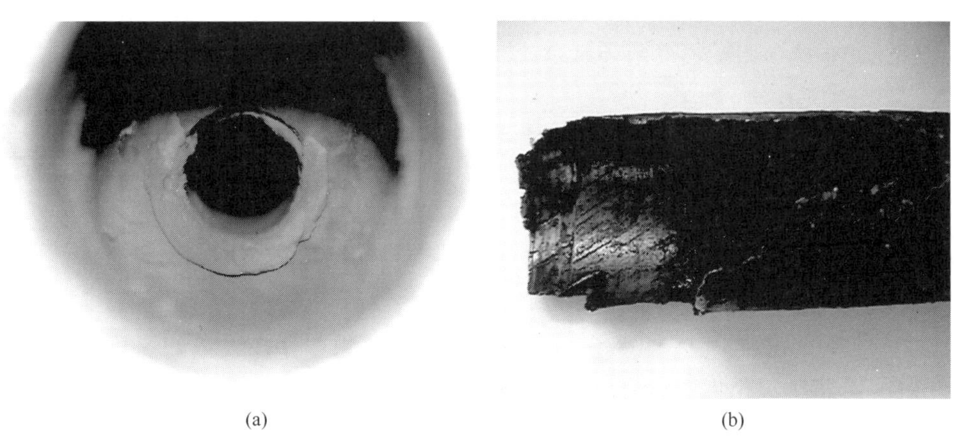
(a)　　(b)

图 10-5　管束管口衬管冲刷严重

失效原因及分析：

从原料分析数据可知，原料油中硫、氯含量比较高，在加氢反应过程中产生 H_2S、HCl、NH_3，形成了 H_2-H_2S-HCl-NH_3的腐蚀体系。空冷器入口温度为 135℃，第一程出口温度为 80℃，而形成气液双相温度区一般在 110～130℃之间，所以空冷器入口区域处于 H_2-H_2S-HCl-NH_3的双相腐蚀区，流速过大或形成湍流将加速其冲刷腐蚀。

经过对现场已腐蚀的钛材衬管进行材质分析，结果见表 10-7，Ti 含量为 98.82%，达不到工业纯钛的标准。少量铁、铝、镁等杂质元素使 Ti 材的硬度明显增大(HV 平均值 249.6)。Ti 材硬度的增加和杂质的增多导致钛在临氢环境中容易吸氢，当氢吸收量达到一定临界值后会发生脆化，钛的氢化物具有很高的脆性，容易碎裂、粉化和剥落。通过对钛管材料进行 X 射线衍射物相结构分析也证明确实有碳化氢的存在，说明钛管在这种临氢环境下不适合使用。

空冷器前的反应注水 2005 年 1~6 月用除盐水，2005 年 7 月起试用除盐水和装置自产凝结水，用量各占 50%。装置分别于 2005 年 3 月 24 日~4 月 12 日，5 月 3 日~5 月 8 日，2006 年 3 月 6~8 日试注净化水。除盐水 pH 值 2h 分析一次，据此分析，除盐水 pH 小于 7 呈酸性时间占 38. 12%。水质达不到工艺防腐蚀管理要求。

解决方案和建议：

（1）操作。

监控原料中硫、氮、氯含量变化，空冷系统冷凝酸性水中 pH 值、硫、氨、氯、氰化物、总铁的含量变化，每周至少分析一次。

严控注水质量，即必须为经除盐、除氧和除氮后的水。

（2）高压空冷器选材。

选择更耐蚀的 NS1402。高压空冷器进出口管道中，介质流速较快的部位和管道入口处产生湍流的部位易发生氯化物 SCC 和 NH_4HS 腐蚀和冲刷腐蚀。若没有适当的保护措施，在停工期间空冷器也会发生连多硫酸 SCC。如继续选用碳钢管束，衬管材质更换为 316L。

［案例 10-3］加氢装置循环氢系统腐蚀

失效背景及操作条件：2017 年 3 月，某炼化公司 410×10^4t/a 柴油加氢装置循氢与热高分气换热器 E103 壳程结盐严重，管束外壁腐蚀，7 根换热管失效、断裂。管程为热高分气，壳程为循环氢。管束材质为 S22053，壳体及管板材质为 14CrlMoR。

失效原因及分析：循环氢与热高分气换热器壳程侧结盐腐蚀泄漏，管束外侧覆盖大量黑色和淡黄色垢物，淡黄色垢物主要集中在循环氢入口部位。靠近管板侧有 7 根换热管断裂，管板内侧明显腐蚀，见图 10-6。换热器管束内外侧均存在大量的氯化铵盐，断口及裂纹的 EDX 分析结果也发现含有大量的 C1。而且断裂管束主要集中在壳程入口侧偏流体冲刷的一侧，壳程入口温度 84. 7℃，管程出口温度 152. 4℃，属于易积聚凝液、冲刷较重区域。从管束材质分析来看，2205 双相钢铁素体含量的不均匀性，使其抗应力腐蚀性能降低。

图 10-6　管束断裂位置与管板内侧腐蚀形貌

解决方案和建议：

（1）工艺设计：

① 全厂氢气系统优化，完善新氢提纯装置。

② 优化循环氢系统的脱液效率。

③ 优化混氢流程，提高混氢点温度。

④ 防止出现冷热交汇两相流。

（2）工艺操作：

① 优化原料油质量。

② 优化新氢质量。

③ 优化注水水质。

④ 优化循环氢脱硫质量。

（3）设备防护：

① 建议在选材时应充分考虑循环氢侧铵盐的腐蚀问题。壳体堆焊不锈钢 TP309L+TP347，管束慎用 15CrMo，优先使用 NS1402。

② 停工保护：需加强停工检修的过程控制，在降温到一定温度时对管程进行热氮气吹扫，直至换热器拆装前；管束抽出之后，立即对壳体进行冲洗，冲洗干净后要立即吹干并采取保护措施。

［案例 10-4］ 加氢裂化装置脱丁烷塔塔底重沸炉腐蚀

失效背景及操作条件：2016 年，某石化企业加氢裂化装置大修检验中发现，1#加氢裂化和 2#加氢裂化装置脱丁烷塔底重沸炉炉前四路进料 20 号碳钢管线均存在严重的减薄现象。脱丁烷塔系统主要作用是在较高温度和压力下对反应系统来的生成油进行汽提，脱除油中丁烷及丁烷以下轻组分，并去除硫化氢。脱丁烷油去分馏塔进行产品分离，脱除的丁烷及更轻气体去液化气回收系统以除去硫化氢和轻烃。冷低分油进料温度为 170℃，热低分油进料温度为 245℃，塔顶温度 84℃，塔底温度 280℃。塔底油经循环泵入重沸炉（重沸炉出口温度 310℃），然后返回塔釜提供热源。

失效记录：现场割管后发现管道弯头及直管内壁均存在极严重腐蚀，显均匀腐蚀形态(图 10-7)，实测最小壁厚只有 1.9mm。此外，塔底重沸炉炉管内也有堵塞和炉管大面积减薄现象，实测壁厚为 2.7~6mm，其中多数为 4~5mm，直管段减薄比弯头严重，最大腐蚀减薄速率 1.0mm/a。

图 10-7　炉前进料线腐蚀形貌

失效原因及分析：

（1）腐蚀元素对系统腐蚀的影响。

脱丁烷塔材质为碳钢，塔底油中硫化氢

和氢未脱除干净，在塔底形成高温硫化氢/氢和高温硫腐蚀环境，导致脱丁烷塔底系统，包括塔底油线和重沸炉炉管都出现了严重腐蚀。

该石化公司原设计加工的为沙轻和沙重原油，但在加工过程中又掺炼了多种劣质原油，包括曼吉、福蒂斯等原油。原油硫含量的增大导致加氢反应后生成的 H_2S 含量增多，在循环氢脱硫塔效率达不到要求，致使脱丁烷塔进料低分油中的 H_2S 气体量增加，从而使塔底系统设备及管线腐蚀加剧。

该石化公司在大修前发现脱丁烷塔塔底抽出泵（P203）入口、阀门、重沸炉（F201）炉管内有堵塞和炉管减薄现象。炉管堵塞会导致重沸炉供热不足，脱丁烷塔分馏效果变差，从而导致塔底油中的硫化氢和氢气含量增大。硫化氢和氢含量增大又会加剧塔底管线和重沸炉炉管的腐蚀，使炉管堵塞更加严重，形成了一个恶性循环，随着时间的推移腐蚀会越来越严重。

（2）装置负荷对脱丁烷塔底系统腐蚀的影响。

装置负荷量增大，导致脱丁烷塔处理量增大，脱丁烷塔分馏效率降低，进而导致进料中的硫化氢和氢气难以全部从顶部脱除而带入到塔底油中，从而加剧塔底系统的腐蚀。

解决方案和建议：

（1）在原料硫含量不断加大的情况下，建议对循环氢脱硫系统进行改造，增大循环氢脱硫塔的脱硫能力，以降低低分油中的 H_2S 含量。

（2）材质升级。目前整个脱丁烷塔系统设计选材已经不符合 SH/T 3096—2012《高硫原油加工装置设备和管道设计选材导则》，选材偏低，建议进行材质升级，以减轻腐蚀。

［案例 10-5］加氢装置塔顶馏出线弯头腐蚀泄漏

失效背景及操作条件：某石化公司直馏柴油加氢装置于 2009 年建成投产，规模为 300×10^4t/a。从 2014 年开始，塔顶馏出线弯头部位的注剂点焊缝部位泄漏，测厚发现管线注剂点附近区域发生腐蚀减薄。2015 年大修时，检查发现馏出线弯头局部腐蚀减薄，且内壁注剂点附近有大量点蚀坑。管线更换后运行不到两个月，塔顶馏出线弯头注剂点下方又出现了泄漏，塔顶馏出线弯头部位的频繁泄漏严重影响了装置运行和安全。

结构材料：塔顶馏出管线及参数见表 10-6。

表 10-6 塔顶馏出线参数

项目	管线规格（mm×mm）	操作压力/MPa	操作温度/℃	介质流量/（t/h）	介质
参数	ϕ273×6.5	0.4~0.5	180~185	12~16	塔顶油气、水蒸气

失效记录：

2015 年停工大修时对其测厚检查，发现局部腐蚀减薄，剖管检查发现弯头下的直管段及注剂点周围有蚀坑，更换了注剂线、弯头及弯头下方 0.5m 长的直管段。

2015 年停工检修后装置运行不到两个月，塔顶馏出线弯头背弯部位注剂点下方出现泄漏。泄漏点出现在塔顶馏出线的第二个弯头上，位于塔顶注剂线(注缓蚀剂)的下方，如图 10-8、图 10-9 所示。测厚结果表明腐蚀减薄严重部位主要集中在弯头背弯处缓蚀剂注剂点下方大约 150mm 的范围内，形成一个严重的腐蚀减薄区域，150mm(长)×100mm(宽)，该区域的最小管壁厚度为 2. 23mm，而且距离泄漏点越近，管壁厚度越小。弯头的内弯和侧弯部位则无明显腐蚀减薄。

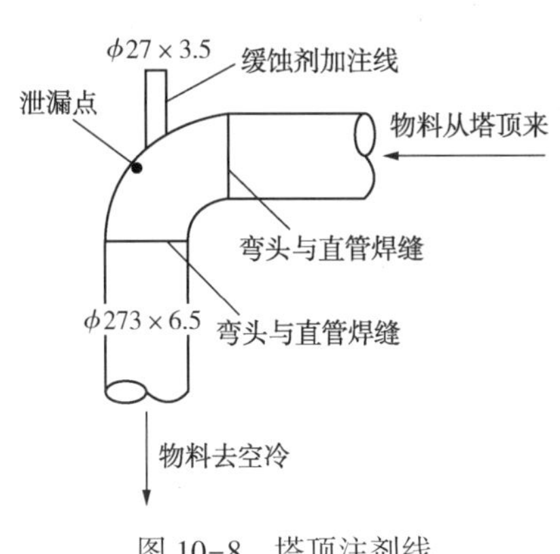

图 10-8　塔顶注剂线

图 10-9　塔顶馏出线泄漏

失效原因及分析：

加氢精制装置汽提塔顶馏出线的介质主要为塔顶油气和水蒸气的混合物，其中含有腐蚀介质 H_2S、NH_3及微量的 HCl。塔顶馏出线弯头发生腐蚀泄漏前，塔顶冷凝水的 pH 值在 5. 7~6. 64 波动，为弱酸性腐蚀溶液，H_2S 含量在 315. 01~1797. 73mg/L 波动。塔顶馏出线的操作温度为 180~185℃、压力 0. 4~0. 5MPa。通过计算，该条件下塔顶油气中的水呈气相，且腐蚀介质 H_2S、NH_3亦呈气相，在气相环境下 H_2S、NH_3不会与金属发生电化学反应。因此，在塔顶馏出线的操作温度及压力下，如果没有注剂线，H_2S、NH_3 不会对其造成腐蚀。

为了防止塔顶工艺介质中含有的腐蚀介质 H_2S、NH_3对塔顶冷凝冷却系统的设备造成腐蚀，设计上采取了在塔顶馏出线弯头部位注缓蚀剂的工艺防护措施。但该注剂线仅仅插入到塔顶馏出线的内表面，当水溶性缓蚀剂通过注剂线进入塔顶馏出线后，受工艺介质气相流态冲击影响形成湍流状态，改变了顺流的方向，被工艺物流带到管道(塔顶馏出线)内壁。此时，虽然注剂点部位的操作温度为 180~185℃，但常温液相水溶性缓蚀剂中的液相水未能全部立即汽化，在塔顶馏出线内壁的注入口至下游区域会形成一个一定温度段的气液两相转变区，在这个气液两相转变区内物料中的腐蚀介质 H_2S、NH_3溶于液相水形成 $H_2S+NH_3+H_2O$ 腐蚀环境，使注剂口附近的管道内壁发生腐蚀，生成 FeS 腐蚀产物膜。计算得知塔顶馏出线工艺介质流速约为 18~24m/s，明显大于工业管道设计推荐值，对管道弯头、变径等流态变化部位产生严重的冲刷，因而造成塔顶馏出线弯头部位生成的 FeS 腐蚀产物膜被剥离，管道内壁表面进而裸露出新鲜的金属，在腐蚀与冲刷的交互作用下，管壁金属不断减薄，直至腐蚀穿孔。

解决方案和建议：

(1) 对塔顶馏出线的漏点部位、注剂线、弯头、弯头的接头部位(焊缝、焊缝热影响区及其附近母材)进行全面测厚，对已经检测出的腐蚀减薄区域进行贴板包焊。

(2) 降低管线介质流速。进一步对塔顶馏出线的介质流速进行核对，及时调整工艺操作，将介质流速控制在12~15m/s的范围内，减轻了工艺介质对塔顶馏出线弯头部位的冲刷腐蚀。

(3) 优化注剂点结构。待装置检修时将注剂线延伸至塔顶馏出线内的中心轴线上，并在注剂线末端(注剂口)安装一个喷嘴，或者将注剂口设计成喇叭状，这样可使缓蚀剂呈雾化状或分散顺流进入塔顶馏出线内，与塔顶馏出线内的介质充分混合，当混合物温度降低出现冷凝水时，确保了每滴冷凝水中都有缓蚀剂发挥保护作用，避免冷态的缓蚀剂溶液与塔顶注剂点附近的管壁直接接触。

CHAPTER 11 / 第十一章

加氢处理装置腐蚀与防护

第一节　典型装置及其工艺流程

一、装置简介

世界石油资源的重质化、劣质化日益加剧，以及清洁轻质油品需求的日益增加，使石油中最重的组分——渣油的轻质化转化成为提升炼油厂整体经济效益的重要途径。将渣油、蜡油等进行加氢处理，脱除原料油中的硫、氮等杂质，为催化裂化装置提供优质原料，增产高附加值产品，既能实现石油资源的高效利用，又能满足日益严格的环保要求，成为目前炼油厂渣油加工的优先选择。

渣油加氢处理按加氢反应器类型不同，可分为固定床、移动床、沸腾床、悬浮床(浆态床)等四种类型，蜡油加氢处理一般采用固定床工艺。固定床渣油加氢装置在反应器不同床层装填不同类型催化剂，以脱除渣油中的金属杂质以及硫氮等杂质，对重组分进行改质。固定床渣油加氢由于技术成熟、装置投资费用低、产品质量好，应用最为广泛，世界上大多数渣油加氢装置采用固定床加氢工艺；但由于原料要求高，运行周期短，近年来固定床渣油加氢在渣油加氢工艺处理中比例有所下降，其他三种渣油加氢工艺随着技术的不断进步，在渣油加氢工艺中的应用比重逐年上升。目前世界上已有 20 多套沸腾床渣油加氢装置建成。镇海炼化于 2019 年年底投产了一套沸腾床渣油加氢装置，茂名石化 2020 年底投产了浆态床渣油加氢装置，中国石化目前在运行的其他渣油加氢装置均采用固定床加氢工艺。本章以固定床渣油加氢工艺为例，阐述装置的防腐蚀要点。

二、主要工艺流程

渣油加氢装置(固定床渣油加氢)主要由反应部分(含新氢和循环氢压缩机部分、循环氢脱硫部分、循环氢提浓部分)、分馏部分、气体脱硫部分组成。反应部分是将高硫、高氮、高残炭、高金属的减压渣油通过高温高压下的加氢反应，脱除部分硫、氮、残炭和金属，得到低硫、低氮、低残炭、低金属的常压(减压)渣油，为下游装置(催化裂化、加氢精制、延迟焦化装置等)提供优质原料油。同时，原料油在渣油加氢反应器内也有部分裂解，得到一部分优质柴油和粗石脑油。

减压渣油(或常压渣油)和部分减压蜡油馏分混合并与生成油换热后进入过滤器进行

过滤，滤掉25μm以上的杂质，过滤后的原料油经反应进料泵升压后与换热后的循环氢混合，混氢原料油分别与热高分气、反应流出物换热后，进入反应加热炉加热至反应所需温度后依次进入各个加氢反应器，各反应器入口温度通过调节反应器之间管线上注入的冷氢量来控制，从最后一个反应器出来的反应流出物经过与混氢油换热至310~370℃后进入热高压分离器进行气液分离，从热高压分离器顶部出来的热高分气分别与反应进料、混合氢换热后进入热高分气空冷器冷却到45℃后进入冷高压分离器进行气、油、水三相分离。热高分液在液位控制下减压进入热低压分离器进行气液分离。热低分油和经过换热器加热的冷低分油进入分馏系统，生产出合格柴油和石脑油组分，以及加氢后的渣油。加氢处理脱硫包括高压脱硫和低压脱硫两部分，都采用甲基二乙醇胺(MDEA)脱除气体中的硫化氢。高压脱硫是在反应部分，采用MDEA对循环氢脱硫。低压脱硫是采用MDEA脱除装置所生产轻烃气体中的硫化氢，提供优质气体原料。

第二节　腐蚀体系与易腐蚀部位

渣油加氢装置的特点是高温高压临氢，系统中还有较高浓度的硫化物或硫化氢存在，主要腐蚀介质包括硫化物和环烷酸、硫化氢、氢、氯化物、氨、胺、连多硫酸等。主要存在下列腐蚀类型：高温氢引起的损伤(氢腐蚀、氢脆和氢致应力开裂)、湿硫化氢损伤(HIC/SOHIC、湿硫化氢应力腐蚀开裂)、高温硫和环烷酸腐蚀、高温硫化氢与氢腐蚀、硫氢化铵的腐蚀、氯化铵的垢下腐蚀、胺液的腐蚀、奥氏体不锈钢连多硫酸应力腐蚀开裂、奥氏体不锈钢堆焊层的氢致剥离、Cr-Mo钢的回火脆化等。

渣油加氢装置详细的易腐蚀部位和腐蚀类型见表11-1和图11-1。

表11-1　渣油加氢装置易腐蚀部位和腐蚀类型

部位编号	易腐蚀部位	腐蚀类型
1	原料油进料管道	高温硫和环烷酸腐蚀
2	反应加热炉	高温氢腐蚀、氢脆、高温H_2S/H_2腐蚀
3	反应器	高温氢腐蚀、氢脆、高温H_2S/H_2腐蚀、Cr-Mo钢的回火脆化、蠕变脆化
		连多硫酸应力腐蚀开裂，高温H_2S/H_2腐蚀。堆焊层的氢致剥离，堆焊层裂纹
4	反应流出物换热器及相连管道	高温氢腐蚀、氢脆、高温H_2S/H_2腐蚀、Cr-Mo钢的回火脆化
		连多硫酸应力腐蚀开裂，高温H_2S/H_2腐蚀。堆焊层的氢致剥离，堆焊层裂纹，氯离子应力腐蚀开裂
5	热高压分离器	高温氢腐蚀、氢脆、高温H_2S/H_2腐蚀、Cr-Mo钢的回火脆化、连多硫酸应力腐蚀开裂，高温H_2S/H_2腐蚀
6	高压空冷器管子及其下游管道	硫氢化胺、氯化胺冲刷腐蚀、垢下腐蚀、湿硫化氢损伤(HIC/SOHIC、湿硫化氢应力腐蚀开裂)
7	脱硫系统	胺液腐蚀、胺应力腐蚀开裂、湿硫化氢损伤(HIC/SOHIC、湿硫化氢应力腐蚀开裂)
8	酸性水系统	酸性水腐蚀、湿硫化氢应力腐蚀、冲刷腐蚀

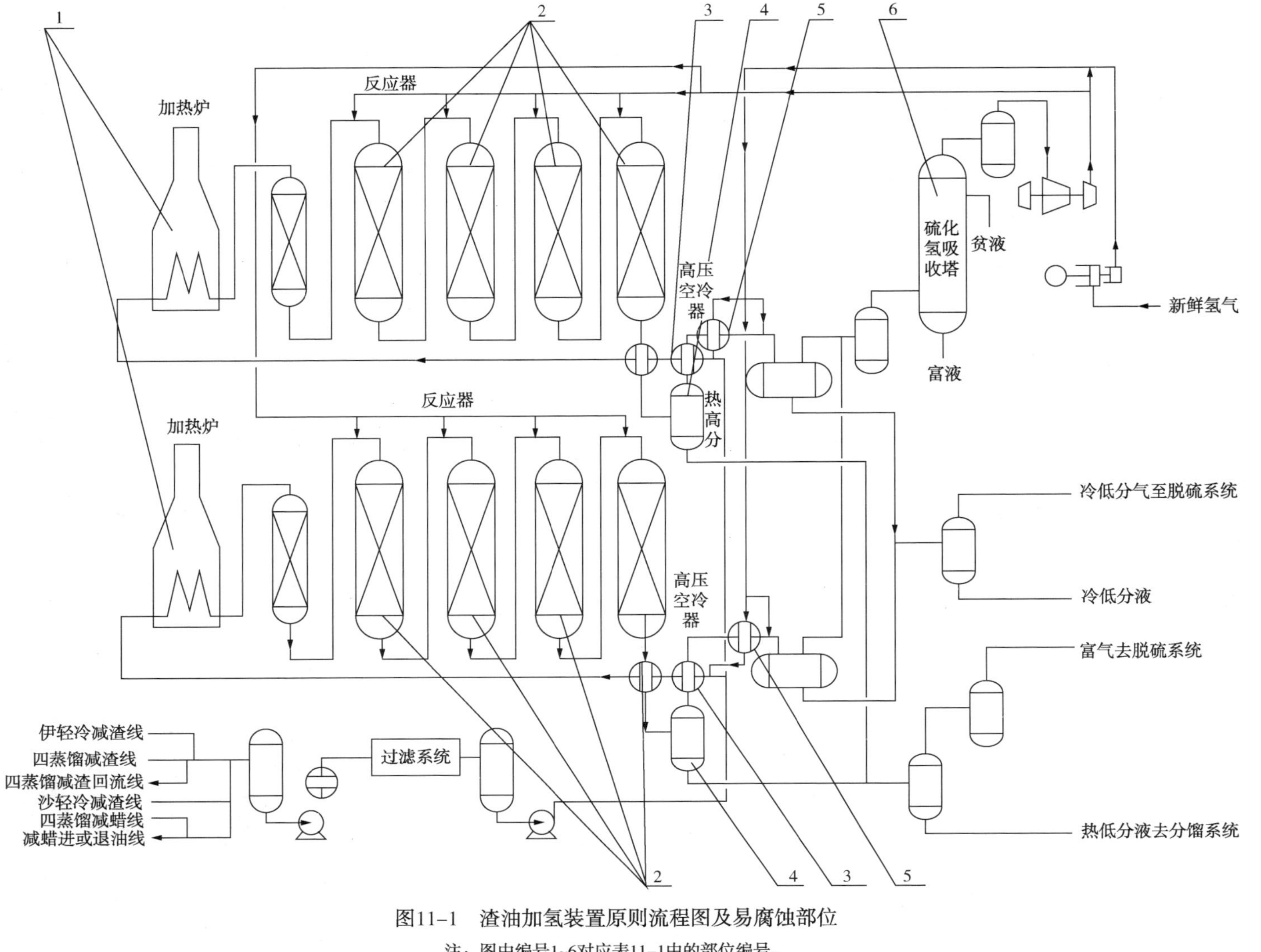

图11-1 渣油加氢装置原则流程图及易腐蚀部位

注：图中编号1~6对应表11-1中的部位编号。

第三节　防腐蚀措施

一、工艺防腐

1. 原料管理和缓蚀剂

渣油加氢装置的腐蚀与原料性质、工艺操作关系密切，往往工艺条件的微小改变会引起意想不到的严重腐蚀，因此，需要对原料进行严格控制，主要是原料油中硫、氮、氯等杂质的含量，以及新氢中的氯含量，在原料改变后相应调整工艺参数。具体要求如下：

（1）装置加工的原料油必须符合设计要求，原料油中的硫、氮、氯离子、铁离子和总金属含量应严格控制在设计值和装置工艺卡片规定值范围内。

（2）新鲜氢气必须符合设计要求。当氢气来自连续重整时，应定期分析化验补充氢中的 Cl^-，使得进入装置补充氢中的氯离子含量在装置设计基准以下。特别要求氢气中不含氯离子。

（3）渣油加氢装置分馏塔顶挥发线可注缓蚀剂，其控制条件见表 11-2，排水铁离子含量不高于 3mg/L。

表 11-2　缓蚀剂的控制条件

类型	油溶性或水溶性	类型	油溶性或水溶性
配制浓度/%	1～3	注入位置	分馏塔顶出口管线
用量/(μg/g)	≯20	注入方式	泵注

2. 高压空冷器的运行管理

由于高压空冷器腐蚀的影响因素很多，为了做好高压空冷器的腐蚀防护，保证安全长周期运行，需要炼化企业机动管理部门、工艺技术部门、生产调度部门、腐蚀检测部门和车间明确分工，通力协作。

（1）生产车间应建立高压空冷器的基础资料档案和完整的运行记录。具体包括：高压空冷台账和技术档案；竣工图纸和产品质量证明书、合格证；高压空冷器操作规程；故障、事故记录及原因分析报告；检修、抢修、技术改造记录及竣工资料；检测报告；工艺操作运行记录；检查记录；原料油、新氢、注水和高分水分析记录及空冷器出口温度测量记录；定期的运行分析总结。

（2）严格遵守操作规程，保证高压空冷器在设计允许范围内运行，严禁超温、超压和超负荷运行。原料性质和处理量的任何变化，都应确保 K_p 值和流速控制在合理的范围内。装置低负荷运行时应保持一定处理量，防止高压空冷器因流速过低而出现偏流和管子结垢的情况（物流速率不应低于 3m/s）。为了将 K_p 值控制在合理范围内，对于有循环氢脱硫的装置，应保证循环氢脱硫系统的正常运行；没有循环氢脱硫的装置，需要采取适当措施

(适当排放、部分提纯等)保证循环氢中硫化氢含量不超标。

(3)为了防止氯化铵和硫氢化铵结晶堵塞换热管，在换热流程末端高压换热器前和高压空冷器前设有注水点进行注水冲洗。由于氯化铵量少，所以在高压换热器前进行间断注水，通过对高压换热器的压降进行监控，在压降超过临界值时进行注水，在不注水时注水点阀门要关严，防止水泄漏进入系统，形成高浓度酸性溶液加快腐蚀。在高压空冷器前部连续注水，注水量要求是：使下游冷高压分离器酸性水中硫氢化铵的浓度小于8%，推荐小于4%，在注水点至少有25%的注水为液相，并且注水水质应严格控制，注水水质要求见表10-4，并且要加强注水系统的氮封，防止空气串入系统。并且应针对注水短暂中断的情况，做好操作应急预案，具体包括通过降低原料中氮含量、调整氮转换率等措施来降低系统中硫氢化铵的生成量。

(4)防止催化剂粉末堵塞的措施

为了避免催化剂粉末堵塞高压空冷器，对混捏法制成的催化剂，需要控制磨耗小于1.5%；对于浸渍法制成的催化剂，需要控制磨耗小于1%。

(5)高压空冷器缓蚀剂注入的管理

可根据原料中硫、氮含量和高压空冷器的实际运行情况，选用适当的缓蚀剂，以减缓介质对设备的腐蚀，提高设备使用寿命。

3. 高压空冷器运行状况的检查和管理

(1)生产装置人员应做好的工作

生产装置管理人员每天至少对高压空冷的运行情况进行一次巡检，每周检查一次冷高压分离器酸性水的颜色，正常时其颜色应为浅黄色，当发现其颜色变为蓝色或黑色等异常情况时，应组织对高分水进行采样分析并及时调整操作；每季度编写高压空冷器的运行情况分析报告，并及时上报机动管理部门、技术质量管理部门和生产管理部门。

生产装置操作人员应按以下规定进行巡回检查：每1~2h对高压空冷器巡检一次，检查内容有：高压空冷器风机的运行情况和高压空冷器管束是否有渗漏痕迹、弯曲变形、膨胀变形等现象，检查高压空冷器的丝堵、密封面、垫片的密封情况，发现异常(故障)及时报告处理；每周监测、记录一次每台高压空冷器出口温度，分析其产生偏流和结垢情况。

(2)高压空冷器运行数据分析

工艺介质的分析管理由技术质量管理部门负责，车间配合质量检验部门进行采样及分析；工艺管线、设备的检测由机动管理部门负责联系有关单位实施。

原料油每罐均应进行分析，分析项目包括硫、氮、氯、铁离子和总金属含量等；采用热联合的装置，原料油至少每周分析1次。

新氢每周分析1次氯化氢含量。循环氢每周分析1次，分析项目包括硫化氢含量、循环氢组成等。

注水水质每月分析2次，分析项目包括氧含量、氯离子含量、氰化物含量、金属含量、总固体不溶物含量和pH值等。

冷高分酸性水水质每月分析2次，分析项目包括铁离子含量、pH值、硫氢化铵浓度、氯离子含量和氰化物含量等。如果装置原料性质发生较大变化时，应及时对高分排水水质进行分析。

每月1次对高压空冷器出入口管线、弯头、三通进行定点测厚。

为保持各组空冷器的介质出口温度均匀，防止空冷器管内结垢，不允许空冷器风机的不对称停用，已安装变频器的风机必须使用变频器。变频器出现故障时，维修单位应及时排除故障，确保其正常运行。

高压空冷器的开停工必须按照工艺操作规程执行。车间必须制定高压空冷器事故应急预案并加强事故演练。

(3) 高压空冷器的检测和维修

高压空冷器的检维修按照SHS 01010—2019《空气冷却器维护检修规程》执行。需要加强高压空冷器的日常检查和维护，发现问题要及时修理，排除故障，不影响高压空冷器的正常运行。

装置停工检修期间，高压空冷器应作必要的检查，检查以内部检查为重点。装置检修时每台高压空冷器管束应抽5~10根管子拆开两端的丝堵进行检查，检查项目包括衬管的腐蚀情况及衬管与基管的贴合情况、管子的结垢程度和腐蚀情况、管箱的结垢和腐蚀情况，要适当增加空冷器管子冲刷腐蚀检查的比例。重点部位结垢严重的管子，主要检查位于衬管尾端区域的部分。检查时如发现管子出现严重结垢、腐蚀和衬管脱出等异常情况时，应对所有的管子进行逐一检查。检查方法包括管端目视、使用内窥镜或涡流探伤检测等。

发现高压空冷器管内结垢时，应对所有管子和管箱进行化学清洗或高压水冲洗。

为了解高压空冷器管子的剩余壁厚，可通过内径或局部拆除翅片用超声波测厚方法对空冷器的管子进行壁厚检测，射线检查可作为超声测厚的补充手段确定壁厚；必要时可采取破坏性方法，切下来一根或几根管子剖开检查。通过剩余壁厚可计算管子的腐蚀速率，根据腐蚀速率来确定剩余寿命。

4. 防止连多硫酸应力腐蚀开裂

(1) 在打开设备前，将设备中的FeS清除或转化，即在停工期间进行清洗；

(2) 在停工后，避免设备接触空气或保持设备表面干燥；

(3) 停工后，用2%纯碱+0.2%表面活性剂+0.4%硝酸钠的稀碱液清洗设备表面，以清除生成的连多硫酸。对于进行中和清洗后的管道和设备，要保留碱液膜直到投用。

5. 防止Cr-Mo钢的回火脆化

为了防止由于Cr-Mo钢回火脆化引起铬钼钢制设备的脆性断裂，在生产过程中对反应部分的铬钼钢制设备，在脆化温度范围(一般为325~575℃)内工作的，在装置第一次投入生产后的停工时，先降压，后降温。开工时，不得在低温下，就对设备加满压。而是采用先升温后升压，即开工时采用较高的最低升压温度，最低升压温度要根据设计要求而定。对铬钼钢制设备的加压应限制到所加压力产生的应力不超过钢材屈服极限的20%。或者说从钢材屈服极限的20%对应的压力开始升压前，温度先必须升高至93℃以上(根据各厂反应器不同而有不同的温度)。另外当紧急泄压时，其压力紧急泄放至钢材屈服极限的20%对应的压力以前，温度应高于93℃。只有这样才不会使设备材质发生因回火脆化导致的脆性破坏。而且在开停工时也应避免由于升降温过快而造成过大的热应力。一般当设备壁温小于150℃时，升降温速率不应超过25℃/h。

6. 防止堆焊层氢剥离开裂

为防止或缓和堆焊层氢剥离裂纹的发生或扩展，在设备使用过程中，应严格遵守操作规程，尽量避免非计划紧急停车，在正常停工时要设定使氢气尽可能从器壁中释放出去的停工条件，以减少残余氢量。另外，在定期检修中，采用超声技术进行检测以判断是否有剥离发生或扩展也是很必要的。

装置运行中保证操作平稳，保证工艺操作参数的稳定，防止超温、超压、超负荷。在操作出现异常时按照应急规程谨慎处理，避免反应器的超温和急冷。严格执行热开停工程序，严格控制升降温速率，在停工工序中增加300~350℃的消氢处理程序，以降低反应器壁材料中的氢浓度，以防止堆焊层裂纹和堆焊层剥离，在因操作不稳定导致非计划停工有超温或急冷时，需要请有关单位根据具体情况对设备损伤进行评估，根据评估结果决定最低升压温度和运行中的监控措施。

7. 高压空冷器风机注意事项

高压空冷器的开停必须严格按照工艺操作规程执行，且空冷风机尽量不要错开运行(要求开A、C、E、G或B、D、F、H或者全部投入运行)，必须保证每片空冷出口温度均匀，避免出现偏流现象，以防止出现结垢或冲刷腐蚀。

二、装置选材

1. 装置易腐蚀部位推荐选材(表11-3~表11-6)

表11-3 反应系统易腐蚀部位选材对策

设备类型	部位	腐蚀机理	腐蚀形态	选材对策
反应器、热高分、反应物流换热器及相应管道	壳体、内构件	H_2S/H_2腐蚀	均匀腐蚀	按(Couper-Gorman)曲线选材
	壳体	氢腐蚀	表面脱碳、内壁脱碳形成内部鼓泡和裂纹	按最新版API 941—2016纳尔逊(Nelson)曲线选材
	壳体	回火脆化	母材和焊缝常温韧性下降	控制铬钼钢的J、X系数
	壳体	蠕变	应力集中部位裂纹	结构设计优化，减缓应力集中，防止超温
	壳体	连多硫酸应力腐蚀开裂	不锈钢构件表面开裂	停车时中和清洗
	壳体	氢脆	堆焊层裂纹、堆焊层剥离	进行250~350℃的恒温脱氢处理，以降低设备本体材料中的氢浓度，控制开停工升降温、升降压速率，降低应力水平

续表

设备类型	部位	腐蚀机理	腐蚀形态	选材对策
流出物冷却系统（小于200℃）	靠近换热管入口部位	氯化铵和硫氢化铵腐蚀、酸性水腐蚀 湿硫化氢应力腐蚀和HIC/SOHIC	垢下腐蚀、冲刷腐蚀、应力腐蚀开裂，酸性水腐蚀减薄，HIC/SOHIC	（1）注除盐水清洗，控制注水水质和注水量； （2）加入多硫化物； （3）加入水溶性缓蚀剂； （4）材料可选用碳钢、双相钢及1402； （5）换热器入口加不锈钢保护保护套
冷高分、冷低分和其他低温容器换热器	壳体	H_2S-H_2O 腐蚀、HIC/SOHIC、H_2S 应力腐蚀开裂	壁厚减薄、氢鼓泡和开裂	选用HIC钢，进行焊后热处理，控制HB≤200

表 11-4 循环氢系统易腐蚀部位选材对策

设备类型	部位	腐蚀机理	腐蚀形态	选材对策
循环氢压缩机分液罐	筒体和封头	H_2S 应力腐蚀	应力腐蚀开裂	选用HIC钢，进行焊后热处理，控制HB≤200
循环氢压缩机出口管线	管道	NH_4Cl + NH_4HS 腐蚀	垢下腐蚀	间断注水冲洗

表 11-5 分馏系统易腐蚀部位选材对策

设备类型	部位	腐蚀机理	腐蚀形态	选材对策
分馏塔	顶部塔壁、顶封头和塔内件	$HCl-H_2S-H_2O$ 腐蚀	对碳钢构件，为均匀减薄腐蚀，以及硫化氢应力腐蚀开裂	塔体材料可使用碳钢、碳钢+0Cr13Al，塔内件可使用碳钢
	底部塔体、底封头	高温硫腐蚀	均匀腐蚀减薄	腐蚀严重时塔壁可使用碳钢+0Cr13Al、塔内构件可使用321
塔顶冷凝冷却系统	气液两相及液相区	H_2S-H_2O 腐蚀	对碳钢构件，为腐蚀减薄，HIC/SOHIC，湿硫化氢应力腐蚀开裂	选用镇静碳钢，进行焊后热处理，控制HB≤200

表 11-6 加热炉易腐蚀部位选材对策

设备类型	部位	腐蚀机理	腐蚀形态	选材对策
反应进料加热炉	炉管内壁	氢腐蚀、高温 H_2S/H_2 腐蚀	均匀腐蚀、内部鼓泡开裂	选用稳定化奥氏体不锈钢炉管321H或347H
	炉管外壁	高温硫化、高温氧化、熔灰腐蚀	腐蚀通常是均匀腐蚀减薄，但有时也表现为局部腐蚀或高流速的磨蚀-腐蚀损伤	（1）控制燃料中的硫含量； （2）定期除灰
	炉体、空气预热器	烟气硫酸露点腐蚀	均匀腐蚀为主，也存在局部点蚀	（1）保持炉体衬里的完好性； （2）提高进料温度； （3）使用耐硫酸露点腐蚀用钢

续表

设备类型	部位	腐蚀机理	腐蚀形态	选材对策
分馏进料加热炉	炉管内壁	高温硫腐蚀、结焦	高温硫腐蚀的均匀腐蚀减薄	炉管可选用 Cr5Mo，避免火嘴偏烧
	炉管外壁	高温硫化、高温氧化、燃灰腐蚀	腐蚀通常是均匀腐蚀减薄，但有时也表现为局部腐蚀或高流速的磨蚀-腐蚀损伤	(1) 控制燃料中的硫含量； (2) 定期采用除灰剂
	炉体、空气预热器	烟气硫酸露点腐蚀	均匀腐蚀为主，也存在局部点蚀	(1) 保持炉体衬里的完好性； (2) 提高排烟温度； (3) 使用耐硫酸露点腐蚀用钢

2. 材料要求

(1) 为减少产生晶间腐蚀的可能性，焊接结构中使用稳定型不锈钢(06Cr18Ni11Ti、06Cr18N11Nb)，而不用 06Cr19Ni10 钢。同时，由于施工现场一般不具备可靠的热处理条件，经多个试验已验证稳定化热处理后焊接接头和母材热影响区的综合性能并无明显改善。焊缝金属和母材热影响区中微小碳化物析出在稳定化热处理后促使其形成微裂纹的概率较大。从现有失效案例所做的焊后热处理专题试验研究来看，TP347 焊后稳定化热处理存在碳化铌的弥散强化问题，对焊缝金属的冲击韧性并无实质上的改善，而高压管道的使用环境为 400℃以上。在施工现场进行奥氏体厚壁管稳定化热处理弊大于利。

(2) 根据本装置工艺过程的最高氢分压，2.25Cr-1Mo 和 3Cr1Mo 钢的使用极限温度不应超过 454℃，1.25Cr-0.5Mo 不应超过 330℃。操作中应严防异常超温，另外，使用过程的维修中，如果有焊接修复时，必须进行焊前消氢和焊后热处理。

(3) 为防止氢脆的发生，应按照设计要求严格控制 TP347 不锈钢堆焊层或焊缝金属中的 δ 铁素体含量，并尽可能减少 TP347 堆焊层或焊缝金属的焊后热处理，以提高材料的塑性。

(4) 在湿硫化氢环境中使用的设备、管线、管件等应选用镇静钢，并尽可能减少磷和硫等杂质元素的含量。优化结构设计，减缓设备和构件的局部应力集中，焊后必须施行消除应力的热处理，保证焊缝及其附近的硬度在允许值以下。

(5) 高压换热器选材要求。高压换热器的操作温度下，依据高温 H_2S/H_2 腐蚀速率，并考虑材料的抗氢腐蚀性能，依据 API RP941—2016 中 Nelson 曲线进行选材，换热管可选择铬钼钢、奥氏体不锈钢，选择双相不锈钢时需要对焊接和热处理严格控制，控制好焊缝金属中铁素体和奥氏体的相对比例，并控制好换热管的胀管率，防止过胀引起抗应力腐蚀性能下降。

(6) 高压空冷器选材要求。高压空冷器根据 K_p 值、流速等因素进行选材。

空冷管箱应选用丝堵管箱，管箱设计应使换热管入口流体均匀分配，空冷器片的布置应完全对称。换热管选用碳钢时管箱选材应为 HIC 碳钢，并进行焊后热处理；换热管选用 NS1402 时管箱应采用复合板，以防止管箱采用碳钢时引起的电偶腐蚀。

空冷器的连接管线一般选用 HIC 碳钢，并进行焊后消除应力热处理。在注水点部位如果腐蚀严重，局部可以考虑采用双相不锈钢 022Cr23Ni5Mo3N。高压空冷器出入口集合管的布置要求如下：集合管的结构应完全对称，见图 10-2；集合管上应没有流体流动死区；空冷器出口管上设有温度指示以保证停止运行时每片空冷器温度相同；注水点可以单个也可多个，单点注水时注水点设在总管上，多点注水仅适用于非对称结构，并应有仪表控制各个注水点的注水量；管道支撑的布置应考虑到防腐蚀重点部位的在线检测要求。

三、腐蚀监检测

渣油加氢装置停工检修腐蚀检查的重点部位是反应系统、反应流出物冷却系统、汽提塔顶冷凝冷却系统和加热炉等部位的设备和管线。

(1) 加热炉：反应进料加热炉辐射炉管蠕变变形检测，金相组织检测；分馏炉炉管及进出管测厚；奥氏体不锈钢炉管焊缝裂纹检测(连多硫酸腐蚀)。

(2) 反应器：堆焊层裂纹和剥离，催化剂支持凸台部位和接管焊缝部位裂纹；主焊缝和接管焊缝检测；法兰梯形密封槽底部拐角处裂纹。

(3) 高压换热器：壳体与反应器相同；管束检查管板与换热管焊缝裂纹；换热管内外壁检查：测厚，管内涡流检测或管内充水超声波检测，内窥镜检查。

(4) 高低压分离器：热高压分离器要求与反应器相同，热低压分离器焊缝检测；冷高压分离器、冷低压分离器检查内壁湿硫化氢环境腐蚀裂纹；底排水管和管线、阀门的冲蚀腐蚀。

(5) 高压空冷器：翅片管内壁外观检查；翅片管内壁涡流探伤或管内充水超声波检测、内窥镜检查；高压空冷器注水管附近，前后连接管弯头的冲蚀检测。

(6) 管线：奥氏体不锈钢管线焊缝裂纹检测(连多硫酸腐蚀和氯离子 SCC)；铬钼钢材质鉴定、测厚。

表 11-7 为装置的腐蚀监检测方案。

表 11-7　装置腐蚀监检测方案

系统	设备类型	在线监测				停工检查
		腐蚀挂片	腐蚀探针	定点测厚	化学分析	
反应系统	冷高压分离器			底部酸性水出口管弯头测厚	酸性水 pH、Cl^-、$Fe^{2+/3+}$、H_2S、HCN、NH_4HS、CN^-含量	焊缝 UT 或 PT、测厚
	换热系统			空冷器、冷却器壳体及出入口短节，塔顶挥发线及回流线。流出物管线弯头、大小头等部位		空冷器停工期间用内窥镜检查。涡流探伤
	反应器					器壁表面热偶套管及圈梁凸台表面着色检查。密封槽

续表

系统	设备类型	在线监测				停工检查
		腐蚀挂片	腐蚀探针	定点测厚	化学分析	
循环氢系统					新氢中氯含量分析，循环氢中硫化氢含量分析	堆焊层、焊缝 PT 或 UT
分馏系统	塔顶冷凝冷却系统	利用大修机会塔顶挂挂片	（1）在空冷器后安装电阻或电感探针；（2）在回流罐前安装 pH 在线检测探针	空冷器、冷却器壳体及出入口短节，塔顶挥发线及回流线	pH 值、$Fe^{2+/3+}$、H_2S 含量	（1）超声波测厚；（2）焊缝超声波检测、磁粉或渗透检测
加热炉				辐射段出口管线、对流段每路出口弯头	（1）烟气露点的监测；（2）分析燃料中的硫含量、Ni 含量、V 含量	（1）硬度检验；（2）超声波测厚；（3）焊缝 PT 或 UT；（4）金相

第四节　典型腐蚀案例

［案例 11-1］高温 H_2+H_2S 腐蚀

背景：国内某炼油厂处理减压渣油的装置分馏塔进料加热炉 F201 对流段遮蔽管腐蚀。

结构材料：

对流段炉管加热温度：380℃，压力：0.7MPa；材料：1Cr5Mo，选材标准依据 GB 9948—2013，规格：$\phi125\times8$。管内介质：热低分油，H_2S 浓度 0.23%。

失效记录：运行两年后，最下层对流段炉管转油线穿孔着火。经腐蚀检测水平管线上部严重减薄，年腐蚀率达 3mm/a，见图 11-2。

图 11-2　某炼油厂渣油加氢加热炉炉管腐蚀减薄穿孔图

失效原因及分析：操作工况下，高温 H_2+H_2S 炉管腐蚀减薄，管内气液两相，在水平管内流动分层，炉管顶部气相介质腐蚀速率很高，1Cr5Mo 材质偏低，导致顶部的过快腐蚀而穿孔。

解决方案和建议：

（1）对流段下部三层炉管材料升级为 06Cr18Ni11Ti，材料经固溶处理，并进行稳定化处理。

(2)对 1Cr5Mo 和 06Cr18Ni11Ti 异种材料焊接，焊接材料选用 ENiCrFe-3。

[案例 11-2] 湿硫化氢应力腐蚀开裂

背景：VRDS 装置高压引压阀的阀杆螺纹部分断裂。

图 11-3 高压引压阀杆螺纹断裂

结构材料：

阀操作温度：80℃，操作压力：19MPa；阀杆材料：Cr13，阀门规格：*DN*25。介质：循环氢，H_2S 浓度：2.8%。

失效记录：阀杆突然断裂，造成循环氢泄漏，引起装置非计划停车，见图 11-3。

失效原因及分析：阀杆材质 2Cr13，硬度 HRC70，金相组织为马氏体，对 SCC 最敏感，在存在应力集中的螺纹尾部产生应力腐蚀断裂。

解决方案和建议：阀杆材料选用 022Cr23Ni-5Mo3N，材料为固溶处理状态，控制硬度小于 HRC22。

[案例 11-3] 空冷器管束 NH_4HS+NH_4Cl 盐冲刷腐蚀

背景：渣油加氢装置热高分空冷器换热管局部腐蚀减薄穿孔。

结构材料：

空冷器操作温度：入口 149℃/出口 49℃，操作压力：15.8MPa；换热管材料 10 号碳钢，规格：$\phi25\times3$。介质：热高分气，H_2S 浓度 2.5%。

失效记录：一片空冷下往上数第三排一根管子出口端距离管板约 50mm 处因减薄穿孔泄漏，引起装置非计划停工，见图 11-4。

图 11-4 渣油加氢空冷管束冲刷腐蚀图

失效原因及分析：注水量不足，引起局部结垢，引起流动分布不均匀，局部流速较大部位冲刷腐蚀，引起减薄穿孔。

解决方案和建议：加大注水量，在注水点至少有 25%的注水为液相，并且对注水水质应严格控制。

[案例 11-4] 某炼油厂脱硫化氢汽提塔顶管线腐蚀

背景：渣油加氢装置脱硫化氢汽提塔塔顶系统空冷器入口管线腐蚀。

结构材料：

管线操作温度：129℃，操作压力：0.14MPa；管线材料 20 号碳钢，规格：$\phi219\times7$。介质：脱硫化氢塔顶气，H_2S 浓度 6.3%。

失效记录：脱硫化氢汽提塔顶管线运行 3 年后，检修测厚发现在空冷器前的管线壁厚腐蚀减薄严重，对该管线进行了更换，见图 11-5。

图 11-5　渣油加氢脱硫化氢汽提塔顶管线腐蚀图

失效原因及分析：主要是氯化铵盐结晶引起的腐蚀，氯化铵盐水解后 pH 值很低，腐蚀速率很高。

解决方案和建议：做好冷高压分离器和冷低压分离器的脱水操作，减少带入分馏部分的氯含量，塔顶注缓蚀剂，并适当加大注水量，控制塔顶腐蚀。

[案例 11-5] 某炼油厂脱硫化氢汽提塔顶部塔盘腐蚀

背景：检查发现顶部 6 层塔盘腐蚀严重，部分发现穿孔。

图 11-6　脱硫化氢汽提塔顶部塔盘腐蚀图

结构材料：

脱硫化氢汽提塔塔顶操作温度：154℃，操作压力：1MPa；设备壳体材质 Q345R+321，塔盘 06Cr13，顶部塔体：$\phi2400\times(16+3)$。介质：脱硫化氢塔顶气，H_2S 浓度 8%。

失效记录：脱硫化氢汽提塔顶管线运行 3 年后，检修腐蚀检查发现顶部 6 层塔盘腐蚀严重，部分发现穿孔，见图 11-6。

失效原因及分析：进行腐蚀产物分析发现，主要是硫化氢引起的腐蚀。局部腐蚀速率较高。

解决方案和建议：顶部 6 层塔盘进行了更换，塔板材质由 06Cr13 升级为 022Cr-17Ni12Mo2。

[案例 11-6] 某炼油厂高压空冷器腐蚀穿孔

背景：反应产物空冷器换热管出口端腐蚀穿孔多次。

结构材料：

空冷器操作温度：入口 210℃/出口 114℃，操作压力：15.4MPa；设备壳体材质 1.25Cr0.5Mo，管子材质碳钢，管子规格：$\phi25\times3$。介质：脱硫化氢塔顶气，H_2S 浓度 2.6%。

失效记录：反应产物空冷器换热管出口端腐蚀穿孔多次，导致装置非计划停工，见图11-7。

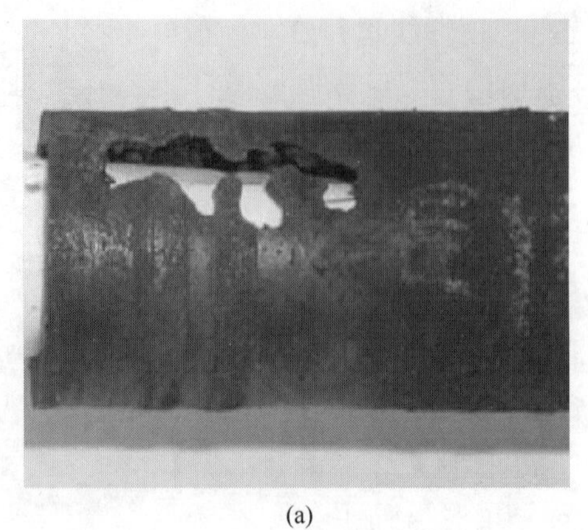

(a)

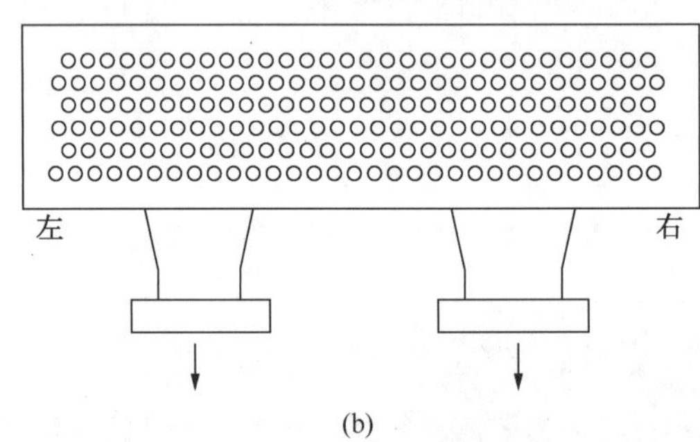

(b)

图 11-7　渣油加氢空冷器管束冲刷腐蚀图

失效原因及分析：渣油加氢装置扩能后加工高硫原油，高压空冷器运行条件劣化，K_p值超过运行范围，高压空冷器前注水不足。

解决方案和建议：高压空冷器换热管材质升级为 NS1402，并加大注水量，在注水点至少有 25%的注水为液相。

CHAPTER 12 / 第十二章

加氢精制装置腐蚀与防护

第一节　典型装置及其工艺流程

一、装置简介

加氢精制是各种油品在氢压下进行催化改质的一个统称。通过加氢精制可使原料油品中烯烃饱和，并脱除其中硫、氧、氮及金属杂质等有害组分。加氢精制的原料油可以是汽油、柴油、航空煤油，也可以是润滑油或燃料油。虽然原料和加工目的有所不同，各种馏分加氢精制化学反应原理、工艺流程没有明显区别；加氢精制有利于提高加工深度，合理利用资源，改善产品质量，提高轻质油收率。随着原油的重质化、劣质化，以及燃料油需求的快速增长，环保要求的提高，炼油企业将会更加重视加氢精制技术，表现在加氢精制能力增加，加氢深度提高。

二、主要工艺流程

根据原料油性质、催化剂性能和产品的质量要求不同，加氢精制操作压力可在很大范围内变动，典型工艺流程为：原料油进入缓冲罐，用原料泵抽送经换热器(与加氢生成油换热)进加热炉。加热到所需温度，再与从循环氢压缩机送来已换过热的循环氢在管道内混合(这种加入氢气的流程称为炉后混氢；也有原料油换热后与经换热后的循环氢混合后进入反应加热炉加热的，称为炉前混氢；本书给出了炉前混氢工艺原则流程图)。加热后的循环氢和油料的混合物从上部进入反应器，通过催化剂床层，在这里，硫、氧、氮和金属化合物等即加氢反应生成易于除掉的物质(通过加氢反应转变为硫化氢、水及氨等)，烯烃同时被饱和。加氢反应生成物换热冷却有两种流程：一种是不带热高压分离器的流程，加氢生成物经过换热和空冷、水冷后依次进入冷高压和冷低压分离器；冷高压分离器分离出来的氢气，大部分用循环氢压缩机升压后循环使用，一小部分减压后，与低压分离器出来的氢气(含有一部分裂解产生的碳烃气体)一起进入燃料系统，供作燃料。从冷低压分离器来的加氢生成油与汽提过的加氢生成油换热，一并进入加热炉加热，然后进入汽提塔，把残留在油中的气体及轻馏分汽提掉。汽提塔底出来的生成油经过换热和水冷却后，为加氢精制产品。对于润滑油，为了保证油品不含机械杂质，还要经过压滤机，滤掉可能残留在油中的催化剂粉末。

另一种流程是带热高压分离器的流程，从加氢精制反应器出来的反应产物分别与混合氢、混氢原料油换热后，进入热高压分离器中进行气液分离，热高分气与混合氢换热并经空冷冷却到50℃后进入冷高压分离器。在冷高压分离器中进行气、油、水三相分离。热高压分离器底油进入热低压分离器进一步闪蒸，热低分油进入分馏部分，热低分气经过冷凝后与冷高分油一起进入冷低压分离器；冷低压分离器内再次进行气、油、水分离，冷低分油经与产品分馏产物换热升温后，进入分馏部分。

循环氢中含 H_2S，随着原料劣质化，硫含量增加，循环氢中硫化氢含量升高，影响循环氢纯度，影响加氢反应的影响，需要设置循环氢脱硫单元，从热高分来的循环氢（H_2+H_2S）自吸收塔底部进入，和自吸收塔上部流下来的贫液溶剂（乙醇胺液）相遇将 H_2S 吸收。吸收塔底部的富液（乙醇胺液）进入溶剂再生塔再生，酸气（H_2S）由再生塔顶出来，经冷却去制硫装置，再生后的乙醇胺溶液循环使用。

第二节　腐蚀体系与易腐蚀部位

一、腐蚀体系

在加氢精制装置的高温部位，由于物料在高温（320～450℃）及高压（最高压力达9.5MPa左右）压力下且物料中含有氢及硫化氢等介质，故在高温临氢设备（如加热炉、反应器及反应流出物换热冷却系统的高温部分设备和管道）的不同部位上存在以下腐蚀形式：

（1）高温高压氢引起的损伤（包括氢脆和氢致应力开裂、氢腐蚀，氢腐蚀又分为表面脱碳和内部氢腐蚀）。

（2）高温 H_2S/H_2 的腐蚀。H_2S/H_2 腐蚀是一种均匀腐蚀形式，发生在240℃以上的温度下，随温度升高腐蚀速率快速增大，在硫化氢浓度低于1%时随硫化氢浓度升高腐蚀速率增大，硫化氢浓度高于1%后腐蚀速率不再随硫化氢浓度升高而增加。

（3）铬钼钢的回火脆性和不锈钢堆焊层的剥离。工作在345～575℃的铬钼钢（如2.25Cr1Mo和3Cr1Mo等）设备和管道，由于材料的回火脆化导致韧性降低，发生原因是钢中的杂质元素晶界偏聚。

（4）不锈钢堆焊层裂纹和堆焊层剥离。堆焊层裂纹是堆焊层吸氢和形成脆性 σ 相引起的；堆焊层的氢剥离形成原因是堆焊层与母材界面上形成的大晶粒组织和析出碳化物，界面较高的氢浓度以及较大的残余应力。

（5）奥氏体不锈钢设备在停工期间的连多硫酸应力腐蚀开裂。残留在设备上的腐蚀产物FeS遇水和氧反应产生连多硫酸，对奥氏体不锈钢造成应力腐蚀环境。在一定应力条件下，会对使用奥氏体不锈钢的设备、管道造成具有连多硫酸应力腐蚀开裂的敏感性。

（6）反应产物奥氏体不锈钢换热器在催化剂硫化期间发生的硫化物应力腐蚀开裂。催化剂硫化采用二甲基二硫或二硫化碳，硫化期间介质pH值低，在不锈钢换热器的U形管弯管部位、管子和管板焊接部位等高应力部位易产生硫化物应力腐蚀开裂。

在低于250℃部位的设备(如冷高压分离器、反应产物换热冷却系统后部、汽提塔等)存在下列腐蚀形式:

(1) 湿硫化氢引起的损伤，包括 HIC 和 SOHIC。氢鼓泡和湿硫化氢应力腐蚀开裂，碳钢和低合金钢的腐蚀减薄速率与水中硫化氢含量、pH 值和流速有关；应力腐蚀开裂发生在高强度钢或碳钢、低合金钢的焊缝和热影响区等高硬度部位，应力腐蚀通常发生在65℃以下，硬度和应力水平是两个影响湿硫化氢应力腐蚀的重要因素，进行焊后消除应力热处理可防止应力腐蚀发生。

(2) 奥氏体不锈钢冷换设备的氯化物应力腐蚀开裂，水相中氯离子达到一定浓度时，会引起奥氏体不锈钢设备和管道的应力腐蚀开裂，影响因素主要包括 pH 值和操作温度等。

(3) 冷换设备的氯化铵(NH_4Cl)及硫氢化铵(NH_4HS)的腐蚀。在反应流出物温度处在232~176℃的冷换设备中，加氢反应生成的 HCl 与 NH_3反应生成 NH_4Cl 结晶出来，堵塞换热器管束，引起垢下腐蚀。由于加氢反应产生的 H_2S 和 NH_3生成的 NH_4HS 结晶析出，引起冲蚀和垢下腐蚀，影响腐蚀的主要因素是 NH_4HS 的浓度和流速，次要因素是 pH 值、氰化物含量和氧含量等。NH_4HS 主要在 121℃以下形成，大量形成于 27~66℃，操作压力和 NH_3、H_2S 含量有关，主要影响高压空冷器和相连管线，以及低压空冷器和相连管线。主要通过注软化水，合理选材，控制 K_p 值、流速和水中 NH_4HS 含量来控制，并可考虑注缓蚀剂。

二、易腐蚀部位

加氢精制装置腐蚀类型和易腐蚀部位见表 12-1 和图 12-1。

表 12-1 加氢精制装置腐蚀类型和易腐蚀部位

部位编号	易腐蚀部位	腐蚀形式
1	反应加热炉	高温高压氢引起的损伤(主要为表面脱碳和氢脆)；高温 H_2S+H_2的腐蚀；氧化
2	反应器	高温高压氢引起的损伤(主要为表面脱碳和氢脆)；高温 H_2S+H_2的腐蚀； 热壁反应器铬钼钢的回火脆化和不锈钢堆焊层裂纹、堆焊层剥离； 停工期间的连多硫酸应力腐蚀开裂
3	反应物流换热器及管道	高温高压氢引起的损伤(主要为表面脱碳和氢脆)；高温 H_2S+H_2的腐蚀；(NH_4Cl)腐蚀； 停工期间的连多硫酸应力腐蚀开裂
4	冷高压分离器	湿硫化氢损伤，氢鼓泡及 HIC、SOHIC，由 H_2S+H_2O 造成的湿硫化氢应力腐蚀开裂； NH_4HS 及 NH_4Cl 引起的腐蚀； 酸性水腐蚀
5	反应产物冷凝冷却系统	湿硫化氢损伤，氢鼓泡及 HIC、SOHIC，由 H_2S+H_2O 造成的湿硫化氢应力腐蚀开裂； NH_4HS 及 NH_4Cl 的腐蚀； 催化剂硫化过程中引起的硫化物应力腐蚀开裂，酸性水腐蚀
6	汽提塔	由 H_2S+H_2O 造成的硫化物应力腐蚀开裂； 氯化物腐蚀

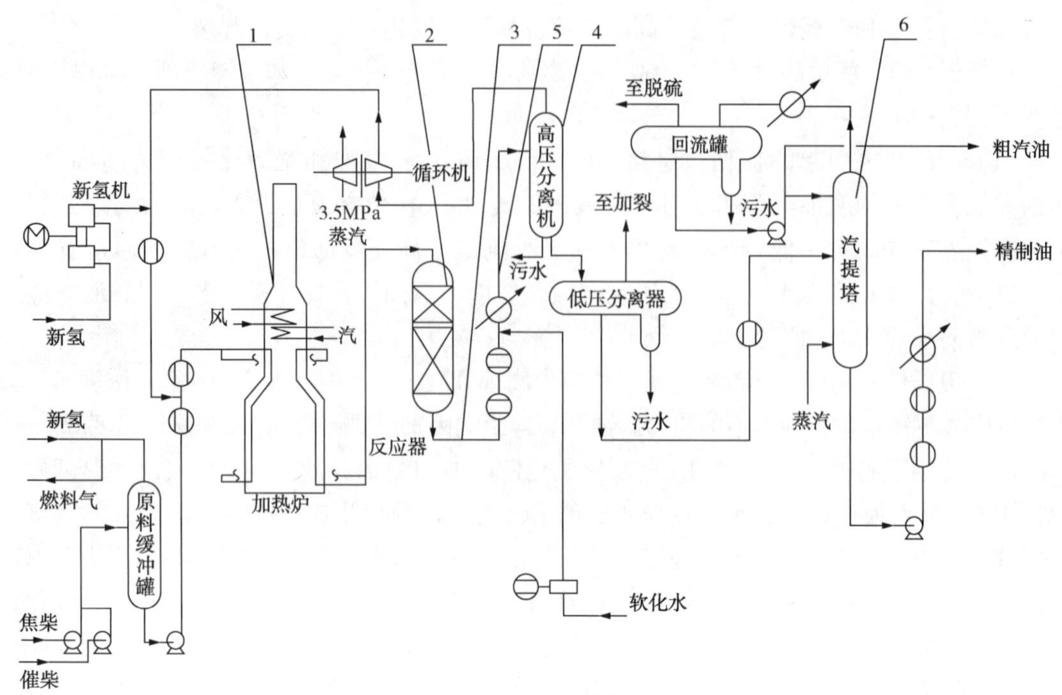

图 12-1　加氢装置易腐蚀部位示意图

注：图中编号 1~6 对应表 12-1 中部位编号。

第三节　防腐蚀措施

一、工艺防腐

1. 原料控制

(1) 定期分析化验原料油中的硫、酸、氮、氯离子、铁离子和总金属(主要是镍、钒、铁)等含量，使得进入装置原料油中的硫、酸、氮、氯等在装置设计基准以下；

(2) 当氢气来自重整装置或制氢原料有重整、加氢装置干气组分时，应定期分析化验补充氢中的 Cl^-，使得进入装置补充氢中的氯离子含量在装置设计基准以下。

2. 运行管理

(1) 工艺防腐蚀操作必须严格按照装置工艺卡制定的相关指标执行，工艺卡应长期保存。

(2) 因故需要更改工艺防腐蚀操作指标时，必须办理工艺指标更改审批手续。

(3) 工艺防腐蚀措施必须在装置开工或工艺主进料引进装置的同时启动，在装置停工或工艺主进料切断后方可停运。

(4) 在工艺防腐蚀分析结果连续三次不合标准时，应报告工艺技术管理部门和防腐蚀监检研究机构以及设备管理部门，由专业技术人员协助尽快查出原因，制定并落实解决措施。

(5) 当装置原料发生重大改变时，应对装置的适应性进行评估，并制定相应的防腐策略。

(6) 高压空冷器的开停必须严格按照工艺操作规程执行，且空冷风机尽量不要错开运行(对称打开运行或者全部投入运行)，必须保证空冷器出口温度均匀，避免出现偏流现象，以防止出现结垢或冲刷腐蚀。

3. 防止空冷器 NH_4Cl、NH_4HS 垢下腐蚀和冲刷腐蚀对策

(1) 高压空冷器前连续、均匀、稳定地注除盐水进行洗涤。注水量应随装置的处理量变化进行调节，注水量最好控制在装置处理量的 8%，以确保高分酸性水中的硫铵化合物总浓度不超过 8%，保证总注水量的 25%在注水部位为液态。注水水质要符合第十一章表 11-2 列出的指标。

(2) 碳钢管束内物流的流速最大峰值推荐：≤6m/s；合金(主要指 NS1402)管束内物流的流速最大峰值推荐：≤9m/s。

(3) 装置最低负荷不能低于 70%，防止高压空冷器因流速偏低而出现偏流和管子结垢的情况(尽量使物流速率不低于 3m/s)。

(4) 必要时可同时加注缓蚀阻垢剂。

4. 减轻加氢精制装置汽提塔顶系统的措施

加氢精制装置汽提塔顶挥发线根据实际情况可注缓蚀剂，也可同时注中和剂和缓蚀剂。注缓蚀剂的控制条件见表 12-2，注剂后应达到的技术控制指标及其参考测定方法见表 12-3。后排水 pH 值，铁离子含量、Cl^-含量的分析周期为 3 次/周，应保持各项指标的合格率在 90%以上。

表 12-2 缓蚀剂的控制条件

类型	油溶性或水溶性	类型	油溶性或水溶性
配制浓度/%	1~3	注入位置	塔顶出口管线
用量/(μg/g)	≯20	注入方式	泵注

表 12-3 加氢精制装置汽提塔顶挥发线注剂后的技术控制指标

项目名称	指标	测定方法
pH 值	6.5~8.5	pH 计法
铁离子含量/(mg/L)	≤3	分光光度法
Cl^-含量/(mg/L)	≤30(不进行考核)	电位滴定法
* 均匀腐蚀率/(mm/a)	≤0.2	在线监测或挂片法

注：* 有条件的装置应尽可能地实施在线监测或现场挂片实验，从而获得均匀腐蚀率。

5. 防止连多硫酸应力腐蚀开裂对策

(1) 在打开设备前，将设备中的 FeS 清除或转化，即在停工期间进行清洗；

(2) 在停工后，避免设备接触空气或保持设备表面干燥；

(3) 停工后，用 2%纯碱+0.2%表面活性剂+0.4%硝酸钠的稀碱液清洗设备表面，以清除生成的连多硫酸。对于进行中和清洗后的管道和设备，并保留碱液直到投用。

6. 防止堆焊层氢剥离和氢脆对策

为防止或缓和堆焊层氢剥离裂纹的发生或扩展，在设备使用过程中，应严格遵守操作

规程，尽量避免非计划紧急停车，在正常停工时要设定使氢气尽可能从器壁中释放出去的停工条件，以减少残余氢量。另外，在定期检修中，采用超声波检测技术进行检测以判断是否有剥离发生或扩展也是很必要的。

7. 防止 Cr-Mo 钢的回火脆化对策

为了防止由于 Cr-Mo 钢回火脆化引起铬钼钢制设备的脆性开裂，在生产过程中对反应部分的铬钼钢制设备，在脆化温度范围(一般为 325~575℃)内工作的，在装置第一次投入生产后停工时，应先降压，后降温。开工时，不得在低于一定温度下，就对设备升压到操作压力。而是采用先升温后升压，即开工时采用规定的最低升压温度，最低升压温度要根据设计要求而定。对铬钼钢制设备的加压应限制到所加压力产生的应力不超过钢材屈服极限的 20%。或者说从钢材屈服极限的 20%对应压力开始升压前，温度先必须升高至 93℃以上(根据各厂反应器不同而有不同的温度)。另外当紧急泄压时，其压力紧急泄放至钢材屈服极限的 20%对应压力以前，温度不能降低到 93℃以下。只有这样才不会使设备材质发生回火脆化引起的破坏。而且在开停工时也应避免由于升降温过快而造成过大的热应力。一般当设备壁温小于 150℃时，升降温速率不宜超过 25℃/h。

二、选材

1. 装置易腐蚀部位推荐选材表

推荐使用列于表 12-4、表 12-5 的材料。在加工高含硫原料时，可根据操作条件和实际经验改变选用材料，尤其是原料加热炉炉管及相连管线、反应流出物管线、汽提塔塔底及其相连设备和管线等温度超过 230℃的部位，应根据各物料中的腐蚀性介质含量，估算材料腐蚀速率，选择相应的材料。

表 12-4 加氢精制装置管线选材

管线名称	设计温度	推荐材料
油进料线(无氢)线	金属温度低于 280℃	碳钢
	282~370℃	12Cr5MoNT
	高于 370℃	12Cr5MoNT 或 12Cr9MoNT
氢气进料或油氢混合进料线	金属温度低于 200℃	碳钢
	高于 200℃	12Cr5MoNT 或 06Cr18Ni11Ti
反应流出物和高分离器顶部气体出口管线	金属温度低于 200℃	碳钢
	高于 200℃	15CrMo/12Cr2Mo 或 06Cr18Ni11Ti
补充氢气线	金属温度不高于 200℃	碳钢
	高于 200℃	15CrMo/12Cr2Mo 或 06Cr18Ni11Ti
高压分离器底部管线	金属温度不高于 200℃	碳钢
	高于 200℃	15CrMo/12Cr2Mo 或 06Cr18Ni11Ti
低压分离器及汽提塔顶部出口管线	金属温度不高于 200℃	碳钢
其他管道		碳钢

表 12-5 加氢精制装置设备选材

设备类别	设备名称	推荐材料
容器	加氢反应器	壳体(热壁)： (1) 铬钼钢+309L+347 双层堆焊； (2) 铬钼钢+347 单纯堆焊 内件：06Cr18Ni11Ti 或 06Cr18Ni11Nb
		壳体(冷壁)： 铬钼钢或铬钼钢内衬 100mm 隔热混凝土衬里 内件：06Cr18Ni11Ti 或 06Cr18Ni11Nb
	高压分离器	低于 200℃： (1) 碳钢； (2) 碳钢或铬钼钢+06Cr18Ni11Ti 复合板
		高于 260℃： 铬钼钢+309L+347 双层堆焊，或铬钼钢+321 复合板
	汽提塔	碳钢，进料段以上为碳钢+06Cr13 复合板
	汽提塔回流罐	碳钢
冷换设备	氢气(混氢油) 与流出物换热器	金属温度<200℃ 壳体：碳钢+3mm 腐蚀裕度(CA) 管箱：铬钼钢
		金属温度>200℃ 壳体： (1) 铬钼钢； (2) 铬钼钢+309L+347 双层堆焊或 347 单层堆焊 管箱： (1) 铬钼钢+309L+347 双层堆焊或 347 单层堆焊； (2) 铬钼钢+06Cr18Ni11Ti 单层堆焊 管板及管束：06Cr18Ni11Ti
	原料与流出物 换热器	金属温度<200℃ 壳体，挡板：碳钢 管箱：铬钼钢
		金属温度>200℃ 壳体： (1) 碳钢； (2) 铬钼钢； (3) 碳钢+0Cr13 复合板 挡板：材质同壳体 管箱： (1) 铬钼钢或铬钼钢+06Cr18Ni11Ti 复合板； (2) 铬钼钢堆焊层 347i 管板及管束：06Cr18Ni11Ti
加热炉	(1) 油进料炉管	12Cr5MoNT 或 06Cr18Ni11Ti
	(2) 汽提塔进料	12Cr5MoI

2. 材料要求

(1) 为减少产生晶间腐蚀的可能性，焊接结构中使用稳定型不锈钢(06Cr18Ni11Ti、0Cr18Ni11Nb)而不用06Cr19Ni10钢。同时，由于施工现场一般不具备可靠的热处理条件，经多个试验已验证稳定化热处理后焊接接头和母材热影响区的综合性能并无明显改善。焊缝金属和母材热影响区中微小碳化物析出在稳定化热处理后促使其形成微裂纹的概率较大。从现有失效案例所做的焊后热处理专题试验研究来看，TP347焊后稳定化热处理存在碳化铌的弥散强化问题，对焊缝金属的冲击韧性并无实质上的改善，而高压管道的使用环境为400℃以上。在施工现场进行奥氏体厚壁管稳定化热处理弊大于利。

(2) 根据本装置工艺过程的最高氢分压，2.25Cr-1Mo钢的使用极限温度不应超过454℃，1.25Cr-0.5Mo不应超过330℃，操作中应严防异常超温。另外，使用过程的维修中，如果有焊接修复时，必须进行焊前消氢和焊后热处理。

(3) 为防止氢脆的发生，应按照设计要求严格控制TP347不锈钢堆焊层或焊缝金属中的δ铁素体含量，并尽可能减少TP347堆焊层或焊缝金属的焊后热处理，以提高延性。

(4) 在湿硫化氢环境中使用的设备、管线、管件等应选用镇静钢，并尽可能减少磷、硫等杂质元素的含量。优化结构，减缓设备和构件的局部应力集中，焊后必须进行消除应力热处理，保证焊接接头的硬度在允许值以下。

三、腐蚀监检测

表12-6为装置的腐蚀监检测方案。

表12-6 装置的腐蚀监检测方案

系统	设备类型	在线监测				停工检查
		腐蚀挂片	腐蚀探针	定点测厚	化学分析	
反应系统	冷高压分离器			底部酸性水出口管弯头测厚	酸性水pH、Cl^-、$Fe^{2+/3+}$、H_2S、NH_4HS、CN^-等含量	焊缝UT或PT、测厚
	换热系统			空冷器、冷却器壳体及出入口短节，流出物管线弯头、大小头等部位		空冷器停工期间用内窥镜检查
	反应器					器壁表面热电偶套管及圈梁凸台表面着色检查，法兰密封槽着色检查
低温系统	汽提塔顶冷凝冷却系统	利用大修机会塔顶挂挂片	(1) 在空冷器后安装电阻探针或电感探针；(2) 在回流罐集水包安装pH在线检测探针	空冷器、冷却器壳体及出入口短节，塔顶挥发线及回流线	pH值、$Fe^{2+/3+}$、H_2S、Cl^-含量	(1) 超声波测厚；(2)焊缝UT

续表

系统	设备类型	在线监测				停工检查
		腐蚀挂片	腐蚀探针	定点测厚	化学分析	
加热炉				辐射段出口管线、对流段每路出口弯头	(1) 烟气露点的监测; (2) 分析燃料中的硫含量、Ni 含量、V 含量	(1) 硬度检验; (2) 超声波测厚; (3) 焊缝 PT 或 UT; (4) 金相

加氢精制装置停工检修腐蚀检查的重点部位是反应系统、汽提塔顶冷凝冷却系统和加热炉等部位的设备和管线。

(1) 加热炉：进料加热炉辐射炉管蠕变测量；分馏炉炉管及进出管测厚；奥氏体不锈钢炉管焊缝裂纹检查(连多硫酸应力腐蚀)。

(2) 反应器：堆焊层裂纹和剥离，支持圈裂纹；主焊缝和接管焊缝检查；法兰梯形密封槽底部拐角处裂纹。

(3) 高压换热器：外壳与反应器相同；管束检查管板焊缝裂纹；换热管壁内外检查、测厚，管内涡流检查或管内充水超声波检查，内窥镜检查。

(4) 高低压分离器：热高压分离器要求与反应器相同；冷高压分离器、冷低压分离器检查内壁湿硫化氢环境下的裂纹；底排水管和管线、阀门的冲蚀腐蚀。

(5) 高压空冷器：翅片管内壁外观检查；翅片管内壁涡流检测或管内充水超声波检测、内窥镜检查；高压空冷器注水管附近，前后连接管弯头的冲蚀腐蚀检测。

(6) 管线：奥氏体不锈钢管焊缝裂纹检查(连多硫酸腐蚀)；铬-钼钢材质鉴定、测厚。

第四节 典型腐蚀案例

[案例 12-1] 湿硫化氢应力腐蚀

背景：国内某炼油厂柴油加氢装置汽油汽提塔顶冷却器浮头螺栓断裂导致内漏。

结构材料：汽油汽提塔顶冷却器(E110)型号 LBIU700-4.0/4.0-120-6/25-4I，壳程介质为汽油，操作温度 70℃、操作压力 0.7MPa；管程介质为循环水，操作温度 40℃、操作压力 0.4MPa。壳体材质 20R，换热管材质 10，小浮头螺栓材质为 1Cr13。

失效记录：运行一段时间后，浮头螺栓断裂，换热器内漏，汽油泄漏到循环水中，见图 12-2。

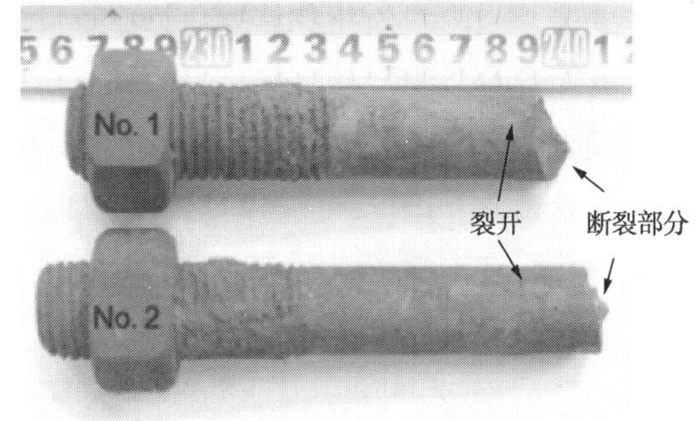

图 12-2 浮头螺栓开裂图

失效原因及分析：壳程介质含有硫化氢，存在湿硫化氢腐蚀环境，浮头螺栓是马氏体组织，硬度偏高，发生湿硫化氢应力腐蚀开裂。

解决方案和建议：

（1）浮头螺栓材料改为20号碳钢，正火处理，硬度小于HB200，降低湿硫化氢应力腐蚀开裂敏感性。

（2）浮头螺栓紧固时控制拉伸载荷小于材料屈服强度的75%。

［案例12-2］连多硫酸应力腐蚀

背景：国内某炼油厂加氢装置反应产物与原料换热器U形管部分发现腐蚀裂纹。

结构材料：管束为1Cr18Ni9Ti、ϕ19×3mm，操作压力7.8MPa，操作温度270℃。

失效记录：装置检修时发现换热器U形管部分3根弯管部位开裂，见图12-3。

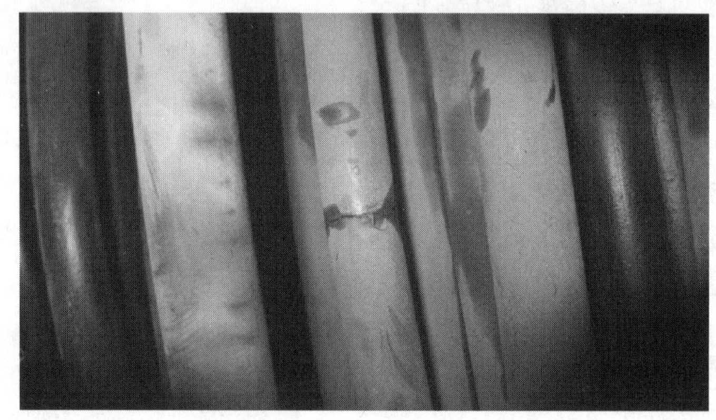

图12-3　换热器U形弯管部位裂纹

失效原因及分析：金相分析表明是沿晶裂纹，属于连多硫酸应力腐蚀开裂。

解决方案和建议：

（1）应降低换热管碳含量，选用06Cr18Ni11Ti。对换热管U形弯部位进行固溶处理。

（2）装置停工时做好中和清洗，并采用惰性气体保护。

［案例12-3］氯化铵腐蚀

背景：国内某炼油厂加氢装置反应产物循环氢换热器多根换热管腐蚀穿孔。

结构材料：管程介质汽油为加氢反应生成物，操作温度304/380℃；壳程介质为循环氢，操作温度80/250℃。管束材料15CrMo。

失效记录：运行一段时间后管束腐蚀严重，正对壳程入口部位布满大大小小的孔洞，最大的孔洞有1.5cm^2，见图12-4。

失效原因及分析：反应流出物中的氯化氢和铵反应形成氯化铵盐结晶，换热管结垢，垢在生产过程吸水或停工期间暴露大气吸湿，形成酸性环境，造成换热管腐蚀减薄和穿孔。

图 12-4 换热器管束腐蚀穿孔

解决方案和建议：

（1）换热管材质升级为 022Cr23Ni5Mo3N，对弯管部位进行固溶处理。

（2）控制原料油和新氢中的氯含量，装置运行期间根据换热器压降进行间断注水清除换热管管壁的铵盐结晶，停工时进行碱洗。

第十三章 CHAPTER 13

催化裂化汽油吸附脱硫（S Zorb）装置腐蚀与防护

第一节　典型装置及其工艺流程

一、装置简介

催化裂化汽油吸附脱硫技术(S Zorb)是中国石化 2007 年从美国康菲(Conoco Phillips)石油公司整体收购的专为汽油脱硫开发的新技术。S Zorb 脱硫技术基于吸附作用原理对汽油进行脱硫，通过吸附剂选择性地吸附硫化物中的硫原子而达到脱硫目的。与加氢脱硫技术相比，S Zorb 吸附脱硫技术具有脱硫率高(可将硫脱至 10mg/kg 以下)、辛烷值损失小、操作费用低的优点。

按照工艺流程，S Zorb 装置主要包括进料与脱硫反应、吸附剂再生、吸附剂循环和产品稳定四个部分。

(1) 进料与脱硫反应系统，将原料汽油和氢气混合加热后汽化送入反应器进行脱硫反应。

(2) 吸附剂再生系统，将吸附了硫的待生吸附剂在再生器内氧化再生，恢复其脱硫活性。

(3) 吸附剂循环系统，本装置的关键和核心部分，通过闭锁料斗的操作，将反应器内的待生吸附剂送往再生器，再将再生器内的再生吸附剂送往反应器，完成吸附剂的反应——再生循环。

(4) 产品稳定系统，脱硫后的汽油产品通过稳定塔，将液化气和轻烃组分从塔顶排出，得到稳定后的合格汽油产品，并送出装置。

二、主要工艺流程

(1) 进料与脱硫反应部分

含硫汽油自催化装置(或罐区)经原料过滤器后进入原料缓冲罐，经反应进料泵升压并与循环氢混合后与脱硫反应器顶部产物进行换热，换热后的混氢原料(约 370℃)去进料加热炉(辐射室)进行加热，达到预定的温度后(约 420℃)进入脱硫反应器底部并自下而上流动(流化床状态)，经吸附剂作用后将其中的有机硫化物脱除并转移至吸附剂上，为了防止吸附剂带入到后续系统，在反应器顶部设有过滤器和反吹设施，用于分离产物中携带的吸附剂粉尘和在线清洗过滤器。反应器内发生的脱硫反应主要机理如下：

$$R-S+Ni+H_2 \longrightarrow R-2H+NiS$$

$$NiS+ZnO+H_2 \longrightarrow Ni+ZnS+H_2O$$

自反应器顶部出来的热反应产物(约430℃)小部分用于加热反吹氢压缩机来的反吹气体，大部分与混氢原料换热后(约150℃)去热产物气液分离罐，其中罐底部液体直接进入稳定塔第8层或12层塔盘；罐顶气相部分则经空冷、水冷后(约43℃)直接去冷产物气液分离罐。冷产物气液分离罐底部液体与装置自产凝结水换热后(约60~65℃)去稳定塔上部第20层塔盘，冷产物气液分离罐顶部少部分气体(约43℃)经反吹氢压缩机升压，与反应产物换热后(约260℃)去反吹气体聚集器，用于反应器过滤器的反吹，大部分气体经循环氢压缩机升压后与新氢压缩机出口氢气混合，其中绝大部分氢气进入反应系统中循环使用。

(2) 吸附剂再生部分

自系统管网来的非净化风或净化风经装置内部的干燥设施净化、干燥后，依次经过再生空气预热器和再生气体电加热器加热后送入再生器底部，与再生器进料罐来的待生吸附剂发生氧化再生反应。再生后的吸附剂用氮气提升到再生器接收器，再送至闭锁料斗；再生烟气(主要成分为N_2、CO_2、SO_2及少量CO和吸附剂粉末等)经旋风分离器与吸附剂分离后自再生器顶部排出，先经再生烟气冷却器与来自冷凝水罐顶部的蒸汽换热，再经再生烟气过滤器除去挟带的吸附剂粉尘后送到硫黄装置进行处理。再生器内设有冷却盘管，用于取出再生过程中释放的热量，并预热再生空气。再生器内发生的反应主要有：

$$ZnS+1.5O_2 \longrightarrow ZnO+SO_2$$

$$C+O_2 \longrightarrow CO_2$$

(3) 吸附剂循环部分

待生吸附剂自反应器上部的反应器接收器压送到闭锁料斗，然后降压并通过N_2置换其中的H_2和烃类后通过压差和重力送到再生器进料罐，再生器进料罐的吸附剂则经滑阀后使用N_2提升到再生器内进行再生反应。再生器内已完成再生的吸附剂也经过滑阀后使用N_2提升到再生器接收器，然后通过压差和重力送到闭锁料斗，先用N_2置换闭锁料斗中的O_2，置换合格后用H_2升压，最后通过压差和重力送到还原器，经还原后返回到反应系统中。

(4) 产品稳定部分

稳定塔顶部的气体(约74℃)经空冷器、水冷器冷却后(约40℃)进入稳定塔顶回流罐，罐顶燃料气部分用于原料缓冲罐气封，多余的送至燃料气系统；罐底液体回流至稳定塔顶部。塔底稳定的精制汽油产品(约150℃)经空冷和水冷后(约40℃)直接送出装置。

第二节　腐蚀体系与易腐蚀部位

一、腐蚀体系

1. 临氢系统高温 H_2/H_2S 腐蚀

催化汽油与氢气混合物经换热、加热炉加热至一定温度后进入脱硫反应器进行高温临氢深度脱硫，都会伴随着高温 H_2/H_2S 的腐蚀。腐蚀部位主要存在于装置进料换热器、进料加热炉管、脱硫反应器及高温工艺管道。

2. 加热炉低温硫酸露点腐蚀

加热炉所用的燃料油或燃料气中均含有少量的硫，这些硫在加热炉中燃烧后生成 SO_2，由于加热炉设计和操作中有一定的过剩空气系数，使得燃烧室中有过量的氧气存在，在通常的过剩空气系数条件下，燃烧生成的全部 SO_2 中约有 1%～3%的 SO_2 进一步与这些过剩氧化合形成 SO_3。在烟气温度高时，SO_3 气体不腐蚀金属，但当烟气温度降至 400℃以下，SO_3 将与水蒸气化合生成 H_2SO_4 蒸气。当加热炉排烟温度低时，使得生成的硫酸蒸气凝结到炉子尾部受热面上，其后便发生低温硫酸腐蚀，而 SO_2 与水蒸气化合生成的亚硫酸气其露点温度低，一般不可能在炉内凝结，对炉子无害。

3. 吸附剂循环-再生系统设备和管道的冲刷腐蚀

吸附剂的循环从脱硫反应器出来进入反应器接收器，通过闭锁料斗的控制进入再生进料罐，然后经氮气提升到达再生器进行吸附剂再生；再生反应之后从再生器底部出来，经氮气提升进入再生器接收器，通过闭锁料斗的控制进入还原器，然后进入反应器进行脱硫反应，接着继续下一个循环。

由于吸附剂为硬度很高的微小固体颗粒(平均粒径 70～85μm)，对上述吸附剂循环-再生系统的设备和管道内壁及内构件具有严重的冲蚀作用，致使构件大面积减薄，甚至局部穿孔。易发生吸附剂冲刷腐蚀的主要设备及管道包括脱硫反应器(尤其分配盘、盖板及泡帽等)、反应器过滤器、反应器接收器、闭锁料斗过滤器、闭锁料斗、闭锁料斗程控阀(控制阀)、再生进料罐、再生器(含旋风分离器、取热盘管外壁)、再生器接收器(含取热盘管外壁)、吸附剂储罐、还原器，以及连接上述设备的吸附剂管线(尤其是再生进料罐至再生器和再生器至再生器接收器的两条 N_2 提升管线)、反应器接收器返气线等。

需要注意的是，在 S Zorb 正常生产中，在较高的温度和较高的线速下，吸附剂的磨损破碎不可避免，这就导致一部分小于滤芯微孔的微小颗粒不断形成，而这些颗粒持续带入过滤元件内部造成反应器过滤器压降随着生产周期不断地增长，直至差压过大无法维持生产。此外，反应器过滤器头盖大法兰和 D105 头盖大法兰往往因安装缺陷等原因会导致油气泄漏，在反应器顶部空气流通不好的情况下，容易发生油气聚集着火。一般情况下，不包保温。

二、易腐蚀部位

S Zorb 装置详细的易腐蚀部位以及腐蚀机理如表 13-1 和图 13-1 所示。

表 13-1 S Zorb 装置易腐蚀部位、腐蚀机理和腐蚀类型

部位编号	易腐蚀部位	材质	腐蚀机理/类型
1	进料换热器	10#/1.25Cr0.5MoSi	管程（油气侧）：高温 H_2/H_2S 均匀腐蚀；结焦造成垢下腐蚀； 出口管道：再热裂纹
2	进料加热炉 辐射炉管	碳钢/P11	内壁：高温 H_2/H_2S 均匀腐蚀、高温蠕变； 外壁：高温氧化腐蚀； 进出口管道：再热裂纹
3	进料加热炉对流炉管	碳钢/P11	外壁烟气露点腐蚀
4	脱硫反应器	12Cr2Mo1R（H）/12Cr2Mo1R（H）+E347 型堆焊	高温 H_2/H_2S 均匀腐蚀、吸附剂冲刷腐蚀
5	反应器接收器	14Cr1MoR（H）	吸附剂冲刷腐蚀
6	闭锁料斗	14Cr1MoR（H）	吸附剂冲刷腐蚀
7	再生进料罐	14Cr1Mo（H）	吸附剂冲刷腐蚀
8	再生器	14Cr1Mo（H）	吸附剂冲刷腐蚀
9	再生器接收器	14Cr1Mo（H）	吸附剂冲刷腐蚀
10	还原器	14Cr1MoR（H）	吸附剂冲刷腐蚀

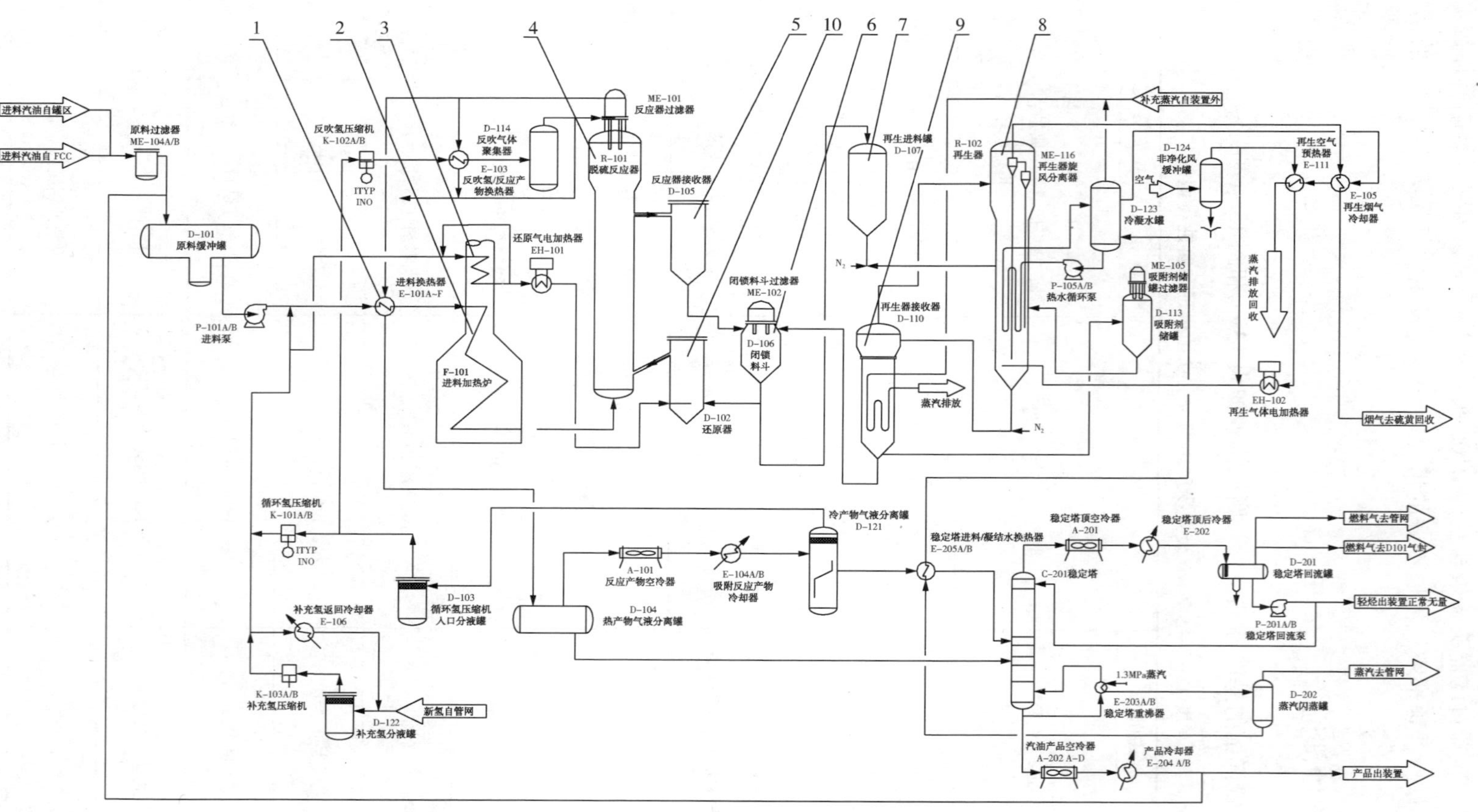

图13-1 S Zorb装置主要工艺流程图

注：图中编号1~8对应表13-1中部位编号。

第三节 防腐蚀措施

一、工艺防腐

1. 原料控制

（1）定期分析化验原料油中的硫、水、氯、烯烃、胶质等含量以及辛烷值（RON、MON），保证进入装置的原料油中各指标在设计值范围内。

（2）加强对循环氢、补充氢组成的监控，当氢气来自连续重整装置时，应定期分析化验补充氢中的 Cl^-，保证其含量在设计范围内。

2. 运行管理和工艺控制

（1）保持反应器的正常流化，维持适宜的线速，保证脱硫效果。

（2）防止进料换热器结焦。通过监测进料换热器出口温度的变化来了解其是否存在结焦情况。为防止进料换热器结焦，一般可采取如下几个措施：

① 加强进料管理，避免进料夹带易沉积组分，原料油中 Cl^-、胶质含量一旦出现异常及时调整操作；

② 尽量采用催化装置直供进料的方式，避免催化汽油经碱洗后再进入 S Zorb 装置而造成汽油带碱；或者汽油储罐采用氮封，避免在有氧环境下的烯烃缩合反应；

③ 为减少结焦和降低清洗频率，可采取在原料进料泵前注入防结焦阻垢剂的措施；

④ 进料换热器益采取多列并联方式，则可在必要时单列切出清洗，避免因换热器结焦导致装置停工；严格把控清焦质量，确保换热器管程全部畅通；

⑤ 避免并联换热器偏流。

（3）防止和减轻烟气低温露点腐蚀。通常有以下几种措施：

① 提高空气预热器入口的空气温度，或在设计中控制换热面的壁温；

② 采用耐腐蚀的材料；

③ 采用低氧燃烧，控制燃烧过剩空气量，减少 SO_3的生成量；

④ 使用低硫燃料，降低烟气露点温度，减少低温腐蚀。

二、选材

S Zorb 装置操作条件差异较大，部分设备操作温度高于 420℃，有些操作温度高于 200℃，同时介质中含有氢气。这类静设备、管道等大多采用铬钼钢，其他温度较低且操作介质中不含氢气的设备和管道则以碳钢为主。表 13-2 列出了某炼油厂主要工艺设备的用材情况。

表 13-2　某炼油厂 S Zorb 装置主要工艺设备用材情况

编号	名　称	设备位号	部位	操作介质	操作条件		主体材质	备注
					温度/℃	压力/MPa		
1	稳定塔	C-201	壳体	汽油、液化气、燃料气	74(顶)/164(底)	0.75(顶)/0.8(底)	Q345R	不含塔盘
2	进料加热炉	F-101	对流室炉管	循环氢	77(进)/343(出)	3.6(进)/3.61(出)	碳钢/P11	
			辐射室炉管	汽油+氢气	372(进)/422(出)	3.3(进)/3.13(出)	碳钢/P11	
3	脱硫反应器	R-101	壳体	汽油+氢气+吸附剂	441/416	3.1	12Cr2Mo1R(H)/12Cr2Mo1R(H)+E347 型堆焊	
4	再生器	R-102	壳体	吸附剂+SO_2、O_2、N_2	524	0.14	14Cr1MoR(H) 旋风分离器：304H	
5	原料缓冲罐	D-101	壳体	汽油、燃料气	70	0.4	Q345R	整体热处理
6	还原器	D-102	壳体	吸附剂、含氢气体	427	3.07	14Cr1MoR(H)	
7	循环氢压缩机入口分液罐	D-103	壳体	含氢气体	43	2.64	Q345R	
8	热产物气液分离罐	D-104	壳体	汽油、含氢气体	147	2.73	Q345R	整体热处理
9	反应器接收器	D-105	壳体	吸附剂、含氢气体	441	3.1	14Cr1MoR(H)	整体热处理
10	闭锁料斗	D-106	壳体	吸附剂、氢气、氮气等	427	3.15	14Cr1MoR(H)	
11	再生进料罐	D-107	壳体	吸附剂、氮气	369	0.17	14Cr1Mo(H)	整体热处理
12	吸附剂回收罐	D-108	壳体	吸附剂、氮气	316	0.14	Q245R	
13	再生粉尘罐	D-109	壳体	吸附剂、氮气	204	0.124	Q345R	
14	再生器接收器	D-110	壳体	吸附剂、氮气、氧气	427	0.175	14Cr1Mo(H)	整体热处理
15	新鲜吸附剂罐	D-112	壳体	吸附剂、氮气	38	0.14	Q345R	
16	吸附剂储罐	D-113	壳体	吸附剂、氮气	430	0.14	Q345R	
17	反吹气体聚集器	D-114	壳体	氢气	260	6.75	14Cr1Mo(H)	整体热处理
18	反吹氮气罐	D-116	壳体	氮气	232	0.551	Q245R	
19	冷产物气液分离器罐	D-121	壳体	汽油、氢气	43	2.64	Q345R	

续表

编号	名称	设备位号	部位	操作介质	操作条件		主体材质	备注
					温度/℃	压力/MPa		
20	补充氢分液罐	D-122	壳体	含氢气体	40	2.2	Q245R	
21	冷凝水罐	D-123	壳体	除氧水、蒸汽	154	0.434	Q245R	
22	非净化风罐	D-124	壳体	空气	38	0.5	Q245R	
23	再生放空罐	D-125	壳体	氮气、吸附剂、水	40	0.014	Q245R	
24	氮气缓冲罐	D-130	壳体	氮气	40	0.65	Q245R	
25	稳定塔回流罐	D-201	壳体	液化气	40	0.65	Q345R	
26	燃料气分液罐	D-203	壳体	燃料气	40	0.6	Q245R	
27	地下污油罐	D-204	壳体	汽油	<210	0.01	Q245R	
28	净化风罐	D-205	壳体	净化风	<40	0.6	Q245R	
29	放空罐	D-206	壳体	烃类、氢气	<250	0.08	Q245R	
30	低压蒸汽分水罐	D-208	壳体	低压蒸汽	<300	1.4	Q245R	
31	吸附进料换热器	E-101 A/D	管程	混氢原料	71(进)/166(出)	3.35	10	整体热处理
			壳程	吸附产物	208(进)/144(出)	2.69	Q345R	
32	吸附进料换热器	E-101 B/E	管程	混氢原料	166(进)/221(出)	3.34	1.25Cr0.5MoSi	整体热处理
			壳程	吸附产物	271(进)/208(出)	2.71	14Cr1Mo(H)	
33	吸附进料换热器	E-101 C/F	管程	混氢原料	221(进)/372(出)	3.33	1.25Cr0.5MoSi	整体热处理
			壳程	吸附产物	439(进)/270(出)	2.74	14Cr1Mo(H)	
34	反吹氢/反应产物换热器	E-103	管程	反吹氢气	110(进)/260(出)	6.61	1.25Cr-0.5Mo-Si	
			壳程	反应产物	439(进)/188(出)	2.83	14Cr1Mo(H)	
35	吸附反应产物换热器	E-104	管程	循环水	31(进)/41(出)	0.41		
			壳程	汽油氢气	55(进)/43(出)	2.653	Q345R	
36	再生烟气冷却器	E-105	管程	再生烟气	524(进)/204(出)	0.13	1.25Cr-0.5Mo-Si	整体热处理
			壳程	蒸汽	154(进)/399(出)	0.42		

续表

编号	名　称	设备位号	部位	操作介质	操作条件		主体材质	备注
					温度/℃	压力/MPa		
37	补充氢返回冷却器	E-106	管程	含氢气体	79.4(进)/40(出)	3.615		
			壳程	循环水	31(进)/40(出)	0.41	Q345R	
38	再生空气预热器	E-111	管程	蒸汽	396(进)/229(出)	0.4	15CrMo	整体热处理
			壳程	空气	25(进)/260(出)	0.25	15CrMo	
39	稳定塔顶后冷器	E-202 A/B	管程	循环水	31(进)/41(出)	0.42		
			壳程	汽油	75(进)/41(出)	0.7	Q345R	
40	稳定塔重沸器	E-203 A/B	管程	蒸汽	220(进)/170(出)	1		
			壳程	汽油	141(进)/154(出)	0.8	Q345R	
41	产品冷却器	E-204 A/B	管程	循环水	31(进)/40(出)	0.42		串联重叠
			壳程	汽油	55(进)/40(出)	0.73	Q345R	
42	稳定塔进料/凝结水换热器	E-205 A/B	管程	凝结水	175(进)/95(出)	0.8		串联重叠
			壳程	轻汽油	44(进)/58(出)	0.95	Q345R	
43	精制汽油/热水换热器	E-206 A/B	管程	热水	67(进)/90(出)	1.3		串联重叠
			壳程	汽油	154(进)/105(出)	0.8	Q345R	

三、腐蚀监检测

对于 S Zorb 装置，可采取的腐蚀监检测措施如表 13-3 所示。

表 13-3　S Zorb 装置腐蚀监检测措施

系统	腐蚀挂片	腐蚀探针	定点测厚	红外热成像	化学分析
进料与脱硫反应部分	原料油缓冲罐，腐蚀较重的高温换热器		进料管线；换热器入口；加热炉辐射段出口管线、对流段每路出口弯头	进料换热器是否出现偏流；加热炉温度检测，防止衬里损伤引起超温现象	汽油烯烃含量、硫含量、有机氯含量、铜片腐蚀。 加热炉烟气成分、露点监测；燃料中的硫含量、Ni 含量、V 含量。 冷产物气液分离罐排水 pH 值、氯含量
吸附剂再生部分			再生器壳体、吸附剂管线		再生吸附剂含碳量、含硫量、颗粒分布
吸附剂循环部分			反应器接收器壳体、脱气线、吸附剂管线		待生吸附剂含炭量、含硫量、颗粒分布
产品稳定部分		在稳定塔回流罐前安装 pH 在线检测探针；在空冷器后安装电阻或电感探针	空冷、冷却器壳体及进出口短节；稳定塔顶、塔底；塔底重沸器壳体、进出口短节；腐蚀严重的管线	空冷器管束是否偏流	塔顶排水 pH 值、氯含量；塔顶气组成；产品烯烃含量、硫含量等

第四节　典型腐蚀案例

[案例 13-1] 反应器过滤器(ME-101)失效

背景：反应器过滤器(ME-101)位于反应器顶部，主要是过滤油气中携带的吸附剂。最高工作压力 4MPa，工作介质为汽油、氢气和吸附剂；介质温度 470℃。

失效记录：滤芯全部更换并增加了数量后运行 21 个月后，就因差压上涨到极限无法恢复而更换，更新后的过滤器也仅运行 7 个月后再次发生压差明显上升。

结构材料：14Cr1MoR(H)。

失效前服役周期：7 个月(第 3 生产周期)。

目测检查结果：拆下后检查观察发现，ME-101 的 6 个扇区中有 1 个扇区严重架桥(图 13-2)。

图 13-2　ME-101 架桥情况

失效原因及分析：

(1) 装置生产过程中，反应器内的细粉聚集在反应器顶部过滤器滤芯上，再加上过滤器的结构形式使反吹不彻底，随运行时间增长，细粉堵塞过滤通道，压差逐渐升高。

(2) 滤芯表面有焦炭生成。

(3) 过滤器超负荷：循环氢量大、入口线速高。

(4) 进料大幅波动。

失效现象：滤芯表面结焦，过滤器差压升高，滤芯根部出现裂纹。

解决方案和建议：

(1) 稳定装置处理量，防止处理量大幅度波动导致差压突升。

(2) 控制反应操作参数，稳定反应线速以及输送分离高度。

(3) 优化反吹系统操作参数，提高反吹质量。

(4) 加强吸附剂管理，降低反应器内吸附剂细粉含量。

[案例 13-2] 闭锁料斗过滤器泄漏

背景：闭锁料斗过滤器(ME-102)安装于闭锁料斗顶部，滤芯以螺纹连接固定的方式均匀分布在过滤器管板上。闭锁料斗过滤器工作环境苛刻，在实际运行过程中以 23~30min 一个循环的频次运行，氢气和氮气环境交替，运行温度在 240~370℃之间交替变化，压力在 0.1~3.2MPa 之间交替变化，整个周期温度压力变化幅度大且时间短。其故障主要集中在泄漏方面，此外部分企业在使用中出现差压上升较快且较高现象。过滤器操作介质为吸附剂、氮气、氢气，操作/设计温度为 427/470℃，操作/设计压力为 2.97/4.26MPa，流量为 144m^3/h。

失效记录：

装置于 2015 年 9 月投产，2016 年 3 月发生第一次泄漏，过滤器拆出后，管板和滤芯表面未发现问题，原滤芯在根部 1/2 或 1/3 圆周部位处进行了焊接加固。但气密试漏发现滤芯与管板螺纹连接未满焊的 13 根滤芯，有 8 根根部泄漏。于是，对所有滤芯螺纹连接部位沿圆周 100%密封焊接处理。

2017 年 8 月过滤器再次发生泄漏，拆检后发现过滤器滤芯松动，滤芯表面无破损痕迹，但部分滤芯根部焊接部位存在开焊、裂纹、螺纹和管板内丝有不同程度冲刷。对过滤器滤芯进行整体更换并增加滤芯定位盘，且滤芯未进行焊接固定。

2019 年 6 月装置大检修时，发现滤芯松动，13 根滤芯中有 6 根螺纹有不同程度冲刷磨损，管板的内丝也有损伤，有三根滤芯变形倾斜幅度较大，且部分滤芯底部定位针形变严重。

结构材料：1.25Cr。

失效前服役周期：20个月(第一周期)。

目测检查结果：

检查发现多个滤芯根部焊接部位存在开焊、裂纹、螺纹和管板内丝有不同程度冲刷磨损，试压表明多个滤芯根部泄漏，如图13-3所示。

图13-3 滤芯根部开裂后补焊情况(左)与螺纹磨损变形(右)

ME-102长时间泄漏还会导致其后路压控及程控阀冲刷磨损，如图13-4所示。

图13-4 闭锁料斗后路气相系统程控阀阀芯球面磨损情况

失效原因及分析：

闭锁料斗过滤器泄漏主要集中在滤芯和管板连接的螺纹处，周期性的载荷冲击和吸附剂冲刷导致螺纹发生磨损变形，螺纹接触面的缝隙越来越大，大量小粒径的吸附剂进入过滤器后路管线，使得过滤器失去效果。

失效现象：机械疲劳、冲刷腐蚀。

解决方案和建议：

(1) 过滤器滤芯增加定位盘，平衡滤芯受力、减少其振动幅度。

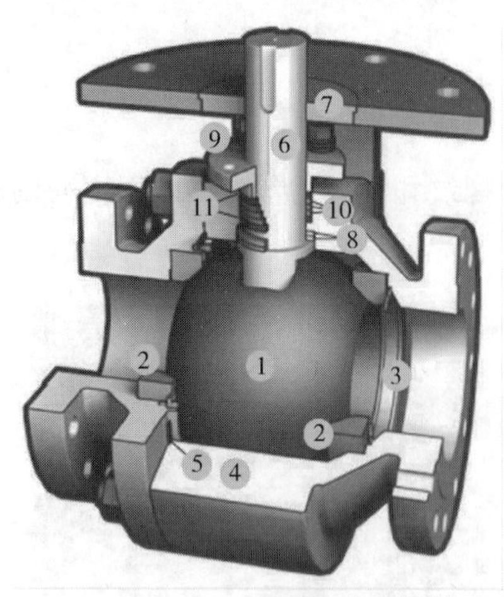

图 13-5　程控耐磨球阀结构

1—阀球；2—阀座；3—碟簧；4—阀体；5—阀体垫圈；6—阀杆；7—阀杆衬套；8—内部阀杆密封；9—填料压盖法兰；10—阀杆填料；11—反挤压环

(2) 对滤芯根部进行100%补焊加固处理，既可降低滤芯振动幅度，又可有效避免吸附剂微粒同滤芯丝扣的接触，从而避免因滤芯松动致使滤芯内外丝存在间隙导致的过滤器泄漏问题，但是补焊亦存在滤芯损坏后过滤器需要整体更换的问题。

(3) 料位过高会造成吸附剂直接冲击滤芯，必须严格控制闭锁料斗料位。

［案例 13-3］闭锁料斗程控球阀磨损故障

背景：由于程控阀(控制阀)运行条件苛刻，介质为固体吸附剂，阀门开关动作频繁、故障率较高。球阀一旦产生内漏，不但有很大的安全风险，而且会造成闭锁料斗系统无法正常运行。程控阀(控制阀)采用进口耐磨球阀结构。双阀座浮动球设计，全金属双向密封(图 13-5)。

结构材料：阀体材质 A182F316，球体、阀座 410SS，表面镀铬。

失效前服役周期：8 个月。

目测检查结果：XV2408 阀(简称 XV-8 阀，图 13-6)出现开关用时延长极为严重的情况，解体后发现该阀承压端(即 PE 端)球体总体光洁，阀座呈现三处不同程度的刮痕。球阀另一侧非承压端球面布满黑色硬质黏附物，较难清除，阀座表面布满较浅刮痕，见图 13-7。

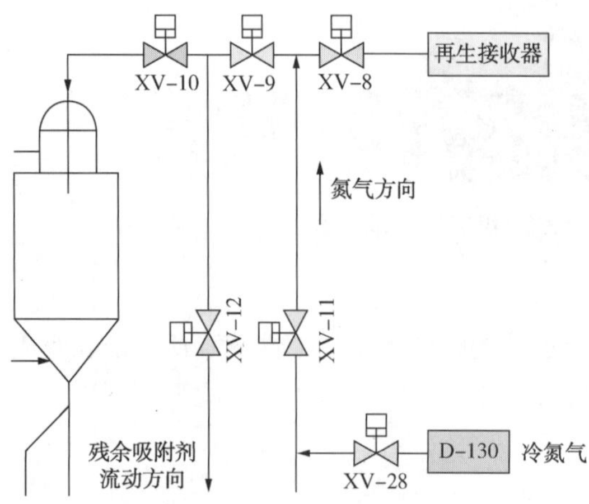

图 13-6　程控球阀位置局部示意图

图 13-7　程控球阀解体图

失效原因及分析：

经检查确认，此阀程控执行机构及气源正常，而阀门开关困难是由阀球和阀座间夹杂的吸附剂造成的。吸附剂摩擦产生较大的阻力，阻碍阀球转动。阀门的刮擦能力基于阀球和阀座紧贴合在一起，阀球转动时，阀座锋利的边缘对阀球进行自刮擦清洁。固体颗粒特别是含液相介质的吸附剂存在于密封面，在阀球与阀座的挤压下更易形成硬质不易脱落的黏附物或结焦物，不但无法刮除清洁，反而磨损了球面和阀座，形成图 13-7 中所示的刮痕，其间隙影响阀球与阀体的精密配合，而刮痕形成阀关闭时的流动通道，最终导致球阀内漏失效。

如下几个因素也会造成程控球阀发生故障：

(1) 阀门安装时，管线吹扫不干净，阀门球面有异物附着，阀门开关过程中，杂物磨损球面影响了阀门密封性。

(2) 吸附剂颗粒堆积在程控阀转动轴缝隙中，引起阀门磨损。

(3) 闭锁料斗过滤器过滤精度有限，吸附剂细粉进入放空管线中，磨损控制阀。

失效现象：机械磨损。

解决方案和建议：

(1) 确保球阀安装方向正确。一般原则是，当球阀两端介质不同时，以含吸附剂颗粒介质端为承压端，减少吸附剂颗粒进入球阀密封面的机会。当球阀两端介质一致时，则按压力高的一端为承压端，两端压力变化则以球阀关闭时压力较高、相对时间较长者为承压端。

(2) 减少输送吸附剂介质带液现象。一是从设计上改进，减少工艺操作中可能携带的液相。例如，第二代 S Zorb 装置在设计上降低了反应器至反应接收器出料口位置，并增加了反应接收器返气线，有效解决了反应器接收器收不到料的问题。使得待生吸附剂油气在此具有充足时间汽提，从而被携带的烃类大幅降低，有效延长了程控球阀 XV01、XV02、XV03 的使用寿命。二是平稳操作。保持平稳的反应压力、反应床层料位及各部分氢气用量，稳定待生吸附剂的烃类携带；加强氢气、氮气罐的切液，可杜绝反吹、输送介质带液；空气干燥器的正常运行，可减少再生部分水汽含量；再生器内取热操作的平稳可减小取热盘管的故障率，保证无水汽泄漏到再生吸附剂等。

(3) 开工管线清洁。装置在开工阶段，特别是装置中交首次开工，务必将管线内焊渣、杂物等清除干净，确保管线干燥无水分。

(4) 调整闭锁料斗氢气、氮气过滤器的反吹参数，保证吸附剂在输送管道放空泄压畅通，管线不憋压，减少管线内的残存吸附剂，减少阀门磨损。

(5) 加强对球阀的监控，制定阀门内漏试验方案，定期对阀门试漏，对有轻微内漏的阀门应提前更换，尽量在阀门磨损初期予以研磨修理，降低维护成本。

(6) 球阀可以采用衬陶瓷材质减少冲刷磨损。

[案例 13-4] 反应产物和进料换热器结焦与泄漏

背景：反应产物和进料换热器 E-101/A~F 共 6 台，采用两列并联的形式，即 A、B、C 为一列，D、E、F 为一列。操作压力 2.6MPa，壳程操作温度 420℃(入口)/130℃(出口)，管程操作温度为入口 50℃(入口)/350℃(出口)。

失效记录：由于温度较高，极易结焦。2017 年大检修期间对管束进行了高压水清洗。装置于 2017 年 9 月底开工，开工后两列换热器逐渐开始偏流，两列出口温差较大，ABC 一列管程流量变小，判断为管程结焦堵塞。管程出口温度降至 340℃，导致后路加热炉负荷升高，影响装置提量。2018 年 3 月 2 日将 E-101A/B/C 切出，进行检修高压水清焦。

结构材料：管束材质为 1.25Cr-0.5Mo-Si。

失效前服役周期：5 个月。

目测检查结果：换热器打开检查发现，E-101A/B 管板即管子未见明显结焦，C 管板结焦严重且部分换热管已堵死(图 13-8)。

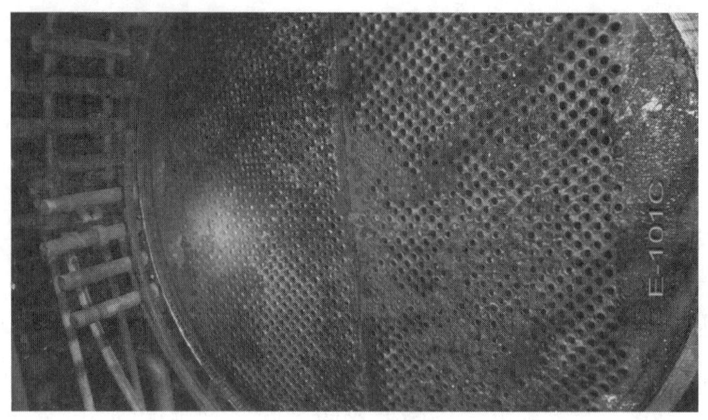

图 13-8　E-101C 管板结焦状况

管束进行了高压水清焦，结焦量约为 1t。换热管头焊肉缺失较多，换热管出口呈喇叭口状，管子内径扩大了 1mm，边缘锋利(图 13-9)。

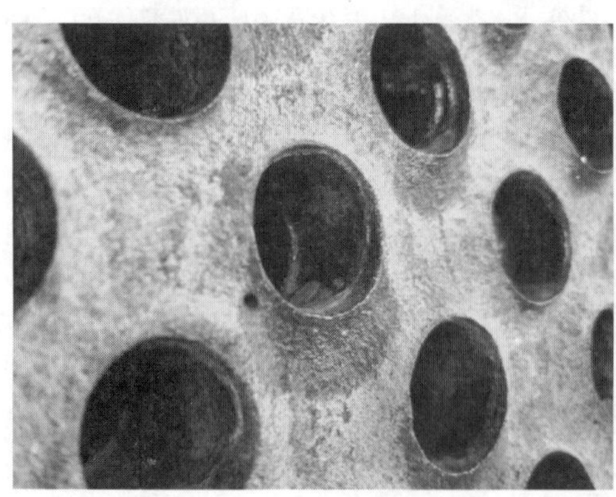

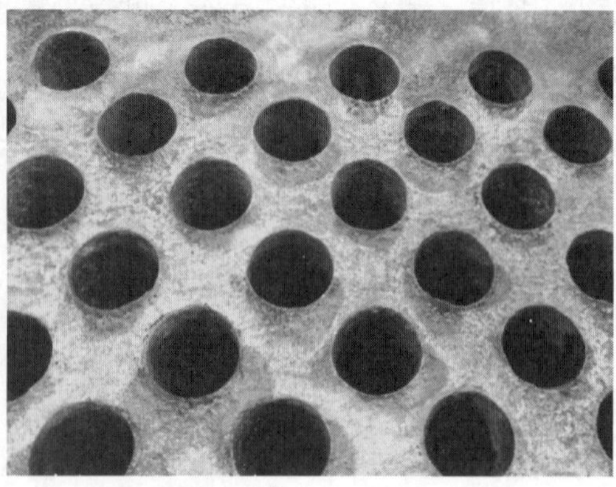

图 13-9　E-101C 管板及管口腐蚀形貌

管束回装完毕后水压试验时C管束出口半程多处泄漏，呈线状喷水(图13-10)，泄漏位置为换热管和管板焊缝处。C管束入口半程及AB管束没有发现漏点。

图13-10 E-101C水压测试时的泄漏状况

结焦物理化学分析：可燃碳2.68%，铁元素28%，硫元素15.47%，有微量镍钙钒钠，其余有52%成分无法分析确定。

失效原因及分析：

(1) 结焦物成分。根据换热器内油泥状物质分析结果可知，碳元素很少，说明烯烃高温胶质物不多；硫和铁元素加起来占44%，而铁和硫元素比例正好与硫化亚铁的分子量相吻合。

(2) 操作工况。换热器压力2.6MPa，管程A入口温度50℃，介质为氢气和汽油，到C出口温度为350℃，介质中汽油全部汽化。汽油中硫含量为200ppm。2017年12月在原料油中发现黑色固体颗粒，在过滤器ME-104处采样分析，其中铁和硫元素占大部分。而上个运行周期原料油中未发现有固体颗粒。2017年大检修时C管束没有明显腐蚀。因此可认为管束腐蚀是2017年大检修后产生的。

(3) 泄漏原因分析。介质中含有大量氢气，但高温氢腐蚀形态为裂纹，而渗透检测结果没有裂纹，因此可排除高温氢腐蚀。硫含量较低，高温硫腐蚀较为轻微。换热管出口减薄为喇叭口状，管子内径尺寸扩大，边缘很锋利，管头焊缝腐蚀减薄严重，均为冲刷腐蚀的典型形态。汽油在AB管束中没有完全汽化，在C管束中完全汽化，汽化后膨胀率很大，相变导致线速较快，油中携带着固体细粉颗粒，加剧了冲刷腐蚀。管子内有垢层保护，没有明显冲刷腐蚀减薄。油气和固体颗粒冲出管子后在管箱内体积突然扩大，流动状态发生急剧变化，产生旋涡，加剧对管口和焊肉的冲刷腐蚀，造成焊肉缺失减薄，强度下降，产生泄漏。

失效现象：结焦，冲刷腐蚀。

解决方案和建议：

(1) 鉴于管束材质为1.25Cr-0.5Mo-Si，并且为临氢设备，焊接需要焊前消氢及焊后热处理，现场焊接修复难度较大，极易发生焊接开裂，导致泄漏扩大。因此，对漏点采取了捻压的方式进行了修复。水压试验2.0MPa无泄漏后投入使用。但该换热器不能长时间安全运行，建议尽快做好备换工作。

(2) 加强上游原料的质量管理，保证原料直供，避免汽油中重组分进入造成换热器结焦；确保原料符合设计要求，建议对原料油中的固体颗粒物进行分析，查找原料固含量高的原因并给予解决。

(3) 建议采用加注阻垢剂等新技术，减缓换热器结焦，延长换热器使用寿命。

(4) 对原料过滤器ME-104进行检查，对过滤后的细粉进行粒度分析，确认滤芯是否失效，并对过滤器进行改进；日常运行中应密切监控原料过滤器差压情况。

(5) 严格把控清焦质量，确保换热器管程全部畅通。

［案例13-5］再生转剂线泄漏

背景：再生转剂线操作温度约400℃，压力0.15MPa，公称直径80mm，公称壁厚7.5mm，材质A335 P11，介质为氮气+吸附剂，气固两相。对管线进行测厚，泄漏点附近壁厚为4mm，其他位置均在7mm以上，未发现明显减薄。见图13-11。

失效记录：再生转剂线于8月5日斜管部位发生泄漏，8月11日三通位置发生泄漏。

结构材料：A335 P11。

失效前服役周期：11个月。

目测检查结果：再生转剂线内介质为氮气+吸附剂粉末，呈气固两相高速流态化。吸附剂主要有效成分为镍(Ni)和氧化锌(ZnO)，载体为氧化铝(Al_2O_3)，粒径在65μm左右。氧化铝硬度为莫氏9级，仅次于金刚石，远高于铬钼低合金钢的布氏硬度197HB。

图13-11　再生转剂线斜管(左)和三通(右)部位泄漏及处理效果

失效原因及分析：

在氮气携带吸附剂输送过程中，管线中高速通过气固两相流，气流状态为湍流，气流所夹带的吸附剂颗粒与对管道内壁的强烈摩擦和撞击所造成的磨损是管道穿孔失效的重要原因。磨损率随着气速的增大而增高，而且气速越高，磨损率增加的速率就越快。

分析转剂线泄漏情况，泄漏主要有以下特点：

(1) 泄漏点或减薄点发生在氮气与吸附剂混合的转剂线管段上侧。

(2) 泄漏点发生在三通或弯头等流动状态发生变化的位置。

第一次泄漏点位置在弯管后路，气体经过弯管后流动状态发生改变，吸附剂固体颗粒以小角度对管壁进行碰撞冲蚀，造成减薄泄漏。

第二次泄漏点位置，气提氮气与再生器来的吸附剂及氮气在此段管道内混合，吸附剂被气提氮气吹向管道上侧，以一个较小的角度碰撞管道上表面，见图 13-12。该处泄漏位置与气提氮气的流速、再生器来的吸附剂流速有关系，若再生器来的吸附剂流速提高，则吸附剂堆积层由上向管道中央偏移，若气提氮气流速提高，则吸附剂堆积层向管道上侧偏移，造成吸附剂颗粒对管道上侧的冲刷。吸附剂的流速主要由再生器的压力决定，基本上比较稳定；实际运行过程中，为了提高吸附剂输送能力，氮气流量大，流速偏高，造成管道上侧冲刷减薄。

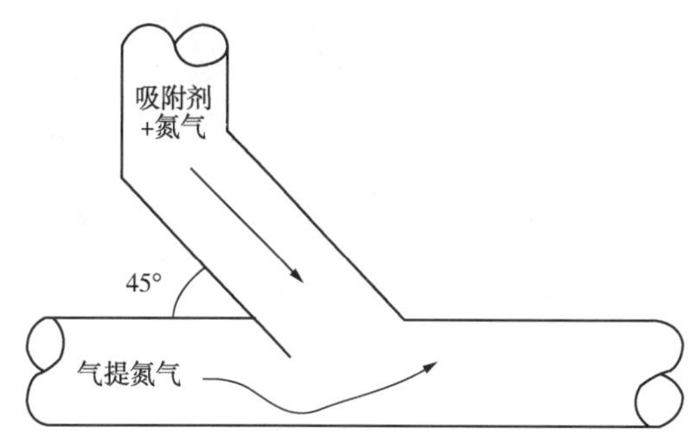

图 13-12　吸附剂混合段特殊结构

失效现象：冲刷腐蚀。

解决方案和建议：

(1) 泄漏部位的处理措施均为先带压堵漏后，再焊接包盒子。可采用刚玉的夹套包盒子，效果较好。

(2) 利用流场模拟计算确定受冲刷的部位，增加测厚点位置及频次，采用超声导波(涡流扫查+超声波测厚)等新技术，提前发现减薄位置，预防性处理。

(3) 适当降低提升气量。气速是影响管道磨损的一个重要因素，所以在满足闭锁料斗转剂速率，满足吸附剂输送的前提下尽量减小转剂线的提升气量，降低转剂线内气固两相流的流速，可以减缓管道磨损。在实际操作过程中，以设计给出的气提量为依据，结合实际工况，逐渐降低气提量，摸索所需要的最小气提流量。

(4) 提高管道壁厚等级，或采用耐磨衬里管道。

[案例 13-6] 脱硫反应器分配盘穿透

背景：脱硫反应器中装有专用的吸附剂，混氢原料从反应器底部进入。底部入口设有变流器和配备 87 个泡帽的分配盘。混氢原料经过分配盘在反应器内部自下而上流动，通过吸附作用将其中的硫化物脱除。为了防止吸附剂带入后续系统，在反应器上部锥段设置锥形挡板。脱硫反应器的操作/设计温度为 427/470℃，操作/设计压力 2.75/4.26MPa，操作介质为 H_2、吸附剂、含硫油气。

结构材料：反应器上部壳体 14Cr1MoR(H)，下部壳体 14Cr1MoR(H)+堆焊。

失效前服役周期：46 个月(第三生产周期)。

目测检查结果：反应器分配盘与盖板交界处冲刷穿透，出现两处孔洞，36 个泡帽有不同程度的磨损，另有 45 个泡帽堵塞，所有泡帽周围均存在不同程度的冲刷凹坑，如图 13-13所示。

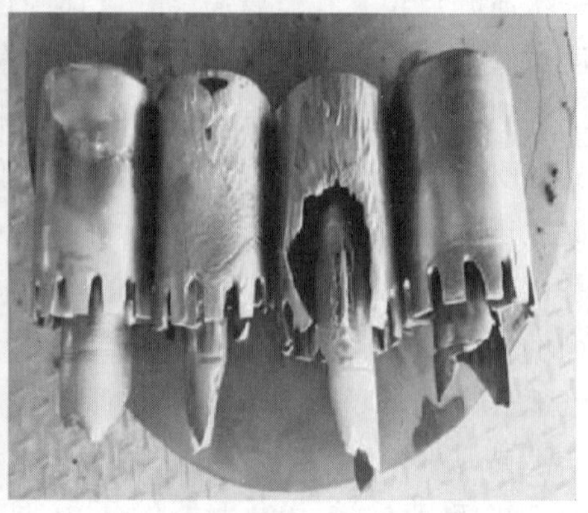

图 13-13　穿透的分配盘和冲蚀断裂的泡帽

失效原因及分析：

（1）吸附剂下料冲刷。磨损区域正对收料口，吸附剂下料长期冲刷导致收料口附近泡帽冲刷断裂，进而冲刷分配盘，并最终导致分配盘磨穿。并且，装置长期满负荷甚至超负荷运行，吸附剂循环速率加快，加速了对分配盘的冲刷。

（2）盖板垫片老化。盖板与分配盘之间使用垫片密封，随运行周期增长而疲劳失效，是冲刷穿透区域均在盖板和分配盘连接处的主要原因。

（3）设计缺陷。吸附剂自还原器进入反应器的下料口直冲盖板附近。盖板四周与分配盘之间有 13mm 间隙，而支撑圈宽度仅 17mm，故吸附剂极易通过盖板与分配盘的间隙将支撑圈冲刷穿透，并进一步将孔洞扩大。

（4）长期使用转剂线。因第一代 S Zorb 装置反应接收器收料口设计偏高，影响收料，故本装置经常使用转剂线向反应接收器输送吸附剂，但转剂线收料口与泡帽顶端在同一水平面，会引起高温吸附剂和油气在分配盘处形成漩涡，破坏正常的流化床混氢原料和吸附剂的平稳状态，导致吸附剂对分配盘的冲刷加剧。

失效现象：冲刷腐蚀。

解决方案和建议：

（1）还原器下料口增加“伞帽”，使吸附剂线速降低，并使下料分布更加均匀，降低对分配盘的冲刷。

（2）对于第一代 S Zorb 装置横管转剂困难的情况，应调整操作，采取适当措施尽量恢复正常的横管转剂，避免长期使用卸剂线转剂。

（3）检修时应对分配盘进行全面检查，并且更换盖板垫片，修补分配盘堆焊层；更换破损泡帽，并对堵塞泡帽进行清理或更换；清理反应器底部，吹扫入口管线。

[案例13-7] 反应器接收器脱气线泄漏

背景：反应接收器D105顶脱气线为D105顶返回脱硫反应器(R-101)的管线，主要用于平衡D105和R101之间的压力，便于吸附剂顺利自反应器R101向D105转剂。同时防止油气带入闭锁料斗，影响闭锁料斗烃氧环境转换时，在规定的时间内吹烃氧不合格，造成安全隐患。该脱气线规格为*DN*100、SCH160(14mm)，45°弯管(*R*=8*D*)4个，90°弯管(*R*=5*D*)1个，运行介质为氢气+吸附剂，操作压力2.5~3.0MPa，操作温度425~430℃，气提氢气流量1400~1500Nm^3/h(减薄/泄漏前)，气相线速53 m/s。

失效记录：装置于2015年9月13日投产，于2016年10月20~29日连续出现泄漏，11月5日停工对5处弯管进行贴板处理。

结构材料：P11。

失效前服役周期：投产13个月。

目测检查结果：D105脱气线各泄漏点部位如图13-14所示。第二个45°弯管中部外弯正中线部位，管线被冲刷出一个黄豆大小的孔洞。第一个45°弯管的外弯下部左侧部位漏点见图13-15。顶部90°弯管前期打卡子部位的下部外弯处泄漏点见图13-16。

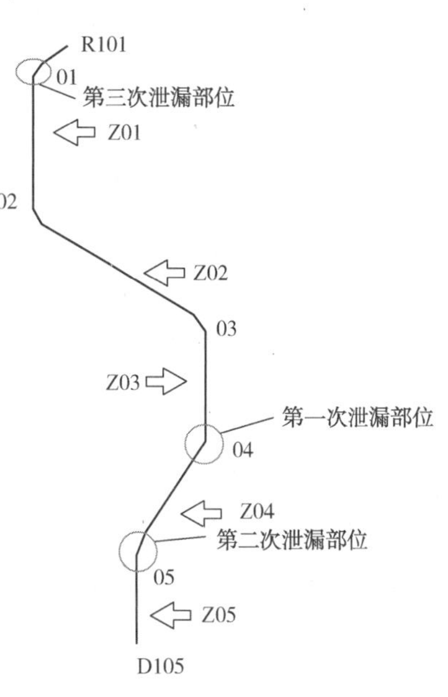

图13-14 泄漏点位置示意图

图13-15 第一个45°弯管泄漏形貌图

图13-16 顶部90°弯管泄漏形貌图

失效原因及分析：

(1) S Zorb装置的设备、管线减薄甚至泄漏主要由气相、固相或是气固两相流冲刷腐蚀导致。根据同行业装置运行情况来看，首先排除单纯是由气相腐蚀造成的泄漏。根据装置操作参数可以推断，造成泄漏的主要原因应该是D105内线速过高或吸附剂粉尘过多造成管线过度磨损。

（2）弯管发生泄漏是由于吸附剂颗粒在弯管内方向发生变化，造成颗粒对管壁的冲刷。弯管有两种情况，以吸附剂向上输送为例，当管道由水平向垂直方向变化时，吸附剂在弯管处，可以形成一定的物料垫，延缓了吸附剂颗粒对管壁的冲刷。当管道由垂直向水平(趋势)方向变化时，由于吸附剂重力作用，吸附剂颗粒不会在这个弯管处形成物料垫，此处完全暴露在吸附剂颗粒的冲刷中，冲刷泄漏的速率加快。

失效现象：冲刷腐蚀。

解决方案和建议：

（1）加强测厚管理。测厚点选择、密集度、数据的准确性以及管线内部减薄点不确定性，均导致定点测厚的结果数据有一定误导。因此，有必要提高测厚频率、增加布点范围来提高测厚结果的准确性，还可采取基于 C 型扫描的面测厚或电场矩阵和超声波定点测厚相结合的面测厚技术，加强对危险部位的全面监控。另外，有企业采用脉冲涡流检测技术发现了脱气线存在的腐蚀减薄部位，起到了很好的预防作用。

（2）工艺调整。一是适当降低提升气量。在满足 D105 收料及卸料同时保证吸附剂不带油气的前提下尽量减小 D105 的提升气量，降低脱气线内气固两相流的流速，可以减缓管道磨损。二是控制反再系统循环的细粉量，减少 D105 顶气相线的气固夹带。

（3）选材方面。可在易损弯头处增加补强或增加耐磨衬里，或更换厚壁管道等。

CHAPTER 14 / 第十四章

制氢装置腐蚀与防护

第一节　典型装置及其工艺流程

一、装置简介

制氢装置是炼油厂获取氢气原料的主要装置。随着环保及油品质量提高，氢气需求增加，其重要性不断提升。目前制氢以化石能源制氢为主，本章节主要涉及炼油企业常见的轻烃制氢装置以及煤制氢装置。

二、主要工艺流程

烃类转化制氢工艺包括轻烃水蒸气转化、一氧化碳中温、低温变换、溶剂(如苯菲尔溶液)脱碳–甲烷化或变压吸附(PSA)过程。原料进入转化系统之前，需要经过加氢脱硫处理，经过脱硫处理的原料气(油)与来自汽包的蒸汽混合后进入转化炉对流段混合预热器预热至500℃左右，由炉顶进入转化炉管。在以瓦斯气和PSA解吸气为主要燃料燃烧供热的条件下，在转化炉管中原料气(油)经转化反应和变换反应产生氢气、一氧化碳、二氧化碳及尚未转化的残余甲烷(根据氢气净化流程的区别，一般控制转化管出口的转化气体中甲烷含量在3.5%~6%)。转化炉出口800℃左右的转化气，进入转化气废热锅炉产生中压蒸汽，回收热量，转化气温度降到360℃后进入中温变换反应器。在中温变换反应器中，在一氧化碳中温变换(中变)催化剂和330~400℃温度下，将转化气中的一氧化碳变换为氢气和二氧化碳。中温变换后气体(中变气)温度升至410℃左右，如果是苯菲尔脱碳流程，中变气将进入甲烷化加热器与来自甲烷化预热器的气体进行换热，降至410℃左右再进入锅炉给水预热器，降至190℃左右进入低温变换反应器。如果氢气净化是PSA变压吸附流程，中变气先与原料换热，后与锅炉水、除氧水、除盐水等换热降温至40℃进入PSA吸附塔。在低温变换反应器中，中变气在一氧化碳低温变换(低变)催化剂和190~230℃温度下，进一步发生变换反应。将剩余的一氧化碳进一步变换为氢气和二氧化碳，低变气送至脱碳系统进一步脱除二氧化碳。含大量二氧化碳的低变气经换热冷却(95℃左右)后在吸收塔中经苯菲尔溶液洗涤后脱除二氧化碳，从吸收塔顶出来的粗氢气经甲烷化加热器换热后，升温至300℃左右进入甲烷化反应器，在催化剂作用下使一氧化碳和残留的二氧化碳与氢气反应，生成甲烷，脱除甲烷，再经分离罐分离后即产出工业氢。而从吸收塔底部出来的富液则从再生塔顶部进入，经过降压降温后，富液中的二氧化碳逐渐汽提出来，从吸收塔顶放空。从吸收塔中部出来的半贫液，大部分经加压后进入吸收塔顶部，少部分则引入再生塔下塔顶部进一步再生。从吸收塔底部出来的贫液(110℃左右)，经冷却、加压后送入吸收塔上塔顶部。再生塔上塔闪蒸出来的闪蒸气和填料层出来的再生气混合，经洗涤段后离开再生塔经冷凝器和气液分离器后，气体二氧化碳排出，冷凝液部分返回系统，部分排放。

煤制氢工艺与烃类转化制氢的主要区别在于原料煤处理及气化部分。原料煤经过破碎和计量后进入磨煤机，与一定量的水混合形成粒度分布均匀、浓度约为60%的料浆，经给料泵加压后与高压氧气一起进入气化炉反应室，水煤浆与氧气发生氧化反应生成粗合成气，高温粗合成气携带灰渣一起进入激冷室，实现降温和熔渣分离，激冷后的粗合成气进入文丘里洗涤器及洗涤塔，经洗涤后进入变换单元，洗涤水一部分返回汽化炉激冷室和文丘里洗涤器，另一部分进入闪蒸罐。气化炉的黑水经一系列的闪蒸、分离去除溶解的气体，后经沉降过滤后一部分回用，一部分去污水处理装置。

图 14-1 为典型制氢装置流程图。

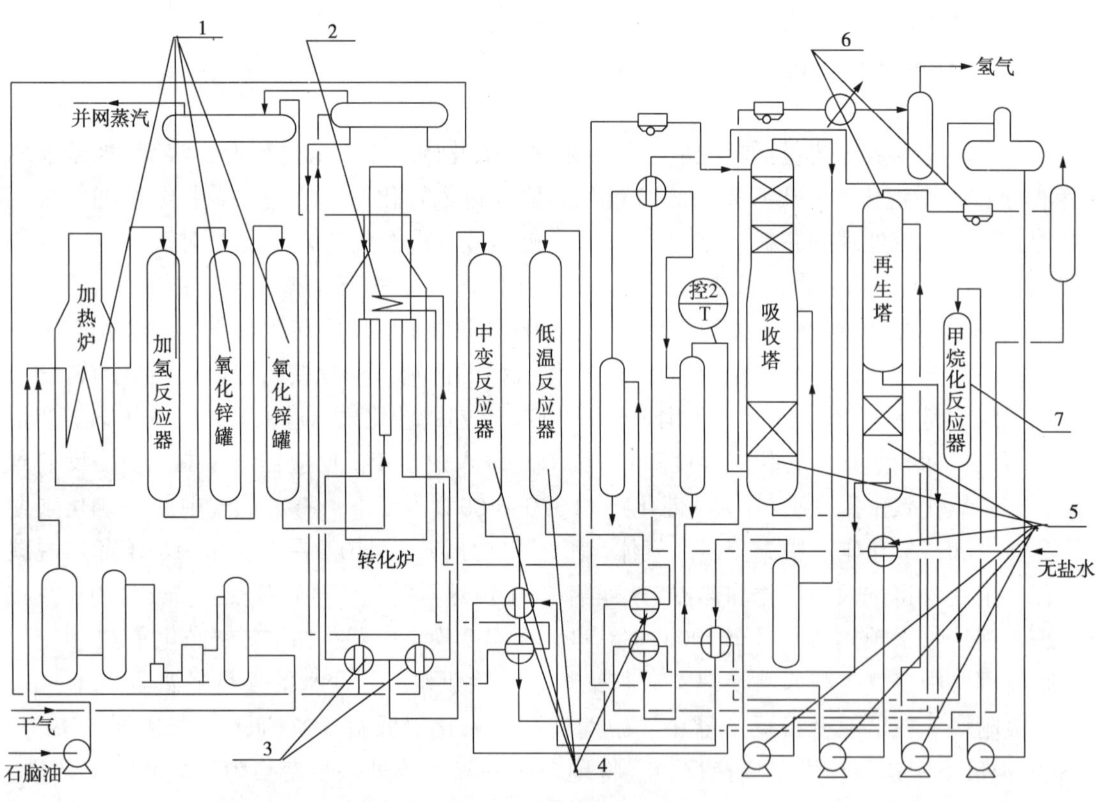

图 14-1　典型制氢装置流程图

注：图中编号 1~7 对应表 14-1 部位编号。

第二节　腐蚀体系与易腐蚀部位

一、腐蚀体系

制氢装置主要腐蚀介质是氢气、二氧化碳和苯菲尔溶液中的碳酸钾，同时高温高压操作条件下，材料也会产生机械损伤失效和高温氧化、硫化。另外，若水质控制不好，锅炉及蒸汽发生器高温水侧会出现氧腐蚀、酸性水腐蚀，若加热炉的燃料硫含量高时，加热炉对流段可能产生露点腐蚀。在含有氯离子的溶液中，300 系列奥氏体不锈钢可发生点蚀和应力腐蚀开裂。

二、易腐蚀部位

装置主要易腐蚀部位包括变换系统的碳钢或低合金钢换热器及附属工艺气管线；脱碳系统的 CO_2吸收塔、再生塔、再生塔底重沸器、贫液及半贫液泵、CO_2冷凝器及以上设备的附属工艺管线、酸性气分水罐。易腐蚀部位和常见腐蚀形态见表 14-1。煤制氢装置腐蚀部位的区别之处在于原料处理及气化部分，主要集中在气化炉、闪蒸罐、洗涤塔等，具体见表 14-2。

表 14-1　制氢装置易腐蚀部位和主要腐蚀形态

部位编号	易腐蚀部位	材质	腐蚀形态
1	加氢反应器、脱氧槽、脱硫槽、加热炉、加热器及附属工艺管线	碳钢 Cr-Mo 钢	高温高压氢气引起的氢腐蚀，表现为材料表面脱碳，性能下降
2	对流段炉管	碳钢 Cr-Mo 钢 奥氏体不锈钢	露点腐蚀引起的减薄
3	废热锅炉	Cr-Mo 钢	工艺气侧：高温高压氢气引起的氢腐蚀，表现为材料表面脱碳，性能下降 水汽侧：氧腐蚀、酸腐蚀、汽液交界处的碱脆
4	中低变系统换热器及附属工艺气管线	碳钢、Cr-Mo 钢	CO_2腐蚀减薄或穿孔、脱碳；蒸汽发生器水汽侧的氧腐蚀、酸腐蚀、汽液交界处的碱脆
		奥氏体不锈钢	氯离子引起的应力腐蚀开裂
5	CO_2吸收塔底部、再生塔、再生塔底重沸器及附属工艺管线	碳钢	热碳酸钾水溶液引起的冲刷腐蚀、碱脆
		奥氏体不锈钢	氯离子引起的应力腐蚀开裂；浓缩热碳酸钾水溶液引起碱脆

续表

部位编号	易腐蚀部位	材质	腐蚀形态
6	再生塔顶管线、冷凝器、酸性气分水罐	碳钢	CO_2腐蚀减薄或穿孔
		奥氏体不锈钢	氯离子引起的应力腐蚀开裂
7	甲烷化反应器及附属工艺管线	碳钢 Cr-Mo 钢	高温高压氢气引起的氢腐蚀，表现为材料表面脱碳，性能下降

表 14-2 煤制氢装置易腐蚀部位和主要腐蚀形态

易腐蚀部位	材质	腐蚀形态
气化炉	14Cr1MoR+S31603	氯离子引起的点蚀、应力腐蚀开裂；磨蚀
洗涤塔	14Cr1MoR+S31603	氯离子引起的点蚀、应力腐蚀开裂
闪蒸罐	Q345R+S31603	氯离子引起的点蚀、应力腐蚀开裂

第三节 防腐蚀措施

一、工艺防腐

1. 脱碳系统工艺防腐蚀

常规脱碳一般采用活化热钾碱法。活化热钾碱法又以活化剂的不同而分成多种，例如以二乙醇胺[DEA—$NH(CH_2CH_2OH)_2$]为活化剂的苯菲尔法，其组成为：27%K_2CO_3+3% DEA(二乙醇胺)；以氨基乙酸(NH_2CH_2COOH)为活化剂的氨基乙酸或称无毒 G · V 法；以二乙醇胺[DEA—$NH_2(CH_2)_2NH(CH_2)_2NH_2$]为活化剂的 SCC-A 法。有资料介绍，110℃时，碳钢在K_2CO_3溶液的腐蚀速率约为 0.5mm/a，而同样温度下，碳钢在被CO_2饱和的K_2CO_3溶液中的腐蚀速率约为 8.5mm/a，铁素体不锈钢(410)腐蚀速率约为 7.75mm/a，但奥氏体不锈钢(304、347)腐蚀速率只有 0.025mm/a。在CO_2气体中，只加入 0.3%H_2S，碳钢的腐蚀速率就可降低 96%，而H_2S饱和沸腾钾碱液没有腐蚀性。

为防止吸附CO_2后K_2CO_3溶液引起碳钢全面腐蚀，脱碳系统在热钾碱溶液中添加V_2O_5缓蚀剂，其与热钾碱生成一种氧化型缓蚀剂——偏钒酸钾，它使碳钢表面生成一层厚度小于 100Å 的黑棕色致密保护膜，使金属由活化状态转变成钝化状态而抑制腐蚀进行。如苯菲尔溶液在 90~100℃时，加钒前碳钢腐蚀速率为 0.307mm/a，但加钒后腐蚀速率可降到 0.051mm/a，即溶液的V^{5+}氧化作用生成了γ-Fe_2O_3保护膜，使碳钢腐蚀电流降低，减缓了碳钢的腐蚀。

苯菲尔溶液中V^{5+}才能起到缓蚀作用，一般在苯菲尔溶液中加入五氧化二钒，添加量 0.5%左右。但运行中低变气中的还原性物质会将V^{5+}还原成V^{4+}，不但降低V^{5+}的浓度，而且还会产生钒化物的沉淀，因此在运行过程中需严格控制总钒的含量以及溶液中

V^{5+}/V^{4+}的质量浓度，当溶液中总钒浓度低于0.15%，正五价钒浓度低于0.1%时，需要补充五氧化二钒，保证钝化膜的形成，延长碳钢设备的使用寿命。经验表明，局部流速过大也会破坏钝化膜。

2. 锅炉给水工艺防腐蚀

不同的制氢工艺，废热锅炉及蒸汽发生器产生的蒸汽压力有所差异，废热锅炉及蒸汽发生器工艺防腐蚀措施额定蒸汽压力小于3.8MPa，锅炉给水、炉水水质应按GB 1576—2018的要求执行，额定蒸汽压力大于等于3.8MPa，锅炉给水、炉水水质应按GB/T 12145—2016的要求执行，控制给水氧含量、pH值、Fe^{2+}、磷酸根等指标，避免高温水的氧化腐蚀和酸性腐蚀。锅炉给水中溶解氧含量一般控制小于5μg/L，同时还加入微量的除氧剂——联胺，同时加入碱控制锅炉给水的pH值≥7，偏碱性。工艺上还加入磷酸盐，不仅除去钙和镁离子，同时可形成磷酸铁保护膜。

3. 黑/灰水系统的腐蚀

控制黑水及灰水中的氯离子含量(建议不高于200ppm)，并尽量降低溶解氧含量。也可加注少量应力腐蚀抑制剂，降低应力腐蚀敏感性。

二、选材

高温高压临氢设备管线一般按照API 941—2016所列的Nelson曲线为选材的主要依据，若装置设备管线材质不符合要求，应将材料升级。CO_2腐蚀与CO_2分压、溶液的pH值、温度等因素有关，碳钢和低合金钢(如CrMo钢)不耐CO_2腐蚀，特别是刚出现蒸汽凝点的高温条件下，一般需选用022Cr19Ni10。在含有大量CO_2的苯菲尔溶液中，碳钢耐蚀性远低于022Cr19Ni10，特别是在受冲刷部位，但从经济角度考虑，脱碳系统仍大量采用碳钢，并通过工艺防腐措施解决腐蚀问题。但在流速高或可能出现汽蚀部位，一般选用不锈钢。

(1) 预脱硫系统加氢反应器操作温度在400℃左右，预脱硫系统选材主要是考虑氢腐蚀问题，一般选用CrMo(15CrMo、06Cr5Mo)，反应器内件选用022Cr19Ni10，操作温度低于220℃或氢分压低于1.3MPa的操作环境可考虑选用碳钢。

(2) 转化系统的操作温度为700~900℃，选材主要考虑高温机械损伤、氢腐蚀以及转化炉炉膛侧的高温氧化、高温硫化、碳化、硫酸露点腐蚀，同时考虑废热锅炉及蒸汽发生器高温水侧的氧腐蚀、酸腐蚀。转化炉炉管一般选用HK-40(Cr25Ni20)、HP-40(Cr25Ni35)、HP-40Nb(Cr25Ni35Nb)，后者机械性能优于前者，下猪尾管和下集气管一般选用Incoloy800(Cr20Ni32)，上猪尾管和上集气管一般选用022Cr19Ni10、06Cr5Mo，废热锅炉及其他部位一般可选用022Cr19Ni10、CrMo(15CrMo、06Cr5Mo)、15CrMo+耐热衬里。

(3) 变换系统的操作温度为200~450℃，选材主要考虑氢腐蚀、CO_2腐蚀，一般先考虑氢腐蚀问题，按照最新版API 941—2016所列的Nelson曲线为选材依据，一般选用CrMo(15CrMo、06Cr5Mo)，操作温度低于220℃或氢分压低于1.3MPa的操作环境可考虑选用碳钢。但在露点温度(大约166~195℃，根据装置操作条件不同而不同)条件下一般选用奥氏体不锈钢，此时主要是考虑高温条件下CO_2腐蚀问题。

(4) 脱碳系统的操作温度在110℃左右，选材主要考虑热碳酸钾水溶液引起的全面腐蚀、应力腐蚀、冲刷腐蚀或湿CO_2腐蚀，对易出现汽蚀和冲刷腐蚀一般选用022Cr19Ni10，如贫液或半贫液泵的叶轮、轴套、泵壳，贫液或半贫液管线的弯头、三通、大小头、阀件等受冲刷部位；再生塔底重沸器管束等，同时与湿CO_2接触再生塔顶及CO_2凝液流经的部位如冷凝液冷却器至分离罐的管线一般选用022Cr19Ni10或内衬022Cr19Ni10，其他部位则选用碳钢。在使用钒缓蚀剂情况下，吸收塔和再生塔的塔盘可选用碳钢，若采用不锈钢塔盘，则与碳钢塔体相焊接的塔内构件(支承圈、大梁、支梁等)最好使用碳钢。对接触湿CO_2且温度较低的碳钢设备可采用非金属耐酸材料(如涂料、树脂玻璃钢等)防腐蚀措施。

(5) 甲烷化系统的操作温度为300~400℃，选材主要考虑氢腐蚀，可根据API 941—2016最新版标准选材。一般选用15CrMo，操作温度低于220℃或氢分压低于1.3MPa的操作环境可考虑选用碳钢。

三、腐蚀监检测

1. 在线腐蚀监控

(1) 超声波测厚

超声波测厚主要针对变换系统会出现CO_2腐蚀碳钢或铬钼低合金钢设备和管道，选点首先考虑操作工艺条件是否出现露点的位置，对于管道主要考虑弯头等流速大的部位。另外是脱碳系统出现CO_2腐蚀和热碳酸钾水溶液全面腐蚀的碳钢设备和管线，选点首先考虑操作温度，对于管道主要考虑弯头等流速大的部位。

(2) 工艺防腐蚀监测

脱碳系统工艺防腐蚀监测主要是定期检测富液中V^{5+}、总钒、铁含量。监测溶液中钒含量的目的是保证溶液中V^{5+}足以形成保护膜，以便采取措施满足工艺防腐蚀技术要求。当溶液中铁含量有明显增加时，就表明系统中存在腐蚀。有资料显示，铁含量达到200μg/g以上，腐蚀就严重。

为达到防腐蚀目的，废热锅炉水质重点监测指标有pH、总碱度、磷酸盐、相对碱度，而锅炉或蒸汽发生器给水水质重点监测指标有溶解氧、pH、铁含量。

2. 停工腐蚀检测

(1) 无损检测

停工期间采用常规的无损检测手段对设备管线易腐蚀部位进行检查，重点检测的部位容易出现氢腐蚀或氢脆的临氢设备管线等，尽量发现外观检查无法发现的腐蚀问题并分析引起腐蚀的原因。同时采用超声波测厚对装置运行中可能发生CO_2腐蚀或氢腐蚀的部位进行厚度监测。

(2) 腐蚀检查

装置停工期间，应对装置的腐蚀情况进行调查，调查方法参照装置停工腐蚀调查规定，调查方案根据装置的运行情况来制定。制氢装置重点调查部位应包括：

预脱硫系统：反应器、加热炉炉管、脱硫汽提塔、临氢管线。

转化系统：炉管的外观、设备内部的耐热衬里。

变换系统：锅炉给水换热器、蒸汽发生器、工艺气碳钢或低合金钢设备及管线。

脱碳系统：工艺操作温度在60℃以上，介质含二氧化碳的碳钢设备及管线，如再生塔的上部内构件、再生器管线、二氧化碳凝液冷却器及其进出口管、酸性气分水罐等，介质含热碳酸钾水溶液的贫液或半贫液的叶轮、轴套、泵壳、阀件、再生塔底部、再生塔底重沸器、吸收塔等。

甲烷化系统：反应器、临氢管线。

煤制氢气化部分：气化炉、洗涤塔及高温黑水管线等。

四、其他需要注意的问题

（1）生产负荷的变动或工艺条件的变化，特别是开停工期间，会引起变换系统露点温度发生变化，从而导致变换系统出现CO_2腐蚀位置发生改变。对采用奥氏体不锈钢的部位，也会因工艺介质中含有微量的氯离子，加上酸性环境的存在，生产过程中也曾出现过开裂现象，应尽量采用稳定化奥氏体不锈钢，宜采用小电流焊接，尽量降低焊接残余应力。

（2）再生塔底重沸器管束的管子选022Cr19Ni10时，管板应为06Cr19Ni10，不应为16MnR。设备型式尽量不用标准重沸器，应选用带有蒸发空间的重沸器。

（3）考虑若贫液和半贫液中固体颗粒太多，会提高冲刷腐蚀速率，应定期清洗脱碳系统容器过滤器。

（4）装置中与工艺气相连接的小管线，在有积液的情况下，温度越高越容易出现腐蚀穿孔。

（5）脱碳系统富液、贫液或半贫液均是良好的电解质，在该系统中应尽量避免异种金属引起的电偶腐蚀，尤其是大阴极小阳极情况。设备在设计、制造、安装过程也应避免缝隙的存在，降低发生缝隙腐蚀的可能性。

（6）当碳钢使用温度大于90℃，与热钾碱溶液接触的焊接部位需进行焊后热处理，避免碱脆的发生。同时应注意不锈钢在浓碱中也会出现碱脆现象，尤其是塔底重沸器管子与管板应采用强度焊加强度胀（开槽）的联接形式。

（7）加热炉燃料硫含量$>100mg/m^3$，露点温度升高，对流段易出现硫酸露点腐蚀，应根据排烟温度控制燃料中硫含量。若转化炉管采用镍基合金，转化炉燃料中硫含量应控制小于0.01%。

（8）过热或长期服役转化炉炉管都会出现蠕变开裂，制造安装过程中，应保证炉管的质量，化学成分和机械性能符合要求，无偏析、夹杂、裂纹、机械损伤，焊接符合规范要求。在运行过程中，防止炉管内催化剂架桥、结焦和粉碎堵塞，避免偏流造成局部过热，防止炉管的管壁温度超过许用温度，严格控制炉管出口温度低于设计出口温度。要避免频繁开停工，也要避免局部过热。有条件情况下，可采用红外热成像技术监测转化炉炉管超温情况，以便采取相应的改进措施，延长炉管的使用寿命。停工期间，需对转化炉炉管运行情况进行检验，一般包括外观检查、厚度及变形尺寸的测量、金相检查、硬度测定、焊缝渗透检测、超声波检测、焊缝 X 射线检测。

（9）若脱碳工艺采用 PSA 变压吸附工艺时，PSA 变压吸附系统操作温度在 60℃以下，操作压力发生循环变化，此时主要考虑变压吸附塔疲劳问题，一般选用碳钢，但必须考虑其耐疲劳性能。对疲劳工况压力容器每个大修周期中间宜增加一次由专业检验单位实施的外部检验，主要针对角焊缝、支撑板、结构突变、应力突变、温度压力交替变化等疲劳部位。停工检修时对所有焊缝全部实施无损检测（如磁粉、超声检测等），母材、焊缝要安排金相检测等检测项目，特别是疲劳部位、结构或者应力突变部位要重点检测。

（10）进出口猪尾管与炉管或集合管轴心呈 90°角的进出口处的焊缝及热影响区常出现环向裂纹，主要是机械损伤。

（11）转化气进入集合管和废热锅炉，选用的衬里材料必须是低硅型（SiO_2<0.5），避免 SiO_2在还原气氛中流失，在下游堵塞管线。

第四节　典型腐蚀案例

［案例 14-1］变换系统 CO_2腐蚀

背景：某厂制氢装置投用 3 个月后变换系统的碳钢管线就发生爆炸事故，本次爆炸的部位是一段弯头，弯头被撕开（图 14-2），弯头公称直径 400mm，壁厚 9.5mm。管内工艺温度 180~184℃，压力 2.6~2.7MPa，工艺介质：水蒸气、氢气、二氧化碳、甲烷、一氧化碳。干气分析各组分含量：氢气 74%、二氧化碳 20%~22%、甲烷 4%、一氧化碳约 0.3%。

经检查，弯头外侧壁厚度有明显的减薄（图 14-3），腐蚀速率高达 29mm/a，同时减薄部位有明显的汽蚀凹坑形貌（图 14-4）。

图 14-2　弯头爆口形貌

图 14-3　弯头撕开片厚度分布

图 14-4 弯头撕开片上的凹坑

失效原因及分析：主要是工艺温度低于水的饱和蒸气压，形成含 CO_2的酸性物质汽液两相流对碳钢冲刷腐蚀。

解决方案和建议：弯头材质升级为 022Cr19Ni10；定点测厚监测。

[案例 14-2] 转化炉炉管高温蠕变

背景：某厂制氢装置转化炉炉管材质为 HP-Nb(ZG40Cr35Ni35Nb)，炉管规格：ϕ140×15mm，管内介质：进口为石脑油+中压蒸汽；出口主要为氢气+少量甲烷和二氧化碳。管内压力：进口 3.43MPa，出口 3.24MPa，管内温度：进口 490℃；出口 790℃。操作温度监控：出口温度控制在 750~790℃，操作压力监控：控制在 3.2~3.6MPa，该炉由生产化肥的转化炉在满负荷运行 9 年后改为制氢炉，作为制氢炉投用一年多期间，由于各种原因，炉子开停工 5 次。装置在最后一次开工运行中，B 室第五组第 28 根和 29 根炉管(最后两根)发生爆管。裂口在炉管接近出口猪尾管的位置。爆管时的工艺参数为温度 788℃、压力 2.85MPa。见图 14-5~图 14-8。

图 14-5 第 28(上)和 29 根(下)炉管爆裂部位宏观形貌

图 14-6 炉管裂口处高温蠕胀破裂断口宏观形貌

图 14-7　炉管壁厚内侧蠕变空洞和初生裂纹的形态

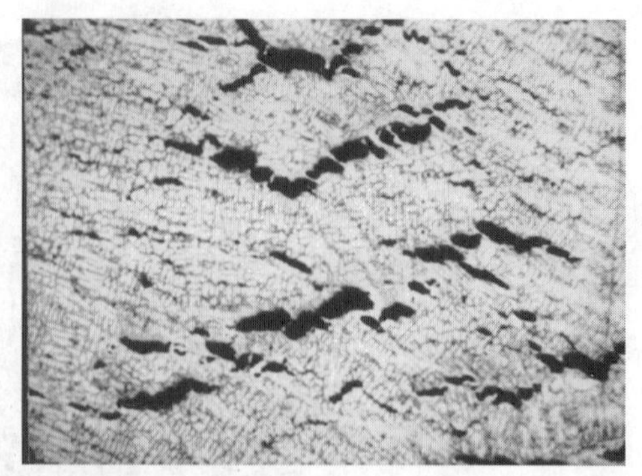

图 14-8　内壁表面组织形貌及裂纹形态

经金相检验、断口分析，炉管组织已严重劣化，表现为晶界骨架状的碳化物已转变为块状、网状和链状，裂口附近晶内碳化物几乎已消失，并且该区域炉管组织分布中有大量的蠕变空洞和微裂纹，其他部位的晶内碳化物显著粗化。

失效原因及分析：炉管发生蠕变损伤。

解决方案和建议：平稳操作，严防局部超温；定期开展无损检测。

[案例 14-3] 气化炉激冷室点蚀和开裂

背景：某厂气化炉激冷室材质为 14Cr1MoR+S31603，介质为黑水、合成气，温度 250℃，压力 6.5MPa。停工检修期间发现，在液面波动位置出现大量微裂纹及点蚀坑，图 14-9。

失效原因及分析：原料煤中氯含量超设计值，黑水介质中氯离子含量达 200mg/kg，且在液面波动位置容易出现氯离子进一步浓缩，导致堆焊层局部发生应力腐蚀开裂和点蚀。

解决方案和建议：点蚀坑和裂纹较浅，采用打磨方式去除；表面采用喷丸处理，改变表面应力状态；可选用耐蚀表面处理技术(如钎涂、喷涂耐蚀合金等)提高局部耐蚀性能。

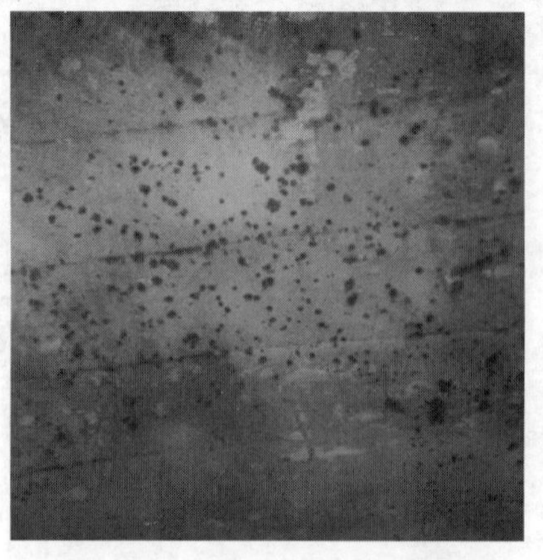

图 14-9　气化炉激冷室表面点蚀

CHAPTER 15 第十五章

润滑油装置腐蚀与防护

第一节　典型装置及其工艺流程

润滑油产品是由润滑油基础油和用于改善使用性能的各种添加剂调制而成的。润滑油基础油生产装置传统的工艺有溶剂脱沥青、溶剂精制、溶剂脱蜡、白土补充精制(俗称“老三套”)；先进的工艺有加氢补充精制、加氢处理、加氢裂化、临氢降凝和异构脱蜡等工艺过程。目前，多数炼油厂生产润滑油基础油常采用加氢技术与“老三套”加工技术结合的方法。本章所涉及的内容主要是糠醛、酮苯、白土和丙烷脱沥青、润滑油加氢装置。随着原料劣质化及环保要求下对非常规基础油(UCBO)需求的不断增加，“全氢法”加工工艺生产高黏度指数基础油将不断扩大。

一、糠醛精制装置

1. 装置简介

从原油中取得的馏分润滑油料，含有一些对油品使用性能有害的物质和非理想组分，主要是胶质、沥青质、重芳烃和环烷酸类，以及某些含硫、氮、氧的非烃化合物，会使油品的黏度指数降低、抗氧化安定性变差及油品颜色变差。

溶剂精制就是利用某些溶剂的选择性溶解能力，来脱除润滑油料中有害的及非理想物质，属于物理分离过程。用于精制润滑油的溶剂有多种，工业上应用最广泛的是糠醛。影响溶剂精制过程的主要因素有溶剂性质、抽提温度与温度梯度、溶剂比、抽提塔的理论段数及两相接触与分离状况等。

2. 主要工艺流程

糠醛精制的典型工艺流程见图 15-1，工艺过程包括原料油脱气、溶剂抽提、精制液和抽出液溶剂回收及溶剂干燥脱水几部分。

(1) 原料油脱气部分

原料油罐不用惰性气体保护时，原料油中会溶入微量的氧气。这些微量的氧气足以使糠醛氧化产生酸性物质，并进一步缩合生成胶质，造成设备的腐蚀与堵塞，严重地影响装置的正常生产。因此，原料油在进入抽提塔之前必须经过脱气过程，脱气一般在筛板塔内进行，利用减压和汽提使溶入油中的氧气析出而脱除。影响脱气的主要因素是脱气塔的真空度和吹汽量，脱气塔在 13.3kPa 压力下操作时，可将溶入原料油中的氧气大部分脱除。

如果在塔底吹入少量的水蒸气进行汽提，则可以脱除99%以上的氧气。

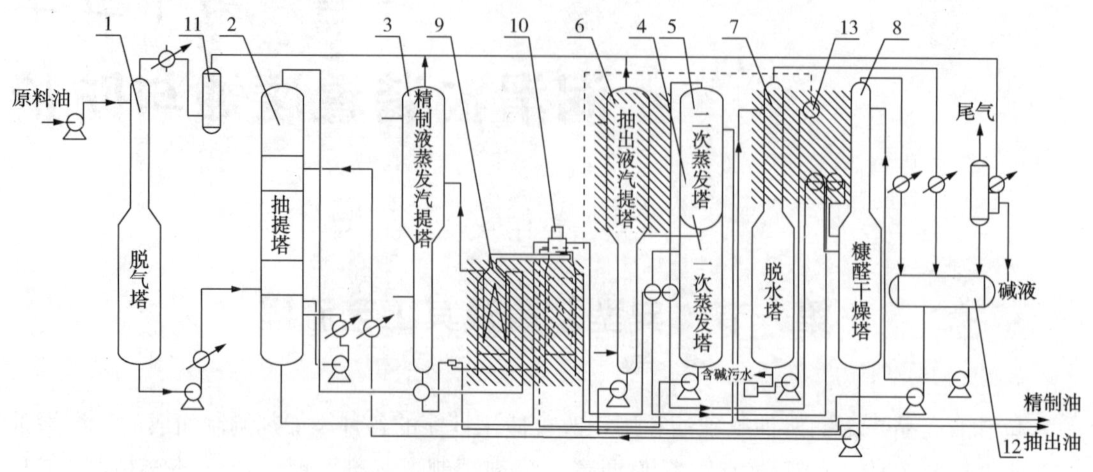

图 15-1　糠醛精制工艺流程(溶剂双塔蒸发回收)

1—脱气塔；2—抽提塔；3—精制液蒸发汽提塔；4—抽出液一次蒸发塔；5—抽出液二次蒸发塔；6—抽出液汽提塔；7—脱水塔；8—糠醛干燥塔；9—精制液加热炉；10—抽出液加热炉；11—分液罐；12—换热器(原料或抽出油与糠醛换热)；13—回收抽真空循环水系统管线

(阴影为易腐蚀部位)

(2) 溶剂抽提部分

糠醛精制的抽提塔采用转盘塔。原料油自脱气塔底抽出，经换热或冷却到适当的温度后，从抽提塔中下部进入塔内，回收的溶剂经换热和冷却到适当温度从塔上部引入。由于抽提段两端间有一温度梯度，此温度梯度除由进塔溶剂与原料油的温度差形成外，还可以将塔内部分物料抽出冷却后再返回塔内的方法加以调节。抽提塔在一定压力下操作，含少量溶剂的精制液与含大量溶剂的抽出液分别从抽提塔顶部和底部排出，进入各自的溶剂回收系统。

(3) 溶剂回收部分

溶剂回收部分有精制液和抽出液两个系统。精制液中含溶剂少，在一个蒸发汽提塔中即可完成全部溶剂回收。精制液蒸发汽提塔在减压下操作，塔底吹入水蒸气。蒸出的溶剂及水蒸气经冷凝冷却进入水溶液分层罐。塔底精制油与精制液换热及冷却后，用泵送入精制油罐。

抽出液中含大量糠醛，采用二效或三效蒸发回收其中溶剂。抽出液换热后先进入低压蒸发塔蒸出部分溶剂，低压蒸发塔底的抽出液与高压蒸发塔顶蒸汽换热后进入中压蒸发塔，蒸出另一部分溶剂。中压蒸发塔底抽出液再经加热炉进一步加热后，进入高压蒸发塔。最后在蒸发汽提塔中脱除残余溶剂。脱除溶剂后的抽出油经冷却送出装置。

(4) 溶剂干燥及脱水部分

水对糠醛的溶解能力影响极大，因此通过汽提塔进入糠醛中的水分必须及时脱除，以保持溶剂的干燥。

汽提塔顶蒸出物在水溶液罐中分为两层：上层为富水溶液，糠醛含量小于10%；下层为富糠醛溶液，水含量小于10%。糠醛与水可形成低沸点共沸物，共沸物中糠醛含量为 35%。因此分层罐中富水溶液可以用直接水蒸气汽提的方法，将其中的糠醛以共沸物的形式蒸出。水溶液从脱水塔顶进入，脱醛净水从塔底排入污水处理，或者作为装置余热蒸汽发生器供水。脱水塔顶蒸出的共沸物经冷凝冷却后，再返回分层罐进行分层。分层罐中下层的富糠醛溶液则打入干燥塔进行干燥。干糠醛从塔底抽出作为循环溶剂，干燥塔顶馏出的共沸物经冷凝冷却再返回分层罐。

二、酮苯脱蜡装置

1. 装置简介

润滑油原料中除含有各种有害及非理想组分外，一般还含有润滑油蜡(或微晶蜡)，会影响润滑油在低温条件下的流动性。根据各种润滑油的不同要求，必须进行不同程度的脱蜡。酮苯脱蜡就是采用具有选择性溶解能力的溶剂(甲乙基酮-甲苯混合溶剂)，在冷冻的条件下，脱除润滑油原料中蜡的过程。

2. 主要工艺流程

溶剂脱蜡的典型工艺流程如图 15-2 所示，一般由结晶系统、制冷系统、过滤系统(包括真空密闭系统)、溶剂回收系统(包括溶剂干燥)四个系统组成。

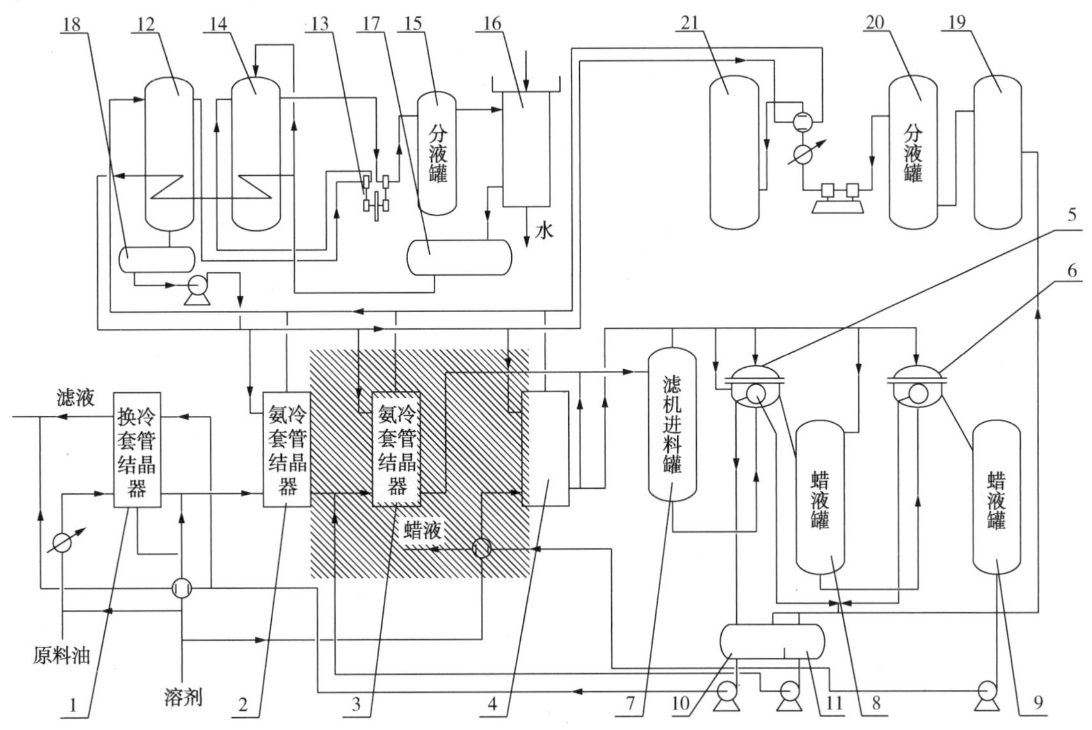

图 15-2 溶剂脱蜡的典型工艺流程——结晶、过滤、真空密闭、制冷部分

1—换冷套管结晶器；2、3—氨冷套管结晶器；4—溶剂氨冷套管结晶器；5—一段真空过滤机；6—二段真空过滤机；7—滤机进料罐；8—一段蜡液罐；9—二段蜡液罐；10—一段滤液罐；11—二段滤液罐；12—低压氨分离罐；13—氨压缩机；14—中间冷却器；15—高压氨分液罐；16—氨冷凝冷却器；17—液氨储罐；18—低压氨储罐；19—真空泵；20—分液罐；21—安全气罐

(阴影为易腐蚀部位)

（1）结晶系统

结晶系统的流程为：原料油与预稀释溶剂（重质原料时用，轻质原料时不用）混合后，经水冷却后进入换冷套管与冷滤液换冷，使混合溶液冷却到冷点，在此点加入经预冷过的一次稀释溶剂，进入氨冷套管进行氨冷。在一次氨冷套管出口处加入过滤机高部真空滤液或二段过滤的滤液作为二次稀释，再经过二次氨冷套管进行氨冷，使温度达到工艺指标。在二次氨冷套管出口处再加入经过氨冷却的三次稀释溶剂，进入过滤机进料罐。

（2）过滤和真空密闭系统

过滤系统是使固、液两相分离，由若干台并联旋转式鼓形真空过滤机组成，连续操作。冷冻后含结晶蜡溶液自进料罐自动流入过滤机底槽内，过滤机转鼓内抽真空，在滤布内外形成压差，油和溶剂通过滤布进入中间储罐，即为滤液。滤布上的蜡饼经过喷淋溶剂洗涤和吸干后，用反吹气和刮刀从滤布上刮落，进入蜡液罐。滤液与原料油换冷，蜡液与溶剂换冷，换冷后的滤液和蜡液分别去溶剂回收系统。

真空密闭系统（安全气系统）是为防止过滤机内由于溶剂蒸气和氧气的存在而形成爆炸性混合物，在过滤机外壳内送入安全气（即惰性气），过滤机在安全气循环密封下操作。过滤机外壳内压力稍高于壳外大气压力，以防止空气被抽入滤机内。过滤机中安全气的氧含量控制在5%以下。

（3）制冷系统

制冷系统是独立的，它提供原料油、溶剂、安全气冷却所需的冷量，达到脱蜡所要求的温度，使脱蜡油的倾点达到质量指标。

以氨作冷冻剂，采用往复式、螺杆式或离心式冷冻机。一般采用高、低压两段蒸发操作，根据工艺需要确定氨的蒸发温度。

（4）溶剂回收和溶剂干燥系统

滤液和蜡液中的溶剂通过蒸发回收，循环使用。滤液和蜡液溶剂回收系统均采用双效或三效蒸发。在双效蒸发中，第一蒸发塔为低压操作，热量由与第二蒸发塔顶溶剂蒸气换热提供；第二蒸发塔为高压操作，热量由加热炉供给；第三蒸发塔为降压闪蒸塔，最后在汽提塔内用蒸汽吹出残留的溶剂，得到含溶剂量和闪点合格的脱蜡油和含油蜡。三效蒸发的流程与双效蒸发基本相同，只是在低压蒸发塔与高压蒸发塔之间，增加了一个中压蒸发塔，使热量得到充分利用。各蒸发塔顶回收的溶剂经换热、冷凝、冷却后进入干或湿溶剂罐。汽提塔顶含溶剂蒸汽经冷凝、冷却后进入湿溶剂分水罐。

溶剂干燥系统是从含水湿溶剂中脱除水分，使溶剂干燥，以及从含溶剂水中回收溶剂，脱除装置系统的水。湿溶剂罐内分为两层，上层为含饱和水的溶剂，下层为含少量溶剂（主要是酮）的水层。含水溶剂经换热后，送入干燥塔，塔底用重沸器加热，酮与水形成低沸点共沸物，由塔顶蒸出，干燥溶剂从塔底排出，冷却后进入干溶剂罐。湿溶剂罐下层含溶剂的水经换热后，进入脱酮塔，用蒸汽直接吹脱溶剂，塔顶的含溶剂蒸汽经过冷凝冷却后，回到湿溶剂分水罐。水由塔底排出，含酮量控制在0.1%以下。

三、白土精制装置

1. 装置简介

经过溶剂精制及溶剂脱蜡后的润滑油组分中，残留有少量溶剂及有害物质，影响油品的颜色、安定性、抗乳化性、绝缘性和残炭值等。采用白土精制，可以改善润滑油组分的上述性能。

白土精制是一种物理吸附过程，白土是吸附剂，它具有一定的选择性，依靠它的活性表面有选择地吸附油中的极性物质（如胶质、沥青质等酸性物质），从而达到除去油中不理想物质的目的。

2. 主要工艺流程

白土精制典型流程见图 15-3。

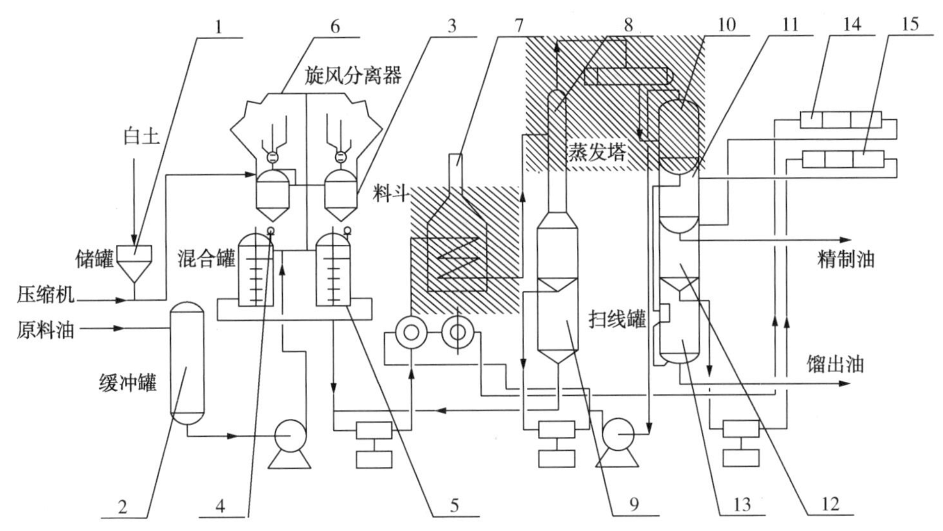

图 15-3　白土精制典型流程

1—白土地下储罐；2—原料缓冲罐；3—白土料斗；4—叶轮给料器；5—白土混合罐；6—旋风分离器；7—加热炉；8—蒸发塔；9—扫线罐；10—真空罐；11—精制油罐；12—板框进料罐；13—馏出油分水罐；14—自动板框过滤机；15—板框过滤机
（阴影为易腐蚀部位）

如图 15-3 所示，白土精制包括原料油与白土混合、加热吸附、过滤分离三个主要过程。原料油经缓冲罐再送入混合罐，白土经给料器加入混合罐，经搅拌混合，再与蒸发塔底油换热后进入加热炉，加热到所需温度后进蒸发塔。

蒸发塔采用减压操作。塔顶油气、水分经冷凝冷却后流入真空罐，再流入馏出油分水罐（罐内设有隔板）。水从罐底排出，馏出油送出装置。蒸发塔底油与原料油换热，冷却到 130℃左右，进入过滤机粗滤和细滤，分离出废白土渣，将得到的精制油冷却到 40～50℃后送出装置。

国外大部分润滑油白土精制已被加氢补充精制所取代。在国内，由于我国原油具有含硫低、含氮高的特点，加氢补充精制脱除硫化物容易，脱除氮化物较难，所以由国内原油生产润滑油时，采用加氢补充精制无法得到含硫较高而含氮低的润滑油基础油。

白土精制时，由于油品中的氮化物，特别是油品中碱性氮化物的极性比硫化物强，因此能优先被白土吸附，所以白土精制所得到的基础油具有高硫、低氮的特点，加上白土精制在改善油品的抗乳化性及空气释放性的能力比加氢补充精制强，因此在我国的润滑油生产厂中，仍保留有较多的白土精制装置。

四、丙烷脱沥青装置

1. 装置简介

在减压渣油中除含有高黏度润滑油基础油和微晶蜡组分外，还含有大量的胶质和沥青质。采用低分子链烷烃作溶剂(丙烷)脱沥青工艺可以将胶质、沥青质脱除，获得生产重质润滑油及催化裂化、加氢裂化和氧化沥青等后加工装置的原料。

丙烷脱沥青是依靠丙烷对减压渣油中不同组分的选择性溶解而完成的。丙烷对减压渣油中各种组分的溶解能力差别很大。在一定温度范围内，丙烷对烷烃、环烷烃和单环芳烃等的溶解能力强，对多环及稠环芳烃等的溶解能力较弱，对胶质的溶解能力更弱，对沥青质基本上不溶解。因而利用丙烷的这一性质可以除去渣油中的非理想组分和有害物质，得到一种残炭值、重金属、硫和氮含量均较低的脱沥青油。

2. 主要工艺流程

丙烷脱沥青典型流程见图15-4。

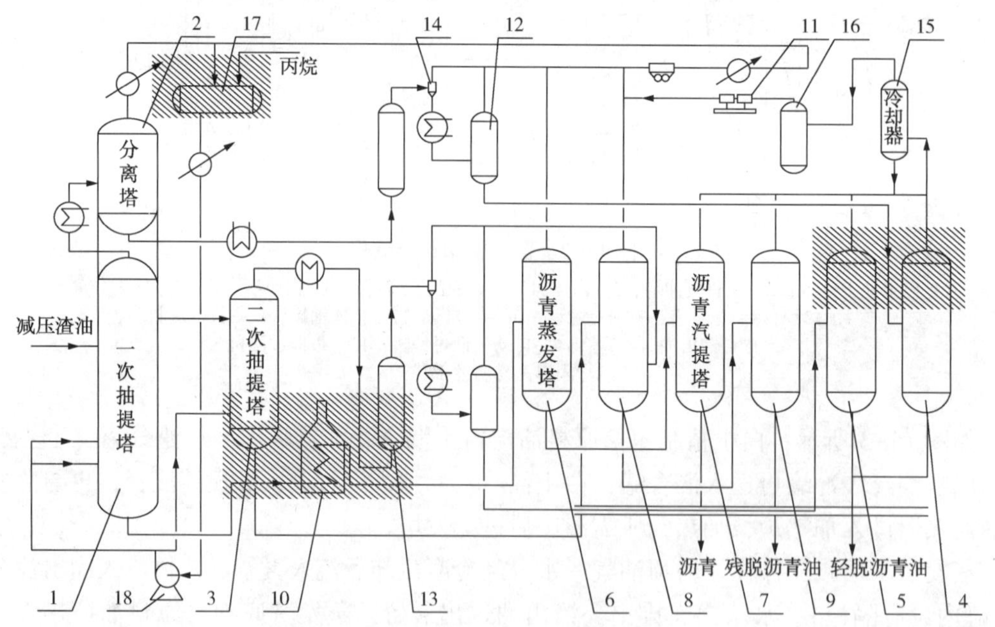

图15-4　二次抽提脱沥青工艺流程

1—转盘抽提塔(一次抽提塔)；2—临界分离塔；3—二次抽提塔；4—轻脱沥青油汽提塔；5—重脱沥青油汽提塔；6—沥青蒸发塔；7—沥青汽提塔；8—重脱沥青油蒸发塔；9—重脱沥青油汽提塔；10—沥青加热炉；11—丙烷压缩机；12—轻脱沥青油闪蒸罐；13—重脱沥青油闪蒸罐；14—升模加热器；15—混合冷却器；16—丙烷气接收罐；17—丙烷罐；18—丙烷泵

(阴影为易腐蚀部位)

原料(减压渣油)经加热或冷却到适宜温度，进入转盘抽提塔(一次抽提塔)上部，经分散管进入抽提段。溶剂丙烷从抽提塔下部分三路进入。主丙烷在最下层转盘处，副丙烷在沥青界面以下，另一路丙烷是用来推动转盘主轴下端的水力涡轮。

原料油和溶剂在塔内逆流接触，塔上部为沉降段，沉降段内设有立式翅片加热管，以蒸汽作为热源。沉降段与抽提段之间有集油箱，部分沉降析出物从中引出，称作二段油。经升温沉降后的抽出液自塔顶引出，在管壳式加热器中加热到丙烷临界温度后，进入临界分离塔。在临界温度下，脱沥青油基本上全部自丙烷中析出，析出的脱沥青油称作轻脱沥青油。分油后的丙烷，自临界分离塔顶引出，经冷却回到循环丙烷罐，以供循环使用。轻脱沥青油中还含有少量丙烷，经加热后在蒸发塔中蒸出其中大部分丙烷，再经汽提塔脱出残余丙烷，冷却后送出装置。抽提塔底引出的沥青液经加热炉加热，再经蒸发及汽提，回收其中的丙烷后即得到脱油沥青。从集油箱中引出的二段油为中间产品，含有较重的润滑油料，也含有较多的胶质，送入二次抽提塔的中上部。在二次抽提塔中，通常设有数层挡板，塔底打入溶剂丙烷，在塔中进行二次抽提。二次抽出液在塔上部沉降段内加热沉降，沉降后的二次抽出油再经蒸发及汽提，回收其中的丙烷后得到重脱沥青油。二次抽提塔底的抽余物经蒸发及汽提，得到残脱沥青油。各蒸发塔顶蒸出的丙烷，均经空冷器冷凝冷却后，进入循环丙烷罐。各汽提塔顶的气体经冷却、分水后进入压缩机，增压并经空冷器冷凝冷却后，进入循环丙烷罐。

五、润滑油加氢装置

1. 装置简介

单靠“老三套”生产工艺难以生产出符合 APIⅡ类以上质量要求的产品，只有通过“老三套”与加氢技术相结合或全氢型加氢技术，才能生产出 APIⅡ/APIⅢ类基础油。加氢工艺大体可分为加氢补充精制、加氢处理、催化脱蜡和异构脱蜡。由于篇幅有限，在此仅介绍加氢补充精制装置。

润滑油加氢补充精制多用作润滑油常规加工流程中的最后一道工序，替代以往的白土精制，其作用是在基本不改变进料烃类分布的前提下，脱除上游工序残留的溶剂、易于脱除的含氧化合物、部分易脱除的硫化物、少量氮化物以及其他极性物等，改善油品的色度、气味、透明度、抗乳化性与对添加剂的感受性等。这一工艺过程条件十分缓和，习惯上称为加氢补充精制。由于加氢补充精制工艺没有污染物排放，生产费用低，易于操作，因而得到广泛应用。但加氢补充精制工艺的精制程度浅，在加工润滑油基原料时还存在倾点回升、氧化安定性及光安定性较差等问题，至今未得到圆满解决。随着加工进口原油的增多，加氢补充精制工艺在加工含硫油方面效果明显，仍有一定的生命力。

2. 主要工艺流程

加氢补充精制工艺流程如图 15-5 所示。它与一般的汽、柴油加氢处理的流程差别不大，但也有如下特点：

(1) 原料油和成品油罐均有惰性气保护，避免油和空气接触，有时原料进入反应器之前要经过脱气处理；

(2) 因氢油比小，氢耗少，可以不设(也可设)循环氢压缩机；

(3) 因原料油含氮量不高、脱氮率低，生成硫氢化铵的数量少，不在反应物冷却器的进口注水，避免了油和水的乳化；

(4) 为使生成油不带水，汽提后再经真空干燥。

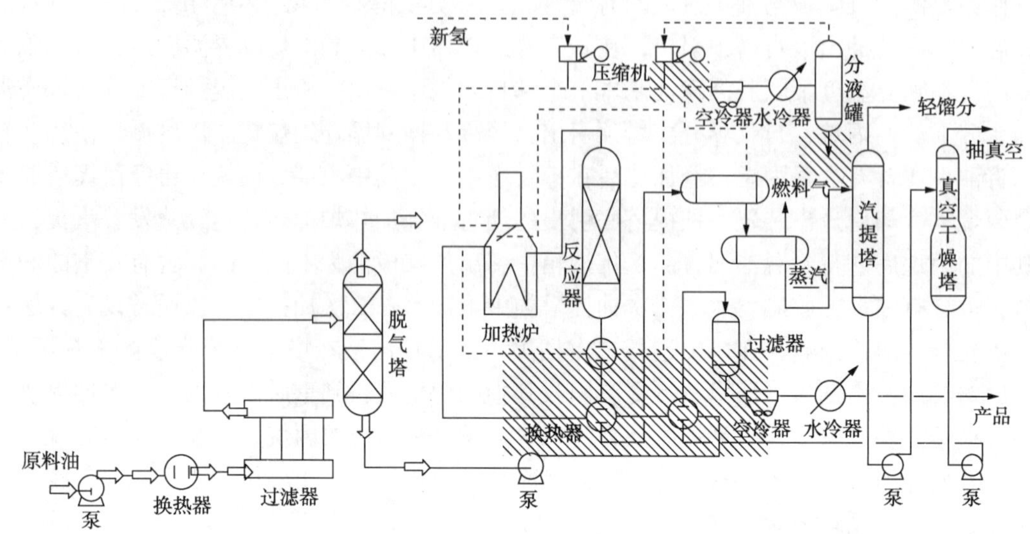

图 15-5　润滑油加氢补充精制原则工艺流程图
(阴影为易腐蚀部位)

第二节　腐蚀体系与易腐蚀部位

由于本章所涉及的内容主要是糠醛精制、酮苯脱蜡、白土精制、丙烷脱沥青和润滑油加氢装置。一般来说，这五套装置主要存在以下几种腐蚀失效模式：

(1) 有机溶剂腐蚀(主要是糠醛酸腐蚀)。

(2) 酸性水溶液电化学腐蚀。

(3) 保温层下(CUI)腐蚀。

(4) 氨应力腐蚀(常温下应力开裂)。

(5) 循环水腐蚀。

(6) 磨损腐蚀。

(7) 湿硫化氢破坏，氢鼓泡等腐蚀。

(8) 硫氢化铵腐蚀(碱性酸性水)。

一、糠醛精制装置

1. 腐蚀体系

糠醛精制装置主要腐蚀介质是糠醛水、糠醛汽以及糠醛氧化成的糠酸。腐蚀部位主要在各汽提塔顶、软化水发生蒸汽等相变处，以及以糠醛和水为介质的水溶液回收系统，如精、废液汽提塔顶冷却器的管束在没有采用表面防腐技术前，一般只使用一年就蚀穿，脱水塔顶冷却器、三次蒸发塔顶换热器、抽真空水封罐腐蚀较严重，还有湿糠醛线也是腐蚀重灾区。糠醛的腐蚀同时也受工艺操作影响，装置目前汽提蒸汽基本使用自产汽，而自产汽发生系统由于没有除氧措施，软化水中的溶解氧就容易进入水溶液回收系统，造成设备腐蚀，还有糠醛质量及储存不当都会造成糠醛氧化，进而产生糠酸。油料含硫量和酸值高，会加剧装置的设备腐蚀。糠醛精制装置的腐蚀主要有以下三方面：

(1) 糠醛的腐蚀

糠醛化学稳定性差，在遇热及光照情况下易与氧发生氧化反应生成糠酸。反应在室温下便可发生，并随着温度的上升反应速率随之加快。糠酸引起的腐蚀贯穿于整个装置设备、管线，并与其他类型腐蚀一起作用于碳钢设备。铁元素含量较高的铁素体首先被糠酸腐蚀成糠酸铁，且溶于糠醛随物流一起流走。随着腐蚀不断进行，铁素体被逐渐剥离，表现在碳钢管线、设备上的腐蚀形态为出现麻点，严重时成蜂窝状，甚至大面积蚀透。

(2) 糠醛结焦

糠醛结焦的实质是其自身聚合的过程。由于糠醛分子中存在不饱和双键，这个共轭双键可以开键聚合，并进一步生成焦类大分子，而氧和酸性物质的存在可以加速双键分子的聚合。事实上，糠醛在较低温度和空气条件下储存，也会有焦粒生成，只是高温加快了糠醛自身聚合的速率。

糠醛结焦为碳钢设备发生缝隙腐蚀和冲刷腐蚀创造有利条件。糠醛氧化聚合成大分子焦类物质，一般存在于设备内流速缓慢的滞留区，并在设备表面堆积成垢。由于金属与焦垢之间存在特有的狭小缝隙，缝隙限制了氧的扩散，从而建立了以缝隙内部为阳极的氧浓差腐蚀电池，造成缝隙处局部腐蚀。这种腐蚀的特征是被腐蚀金属表面呈现不同程度的坑槽或深孔。开始腐蚀速率较慢，一旦腐蚀开始，随着金属溶解的增加，其腐蚀速率将大大加快。焦类物随物料流动，对设备的冲刷腐蚀也很明显，特别是在流速高或流向急变部位（如弯头），腐蚀处可见明显沟槽状蚀痕。

糠醛结焦除对设备造成腐蚀以外，还会产生两种影响：①对转动设备产生危害。泵在高速旋转时机械密封动静环摩擦面摩擦生热，糠醛的润滑性差，产生的热量为糠醛结焦提供了条件。一旦摩擦面有焦粒生成，在糠酸腐蚀的共同作用下，密封很快失效。这种情况在装置的糠醛泵上表现明显。②焦类物质沉积在抽提塔的填料上，使填料的金属表面被覆盖导致传质、传热效果下降，产生醛焦下腐蚀，操作弹性降低，产品收率下降。

(3) 糠醛相变引起的腐蚀

糠醛相变腐蚀是糠醛介于气、液二相同时作用于金属表面，气、液两相互变的不稳定状态对金属的冲击。由糠醛性质可以知道，糠醛常压下沸点为161.7℃，从糠醛在不同温度下饱和蒸气压图中查到，只要糠醛存在于压力为-0.098~0.325MPa、温度为80~210℃的设备及工艺管线，相变腐蚀就不可避免，尤其是在糠醛含量大，且温度、压力陡升陡降的区域，相变腐蚀加剧。糠醛相变腐蚀实质是当设备或工艺管线内的介质(含有一定量的糠醛)处于以上压力、温度范围时，介质处于气、液两相共存状态。无论是液相变气相，还是气相变液相，都会在金属表面形成空泡，而在交替变化过程中空泡破灭极其迅速。在一个极其微小的低压区，每秒可能有20000个空泡破灭，空泡破灭时产生强烈的冲击，并伴有较大的压力，在这种强大机械力的作用下，冲击设备及管道壁，使金属表面产生机械腐蚀。

这种腐蚀易发生在管线弯头、变径、三通、换热器管束、管箱隔板、塔内液面波动区域附近等，最大腐蚀速率达6mm/a。最严重的腐蚀部位在废液加热炉辐射炉管急弯弯头处，炉管最大腐蚀速率达10mm/a。

2. 易腐蚀部位

糠醛精制装置的主要易腐蚀部位见图15-1中阴影部位，详见表15-1。

表15-1 糠醛精制装置易腐蚀部位和腐蚀类型

部位编号	易腐蚀部位	材质	腐蚀形态
1	脱气塔	碳钢	介质：油、水蒸气。汽提段底部封头与储液段下部筒体原料油腐蚀
2	抽提塔	碳钢	介质：糠醛油。整体腐蚀轻
3	精制液蒸发汽提塔	16MnR	介质：精制油、糠醛、水蒸气。塔顶糠醛水、汽呈现的酸性腐蚀
4	抽出液一次蒸发塔	16MnR	介质：抽出油、糠醛。塔底及内件腐蚀较严重
5	抽出液二次蒸发塔	16MnR	介质：抽出油、糠醛。塔体及内件腐蚀轻微
6	抽出液汽提塔	16MnR	介质：精制油、糠醛、水蒸气。塔顶糠醛水、汽呈现的酸性腐蚀
7	脱水塔	1Cr18Ni9	介质：糠醛水。下部筒体腐蚀穿孔泄漏，进料线和塔顶馏出线腐蚀穿孔频率高
8	糠醛干燥塔	1Cr18Ni9/碳钢	介质：糠醛水。塔体及内件腐蚀轻，塔顶馏出线腐蚀穿孔
9	精制液加热炉	辐射Cr5Mo/对流Cr5Mo	炉管急弯头处腐蚀减薄穿孔
10	抽出液加热炉	辐射Cr5Mo/对流10#	炉管急弯头处腐蚀减薄穿孔
11	糠醛、水溶液分层罐	碳钢+1Cr18Ni9	气、液相变处腐蚀较严重
12	换热器(原料或抽出油与糠醛换热)	管程1Cr18Ni9/壳程20#、16Mn	结焦，易产生醛焦下腐蚀
13	回收抽真空循环水系统管线	1Cr18Ni9	糠酸腐蚀穿孔，此处是装置的重腐蚀区域

注：部位编号与图15-1对应。

二、酮苯脱蜡装置

1. 腐蚀体系

若采用先糠醛精制后酮苯脱蜡加工工艺，装置发生腐蚀的主要原因是原料因来自糠醛精制而含有糠酸，糠酸的腐蚀性较强。此外，设备腐蚀，除了有机酸(糠酸)腐蚀外，还有露点腐蚀、低温管线酸性水腐蚀、冷却水腐蚀。

若采取先酮苯脱蜡后糠醛精制加工工艺，设备腐蚀主要为露点腐蚀、低温管线酸性水腐蚀，同时还存在冷却水腐蚀。

酮苯脱蜡腐蚀部位均集中在水溶液系统，尤以液、汽混相处最为严重，且表现多为坑蚀，其次是纯液相中的均匀腐蚀，汽相部位除均匀腐蚀外，还有局部冲蚀。酮苯装置的腐蚀还与溶剂有关，如南方某石化厂自 1986 年 9 月改用丁酮代替丙酮作溶剂后，装置设备的腐蚀比过去严重。因为丁酮+甲苯的酸度、水分都比丙酮+甲苯大，在相同的工况条件下，酸度大腐蚀就相对严重些。丙酮、丁酮虽同属一系列溶剂，但丙酮能与水混溶，丁酮只能部分溶于水，因而丁酮+甲苯混合溶剂的游离水分就相对多，活度大，去极化能力强，故腐蚀性大。轻质酮苯装置腐蚀情况与之类似。石油酸以及酸性硫化物对设备的腐蚀是一个很重要的因素，在石油酸、糠醛酸以及酸性硫化物并存的条件下，设备更易腐蚀，因为这类腐蚀介质相互起到一定的“催化”媒介作用。

2. 易腐蚀部位

酮苯脱蜡装置易腐蚀部位见图 15-2 中阴影部位，详见表 15-2。

表 15-2 酮苯脱蜡装置易腐蚀部位和腐蚀类型

部位/编号	易腐蚀部位	材质	腐蚀形态
溶剂回收系统	滤液蒸发塔	塔体：碳钢 塔盘：18-8/CS	介质：丁酮/甲苯，滤液/水汽。酸性腐蚀
溶剂回收系统	滤液汽提塔	塔体：碳钢 塔盘：18-8/CS	介质：丁酮/甲苯，滤液/水汽。酸性腐蚀
溶剂回收系统	溶剂干燥塔	塔体：碳钢 塔盘：1Cr13	介质：丁酮/甲苯/水。冲蚀
溶剂回收系统	酮回收塔	塔体：碳钢 塔盘：18-8	介质：丁酮/水。酸性腐蚀
溶剂回收系统	蜡液蒸发塔进料 蒸汽加热器	塔体：碳钢 塔盘：18-8	介质：壳程为蒸汽，管程为蜡和溶剂。酸性腐蚀
溶剂回收系统	滤液蒸发塔进料 蒸汽加热器	塔体：碳钢 塔盘：18-8	介质：壳程为油和溶剂，管程为蒸汽。酸性腐蚀

续表

部位/编号	易腐蚀部位	材质	腐蚀形态
溶剂回收系统	溶剂干燥塔顶水冷器	壳程：碳钢 管程：18-8	介质：壳程为溶剂，管程为水。循环冷却水腐蚀
冷冻系统/12	低压氨液分离罐	16MnDR	介质：氨。均匀腐蚀
冷冻系统/15	高压氨液分离罐	16MnDR	介质：氨。均匀腐蚀
冷冻系统/3	氨冷套管结晶器	壳程：碳钢 管程：SH39	介质：壳程为气液氨；管程为溶剂。均匀腐蚀
结晶过滤系统	原料油换热器	壳程：碳钢 管程：18-8	介质：壳程为原料油；管程为蒸汽。水露点腐蚀
结晶过滤系统	原料油冷却器	壳程：碳钢 管程：18-8	介质：壳程为原料油；管程为水。循环冷却水腐蚀

注：部位编号与图 15-2 对应。

除了图 15-2 阴影所示部位外，还有以下腐蚀部位：

（1）低温管线酸性水腐蚀。主要腐蚀部位是装置三次冷洗溶剂系统、脱蜡氮气真空密闭系统、脱蜡滤液管线、含油蜡液管线、一、二次氨冷套管出入口管线、干燥塔和酮回收塔顶汽相管线等。

（2）加热炉炉管酸露点腐蚀，主要腐蚀部位是对流炉管。

（3）蒸发式湿空冷器水中氯离子腐蚀。

（4）水回收系统腐蚀。通过对装置酮回收塔外排污水 pH 值和铁离子含量的监测，判断水回收系统的腐蚀强度。

（5）循环冷却水系统。装置水冷器易被腐蚀，成了影响装置长周期安全运行的难题。

三、白土精制装置

1. 腐蚀体系

白土精制是一种物理吸附过程，白土是吸附剂，它具有一定的选择性，依靠它的活性表面有选择地吸附油中的极性物质（如胶质、沥青质等酸性物质），从而达到除去油中不理想物质的目的。

由于白土本身就是一种酸性催化剂，且在与油品混合过程中，携带大量空气，在高温条件下，不但易造成油品氧化，还会腐蚀设备。

2. 易腐蚀部位

易腐蚀部位主要在蒸发塔、塔顶冷却器、加热炉等（详见流程图 15-3 中的阴影部分），详见表 15-3。

表 15-3 白土精制装置易腐蚀部位和腐蚀类型

部位/编号	材质	腐蚀形态
蒸发塔/8	碳钢	介质：油/白土/混合气。酸性腐蚀
馏分油加热炉/7	碳钢	介质：原料油/白土。冲蚀
真空罐/10	碳钢	介质：混合气/油/水。酸性腐蚀
精制油罐/11	碳钢	介质：混合气/油/水。露点腐蚀
板框进料罐/12	碳钢	介质：油/白土。均匀腐蚀
馏出油分水罐/13	碳钢	介质：混合气/油/水。露点腐蚀

注：部位编号与图 15-3 对应。

四、丙烷脱沥青装置

1. 腐蚀体系

该装置是以减压渣油为原料，液体丙烷作溶剂，通过物理萃取方法，将减压渣油分离为脱沥青油及脱油沥青。很多厂原设计处理大庆减压渣油，随着加工国外含硫及高硫减压渣油数量的增加，装置出现了严重的湿 H_2S 腐蚀及其他问题，且溶剂系统出现了大量不凝气，部分工艺设备负荷不适应，溶剂中出现大量 H_2S。如某企业在 1997 年从丙烷罐采样分析，硫化氢含量为 0.5%~2.5%(体积分数)，有时高达 10%(体积分数)。从 1994 年至 1997 年先后有 5 个丙烷罐由于氢鼓泡腐蚀严重而报废。

2. 易腐蚀部位

丙烷脱沥青装置易腐蚀部位见图 15-4 中阴影部位，详见表 15-4。

表 15-4 丙烷脱沥青装置易腐蚀部位和腐蚀类型

部位/编号	易腐蚀部位	材质	腐蚀形态
17	丙烷罐	16MnR	介质：丙烷。氢鼓泡腐蚀
1	转盘抽提塔	SPV36	介质：减压渣油/丙烷。湿硫化氢均匀腐蚀
3	真空罐	碳钢	介质：混合气/油/水。露点腐蚀(湿硫化氢均匀腐蚀)
6	沥青蒸发塔	16Mn	介质：沥青/丙烷气。露点腐蚀(湿硫化氢均匀腐蚀)
7	沥青汽提塔	16Mn	介质：沥青/丙烷/蒸汽。露点腐蚀(湿硫化氢均匀腐蚀)
8	重脱沥青油蒸发塔	16Mn	介质：重脱油/丙烷气。均匀腐蚀(湿硫化氢均匀腐蚀)
9	重脱沥青油汽提塔	16MnR	介质：重脱油/丙烷/蒸汽。酸性腐蚀(湿硫化氢均匀腐蚀)
10	沥青加热炉	—	介质：减压渣油/丙烷。高温硫腐蚀

注：部位编号与图 15-4 对应。

五、润滑油加氢装置

1. 腐蚀体系

润滑油加氢装置腐蚀形式如下：

(1) 高温 H_2S/H_2 腐蚀

在润滑油加氢装置中，原料油和氢气混合以后进入炉加热至 240~320℃后进入反应器，在催化剂的作用下，H_2把部分硫化物转化为 H_2S，对反应器以及下游设备造成腐蚀，高温下(200℃以上)硫化氢对钢材的腐蚀性很强，H_2的存在会增加高温硫化物腐蚀的严重性。

腐蚀速率与材质及合金成分、温度、H_2及 H_2S 浓度或分压有关，随着温度、H_2及H_2S浓度的增加，腐蚀速率加快。碳钢在不同温度下的高温 H_2S/H_2腐蚀速率见图 15-6，不同材质高温 H_2S/H_2腐蚀速率见图 15-7。

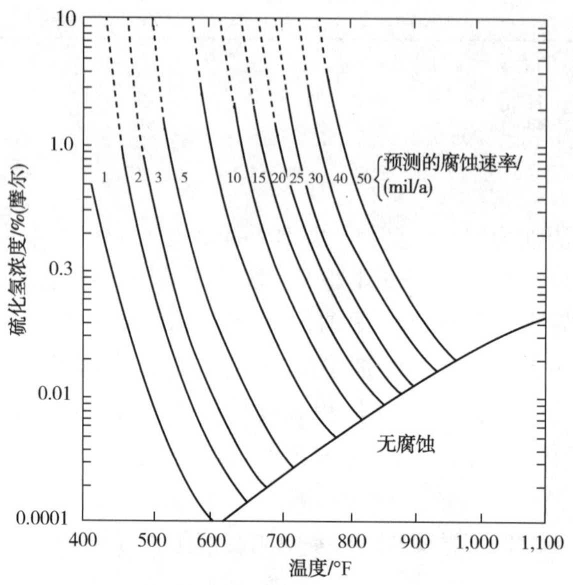

图 15-6　碳钢的高温 H_2S/H_2腐蚀

注：1mil = 25.4μm。

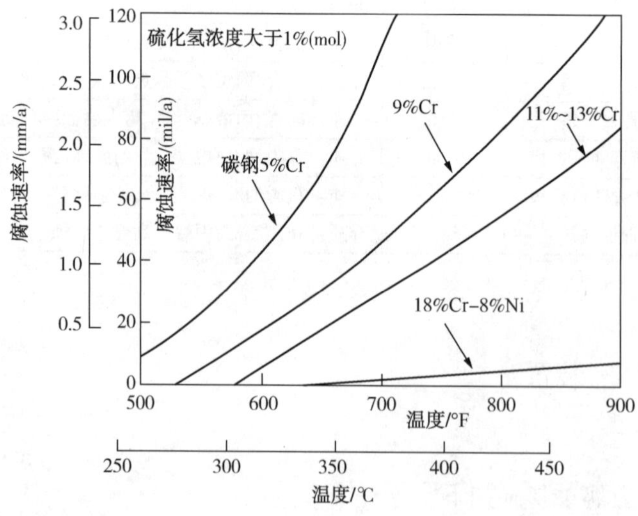

图 15-7　H_2S/H_2环境中的腐蚀速率曲线

高温 H_2S/H_2 腐蚀形态为均匀减薄，并伴有硫化亚铁腐蚀产物的形成。含铬 5%或 9%的合金耐 H_2S/H_2 腐蚀效果有限，含铬 12%的合金耐 H_2S/H_2 腐蚀效果较好，但因可能发生 475℃高温致脆应用不多，奥氏体不锈钢(18%Cr)或含铬的镍基合金效果最好。

存在高温 H_2S/H_2 腐蚀机理的设备有：润滑油加氢反应器、加氢蜡与混氢蜡换热器、氢气冷却器、高压分离罐、低压分离罐、氢气分液罐、低分滤器、加氢蜡与原料蜡换热器。

(2) 高温氢腐蚀(HTHA)

由于润滑油加氢装置在高温临氢环境下工作，对于碳钢或低合金钢设备长期暴露在高温高压的氢环境中，当温度高于 204℃、氢分压大于 0.51MPa 时，活性的氢原子会向金属基体内扩散，与金属表面和内部的碳化物反应合成微量的甲烷，表现为钢材表面或内部脱碳，微量的甲烷气体聚集形成很大的内应力，最终造成钢材表面鼓包或开裂，削弱了金属强度从而使材料发生失效。

$$H_2 \longrightarrow 2H\text{(氢原子分解)}$$

$$4H+MC \longrightarrow CH_4+M$$

对某一特定钢材而言，HTHA 敏感性依赖于温度、氢分压、时间和应力，且服役时间具有累积效应。在装置正常操作条件下，300 系列不锈钢，以及 5Cr、9Cr、12Cr 合金对 HTHA 并不敏感。

HTHA 表现为钢材表面和内部脱碳、鼓包以及沿晶开裂。

存在高温氢腐蚀(HTHA)的设备有润滑油加氢反应器、加氢蜡与混氢蜡换热器、氢气冷却器、高压分离罐、低压分离罐、氢气分液罐、低分滤器、加氢蜡与原料蜡换热器。

通过设计选材来控制，在纳尔逊(Nelson)曲线图(图 15-8)指定材料曲线下方的面积是该种材料可以接受的操作条件。当碳钢不适用时，就要提高材料等级，常用 1.25Cr-0.5Mo 和 2.25Cr-1Mo 合金。使用纳尔逊(Nelson)曲线选择材料时采用 28℃的安全系数，但选择反应器材料时，一般采用 14℃的安全系数。

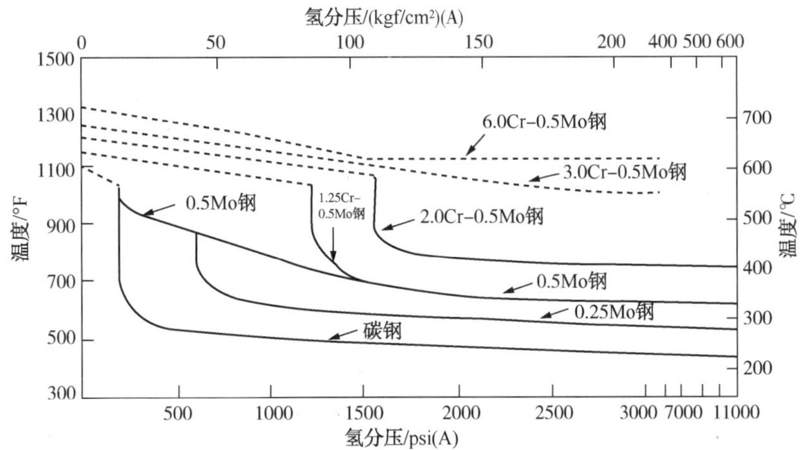

图 15-8 钢在氢系统中操作限制条件

注：1psi=6.89kPa

$1kgf/cm^2=98.0665kPa$

铬合金和钼合金能够减少高温氢腐蚀的潜在损害，因为它们生成弥散状碳化物的能力很强，从而增加碳化物的稳定性，减少甲烷的形成，其他碳化物稳定元素还有钨和钒。

尽管认为适当的奥氏体堆焊层有助于降低堆焊层下基材接触的氢分压，但氢仍会扩散通过表层材料而侵蚀到基底材料。因此，不管有什么表层材料，应当选择能够满足纳尔逊曲线要求的基底材料。

(3) 氢脆(HE)

由于氢原子体积较小，在一定的氢分压下，氢原子穿过金属表面渗入到钢材内部，并在容器壁内聚集。当钢中含有$(0.1 \sim 10) \times 10^{-6}$的氢，并在拉应力与慢速应变时钢材表现出脆性上升，甚至出现裂纹。在-100~100℃的温度范围内极易发生氢脆。在尚未出现开裂的情况下可以通过脱氢处理(如加热到200℃以上数小时，可使内氢减少)恢复钢材的性能，因此内氢脆是可逆的。

假如反应器壁有足够厚度，并且停工时迅速冷却，溶解的氢就没有机会从金属里释放出来，冷却后有大量溶解氢留在钢内，材料的机械特性就会暂时受到影响。只有当氢留在钢里时才会有发生氢脆的条件。假如允许氢释放出来，那么钢会重新恢复其原有的特性，即使金属里可能有氢，只有在低于149℃的温度下，才会发生氢脆。

另外，氢原子渗入钢材在钢中遇到裂缝、夹杂及空隙等处，氢原子聚集结合成氢分子，因而体积膨胀形成巨大内压力钢材产生鼓泡，最易发生鼓泡的温度为0~149℃，可使用无夹杂或分层的钢防止这类氢鼓泡。

需要指出的是，HE只影响材料的静强度而不是冲击性能。相比薄壁容器，厚壁容器更敏感，这是因为热应力、变形约束度较大，而且氢析出时间更长。强度级别高的材料，HE敏感性增加。

氢脆裂纹起源于近表面，但大多数情况下造成表面开裂。高强钢的HE裂纹表现为沿晶开裂。

控制反应器降温速率，目的是在器壁冷却到低于149℃的温度之前，能够使大量氢从金属里扩散出来，对于厚壁临氢容器如果可能发生HE时一般要求开车时先升温后加压，停车时先降压再降温，减少氢在器壁内的积聚。一般认为冷却速率为28~56℃/h可以提供足够的时间进行排气。另外，降低钢材强度、应用焊后热处理、采用不锈钢衬里、堆焊层等减少渗氢都是有效的手段。

氢脆通常发生在处于停工阶段的高温高压临氢操作设备，特别是硬度值高于HB200的焊缝热影响区、位置靠近焊缝热影响区的高残余应力区或接管部位等三维应力集中区等。

(4) 一般冲刷腐蚀

腐蚀介质对金属构件的冲刷所引起的金属构件遭受严重的腐蚀损坏称之为冲蚀。流体对金属构件的腐蚀之所以加剧，实质上是由于腐蚀因素与流体力学因素之间的协同效应所致。

一般冲刷腐蚀受影响的设备主要是暴露在流动介质环境下的设备和管道，冲蚀的腐蚀特征主要是坑、沟、孔洞等厚度上的局部减薄。

对于塔器类设备塔底以及进出料部位(包括进料接管正对方位器壁)容易发生冲刷腐蚀。换热器冲刷腐蚀容易发生在壳程筒体、壳程封头、壳程进出料部位、管程筒体、管程封头、管程进出料部位、接管及其角焊缝。罐类设备冲刷腐蚀容易发生在罐体、进料部位(包括进料接管正对方位器壁)、全部接管及其角焊缝、液位波动部位。

根据工作条件、结构型式、使用要求和经济因素综合考虑，正确选择耐磨损腐蚀的材料，进行合理设计以减轻冲蚀破坏。

一般存在冲刷腐蚀的设备有原料过滤器、润滑油加氢反应器、加氢蜡与混氢蜡换热器、氢气冷却器、高压分离罐、低压分离罐、低分滤器、加氢油与原料油换热器。

检验以内部宏观检查为主，必要时进行超声测厚。

(5) 湿 H_2S 破坏(HB/SSCC/HIC/SOHIC)

钢在湿硫化氢环境中发生腐蚀时，生成的氢能够渗透进入钢材，在一定的条件下对材料造成破坏。造成破坏的氢来自腐蚀反应，而不是物流中的氢气。

湿硫化氢环境下的应力腐蚀开裂包括氢鼓泡(HB)、氢致开裂(HIC)、应力导向氢致开裂(SOHIC)、硫化物应力腐蚀开裂(SSCC)。其中 HB、HIC、SOHIC 发生在室温至150℃，SSCC 发生在 82℃以下。SSCC 主要发生在高强度的铁素体或马氏体钢上，与硬度和残余应力水平有关，与杂质硫含量无关，而 HB、HIC、SOHIC 与硬度没关系，因此与硫化物应力开裂不同，在各种软质材料里也会发生氢致开裂和应力导向氢致开裂。另外，HB、HIC 与应力也没关系，只与钢中夹杂物(含硫量)及夹层缺陷密切相关，因为这些缺陷为渗氢的积累提供场所，所以 PWHT 并不能消除 HB 和 HIC。

湿 H_2S 环境下的应力腐蚀开裂主要影响材料为碳钢和低合金钢，其损伤过程跟电化学反应有关，H_2S 在水溶液里电离产生 H^+、HS^-、S^{2-}，如下所示电化学反应中产生的 H 原子进入钢中，引起氢致开裂(HIC)和氢鼓泡(HB)。

$$H_2S \longrightarrow H^+ + HS^-$$

$$HS^- \longrightarrow H^+ + S^{2-}$$

$$Fe \longrightarrow Fe^{2+} + 2e^-$$

$$Fe^{2+} + S^{2-} \longrightarrow FeS$$

$$2H^+ + 2e^- \longrightarrow 2H \rightarrow H_2$$

① HB。氢原子渗透到钢中，在不连续处如夹杂物、夹层累积，氢原子合成氢分子后直径变大，无法从钢中扩散出来，压力逐渐升高形成鼓包。

② HIC。在一些情况下，不同深度的氢鼓泡非常靠近，彼此连接起来形成裂纹，裂纹形态通常为阶梯状。

③ SOHIC。SOHIC 与 HIC 相近，但裂纹形态表现为多处裂纹彼此堆积，垂直于钢材表面，其驱动力是高的应力水平(如残余应力或外加应力)。位置通常位于靠近焊缝热影响区的母材，初始裂纹为 HIC、SSCC 或其他裂纹。

④ SSCC。SSCC 定义为湿硫化氢腐蚀和拉应力作用下发生的开裂。SSCC 是一种氢应

力开裂，原理也是渗氢。

湿硫化氢腐蚀破坏腐蚀形态为鼓包和开裂。其中 HB 和 HIC、SOHIC 均发生在母材，SOHIC 发生区域靠近焊缝，而 SSCC 发生在具有较高硬度的焊缝和热影响区表面的局部区域。

可以采用以下方法控制湿硫化氢破坏：

a. 焊后热处理(PWHT)降低残余应力水平和硬度，从而降低 SSCC 和 SOHIC 敏感性。

b. 限制焊缝熔敷和热影响区的硬度降低 SSCC 敏感性。

c. 使用 304L 或 316L 这样的不锈钢衬里是避免湿硫化氢破坏比较可靠的方法，基底金属没有什么额外要求，全衬里的容器也不要求进行焊后热处理。

d. 调整水的 pH 值，通常做法是注水稀释。

e. 采用抗 HIC 钢，减少钢材含硫杂质以降低 HB、HIC 和 SOHIC 敏感性。

f. 采用专用缓蚀剂。

受影响设备主要发生在润滑油加氢反应器、瓦斯罐、加氢油与混氢油换热器、氢气冷却器、高压分离罐、低压分离罐、氢气分液罐、低分滤器、加氢油与原料油换热器等。

(6) 外部腐蚀

外部腐蚀包含没有保温层的大气腐蚀和保温层下腐蚀(CUI)。CUI 是由于保温层与金属表面间的空隙内水的集聚产生的。CUI 一般为局部腐蚀，常发生在-12~120℃温度范围内，在 50~93℃区间时尤为严重。外部腐蚀情况和装置所处的地理位置相关。

大气腐蚀损伤形态表现为均匀或局部腐蚀，局部腐蚀依赖于是否有水局部积聚，漆层脱落部位为均匀腐蚀。大气腐蚀外观表现为形成红色氧化铁产物。

保温层下腐蚀对于碳钢和低合金钢损伤形态表现为松散的、薄片状的氧化皮，具有高度的局部腐蚀特征。对于 300 系统不锈钢，层下腐蚀表现为凹坑或氯化物应力腐蚀开裂。

外腐蚀受影响设备主要为：壁温为-12~121℃，无保温层的碳钢或低合金钢设备，均可能发生大气腐蚀，特别是漆层脱落部位、操作温度在常温附件波动、停车或长期停用设备。层下腐蚀发生在蒸汽放空附近、保温支撑圈、平台、扶梯、支腿、接管、蒸汽伴热泄漏部位、设备底部积液部位。

(7) 空泡腐蚀

管束外壁的实际温度大大超过该环境下水的沸点温度，在水侧管壁的金属表面，水在极短的时间内急剧大量汽化沸腾，造成爆沸现象和汽泡的爆裂，对金属表面和钝化膜形成锤击和创伤，为点蚀形核创造条件，在爆沸区附近，金属所接触的溶液还可产生蒸汽浓缩作用，局部温度偏高，同时水中的少量 Cl^- 也可在蒸发浓缩下局部富集加速钝化层破坏，形成坑状腐蚀或者不锈钢的应力腐蚀开裂。

(8) 垢下腐蚀

循环水水质较差，泥多，容易结垢，水冷器管子表面发生垢下腐蚀，多表现为点蚀穿孔。

2. 易腐蚀部位

润滑油加氢装置易腐蚀部位见图 15-5 中阴影部位，详见表 15-5。

表 15-5 润滑油加氢装置易腐蚀部位和腐蚀类型

易腐蚀部位	材质	腐蚀环境及腐蚀类型
新氢压缩机和循环氢压缩机之间的氢气管道	碳钢	介质：氢气。存在氢腐蚀。 此处温度（200℃以下）、操作压力均不高，介质比较干净，管道材质选用 20 碳钢
加氢反应器进料前和进高压换热器前的原料油管道	碳钢	介质：原料油。 存在硫腐蚀、酸腐蚀
反应器与高压换热器之间的反应流出物管道	316L （022Cr17Ni12Mo2）	介质：反应流出物。 存在高温氢腐蚀、高温硫化氢腐蚀和环烷酸腐蚀
加氢反应后临氢管线	321 （06Cr18Ni11Ti）	介质：油/H_2+H_2S。存在高温 H_2S/H_2 腐蚀
汽提塔塔顶管线	碳钢	介质：油气/H_2S 主要腐蚀形式表现为：全面腐蚀、氢鼓泡（HB）、氢致开裂（HIC）、应力导向氢致开裂（SOHIC）、硫化氢应力腐蚀开裂（SSCC）
反应设备与换热设备、高低分液罐等	壳体： 2.25Cr-1Mo 2.25Cr-1Mo-0.25V 3Cr-1Mo-0.25V 1.25Cr-0.5Mo 复层： 双层堆焊 TP309L+TP347 单层堆焊 TP347 内构件： 06Cr18Ni11Ti 或 06Cr18Ni11Nb	介质：油气/H_2S/H_2 腐蚀类型：高温 H_2S/H_2 腐蚀、高温硫腐蚀等
空冷器	10 号碳钢	介质：油气/$H_2S/Cl^-/H_2$ 腐蚀类型：铵盐沉积造成的垢下腐蚀

（1）新氢压缩机和循环氢压缩机之间的氢气管道。由 Nelson 曲线可知，当管道操作温度在 200℃以下时，无论氢分压为多少，碳钢及不锈钢管道均处于使用安全区内。氢气管道最高操作温度为 132℃，对应的操作压力为 4.7MPa（G），选用碳钢材质（20）即可，腐蚀裕量取 1.5mm。由于焊缝比母材更容易发生氢腐蚀，对于振动临氢管道要求做应力消除。

（2）加氢反应器进料前和进高压换热器前的原料油管道。原料油经过高压换热器（原料油走壳程，加氢反应产物走管程）换热后进入反应进料加热炉继续升温，之后进加氢反应器。某润滑油加氢装置原料油的硫含量约为 3000ppm，酸值约为 4mgKOH/g，在进高压换热器之前混氢（混氢油 H_2S 摩尔分数约为 2.5%，H_2摩尔分数约为 77%）。高压换热器前的原料油处于低压蒸汽伴热状态，操作温度最高为152℃，对应操作压力为4.63MPa(G)。进高压换热器前的管线最高操作温度为152℃，H_2S摩尔分数约为3%，由McConomy曲线可知，在250℃以下时，可不考虑高温硫对碳钢的腐蚀。由Nelson曲线可知，在200℃以下时可不考虑H_2对碳钢的腐蚀。由Couper曲线可知，在200℃以下时，可不考虑H_2+H_2S共存条件下对碳钢的腐蚀。又由于在220℃以下时，环烷酸对金属无明显腐蚀，因此在进高压换热器前的管线材质选用碳钢(20)即可，腐蚀裕量取3mm。

(3) 反应器与高压换热器之间的反应流出物管道。混氢后的原料油经高压换热器升温后操作温度达到268℃，操作压力为4.81MPa(G)。经过加热炉后操作温度达到330℃，操作压力为4.14MPa(G)。高压换热器和反应器入口之间的管线温度、压力均较高，处于环烷酸腐蚀为主，H_2、H_2S共同作用下的多重腐蚀环境，是整个加氢脱酸装置腐蚀最严重的部位，其腐蚀机理复杂，影响因素众多，除温度、压力的影响外，还受流速、流态和相变的影响。此处的管道特点是高温、高压并含有H_2、H_2S及环烷酸(268~330℃)，一般应选用不锈钢材质316L。

(4) 加氢反应后临氢管线。加氢反应后的油品经过高压换热器与反应进料换热后进热高压分离器，反应器出口物料的操作温度为350℃，对应的操作压力为3.81MPa(G)，H_2S摩尔分数约为2.8%，H_2摩尔分数约为75%。经过加氢反应后，油品中产生更多的H_2S，硫含量降至1600ppm，环烷酸基本反应完全，产品酸值降至0.05mgKOH/g以下，已不需要考虑环烷酸腐蚀。经过加氢反应，大部分含硫物质已转化为H_2S，该部分管线主要考虑氢脆和氢腐蚀，高温H_2+H_2S腐蚀的影响，故应考虑选用不锈钢321。

(5) 汽提塔塔顶管线。汽提塔塔顶气管线处于湿硫化氢腐蚀环境下，塔顶H_2S摩尔分数约为5%，采用注缓蚀剂的方法保护金属管道。汽提塔顶管线采用碳钢材质，腐蚀裕量取1.5mm。生产过程中需经常检测汽提塔回流罐酸性水中铁离子的浓度以调整缓蚀剂注入量，铁离子浓度以小于3ppm为宜。

(6)反应设备与换热设备、高低分液罐等。存在高温H_2S/H_2腐蚀机理以及高温氢腐蚀(HTHA)的设备有润滑油加氢反应器、加氢蜡与混氢蜡换热器、氢气冷却器、高压分离罐、低压分离罐、氢气分液罐、低分滤器、加氢蜡与原料蜡换热器。

(7) 空冷器。空冷器管束内铵盐沉积，垢下腐蚀易导致空冷器管束局部穿孔。注水汽化、分布不均问题，影响铵盐的正常溶解和冲洗，部分管束逐步结盐，导致偏流，并可能形成局部较高的酸性腐蚀。

加氢过程中都会经过精制反应，加氢精制的目的是脱除油品中的硫氮氧及金属杂质，使烯烃饱和，有时还对部分芳烃进行加氢，改善油品的使用性能。在这个过程中脱硫反应生成H_2S，脱氮反应生成NH_3，一般来说有机氯含量很少，但是原料油尤其是重整氢中可能带有氯离子。由于H_2S、NH_3和氯离子的存在会在反应产物中析出NH_4Cl和NH_4HS两种铵盐，在低温下结晶，产生垢下腐蚀。H_2S、NH_3和氯离子浓度不同，铵盐的结晶温度不一样。

第三节　防腐蚀措施

一、糠醛精制装置

1. 选材

糠醛精制过程原料油的硫化物含量高，糠醛氧化后变成了糠酸，酸值高，从而造成糠醛溶剂的酸值增加。防腐策略可以从两方面考虑，即材料防腐与工艺防腐，特别是水溶液回收系统需要进行材质升级改造，使其适应于加工高硫原油的要求。关键部位采用不锈钢，或易腐蚀设备采用防腐涂料。糠醛精制装置主要设备和管道推荐用材见表 15-6。

表 15-6　糠醛精制装置主要设备推荐用材

类别	设备名称	设备部位	设备主材推荐材料
塔器	脱气塔、抽提塔、精制液蒸发汽提塔、抽出液蒸发塔、抽出液汽提塔	壳体	碳钢[a]
		顶部 5 层塔盘	06Cr13
		其他塔盘	碳钢[a]
	脱水塔、糠醛干燥塔	壳体	06Cr19Ni10[b]
		壳体	碳钢+022Cr19Ni10[c]
		塔盘	022Cr19Ni10[b]
		填料(金属)	022Cr19Ni10[b]
容器	糠醛水溶液分层罐	壳体	碳钢+022Cr19Ni10[c]
	其他容器	壳体	碳钢[c]
换热器	原料与糠醛换热器	壳体	碳钢(介质温度<240℃)
		壳体	碳钢+06Cr13(介质温度>240℃)
		管子	022Cr19Ni10[b]
	抽出油与糠醛换热器	壳体	碳钢(介质温度<240℃)
		壳体	碳钢+06Cr13(介质温度>240℃)
		管子	022Cr19Ni10[b]
管线	回收抽真空循环水系统	管线和管件	022Cr19Ni10[e]

注：a. 湿硫化氢腐蚀环境，腐蚀严重时可采用抗 HIC 钢。

b. 采用 022Cr19Ni10 时可由 06Cr19Ni10 和 06Cr18Ni10Ti 替代。

c. 糠醛干燥塔壳体应采用碳钢+022Cr19Ni10 复合板，内构件应采用 022Cr19Ni10。

d. 当介质为碱液时，碳钢设备应注意碱应力开裂破坏，安装时，增加焊后热处理。

e. 采用 022Cr19Ni10 时可由 06Cr19Ni10 或 06Cr18Ni11Ti 替代。

2. 工艺操作

糠醛精制装置工艺操作需注意的有：

（1）加热炉操作

燃料：燃料气硫化氢含量应小于100mg/m^3，宜小于50mg/m^3。燃料油含硫量应小于0.5%。

温度：加热炉出口温度推荐不超过220℃，在保证糠醛回收完全的前提下，尽可能降低炉出口温度，减少糠醛高温氧化结焦。

露点腐蚀控制：控制排烟温度，确保管壁温度高于烟气露点温度8℃以上，含硫烟气露点温度可通过露点测试仪检测得到，或参照《中国石化工艺防腐蚀管理实施细则》有关烟气硫酸露点计算方法估算。

（2）原料脱气塔

脱气温度75~100℃；塔顶真空度应小于0.04MPa。

（3）管道流速控制

含糠醛的管道介质线速率宜控制在12m/s以下。

（4）其他操作

溶剂回收部位加注适量中和缓蚀剂，对糠酸起到一定中和作用，使整个系统溶剂呈弱碱性，pH值控制在7~8。

溶剂储罐用油或惰性气体保护，防止溶剂氧化变质。

余热锅炉给水应采用脱氧水。

（5）循环冷却水换热器控制

循环冷却水管程流速不宜小于1.0m/s。

当循环冷却水管程流速小于1.0m/s，或壳程流速小于0.3m/s时，应采取防腐涂层、反向冲洗等措施。

循环冷却水水冷器出口温度推荐不超过50℃。

3. 设计制造

由于糠醛对金属的腐蚀具有选择性，对碳钢的腐蚀远超过18-8不锈钢。如在糠酸酸值为15mgKOH/g，温度60℃条件下，糠酸对碳钢的腐蚀速率为1.2mm/a；而对不锈钢的腐蚀速率为0.0015mm/a。

因此可以委托设计单位对装置进行材质升级改造，使用耐腐蚀材料，对装置的溶剂回收系统的蒸发塔及其出口管道，加热炉辐射室所有急弯弯管及部分炉管进行材质升级为不锈钢。

在装置进行材质升级中，必须注意以下几点：

（1）避免异种钢连接，尤其是焊接，以免发生电偶腐蚀；

（2）注意管件与管线同材质，以免因材质电位差而发生电化学腐蚀；

（3）要特别注意小接管材质与设备筒体主体材质相同，管嘴采用承插（对接）焊，避免小接管焊缝的应力腐蚀开裂。

4. 腐蚀监检测

（1）腐蚀监检测方式

腐蚀监检测方式包括在线监测（在线pH计、高温电感或电阻探针、低温电感或电阻探针、电化学探头、在线测厚等)、化学分析、定点测厚(脉冲涡流扫查+超声波测厚)、腐蚀挂片、红外热测试、烟气露点测试等。各装置应根据实际情况建立腐蚀监检测系统和腐蚀管理系统，保证生产的安全运行。加热炉宜定期进行红外热成像测试。

(2) 与腐蚀相关的化学分析

糠醛精制装置与腐蚀相关的化学分析见表 15-7。

表 15-7 糠醛精制装置与腐蚀相关的化学分析一览表

分析介质	分析项目	单位	最低分析频次	分析方法
燃料油	硫含量	%	1 次/周	GB/T 17040—2019
燃料气	硫化氢含量	%	1 次/周	GB/T 11060. 1—2010
污水	pH 值		1 次/周	GB/T 6920—1986
	铁离子含量	mg/L	1 次/周	HJ/T 345—2017
加热炉烟道气	CO	%	1 次/月	Q/SH 3200—129—2018
	CO_2		1 次/月	Q/SH 3200—129—2018
	O_2		1 次/月	Q/SH 3200—129—2018
	氮氧化物		1 次/月	HJ 693—2014
	SO_2		1 次/月	HJ 57—2017

5. 腐蚀调查

糠醛精制装置的腐蚀调查方案可参考表 15-8。

表 15-8 糠醛精制装置腐蚀调查方案

设备名称	主要腐蚀部位	检查部位	检查项目	检查方法
脱气塔	塔顶 塔底	筒体中焊缝及热影响区；封头过渡部位及应力集中部位；接管部位	污垢状况；腐蚀状况；内部破损；连接配管、塔壁测厚	目视检查；锤击检查；测厚、磁粉
抽提塔	塔顶、塔底及塔内构件	汽液相交界处碳钢构件；筒体中焊缝及热影响区；封头过渡部位及应力集中部位；接管部位	污垢状况；腐蚀状况；内部破损；连接配管、塔壁测厚	目视检查；锤击检查；测厚、磁粉
精制液 蒸发汽提塔	塔顶、塔底及塔内构件	汽液相交界处碳钢构件；筒体中焊缝及热影响区；封头过渡部位及应力集中部位；接管部位	污垢状况；腐蚀状况；内部破损；连接配管、塔壁测厚	目视检查；锤击检查；测厚、磁粉
抽出液一次 蒸发塔	塔顶、塔底及塔内构件	汽液相交界处碳钢构件；筒体中焊缝及热影响区；封头过渡部位及应力集中部位；接管部位	污垢状况；腐蚀状况；内部破损；连接配管、塔壁测厚	目视检查；锤击检查；测厚、磁粉

续表

设备名称	主要腐蚀部位	检查部位	检查项目	检查方法
抽出液二次蒸发塔	塔顶、塔底及塔内构件	汽液相交界处碳钢构件；筒体中焊缝及热影响区；封头过渡部位及应力集中部位；接管部位	污垢状况；腐蚀状况；内部破损；连接配管、塔壁测厚	目视检查；锤击检查；测厚、磁粉
抽出液汽提塔	塔顶、塔底及塔内构件	汽液相交界处碳钢构件；筒体中焊缝及热影响区；封头过渡部位及应力集中部位；接管部位	污垢状况；腐蚀状况；内部破损；连接配管、塔壁测厚	目视检查；锤击检查；测厚、磁粉
脱水塔	塔顶、塔底及塔内构件	汽液相交界处碳钢构件；筒体中焊缝及热影响区；封头过渡部位及应力集中部位；接管部位	污垢状况；腐蚀状况；内部破损；连接配管、塔壁测厚	目视检查；锤击检查；测厚、磁粉
糠醛干燥塔	塔顶、塔底及塔内构件	筒体中焊缝及热影响区；封头过渡部位及应力集中部位；接管部位	污垢状况；腐蚀状况；内部破损；连接配管、塔壁测厚	目视检查；锤击检查；测厚、磁粉
精制液加热炉	辐射炉管急弯弯头，辐射炉管出口段	辐射炉管、对流炉管、炉体	炉管表面状况(包括定位管、炉管固定件是否脱落，炉管是否结焦，表面氧化等)；炉膛状况；燃烧火嘴、热电偶等	目视检查；锤击检查；测厚、涡流扫查
精制液加热炉	辐射炉管急弯弯头，辐射炉管出口段	辐射炉管、对流炉管、炉体	炉管表面状况(包括定位管、炉管固定件是否脱落，炉管是否结焦，表面氧化等)；炉膛状况；燃烧火嘴、热电偶等	目视检查；锤击检查；测厚、涡流扫查
糠醛、水溶液分层罐	罐上部及相连接的管线，汽液混相区	罐壁汽液相交界处；物流“死角”及冲刷部位；焊缝及热影响区；防腐层；罐底板	污垢状况；腐蚀状况；内部破损；连接配管；罐壁、底板厚度测定	目视检查；锤击检查；测厚
换热器(原料或抽出油与糠醛换热)	壳程的入口处和管程的出口处	壳体、封头、挡板、折流板、管束内、外表	污垢状况；腐蚀状况；连接配管、管壁测厚	目视检查；锤击检查；测厚
回收抽真空循环水系统管线	管线弯头和焊缝处	管线弯头和焊缝	污垢状况；腐蚀状况；管壁测厚	目视检查；锤击检查；测厚；涡流扫查

二、酮苯脱蜡装置

1. 选材

酮苯脱蜡装置主要设备推荐用材见表 15-9。

表 15-9 酮苯脱蜡装置主要设备推荐用材

类别	设备名称	设备部位	设备主材推荐材料
塔器	滤液蒸发塔、滤液汽提塔	壳体	碳钢[a]
		顶部 5 层塔盘	06Cr19Ni10
		其他塔盘	碳钢[a]
	溶剂干燥塔	塔体	碳钢
		塔盘	06Cr13
	酮回收塔、蜡液蒸发塔进料蒸汽加热器、滤液蒸发塔进料加热器	壳体	碳钢+022Cr19Ni10[c]
		塔盘	022Cr19Ni10[b]
		填料（金属）	022Cr19Ni10[b]
加热炉	蜡下油液加热炉	炉管	碳钢
	滤液加热炉	炉管	碳钢
容器	低压氨液分离罐	壳体	碳钢
	其他容器	壳体	碳钢[c]
换热器	溶剂干燥塔顶水冷器	壳程	碳钢
		管子	022Cr19Ni10[b]
	氨冷套管结晶器	壳程	碳钢[d]
		管子	SH39
	原料油换热器	壳程	碳钢
		管子	022Cr19Ni10[b]
	原料油冷却器	壳程	碳钢
		管子	022Cr19Ni10[b]

注：a. 湿硫化氢腐蚀环境，腐蚀严重时可采用抗 HIC 钢。

b. 采用 022Cr19Ni10 时可由 06Cr19Ni10 和 06Cr18Ni10Ti 替代。

c. 酮回收塔、蜡液蒸发塔进料蒸汽加热器、滤液蒸发塔进料加热器壳体应采用碳钢+022Cr19Ni10 复合板，内构件应采用 022Cr19Ni10。

d. 冷冻系统，碳钢设备应注意低温脆性断裂破坏。

2. 工艺操作

酮苯脱蜡装置润滑油溶剂脱蜡装置，若采取先酮苯脱蜡后溶剂精制加工工艺，设备腐蚀主要为低温管线水露点腐蚀；若采用先溶剂精制后酮苯脱蜡加工工艺，设备腐蚀除了露点腐蚀外，更主要的是有机酸腐蚀。

（1）溶剂回收系统

溶剂回收部位加注适量中和缓蚀剂，对糠酸起到一定中和作用，使整个系统溶剂呈弱碱性，pH 值控制在 7~8。

（2）低温管线

对装置低温管线进行检测，及时更换壁厚不合格管线，并采用新型不渗水的保温、保冷材料。

（3）水回收系统腐蚀

通过对装置酮回收塔外排污水 pH 值和铁离子含量的检测，判断水回收系统的腐蚀强度以，pH 值检测频次为每月一次，铁离子含量检测频次为每月两次。

（4）加热炉

对于油-气联合燃烧器加热炉而言，燃料油硫含量最好小于 0.5%，燃料气硫含量最好小于 100mg/m^3。根据使用不同的炉管材料，控制炉管外表面温度不超过最高允许使用温度，烧焦时不应超过极限设计金属温度。加热炉控制排烟温度在 130℃以上，确保管壁温度高于烟气露点温度 5℃。同时对加热炉烟气中氮氧化物及 SO_2 等指标进行监测，达到腐蚀监测目的。

（5）蒸发式湿空冷器

夏季 5~10 月份每个月检测两次软化水罐内软化水中氯离子浓度，控制氯离子浓度不大于 25mg/L。

（6）循环冷却水

循环冷却水温度控制：装置水冷器循环水回水温度不宜超过 50℃。循环水入口阀门全开，通过出口阀门控制循环水流量，控制管程循环冷却水流速大于 1m/s，壳程循环冷却水流速大于 0.3m/s，以此减缓腐蚀速率。同时应采取向冲洗、防腐涂层等措施。

3. 设计制造

碳钢水冷器应有防腐涂装设计要求，在涂装过程要注意施工质量把控，尽量避免出现瑕疵，否则不但起不到防腐效果，还会加速腐蚀。

氨环境使用的材料一方面要耐低温，另一方面要能抗碱性腐蚀开裂，焊缝应做热处理消除应力。

4. 腐蚀监检测

（1）管线测厚

对装置三次冷洗溶剂系统、脱蜡氮气真空密闭系统、脱蜡滤液管线、含油蜡液管线、一、二次氨冷套管出入口管线、一段滤液罐和二段滤液罐顶汽相管线每年进行壁厚检测一次，及时更换壁厚不合格管线，并对保温、保冷材料进行完善、更换。

（2）与腐蚀相关的化学分析

酮苯脱蜡装置与腐蚀相关的化学分析见表 15-10。

表 15-10 酮苯脱蜡装置与腐蚀相关的化学分析一览表

分析介质	分析项目	单位	最低分析频次	数值	分析方法
工艺排放污水	pH 值		1 次/周	7~10	GB/T 6920—1986
	铁离子含量	mg/L	1 次/周	≤3	HJ/T 345—2007
软化水	氯离子浓度	mg/L	1 次/半月	≤25	HJ/T 343—2007
蜡下油液加热炉和滤液加热炉烟气	氮氧化物	mg/m^3	1 次/季度	≤130	气相色谱法
	SO_2	mg/m^3	1 次/季度	≤80	气相色谱法

(3) 腐蚀监检测的运行管理

① 腐蚀监测人员必须工艺、设备密切配合找准装置易腐蚀点，然后真正把监检测项目落实到位，尤其是重点管线设备的测厚工作。

② 装置腐蚀监测方案、监测项目，建议与改造装置或新装置的进料开车(投产)同步投用。

③ 对工艺污水 pH 值、铁离子等关键控制指标，可具体结合实际检测结果采取相应措施，必要时水回收系统添加弱碱添加剂中和糠酸。

④ 加强先进腐蚀监测技术的引进，应用引进腐蚀监测的新设备、新技术，加强腐蚀监测的技术交流，不断提高腐蚀监测的技术能力与管理水平。

5. 腐蚀调查

酮苯脱蜡装置的腐蚀调查方案可参考表 15-11。

表 15-11 酮苯脱蜡装置腐蚀调查方案

设备名称	主要腐蚀部位	检查部位	检查项目	检查方法
滤液蒸发塔	塔顶、塔底	筒体中焊缝及热影响区、封头过渡部位及应力集中部位、接管部位	污垢状况、腐蚀状况、内部破损、连接配管、塔壁测厚	目视检查、锤击检查、测厚、磁粉
滤液汽提塔	塔顶、塔底及塔内构件	汽液相交界处碳钢构件、筒体中焊缝及热影响区、封头过渡部位及应力集中部位、接管部位	污垢状况、腐蚀状况、内部破损、连接配管、塔壁测厚	目视检查、锤击检查、测厚、磁粉
酮回收塔	塔顶、塔底及塔内构件	汽液相交界处碳钢构件、筒体中焊缝及热影响区、封头过渡部位及应力集中部位、接管部位	污垢状况、腐蚀状况、内部破损、连接配管、塔壁测厚	目视检查、锤击检查、测厚、磁粉
溶剂干燥塔	塔顶、塔底及塔内构件	筒体中焊缝及热影响区、封头过渡部位及应力集中部位、接管部位	污垢状况、腐蚀状况、内部破损、连接配管、塔壁测厚	目视检查、锤击检查、测厚、磁粉

续表

设备名称	主要腐蚀部位	检查部位	检查项目	检查方法
蜡下油液加热炉	辐射炉管急弯弯头、辐射炉管出口段	辐射炉管、对流炉管、炉体	炉管表面状况(包括定位管、炉管固定件是否脱落，炉管是否结焦，表面氧化等)、炉膛状况、燃烧火嘴、热电偶等	目视检查、锤击检查、测厚、涡流扫查
滤液加热炉	辐射炉管急弯弯头、辐射炉管出口段	辐射炉管、对流炉管、炉体	炉管表面状况(包括定位管、炉管固定件是否脱落，炉管是否结焦，表面氧化等)、炉膛状况、燃烧火嘴、热电偶等	目视检查、锤击检查、测厚、涡流扫查
低压氨液分离罐	罐上部及相连接的管线、汽液混相区	罐壁汽液相交界处、物流"死角"及冲刷部位、焊缝及热影响区、防腐层、罐底板	污垢状况、腐蚀状况、内部破损、连接配管、罐壁、底板厚度测定	目视检查、锤击检查、测厚
蜡液蒸发塔进料蒸汽加热器	与容器相连接的管线及汽液混相区	罐壁汽液相交界处、物流"死角"及冲刷部位、焊缝及热影响区、防腐层、罐底板	污垢状况、腐蚀状况、内部破损、连接配管、器壁厚度测定	目视检查、锤击检查、测厚
滤液蒸发塔进料加热器	与容器相连接的管线及汽液混相区	罐壁汽液相交界处、物流"死角"及冲刷部位、焊缝及热影响区、防腐层、罐底板	污垢状况、腐蚀状况、内部破损、连接配管、器壁厚度测定	目视检查、锤击检查、测厚
溶剂干燥塔顶水冷器	壳程的入口处和管程的出口处	壳体、封头、挡板、折流板、管束内、外表	污垢状况、腐蚀状况、连接配管、管壁测厚	目视检查、锤击检查、测厚
原料油换热器	壳程的入口处和管程的出口处	壳体、封头、挡板、折流板、管束内、外表	污垢状况、腐蚀状况、连接配管、管壁测厚	目视检查、锤击检查、测厚
原料油冷却器	壳程的入口处和管程的出口处	壳体、封头、挡板、折流板、管束内、外表	污垢状况、腐蚀状况、连接配管、管壁测厚	目视检查、锤击检查、测厚
氨冷套管结晶器	管壳程的出入口处	管壳层各部件内外表	污垢状况、腐蚀状况、连接配管、管壁测厚	目视检查、锤击检查、测厚、涡流扫查

三、白土精制装置

1. 选材

白土精制装置主要设备推荐用材见表 15-12。

表 15-12 白土精制装置主要设备推荐用材

类别	设备名称	设备部位	设备主材推荐材料
塔器	蒸发塔	壳体	碳钢[a]
		顶部 5 层塔盘	06Cr19Ni10
		其他塔盘	碳钢[a]
加热炉	馏份油/残渣油加热炉	炉管	碳钢
容器	馏出油分水罐	筒体	碳钢[a]
	真空罐	筒体	碳钢
	精制油罐	筒体	碳钢
	板框进料罐	筒体	碳钢
	其他容器	筒体	碳钢
换热器	原料油换热器	壳程	碳钢
		管子	022Cr19Ni10[b]
	原料油冷却器	壳程	碳钢
		管子	022Cr19Ni10[b]
管线	蒸发塔顶管线	管线	022Cr19Ni10[b]

注：a. 湿硫化氢腐蚀环境，腐蚀严重时可采用抗 HIC 钢。

b. 采用 022Cr19Ni10 时可由 06Cr19Ni10 和 06Cr18Ni10Ti 替代。

2. 工艺操作

(1) 关键部位采用不锈钢管道或管束(或对易腐蚀设备采用防腐涂料)。

(2) 平稳操作，严格控制炉温。

3. 腐蚀监检测

加强腐蚀监检测，常用腐蚀监检测方法有定点测厚(脉冲涡流扫查+超声波测厚)、腐蚀介质分析、腐蚀在线监测、腐蚀挂片探针、现场腐蚀挂片等。

4. 腐蚀调查

白土精制装置的腐蚀调查方案可参考表 15-13。

表 15-13 白土精制装置腐蚀调查方案

设备名称	主要腐蚀部位	检查部位	检查项目	检查方法
蒸发塔	塔顶、塔底及塔内构件	汽液相交界处碳钢构件；筒体中焊缝及热影响区；封头过渡部位及应力集中部位；接管部位	污垢状况；腐蚀状况；内部破损；连接配管、塔壁测厚	目视检查；锤击检查；测厚、磁粉
馏分油加热炉	辐射炉管急弯弯头，辐射炉管出口段	辐射炉管、对流炉管、炉体	炉管表面状况(包括定位管、炉管固定件是否脱落，炉管是否结焦，表面氧化等)；炉膛状况；燃烧火嘴、热电偶等	目视检查；锤击检查；测厚、涡流扫查

续表

设备名称	主要腐蚀部位	检查部位	检查项目	检查方法
残渣油加热炉	辐射炉管急弯弯头，辐射炉管出口段	辐射炉管、对流炉管、炉体	炉管表面状况（包括定位管、炉管固定件是否脱落，炉管是否结焦，表面氧化等）；炉膛状况；燃烧火嘴、热电偶等	目视检查；锤击检查；测厚、涡流扫查
馏出油分水罐	罐上部及相连接的管线汽液混相区	罐壁汽液相交界处；物流“死角”及冲刷部位；焊缝及热影响区；防腐层；罐底板	污垢状况；腐蚀状况；内部破损；连接配管；罐壁、底板厚度测定	目视检查；锤击检查；测厚
真空罐	与容器相连接的管线及罐内壁	筒体焊缝及热影响区；防腐层；罐底板	污垢状况；腐蚀状况；内部破损；连接配管；器壁厚度测定	目视检查；锤击检查；测厚
精制油罐	与容器相连接的管线及汽液混相区	罐壁汽液相交界处；物流“死角”及冲刷部位；焊缝及热影响区；防腐层；罐底板	污垢状况；腐蚀状况；内部破损；连接配管；器壁厚度测定	目视检查；锤击检查；测厚
板框进料罐	与容器相连接的管线及汽液混相区	罐壁汽液相交界处；物流“死角”及冲刷部位；焊缝及热影响区；防腐层；罐底板	污垢状况；腐蚀状况；内部破损；连接配管；器壁厚度测定	目视检查；锤击检查；测厚
其他容器	与容器相连接的管线及汽液混相区	罐壁汽液相交界处；物流“死角”及冲刷部位；焊缝及热影响区；防腐层；罐底板	污垢状况；腐蚀状况；内部破损；连接配管；器壁厚度测定	目视检查；锤击检查；测厚
原料油换热器	壳程的入口处和管程的出口处	壳体、封头、挡板、折流板、管束内、外表	污垢状况；腐蚀状况；连接配管、管壁测厚	目视检查；锤击检查；测厚
原料油冷却器	壳程的入口处和管程的出口处	壳体、封头、挡板、折流板、管束内、外表	污垢状况；腐蚀状况；连接配管、管壁测厚	目视检查；锤击检查；测厚
管线	蒸发塔顶管线弯头、焊缝	管子内外表面、各种管件应重点抽查，包括材质鉴定、焊缝检查	污垢状况；腐蚀状况；管壁测厚	目视检查；锤击检查；测厚；磁粉；涡流扫查

四、丙烷脱沥青装置

1. 选材

丙烷脱沥青装置主要设备推荐用材见表 15-14。

表 15-14 丙烷脱沥青装置主要设备推荐用材

类别	设备名称	设备部位	设备主材推荐材料
塔器	转盘抽提塔	壳体	碳钢[a]
		填料	022Cr19Ni10[b]
		塔盘	碳钢[a]
	沥青蒸发塔	壳体	碳钢[a]
		塔盘	碳钢[a]
	沥青汽提塔	壳体	碳钢[a]
		塔盘	碳钢[a]
	重脱沥青油蒸发塔	壳体	碳钢[a]
		塔盘	碳钢[a]
	重脱沥青油汽提塔	壳体	06Cr19Ni10[b]
		壳体(上段)	碳钢+022Cr19Ni10[c]
		塔盘	022Cr19Ni10[b]
		填料	022Cr19Ni10[b]
加热炉	沥青、丙烷加热炉	炉管	Cr5Mo/碳钢
容器	丙烷罐	壳体	碳钢[a]
	真空罐	壳体	碳钢[a]
	其他容器	壳体	碳钢[a]
换热器	轻油液、临界丙烷换热器	壳体	碳钢[a]
		管子	碳钢[a]
	轻油液、轻脱油换热器	壳体	碳钢[a]
		管子	碳钢[a]
管线	回收抽真空循环水系统	管线和管件	022Cr19Ni10[d]

注：a. 湿硫化氢腐蚀环境，腐蚀严重时可采用抗 HIC 钢。

b. 采用 022Cr19Ni10 时可由 06Cr19Ni10 和 06Cr18Ni10Ti 替代。

c. 重脱沥青油汽提塔上段壳体应采用碳钢+022Cr19Ni10 复合板，内构件应采用 022Cr19Ni10。

d. 采用 022Cr19Ni10 时可由 06Cr19Ni10 或 06Cr18Ni11Ti 替代。

2. 工艺操作

(1) 控制好原料的性质。这不只对产品的性质、工艺流程的选择和操作直接或间接地产生一定影响，而且对装置设备及管道的腐蚀会造成很大变化。因此，掌握原料性质的变化，及时调整操作参数，对保证装置的正常运行具有重要的意义。

(2) 工艺防腐。采取工艺防腐措施，从源头上抓，装置增设碱洗脱除 H_2S 实施，用于控制腐蚀介质的含量，是解决设备腐蚀的关键。

(3) 处理含硫原料溶剂中积累的 H_2S。在处理含硫原油的减压渣油时，由于减压渣油的含硫量比原油高约1倍，所以，在丙烷脱沥青回收过程中，往往出现有机硫的热分解，进料中溶解的H_2S也会释放出来，对操作人员的身心健康产生不利影响。丙烷罐等设备腐蚀，必须采取腐蚀防护措施。

3. 设计制造

（1）选用耐蚀材料。在易受H_2S腐蚀威胁的部位采用耐H_2S腐蚀的钢材，丙烷罐材质选用抗HIC钢。

（2）应用材料表面改性技术，提高丙烷罐的耐蚀性。对丙烷罐内壁采用表面改性技术，提高丙烷罐的耐蚀性。如采用罐内壁喷铝加树脂封闭，设备实现了三年一修。但铝易与碱发生反应：

$$2Al+2NaOH+6H_2O \longrightarrow 2NaAl(OH)_4+3H_2$$

$$Al_2O_3+2NaOH+H_2O \longrightarrow 2NaAl(OH)_4$$

因此在有碱的情况下应作好对喷铝层的封闭工作，还可考虑在喷完铝层后，加喷一层不锈钢，效果也不错。

4. 腐蚀监检测

加强监测，对装置设备开展定点测厚(脉冲涡流扫查+超声波测厚)，对丙烷罐除测厚外，还要进行UT检查，及时发现异常情况，消除隐患；另外，也可以安装氢探针，进行在线监测。

5. 腐蚀调查

丙烷脱沥青装置的腐蚀调查方案可参考表15-15。

表15-15　丙烷脱沥青装置腐蚀调查方案

设备名称	主要腐蚀部位	检查部位	检查项目	检查方法
转盘抽提塔	塔顶、塔底及塔内构件，如转盘、填料、塔板、支撑件等	汽液相交界处碳钢构件；不锈钢填料；筒体中焊缝及热影响区；封头过渡部位及应力集中部位；接管部位	污垢状况；腐蚀状况；内部破损；连接配管、塔壁测厚	目视检查；锤击检查；测厚、磁粉
沥青蒸发塔、沥青汽提塔、重脱沥青油蒸发塔、重脱沥青油汽提塔	塔顶、塔底及塔盘、支撑件等塔内构件	汽液相交界处碳钢构件；筒体中焊缝及热影响区；封头过渡部位及应力集中部位；接管部位	污垢状况；腐蚀状况；内部破损；连接配管、塔壁测厚	视检查；锤击检查；测厚、磁粉
沥青、丙烷加热炉	辐射炉管急弯弯头，辐射炉管出口段	辐射炉管、对流炉管、炉体	炉管表面状况(包括定位管、炉管固定件是否脱落，炉管是否结焦，表面氧化等)；炉膛状况；燃烧火嘴、热电偶等	目视检查；锤击检查；测厚、涡流扫查

续表

设备名称	主要腐蚀部位	检查部位	检查项目	检查方法
丙烷罐	罐上部及相连接的管线汽液混相区	罐壁汽液相交界处；物流“死角”及冲刷部位；焊缝及热影响区；罐内防腐层；罐封头和底板	污垢状况；腐蚀状况；内部破损；连接配管；罐壁是否有鼓包、底板厚度测定	目视检查；锤击检查；超声波测厚与探伤抽查
真空罐	与容器相连接的管线及罐内壁	筒体焊缝及热影响区；防腐层；罐底板	污垢状况；腐蚀状况；内部破损；连接配管；器壁厚度测定	目视检查；锤击检查；测厚
其他容器	与容器相连接的管线及汽液混相区	罐壁汽液相交界处；物流“死角”及冲刷部位；焊缝及热影响区；防腐层；罐底板	污垢状况；腐蚀状况；内部破损；连接配管；器壁厚度测定	目视检查；锤击检查；测厚
轻油液、临界丙烷换热器	壳程的入口处和管程的出口处	壳体、封头、挡板、折流板、管束内、外表	污垢状况；腐蚀状况；连接配管、管壁测厚	目视检查；锤击检查；测厚
轻油液、轻脱油换热器	壳程的入口处和管程的出口处	壳体、封头、挡板、折流板、管束内、外表	污垢状况；腐蚀状况；连接配管、管壁测厚	目视检查；锤击检查；测厚
管线	回收抽真空循环水系统弯头、焊缝	管子内外表面、各种管件应重点抽查，包括材质鉴定、焊缝检查	污垢状况；腐蚀状况；管壁测厚	目视检查；锤击检查；测厚；磁粉；涡流扫查

五、润滑油加氢装置

1. 选材

润滑油加氢脱酸装置管线面临的腐蚀主要有氢腐蚀、高温硫腐蚀、高温 H_2/H_2S 腐蚀、高温环烷酸腐蚀及湿硫化氢腐蚀。除湿硫化氢腐蚀在较低温度下发生外(120℃以下)，其余腐蚀类型均在较高温度下产生(200℃以上)。

该装置管线根据介质及设计条件可分为四类：

第一类为新氢压缩机和循环氢压缩机部分的氢气管道，特点是设计温度(200℃以下)，设计压力均不高，介质比较干净，管道材质选用20号碳钢。

第二类为加氢反应器进料前的管线，进高压换热器前的管道，虽然原料油含硫、氢气及环烷酸，由于温度较低(200℃以下)，对管线无明显腐蚀，材质选择20号碳钢；高压换热器与反应器之间的管道特点是高温、高压并含有 H_2、H_2S 及环烷酸(268~330℃)，选用不锈钢材质316L。

第三类为加氢反应后的临氢管线，特点是高温、高压并含有 H_2+H_2S，选用不锈钢材质321。

第四类为在湿硫化氢腐蚀环境下的汽提塔塔顶管线，由于采用注缓蚀剂的方法保护金属管道，采用管线材质为20号碳钢。

其他部位的选材可参照第十二章加氢精制装置的选材内容。

2. 工艺操作

加氢处理装置典型工艺参数见表15-16。

表15-16 加氢处理装置典型工艺参数

原料：轻脱沥青油糠醛精制油			
加氢处理段：		加氢精制段：	
R-101入口压力/MPa	10.5	R-102入口压力/MPa	10.4
R-101入口温度/℃	360	R-102入口温度/℃	298
R-101各床层总温升/℃	25	R-102各床层总温升/℃	2
体积空速/h^{-1}	0.41	体积空速/h^{-1}	0.80

3. 腐蚀监检测

加氢装置与腐蚀相关的化学分析见表15-17。

表15-17 加氢装置与腐蚀相关的化学分析一览表[a]

分析介质	分析项目	单位	最低分析频次	建议分析方法
原料油	总氯含量	μg/g	1次/周	GB/T 18612—2011
	金属含量	μg/g	按需	Q/SH 3200—134—2018
	硫含量	%	1次/周	GB/T 380—1977
	氮含量	μg/g	1次/周	NB/SH/T 0704—2010
	酸值	mgKOH/g	按需	GB/T 18609—2011
循环氢	氯化氢	mg/m^3	按需	Q/SH 3200—109—2018
	硫化氢含量	%	1次/周	GB/T 11060.1—2010
分馏塔顶水、脱硫化氢汽提塔顶水、脱丁烷、脱乙烷塔顶水、冷高压分离器排出水、冷低压分离器排出水	pH值		1次/周	GB/T 6920—1986
	氯离子含量	mg/L	1次/周	GB/T 15453—2018
	硫化物含量		按需	HJ/T 60—2000
	铁离子含量		1次/周	HJ/T 345—2017
	氨氮		按需	HJ 537—2009

4. 腐蚀调查

润滑油加氢装置的腐蚀调查方案可参考表15-18。

表15-18 润滑油加氢装置腐蚀调查方案

设备名称	主要腐蚀部位	检查部位	检查项目	检查方法
脱气塔、汽提塔、真空干燥塔	塔顶、塔底及塔内构件，如转盘、填料、塔板、支撑件等	汽液相交界处碳钢构件；不锈钢填料；筒体中焊缝及热影响区；封头过渡部位及应力集中部位；接管部位	污垢状况；腐蚀状况；内部破损；连接配管、塔壁测厚	目视检查；锤击检查；测厚、磁粉

续表

设备名称	主要腐蚀部位	检查部位	检查项目	检查方法
反应进料加热炉	辐射炉管急弯弯头，辐射炉管出口段	辐射炉管、对流炉管、炉体	炉管表面状况(包括定位管、炉管固定件是否脱落，炉管是否结焦，表面氧化等)；炉膛状况；燃烧火嘴、热电偶等	目视检查；锤击检查；测厚、涡流扫查
热高、低压分离器	容器封头、筒体、附件、焊缝、进出口短管	器壁汽液相交界处；物流“死角”及冲刷部位；焊缝及热影响区；容器封头和筒体；进出口短管	污垢状况；腐蚀状况；内部破损；连接配管；器壁是否有腐蚀、封头和筒体厚度测定	目视检查；锤击检查；超声波测厚与探伤抽查
冷高、低压分离器	容器封头、筒体、附件、焊缝、进出口短管	器壁汽液相交界处；物流“死角”及冲刷部位；焊缝及热影响区；容器封头和筒体；进出口短管	污垢状况；腐蚀状况；内部破损；连接配管；器壁是否有腐蚀、封头和筒体厚度测定	目视检查；锤击检查；超声波测厚与探伤抽查
循环氢分液罐	与容器相连接的管线及罐内壁	筒体焊缝及热影响区；防腐层；罐底板	污垢状况；腐蚀状况；内部破损；连接配管；器壁厚度测定	目视检查；测厚；锤击检查
脱气罐	罐内壁及与容器相连接的管线	筒体焊缝及热影响区；防腐层；罐底板	污垢状况；腐蚀状况；内部破损；连接配管；器壁厚度测定	目视检查；测厚；锤击检查
其他容器	与容器相连接的管线及汽液混相区	罐壁汽液相交界处；物流“死角”及冲刷部位；焊缝及热影响区；防腐层；罐底板	污垢状况；腐蚀状况；内部破损；连接配管；器壁厚度测定	目视检查；锤击检查；测厚
反应流出物换热器	壳程的入口处和管程的出口处	壳体、封头、挡板、折流板、管束内、外表	污垢状况；腐蚀状况；连接配管、管壁测厚	目视检查；测厚
反应产物与原料换热器	管板、管束、管箱	壳体、管板焊缝、管束内外表面、管箱、挡板、折流板	污垢状况；腐蚀状况；连接配管、管壁测厚	目视检查；测厚
异构产物与混氢油换热器	管板、管束、管箱	壳体、管板焊缝、管束内外表面、管箱、挡板、折流板	污垢状况；腐蚀状况；连接配管、管壁测厚	目视检查；测厚
反应流出物高压空冷器	管箱、管板、管束及进出口管线弯头	管箱、管板、管束内、外表	管内污垢、腐蚀状况；连接配管、管壁测厚	目视检查；内窥镜检查；测厚
管线	临氢管线	管子内外表面、各种管件应重点抽查，包括材质鉴定、焊缝检查	污垢状况；腐蚀状况；管壁测厚	目视检查；测厚；磁粉；涡流扫查

第四节　典型腐蚀案例

一、糠醛精制装置

[案例 15-1] 抽提塔腐蚀

背景：某炼油厂糠醛装置大修期间发现抽提塔内件腐蚀比较严重。该装置分为轻、重两套，设计处理能力均为 30×10^4t/a，溶剂回收系统为二效三塔工艺，水溶液回收系统两套共用，即“两头一尾”的生产工艺。

结构材料：抽提塔规格型号 ϕ2600×18×29424，操作压力 0.6MPa，操作温度 130℃，使用材质 A3R/20R，操作介质油、醛。

失效记录：第二人孔处有两块塔盘腐蚀穿孔，穿孔直径约为 60mm 和 50mm；塔底塔壁、封头多处坑蚀，底封头余厚在 11.46~11.53mm 之间。腐蚀失效的宏观形貌如图 15-9 所示。

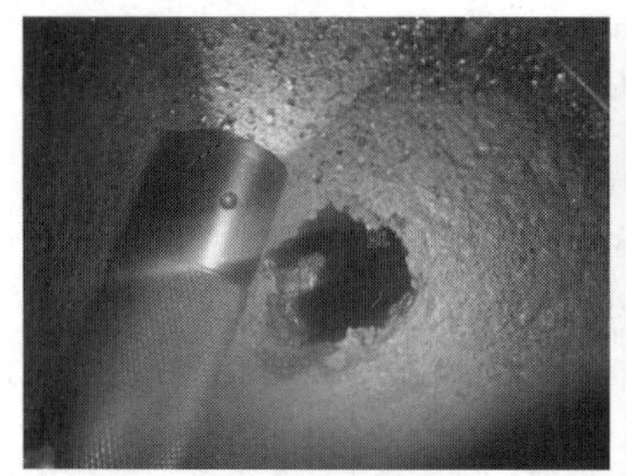

(a)塔盘穿孔形貌

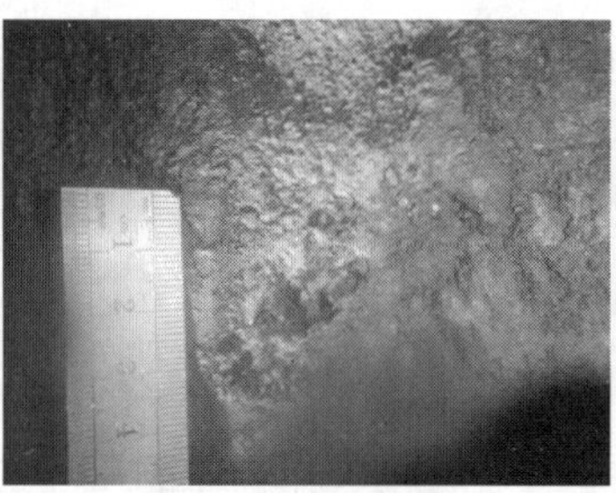

(b)塔底封头坑蚀形貌

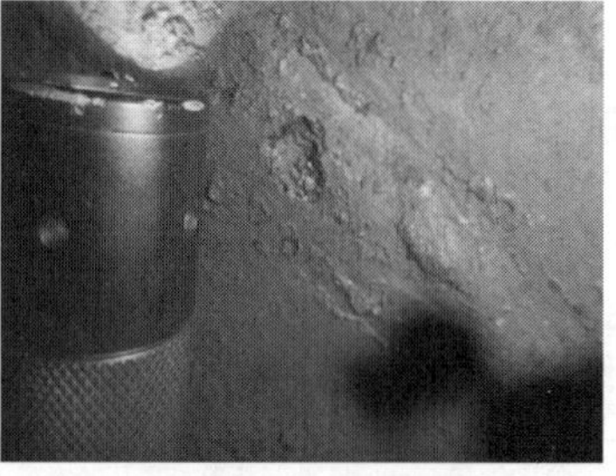

(c)塔底封头焊缝坑蚀形貌

图 15-9　抽提塔腐蚀失效的宏观形貌

解决方案和建议：对穿孔的塔盘进行了更换处理，对塔底封头的蚀坑堆焊、打磨。

[案例 15-2] 脱水塔腐蚀

背景：某炼油厂糠醛装置脱水塔

结构材料：脱水塔的规格型号为 ϕ1000×6/1600×10×23503，主体材质为 A3+0Cr13/A3R，塔盘材质为 A3F，介质为醛、水，操作温度为 105℃，操作压力为 0.07MPa。

失效记录：塔底壁板及底封头腐蚀严重，最大坑腐蚀深度约 3mm，底部远程阀内部接管腐蚀殆尽。腐蚀失效的宏观形貌如图 15-10 所示。

解决方案和建议：对底部塔壁及封头进行贴板处理，更新了底部远程阀内部接管。

(a)塔底壁腐蚀形貌

(b)内部接管腐蚀殆尽

图 15-10 脱水塔腐蚀失效的宏观形貌

[案例 15-3] 精制油冷却器腐蚀

背景：某炼油厂糠醛装置精制油冷却器。

结构材料：该设备为浮头式换热器，内径 600mm。管程操作介质为循环水，壳程操作介质为精制油，管程介质温度为 32~42℃，壳程介质温度为 150~90℃。

失效记录：管板及管束内结垢严重，管板局部垢下腐蚀严重，最大坑深约 1.5mm。腐蚀失效的宏观形貌如图 15-11 所示。

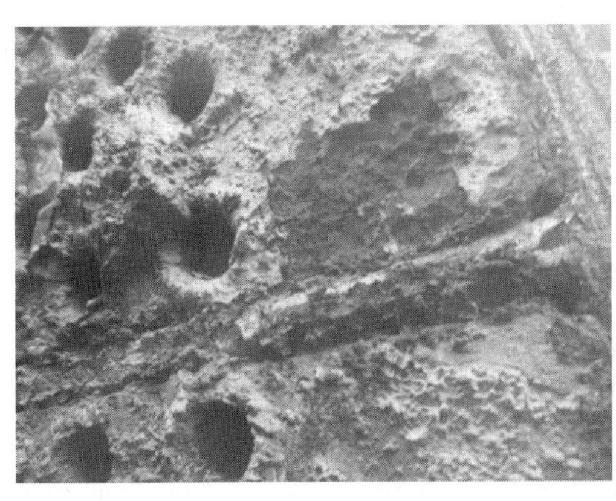

(a)

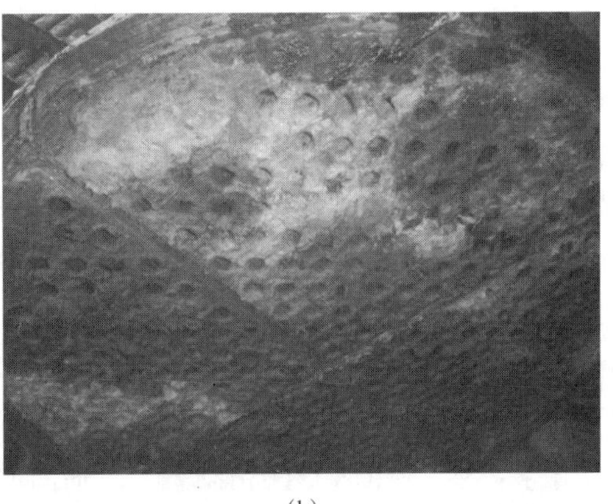

(b)

图 15-11 精制油冷却器管板垢下腐蚀形貌

失效原因及分析：为了进一步分析管板腐蚀的原因，对垢物进行了采样分析，分析结果见表 15-19。

表 15-19 精制油冷却器管板垢样分析结果 %

项目	550℃灼减	950℃灼减	SiO_2	Fe_2O_3	Al_2O_3	CaO	MgO	ZnO	P_2O_5	合计
结果	22.99	2.33	2.28	64.82	1.77	2.45	0	0	2.48	99.12

从表15-19可看出，精制油冷却器管板垢物以Fe_2O_3(64.82%)、550℃灼减(22.99%)为主，其中550℃灼减代表生物黏泥含量，由此可见腐蚀原因是设备在运行过程中水冷器的流速偏低，造成生物黏泥堆积而形成结垢。建议加强循环水的流速监测，防止流速偏低而形成生物黏泥堆积结垢，对设备造成腐蚀，同时可考虑使用药剂，控制生物黏泥的产生。

解决方案和建议：更新了管束，原管束报废。

[案例15-4] 炉管腐蚀

背景：某糠醛装置，原设计处理能力100kt/a，目前最大处理能力140kt/a，包括原料脱气、抽提、溶剂回收、脱水、燃料、蒸汽发生、溶剂转送等系统。为防止糠醛氧化造成设备管线腐蚀，装置在设计时采用了原料脱气、糠醛储罐、水溶剂罐、污油罐顶用氮气密封和水溶液系统加注Na_2CO_3溶液等措施。但该装置的加热炉腐蚀情况依然非常严重。

结构材料：加热炉炉管穿孔弯头规格为$\phi219\times10$mm和$\phi152\times8$mm，材质为20#裂化用钢。

失效记录：2001~2002年先后5次发生废液加热炉炉管弯头穿孔。

失效原因及分析：从水溶剂罐取水样进行化验分析，结果pH为4.54，Fe^{2+}含量为38.4mg/L。从干燥塔塔底取干糠醛样分析，pH为6.0。此外，对装置更换下来的几个炉管急弯弯头进行观察，腐蚀发生在弯头冲刷最强部位，呈蜂窝状点蚀形貌，直管段腐蚀较轻。因此，造成上述腐蚀的原因一是由于糠醛结焦，形成垢下腐蚀，二是由于介质处于汽液共存状态，造成涡流腐蚀。

解决方案和建议：加入缓蚀阻焦剂——专门用于糠醛润滑油精制装置的防护与阻焦。这种含氮有机物带有适当长度的烃基，这样可形成一层防护屏障，减轻了腐蚀介质对金属的腐蚀。同时它不会和糠醛发生化学反应，但由于其具有碱性，可与糠酸形成络合物，从而破坏糠酸、糠醛与水形成的最低共沸物的组成，使糠酸绝大部分从脱水塔底排走，系统酸值降低，使全装置的腐蚀与结焦减轻。因此，选用缓蚀阻焦剂来替代传统的加碱工艺是防止加热炉管穿孔的有效方法。

[案例15-5] 溶剂回收系统腐蚀

背景：某250kt/a糠醛精制装置以临商原油的减压馏分经酮苯脱蜡后的脱蜡油为原料，糠醛回收系统采用了五塔三效蒸发节能流程和原料脱气以及加热炉管逐级扩径等措施。

结构材料：糠醛精制装置在设计中碳钢设备占90%以上，工艺管线材质有20R钢、16MnR钢和10号钢，均为亚共析钢。

失效记录：两年时间内，装置腐蚀穿孔4次，糠醛泵泄漏1次。

失效原因及分析：糠醛精制装置设备腐蚀主要发生在废液(抽出液)溶剂回收系统。腐蚀主要有糠酸(糠醛氧化产物)腐蚀、焦类腐蚀和相变腐蚀三种类型，且常常是多种类型腐蚀共同作用。

解决方案和建议：材质升级或采用加注缓蚀剂。

二、酮苯脱蜡装置

[案例 15-6] 溶剂系统换热设备腐蚀

背景：某炼油厂酮苯装置溶剂系统的冷却器管束。

结构材料：设备壳程为溶剂和水蒸气（150℃），管程为蜡液（50℃）。

失效记录：

1996 年大检修更换为外防腐管束，2007 年 9 月设备大检修未发现异常，2011 年 9 月 20 日确认管束泄漏，9 月 21 日车间停工处理，9 月 22 日更换新管束。腐蚀的宏观形貌如图 15-12 所示。

(a)

(b)

图 15-12　酮苯装置溶剂系统冷却器管束腐蚀宏观形貌

2014 年底发现，腐蚀泄漏严重，管束外表面、管箱内表面坑蚀密布；管束有涂层，涂层老化溶解已失效，涂层不适用于溶剂环境；腐蚀泄漏，明显比上次腐蚀严重。腐蚀的宏观形貌如图 15-13 所示。

(a)

(b)

图 15-13　酮苯装置溶剂系统冷却器腐蚀宏观形貌

溶剂与循环水冷却器的腐蚀也相当严重。壳程为溶剂(100℃)，管程为循环水。管束外表面、小浮头、勾圈等坑蚀、减薄严重；大帽子、壳体内壁锈蚀物较多，有减薄、蚀坑。如图15-14所示。

(a) (b) (c) (d)

图15-14 水冷器腐蚀

失效原因及分析：溶剂对涂层的溶解导致涂层的作用丧失，涂层破坏的位置腐蚀更重。原料中腐蚀性物质(硫化氢、有机酸等)的聚集、温度升高等，导致腐蚀更严重。

解决方案和建议：

(1) 定期更换碳钢管束，不可做涂层。确定一个合理的周期。

(2) 材质升级控制腐蚀，304不锈钢能满足抗腐蚀的要求。

(3) 在溶剂中加注缓蚀剂。

(4) 采用先糠醛后酮苯的工艺流程。

(5) 消除已形成的酸，置换或中和清除。

[案例15-7] 重质润滑油装置的腐蚀

背景：南方某炼油厂的重质润滑油装置是由糠醛精制和酮苯脱蜡两套装置组成，原设计以处理大庆减四馏分油及丙烷轻脱沥青油为主，后改为以加工中东含硫原油为主，实际生产中已处理的原料有也门、阿曼、沙特、安哥拉、印尼米纳斯等地的原油，其中硫含量最大的为沙特中质油，达2.56%。

失效记录：腐蚀部位集中在水溶液系统，尤以液汽混相处最为严重，且表现多为坑蚀，其次是纯液相中的均匀腐蚀，汽相部位除均匀腐蚀外，还有局部冲蚀。如酮苯回收水溶液系统，酮回收塔顶蒸汽水冷器换碳钢管束使用，未到2年发生腐蚀穿孔；抽出油汽提塔顶回流入口上部约300mm处的塔壁穿孔，塔壁原为12mm厚。

失效原因及分析：

(1) 原油酸值的增大，加速了装置设备的腐蚀。

(2) 环烷酸的存在加速糠醛的氧化生成糠醛酸，糠醛酸能使原料中不饱和烃氧化成环氧化合物，环氧化合物发生缩合反应生成大分子的焦类物质，促使糠醛酸生焦，造成设备腐蚀加剧。

解决方案和建议：

(1) 酮回收塔顶蒸汽水冷器管束更换为18-8管束。

(2) 抽出油汽提塔材质升级为18-8。

三、白土精制装置

[案例 15-8] 蒸发汽提塔顶冷凝系统腐蚀

背景：白土精制装置蒸发汽提塔顶的冷凝冷却系统。

失效记录：腐蚀部位主要分布在系统的弯头、法兰、短节及焊缝处。

失效原因及分析：从腐蚀介质分析来看，系统冷凝水的 pH 值很低、铁离子含量较高，表明装置酸性介质腐蚀严重；白土装置加工物料中的腐蚀介质含量很低，因此物料带入的腐蚀介质不是导致装置产生严重腐蚀的原因；从白土中的腐蚀介质提取试验结果来看，白土本身呈酸性，且含有硫酸根、氯离子等杂质，这些物质在白土精制过程中，会由加工处理的油品带出，并溶于水中，形成低浓度的硫酸、盐酸的混合水溶液，对装置造成腐蚀。

解决方案和建议：从腐蚀速率监测及常用材料的耐蚀性能评价试验数据来看，单纯靠材料升级防腐难以解决该系统的严重腐蚀问题，且费用很高，必须考虑采取合适的工艺防腐措施——注缓蚀剂。

四、丙烷脱沥青装置

[案例 15-9] 丙烷罐腐蚀

背景：某公司丙烷脱沥青装置于 1982 年建成投产，处理减压渣油，以液态丙烷为溶剂，通过物理萃取的方法，将减压渣油分离为轻脱沥青油、重脱沥青油和脱油沥青。装置原设计是以低含硫的大庆油为原料，自 1989 年 2 月首次加工伊朗减压渣油，近年来处理的国外减压渣油几乎占装置处理量的 100%，所以装置设备的 H_2S 腐蚀问题越来越突出，严重危害装置的正常生产。

结构材料：该装置共有 4 个丙烷罐，均属Ⅲ类压力容器，规格均为 ϕ2400×14200mm、材质 16MnR，筒体厚为 28mm，封头厚为 30mm，罐内操作压力 2.0~2.1MPa，操作温度 40~45℃，介质除丙烷外，还含有少量水及 H_2S 等，溶剂循环量 230~250m^3/h。

失效记录：丙烷罐 1982 年投用，1994 年报废 3 个罐，即容 4/1、容 4/2、容 4/3，经测厚发现，罐壁严重夹层，厚 30mm 的封头测厚只有 9.6~10.5mm，目测罐内表面有大面积鼓泡，其中容 4/1 鼓泡 10 个以上，容 4/2 有 9 个，容 4/3 有 7 个，鼓泡最大的达 ϕ100mm，高度为 5~6mm。较严重的是容 4/3，RT(射线)检查有明显夹渣。而容 4/4 由于投用时间较短，1993 年底制造并投用的，未见明显缺陷，但到了 1997 年 11 月即发现筒体北封头数过来第二圈板底部鼓起了一个大泡(880mm×440mm×40mm)，超声波测厚发现有 26 处夹层，最薄处仅为 4.1mm，被判报废，实际只用了 3 年零 9 个月。

丙烷罐发生的氢鼓泡腐蚀宏观形貌如图 15-15 所示。

(a) (b) (c)

图 15-15 氢鼓泡腐蚀宏观形貌

失效原因及分析：丙烷脱沥青装置设备的主要腐蚀源是 H_2S。丙烷溶剂罐的采样分析结果表明，丙烷溶剂的 H_2S 含量最高可达 10%。由溶剂储罐送进丙烷装置的液态丙烷是不含 H_2S 的，但在使用过程中 H_2S 的浓度却随着时间的推移浓度越来越高。车间对装置处理的渣油含硫量测定结果表明，装置所加工的进口原油渣油的含硫量较高。随着装置溶剂的循环运转，使得 H_2S 的浓度不断增加，并对装置的设备造成极大的危害。

解决方案和建议：

(1) 增加工艺防腐措施，控制腐蚀介质的含量，是解决设备腐蚀的关键。该装置在 1998 年投用了碱洗系统。通过碱液（NaOH）和 H_2S 发生化学反应，降低装置内 H_2S 的浓度。其工艺流程见图 15-16。

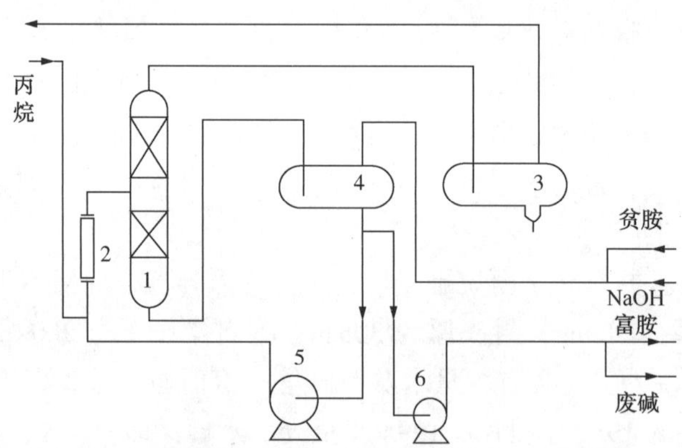

图 15-16 H_2S 碱洗工艺图

1—碱洗塔；2—静态混合器；3—丙烷沉降罐；4—碱液循环罐；5—碱液循环泵；6—废碱泵

(2) 设备的制造。在设备制造的过程中，应采用热加工成型，必须采用冷加工成型时，应在冷加工后进行消除应力的热处理以及用低温应力松弛和喷丸处理等。整台设备制造完备应进行整体消除应力的热处理，如条件限制，应进行分段热处理。对高强度不锈钢和低合余高强度钢，焊接时应采用低氢焊条：焊接过程中，周围环境要求保持干燥，焊条要烘干。

(3)应用涂层防腐技术。与材质升级相比，涂层技术较易推广，它主要应用于储罐、容器、换热器等设备，现在较为常用的防腐涂料有环氧树脂、环氧树脂玻璃钢、环氧呋喃树脂封闭、喷铝、喷铜、喷不锈钢、非晶态镍磷镀层等。如该装置的丙烷罐就是采用罐内壁喷铝加树脂封闭，设备实现了三年一修。

五、润滑油加氢装置

[案例15-10] 高压空冷器管束腐蚀泄漏

背景：某石化公司85kt/a润滑油加氢装置的主要原料为常减压蒸馏装置和减四线抽出油，2011年10月反应空冷器L-201/1发生泄漏，装置被迫停工。此次泄漏是继2011年8月该空冷器泄漏后，第二次发生的泄漏事故。泄漏位置见图15-17。

结构材料：该空冷器管束型号P10×2.8-5-167-8.0s-23.4/KL-Ⅱt，管束直径为25mm，由10号钢管制成，管内输送介质为润滑油原料和循环氢，管外介质为空气。

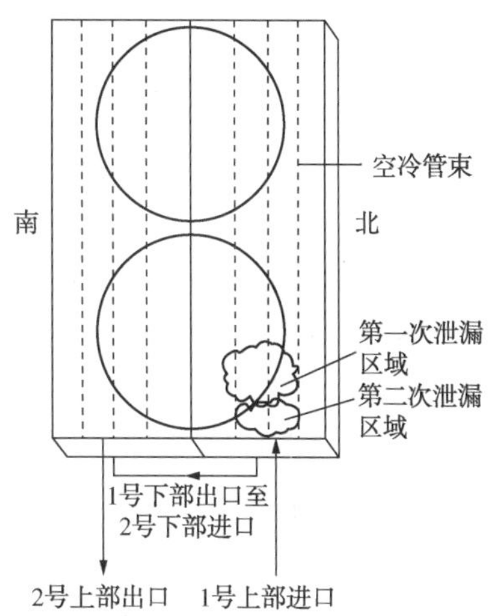

图15-17 空冷器L-201泄漏位置

失效记录：

此空冷器L-201/1，2是在2006年5月大检修后新换设备，此前没有发生过腐蚀泄漏情况。经拆检发现：L-201/1上部进口三排多根管束存在结盐堵塞和腐蚀，且前半程较严重，可以明显看到结盐；L-201/2上部出口三排也存在结盐堵塞和腐蚀，比L-201/1稍好，下部两排管束正常。装置停工对空冷器腐蚀比较严重的管束进行堵管处理，共堵管76根，堵管率为40%。

对两台空冷器拆解检查，发现L-201/1管束内有铵盐沉积，泄漏管束有明显的结盐、坑蚀和穿孔，见图15-18。

(a)管束内部结盐

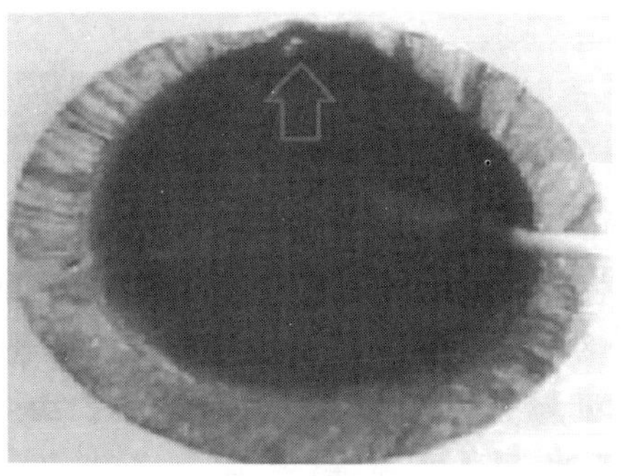

(b)管束腐蚀穿孔位置

图15-18 L-201/1管束内铵盐沉积

失效原因及分析：根据管束内结垢情况和涡流检测结果判断该空冷器腐蚀堵塞的原因是 NH_4HS 和 NH_4Cl 析出结晶，结晶沉积在空冷器管束内壁导致其垢下腐蚀穿孔。

(1) 腐蚀机理分析。

加氢过程中都会经过精制反应，加氢精制的目的是脱除油品中的硫、氮、氧及金属杂质，使烯烃饱和，有时还对部分芳烃进行加氢，改善油品的使用性能。在此过程中脱硫反应生成 H_2S，脱氮反应生成 NH_3，一般来说有机氯含量很少，但是原料油尤其是重整氢中可能带有氯离子。由于 H_2S、NH_3 和氯离子的存在会在反应产物中析出 NH_4Cl 和 NH_4HS 两种铵盐，在低温下结晶，产生垢下腐蚀。NH_4Cl 的结晶温度为 180～200℃，NH_4HS 结晶温度为 150℃。

NH_4Cl 的垢下腐蚀反应：

$$HCl+NH_3 \longrightarrow NH_4Cl$$

$$Fe+2HCl \longrightarrow FeCl_2+H_2$$

$$FeS+2HCl \longrightarrow FeCl_2+H_2S$$

NH_4HS 的垢下腐蚀反应：

$$H_2S+NH_3 \longrightarrow NH_4HS$$

$$H_2S+Fe \longrightarrow FeS+H_2$$

(2) 腐蚀系数 K_p 值和介质流速分析。

原料中氮质量分数按 800μg/g 计算，硫质量分数按 950μg/g 计算，并且假设原料油中的硫、氮完全脱除，全部转变为硫化氢和氨；循环氢流量为 12000m^3/h。计算腐蚀系数 K_p 值为 0.17。可知腐蚀系数 K_p 值为 0.17 时，空冷器上部管束内介质流速仅为 2.0～2.5m/s，流速过低是造成空冷器管束内铵盐沉积的主要原因。

(3) 原料油硫、氮含量分析。

加氢处理装置原料主要有常减压蒸馏装置常三线抽出油、减二线抽出油和减四线抽出油，其中常三线原料氮和硫质量分数分别为 400～500μg/g 和 200～300μg/g，减二线原料氮和硫质量分数分别为 700～900μg/g 和 950～1000μg/g，减四线原料氮和硫质量分数分别为 1300～1400μg/g 和 900～1000μg/g。装置加工负荷超高和装置原料内硫、氮含量的升高造成空冷器管束内铵盐沉积。

(4) 注水分析。

从管束检测情况来看，两台空冷器管束内均存在结垢现象，部分管束已堵死，说明空冷器可能存在注水量不足或分配不均的问题。空冷器入口温度为 175～185℃，注水点距离空冷器不足 0.6m，存在注水汽化、分布不均问题，影响了铵盐的正常溶解和冲洗，管束内铵盐沉积，形成局部垢下腐蚀。空冷器入口介质温度高，注水口距离空冷器入口过近造成注水效果差，也是管束局部腐蚀泄漏的原因之一。

解决方案和建议：

(1) 调整工艺流程；

(2) 注水量调整；

(3) 降低空冷器入口温度。

CHAPTER 16 / 第十六章

烷基化装置腐蚀与防护

第一节 典型装置及其工艺流程

烷基化油是由三甲基戊烷组成的异构烷烃混合物，具有辛烷值高、蒸气压低、硫含量低、不含烯烃和芳烃等特点，作为优良的调和汽油组分受到关注。烷基化反应是异丁烷与轻烯烃(如丁烯)在酸催化作用下反应生成高辛烷值的三甲基戊烷的过程。按照所用催化剂状态的不同，烷基化工艺可以分为液体酸烷基化技术和固体酸烷基化技术。液体酸烷基化技术按催化剂种类，又可分为氢氟酸法、硫酸法、离子液体法等。由于氢氟酸的剧毒性和腐蚀性，氢氟酸烷基化存在较大的安全隐患，国内已较少使用该技术。硫酸法烷基化是目前国内是应用较多的工艺技术。

一、氢氟酸烷基化装置

1. 装置简介

氢氟酸烷基化装置是以氢氟酸作催化剂，以炼厂气中的异丁烷和丁烯为原料反应生成烷基化油的化工装置。氢氟酸烷基化装置具有酸耗少，对原料适应性强，能耗低等优点。

2. 主要工艺流程

氢氟酸法烷基化工艺流程共分为五个部分：原料预处理、反应、产品分馏、产品处理及酸再生和“三废”处理。

(1) 原料预处理

新鲜原料异丁烷和丁烯送经装有活性氧化铝的干燥器，干燥至含水量小于 20μg/g。原料脱水的好坏，直接影响装置的正常运行，水含量过高，会降低酸度，加剧设备的腐蚀。两组干燥器切换操作，轮换运行和再生。再生剂是进料烯烃，经过干燥器再生介质加热器加热后进入干燥器，脱除活性氧化铝吸附的水分。见图 16-1。

(2) 反应系统

干燥后的原料与来自主分馏塔的循环异丁烷以 1∶14 的体积比在管道内混合后，经高效喷嘴分散在反应器的酸相中，烷基化反应在垂直上升的管道反应器(称为轻腿)内进行。酸烃物流在反应器中依靠密度差，自下而上流动。在催化剂的作用下，异丁烷和丁烯迅速反应生成烷基化油，进入酸沉降罐进行沉降分离，酸相下沉，沿一根管子(称为重腿)自上而下进入酸冷却器冷却后，再返回到反应器形成酸的循环。反应物流进入酸沉降罐依靠

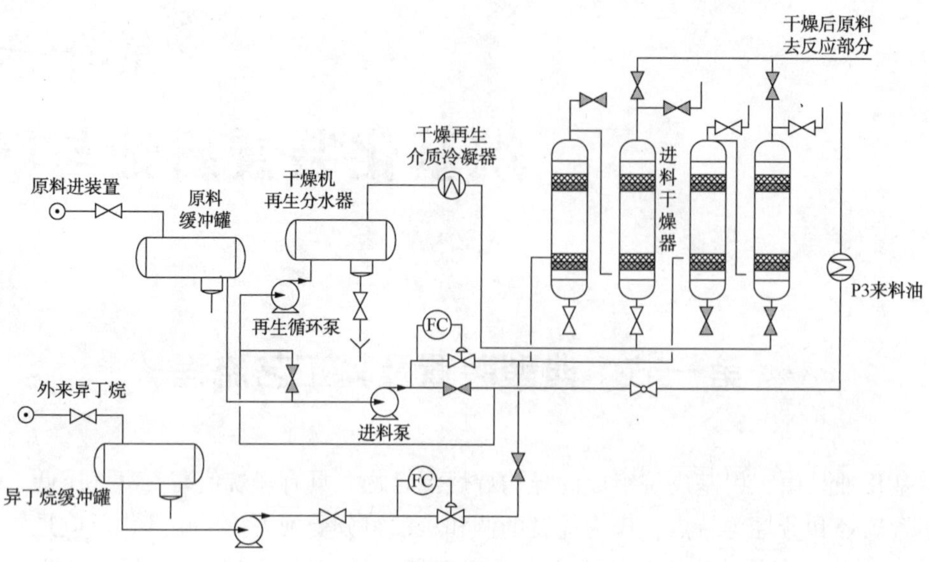

图 16-1　原料预处理流程

密度差分离。酸积聚在罐底进入酸冷却器冷却后又与新进料混合，如此周而复始地进行循环。酸沉降罐上部烃相(包括反应产品及未反应烃类)经维持一定氢氟酸液面的三层筛板以除去有机氟，之后经塔进料泵送入酸喷射混合器与来自酸再接触器抽入的大量氢氟酸相混合，然后进入酸再接触器。在酸再接触器内酸与烃充分接触，可使因副反应生成的有机氟化物重新分解为氢氟酸和烯烃。烯烃再与异丁烷反应生成烷基化油。见图 16-2。

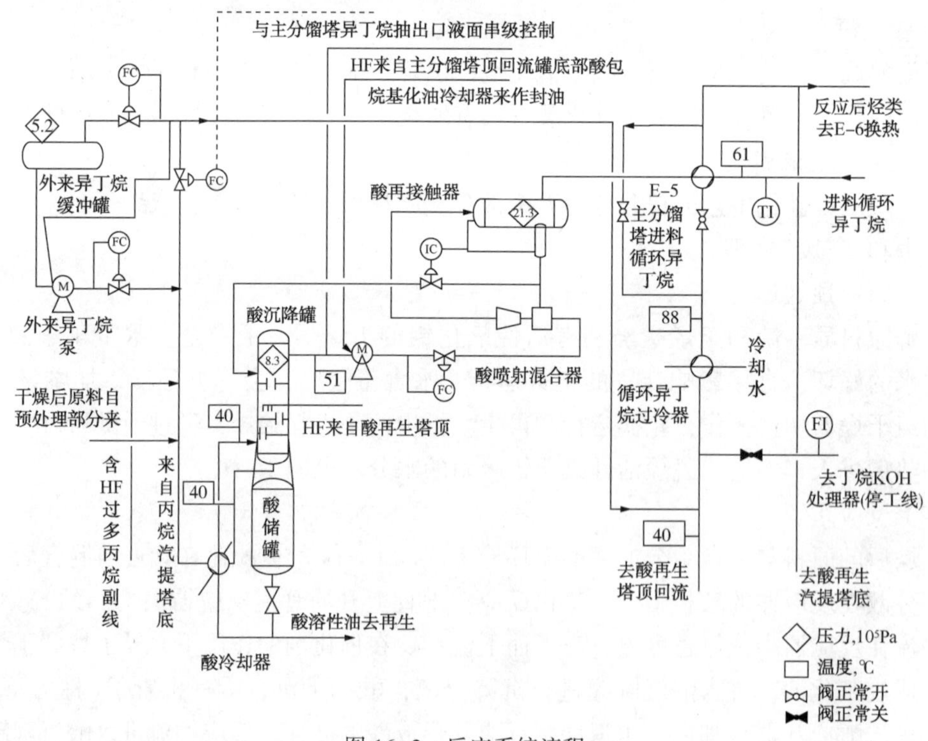

图 16-2　反应系统流程

（3）产品分离

反应物流自酸再接触器出来并经换热后进入主分馏塔，该塔为多侧线复杂分馏塔。塔顶流出物为丙烷并带有少量氢氟酸，经冷凝冷却后进入回流罐。分出的丙烷一部分打回流，另一部分送丙烷汽提塔及丙烷脱氟器脱氢后得产品丙烷。汽提塔顶流出的氢氟酸与丙烷共沸物返回主分馏塔循环使用，主分馏塔顶回流罐底部的酸压至酸沉降器。

主分馏塔第一侧线抽出纯度为83%的液相异丁烷，经冷却后返回反应系统。第二侧线抽出气相正丁烷，经脱氟器脱除痕迹氟化物后出装置。塔底的产品烷基化油，经换热、冷却后出装置。

（4）酸再生

为了保持循环酸的浓度，必须脱除循环酸在反应过程中积累的酸溶性油（ASO）和水分，进行酸再生。流程为从酸冷却器来的待生氢氟酸，加热汽化后进入酸再生塔，塔底用过热异丁烷汽提，塔顶用循环异丁烷打回流。汽提出的氢氟酸和异丁烷进酸沉降罐；塔底酸溶性油和水，经碱洗后定期送出装置。见图16-3。

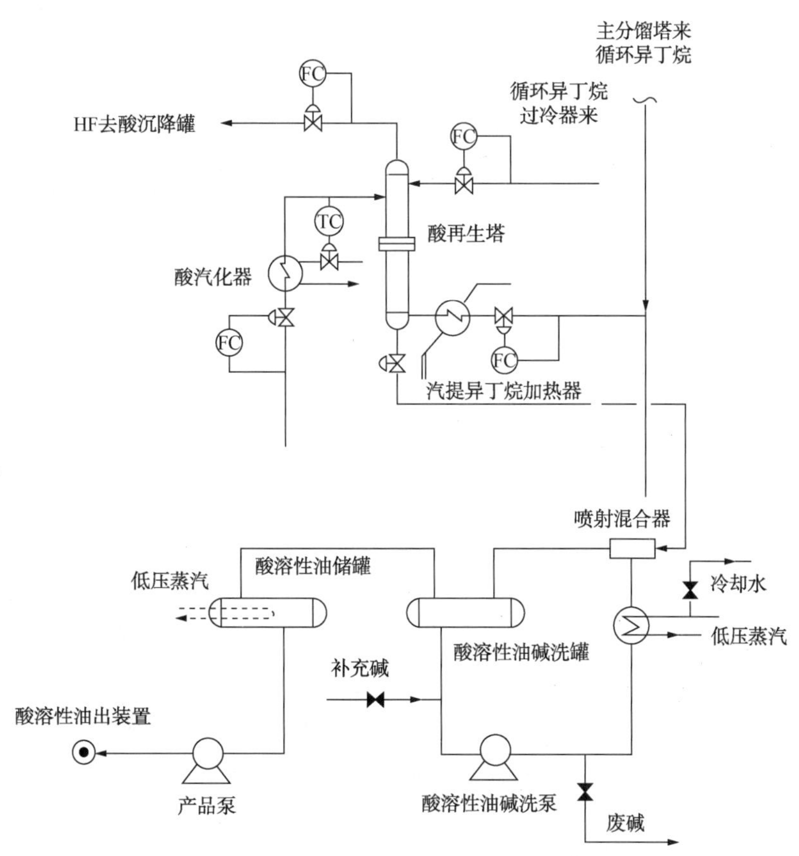

图16-3 酸再生系统流程

（5）“三废”处理

废气：由酸区安全阀放出的含酸气体，进入含酸气体中和器用氢氧化钠溶液洗涤后放火炬。

废液：酸再生塔底的酸溶性油经酸溶性油混合器与碱液混合沉降分离，将油中的酸除掉。

废渣：氟化钙一般一年清理一次，运至指定地点填埋。一层石灰，一层氟化钙泥浆交替掩埋，对环境不会产生污染。

二、硫酸烷基化装置

1. 装置简介

硫酸烷基化（SAA）是以催化裂化的液态烃经汽提精馏分离出来的C_4组分中的异丁烷和丁烯为原料，以高浓度硫酸（89%~98%）为催化剂，在低温下液相反应生成高辛烷值汽油组分——烷基化油的加工工艺过程。

硫酸烷基化装置有两种基本类型：一种是采用接触式反应器的流出物制冷烷基化装置，另一种是采用搅拌式反应器的自动制冷烷基化装置。这两种类型的硫酸烷基化装置都由原料加氢精制、烷基化反应、制冷压缩、流出物精制和产品分馏等五大工段以及废酸再生处理配套装置等组成。

（1）原料加氢精制。通过加氢脱除C_4原料中的丁二烯。因为丁二烯是烷基化反应中主要的有害杂质，在烷基化反应过程中，丁二烯会生成多支链的聚合物，使烷基化油干点升高，酸耗加大。

（2）烷基化反应部分。主要是在硫酸催化剂的作用下，异丁烷和丁烯反应生成烷基化油。

（3）制冷压缩部分。在压缩机的作用下，利用反应产物中大量的异丁烷减压汽化吸收热量，维持反应在低温液相下进行，同时为反应系统提供足够的循环冷剂，保证低温进料和反应器的分子化。

（4）流出物精制部分。将反应生成的烷基化油经过酸洗和碱洗，除去烷基化油中的酸性脂类物质。

（5）产品分馏部分。主要将精制系统来的烷基化油经过脱异丁烷塔、脱正丁烷塔和再蒸馏塔分离出异丁烷、正丁烷和最终产物异辛烷。

（6）废酸再生处理部分/装置。烷基化废酸在1000~1100℃高温下裂解生产SO_2，其中酸溶油等有机物被燃烧生成CO_2，经过高温裂解生产的SO_2烟气经过换热、洗涤、净化干燥后进入转化系统，转化成SO_3，SO_3经吸收后生产新鲜硫酸供烷基化部分循环使用，过程中尾气经过洗涤后达标排放。

2. 主要工艺流程（图16-4）

（1）原料加氢精制

自MTBE装置及罐区来的醚后碳四，进入聚结脱水器脱水后进入原料缓冲罐。经碳四

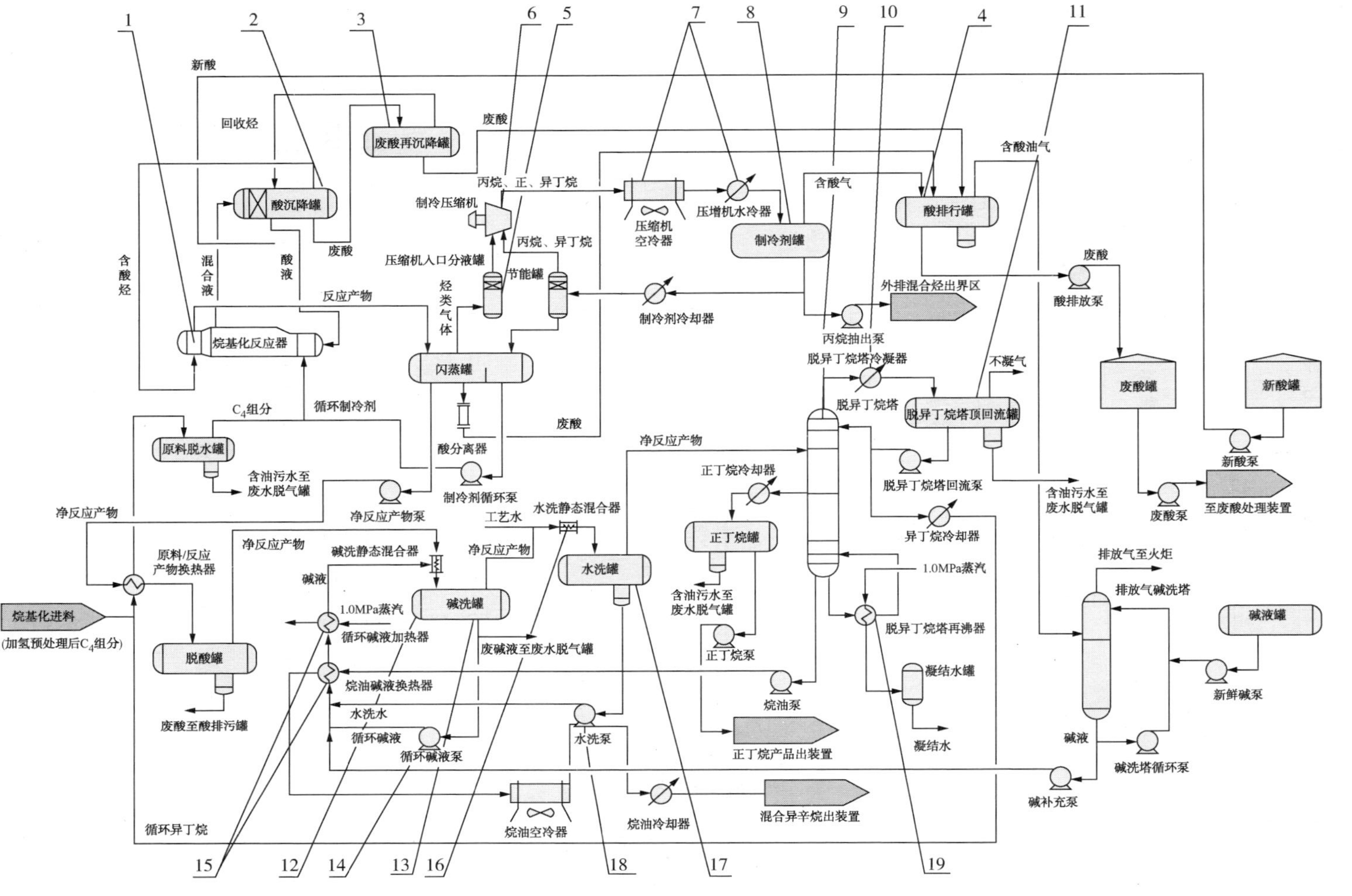

图16-4 硫酸烷基化装置主要工艺流程图

进料泵加压后，进入进料换热器加热至50℃与装置外来氢气混合。一起进入原料预热器(正常情况下不使用)后进入加氢反应器。在反应器中氢气与碳四原料中的丁二烯在催化剂的作用下生成1-丁烯及少量的正丁烷，同时1-丁烯异构化反应生成顺、反-2-丁烯。

(2) 烷基化反应部分

经加氢预处理后的碳四馏分与循环异丁烷混合后与反应器净反应产物在原料/反应产物换热器中换冷至约13℃，进入原料脱水罐，换冷后的碳四馏分中的游离水在此被分离出去。脱除游离水的混合碳四馏分与来自闪蒸罐的循环冷剂混合，使温度降低至约1.4℃后，进入烷基化反应器。

在反应器操作条件下，进料中的烯烃和异丁烷在硫酸催化剂存在下，生成烷基化油。反应完全的酸-烃乳化液经一上升管直接进入酸沉降罐，并在此进行酸和烃类的沉降分离，分出的酸液从下降管返回反应器重新使用。90%浓度的废酸自酸沉降罐排放至废酸再沉降罐。从酸沉降罐分出的烃相经压力控制阀降压后，流经反应器内的取热管束部分汽化，吸收热量脱除反应热。汽-液混合物进入闪蒸罐，净反应产物用净反应产物泵抽出在原料/反应产物换热器与原料碳四换热至约27℃去流出物精制和产品分馏部分继续处理。循环冷剂则以制冷剂循环泵抽出送至反应器进料管线与原料碳四直接混合。从闪蒸罐气相空间出来的烃类气体至制冷压缩机。

(3) 制冷压缩部分

从闪蒸罐来的烃类气体和来自节能罐顶部的补充气体分别进入制冷压缩机一级和二级入口，经压缩至0.82MPa(G)后经压缩机空冷器冷凝，冷凝的烃类液体进入制冷剂罐，该液体的绝大部分冷却后进入节能罐，并在节能罐的压力下闪蒸，富含丙烷的气体返回压缩机二级入口，节能罐流出的液体去闪蒸罐，经降压闪蒸使冷剂温度降低至-12℃左右，用循环冷剂泵抽出送至反应器入口循环。制冷剂罐一小部分烃类液体作为抽出丙烷经丙烷抽出泵升压送出装置。

(4) 流出物精制部分

净反应产物与混合碳四换热后进入脱酸罐聚结脱酸，脱酸后反应产物与循环碱液在碱洗静态混合器中混合后至碱洗罐将微量酸脱除，从碱洗罐出来的流出物与除盐水混合后经水洗静态混合器进入水洗罐。含硫酸钠和亚硫酸盐的碱水，自碱洗罐底部用循环碱液泵抽出，经烷油/碱液换热器、循环碱液加热器(正常不用)换热至81℃后送回混合器入口进行循环。

根据碱洗系统的操作情况，以碱补充泵间断向系统中补充15%浓度的新鲜碱液，以维持循环碱水的pH值在10~12之间。

(5) 产品分馏部分

从水洗罐顶出来的流出物进入脱异丁烷塔。塔顶流出物经脱异丁烷塔冷凝器冷凝后进入脱异丁烷塔顶回流罐。冷凝液经脱异丁烷塔回流泵抽出，一部分返回脱异丁烷塔顶作为回流，另一部分经异丁烷冷却器冷却至34.2℃后作为循环异丁烷返回反应部分，以保证反应器总进料中适当的异丁烷和烯烃比例，多余的异丁烷送出装置。

自脱异丁烷塔第59块塔板抽出正丁烷，经正丁烷冷凝器冷却至40℃后进入正丁烷罐，罐底正丁烷经正丁烷泵抽出升压后送出装置。

塔底混合异辛烷用烷油泵抽出，经烷油/碱液换热器、烷油空冷器换热冷却后，再经烷油冷却器冷却至36℃后送出装置。

(6) 废酸再生处理装置

烷基化废硫酸的再生工艺中，目前采用的技术主要是干法和湿法两种再生工艺。

湿法制酸技术中废酸高温裂解生产工艺气(SO_2、H_2O、O_2等)经余热回收除尘，SO_2转化成SO_3，SO_3冷凝成酸。

干法制酸技术中废酸高温裂解生产工艺气经余热回收除尘，酸洗净化、除雾，SO_2气体干燥，SO_2转化成SO_3，SO_3吸收制硫酸。干法方式采用传统的二转二吸制酸技术。

第二节 腐蚀体系与易腐蚀部位

一、氢氟酸烷基化装置

1. 腐蚀体系

氢氟酸烷基化装置的腐蚀主要是氢氟酸所造成的，一般来讲，氢氟酸(HF)的腐蚀性强度不如盐酸，因为它能够形成氟化物保护膜而使大多数金属被钝化。在氢氟酸烷基化装置中，只要进料能够保持干燥，就能够用碳钢制造容器、管道和阀体。在氢氟酸烷基化装置中，很多腐蚀问题是在停工后发生的，因为设备低凹部位已经存留有水。氢氟酸是一种剧毒和强腐蚀性的物质，其本身易挥发并且能与水完全互溶而引起强烈腐蚀。

氢氟酸流经的设备和管线表现出以下几种腐蚀形态：均匀腐蚀、氢鼓泡和氢脆、应力腐蚀和缝隙腐蚀。

(1) 均匀腐蚀

氢氟酸在常温下就能和大多数金属反应而生成氟化物和释放出氢原子。氢氟酸烷基化工艺反应温和，温度和压力均不高，绝大部分部件由碳钢制造。比如，酸沉降罐、酸再接触器、酸冷却器、主分馏塔等部件一般均由碳钢制造，主要的腐蚀现象表现为管道或容器壁附着相对致密的不完整的片状腐蚀层，在塔盘、罐底等低洼地带堆积部分脱落的片状腐蚀物，主要为氟化铁腐蚀垢。塔盘与塔壁支撑圈等内构件由于冲刷的原因，腐蚀相对严重。此外，液位观察排酸管等附属的盲管、短接头腐蚀严重。

(2) 氢鼓泡和氢脆

氢氟酸介质与碳钢接触生成氟化铁和氢原子，腐蚀反应生成的氢原子对钢材具有很强的渗透能力，若钢材内部存有缺陷，如晶格缺陷、气孔、夹杂、夹层等时，氢原子在该处聚集形成氢分子，体积膨胀使材料出现氢脆，使金属的韧性和强度明显下降。

一般来讲氢氟酸烷基化的氢鼓泡和氢脆通常发生在氢氟酸浓度70%以上的部位。碳钢及低合金钢连接件、管道通常不会发生氢鼓泡，这可能和碳钢及低合金钢中一般没有大尺度的夹渣物有关。

氢氟酸烷基化装置的氢鼓泡和氢脆与湿硫化氢环境中的氢鼓泡和氢脆十分类似，其表现形式为氢氟酸引起有氢致开裂（HIC）和应力导向氢致开裂（SOHIC）。可以采取相同的选材原则和检测方法。

（3）应力腐蚀

其特征和湿硫化氢的应力腐蚀一样。在氢氟酸中碳钢和蒙乃尔合金均可能发生应力腐蚀开裂，敏感部位主要是焊接部位。选择低含硫的钢材可降低开裂的敏感性，也可以采取设备焊后进行热处理消除残余应力，控制焊缝及附近区域硬度值在布氏硬度200HB以下。

（4）缝隙腐蚀

在设备焊接处存在有间隙、焊缝裂纹、垫片与密封面之间的间隙、螺母接触面间隙等，在这些间隙和缝隙之间都可能集聚少量静止氢氟酸酸液，形成缝隙腐蚀环境，生成的氟化铁或氟化镍在缝隙间膨胀，发生焊缝开裂及至破坏的事故。泄漏的少量氢氟酸还会对螺栓等造成应力腐蚀，使螺栓变脆，强度降低，最终失去功效。所以法兰的连接螺栓不能用碳素钢，而必须采用铬（钼）钒通丝或双头螺栓。

氢氟酸腐蚀的主要影响因素包括氢氟酸浓度、温度、流速和酸中含氧。

（1）氢氟酸浓度的影响

浓的氢氟酸腐蚀性能极其微弱，而稀的氢氟酸则具有很强的腐蚀性，并且腐蚀性是随氢氟酸浓度的降低而加剧。浓度小于60%时，室温下也有相当强的腐蚀作用，40%浓度氢氟酸溶液在20℃时对碳钢腐蚀率为50~60mm/a。浓度大于60%时，室温下腐蚀较轻，而且随着浓度的提高腐蚀不断下降。为了减缓碳钢的腐蚀，氢氟酸的含水量一般控制在1.5%~2%为好，当水含量超过此值时，就把酸送到再生塔中脱水再生，达到使用标准后重新返回装置中使用，但水分含量又不宜太少，因为烷基化油的辛烷值随水含量的增加而提高。

（2）温度对腐蚀的影响

氢氟酸与碳钢、蒙乃尔合金（NCu30）反应分别生成氟化铁和氟化镍，氟化铁或氟化镍附着于金属表面形成致密的保护膜。一般情况每升高10℃，腐蚀速率可增加1~3倍。

低温时，生成的氟化铁膜层对碳钢保护较好。当温度升高时，保护作用不断下降，到达65℃左右，保护作用丧失，膜层脱落，暴露出新鲜的活性碳钢表面，腐蚀急骤上升，当温度≥80℃时，碳钢腐蚀率已超过1mm/a。高浓度氢氟酸的气化温度很低，常压下为20℃左右，所以在HF烷基化装置中存在三种状态：液相、气相和液气共存相。实验指出，液相氢氟酸的腐蚀能力远大于气相氢氟酸，碳钢在液相中只能用到65℃，而在气相中可用到300℃。

当使用温度高于65℃时，因氟化铁保护膜失去作用，腐蚀急速加剧，建议选用蒙乃尔合金。使用温度高于149℃时，蒙乃尔合金表面形成的金属氟化物保护膜的致密性将变差，如果温度提高到171℃以上，保护膜有可能挥发、脱落从而使腐蚀加速。

(3) 介质流速对腐蚀的影响

介质流速过高，保护膜受到介质冲刷极易脱落，使金属的腐蚀速率加剧。铜的保护膜附着力最差，最易被冲掉，钢的次之。蒙乃尔合金生成的氟化镍保护膜致密，附着力最强，不易被冲刷掉。

(4) 酸中含氧对腐蚀的影响

酸中的氧促使金属氧化，使金属的腐蚀明显加快，装置管材大多是碳钢和蒙乃尔合金，与氢氟酸作用后生成一层钝化膜(金属氟化物)，将母材和介质隔离，变为钝化腐蚀。但是如果有氧或氢氟酸中有其他氧化剂，将会破坏金属氟化物的致密性，会加快金属的腐蚀。另外，较高温度、物料流速的波动、较高的水含量以及腐蚀放出的氢气等，都有可能破坏氟化物保护膜，将钝化腐蚀变为活化腐蚀。蒙乃尔合金受氧化的腐蚀则更明显。因为氧的存在使得这类材料上的阴极控制被解除，腐蚀加剧。当氧含量大于1000mg/L后，氢氟酸对蒙乃尔合金腐蚀速率有明显提高。蒙乃尔400在饱和氧的氢氟酸中，腐蚀率为23.7mm/a，而在无氧氢氟酸中仅为0.246mm/a，相差95倍。金属在1%氧的氢氟酸中腐蚀速率最大。

2. 易腐蚀部位

装置的易腐蚀部位是围绕氢氟酸对金属材料的腐蚀展开的，氢氟酸烷基化装置易腐蚀部位和腐蚀类型汇总如表16-1所示。

表16-1 氢氟酸烷基化装置易腐蚀部位和腐蚀类型

序号	设备管线名称	材质	腐蚀形态
1	主分馏塔入口管线	20碳钢	HF均匀腐蚀，氢应力腐蚀开裂
2	酸再接触器	A3R碳钢	HF腐蚀，氢鼓泡
3	酸性气中和器	A3R碳钢	HF腐蚀，异种金属腐蚀
4	碱液线	20碳钢	HF腐蚀，氢鼓泡
5	酸溶性油储罐	A3R碳钢	HF腐蚀，异种金属腐蚀
6	酸溶性油出装置线	20碳钢	HF腐蚀，碱开裂
7	酸溶性油碱洗罐	A3R碳钢	HF腐蚀，氢应力腐蚀开裂
8	酸再生塔	蒙乃尔合金	HF腐蚀，氢应力腐蚀开裂
9	酸再生塔汽提线	20碳钢	HF腐蚀，氢应力腐蚀开裂
10	再生塔汽提线	20碳钢	HF腐蚀，氢应力腐蚀开裂、氢鼓泡
11	主分馏塔顶回流罐	A3R碳钢	HF腐蚀，氢应力腐蚀开裂
12	丙烷脱氟器，丙烷中和器	A3R碳钢	HF腐蚀
13	含氟丙烷线	20碳钢	HF腐蚀，氢鼓泡
14	主分馏塔(底部)	A3R碳钢	HF腐蚀，氢应力腐蚀开裂、氢鼓泡
15	主分馏塔(中部)	A3R碳钢	HF腐蚀，氢应力腐蚀开裂、氢鼓泡

二、硫酸烷基化装置

1. 腐蚀体系

(1) 硫酸腐蚀

硫酸烷基化装置主要设备及管线由碳钢制造，而硫酸对碳钢的腐蚀速率与硫酸的浓度、温度、流速和流动状态有关。

① 温度。一般，在相同浓度、相同流速条件下，浓硫酸对碳钢的腐蚀速率随温度升高而提高。一般，温度≤90℃时，98%的浓硫酸对碳钢管道的腐蚀性较小，高于50℃后腐蚀性大幅上升，而90%左右的废酸腐蚀性受温度的影响相对较小。

② 浓度。硫酸浓度提高，碳钢的腐蚀速率反而有所降低。这是由于浓硫酸与碳钢反应生成致密的氧化型保护膜，从而抑制了硫酸对碳钢腐蚀。NACE 认为浓度高于65%的浓硫酸均可用碳钢存储，而低于65%的稀硫酸无法形成钝化膜，对包括碳钢在内的金属有极强的腐蚀性。

③ 流速与流态。介质流动速率对腐蚀速率影响较大，这是由于随着流动速率提高，硫酸与碳钢反应生成的氧化型保护膜被冲刷破坏而失去保护作用，硫酸重新腐蚀新鲜金属从而加剧了碳钢腐蚀。此外，在管道弯头、变径等部位由于形成湍流、旋涡等流态，局部流速过快导致腐蚀往往更加严重。

易受硫酸腐蚀部位包括烷基化反应器及其废气管线、酸沉降罐、废酸再沉降罐及废酸排污系统、制冷压缩系统(如压缩机入口分液罐、制冷压缩机、压缩机空冷、制冷剂罐等)、脱异丁烷塔顶及塔顶冷凝系统、苛性碱处理工段(如碱洗注入点、碱混合器入口处酸碱中和过程中局部产生稀酸腐蚀)、废酸处理装置。此外，保温破损、设备的人孔和封口等部位因局部温度降低，可能导致内部介质中出现凝结水而稀释硫酸，从而引发局部严重腐蚀。

(2) 碱致应力腐蚀开裂(碱致脆化)和碱性腐蚀

反应流出物需要经过碱洗等精制过程脱除产物中的硫酸，因此装置内存在与碱液接触的设备和管道。碱液对碳钢的腐蚀主要表现为拉应力与碱液共同作用下的应力腐蚀开裂(又称碱脆)，通常与碱液的浓度、温度有关。随着其浓度、温度升高，碳钢对应力腐蚀的敏感性增大。碱致应力腐蚀开裂特征是裂纹出现在暴露于碱性环境的管道和设备(主要临近非焊后热处理焊缝)表面。碱性腐蚀会导致局部腐蚀或均匀腐蚀，这取决于碱或碱性溶液的浓度。碳钢、低合金钢和300系列不锈钢对碱致应力腐蚀开裂和碱性腐蚀均较为敏感。

易发生碱致脆化和碱性腐蚀的部位主要在因中和硫酸而采用碱的设备和管道，如碱洗罐及循环碱液系统(包括混合器、泵、换热器等)、水洗罐(包括混合器、泵等)等设备及相关管道。

(3) 冲刷腐蚀

冲刷腐蚀主要发生在反应进料管线、反应器搅拌机叶轮、碱洗注入点及碱混合器入口处等部位。

(4) 脱异丁烷塔的腐蚀

正常生产中，反应流出物虽然经过了酸洗、碱洗、水洗等工艺，但其中携带的酸酯类杂质并不能完全脱除，会在下游脱异丁烷塔的高温条件下分解产生 SO_2，在塔顶系统随着温度的降低，与介质中的水接触生成亚硫酸造成塔顶系统的腐蚀。

脱异丁烷塔底重沸器介质中的烷基硫酸盐和硫酸酯在高温下发生分解和聚合，导致重沸器管束积垢，引起垢下腐蚀及局部超温。

(5) 露点腐蚀

废酸再生处理装置中存在大量的含 SO_2、SO_3气体，在无水的环境中，SO_2、SO_3不会产生腐蚀。但采用湿法废酸再生工艺时，工艺气中同时存在高浓度 SO_2、SO_3、H_2O，若温度低于工艺气露点温度，极易发生严重露点腐蚀。

(6) 熔盐系统腐蚀

熔盐系统是采用熔点为 142~145℃的导热盐(性质见表 16-2)作为介质，操作温度大于 265℃。

表 16-2 废酸再生装置熔盐性质

项目	数值
组成	KNO_3(53%)、$NaNO_3$(40%)，$NaNO_3$(7%)
熔点	142~148℃
沸点	680℃
熔化热	18kcal/kg
比热容	0.34cal/(kg·℃)
平均摩尔质量	89.2
工作温度	150~550℃

熔盐管道采用夹套管设计。当采用夹套蒸汽伴热方式，若内外管材质不同，则可能因为内外管膨胀系数的差别而导致内管泄漏，泄漏的熔盐遇水后腐蚀性大大增强。并且，内管泄漏的具体部位难以查找。熔盐管道泄漏后切记不要用通常的带压堵漏胶注胶堵漏，这种胶遇熔盐后会产生剧烈的反应甚至着火。

此外，熔盐换热器在 SO_2反应器内与工艺气进行换热，管束暴露在 H_2S、SO_2、SO_3及硫酸雾的酸性环境中也极易发生腐蚀泄漏。

2. 易腐蚀部位

硫酸烷基化装置详细的腐蚀机理以及易腐蚀部位如图 16-1 和表 16-3 所示。

表 16-3 硫酸烷基化装置易腐蚀部位、腐蚀机理和腐蚀类型

部位编号	易腐蚀部位	材质	腐蚀机理/类型
1	烷基化反应器	SA516GR70	反应器及其废气管线：硫酸腐蚀造成碳钢的全面减薄或点蚀；搅拌机叶轮：冲蚀
2	酸沉降罐	SA516GR70	硫酸腐蚀造成碳钢的全面减薄或点蚀

续表

部位编号	易腐蚀部位	材质	腐蚀机理/类型
3	废酸再沉降罐	Q345R	硫酸腐蚀造成碳钢的全面减薄或点蚀
4	废酸排污罐	Q345R	硫酸腐蚀造成碳钢的全面减薄或点蚀
5	压缩机入口分液罐	Q345R	硫酸腐蚀造成碳钢的全面减薄或点蚀
6	制冷压缩机		硫酸腐蚀造成碳钢的全面减薄或点蚀
7	压缩机空冷	管程：10#；壳程：Q245R	硫酸腐蚀造成碳钢的全面减薄或点蚀
8	压缩机水冷器	管程：10#；壳程：Q245R	壳程：硫酸腐蚀造成碳钢的全面减薄或点蚀；管程：循环水腐蚀
9	制冷剂罐	Q345R	硫酸腐蚀造成碳钢的全面减薄或点蚀
10	脱异丁烷塔顶	Q345R	硫酸腐蚀造成碳钢的全面减薄或点蚀；亚硫酸腐蚀
11	脱异丁烷塔顶冷凝器(壳程)	管程：10#；壳程：Q245R	壳程(异丁烷侧)：硫酸腐蚀造成碳钢的全面减薄或点蚀；管程(循环水侧)：循环水腐蚀
12	脱异丁烷塔顶回流罐	Q345R	硫酸腐蚀造成碳钢的全面减薄或点蚀
13	脱异丁烷塔再沸器(壳程)	管程：10#；壳程：Q245R	垢下腐蚀
14	循环碱液加热器(管程)	管程：10#；壳程：Q245R	管程(碱液侧)：碱致应力腐蚀开裂(碱致脆化)和碱性腐蚀
15	烷油/碱液换热器(管程)	管程：10#；壳程：Q245R	管程(碱液侧)：碱致应力腐蚀开裂(碱致脆化)和碱性腐蚀；
16	碱洗注入点及碱混合器	Alloy C276	酸碱中和过程中局部产生稀酸腐蚀造成碳钢的全面减薄或点蚀；碱致应力腐蚀开裂(碱致脆化)和碱性腐蚀；冲蚀
17	碱洗罐	Q345R	碱致应力腐蚀开裂(碱致脆化)和碱性腐蚀
18	水洗混合器	316L	碱致应力腐蚀开裂(碱致脆化)和碱性腐蚀
19	水洗罐	Q345R	碱致应力腐蚀开裂(碱致脆化)和碱性腐蚀

第三节　防腐蚀措施

一、氢氟酸烷基化装置

1. 工艺防腐

氢氟酸烷基化装置的工艺防腐从以下四方面入手：

(1) 工艺防腐的焦点就在于原料干燥后的含水量以及循环酸中的含水量，控制住水就基本上控制了含酸介质中氢离子的活度，也就基本上控制了各种腐蚀形态的腐蚀速率。加强烷基化原料 C_4 的脱水预处理，严格控制原料干燥后的含水量在 20μg/g 以下。严格控制氢氟酸中含水量，确保在 1.5%~2%以下，当含水超标时，应及时再生脱水。

(2) 严格控制操作温度，禁止超温、超压、超流量运行。温度对氢氟酸腐蚀影响很大，超温会造成腐蚀快速增加。另一方面平稳操作，就有可能延长金属表面氟化物保护膜起作用的有效期限，从而使腐蚀速率减缓。

(3) 氢氟酸腐蚀对氧含量非常敏感，因此应尽量减少装置开停工次数，避免空气进入系统。

(4) 加强循环水中氢氟酸泄漏监测，泄漏后及时采取措施，尽可能避免或减轻氢氟酸泄漏对循环水系统的腐蚀。

2. 选材

碳钢在一定范围内能耐氢氟酸腐蚀。在无水氢氟酸中(酸浓度85%~100%，酸中含水不大于3%)碳钢使用温度不高于71℃。但也有资料报道在60℃以下，浓度大于75%以上的氢氟酸可以选用碳钢。在温度低于65℃，铁与氢氟酸反应，生成FeF_2的致密保护膜，而使腐蚀速率会下降。如果介质流速较大，或温度超过65℃，FeF_2容易脱落，腐蚀加剧。氢氟酸烷基化设备使用的碳钢是镇静钢，不使用沸腾钢，因沸腾钢气孔多，且有重皮和夹渣，氢原子易透到基体内部形成氢鼓泡和氢脆。碳钢的成分简单、合金元素含量少，有利于耐蚀。氢氟酸对硅有很强的腐蚀性，导致碳钢中的硅含量对腐蚀影响很大，因此采用镇静钢控制硅含量不大于0.1%、碳含量不大于0.25%更为合适。装置主要使用20号碳钢，在强度要求不高的地方，少量使用10号碳钢，不使用45号和16MnR钢。

蒙乃尔(Monel)合金是目前抗氢氟酸腐蚀较好的材料之一，与氢氟酸反应，生成致密的NiF_2保护膜。但当溶液中充氧或有氧化剂，溶液中存在铁盐及铜盐时，其耐腐蚀性能降低；或温度超过171℃，NiF_2容易脱落，腐蚀加剧。蒙乃尔合金在任意浓度的氢氟酸中长期使用温度不超过149℃，短期使用温度不超过649℃，在50%~100%氢氟酸中蒙乃尔合金的腐蚀率是碳钢的1/10。

铜能耐氢氟酸腐蚀，但不耐冲蚀。介质流速达到1~2m/min时，腐蚀速率加剧，故不能用于工业装置，仅可用于实验室。仪表管线在临氢氟酸系统里不能应用铜管。Cu70Ni30可用于含10%氢氟酸的部位。Cu70Zn30在氢氟酸浓度低时容易发生应力腐蚀开裂，不能应用。

高铬钢和铬镍不锈钢在氢氟酸浓度高于50%的介质中有严重的点腐蚀。06Cr13Al和06Crl8Ni9Ti等不锈钢在氢氟酸中生成的保护膜致密性差，容易被溶液中氟离子破坏。点蚀的成核位置多位于钢表面的缺陷、夹渣等处，这些部位成为活化的阳极，而其周围为阴极，电化学腐蚀逐渐形成针孔状蚀坑并导致最终穿孔。即使在常温下也能为氢氟酸所破坏，一般不选用。

铸铁本身性脆，机械性能差，碳、硫、磷、硅含量较高，不耐氢氟酸腐蚀。

金、银、铂等贵重金属抗氟化氢腐蚀较蒙乃尔合金好，但价格昂贵，一般不宜选用。只有少数仪表零件必要时选用，使用银时，介质中不允许含有硫化氢。

非金属材料中聚四氟乙烯、橡胶对氢氟酸有较好的耐腐蚀性，可用作密封材料。

烷基化装置的选材以碳钢和蒙乃尔合金为主。选用原则如下：

(1) 碳钢的选用原则

装置的主要工艺设备反应器、酸沉降罐、酸冷却器、主分馏塔等均可用镇静钢制作。对操作温度小于或等于40℃的氢氟酸可使用碳钢管线和管件，要求硅含量小于0.1%，碳含量小于0.25%。焊接材料的选用主要考虑焊后焊缝的硬度值应满足小于等于200HB。

(2) 蒙乃尔合金(NCu30)的选用原则

任意浓度的氢氟酸当温度大于71℃时，应选用蒙乃尔合金。高铬钢和铬镍不锈钢不能使用，这类钢在氢氟酸浓度50%介质中就具有严重的点腐蚀。含铬量含钼量越高腐蚀越快。

(3) 垫片材料的选用原则

氢氟酸储罐人孔用蒙乃尔合金-聚四氟乙烯缠绕式垫片。其他设备人孔垫片均采用布氏硬度小于90HB的工业纯铁齿形垫。设备管嘴垫片不许使用铁皮包填料垫片，一律采用蒙乃尔-聚四氟乙烯缠绕垫片。工艺管线垫片，操作温度小于204℃选用蒙乃尔-聚四氟乙烯缠绕垫，操作温度大于204℃选用蒙乃尔-膨胀石墨缠绕垫。不采用橡胶石棉垫或铁包石棉垫。

(4) 螺栓螺母的选用原则

氢氟酸和含氢氟酸烃类介质在法兰连接处泄漏将使法兰螺栓产生氢脆，所以连接螺栓不能用碳素钢，而采用铬钼钒通丝或双头螺栓，螺母可以用碳钢。一旦法兰破损应立即更换缠绕式垫片。B7和B7M双头螺栓在接触HF时可能会发生氢脆开裂，一旦螺栓出现腐蚀、结垢或接触HF应立即予以更换。

(5) 设计、制造、安装注意事项

① 设备头盖不允许用冷压成形的(除非进行了应力消除)。

② 所有焊缝和热影响区允许的最大硬度为200HB。所有内部焊接例如塔盘、内部管线、内部梯子等应为连续密封焊或全焊透型式。

③ 不准用铬镍不锈钢或铬钼钢做任何塔盘部件，塔盘组装时不应使用填料或垫片。

④ 除组装塔盘必须外，塔内其他部件不应采用螺栓连接。塔盘螺栓安装时，应规定用手上紧之后加四分之一圈。

⑤ 换热器采用TEMA标准中的AEU或BEU型式的U形管换热器。折流板与壳体之间间隙至少为6mm，以防止被产生的锈蚀物——氟化铁堵塞。

⑥ 所有换热器、冷却器所使用的换热管、无缝钢管或蒙乃尔合金管都不允许拼接，且管子与管板连接采用胀接型式，不允许采用焊接式胀焊结合的型式(UOP公司规定可以焊胀结合，且管口焊后必须热处理)。

⑦ 设备管嘴最小尺寸为*DN*50。

⑧ 所有排凝丝堵要求实心结构，禁止使用空心。

⑨ 酸放空总管安装保持水平，避免局部凝液沉积加剧腐蚀。

⑩ 法兰一般采用300psi(1psi=6.89kPa) ANSI光滑面对焊锻钢法兰。法兰螺栓数≥8个，保证在有一个螺栓损坏时不需停工更换。

⑪ 所有容器法兰的外边缘应涂上一层用于检测氢氟酸泄漏的变色漆，以便及时发现泄漏点。

⑫ 蒙乃尔合金之间的对接焊采用焊条 AWS ENiCu-4，焊丝 ERNiCu-7，蒙乃尔合金与碳钢之间的对接焊焊条采用 ENiCu-1 或 ENiCu-2。

⑬ 蒙乃尔合金焊接的最大问题是易产生裂纹、气孔和夹渣，对焊件坡口要求清洗干净，打磨光滑，不得有油污和油漆。

⑭ 蒙乃尔合金焊接不推荐采用自动焊，如自动焊时，需采用氩弧保护焊接。

⑮ 需要堆焊蒙乃尔合金的碳钢法兰要车去一部分碳钢后，然后再堆焊。至少要堆焊两道，第一层是碳钢与蒙乃尔合金混合过渡层，抗腐蚀性差，第二层是纯蒙乃尔合金，堆焊层厚度不得小于 5mm。加工后堆焊层应保证最小有效厚度 3.2mm。焊前不需预热，每一层焊完后冷却到室温后再焊下一层，焊后不需热处理。

⑯ 所有用于氢氟酸介质的机泵，压力泵壳(泵体和泵盖)的材质为 ASTMA-216WCA、WCB 或 WCC。碳当量不得超过 0.40%泵体和泵盖之间的密封面应切成凹槽，以纯镍打底，随后至少再堆焊两层 ENiCu-7 或 ERNiCu-7，加工到合适的尺寸后，仍保持一个连续的、可与含 HF 工艺物流相接触的蒙乃尔合金表面。用于 HF 的泵最好是双重密封或无密封设计。若是使用了单一密封的泵，就应该有辅助机械系统在密封出现故障时限制至大气的可能泄漏。应该制定检测泵、驱动器振动和轴承箱温度的预防措施，则可避免产生泄漏的故障。可供选择的润滑系统，如油雾，能减少引起密封损坏的轴承故障。

推荐使用的结构材料列于表 16-4。

表 16-4　氢氟酸烷基化装置主要设备推荐选材一览表

序号	设备名称	主体材质
1	酸再生塔	蒙乃尔合金
2	酸蒸发器	蒙乃尔合金
3	主分馏塔	Q235
4	排出气吸收器	10#
5	丙烷汽提塔和重沸器	A3R
6	酸沉降罐酸储罐	A3R
7	反应管、酸循环管	A3R
8	酸再接触器	A3R
9	含酸气体中和器	A3R，上部筒体可用蒙乃尔合金
10	主分馏塔顶回流罐	A3R
11	酸冷却器	10，A3R
12	酸汽化器	蒙乃尔合金
13	汽提用异丁烷加热器	蒙乃尔合金
14	酸喷射混合器	蒙乃尔合金
15	酸溶性油混合器	蒙乃尔合金

由 HF 水溶液与碳钢反应生成的氢原子，渗入钢材中，在杂质或缺陷处聚集，形成氢分子压力致金属分层开裂，其特征和湿硫化氢的应力腐蚀一样。选择低含硫的钢材可降低开裂的敏感性。详见表 16-5、表 16-6。

表 16-5 碳钢和低合金钢的 HSC-HF 敏感性

高硫钢硫含量<0.01%		低硫钢硫含量 0.002%~0.01%		超低硫钢硫含量<0.002%	
焊后	PWHT	焊后	PWHT	焊后	PWHT
高	高	高	中	中	低

表 16-6 HIC/SOHIC-HF 敏感性

焊接时的最大布氏硬度			焊后热处理的最大布氏硬度		
<200	200~237	>237	<200	200~237	>237
低	中	高	无	低	中

3. 腐蚀监检测

(1) 定点测厚

一是，由于工艺管线的腐蚀主要发生在含酸腐蚀介质系统，故应根据工况条件的特点定期对含酸介质工艺管线进行定点测厚，重点关注管线弯头和流速高、温度高的部位。二是，应根据工况条件的特点定期对设备进行定点测厚，重点关注塔、罐连接的附件和高温部位。

(2) 在线监测

对于循环水系统，要加强循环水中氢氟酸泄漏监测，泄漏后及时采取措施，避免或减轻氢氟酸泄漏对循环水系统的腐蚀。可在循环水系统设置在线 pH 值监测设备，可采用氢通量进行腐蚀监测，不推荐电感探针、电阻探针等侵入式监测手段。

(3) 停工期间的腐蚀检查

停工期间重点检查含酸腐蚀介质系统的设备内件和工艺管线。可采用测厚和脉冲涡流扫查等手段检查管线减薄情况，关注管线弯头以及流速高、温度高的部位。可采用磁粉、渗透、超声、射线等手段检测焊缝裂纹。

二、硫酸烷基化装置

1. 工艺防腐

理想操作条件下，硫酸烷基化装置腐蚀问题很少发生。但是，许多流体中含有潜在的有害化合物，腐蚀防控重点应放在工艺控制上。

(1) 加强原料控制，尤其控制好原料带水。原料中带水能够造成硫酸稀释，而含水较多的硫酸易造成设备腐蚀。因此，监控好原料脱水器的操作，脱除因温度降低而形成的游离水，从而使原料中的游离水含量降至 10μg/g。

(2) 优化操作，控制反应流出物中所含酸及酸酯在设计指标以内是减轻腐蚀的关键。反应流出物中所带的酯类必须加以脱除，否则将在下游脱异丁烷塔的高温条件下分解放出

SO_2，遇到水分则会造成塔顶系统的严重腐蚀。因此，必须优化反应流出物碱洗、水洗流程操作，定期对反应产物的硫酸酯成分进行分析。

(3) 在工艺条件允许的前提下尽量降低含酸介质的操作温度和流速，提高酸浓度。一般认为，含酸介质的流速超过 0.6～0.9m/s 或者酸浓度低于 65%，碳钢腐蚀速率会明显增大。

(4) 控制酸烃比。一般酸过量对形成以酸为连续相、烃为分散相的酸烃乳化液是有益的。如果控制不好，比如酸烃比太小，酸为分散相，烃为连续相，则形成"油包酸"，酸容易被烃带走形成跑酸现象，容易腐蚀管道及设备。由于酸浓度及设备结构等原因，一般酸烃比控制在(1～1.5)：1 比较合理，但也不能太大，因为太大则会造成烃类进料量的减少，从而影响设备处理量和产品产量。

(5) 在保证产品质量和生产安全的前提下，合理控制注碱的物料温度，消除混合器表面温差或降低表面温度，尽量避免混合点附近湍流的发生，会大幅减缓该部位的腐蚀。

(6) 加注缓蚀剂。对于脱异丁烷塔顶的腐蚀，可以采取加注腐蚀抑制剂(中和型或成模型缓蚀剂)措施控制设备和管线的腐蚀速率。齐鲁石化烷基化装置通过注入 CN-P01 防腐抑制剂，注入量为 10～15mg/kg(相对于脱异丁烷塔的进料量)，塔顶回流罐中冷凝水中 Fe^{2+}浓度控制在 3mg/L 以下。镇海炼化则是在塔顶管线(冷凝器前)加注中和剂也取得了很好的防腐效果。

对于脱异丁烷塔底重沸器的腐蚀，重点是防止重沸器内发生积垢并尽量减少酯类存在。一般可通过定期排污和水洗去除积垢；还可使用防垢剂来延长设备运转周期，但需确保防垢剂分散在烃相中，可按照 5～20ppm 的体积流量(相对进入重沸器液体烃总量)将防垢剂连续注入重沸器前的塔底管线中；腐蚀严重时还可在重沸器进料管线加注成模型缓蚀剂。

(7) 为避免废酸再生处理装置发生露点腐蚀，需要严格控制工艺气温度高于露点温度 20～30℃。可通过降低工艺气酸露点和提高工艺介质温度两个途径实现，即：通过提高稀释空气注入量，降低工艺气中 SO_3 浓度，达到降低酸性气露点的目的；以及通过提高汽包压力，达到提高工艺气温度的目的。

但是，受生产负荷、冷凝器耐温性、风机等设备输送能力等多方面影响，SO_3 浓度和工艺气温度只能在一定范围内调整。

露点温度可以根据工艺气组成计算得到，目前国内外含硫烟气的酸露点一般是通过试验数据回归公式计算，不同工况的烟气采用不同的计算公式，如采用与湿法制酸工艺比较贴近的 VERHOFF 公式进行计算：

$$\frac{1000}{T}=2.9882-0.13761\times\lg p_{H_2O}-0.2674\times\lg p_{SO_3}+0.03287\times\lg p_{H_2O}\times\lg p_{SO_3} \quad (16-1)$$

式中 p_{H_2O}——工艺气中水蒸气分压，Pa；

p_{SO_3}——工艺气中 SO_3分压，Pa；

T——工艺气酸露点，K。

2. 选材

硫酸是烷基化反应的催化剂，也是烷基化装置中主要的腐蚀剂，但硫酸和原料混合物的腐蚀性一般没有硫酸强。因此，如果处在适宜的硫酸浓度、温度和流速范围内，大部分设备或管道采用碳钢制造即可满足安全要求。在有浓硫酸的部位，碳钢因为有层硫酸亚铁保护膜而具有防腐性能，所以硫酸烷基化装置主要用碳钢制造。

与硫酸接触的碳钢焊后最好进行热处理，防止焊缝和焊接热影响区优先发生腐蚀，焊接的根部焊道建议采用气体保护钨极电弧焊(GTAW)来实现优质焊缝，避免产生湍流而加速腐蚀。

常见材料抗硫酸腐蚀能力为：

碳钢<316L 不锈钢<Alloy 20<高硅铸铁<高镍铸铁<Alloy B-2<Alloy C276。

(1) 设备选材

硫酸烷基化装置的关键设备是烷基化反应器，为带搅拌和换热管束的卧式反应器；器内设独特的物料进口分配器、挡板和拆流板，以实现器内物料的充分湍流混合；操作压力约为 0.5MPa，操作温度约为 7℃，操作介质为碳四混合物、浓硫酸(浓度 98%)、烷基化油。介质对设备具有较强的腐蚀性，但由于浓硫酸对碳钢有钝化作用，所以反应器壳体主体材料选用 Q345R，腐蚀余量取 3mm，换热管束采用 10 号碳钢。

对于排放气碱洗塔，筒体选用 Q345R+上部内衬 Alloy 20 或整体 Q345R+ Alloy 20 复合板。

碱洗静态混合器、水洗静态混合器可分别选用 C276 和 316L。

对于新酸罐、废酸罐及备用罐，储罐主体材质选用 Q345R 或 Q235B+Alloy 20 复合板。

对于冷换设备，除原料/反应产物换热器管束选用 S31603 外，其余管束和壳体都可以选用碳钢材质。

对于其他介质腐蚀性低的设备材质可选用碳钢。

(2) 管道选材

对于烃类及其他腐蚀性小的介质管道材料选用碳钢。

对于硫酸管道，由于控制了合理的硫酸流速，应考虑 4mm 的腐蚀裕量，材质可以选择碳钢，若硫酸管道(新酸或废酸)腐蚀较重，也可选择 316L 材质。为避免浓硫酸形成的氧化型保护膜被冲刷掉以后硫酸重新腐蚀新鲜金属，装置中碳钢管道含酸介质的流速一般要求不大于 0.6~0.9m/s。然而，由于管道工艺阀门结构相对复杂，阀门内部液体流动状态容易发生变化形成湍流，所以烷基化装置中含酸管道的阀门建议采用 Alloy20。同时，泵的出入口管道也建议选择 Alloy20。

净反应产物碱洗静态混合器出入口管道，由于其局部会产生稀酸环境，一般不采用碳钢，应采用 Alloy20 合金或哈氏合金 C276。由于混合点流态复杂，中和过程会出现水分偏析，因此，有时虽然注入点及其前后管道材质为 Alloy20，依然会发生较为严重的腐蚀，这种情况则建议采用耐蚀性能更好的哈氏合金 C276。

与水的混合会释放热量致温度升高，并且酸在混合点处被稀释，这将导致混合点处腐蚀速率较大。因此，水洗静态混合器出入口管道不建议使用碳钢，可选用316L不锈钢。

混合碳四原料与循环冷剂在混合后进入烷基化反应器的反应器入口端，由于会与硫酸接触，进口的碳钢管道腐蚀比较严重。因此，为防止此情况发生，与设备连接处的管道材质应为Alloy20或C276。

为了防止不同材质间的电偶腐蚀，碳钢与不锈钢及Alloy20之间法兰垫片和连接螺栓、螺母均应设计为绝缘套件。

废酸再生处理装置的废酸管道一般选择衬塑管，并确保衬塑效果。而熔盐系统的管道，一般选择夹套式设计。低温熔盐内管一般选择15CrMoG，高温熔盐内管则选用316Ti。需要注意的是，输送高温熔盐需要伴热，以保证管道内的熔盐始终处于熔融状态。伴热方式有高温外伴热和夹套蒸汽伴热等形式，选择夹套伴热时，内外管一定要同材质，并选择合适的内外管支撑结构。

3. 腐蚀监检测

(1) 在线监测措施

对于硫酸烷基化装置，可采取的在线腐蚀监检测措施如表16-7所示。

表16-7 硫酸烷基化装置腐蚀监检测措施

系统	腐蚀探针	定点测厚	化学分析
反应部分		C_4进料线(尤其反应器前循环制冷剂注入点前后)、含酸管线、泵进出口管线；换热器入口	C_4进料含水量、硫醇、二硫化物含量等；反应产物中的酸酯含量等
制冷压缩部分		空冷进出口管线、含酸气管线等	
流出物精制部分	脱酸罐/酸聚结器到脱异丁烷塔碱洗的流出物管道	反应产物碱洗混合器进出口管线、水洗混合器进出口管线	脱酸罐/酸聚结器的废酸(游离酸含量)；水洗循环回路中水样的pH值
产品分馏部分	脱异丁烷塔进料管道、塔顶冷凝器流出物管道、塔底重沸器流出物管道	脱异丁烷塔顶管线、冷凝器壳体及进出口短节；塔底再沸器壳体、进出口短节	循环异丁烷的硫醇、硫化氢、烯烃等含量；产品(混合异辛烷)的辛烷值、硫含量等；脱丁烷塔顶罐抽出水的pH值、Fe^{2+}浓度
废酸再生处理装置	废酸管线	废酸管线、新酸管线、工艺气管线	

(2) 日常腐蚀情况检查

在烷基化反应器部分，使用条件比较温和，所以只需要对设备进行常规检查，在所有涉酸低温区域容易发生保温层下腐蚀，应当定期检查保温层的完整性。

冷态使用的设备和管道不适合频繁地进行超声波测厚等检测，因为进行检查时需要破开保温的蒸汽阻挡层，一旦水汽进入发生冷凝，将导致保温层下腐蚀，因此可以减少检查次数，日常检查应集中在保温层的完整性上。

要密切关注碱洗和水洗等混合点有无加速腐蚀现象。

酸储罐可以用超声波探伤测量壳体、酸入口附近和上方的接管和人孔厚度，检查气相空间有无腐蚀，检查衬里的完整性，测量酸出口接管附近的槽罐底板厚度。

(3) 停工期间的腐蚀控制

装置停工期间，因为设备要冲洗，残留的酸被稀释时会释放出热量使温度升高从而加快碳钢设备的腐蚀。因此，需要设计恰当的排放和冲洗程序。为使设备不受气体影响，常用水灌满设备直到排放水的 pH 值大于 6.0，然后尽快把设备里的水排光。

设备检修水洗之前，常用低强度苛性碱冲洗反应器、沉降器、储槽和其他设备。以防这些设备没有经过焊后热处理，应严格控制苛性碱强度。

第四节　典型腐蚀案例

一、氢氟酸烷基化装置

[案例 16-1] 氢氟酸再生塔腐蚀

背景和工况：某烷基化沉降器出来的部分酸，经过进料加热器进入再生塔第 7 层塔盘蒸馏，少量未经再生的冷酸为增大塔的处理量被送到塔顶回流。再生塔材质为蒙乃尔 400，氢氟酸中水含量为 0.3%~0.5%。

失效记录：2011 年对该塔进行全面检测，发现塔内壁环向有 3 处较大面积的局部腐蚀和多处腐蚀孔群，局部腐蚀最深达到 4.4mm，部分腐蚀表面呈现铜红色，如图 16-5 所示。

图 16-5　塔内壁腐蚀形貌

失效原因及分析：蒙乃尔 400 有较好的耐氢氟酸腐蚀的特性，在设计的参数范围内，可长周期安全运行。塔壁中部出现大面积腐蚀群是较高浓度水的氢氟酸及气、液相变，对塔壁腐蚀和剧烈冲刷的共同结果。

解决方案和建议：为了保证氢氟酸再生塔的正常运行，要严格控制系统水含量，减少“脱水”操作。设计选用新型的进料分配器形式，保证气液相的有效混合，减少对塔壁的直接冲刷。

[案例 16-2] 氢氟酸再生塔空冷器腐蚀

背景和工况：某氢氟酸再生塔顶空冷器，材质为 20 号钢，运行温度为 50~90℃。

失效记录：空冷器累计运行 30 个月后换热管腐蚀穿孔。

失效原因及分析：碳钢设备在无水氢氟酸环境中腐蚀速率很低，21℃时，对碳钢的腐蚀速率为 0.08mm/a。实际生产中氢氟酸中存在微量水，发生金属阳极溶解。在高浓度（>97%）的氢氟酸中，低温时碳钢的腐蚀率较低，曲线平缓；温度接近 60℃时，曲线急骤上升，腐蚀迅速加快。如图 16-6 所示，从 60℃开始温度每升高 10℃，氢氟酸对碳钢的腐蚀速率增加 1~3 倍。

解决方案和建议：控制工艺过程中的温度、水含量。

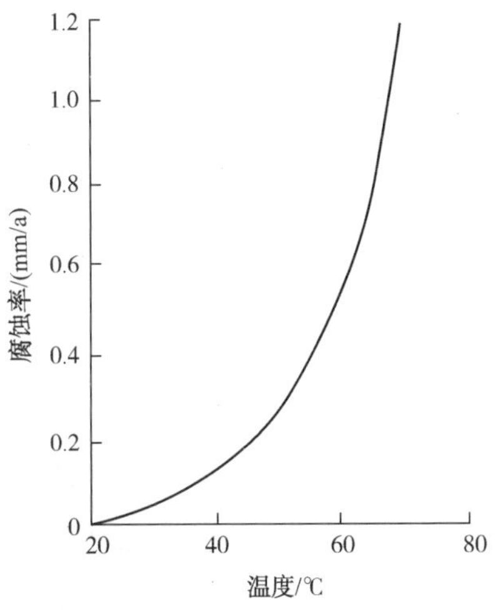

图 16-6　高浓度氢氟酸环境温度对碳钢腐蚀速率的影响

[案例 16-3] 沉降罐外排酸管腐蚀

背景和工况：反应系统酸沉降罐，温度 53℃，压力 1.18MPa，介质为烷基化油-HF，材质为 A3R。

失效记录：罐顶内壁产生不完整的片状腐蚀层，腐蚀物主要为 FeF_2，沉降罐外液位观察排酸管腐蚀严重。见图 16-7。

失效原因及分析：氢氟酸腐蚀。

解决方案和建议：鉴于该管线腐蚀严重，材质考虑采用蒙乃尔合金。

图 16-7　排酸碳钢管腐蚀形貌图

［案例 16-4］主分馏塔汽提塔顶冷凝冷却器腐蚀

背景和工况：由于氢氟酸腐蚀，氢氟酸烷基化装置冷却器易发生泄漏并进入循环水系统，造成循环水侧的腐蚀，腐蚀产物导致冷却器管束堵塞，影响装置正常生产和循环水系统的正常运行。

失效记录：主分馏塔汽提塔顶冷凝冷却器管板腐蚀，漏点主要分布在温度相对较高的气相介质入口端和壳程管束与管板胀接处。见图 16-8。

失效原因及分析：气液相发生相变过程引起的腐蚀，基体呈均匀腐蚀和坑蚀。

解决方案和建议：可在循环水系统设置在线 pH 值监测设备，泄漏后及时采取措施，避免或减轻 HF 酸泄漏对循环水系统的腐蚀。

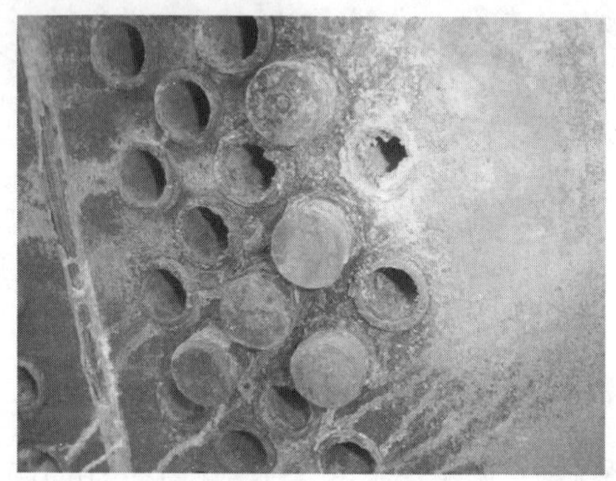

图 16-8　主分馏塔汽提塔顶冷凝冷却器管板腐蚀

［案例 16-5］分馏塔进料段塔盘腐蚀

背景和工况：分馏系统主分馏塔，主体材质为 A3R，塔盘为碳钢。

失效记录：分馏塔进料段塔盘腐蚀严重，塔盘和液流板腐蚀呈薄纸状。见图 16-9。

失效原因及分析：氢氟酸的均匀腐蚀。

解决方案和建议：鉴于该塔盘和液流板腐蚀严重，材质考虑采用蒙乃尔合金。

图 16-9　主分馏塔 61 层塔盘腐蚀

[案例16-6] 氢氟酸再生塔泡罩腐蚀

背景和工况：某厂氢氟酸再生系统氢氟酸再生塔，规格 ϕ1800×15680×8，塔内设有12层泡罩塔盘，塔体及内构件全部为蒙乃尔400材料。

失效记录：该泡罩1980年投用，1987年6月检修时打开塔底人孔检查，发现泡罩腐蚀严重，塔内7层以下塔盘腐蚀较重，最下几层塔板因腐蚀减薄而吹翻，其上泡罩全部穿孔，有的成为筛孔状，泡罩的升气管根部胀接处因腐蚀而脱落。见图16-10。

失效原因及分析：氢氟酸的均匀腐蚀。

解决方案和建议：更换泡罩。

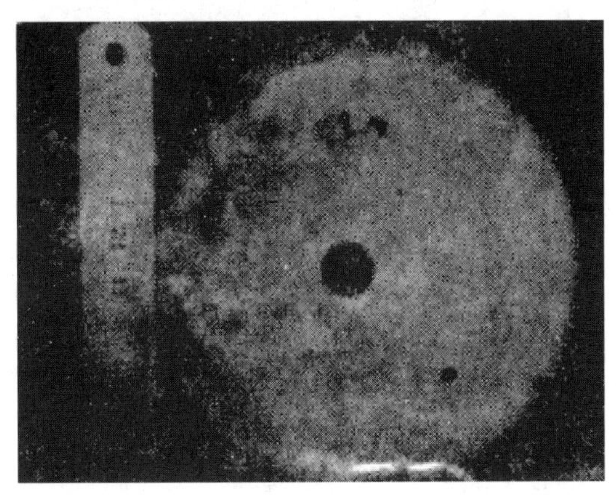

图16-10 氢氟酸再生塔泡罩腐蚀

二、硫酸烷基化装置

[案例16-7] 反应流出物碱洗罐入口混合器前部管段冲蚀减薄穿孔

背景：该装置处理段注碱线主管规格为168mm×7mm，材质为Alloy 20(20合金)，介质为酸洗后反应流出物(含浓硫酸)，操作温度31℃；支线规格为114mm×6mm，材质为20合金，介质为循环碱液，操作温度71℃。正常操作条件下，注碱之前的流速为1.53m/s；注碱后流速为2.07m/s。

失效记录：2010年3月该主管穿孔泄漏，维修后重新投用；2011年11月检修时材质更换为哈氏合金(C276)。

结构材料：主管线和支线均为20合金。

失效前服役周期：4个月。

目测检查结果：腐蚀穿孔部位在两管的结合部位，两种介质混合处形成了一道明显的腐蚀边界，边界的一边基本完好，而另一边冲刷腐蚀非常严重。非混合区域管子内表面和混合后离开混合区域的管子内表面完好，如图16-11所示。

失效原因及分析：反应流出物中70%(体积)为C_4组分，并含有微量的浓硫酸。在正常操作条件下，注碱之前的流速为1.53m/s；注碱后流速为2.07m/s。正常操作情况下压力为1.0~1.1MPa，没有气体生成。微量的浓硫酸不会造成20合金的严重腐蚀。但如果反应流出物和热碱液在混合过程中产生局部的低压区，必将造成C_4的蒸发，大大加快流速。另外碱液中水分稀释反应流出物中夹带的浓硫酸，使其浓度变低，从而导致20合金的严重腐蚀。

图16-11　酸洗后流出物管线冲刷减薄情况

失效现象：冲刷腐蚀和硫酸腐蚀。

解决方案和建议：

(1) 改进碱注入方式。通过增加缓冲罐的形式或注碱管直接插进主管并顺流向做一定弯曲的混合方式改变，可在一定程度上缓解腐蚀冲刷问题，避免形成局部低压区引起C_4的气化和加快流速。

(2) 在碱注入口主管上多设定点测厚监测点，定时进行监控，通过比较测厚结果，有针对性地主动采取应对措施。

(3) 可利用检修机会将混合器及进口管道升级为更耐腐蚀的哈氏合金C276。

[案例16-8] 冷剂空冷器管束泄漏

背景：冷剂空冷器(A201C)操作压力0.5~0.6MPa，操作温度60℃。制冷压缩机(K201)加压后的烃，经冷剂空冷器(A201)、冷剂后冷器(E202)冷凝冷却至50℃后进入冷剂罐(D204)，再进一步经冷剂冷却器(E203)冷却至40℃。大部分物流经冷剂节能罐(D205)和冷剂闪蒸罐(D206)两级闪蒸后，气体分别进入制冷压缩机循环，液体由冷剂循环泵(P204)升压后与C_4原料混合进入反应器。

结构材料：管束为碳钢镀锌管。

失效前服役周期：12个月(第1生产周期)。

目测检查结果：检查发现是由一根管束在管箱管板处开裂导致泄漏。

失效原因及分析：

(1) 空冷在制造过程中对管头的处理存在缺失是造成管子泄漏的主要原因。

(2) 管束选材不合理，应选用不锈钢而非镀锌管。

失效现象：硫酸腐蚀。

解决方案和建议：

(1) 加强监控。

(2) 建议适时升级管束材质为不锈钢。

[案例 16-9] 碱洗静态混合器腐蚀穿孔

背景：碱洗静态混合器，其壳体和内部元件材质均为 Alloy 20(20 合金)，混合器壳体规格为 168mm×7mm，壳体两端由法兰焊接而成，内部元件嵌入壳体管内并焊接固定。操作介质为酸洗后反应流出物和碱液，设计温度为 75℃，操作温度为 49℃，设计压力为 2.7MPa，操作压力为 1.07MPa。

结构材料：壳体和内部元件均为 20 合金。

失效前服役周期：约 30 个月。

目测检查结果：壳体入口处焊缝因局部腐蚀穿孔泄漏，最长冲蚀凹坑长约 80mm，宽约 10mm，深约 4mm。

失效原因及分析：

混合器壳体规格为 168mm×7mm，壳体两端由法兰焊接而成，内部元件嵌入壳体管内并焊接固定。冲刷部位位于焊缝周边，介质进入内构件后改变方向，形成湍流区域，产生冲刷腐蚀。这种冲刷腐蚀是流体的湍流和冲击与腐蚀介质共同作用的结果，介质因含酸成分腐蚀性较强。所以，虽然选用了抗硫酸腐蚀能力很强的 20 合金，但在湍流的环境下还是产生较强的冲击腐蚀。

根据现场工况，腐蚀严重的原因与混合器表面温度也有一定关系。在介质达到混合器前约 1m 处是注碱口，该处酸碱混合发生中和反应，产生热量，造成混合器壳体表面存在温差。上表面温度低(约 42℃)，下表面温度高(约 60℃)，腐蚀严重处恰恰位于上表面，温度升高导致腐蚀速率会明显加快。

失效现象：冲刷腐蚀和硫酸腐蚀。

解决方案和建议：

通过改变接入方式，让注碱口直接接入混合器，能达到很好的温度平衡，部分新建炼油厂已采用这种方式，对减缓腐蚀有很好效果。这种方式能同时降低在注碱口区域形成湍流的激烈程度，减缓由于湍流引起的冲刷腐蚀，降低该部位的腐蚀速率。

对腐蚀穿孔部位内部进行堆焊磨平，壳体外部贴焊相同材质管板。鉴于混合器内的混合元件没有腐蚀(材质为 20 合金)，可将壳体材质更换为哈氏合金(C276)以提高耐腐蚀性能。

第十七章 CHAPTER 17

脱硫装置腐蚀与防护

第一节 典型装置及其工艺流程

炼油厂的脱硫主要包括干气、液化气、燃料气、烟气和各类油品的脱硫，常用的脱硫技术包括醇胺法脱硫技术、催化法脱硫技术、电精制脱硫技术、湿法烟气脱硫技术、临氢或加氢脱硫技术，其中临氢和加氢脱硫技术分布于各加氢装置，其腐蚀与防护在相应的装置中详述，这里不再阐述。

一、醇胺法脱硫装置

1. 装置简介

醇胺法脱硫是目前国内炼油厂普遍采用的一种脱硫方法，其主要技术特点是利用一种主含 MDEA 的复合溶剂作为脱硫剂，脱硫后溶剂进行再生循环使用，节约环保，便于长周期运行。同时该种复合脱硫剂在实际应用中具有选择性高、解析温度低、能耗低、低腐蚀性、气相损失小、溶剂稳定性好等优点。该装置主要对干气、液化气、天然气、气柜燃料气(包括轻烃回收瓦斯)等进行脱硫，脱除这些气体中的 H_2S 和 CO_2。

醇胺法脱硫是一种典型的吸收解析反应过程，其反应机理如下：

吸收(H_2S)反应：

$$2RNH_2+H_2S \rightleftharpoons (RNH_3)_2S$$

$$(RNH_3)_2S+H_2S \rightleftharpoons 2RNH_3HS$$

吸收(CO_2)反应：

$$2RNH_2+H_2O+CO_2 \rightleftharpoons (RNH_3)_2CO_3$$

$$(RNH_3)_2CO_3+H_2O+CO_2 \rightleftharpoons RNH_3HCO_3$$

注：R 为醇基。

上述反应均为可逆反应，在较低温度时，反应向右进行(吸收)，在较高温度(>105℃)时，反应向左进行(解析)。

2. 主要工艺流程

来自上游装置的干气、液化气和燃料气经流控阀送入脱硫塔，来自溶剂再生塔的贫胺液经液化气脱硫贫胺液冷却器后，分别经流控阀进入脱硫塔上部，在塔内干气、液化气和燃料气自下而上，与自塔上部自上而下的贫胺液逆流接触，干气、液化气和燃料气中的硫化氢和二氧化碳溶解并和胺液(MDEA)发生反应而脱除。富胺液自塔底经界位控制阀流出后，进入富胺液过滤器，过滤后与其他系列富胺液一起自压至溶剂再生塔。脱硫后的气体自塔顶流出，分别经溶剂分离罐分离出夹带的少量胺液后送出装置。见图 17-1。

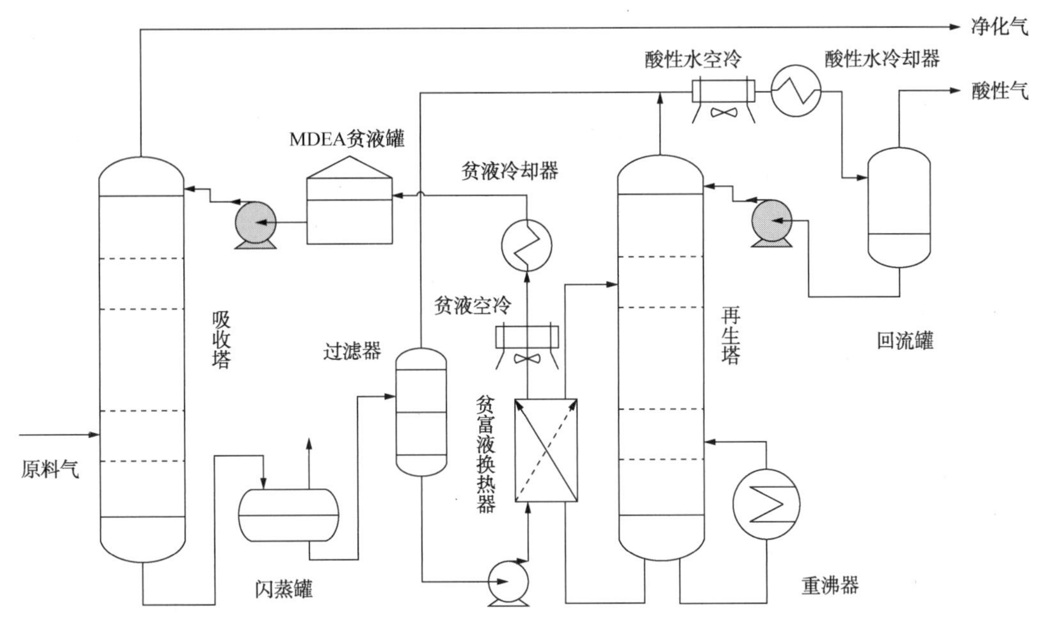

图 17-1 醇胺法脱硫工艺流程

二、催化法脱硫装置

1. 装置简介

该装置主要针对液态烃、油品中的硫醇进行脱除，工艺主要有 Merox 抽提-氧化脱臭、无碱催化氧化脱臭、吸附法脱臭、络合法脱臭、催化氧化-吸收法脱臭、纤维膜等技术。目前主要采用的是抽提-氧化脱臭工艺脱除液态烃、油品中的硫醇。抽提氧化原理如下：

抽提部分：$RSH+NaOH \longrightarrow NaSR+H_2O$(磺化酞菁钴催化剂作用下)

氧化部分：$4NaSR+O_2+2H_2O \longrightarrow 4NaOH+2RSSR$

2. 主要工艺流程

液化气、油品首先进行预碱洗脱除经醇胺洗后存留的少量硫化氢，然后进入抽提塔内，硫醇与含磺化酞菁钴催化剂的碱液反应生成硫醇钠并转移到碱相中，与液化气分离后含有硫醇钠的催化剂碱液进入氧化再生塔，在空气的作用下，硫醇钠被氧化成二硫化物，实现硫醇的脱除，同时碱液再生后循环使用，抽提后的液化气经沉降和水洗后即得精制液化气、油品。见图 17-2。

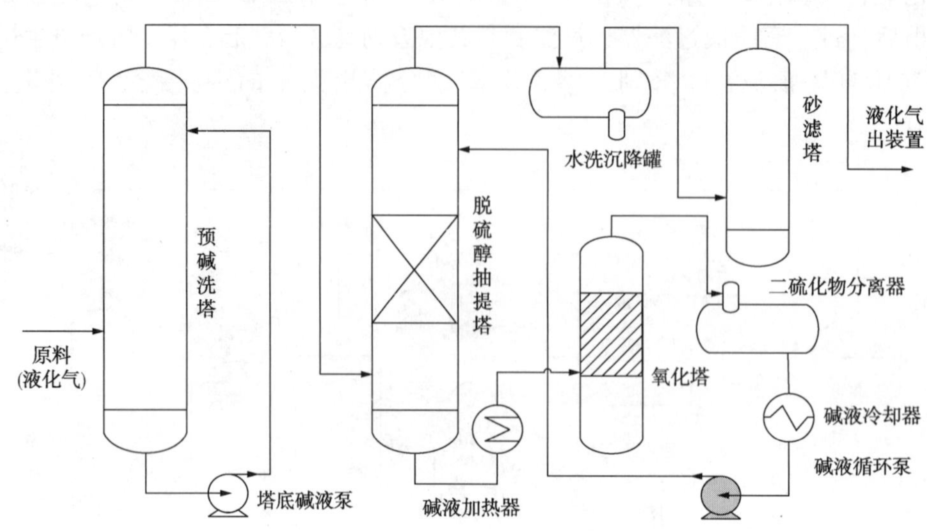

图 17-2　液化气脱硫脱硫醇系统工艺流程

三、电精制脱硫装置

1. 装置简介

碱洗电精制的基本原理是基于油品中的硫化氢、硫醇、环烷酸、酚等非理想组分能与氢氧化钠溶液发生反应，生成相应的盐类，在高压电场的存在下，快速实现油碱分离，最后以碱渣形式排出，达到油品精制的目的。由电精制基本原理不难看出，其技术特点主要体现在油碱分离步骤，常规的自由沉降分离时间较长，影响处理量，而且在油碱发生乳化时油品容易夹带碱液，电精制工艺在设备内制造一个高压电场，使得阴阳离子反方向运动，同时运动中不断碰撞聚集，由微粒逐渐变成较大的小颗粒，进而实现油碱的快速分离。

2. 主要工艺流程

常一线或溶剂油、常二线或军用柴油、催化汽油自装置来，进入缓冲罐，罐底汽油用泵送入电离器，用浓度 10g/100mL 碱液碱洗，精制后自压送至成品罐区。见图 17-3。

四、烟气脱硫装置

1. 装置简介

所谓烟气脱硫是采用化学或物理措施把存在于烟气中的 SO_2 等含硫酸性气固定和去除，烟气脱硫工艺虽然多种多样，但目前能够在实践中广泛应用、占主导地位的脱硫技术主要是湿法、干法及半干法。上述传统工艺流程基本可分成烟气的组织引导、SO_2 的脱除、脱硫剂的供给、脱硫产物的产生及排放等四部分。主要利用碱性物质(固态或液态)和烟气中的酸性气体反应后固定下来。是否有水参与反应(湿法与干法)或水参与反应的

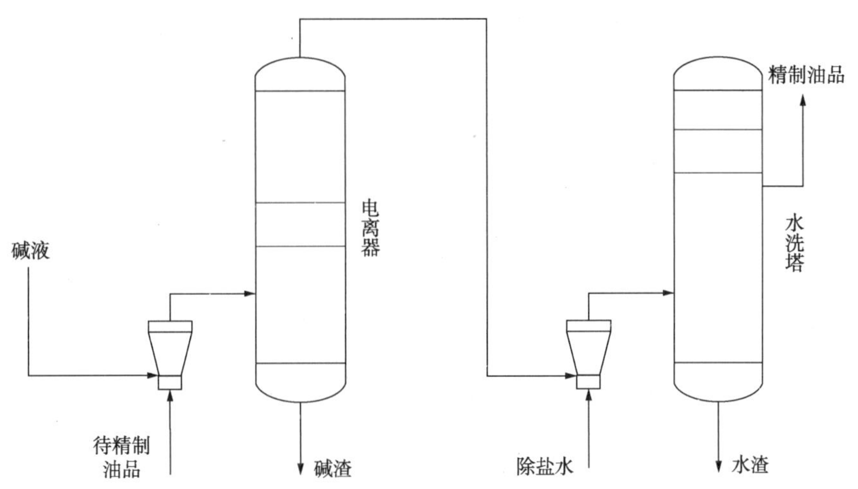

图 17-3 电精制工艺流程

多少(干法与半干法)是这几项工艺的主要区别。烟气湿法脱硫技术是世界上广为应用的脱硫技术。到目前为止，可供选择的湿法脱硫技术较多，主要有石灰石/石灰-石膏法、氢氧化镁(氧化镁)法、氢氧化钠法、亚硫酸钠法、氨法、海水法等。这里以传统石灰石/石灰-石膏法为例，其基本原理如下：

该工艺利用吸收塔进行脱硫，烟气中的 SO_2 与吸收液中的石灰石(磨细到一定粒度，保证 SO_2 与石灰石有较大的接触面积，以利于脱硫反应的进行)反应生成亚硫酸钙颗粒。主要反应如下：

$$CaCO_3+SO_2+1/2H_2O \longrightarrow CaSO_3 \cdot 1/2H_2O+CO_2$$

$$CaSO_3 \cdot 1/2H_2O+SO_2+1/2H_2O \longrightarrow Ca(HSO_3)_2$$

由于烟气中有过剩的氧，会发生如下反应：

$$2CaSO_3 \cdot 1/2H_2O+1/2O_2+3H_2O \longrightarrow 2CaSO_4 \cdot 2H_2O$$

吸收浆液被鼓入的空气氧化，最终生成石膏 $CaSO_4 \cdot 2H_2O$：

$$2CaSO_3 \cdot 1/2H_2O+O_2+3H_2O \longrightarrow 2CaSO_4 \cdot 2H_2O$$

$$Ca(HSO_3)_2+1/2O_2+H_2O \longrightarrow CaSO_4 \cdot 2H_2O+SO_2$$

2. 主要工艺流程

石灰石经过破碎、磨细，配成吸收浆液后用泵送入吸收塔顶部。烟气通过风机进行增压，再进入烟气换热器进行冷却，然后从塔底进入吸收塔。烟气在吸收塔内与吸收塔顶部喷淋下来的石灰石浆液进行逆向接触，烟气中的 SO_2 被吸收，脱硫后的烟气进入除雾器以去除部分水分，最后由烟囱排放到大气中。吸收二氧化硫后的石灰石浆液含有亚硫酸钙和亚硫酸氢钙，送入氧化塔，利用压缩空气进行氧化，氧化生成的硫酸钙经过旋流器分离、真空脱水后回收利用，上清液返回循环槽。见图 17-4。

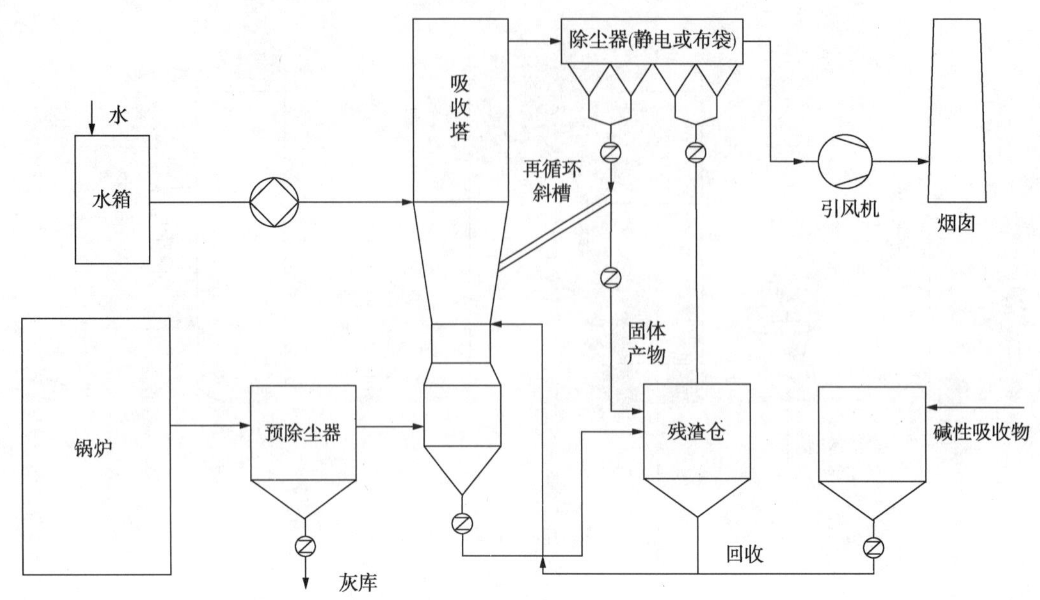

图 17-4　烟气脱硫工艺流程

第二节　腐蚀体系与易腐蚀部位

由于电精制脱硫装置的原料一般为低硫原料，催化法脱硫装置主要脱除的是硫醇，从日常运行情况看，装置腐蚀轻微，所以本节仅对醇胺法脱硫装置和烟气脱硫装置的腐蚀与防护进行详述。

一、醇胺法脱硫装置

1. 腐蚀体系

醇胺法脱硫装置的腐蚀环境主要有三种：

(1) 再生塔顶冷凝系统的 $CO_2-H_2S-H_2O$ 腐蚀环境，主要产生由 H_2S-H_2O 引起的均匀腐蚀、氢鼓泡、氢脆和应力腐蚀开裂；

(2) 再生塔、富液管线、再生塔底重沸器等部位的 $RNH_2-CO_2-H_2S-H_2O$ 腐蚀环境，主要产生 CO_2 引起的均匀腐蚀，由 CO_2、胺、H_2S 引起的应力腐蚀开裂等；

(3) 胺液污染物腐蚀环境，污染物主要有胺生成物硫氢化铵、胺降解产物、热稳定盐类、烃类物质、氧和硫化亚铁的固体物等，除本身会造成均匀腐蚀和冲刷腐蚀外，还会促进 CO_2 的腐蚀，这些腐蚀存在于整个脱硫装置，是脱硫装置的主要腐蚀原因。

影响胺液脱硫系统腐蚀程度的主要因素有胺液降解、流速、材质、设备结构等。

（1）胺液降解（氧降解、热降解）的影响。MDEA 胺液主要发生氧降解和热降解，一般不发生化学降解。胺液储罐若没有采取惰性气体密封或脱硫干气中含有氧气，且整个系统没有过滤沉降措施，会造成胺液降解严重，胺液中杂质多，热稳定性盐（HSAS）的浓度增加。胺液再生系统再生塔底重沸器若采用蒸汽温度过高，容易造成胺液的热降解。热稳定性盐主要是进入系统中的氧或其他杂质与醇胺反应生成的一系列酸性盐，一旦生成很难再生。当任何一种热稳定性盐或其总量超标时，溶液中会出现悬浮硫化亚铁或其他固体，胺液颜色变深，并容易发泡。

（2）流速的影响。流速过高也是管线腐蚀严重的主要原因之一。如胺液再生塔顶出口管线和循环系统，当装置负荷增大，或阀门调节流量过小，造成局部流速过高，导致阀门及后部管线发生腐蚀减薄或穿孔。

（3）材质的影响。从材质看，腐蚀主要发生在碳钢设备管线上，而采用不锈钢或不锈钢内衬的设备管线腐蚀相对轻微。此外，部分未经热处理的接触胺液的碳钢管线也经常出现开裂现象。

（4）设备结构的影响。再生塔底腐蚀比较严重的重沸器都为虹吸式重沸器，由于其蒸发空间较小，容易造成管束上部和壳体出口管线发生空泡腐蚀，此外，重沸器管束上的折流板会造成紊流现象，导致溶液中动静压力的变化，使更多的酸性气被释放，造成该部位产生严重的泡蚀。而联合装置采用釜式重沸器，虽然胺液腐蚀性杂质含量很高，但由于蒸发空间大，腐蚀比较轻微。

2. 易腐蚀部位

醇胺法脱硫装置的易腐蚀部位见表 17-1。

表 17-1　醇胺法脱硫装置易腐蚀部位和腐蚀类型

部位编号	描述	材质	腐蚀形态
1	再生塔塔底	碳钢	内壁 $RNH_2-H_2S-CO_2-H_2O$ 腐蚀，为大面积的腐蚀凹坑，凹坑连成片
2	再生塔底重沸器管束外表面和壳体的内侧	碳钢	$RNH_2-H_2S-CO_2-H_2O$ 腐蚀，管束减薄成深的凹坑状，壳体局部减薄
3	再生塔顶冷凝器	碳钢	$H_2S-CO_2-H_2O$ 腐蚀，管束减薄成深的凹坑
4	吸收塔	碳钢	硫化氢和环境中碳钢的应力腐蚀
5	相对高温的贫液管线和贫液在壳程的入口处	碳钢	系统中累积的热稳态盐和胺降解产物引起的腐蚀减薄和焊缝的腐蚀减薄，胺环境下的碳钢应力腐蚀开裂
6	相对高温的富液管线和富液在管程的出口处	碳钢	酸性气造成的管线直管和弯头处的冲刷腐蚀减薄和胺环境下碳钢的应力腐蚀开裂
7	低温贫液管线、酸性水管线	碳钢	管线 H_2S-H_2O 腐蚀减薄和应力腐蚀开裂

二、烟气脱硫装置

1. 腐蚀体系

(1) 化学腐蚀

除尘后的烟气含有SO_2、SO_3、HCl、HF、NO_x、烟尘及水气等成分，其中腐蚀源的主体成分是烟气中的SO_2。在一定温度和湿度条件下，SO_2、NO_x、HCl、HF等与金属材料发生化学反应，生成可溶性盐。Cl^-、F^-被吸附在金属的表面，使金属的钝化状态遭到破坏而引起局部腐蚀。

(2) 电化学腐蚀

点蚀和缝隙腐蚀是脱硫系统中最常见的局部腐蚀。脱硫装置中焊接、铆接及螺栓连接部位较多，不可避免地有缝隙存在，而这些缝隙在化学介质中极易形成封闭电化学腐蚀。在裂纹尖端区pH值及氧含量低，形成了极小面积的阳极，而在其外部氧量供应充分，则形成了极大面积的阴极，在小阳极和大阴极作用下，电化学腐蚀更为严重。

(3) 机械损伤

喷淋浆液中含有大量石膏晶体和石灰石颗粒，在流动过程中，因固体颗粒被带入脱硫系统，流体中的固体颗粒对金属表面造成冲刷和摩擦，这是一种以机械作用为主的机械损伤。

(4) 结晶腐蚀

脱硫过程中，生成的可溶性硫酸盐或亚硫酸盐($CaSO_4$、$CaSO_3$等)渗入防腐层(耐酸砖和耐酸混凝土等)的毛细孔内，当设备停用时生成结晶盐，产生体积膨胀，使材料自身产生内应力，造成材料脱皮、粉化、疏松，甚至裂纹损伤，特别在干湿交替作用下，这种现象更加严重。

2. 易腐蚀部位

烟气脱硫装置的易腐蚀部位见表17-2。

表17-2　烟气脱硫装置易腐蚀部位和腐蚀类型

部位编号	易腐蚀部位	材质	腐蚀形态
1	吸收塔	碳钢、无机材料(无机防腐层)	碳钢材料的点蚀、腐蚀减薄、磨损减薄，无机材料的鼓包、开裂、脱落
2	石灰石浆液系统	碳钢、无机材料(无机防腐层)	碳钢材料的点蚀、磨损减薄，无机材料的鼓包、开裂、脱落
3	烟道	碳钢、无机材料(无机防腐层)	碳钢材料的点蚀、腐蚀减薄、磨损减薄，无机材料的鼓包、开裂、脱落

第三节 防腐蚀措施

一、醇胺法脱硫装置

1. 选材

通过合理选材可以有效缓解胺液脱硫系统的腐蚀。通常吸收塔可以采用碳钢材质，但应注意原料气的 H_2S 含量，含量超过设计值且在吸收塔内温度低于 50℃ 的部位易发生氢鼓泡，宜选用 HIC 钢。对于再生系统，如果胺液比较洁净且流速不超过设计值，设备管线可以采用碳钢材质。对于胺液比较脏或流速较高的部位，选用 300 系列奥氏体不锈钢，推荐采用低碳和稳定级不锈钢，如 304L、316L 和 321 等。一般采用复合层比采用整体不锈钢结构好，可以防止氯化物引起的穿透性腐蚀开裂。具体可参考 SH/T 3096—2012《高硫原油加工装置设备和管道设计选材导则》进行选材。气体脱硫装置主要设备推荐用材见表 17-3。气体脱硫装置管道材料均选用碳钢，并根据工艺操作条件考虑湿硫化氢腐蚀环境的影响。

表 17-3 气体脱硫装置主要设备推荐用材

<table>
<tr><th>类别</th><th>设备名称</th><th>设备部位</th><th>设备主材推荐材料</th></tr>
<tr><td rowspan="6">塔器</td><td rowspan="3">干气脱硫塔、液化石油气脱硫抽提塔</td><td>壳体</td><td>碳钢[a]</td></tr>
<tr><td>塔盘</td><td>06Cr13</td></tr>
<tr><td>填料(金属)</td><td>022Cr19Ni10[b]</td></tr>
<tr><td rowspan="3">液化石油气脱硫醇抽提塔、液化石油气砂滤塔、氧化塔</td><td>壳体</td><td>碳钢[c]</td></tr>
<tr><td>塔盘</td><td>06Cr13</td></tr>
<tr><td>填料(金属)</td><td>022Cr19Ni10[b]</td></tr>
<tr><td rowspan="4">容器</td><td>干气分液罐、液化石油气缓冲罐、胺液回收器</td><td>壳体</td><td>碳钢[a]</td></tr>
<tr><td rowspan="2">二硫化物分离器</td><td>壳体</td><td>碳钢+022Cr19Ni10[d]</td></tr>
<tr><td>填料(金属)</td><td>022Cr19Ni10[b]</td></tr>
<tr><td>其他容器</td><td>壳体</td><td>碳钢[c]</td></tr>
<tr><td rowspan="4">换热器</td><td rowspan="2">干气冷却器</td><td>壳体</td><td>碳钢[a]</td></tr>
<tr><td>管子</td><td>碳钢[e]</td></tr>
<tr><td rowspan="2">碱液加热器、碱液冷却器</td><td>壳体</td><td>碳钢[c]</td></tr>
<tr><td>管子</td><td>碳钢[e]</td></tr>
</table>

注：a. 湿硫化氢腐蚀环境，腐蚀严重时可采用抗 HIC 钢。

b. 采用 022Cr19Ni10 时可由 06Cr19Ni10 和 06Cr18Ni10Ti 替代。

c. 当介质为碱液时，碳钢设备应注意碱应力开裂破坏，增加焊后热处理措施。

d. 当氧化塔顶部设分离段时，分离段的壳体应采用碳钢+022Cr19Ni10 复合板，内构件应采用 022Cr19Ni10。

e. 对于水冷却器，水侧可涂防腐涂料。

2. 工艺操作

（1）防止原料中 H_2S 超过设计值，原料发生变化时应适时调整工艺操作。若原料长期超设计值，应考虑进行材质升级。要注意对 MDEA 中酸性气负荷进行核算，保证其在控制指标内。过滤器应经常清洗，在选型时要注意其易清扫、易操作性。此外，再生塔进料温度不应过高，应控制在 90~95℃，防止 H_2S 释放量增大。

（2）加强胺液质量的监控，应定期检查贫胺液 pH，观察胺液颜色、气味及固体颗粒含量。使用一段时间后，胺液由淡黄色透明液逐渐变成黑色带褐色，并有强烈的氨味，同时胺液的 pH 值也逐步降低，说明胺已经发生了比较严重的降解。

（3）控制重沸器用蒸汽压力，建议采用 0.3MPa 左右的低压蒸汽，控制重沸器操作温度不高于 149℃，防止胺液发生热降解。

（4）减少氧进入系统。由 MDEA 降解反应机理得知，若体系中无氧存在，其降解反应发生的程度将大大降低。要隔绝氧的进入，首先要加强胺液储罐的氮封、水封管理，同时维持泵入口正压操作，防止空气从溶液泵填料进入系统。此外，配制胺液应采用除氧水，防止配水带入氧。若系统不可避免与空气接触，可以考虑加入适量的脱氧剂如 Na_2SO_3 或联胺。设计阶段，应考虑根据脱硫介质中含氧量进行分组，进入不同的再生系统，减少胺液降解对系统的影响。

（5）确保胺液能够有效沉降，可以通过增加沉降时间或增加沉降罐等方式实现。同时采取有效过滤措施如二级机械过滤、活性炭过滤、布袋式过滤等方法来去除系统内的烃类、降解产物及粒度在 5μm 以上的机械杂质。此外还可以采用离子交换树脂系统去除系统内生成的热稳定性盐（定期更换活性炭）。

（6）要密切关注富液线和再生塔顶酸性水的流速。对于碳钢来说，富胺液在管道内的流速应不高于 1.8m/s，在换热器管程中的流速不超过 1.0/s，富液进再生塔流速不高于 1.2m/s。再生塔顶酸性水系统碳钢管线控制流速不超过 5m/s，18-8 型不锈钢管线控制流速小于 15m/s。应尽量避免超负荷运行，同时要注意阀门开度，防止调节阀流量过小造成流速加大。

3. 设计制造

（1）通过增大管径、取消大小头等措施来降低系统流速。

（2）重沸器要保证一定的蒸发空间，防止内部出现阻流现象，同时保证管束要始终浸入在液相中，采用釜式重沸器可以有效解决这个问题。有单位对虹吸式重沸器进行了改造，增大了上部的蒸发空间，也可以一定程度地缓解腐蚀。

（3）接触贫富液的碳钢管线必须进行焊后消除应力热处理。API RP945—2020 标准中指出，对于 MDEA 装置，所有温度超过 82℃的，与胺接触的碳钢设备管线，都进行焊后消除应力热处理。应当考虑与胺接触的金属部件的最大操作温度以及伴热和蒸汽吹扫的影响。消除应力后的焊缝硬度不超过 200HB。

4. 腐蚀监检测

对于胺液脱硫系统，可以采取的腐蚀监检测方法有定点测厚、腐蚀挂片探针或电阻探针、腐蚀介质分析、腐蚀产物分析等。定点测厚和探针的监测位置应优先考虑系统腐蚀严重的部位，包括再生塔顶部循环系统、再生塔底重沸器出口部位壳体和返塔线。腐蚀介质分析主要包括原料气和贫富胺液中 H_2S 和 CO_2分析、再生塔顶酸性水介质分析、胺液热稳定性盐分析等。

5. 腐蚀调查

脱硫系统的腐蚀调查方案可参考表 17-4。

表 17-4　胺法脱硫系统的腐蚀调查方案

设备名称	主要腐蚀部位	检查部位	检查项目	检查方法
干气、液化烃脱硫塔	塔顶 塔底	汽液相交界处碳钢构件；筒体中焊缝及热影响区；封头过渡部位及应力集中部位；接管部位	污垢状况；腐蚀状况；内部破损；连接配管、塔壁测厚	目视检查；锤击检查；测厚、磁粉
溶剂再生塔	塔顶、塔底及塔内构件	汽液相交界处碳钢构件；筒体中焊缝及热影响区；封头过渡部位及应力集中部位；接管部位	污垢状况；腐蚀状况；内部破损；连接配管、塔壁测厚	目视检查；锤击检查；测厚、磁粉
富液闪蒸罐	罐上部及相连接的管线	罐壁汽液相交界处；物流“死角”及冲刷部位；焊缝及热影响区；防腐层；罐底板	污垢状况；腐蚀状况；内部破损；连接配管；罐壁、底板厚度测定	目视检查；锤击检查；测厚
酸性气分液罐	汽液混相区	罐壁汽液相交界处；物流“死角”及冲刷部位；焊缝及热影响区；防腐层；罐底板	污垢状况；腐蚀状况；内部破损；连接配管；罐壁、底板厚度测定	目视检查；锤击检查；测厚
贫富液换热器	壳程的入口处和管程的出口处	壳体、封头、挡板、折流板、管束内、外表	污垢状况；腐蚀状况；连接配管、管壁测厚	目视检查；锤击检查；测厚
贫液冷却器（空冷器）	贫液入口处	壳体、封头、挡板、折流板、管束内、外表	污垢状况；腐蚀状况；连接配管、管壁测厚	目视检查；锤击检查；测厚
酸性水冷却器（空冷器）	酸性水入口处	壳体、封头、挡板、折流板、管束内、外表	污垢状况；腐蚀状况；连接配管、管壁测厚	目视检查；锤击检查；测厚
再生塔底重沸器	管束外表面和壳体的内侧	壳体、封头、挡板、折流板、管束内、外表	污垢状况；腐蚀状况；连接配管、管壁测厚	目视检查；锤击检查；测厚
温度为 90~120℃热胺管线	管线弯头和焊缝处（导凝、温度计等小接管）	管线弯头和焊缝	污垢状况；腐蚀状况；管壁测厚	目视检查；锤击检查；测厚
酸性气管线	管线弯头和焊缝处	管线弯头和焊缝	污垢状况；腐蚀状况；管壁测厚	目视检查；锤击检查；测厚

二、烟气脱硫装置

1. 选材

要使脱硫设备具有较强的耐蚀性能，材料起着至关重要的作用：第一，所用的防腐材料应当耐温，在烟道气温度下长期工作不老化，不龟裂，具有一定的强度和韧性；第二，采用的材料必须易于传热，不因温度长期波动而起壳或脱落。具体到脱硫设备防腐应该满足下列基本要求：防腐材料对水蒸气、SO_2、HCl、O_2及其他气体具有较低的渗透性，抗酸、碱腐蚀，抗氧化性、抗热性、抗磨性好，与基体有良好的黏合性。

目前国内外常用的烟气脱硫装置防腐材料主要有以下几种：

(1) 橡胶衬里。天然橡胶的基本化学结构是异戊二烯。以异戊二烯为单体，通过与其他有机物、卤化物、无机物、元素等的反应或硫化，得到合成橡胶，主要产品有氯丁橡胶、丁基类橡胶等。合成橡胶的化学、物理性能较天然橡胶有很大变化。其中丁基橡胶具有良好的抗渗透性、抗热性、防 F^-、Cl^-和 SO_2性能，虽然耐磨性较天然软橡胶和氯丁橡胶稍弱，但是从烟气脱硫工程时间来看，丁基类橡胶的耐磨性足以满足使用要求。因此，丁基类橡胶适宜作为烟气脱硫装置的橡胶衬里材料。

(2) 合成树脂涂层。用于烟气脱硫工程的合成树脂主要为环氧基改性树脂、乙烯基酯树脂等耐蚀树脂。玻璃鳞片涂料是以耐蚀树脂作为成膜物质，以玻璃鳞片为骨料再加上各种添加剂组成的厚浆性涂料。由于玻璃鳞片穿插平行排列，形成迷宫效应，因而使抗介质渗透能力得到极大提高。树脂基玻璃鳞片涂料由于具有高的抗腐蚀性、耐磨性和整体性，使用寿命长，在经济上可和衬胶、衬玻璃钢及衬瓷砖相竞争，在喷涂法快速施工和易修理方面，也是上述几种防腐蚀工艺技术所不及的，非常适合用作烟气脱硫装置的防腐材料。

(3) 玻璃钢(FRP)。玻璃钢(FRP)是由基体材料和增强材料添加各种辅助剂而制成的一种复合材料。常用的基体材料有环氧树脂、酚醛树脂、呋喃树脂等。单一树脂的玻璃钢各有优缺点，难以满足烟气脱硫装置的防腐要求，通常采用复合玻璃钢。例如在烟气脱硫装置中应用较多的酚醛环氧型乙烯基树脂做成的复合玻璃钢。又如用环氧树脂打底，配以耐温和耐酸碱性能较好的呋喃树脂，加以所需性能的填料和辅助剂制成的复合玻璃钢，其耐磨、耐湿热、抗渗透和力学性能等方面都强于单一树脂的玻璃钢。

(4) 不锈钢、2205 双相钢和镍合金等复合层。2205 双相钢复合层对酸腐蚀具有很强的耐蚀性。C-276 为一种合金钢，是为严重腐蚀的介质而设计的一种合金材料，是镍-钼-铬合金中再加入钨，焊接后可以不用再进行固溶热处理。铬和钼的配合使不锈钢的耐蚀性能有极大的提高，镍则改进不锈钢的韧性。C-276 合金在常温及高温中都能保持很高的强度。而 C-22 合金钢，是一种通用的镍-铬-钼-钨合金，与其他现有的镍-铬-钼合金(包括 C-276、C-4、625 合金)相比，它具有更好更全面的抗腐蚀性。C-22 合金对于点状腐蚀、缝隙腐蚀和应力腐蚀开裂等都有杰出的抗力。双相不锈钢是在其固淬组织中铁素体相与奥氏体相各占一半，一般最少相的含量也要达到 30%。双相不锈钢兼有铁素体不锈钢和奥氏体不锈钢的优点：屈服强度比普通奥氏体不锈钢高一倍多，塑韧性好，壁厚可比常用的奥氏体减少 30%~50%，有利于降低成本；具有优异的耐局部腐蚀性能和耐应力腐蚀破裂的能力，尤其适用于含氯离子的环境中；线膨胀系数低，和碳钢接近，适合与碳钢连接，具有重要的工程意义，如生产复合板或衬里等。

橡胶衬里在耐磨性、抗渗透性方面较好，但耐热性比涂层差。一般应用于机械负荷大而介质或内部环境温度较低的区域，如吸收塔内部、石灰石浆液系统、石膏脱水系统、温度较低的烟道等。玻璃鳞片由于抗腐蚀性、耐磨性、耐热性都较好，被广泛用于烟道、吸收塔等烟气脱硫装置的各个区域。整体玻璃钢可作为单元设备应用在烟气脱硫装置中。例如塔内浆液循环管道、除雾器冲洗水管道等都可采用玻璃钢管。镍基合金钢、钛基合金钢抗腐蚀性能大大提高，但是由于价格较贵，一般仅用在系统中腐蚀条件恶劣、环境温度高、防腐要求较高的某些区域，前者比如用在脱硫塔入口烟道干湿界面处，后者用于烟囱内壁的防腐。

对吸收塔等重点腐蚀设备材质进行升级，选择 317L、双相钢或更高耐蚀等级材料，一方面可以大大延缓对设备的腐蚀，另一方面也便于装置的检修，因为若是采用涂层防腐在检修时无法动火，所以选择耐蚀金属复合层也是今后烟气脱硫重点腐蚀部位防腐的主攻方向。

2. 工艺操作

湿法烟气脱硫装置中普遍存在的腐蚀问题，可以通过控制脱硫系统的运行参数来解决：

（1）pH 值控制。在湿法工艺中，由于洗涤液的 pH 值偏低，会对塔壁产生腐蚀，在实际运行中必须严格控制洗涤液 pH 值的范围或增设注水来提高 pH 值。

（2）排烟温度控制。经装置净化的烟气温度偏低时，其尾部设施易产生露点腐蚀。因此，一般采用烟气再热装置，即采用烟气旁路系统调节技术以控制空气预热器的出口温度，将空气预热器出口的烟气温度控制在露点以上，以减少露点腐蚀的产生。

（3）可采用钠碱双碱法脱硫工艺，即钠盐（碱）与钙基脱硫剂共同作用，联合控制系统的 pH 值等参数，实现 SO_2的吸收于净化器，固硫于沉淀池的循环过程，防止净化器内的结垢。

（4）增设碱洗工艺流程，减少烟气中酸性物料的含量。

3. 设计制造

（1）要加强不锈钢等材料入场质量复验管理，确保材料各类耐蚀元素达标。由于爆炸复合板材料在爆炸复合时可能产生材料性能的变化，导致形成腐蚀侵入点，建议选用轧制复合方式生产复合板材料。

（2）严格控制设备安装和维修质量。一是严格控制焊接工艺的实施，避免焊缝产生易腐蚀的马氏体组织，确保焊缝接头金相组织的耐蚀性；二是复合材料在现场安装时要严格控制错边量。

（3）烟气脱硫设备多为大型平板焊接结构，对使用有机涂层的设备，为保证内衬防腐蚀质量，要求设计及现场制作安装时，必须保证如下基本条件：设备应具有足够的刚性，任何结构变形，均会导致衬里破坏；内焊缝必须满焊，多余焊肉应打磨至内壁齐平，不得错位对焊，且焊缝应光滑平整无缺陷；内支撑件及框架忌用角钢、槽钢、工字钢，应以方钢或圆钢为主，并减少接触面，上表面铺设 PP 板，防止液滴冲刷；外接管应以法兰连接，禁止直接焊接，且法兰接头应确保衬里施工操作方便。

4. 腐蚀监检测

对于烟气脱硫系统，可以采取的腐蚀监检测方法有定点测厚、腐蚀挂片探针或电阻电感探针、腐蚀介质分析、腐蚀产物分析等。定点测厚和探针的监测位置应优先考虑系统腐蚀严重的部位，包括吸收塔的低 pH 值部位、烟气排放系统的露点部位等。腐蚀介质分析主要包括烟气的组成等。

5. 腐蚀调查

脱硫系统的腐蚀调查方案可参考表 17-5。

表 17-5 烟气脱硫系统的腐蚀调查方案

设备名称	主要腐蚀部位	检查部位	检查项目	检查方法
吸收塔	全塔及内构件	塔壁复合层或涂层镀层、支撑梁	污垢状况；腐蚀状况；内部破损；连接配管、塔壁内构件测厚	目视检查；电火花检查；锤击检查；测厚
石灰石浆液系统	浆液管线、泵体、阀门	浆液喷嘴、水珠分离器等内构件、浆液循环泵蜗壳、叶轮	污垢状况；腐蚀状况；内部破损	目视检查；测厚
烟道	烟道、膨胀节及附属件	烟道、膨胀节、复合层、涂层或镀层	污垢状况；腐蚀状况；内部破损；连接配管；厚度测定	目视检查；电火花检查；测厚

第四节 典型腐蚀案例

一、醇胺法脱硫装置

[案例 17-1] 重沸器壳体腐蚀

背景：国内某炼油厂处理延迟焦化和重油催化的干气和液化气脱硫的再生塔底重沸器。

结构材料：重沸器型号为 BJS1100-1.6-435-6/19-2；型式为卧式热虹吸循环式；壳程材质为 20R；管程材质为 0Cr18Ni9；壳程介质为浓度为 25%半贫液，含有少量 H_2S 和 CO_2；管程介质为 0.5MPa 饱和蒸汽；操作温度为 125℃。

失效记录：重沸器出口处壳体、内封头等贫液冲击区大面积严重腐蚀减薄并呈冲刷状痕迹，腐蚀呈点状和坑状分布，蚀坑深度严重部位达 4～5cm，多处穿透或穿孔。见图 17-5。

图 17-5 重沸器壳体贫液出口端的腐蚀形貌

失效原因及分析：甲基二乙醇胺溶液对金属有一定的缓蚀作用，但在循环使用过程中，由于降解、聚合氧化的作用，会导致溶液中生成某些腐蚀性污染物。虽然设备在 $RNH_2-CO_2-H_2S-H_2O$ 介质中的腐蚀主要是钢材与 CO_2 的反应，但污染物对钢材与 CO_2 的反应有一定的促进作用。

(1) 胺降解产物。甲基二乙醇胺与二氧化碳不可逆反应的聚胺型物质是促进设备腐蚀的降解产物。

(2) 氧。胺液中带氧会增加胺的降解，主要是溶液储罐没有进行 N_2 保护，有空气进入，在氧化作用下生成有机酸对碳钢的腐蚀比较严重。在溶液的使用过程中，再生段的解析酸气会携带大量水分，造成溶液水分损失，需要补充蒸汽和软水，在补充水分的过程中有氧和重金属离子被带入。

(3) 酸水回流。在溶液降解以及生产过程中，添加的阻泡剂以及设备管件中的油脂等，都会对设备的腐蚀起促进作用。

(4) 进入脱硫塔的原料气在开采和管道输送过程中，大量的铁屑、凝析油及管道腐蚀物（以 FeS、FeO 为主）随着高压、高流速的原料气进入吸收塔污染溶液，加剧了设备的腐蚀。另外再生塔重沸器管束上方壳程的空间较小，溶液受热发生汽化相变后体积急速膨胀，分子运动速率加快。由于管束上方壳程没有足够大的空间，气、液分离效果差且对壳体和内封头的冲击作用强。当重沸器出口端处于高速两极流动时，会对出口处及其周围产生剧烈的冲刷，不仅直接对设备产生冲刷腐蚀，而且将附着在设备表面的 $FeCO_3$ 和 $Fe(HCO_3)_2$ 等腐蚀产物形成的保护膜冲刷掉，从而加重了设备的腐蚀。

解决方案和建议：

(1) 对重沸器的结构进行调整，更换成平板管箱重沸器，增大了壳体内管正上方的空间。蒸汽空间的增大有利于气、液相的分离，减弱了对重沸器的冲击作用。

(2) 减少降解产物。严格按工艺参数进行操作，再生塔液位 50%～80%，酸气压力 0.04～0.08MPa，再生塔压差 5～20kPa，MDEA 贫液 H_2S 含量≤0.1g/L、CO_2 含量≤0.1g/L，再生塔顶温度 95～100℃，再生塔底温度 115～120℃，以防止 MDEA 超温分解和质量不合格。在配制溶液时，采用凝结水配制，不允许使用工业水。在向溶液系统中补充软水或凝结水以及外加阻泡剂、补充新溶液时，杜绝空气的引入，以进一步防止胺液的氧化降解。加强溶液的定期分析，随时掌握溶液的降解动态。降解产物含量达到一定值时（即通过调整 MDEA 贫液循环量都无法保证产品气质量时)，应更换新溶液或进行溶液再生。加强溶液过滤，降低 Fe^{2+} 含量溶液过滤系统在 MDEA 闪蒸塔富液出口设置了袋式过滤器和活性炭过滤器(每季度定期更换活性炭)。过滤器串联使用可去除溶液中的杂质和降解产物。

(3) 将壳体材料更换为碳钢+0Cr18Ni10 复合钢板材料。

(4) 消除有害阴离子的影响：增上脱热稳态盐设施。

(5) 加强工业分析，按照设计值保证胺液浓度和硫化氢的浓度，胺液不能超温；贫液的热稳态盐、浓度、硫化氢浓度长期超标的要进行相应的技改技措。

(6) 定点测厚定点测厚(脉冲涡流扫查+超声波测厚)应有的放矢，重点在再沸器前后，贫富胺换热器的出入口，酸性气冷却器、空冷器等部位。一些高空、偏远距离弯头增设在线测厚腐蚀监测。

[案例 17-2] 贫富液换热器富液侧腐蚀

背景：国内某炼油厂贫富液换热器处理柴油加氢装置来的干气脱硫。该换热器为浮头式管壳换热器，用于溶剂再生装置再生塔进出醇胺液的热量交换，即用温度高的经再生塔脱除硫化氢和二氧化碳的醇胺贫液加热温度低的富含硫化氢和二氧化碳的醇胺富液。

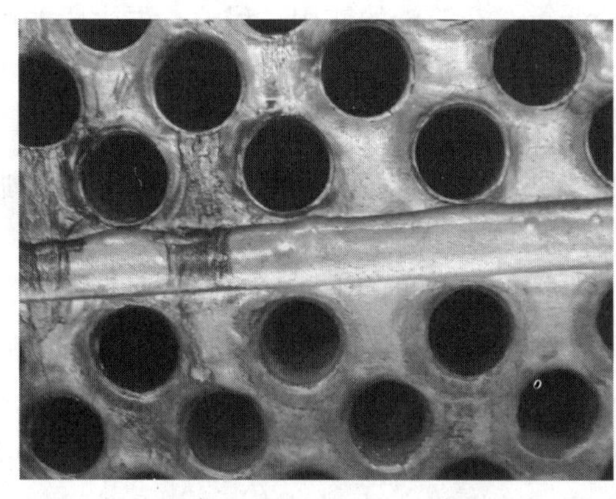

图 17-6 贫富液换热器富液的出口端的腐蚀形貌

结构材料：

换热管规格 ϕ25mm×2.5mm，材质为 10 号碳钢。壳程介质：浓富液。管程介质：贫液。操作温度：壳程最高 120℃，管程最高 90℃。

失效记录：损坏严重的管子位于壳程靠近热流体进口侧暨管程冷流体热端出口的部位。表现为管程管束出口处的冲刷腐蚀减薄，有的已腐蚀成薄纸片状，内径已由原来的 20mm 扩径到 24mm。见图 17-6。

失效原因及分析：腐蚀引起扩径的管子都位于热流介质的入口和冷流介质的出口端，脱硫系统正常操作工况下再生塔顶温度控制在 95~100℃，再生塔底温度控制在 115~120℃。当再生塔底温度操作在 120℃以上(实际为 122~123℃)时，酸性气负荷增大，随着温度升高，富液中的硫化氢提前在出口端解吸出来，形成气液两相而造成冲刷腐蚀，宏观表现为管口端的腐蚀减薄扩径。

解决方案和建议：

(1) 系统不能超负荷，控制富液中酸性气负荷，提高胺液循环量，控制换热器富液的出口温度，并进行热处理。

(2) 可考虑采用 304 不锈钢管束。

[案例 17-3] 重沸器管束外表面腐蚀

背景：国内某炼油厂处理延迟焦化和重油催化的干气和液化气脱硫，其工作方式从再生塔底降液槽静压流出的半贫液由重沸器下部进入重沸器，经饱和蒸汽加热后，部分贫液受热汽化形成气液混合物，密度变小，从而在再生塔半贫液出口和贫液入口产生静压差，胺液自然循环返回再生塔。

结构材料：再生塔底重沸器型号为 FLB1100-330-16-4Ⅱ，结构形式为卧式热虹吸循环式，壳程材质为 20R，管程材质为 10 号碳钢，壳程介质为浓度 45% 的 MDEA 半贫液，含有少量的 H_2S 和 CO_2，管程介质为饱和蒸汽，操作温度 120℃。

失效记录：上部管束距离 MDEA 溶液出口位置附近腐蚀极其严重，表面局部覆盖有黄色和黑色的混合腐蚀产物；下部管束表面覆盖有层状的灰白色沉淀物，剥离垢层后基体表面发现明显腐蚀现象。见图 17-7。

图 17-7 再生塔底重沸器管束外表面腐蚀形貌

失效原因及分析：在重沸器壳程出口处取出少量 MDEA 贫液，对贫液中热稳定性盐元素成分进行检测，结果见表 17-6。

表 17-6 MDEA 贫液中热稳定性盐检测结果 %(质量)

项目	H_2O	RNH_2	Cl^-	NHO_3^-	SO_4^{2-}	无机杂质	其他
含量	76.68	21.36	0.11	0.05	1.65	0.12	0.03
标准含量			≤0.05		≤0.05		

从表 17-6 可以看出，MDEA 贫液中热稳定性盐的 Cl^- 和 SO_4^{2-} 含量均严重超标，表明换热管束存在热稳定性盐腐蚀。热稳定性盐的阴离子很容易取代 FeS 上的 S^{2-}，并与 Fe^{2+} 结合成可溶性盐，从而破坏 FeS 保护膜的致密性，造成管束严重点蚀。

解决方案和建议：

(1) 增设脱热稳态盐设施，降低贫液中热稳定性盐含量，管线进行热处理，溶剂的配制及溶剂系统的补水均采用除氧水。溶剂缓冲罐设氮气保护系统，避免溶剂氧化变质。

(2) 可考虑采用 304 不锈钢管束，壳体采用 304 不锈钢复合钢板。

[案例 17-4] 再生塔底腐蚀

背景：国内某炼油厂处理延迟焦化的干气和液化气脱硫的再生塔。

结构材料：

再生塔形式：单溢流浮阀塔。塔壁材质：20R。塔盘材质：Q235A. F。工作介质：酸

图 17-8　再生塔塔底的腐蚀形貌

性气、二乙醇胺。

失效记录：再生塔底腐蚀为大面积的腐蚀凹坑，凹坑连成片。见图 17-8。

失效原因及分析：胺液与原料中的酸性组分反应生成盐，常见的有盐酸盐、硫酸盐、甲酸盐、乙酸盐、草酸盐、氰化物、硫氰酸盐和硫代亚磺酸盐。H_2S 及 CO_2 与胺液反应形成相对较弱的盐在加热时会分解（溶剂再生原理），而原料中其他的酸性组分与胺液生成的盐在再生加热时不会分解，这类盐统称为热稳定性盐。氯离子、硫酸根、硫氰酸根、草酸根能形成相对较强的酸，在加热时基本不会分解。甲酸盐、乙酸盐、硫代亚磺酸盐在加热时会部分分解，但是在胺液再生的工况下不会分解，然而它们在再生塔底（温度相对较高）可能会发生部分分解，从而造成再生塔底部的化学腐蚀，即铁直接与酸发生化学反应造成腐蚀。由于形成热稳定性盐的阴离子很容易取代硫化亚铁上的硫离子，和铁离子结合，从而破坏致密的硫化亚铁保护层，造成设备腐蚀。而且热稳定性盐都是由颗粒状不溶固体颗粒组成，这些固体颗粒的存在对设备表面存在很大的冲蚀作用，加剧了溶剂再生系统设备及管道的腐蚀。这些盐的存在，改变了金属表面的电极电位，也促进了 H_2S 和 CO_2 对设备的腐蚀。

解决方案和建议：

（1）塔内壁可考虑采用不锈钢复合钢板。

（2）增设脱热稳态盐设施。

［案例 17-5］贫液管线腐蚀

背景：国内某炼油厂处理加氢裂化的干气和液化气，贫液空冷器的出口管线。

结构材料：

管线操作压力：0.3MPa。操作温度：60℃。管内介质：贫液。管子材质及规格：20 号钢，$\phi 275\times8$mm。

失效记录：贫液空冷器出口管线的焊缝出现大面积开裂。裂纹发生在管线弯头的焊缝或焊缝附近，且均为环向裂纹。将含裂纹的试样内外表面去锈除污后，进行着色探伤检查，发现内壁最长裂纹长度达 200mm，部分已穿透，多数裂纹是从未焊透处起裂的。见图 17-9。

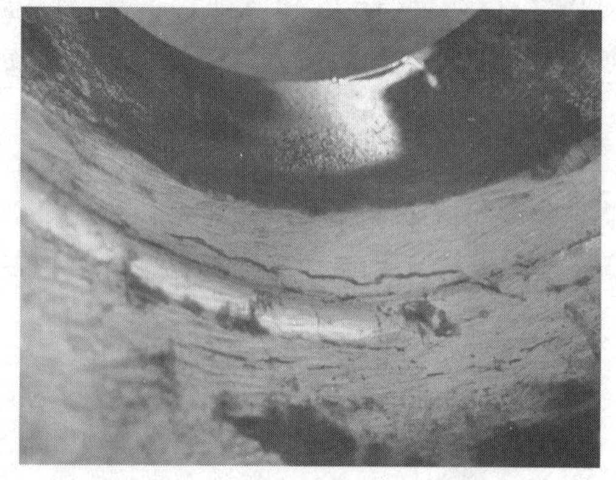

图 17-9　贫液管线的腐蚀形貌

失效原因及分析：由腐蚀试样的解剖分析表明，管道上的裂纹有以下特点：①裂纹部位处在焊缝和焊缝附近；②裂纹部位在应力较大的区域；③宏观上裂纹扩展比较齐平；④裂纹断口上有二次裂纹，并呈树枝状扩展；⑤腐蚀部位宏观上未见明显塑性变形；⑥断口上含硫量高，并覆盖着一层硫化物腐蚀产物。这些特征说明裂纹是由含硫介质引起的应力腐蚀所致。其原因主要有以下三个方面：贫液中一定量的硫化氢为应力腐蚀提供了环境条件。操作温度又在60~90℃之间，这是碳钢在硫化氢介质中应力腐蚀较敏感的温度范围，给应力腐蚀开裂创造了介质条件。弯头焊缝附近高的拉伸应力促进了硫化氢腐蚀开裂。裂纹发生在焊缝上和焊缝附近，且与焊缝平行，这是因为轴向焊接残余应力和工作应力之和大于环向应力所致。弯头焊缝部位的拉伸应力由内压引起的薄膜应力、温差产生的热应力、焊接残余应力叠加而成，使裂纹部位的应力很高，因此产生应力腐蚀的应力条件是十分明显的。管道存在的焊接缺陷成为应力腐蚀裂纹源。管道焊缝内壁存在未焊透等表面缺陷，这些表面缺陷的存在，既产生了应力集中，又成为应力腐蚀开裂源，溶液易在这些地方滞留，使硫化氢浓度增加，加剧腐蚀。

解决方案和建议：管线应进行焊后消除应力热处理，控制焊缝和热影响区的硬度不超过200HB。

二、烟气脱硫装置

[案例17-6] 烟道膨胀节腐蚀

背景：国内某炼油厂处理催化烟气的膨胀节。

结构材料：膨胀节材质为1Cr18Ni9Ti，工作温度为640~690℃，工作压力为0.18~0.20MPa，工作介质为烟气。

失效记录：运行期间膨胀节中、下部波峰、波谷多处发生腐蚀，并渗出绿色胶状物质及黄色掺杂物。刮除腐蚀产物后，可发现腐蚀部位皆是肉眼难以看清的小蚀孔，从其中泄漏烟气，孔径也逐渐扩大。见图17-10。

失效原因及分析：不同的原油和不同的加工工艺，烟气成分不尽相同，但主要是CO、CO_2、O_2、N_2、H_2S、SO_2、H_2O等，其中起腐蚀作用的SO_2、H_2S、H_2O和O_2等。当膨胀节波纹管外部无保温，且膨胀节内烟气基本处于静止状态时，因波纹管持续向环境散热，导致波纹管处温度逐步下降，并低于烟气露点温度，最终在波纹管内壁形成酸的露点腐蚀。

图17-10 催化烟气膨胀节的腐蚀形貌

解决方案和建议：

(1) 考虑用蒸汽伴热，并在波纹管外部采用保温套，提高表面温度至露点温度以上。

（2）设计时考虑将膨胀节竖直安装，避免积液。

（3）根据膨胀节使用环境，选用更好的波纹管材质，如Inconel625、NS1402。

［案例17-7］吸收塔烟气进口处腐蚀

背景：烟气进入脱硫塔之前温度较高，约400℃，所以在进入脱硫塔之前需进行喷淋降温，一方面降低烟气温度，便于后续脱硫；另一方面吸收部分硫化物及烟气中的杂质颗粒。

图17-11　吸收塔烟气进口的腐蚀形貌

失效记录：吸收塔烟气进口处腐蚀严重，出现大面积腐蚀孔洞。见图17-11。

失效原因及分析：此处烟气温度较高，浆液蒸发及烟气飞灰湿化黏贴在烟气入口处并不断累积而使得此处的结垢严重，此处的高温、低pH值、高Cl^-、烟气流速高、颗粒物含量高以及严重的结晶及结垢，使得此处的腐蚀严重。

解决方案和建议：

（1）选择综合性能较好的合金材质，如C276，AL6XN，Alloy 20等，或采用碳钢+高温玻璃鳞片+局部防腐加强。

（2）为防止结垢，可增设喷淋水设施，但此时水耗将大大增加。

［案例17-8］吸收塔干湿交界区腐蚀

背景：吸收塔干湿交界部位。

失效记录：吸收塔干湿交界处腐蚀较为严重，塔壁的防腐层破坏更为严重，尤其是在焊缝缺陷处表现更为突出。见图17-12。

失效原因及分析：该区域干湿交替，冷热交替，低pH值使得此处的腐蚀较为严重。一方面此处干湿交替，结晶腐蚀更容易发生；另一方面此处的溶液pH值较低，结合塔底吹入的氧化风，使得此处介质为富氧环境，结合溶液中的Cl^-，对塔壁的防腐层破坏更为严重，尤其是在焊缝缺陷处表现更为突出。

图17-12　吸收塔干湿交界区塔壁的腐蚀形貌

解决方案和建议：为保证焊接质量，焊前应采用机械抛光和丙酮清洗焊接区，层（道）间的清理应采用专用不锈钢丝清理，焊缝清根要彻底。焊接时应防止黏附焊接飞溅，宜采用多层、多道焊，采用较小的焊接线能量、控制层间温度。焊接后保证内部焊缝必须是光滑的，且设备内表面无任何飞溅及焊渣。

[案例 17-9] 吸收塔与烟囱过渡段及附件的腐蚀

背景：吸收塔与烟囱过渡段及附件。

失效记录：吸收塔与烟囱过渡段及附件腐蚀严重，此处玻璃鳞片已出现鼓包现象，碳钢膨胀节为 316L 复合板结构，已发生腐蚀穿孔。见图 17-13。

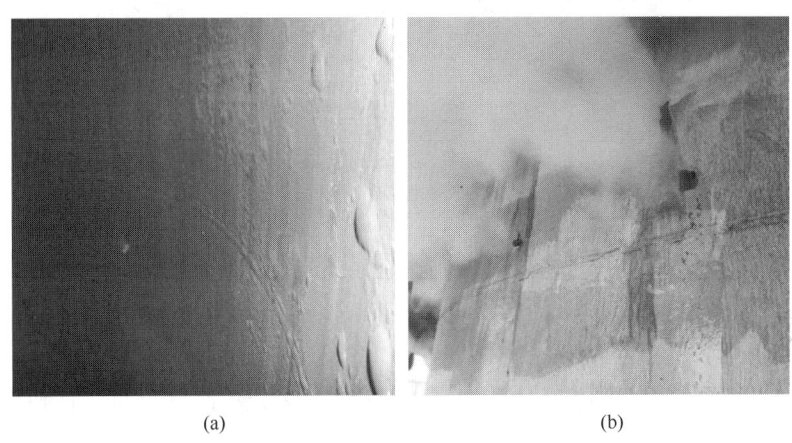

(a) (b)

图 17-13 吸收塔与烟囱过渡段及附件的腐蚀形貌

结构材料：烟囱内部涂玻璃鳞片结构，碳钢膨胀节为 316L 复合板结构。

失效原因及分析：湿法烟气脱硫系统对 SO_2的脱除率很高可达到 90%以上，但对 SO_3、HCl、HF 等酸性气体的脱除率较低，大约为 20%~50%。因此，净烟气中仍含有多种酸性气体。湿法脱硫烟气中水分含量高，烟气湿度很大，烟气温度只有 40~50℃，远远低于硫酸和亚硫酸的露点温度，进入烟囱变径段接近于饱和状态的烟气很快形成酸性液滴，并在烟囱壁上凝结成以硫酸和亚硫酸为主含大量 Cl^-的稀酸液滴。另外脱硫后的净烟气温度低，上抽力小，流速慢，容易产生烟气聚集，使烟囱内部出现正压区，这样会对筒壁产生渗透压力，如果此处采用非金属防腐，容易造成烟囱内壁致密度差的材料被酸性液体渗透，进而腐蚀烟囱的承重结构，影响结构的耐久性。

解决方案和建议：

(1) 升级材料为耐蚀合金材料，如 2507 等，以利于设备长周期运行。

(2) 对酸性水进行收集引流出塔。

[案例 17-10] 内件支撑梁的腐蚀

背景：内件支撑主要指各喷淋层、除雾器等的支撑梁，在支撑梁与塔壁接触的上表面可能存在死区，使得此处溶液不易流动，储存更多的酸性气体及烟气中的 Cl^-。

失效记录：内件支撑梁与塔壁接触区腐蚀性极强，见图 17-14。

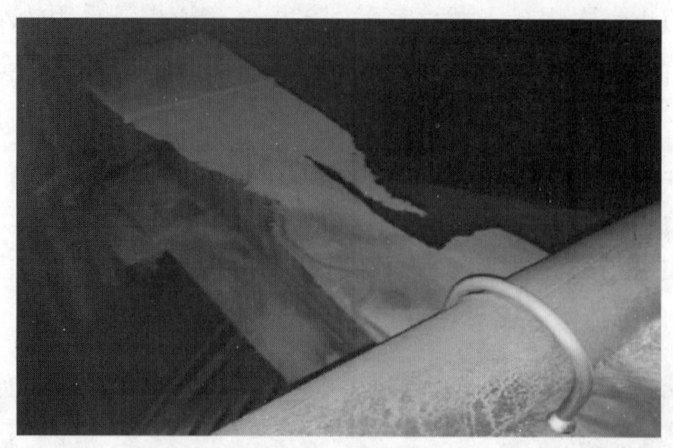

图 17-14　内件支撑梁的腐蚀形貌

失效原因及分析：支撑梁与塔壁接触的上表面存在死区，使得此处溶液不易流动，储存更多的酸性气体及烟气中的 Cl^-，造成腐蚀性极强；所以应优化喷淋装置，尽量避免死区。另一方面，当上部喷淋层有堵塞或者喷淋不均匀时，如果产生的液滴恰好不停地打在梁上，会逐渐破坏梁的防腐层，进而使梁发生腐蚀。

解决方案和建议：

(1) 设计该支撑梁时应采用较窄的结构，这样不仅节省材料，而且有利于减小死区。

(2) 可以在梁的上表面铺设 PP 板，防止液滴冲刷。

CHAPTER 18 / # 第十八章 酸性水汽提装置腐蚀与防护

第一节 典型装置及其工艺流程

一、装置简介

酸性水汽提装置主要目的是为处理炼油厂各工艺装置排除的酸性水，以除去酸性水中含有的 H_2S、NH_3等污染性介质。汽提出的含 H_2S 及 NH_3酸性气送至硫黄回收装置生产硫黄，从而满足环保要求。处理后的净化水可作为原油电脱盐、各装置注水等工艺水回用，可以达到降低全厂水耗量，并减少污水排放量等目的。

不同的炼油工艺装置，因其原料、加工目的和采用的技术不同，产生的酸性水的组成也有差异。国外通常将炼油厂产生的酸性水分为三类：非酚酸性水、含酚酸性水、脱盐罐酸性水。非酚酸性水通常仅含有硫化氢和氨，主要来自加氢裂化、加氢处理等装置，常将其称作加氢型酸性水。非酚酸性水经汽提处理后杂质含量低，可作为注入冲洗水送回工艺装置回用。含酚酸性水通常来自常减压、催化裂化、焦化等装置，常将其称作非加氢型酸性水，其中除硫化氢和氨之外，还含有酚类、氰类等其他杂质。这些杂质无法通过汽提完全除去，并且通常具有腐蚀性，对催化剂有毒害作用。因此，含酚酸性水经汽提后一般只能送去原油脱盐罐回用或送往污水处理场处理。脱盐罐酸性水含有大量的盐类、悬浮的固体、污垢等杂质。在汽提塔相对较高温度环境下，脱盐罐酸性水中的盐类会发生作用从水中沉淀析出，迅速堵塞塔板，因此脱盐罐酸性水通常不做汽提处理而直接送污水处理场。

二、主要工艺流程

目前应用较多的酸性水汽提装置工艺流程主要有三种：单塔低压汽提工艺、双塔加压汽提工艺、单塔加压侧线抽出汽提工艺。单塔低压汽提工艺是在约 0.1MPa 压力下单塔处理酸性水，硫化氢和氨同时在塔顶被汽提出来。酸性气是硫化氢和氨的混合气体，送至硫黄回收装置回收硫黄，氨在酸性气反应炉内氧化分解成氮气。双塔加压汽提工艺是在加压状态下(硫化氢汽提塔约 0.5MPa，氨汽提塔约 0.25MPa)，采用双塔分别汽提酸性水中的硫化氢和氨。硫化氢酸性气送至硫黄回收装置回收硫黄，富氨气经精制、压缩后生产副产品液氨。单塔加压侧线抽出汽提工艺是在约0.5MPa压力下采用单塔处理酸性水，侧线抽出富氨气并进一步精制回收液氨。本质上，单塔加压侧线抽出汽提工艺和双塔加压汽提工艺没有区别，只是将双塔汽提流程中的硫化氢汽提塔和氨汽提塔重叠在一个塔内实现两个塔的功能。

现以某炼油厂单塔加压汽提为例，来简述其工艺原理和流程。通过蒸汽加热促使含硫污水中硫氢化铵水解为H_2S和NH_3分子，利用H_2S相对挥发度比NH_3高而溶解度比NH_3小的特性分离H_2S气体与NH_3气，通过不断由塔顶抽出H_2S，侧线抽出NH_3，使硫氢化氨不断水解，液相中H_2S和NH_3分子不断进入气相并分离，推动单塔侧线汽提连续生产的进行。具体如下：热进料与侧线抽出富氨气、塔底净化水、重沸器余汽依次换热后温度可以达到150℃以上，在塔上部入塔，此温度远远超过硫氢化铵电离反应与水解反应的拐点温度(110℃)，H_2S、NH_3均以游离的分子态存在于热料中，汽提塔内操作压力比进料管中低，热进料进塔后由于减压闪蒸及塔顶的抽提作用，H_2S与NH_3由液相转入气相向塔顶移动。

从塔顶打入温度为30℃左右的冷进料，保持塔顶温度小于40℃，由于NH_3比H_2S易溶于水，所以下行的冷进料不断将向上移动的混合气体(H_2S和NH_3)中的NH_3吸收，而H_2S很少被吸收，塔顶抽出含H_2S浓度较高的酸性气。塔底用蒸汽加热，保持塔底温度160~170℃，使污水中的NH_3、H_2S全部被汽提出，获得合格净化水。

塔下部汽提出的H_2S和NH_3不断上升，塔顶部NH_3被冷进料吸收而下行，塔中部形成一个NH_3浓度较高的密集区，在此处将富氨气抽出，再经三级降温、降压、高温分水、低温固硫的分凝工艺，制得纯度较高的氨气。

图18-1为酸性水汽提典型工艺流程。

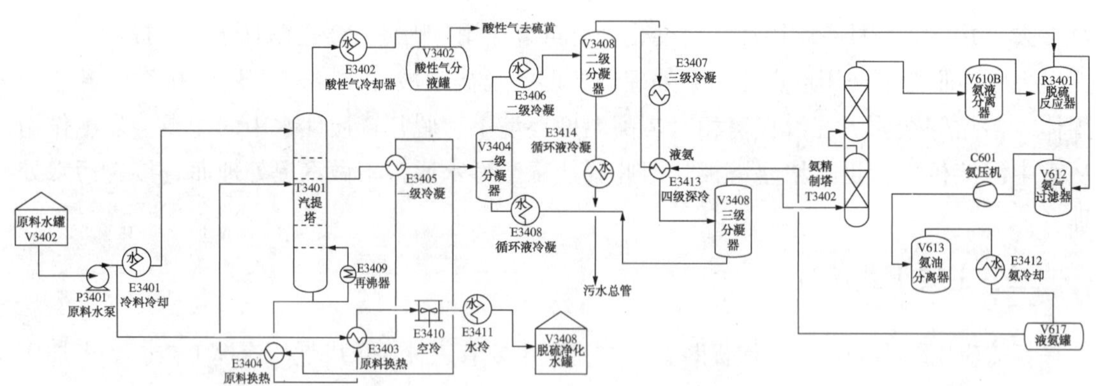

图18-1 酸性水汽提典型工艺流程

第二节 腐蚀体系与易腐蚀部位

一、腐蚀体系

(1) 湿硫化氢腐蚀。主要部位是汽提塔顶酸性气系统、回流系统、原料污水罐和酸性水进汽提塔的管线上，表现为均匀腐蚀与垢下腐蚀、硫化氢应力腐蚀、氢致开裂、设备和管线的壁厚均匀减薄或局部腐蚀穿孔。酸性水中的 H_2S、CN^- 等可能引起某些钢材的应力腐蚀开裂和氢鼓泡，如碳钢设备的焊缝开裂、脱 NH_3 汽提塔泡帽塔盘 0Cr18Ni9 不锈钢固定螺栓的断裂、塔顶回流罐和进料缓冲罐等部位可能产生氢鼓泡等。

(2) 铵盐冲蚀、堵塞。在酸性水进料系统、汽提塔顶酸性气系统和回流系统普遍存在。由于 NH_4HS、NH_4HCO_3 或氨基甲酸铵结晶而造成对管道和设备的冲蚀、堵塞。当 NH_4HS 浓度高，流体流速也高时，即使是较为耐蚀的材料也会发生冲蚀。一般塔顶部位的堵塞是由于 NH_4HS 等盐类、多硫化物以及腐蚀产物的沉积造成的。塔底的堵塞主要是由于碳酸盐沉积，特别是当酸性水与脱盐水或者钙、镁含量高的新鲜水混合时容易产生。

(3) 双塔汽提流程净化水送出管线及后路有单质硫结垢堵塞严重，原因是进入脱氨塔后随着氨的逐渐脱出，水质逐渐呈酸性，$S_2O_3^{2-}$ 和多硫化物在酸性条件下会分解生成硫黄。另外，当脱 H_2S 汽提塔塔顶温度过低(低于 19℃以下)，H_2S 与水生成水合物 H_2S-$6H_2O$，容易造成管线堵塞。结晶温度与氨的含量有关，为避免在低的温度下结晶，设备与管道应保温。

(4) 双塔汽提工艺中，氨汽提塔再沸器介质为净化水，其组分含有 SO_3^{2-}、Cl^-、NH_4^+ 以及微量 NH_3、H_2S。换热管束的受热面由于蒸发，在换热管束中形成硫酸盐等酸碱盐沉积物，结垢后，发生了氯离子腐蚀，造成换热管腐蚀。

(5) 含酚酸性污水，对常温固化的环氧、呋喃、酚醛类涂层的溶解，加上水的渗透性，使有机涂层的分子结构发生溶胀、断裂。腐蚀的主要部位在罐底与罐壁，表面形态主要是靠近焊缝附近(甚至在母材本身)出现穿透性裂纹。因此涂料的选择与施工质量十分关键。

二、易腐蚀部位

由于酸性水是一种单溶质挥发性弱电解质溶液，其腐蚀性随化学组成而变化。不同类型的汽提装置由于化学组分和操作条件不同，其腐蚀程度也相差很大。

易腐蚀部位汇总见表 18-1。

表 18-1　酸性水装置易腐蚀部位、腐蚀机理和腐蚀类型

部位编号	易腐蚀部位	常用材质	腐蚀形态
1	原料水入口管线	20 碳钢，304	NH_3-HCl-H_2S-H_2O 腐蚀
2	原料水罐	A3R	NH_3-HCl-H_2S-H_2O 腐蚀，应力腐蚀开裂
3	汽提塔入口管线	20 碳钢	NH_3-HCl-H_2S-H_2O 腐蚀
4	酸性气脱水罐	0Cr13，（304）	NH_3-HCl-H_2S-H_2O 腐蚀
5	双塔硫化氢汽提塔(上部)	304	NH_3-HCl-H_2S-H_2O 腐蚀 氯化物 SCC
6	酸性气管线	20 碳钢，（HIC）	H_2S-H_2O 腐蚀，应力腐蚀开裂
7	单塔硫化氢汽提塔(上部)	304，（复合板）	NH_3-HCl-H_2S-H_2O 腐蚀 氯化物 SCC
8	原料水/净化水换热器	壳程 0Cr13，管程 304	NH_3-HCl-H_2S-H_2O 腐蚀，应力腐蚀开裂
9	汽提塔(下部)	304，（复合板）	NH_3-HCl-H_2S-H_2O 腐蚀，应力腐蚀开裂
10	氨汽提塔再沸器	碳钢	酸碱盐垢下腐蚀
11	富氨气管线和氨冷却器	碳钢	NH_3-HCl-H_2S-H_2O 腐蚀，冲刷腐蚀
12	氨精制塔	16MnR	均匀减薄腐蚀

第三节　防腐蚀措施

一、工艺防腐

（1）控制酸性水管线及进塔流速，以控制腐蚀速率。H_2S 与 NH_3反应生成 NH_4HS，依然是腐蚀性较强的介质，当 NH_4HS 浓度高，流体流速也高时，即使是较为耐蚀的材料也会发生高的腐蚀率。因而其流速常限制在 6m/s 以下。酸性水进料线和回流循环线的进料速率宜控制在 0.9~1.8m/s，以尽量减少管线的冲蚀和腐蚀。汽提塔顶管线中气体的流速应低于 15.2m/s，以减缓冲蚀。

（2）汽提塔塔顶温度保持在 82℃以上，防止塔顶冷凝器由于 NH_4HS、NH_4HCO_3或氨基甲酸铵结晶引起的堵塞和腐蚀。塔顶的操作温度也不宜过高，过高的温度会增加酸性气中的含水量，增加下游硫黄回收装置的负荷，限制其处理能力，同时还存在降低反应炉火焰温度的风险。85℃是目前广泛采用的酸性水汽提塔塔顶操作温度，塔顶管线应做好伴热和保温，严格控制温度。提高脱 H_2S 汽提塔汽提压力，可使 NH_3在水中的溶解度提高，可消除或减少塔顶管线的结晶物。如果塔顶温度过低(≤19℃)，H_2S 和水生成 H_2S 水合物，容易堵塞管道。

（3）汽提塔塔顶系统可考虑注缓蚀剂来抑制 H_2S-H_2O 型腐蚀，最大限度地降低 H_2S

的腐蚀。要根据油品的腐蚀情况，原料水中 H_2S、氨氮含量的化验结果来决定注缓蚀剂量的大小。

(4) 如发现有结晶，塔顶冷凝器压降增加，可采取间断注水或用蒸汽加热的措施去除结晶物。H_2S 汽提塔底液变送器、玻璃板液位计、汽提塔流量计等引线需定期用水冲洗，防止 NH_4HS 结晶物堵塞。腐蚀严重时，可适当降低酸性水汽提深度，以降低酸性气中氨的浓度。

(5) 塔顶及塔顶管线应有保温措施，并可同时对管线进行蒸汽伴热，以防止汽相冷凝物的腐蚀。脱 H_2S 汽提塔液控阀、压控阀需加伴热线和保温措施。塔体接管和人孔等处也应保温，防止气体在无保温处冷凝产生腐蚀。

(6) 双塔汽提工艺中，为防止净化水系统腐蚀和堵塞，应尽量避免该系统与空气或其他氧化剂接触，以减少 $S_2O_3^{2-}$ 和多硫化物的生成；根据硫单质析出的机理，建议在脱氨塔前加注强碱中和剂，调节净化水系统的 pH 值保持碱性，防止硫代硫酸盐的分解。

(7) 空冷器风机的不均匀关停，容易造成空冷器温度场不均匀，出入口管线不对称分布容易造成偏流。对称设计能保证流体的合理分配，避免偏流，在设计时空冷需对称布置，出入口管线也需要完全对称。

(8) 停工时，用工业水切换原料污水并冲洗设备和管线。注意水不能串进酸性气和火炬线。不宜用压缩空气吹扫系统，防止发生腐蚀问题。

二、选材

(1) 装置主要设备和工艺管线如汽提塔、回流罐、原料缓冲罐以及冷却器、换热器的壳体、管箱等均可使用碳钢材料制造。与湿硫化氢接触的碳钢压力容器和管线，应进行整体消除应力热处理或管线焊缝的热处理，确保焊缝和热影响区的硬度 HB≤180。

(2) 常压储罐也可使用碳钢+防腐涂层(如环氧树脂玻璃钢、环氧树脂涂层、酚醛耐水耐温涂层、纳米涂层)，或在金属表面喷涂不锈钢或惰性材料来达到防腐蚀的目的。原料水罐中所来酸性水的腐蚀性介质含量波动较大，对原料罐的腐蚀影响也较大。腐蚀性介质包括 H_2S、NH_3 和杂酚，要特别注意杂酚对原料水罐防腐涂层局部的破坏作用较强。原料水罐在电解质条件下运行，一旦防腐涂层局部发生破坏，就会形成大阴极小阳极的腐蚀体系，加重防腐涂层破损部位的腐蚀。会导致罐体的局部开裂或穿孔，严重时会造成储罐的报废，因此，原料水罐内表面的防腐涂层要按重防腐方案来制定和实施。

(3) 单纯湿硫化氢腐蚀环境的换热器管束可选用 08Cr2AlMo、09Cr2AlMoRe。NH_4HS 浓度较高、流速较快部位可使用耐蚀结构材料(如 NS1402、双相钢)。容易堵塞的和造成腐蚀的部位或设备，如冷却器、换热器的管束，为便于清洗和延长管束的使用寿命，可以选用 Cr13 型、18-8 型不锈钢。

(4) 对酸性水的酸性凝液产生严重电化学腐蚀的部位，当工艺防腐措施无法实施或无可靠保证时，可选用 18-8 型奥氏体不锈钢。

三、腐蚀监检测

1. 与腐蚀相关的化学分析

分析酸性水进料、硫化氢汽提塔塔顶分液罐排出水、氨汽提塔塔顶分液罐排出水，分析项目见表18-2。

表18-2 酸性水汽提装置水相分析项目

项目名称	单位	最低分析频率	测定方法或标准
pH值		1次/周	pH计法(GB/T 6920—1986)
铁离子含量	mg/L	1次/周	HJ/T 345—2017
CO_2含量	mg/L	1次/周	氢氧化钡法
硫化物含量	mg/L	1次/周	HJ/T 60—2000
CN^-	mg/L	1次/周	HJ 484—2009
NH_3	mg/L	1次/周	HJ 535—2009
Cl^-	mg/L	1次/周	HJ/T 343—2007
含油	mg/L	1次/周	HG/T 3527—2008
酚	mg/L	1次/周	HJ 503—2009
COD		1次/周	GB/T 15456—2019

2. 定点测厚

加强对易腐蚀部位的定点测厚，频次为3~4次/年。重点部位如下：

(1) 原料酸性水管线。

(2) 汽提塔顶、空冷出口酸性气管线。

(3) 富氨气管线、氨冷却器出入口管线。

3. 腐蚀挂片与在线监测

汽提塔进料段和塔顶部位受物料流速及腐蚀性介质影响，腐蚀较重，可在该段挂腐蚀试片，监测腐蚀速率；也可在塔顶冷凝器的入口和出口、塔顶塔盘的液相区和气相区以及回流罐的液相区和气相空间分别安装腐蚀探针和氢探针。

4. 停工期间腐蚀检查

停工检修期间加强对易腐蚀部位的腐蚀调查，重点关注以下问题：①酸性水储罐防腐蚀涂层破损、鼓包。②汽提塔顶空冷、回流泵、系统碳钢出口管线的腐蚀(此部位腐蚀尤为显著)。③富氨气管线、冷凝器冲刷腐蚀。④如酸性水来自常减压、催化裂化、焦化等装置，由于原料水含油量较大，同时携带了大量的催化剂、焦粉进入装置，汽提塔塔盘、换热器和再沸器容易积垢。

第四节　典型腐蚀案例

[案例 18-1] 酸性水汽提塔内壁坑蚀

背景：某公司酸性水汽提装置 2008 年 6 月开始投产，采用单塔加压汽提工艺，设计规模 230t/h，实际处理量为 207t/h。2019 年进行了第三次停工大检修，发现酸性水汽提塔内壁出现坑蚀现象。

设备工况：酸性水汽提塔规格型号为 ϕ1600/ϕ2000×47000(切)×(10+3)×(12+3)mm，塔体材质为上段 20R+0Cr13Al 复合板，下段 20R，介质为酸性水、酸性气。汽提塔内壁腐蚀形貌见图 18-2 和图 18-3。

失效记录：顶数第 6 层塔盘处塔壁至塔底有不均匀蚀坑，深度在 0.5~1.8mm 之间。

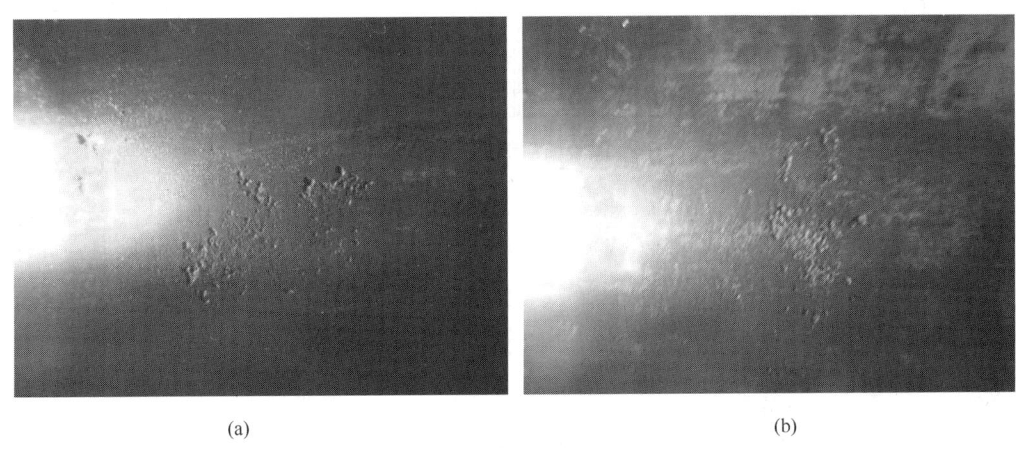

(a)　　(b)

图 18-2　酸性水汽提塔上段(20R+0Cr13Al 复合板)坑蚀形貌

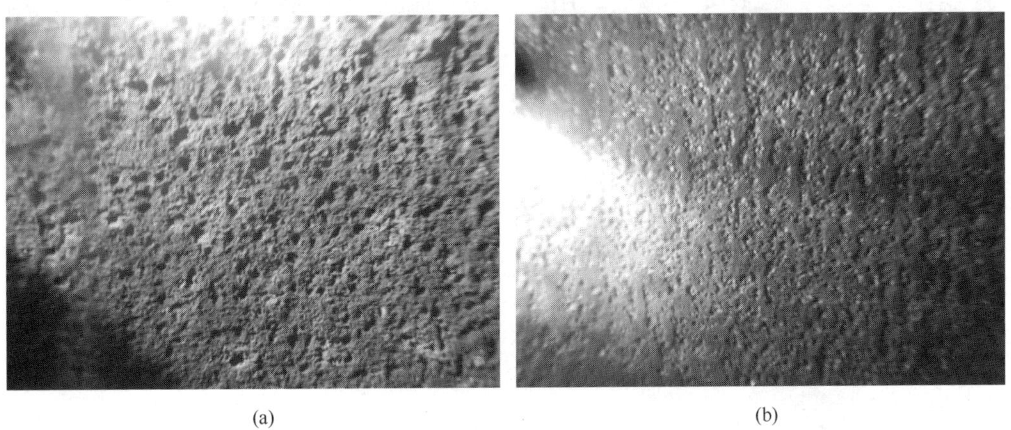

(a)　　(b)

图 18-3　酸性水汽提塔下段(20R)坑蚀形貌

失效原因及分析：湿硫化氢腐蚀。

解决方案和建议：暂不处理，下个运行周期对比观察，视发展情况制定修复措施。

【案例 18-2】原料水-净化水二级换热器均匀腐蚀+坑蚀

背景：某公司污水汽提装置于 1996 年建成投产，处理量 120t/h，2001 年该装置经扩能改造后处理量已达 200t/h。装置采用单塔加压侧线汽提工艺。2018 年检修发现装置原料水-净化水二级换热器 E604/E、E604/F 严重均匀腐蚀+坑蚀。

设备工况：设备结构、材质及运行工艺参数见表 18-3。

表 18-3　换热器设备及工艺参数

设备名称	原料水-净化水二级换热器	设备编号	E604/E
规格型号	BES900-4.0-120-6/25-2B	投用日期	—
管程材质	10	操作温度/℃	管程：107~150
壳程材质	16MnR		壳程：160~123
管程介质	酸性水	操作压力/MPa	管程：1.53
壳程介质	净化水		壳程：0.53

失效记录：E604/E、E604/F 两台换热器的管板清洗前表面有一层土黄色+黑色垢物，清洗后有 0.2~0.3mm 轻微点蚀。管子内部存在坑蚀，坑蚀深约 0.5~0.8mm。管束外表面大部分腐蚀轻微，部分位置存在密集坑蚀 0.3~0.5mm。E604/E、E604/F 两台换热器的筒体内入口管端中上部存在分散性的严重均匀腐蚀+坑蚀 3.0~5.0mm，长约 2500mm。筒体出口管周围均匀腐蚀+坑蚀 1.0~2.0mm。其他部位轻微点蚀。见图 18-4~图 18-8。

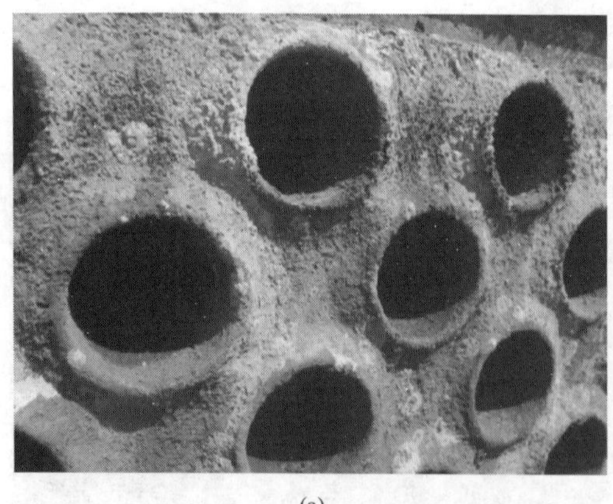

(a)

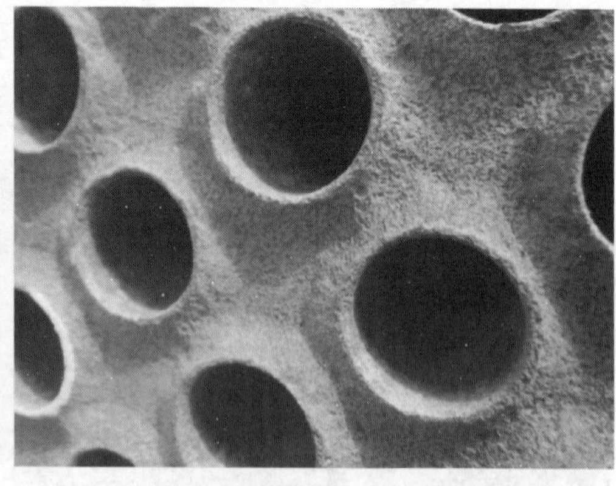

(b)

图 18-4　管板清洗前、后形貌

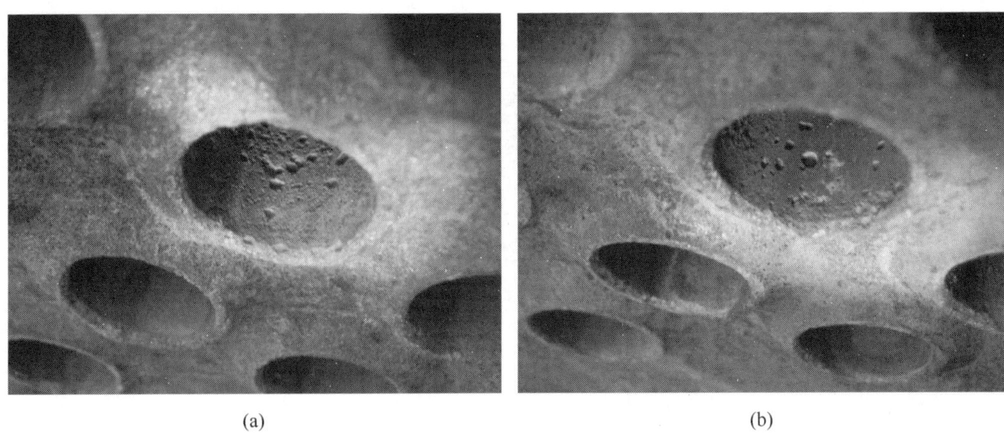

(a) (b)

图 18-5 管子内部存在坑蚀，坑蚀深约 0.5~0.8mm

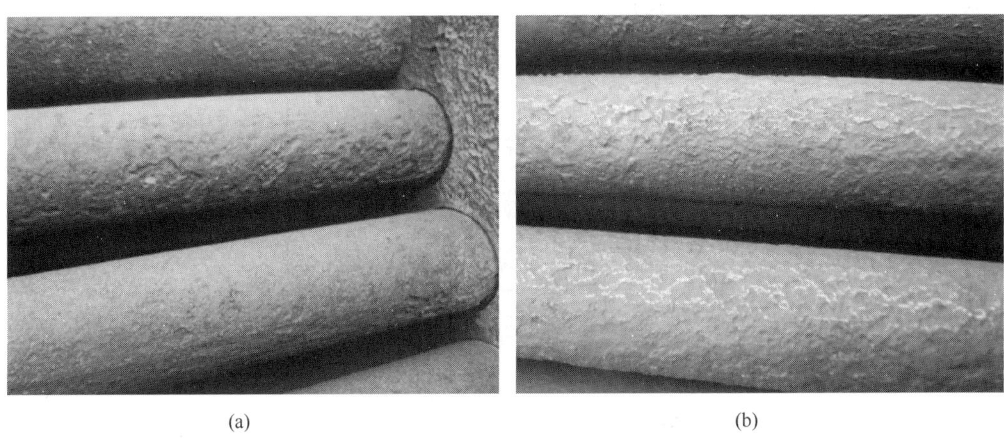

(a) (b)

图 18-6 管束外表面密集坑蚀 0.3~0.5mm

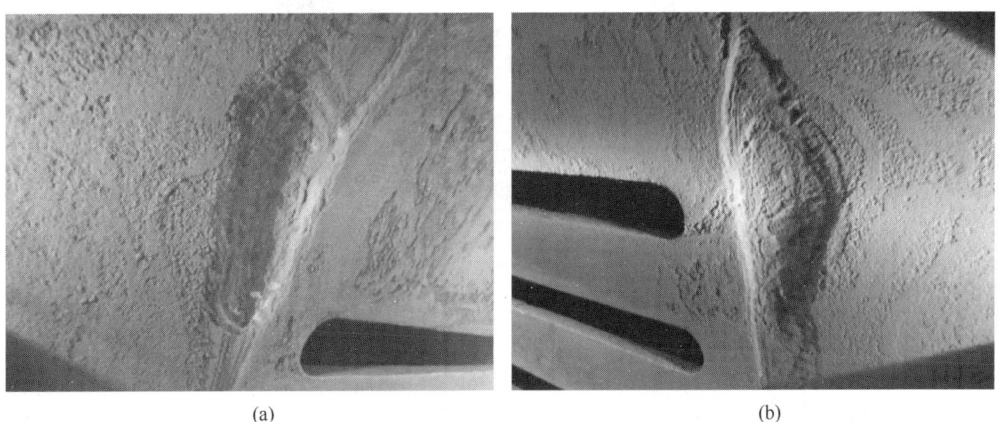

(a) (b)

图 18-7 E604/E 入口管端筒体中上部存在严重均匀腐蚀+坑蚀 3.0~5.0mm

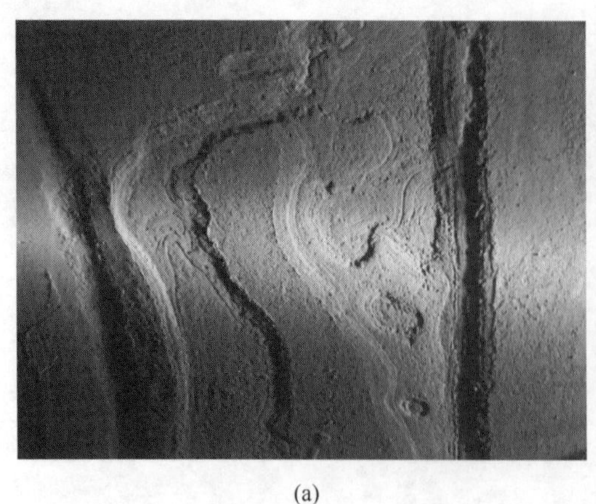
(a)

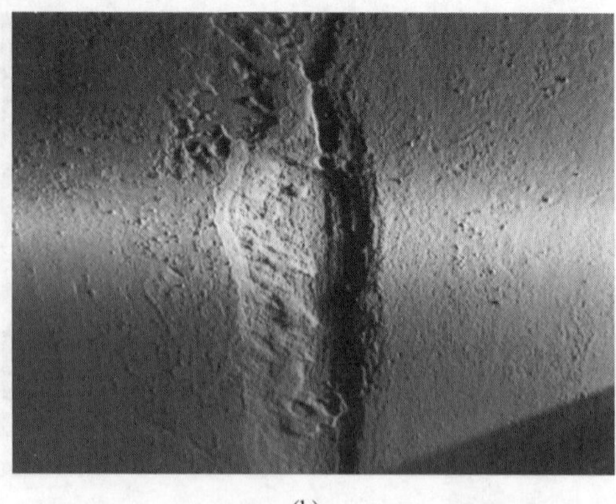
(b)

图 18-8　E604/F 入口管端筒体中上部存在严重均匀腐蚀+坑蚀 3.0~5.0mm

失效原因及分析：NH_3-HCl-H_2S-H_2O 腐蚀。

解决方案和建议：

（1）更换管束，在无备管的情况下，先对腐蚀严重管子进行堵管，同步进行备管。

（2）在筒体外部的入口管周围进行贴板补焊，筒体同步备货更换。

（3）进出口管拆除保温进行检查。

［案例 18-3］污水换热器管程接管焊缝应力腐蚀开裂

国内某厂酸性水汽提装置污水换热器管程接管焊缝发生应力腐蚀开裂。在不能停工进行彻底处理的情况下，进行了打磨、补焊、贴板补强处理。见图 18-9。

图 18-9　污水换热器管程接管焊缝应力腐蚀开裂

解决方案和建议：

（1）采用碳素钢或强度较低的合金钢制造设备。

（2）设备制造完毕后，进行整体消除应力热处理或管线焊缝的热处理。保证焊缝和热影响区的硬度不大于 HB200。

[案例 18-4] 酸性水储罐顶腐蚀穿孔

储罐顶腐蚀情况见图 18-10。

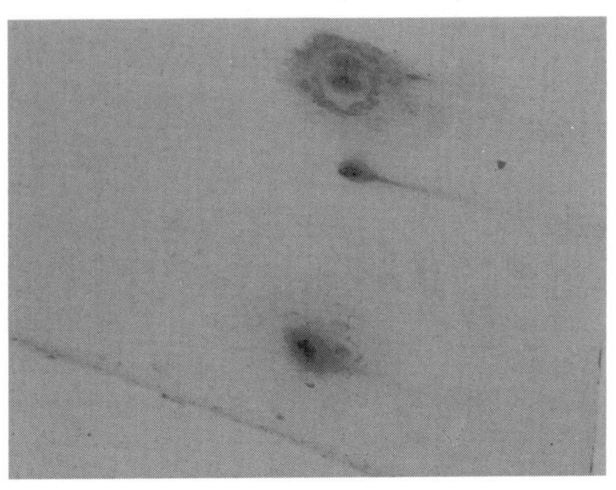

图 18-10 酸性水储罐顶腐蚀穿孔

解决方案和建议：

(1) 采用镇静钢制造储罐，设计时考虑 2mm 的腐蚀裕度。

(2) 储罐内壁和顶部内壁实施牺牲阳极保护+涂装环氧玻璃鳞片涂料或实施环氧玻璃钢衬里(壁板可同时实施牺牲阳极保护)。

[案例 18-5] 空冷器出口管线腐蚀减薄

背景：某石化公司酸性水汽提装置 2009 年 3 月投产，主要处理各个装置送来的加氢型酸性水，由于酸性水含有较高浓度的 H_2S、NH_3 等挥发性弱电解质，该装置汽提塔顶空冷及回流泵系统碳钢出口管线的铵盐及湿硫化氢环境腐蚀显著。

设备工况：塔顶空冷器 A-202A/B/C 出口管线材质为 20 号碳钢，规格为 ϕ168/273×7.0/9.5mm，设计压力为 0.13MPa，工作温度为 90℃，工作介质为酸性气。

失效记录：2011 年 3 月弯头(*DN*250)泄漏，对此处弯头打卡具；2011 年 8 月此处弯头再次泄漏。见图 18-11。

图 18-11 空冷器出口管线弯头腐蚀情况

失效原因及分析：酸性水中的 H_2S、NH_3、Cl^- 等杂质在一定条件下反应生成 NH_4HS、NH_4Cl，发生垢下腐蚀和冲刷腐蚀，导致管线腐蚀减薄。

解决方案和建议：

(1) 在空冷入口部位连续注水，一方面可以避免铵盐沉积引起的垢下腐蚀，另一方面可以稀释铵盐的浓度以减缓腐蚀。注水量应足够使污水中铵盐 NH_4HS 浓度低于 4%(质量)。

（2）汽提塔顶管线中气体的流速控制在15.2m/s以下，可以减少管线的冲蚀和腐蚀。

（3）在汽提塔顶注入缓蚀剂。

［案例18-6］富氨气冷凝器腐蚀泄漏

背景：某炼油厂的酸性水汽提装置生产能力为130t/h，于2012年11月建成投产。装置主要处理来自上游装置的含硫氨酸性水，原料经处理后，得到氨、硫化氢浓度很低的净化水，同时获得副产品——液氨和酸性气。装置采用单塔加压侧线抽出工艺。富氨气经侧线抽出后，需要经过三级分凝系统，三级冷凝冷却器泄漏故障频发。

设备工况：冷凝器为浮头式换热器，型号为BJS1000—2.5—3406/19—4I，设备具体参数见表18-4。

表18-4　三级冷凝器基本参数

参　数	壳　程	管　程
操作温度/℃	90~40	33~40
操作压力/MPa	0.35	0.40
介质	富氨气	循环水
材质	Q245R	10号碳钢(后升级为304L)

失效记录：冷凝器于2012年投用。在装置第一周期运行中，于2016年3月发生内漏，检修时经试压捉漏共堵管17根，泄漏管子中的14根均集中在管束从底部往上数的四排内。在2016年8月装置停车大修期间，冷凝器更换新管束，材质由10号碳钢升级为304L不锈钢。在2016年9月装置开车后的第二周期运行中，分别于2017年11月、2018年5月和7月发生三次内漏，泄漏部位见图18-12。

失效原因及分析：当侧线抽出比过大时，会造成侧线抽出的富氨气中携带较多硫化氢，易形成NH_4HS。第一周期，管束材质为10号碳钢，发生垢下腐蚀和冲刷腐蚀，导致冷凝器管束腐蚀泄漏。第二周期管束材质升级为304L不锈钢，腐蚀轻微，管束穿过折流板的管孔处、管束与两端管板的连接处断裂导致管束泄漏，断裂部位的局部减薄主要是由于换热管振动与折流板摩擦挤压所致。

图18-12　运行第二周期内三次泄漏部位

解决方案和建议：

（1）预防工艺介质腐蚀，普通碳钢的抗腐蚀性较弱，进行设备材质升级是较好的手段。300系列奥氏体不锈钢在该条件下有较好的耐蚀性。

（2）严格工艺操作，确保设备运行平稳，且运行条件需在设计范围内，避免超负荷运行或频繁调整操作。

（3）改进换热器管束结构设计：①对于壳程口防冲结构，可使用带孔的防冲挡板、防冲杆等，减少对流体横流速率的影响。②优化折流板结构设计，适当减少折流板间距，可以提高管束刚度，增加其固有频率。同时，缩小折流板管孔与换热管之间的间隙，增大折流板厚度，均能减弱管束振动带来的“锯割”效应。

［案例18-7］汽提塔注碱管线腐蚀减薄

背景：某石化公司酸性水汽提装置2015年12月投产，采用单塔低压注碱工艺，主要处理各装置送来的酸性水，所注碱液为液态烃脱硫碱渣，由于碱液中含有较高浓度的OH^-、Cl^-等挥发性电解质，该装置汽提塔注碱管线腐蚀断裂显著。

设备工况：注碱管线材质为304不锈钢，规格为$\phi 32\times 2.5$mm，设计压力0.6MPa，工作温度为常温，工作介质为新鲜碱(液态烃碱渣)。

失效记录：2016年3月汽提塔与注碱线接触处(*DN*25)断裂泄漏，对此处打卡具；2016年5月此处再次泄漏，进行打包处理，见图18-13。

图18-13 汽提塔注碱管线弯头打包情况

失效原因及分析：液态烃碱渣中的H_2S、OH^-、Cl^-等杂质在一定条件下反应生成NH_4HS、NH_4Cl，发生垢下腐蚀和冲刷腐蚀，导致管线腐蚀减薄。

解决方案和建议：

（1）材质升级。

（2）检修时对汽提塔内部结构进行改造，改变注碱方式。

（3）工艺操作调整，建议改用新鲜碱。

第十九章 CHAPTER 19

硫黄回收装置腐蚀与防护

第一节　典型装置及其工艺流程

一、装置简介

原油中的硫化物在加工过程中会转化为 H_2S，而 H_2S 是剧毒物质，对人体和环境有极大的毒害作用，必须进行无害化处理。硫黄回收装置以酸性气为原料，通常采用“克劳斯”工艺将酸性气中的硫转化为单质硫得以回收利用，以减轻或避免直接排放对环境造成的污染。近年来随着环境问题日趋严重，环境威胁日益受到重视，同时随着一些法律法规和管理办法的实施，硫黄回收装置的地位在石油化工中变得比以往任何时候都更为重要，其技术经济性也逐渐趋于合理，成为石油化工企业不可缺少的组成部分。

二、主要工艺流程

硫黄回收装置目前大都采用二级克劳斯+加氢还原-吸收工艺，由二级克劳斯、尾气加氢还原-吸收、尾气净化三部分组成。克劳斯法是最早也是应用较为广泛的一种方法。典型工艺流程如图 19-1 所示。从脱硫装置来的酸性气经气-液分离器脱除水分和烃类后，与空气鼓风机来的空气经预热后进入反应炉，反应炉供给充足的空气，使酸性气中的烃和氨完全燃烧，同时使酸性气中三分之一的 H_2S 燃烧成 SO_2，燃烧后的过程气经废热锅炉取热产生高压蒸汽，然后过程气进入第一硫冷凝器冷却后，硫蒸气被冷凝下来并与过程气分离，低温的过程气进入第一在线炉，燃料气略低于化学当量燃烧产生高温气体，并与过程气混合，通过控制燃料气和空气流量使过程气获得最佳温度。从在线炉来的过程气进入第一反应器，过程气中的 H_2S 和 SO_2 在催化剂作用下发生反应，同时 COS 和 CS_2 发生水解反应，反应后的气体进入第二硫冷凝器进行冷却并分离出液硫。过程气再进入第二在线炉加热，然后进入第二反应器反应、第三硫冷凝器冷却，进一步回收硫黄，从第一、二、三硫冷凝器得到的液硫，经硫封罐进入液硫池，从第三硫冷凝器出来的尾气进入斯科特单元进一步处理。克劳斯尾气中残存的 SO_2、H_2S、S_x、COS、CS_2 在加氢还原反应器内进行加氢还原成 H_2S 送入反应炉继续反应。

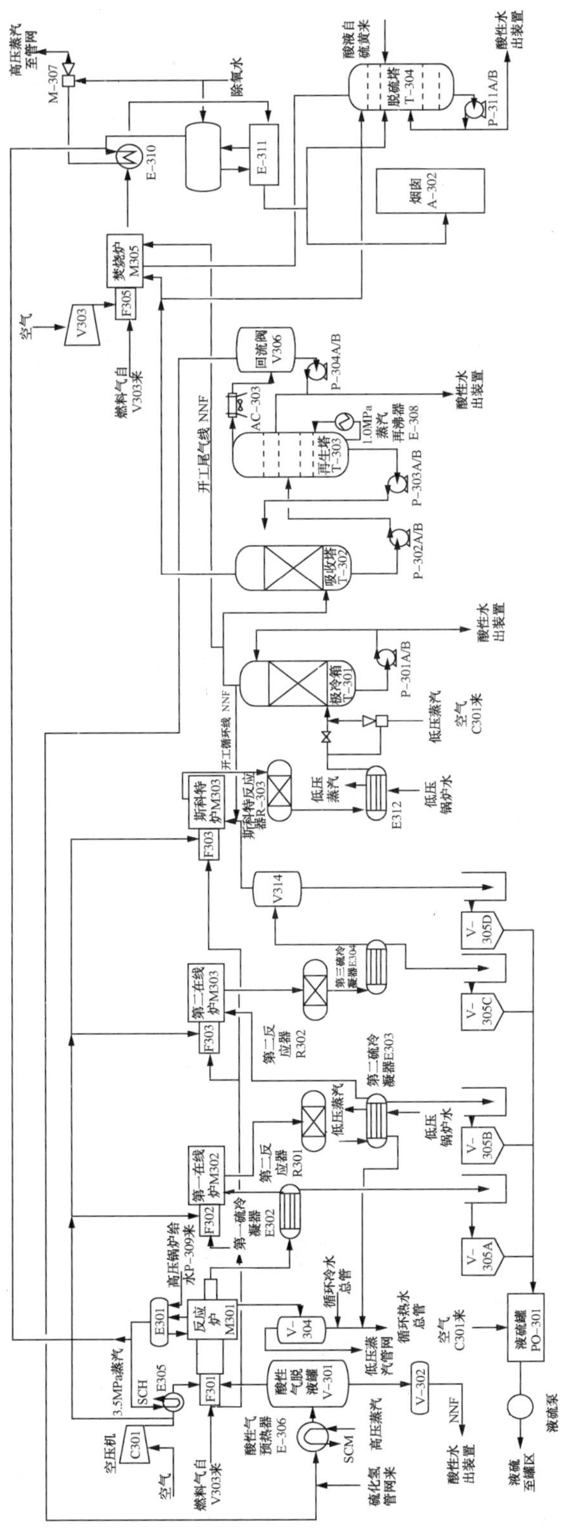

图19-1 硫黄回收典型工艺流程

第二节　腐蚀体系与易腐蚀部位

一、腐蚀体系

1. 相关化学反应

从工艺流程分析，硫黄回收装置共在三个部位发生了化学反应。

（1）反应炉酸性气与适量空气混合，在高温反应炉内，硫化氢与空气中的氧发生克劳斯反应，过程气主要为SO_2、COS 和未反应的H_2S。

$$H_2S+0.5O_2 \longrightarrow S+H_2O$$

$$H_2S+1.5O_2 \longrightarrow SO_2+H_2O$$

$$2H_2S+SO_2 \longrightarrow 3S+2H_2O$$

（2）催化转化反应

过程气进入一、二级克劳斯反应器，在催化剂的作用下，上述过程中未能转化的H_2S与SO_2继续进行催化转化反应，以加深反应。过程气主要为H_2S和CO_2。

$$2H_2S+SO_2 \longrightarrow \frac{3}{x}S_x+2H_2O+Q$$

$$COS+H_2O \longrightarrow H_2S+CO_2$$

（3）加氢还原

经过反应炉和一、二级克劳斯反应器中的催化转化反应后，受平衡反应不完全和SO_2或H_2S过剩影响，转化率达不到足够高，在克劳斯尾气中还存在着一定数量的SO_2、H_2S及未被捕集的S_x、COS、CS_2。为进一步提高硫的回收率，在加氢还原反应器内进行加氢还原反应，将SO_2、S_x还原成H_2S，同时在较高温度下 COS、CS_2水解成H_2S，以使下一步用溶剂低温吸收H_2S，进一步回收H_2S。加氢还原主要反应为：

$$SO_2+3H_2 \longrightarrow H_2S+2H_2O$$

$$S_8+8H_2 \longrightarrow 8H_2S$$

2. 腐蚀类型

由于硫黄回收装置的原料气为酸性气，酸性气中的主要成分为H_2S，通过反应炉的燃烧、克劳斯反应器的转化和加氢还原反应器的还原，整个流程产生的过程气中含有H_2S、CO_2、SO_2、COS 及 S 蒸气等高温气体，这些气体将会对装置中设备产生不同程度的腐蚀。硫黄回收装置腐蚀主要包括湿硫化氢腐蚀、高温硫化腐蚀以及二氧化硫、二氧化碳的露点腐蚀。

（1）$H_2S-CO_2-H_2O$ 腐蚀

硫黄回收装置的进料系统酸性气中的主要成分为H_2S，其余为CO_2和水等。在管路的低点容易积存酸性水，发生局部穿孔。而且阴极反应生成的氢还能向钢中渗入并扩散，一旦遇到夹层缺陷，渗入到钢材中的氢分子(原子)会聚集产生较高的氢分压，导致钢材鼓包甚至开裂。引起气液分离器等设备的氢脆和氢鼓泡。工艺管线和设备的焊缝还可能发生硫化物应力腐蚀开裂。末级硫冷器出口管道，由于介质温度较低，也易发生湿硫化氢腐蚀。

（2）高温硫化腐蚀

高温环境下（一般在240℃以上）活性硫即H_2S对钢材产生腐蚀。同时，当有H_2存在时会大大增加活性硫的腐蚀性能。原因在于金属具有一定的催化活性，尤其在H_2作用下，会在金属表面形成浓度较高的H_2S，使得腐蚀加剧。高温硫化腐蚀主要存在于反应燃烧炉的内构件如燃料气喷嘴、酸性气喷嘴等，废热锅炉进口管箱与传热管前端，采用外掺合工艺的掺合管、高温掺合阀以及转化器的内构件等。

（3）SO_2-O_2-H_2O腐蚀

SO_2存在硫黄回收装置很多部位，SO_2可能被氧化生成SO_3。燃烧炉和转化器耐热衬里完好的情况下，过程气对衬里没有腐蚀。燃烧炉和转化器耐热衬里损坏后，过程气串入内衬里面，当温度低于露点时，SO_2和SO_3溶解于水生成亚硫酸及硫酸腐蚀设备管道。

SO_2露点腐蚀主要存在于以下部位：①一级、二级和三级冷却器冷凝产生露点腐蚀；②过程气和硫黄尾气管道的波形补偿器（膨胀节）夹层内串入过程气和尾气并冷凝使补偿器夹层腐蚀穿孔；③吹扫接管、采样接管、膨胀节底部出现露点腐蚀的概率较高。④在停工期间，大量空气进入系统后，产生凝结水吸附在设备管线表面，与残存在系统内的SO_2生成亚硫酸、硫酸，腐蚀设备，其腐蚀较装置运行过程中严重得多。过程气管道、液硫脱气管道、硫冷凝器的出口、捕集器以及与过程气相连的接管等易冷凝部位均容易发生二氧化硫露点腐蚀。

二、易腐蚀部位

装置具体的易腐蚀部位见表19-1。

表19-1 硫黄回收装置易腐蚀部位和腐蚀形态

易腐蚀部位	常用材质	腐蚀形态
原料酸性气设备管线	碳钢	湿硫化氢腐蚀（减薄），应力腐蚀开裂
反应炉喷嘴	碳钢、合金钢	高温硫腐蚀，硫化变脆
反应炉炉体	碳钢	高温硫腐蚀、SO_2-O_2-H_2O腐蚀造成局部穿孔
废热锅炉进口管箱和传热管前端	碳钢、合金钢	高温硫化腐蚀 锅炉冷凝水腐蚀 烟气露点腐蚀
硫冷凝器管板	碳钢、合金钢	硫化物应力腐蚀焊缝开裂
硫冷凝器管束	碳钢、合金钢	硫化物应力腐蚀焊缝开裂
过程气管道	碳钢、合金钢	高温硫腐蚀
急冷塔管道	碳钢（复合板碳钢+304）	H_2S-SO_2-CO_2-H_2O腐蚀
系统设备和管线	碳钢、合金钢	低温硫酸露点腐蚀造成局部减薄

第三节　防腐蚀措施

一、工艺防腐

1. 温度控制

加强温度控制，是硫黄回收装置腐蚀防护的重要手段。一方面，通过控制工艺温度和使用内部隔热衬里，可有效控制设备的壁温过高，减轻高温硫腐蚀；另一方面，外部保温控制能避免壁温过低，有效减轻或避免露点腐蚀。

（1）主燃烧炉的废热锅炉出口温度和焚烧炉的蒸汽过热器出口温度高，由于受到工艺条件的限制，难以将温度降低。因此只能在满足工艺条件的前提下，尽量将温度控制在下限范围，以减轻设备高温硫腐蚀。为防止废热锅炉出口管箱及出口管线遭受高温硫化腐蚀，建议控制废热锅炉的过程气出口气流温度在350℃以下。通过设计与计算衬里厚度，将外壳温度控制在140~260℃范围内，保障设备的使用寿命。

（2）壁温低于露点腐蚀温度，将产生露点腐蚀。温度较低时，设备管线发生露点腐蚀的概率较高，因此，针对露点腐蚀可能较大设备管线应进行保温与伴热处理。

（3）平稳温度操作。由于温度的变化或者管束、壳体膨胀系数等差别，可能造成焊缝的应力变化，与焊接应力共同发生作用，在表面形成疲劳裂纹或者腐蚀裂纹，如果裂纹沿着内壁发展到外表面，则发生泄漏。因此，如果能保持稳定的操作温度，将更利于提高设备工作效率、延长使用寿命。

（4）在设备停止作业的情况下，如果仍能保持较高温度，就可避免存在大量的冷凝水，有利于控制腐蚀。

2. 工艺控制

（1）酸性气中的烃类应限制在4%以下。防止烃类突增，造成不完全燃烧影响硫黄质量和炉温的升高导致耐火衬里损坏，燃烧过程气串入炉壁会产生腐蚀。

（2）严格控制气风比，保证H_2S/SO_2的比值为2/1。若波动幅度过大，会导致硫转化率降低，设备的腐蚀加剧。在装置设备操作过程中，应严格遵守工艺指标，做好设备维护工作，确保在线分析仪的正常工作，避免产生更多的二氧化硫。

（3）尾气处理单元要严格控制H_2含量，保证尾气中SO_2完全转化为H_2S，防止剩余的SO_2进入急冷塔和吸收塔对塔盘和塔体等设备造成腐蚀。

（4）为了保障尾气系统的正常工作，应及时添加氨水，将急冷水的pH值控制在7~8范围内，避免腐蚀加剧。

3. 开停工保护

在停工期间，大量空气进入系统后，产生凝结水吸附在设备管线表面，与残存在系统

内的 SO_2生成亚硫酸、硫酸，腐蚀设备，其腐蚀较装置运行过程中严重得多。因此需要科学认识回收装置的腐蚀机理，提高检修主动性与设备维护水平，避免过多非计划性停工，将腐蚀降到最低。

（1）装置停工后，设备管线内不应有任何酸性介质（残硫、过程气）存于设备和管线内。当装置停止工作后使用盲板将过程气系统隔断，并充入惰性气体加以保护，凡不需打开检查的设备和管线应保持密封，防止系统中湿气的冷凝，保持温度在系统压力所对应的露点以上。

（2）当设备打开检查或检修时，应用惰性气体吹扫设备，酸性介质及腐蚀产物不应滞留。用碱水喷洒冷凝器管板焊缝。

（3）装置开工时，余热锅炉和硫冷器壳体通过加热蒸汽，防止设备升温时局部过冷，生成凝结水造成腐蚀。

二、选材

硫黄回收装置一般的设备和管线可用碳钢材料制造。设备与管线用材应遵循 SH/T 3096—2012《高硫原油加工装置设备和管道设计选材导则》，并注意以下事项：

（1）进料系统为湿硫化氢环境下，为防止设备和管线焊缝产生应力腐蚀开裂，宜选用抗 HIC 的碳钢材料。设备制造完后，应进行焊后热处理，控制焊缝和热影响区的硬度HB≤200。

（2）高温（≥310℃）设备和管线可用耐热耐火材料衬里或不锈钢保护。燃烧反应炉的燃烧温度一般为 1100~1300℃，为防止高温硫化腐蚀，必须设耐热耐火衬里；由于进废热锅炉的过程气温度很高，且暴露于热燃烧气中，为防止高温硫化腐蚀，入口管板要用耐火材料加以保护，避免热气体直接接触钢板；为防止高温硫化腐蚀，转化器应设耐热衬里，并能适应催化剂再生的高温条件，转化器底部出口管嘴应与转化器内表面齐平，避免腐蚀产物积存及腐蚀；液硫池底应采用重质耐腐蚀保温砖，池顶使用不锈钢板保护，池内管件推荐使用 316L。

（3）尾气管道介质含有硫化氢、二氧化硫、二氧化碳、水、氮气与一氧化碳等，腐蚀性较强，可选择加大腐蚀裕量的碳钢，焊接之后需要有热处理的措施。

（4）硫冷凝器壳程发生蒸汽时，宜选用带蒸发空间的固定管板换热器，设备需消除应力热处理。

三、腐蚀监检测

1. 定点测厚

硫黄回收装置的定点测厚主要从两方面考虑：高温硫腐蚀，如废热锅炉进口管线等；冷凝产生的露点腐蚀，如燃烧炉和转化器的外壁，具体测点的布置可参考表 19-2。

表 19-2 硫黄回收装置的测厚点布置

设备和管线	测点位置	设备和管线	测点位置
反应炉	炉外壁上部、中部和下部	硫冷凝器	壳体的上部、中部和下部 连接的进出口管线
废热锅炉	炉外壁上部、中部和下部	燃料气线	管线的直管段、弯头和焊缝处
转化器	转化器上部、中部和下部	酸性气管线	管线的直管段、弯头和焊缝处

2. 在线监测

（1）可选择在克劳斯反应炉前管道、硫冷凝器出入口管道等位置安装电阻或电感探针进行腐蚀监测。

（2）尾气系统设置 H_2S/SO_2 比值分析仪和 H_2 在线分析仪，控制 SO_2 含量。

（3）在急冷水系统设置在线 pH 值检测仪，发现急冷水 pH 值下降时立即注入氨水溶液，以控制急冷水 pH 值呈微碱性，从而抑制腐蚀。

3. 腐蚀挂片

可使用腐蚀挂片进行腐蚀监测，挂片的位置可选在废热锅炉内、硫冷凝器管箱处。挂片材质可选碳钢、0Cr18Ni9、310S 等。

4. 停工期间腐蚀检查

（1）进料系统酸性气管线、分液罐

由溶剂再生及酸性水汽提单元来的酸性气进入酸性气分液罐，分液后进入燃烧炉之间的设备管道存在湿 H_2S 腐蚀。应重点检查焊缝和接管的裂纹。通过宏观检验可能发现严重裂纹，通过磁粉检测可发现内外表面和近表面裂纹，通过射线检测或者超声波检测可发现埋藏裂纹。发现裂纹后应打磨消除，特殊情况暂时无法打磨消除时可采用声发射监测裂纹活性。

（2）燃烧炉

燃烧炉容易受到高温硫化物腐蚀、高温氧化腐蚀、耐火材料退化。多为均匀腐蚀，会形成硫化物膜，有时表现为局部腐蚀。在检验时，可通过宏观检验发现燃烧炉内表面的腐蚀产物膜，注意高流速部分是否伴随冲蚀，也可采用射线检测、超声波测厚发现局部腐蚀区域，对低合金钢材质有疑问时可进行材料分析复核其合金成分。

（3）废热锅炉

废热锅炉容易受到的破坏是锅炉冷凝水腐蚀、蒸汽阻滞以及烟气露点腐蚀。检验时，采用宏观检验，查看省煤器或者其他部件是否存在宽而浅的蚀坑，查看 300 系列不锈钢制的给水加热器是否存在发丝状的裂纹；采用渗透检测也可发现 300 系列不锈钢给水加热器是否存在应力腐蚀开裂，采用超声波测厚重点检测省煤器和烟道是否存在壁厚减薄。

（4）硫冷凝器

高温过程气逐级进入硫冷凝器，硫冷凝器容易受到的破坏是硫酸腐蚀和烟气露点腐蚀。硫酸腐蚀多为均匀腐蚀或点蚀。通过宏观检验，查看碳钢焊缝热影响区是否存在腐蚀沟槽，冷凝器管口、管板是否存在腐蚀产物；采用涡流检测、内旋转超声或声脉冲反射技术检测管束。

（5）管式燃烧器

可采用内窥镜从外部进行宏观检验，观察腐蚀产物，还可采用超声波测厚发现局部腐蚀区域。

（6）硫转化器

硫转化器中发生克劳斯反应，容易受到的破坏是高温硫化物腐蚀与耐火材料退化。在检验时，可通过宏观检验，查看硫转化器内表面是否存在腐蚀产物膜，注意高流速部分是否伴随冲蚀，查看是否存在耐火材料退化，也可采用射线检测、超声波测厚发现局部腐蚀区域。

（7）液硫槽

液硫槽容易受到的破坏是硫酸腐蚀和烟气露点腐蚀。检验时，应采用宏观检验查看碳钢焊缝热影响区是否存在腐蚀沟槽，通过自动超声波扫查或射线检测查找减薄部位，并对减薄部位进行壁厚测定。

第四节 典型腐蚀案例

［案例 19-1］ 硫黄回收装置反应炉燃烧器的腐蚀

失效记录：某炼油厂硫黄回收反应炉燃烧器腐蚀情况见图 19-2，中间瓦斯烧嘴的腐蚀产物已将气孔堵死，剩余厚度最小为 12mm（原设计为 31.5mm），外壁上积有约 5mm 厚的黑色垢层，瓦斯烧嘴气孔被带有一定金属光泽的黑色熔融物堵塞，酸性气烧嘴叶片最薄处只剩 1.8mm。

失效原因及分析：高温硫腐蚀。

解决方案和建议：

（1）在操作过程中严禁超温。

（2）控制好系统配风量。维护好硫化氢、二氧化硫比例检测仪以及智能反馈系统，严格控制系统氧含量。

图 19-2 反应炉燃烧器的腐蚀形貌

[案例 19-2] 硫冷凝器管板与管束连接焊缝腐蚀开裂

失效记录：某炼油厂硫黄回收装置的三合一硫冷凝器在管板处焊缝发生开裂。焊缝开裂发生在液硫侧。见图 19-3。

失效原因及分析：应力腐蚀开裂。

解决方案和建议：

(1) 将管束伸出管板一定距离，使管板和紧靠管板的传热管管段处发生蒸汽量相对下降，避免局部过热而引起腐蚀。

(2) 抢修时由于采用焊接无法补焊，因此采用涂覆冷焊技术，对管板除锈后，表面施涂耐温涂料修复。

(3) 改进管口焊缝结构，采用强度胀加强度焊或管口设置凸缘的强度加密封焊。

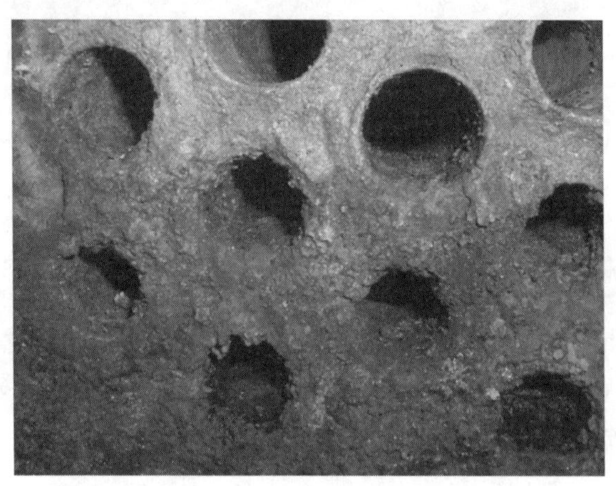

图 19-3 硫冷凝器在管板处焊缝的腐蚀形貌

[案例 19-3] 急冷水管线穿透裂纹

背景和工况：某炼油厂 6 万吨/年硫黄回收装置开工投产半年后急冷水管线相继发现 9 处漏点，这些漏点集中在 5 个管件上，处于各管件焊缝靠近管件侧热影响区，均为穿透裂纹。急冷水管线内介质为吸收了硫化氢后呈弱酸性的除盐水，间歇性注入氨水用于中和硫化氢，防止水的 pH 值过低。管线设计温度最高 85℃，操作温度最高 65℃，设计压力最高 0.7MPa，最高操作压力 0.54MPa，管线材料为 0Cr18Ni9。

失效记录：2015 年 4 月中旬装置停工检修时对有裂纹的管件进行更换，更换完毕进行水压试压时，又发现 5 处新漏点，集中在 3 个管件上，漏点部位均与前期发现漏点相似。裂纹发生在焊缝弯管侧的热影响区外侧，外表面开裂部位无明显的塑性变形及腐蚀痕迹(图 19-4)。外表面裂纹走向较为歪曲，并不平直，长度超过 100mm，裂纹已贯通管壁，介质外漏(图 19-5)。在弯头管件内表面，有细长裂纹，裂纹平行于焊缝熔合线，内表面开裂部位无明显的腐蚀痕迹。内表面裂纹长于外表面裂纹，初步判定裂纹起裂于管子内表面。

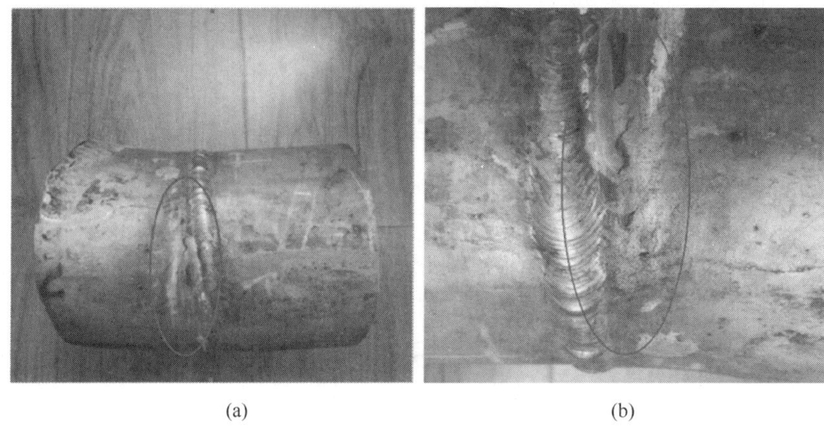

(a) (b)

图 19-4 管件上裂纹外观及位置

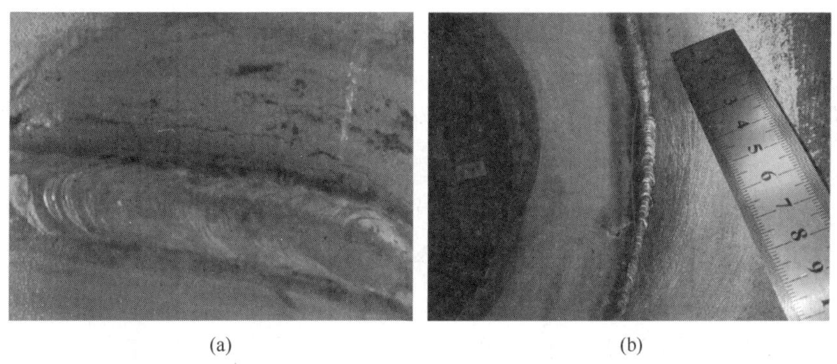

(a) (b)

图 19-5 管件外表面裂纹形貌和管件内表面裂纹形貌

失效原因及分析：分析显示该批管件中 Cr 元素含量略偏低，P 元素含量略偏高，材料成分含量处于合格品下限，介于合格品与不合格品边缘，导致材料抗敏化性能下降。急冷水管线在现场安装焊接过程中，弯管侧热影响区附近材料发生严重敏化，产生内在缺陷。在含 H_2S 和 NH_3 的电解质水溶液环境中，发生晶间腐蚀，在残余应力的作用下，形成裂纹并扩展，最终导致裂纹贯穿管壁，发生介质泄漏。

解决方案和建议：对有裂纹的失效管件进行集中更换，焊接仍采用原焊接工艺和方法，并采用焊后快速冷却以减少敏化时间。同时，因管线材料为 0Cr18Ni9，具有一定耐酸腐蚀性，对工艺介质无需加碱性物质中和，因此停止注入氨水，以改变焊缝所处的电离水溶液环境，并定期更换急冷水。经 18 个月运行观察，该管线整体运行良好，所更换管件未再发现裂纹及泄漏现象。

第二十章 CHAPTER 20

循环水系统腐蚀与防护

第一节 腐蚀类型和机理

一、概述

循环冷却水是通过换热器交换热量或直接接触换热实现对高温介质的散热降温，简称循环水。循环冷却水系统的工作原理是：循环冷水在流经生产装置换热设备时与工艺介质换热，吸收大量的热量变成循环热水。热水回到循环水装置后进入冷却塔，通过配水系统将循环热水均匀地分布到塔的整个淋水面上，在塔内填料上经过多次溅射分散成为水滴或水膜，通过与流经塔内的冷空气接触散热和自然蒸发散热，使循环热水得到冷却，再进入循环水系统去生产装置。循环水系统主要由冷却塔、循环水池、循环水泵、旁滤系统、加药系统、控制仪表系统及管道、阀门等组成。循环水一般呈中性或弱碱性，pH 值为 6.8~9.5。循环水系统大体分为敞开式和密闭式。敞开式冷却系统内冷却塔与大气直接接触，为了提高降温效率，冷却塔内常配备轴流风机。密闭式冷却系统中热水与冷水均不与大气接触，密闭循环运行，降温主要依靠冷水机组完成。

在工业生产的早期，由于对节水的要求不高，冷却水多是直流水或半直流水，浓缩倍数较低。随着社会对水资源和环境保护的日益关注，目前各企业已经普遍采用循环水代替直流水，并通过提高循环冷却水的浓缩倍数来达到节约用水、减少排污等目的。随着循环水浓缩倍数的提高，水中成垢盐类及腐蚀性离子也成倍增加，给整个系统带来严重的结垢腐蚀问题，影响生产装置的平稳运行。

二、腐蚀类型

循环水系统中的腐蚀主要是由于循环水中溶解的盐、气体、有机化合物或微生物造成的。冷却水腐蚀可以导致不同形式的损伤，常见的腐蚀类型有垢下腐蚀、缝隙腐蚀、点蚀、微生物腐蚀、电偶腐蚀、冲刷腐蚀等。

（1）垢下腐蚀

循环水换热器的垢下腐蚀成因复杂，是多方面综合作用的结果。循环冷却水中腐蚀性介质的含量、酸碱度、硬度、阴离子的量、盐含量、氧含量等都会造成不同的影响，例如碳酸根、亚硝酸根、硅酸根和磷酸根等阴离子能钝化钢铁或生成难溶沉淀物而覆盖金属表面，起到缓蚀的作用，但如果硬度太高就会在换热器金属表面形成垢，一旦具备条件就会引起垢下腐蚀。当循环水中的碳酸氢根离子浓度较高时，水经过换热器、凉水塔时，碳酸氢盐受热分解，二氧化碳逸出，会生成难溶性的钙盐。此外，水中微生物的沉积作用，可大大降低换热效率，导致结垢加速。

(2) 缝隙腐蚀

由于金属表面的缺陷及不均匀性，表面沉积(包括黏泥、污垢、多孔疏松锈层)以及螺帽、垫片与金属间形成的缝隙内，介质(循环水)处于滞流或不流动状态，缝隙内氧浓度、腐蚀性离子(如 Cl^-)等与缝隙外产生较大的差异，形成了氧浓差电池或盐浓差电池(离子浓差电池)，因而产生腐蚀。在氧浓差电池中，缝隙内贫氧，电位低，成为阳极区，缝隙周围富氧，电位高，成为阴极区，构成小阳极大阴极，使得局部区域的腐蚀加重。炼油厂水冷器换热管与管板连接处、管箱与筒体连接处、换热管与折流板的交界处等普遍存在此种类型的腐蚀。普遍认为缝隙腐蚀是氧浓差电池和闭塞电池自催化效应两种机理的共同作用。其反应式如下：

阳极反应：$$Fe \longrightarrow Fe^{2+}+2e$$

阴极反应：$$\frac{1}{2}O_2+H_2O+2e \longrightarrow 2OH^-$$

产生此类腐蚀的金属，表面为隆起的大小不等的锈瘤或沉积物，锈瘤或沉积物下呈明显的坑蚀，坑蚀深度不等。腐蚀严重时可导致冷却器管壁穿孔。腐蚀后的金属，表面粗糙不平。

(3) 点蚀

点蚀对换热器来说是一种隐患风险较大的腐蚀形态。点蚀又称孔蚀，是一种极端的局部腐蚀形态。由于金属材料中存在缺陷、杂质和溶质等不均一性，当介质中含有某些活性阴离子(Cl^-)时，这些活性阴离子首先被吸附在金属表面某些点上，从而使金属表面钝化膜破坏。一旦这层钝化膜破坏又缺乏自钝化能力时，金属表面就发生腐蚀。这是因为在金属表面缺陷处易露出基体金属，使其呈活化状态，而钝化膜仍为钝态，钝态区域电位高于活化状态区域，这样就形成了腐蚀电池：活性-钝性腐蚀电池，由于阳极面积比阴极小得多，阳极电流密度大，所以腐蚀往深处发展，金属表面很快就被腐蚀成小孔。在蚀坑内由于阳极溶解的自催化作用(酸化)又大大提高了点蚀腐蚀速率。通常孔越小，阴、阳极面积比越大，穿孔越快。

一般发生缝隙腐蚀的部位不一定发生点蚀，而发生点蚀一定会伴随发生缝隙腐蚀。点蚀部位金属阳离子的反应如下：

$$M_n^{+}+n(H_2O) \longrightarrow M(OH)_n+nH^+$$

(4) 微生物腐蚀

微生物腐蚀(简称 MIC)是指由微生物引起的材料腐蚀或者是受微生物影响所引起的腐蚀，属于电化学腐蚀的范畴。一般将细菌分为好氧细菌和厌氧细菌，而实际上腐蚀过程中是由多种微生物共同作用的，在好氧细菌产生腐蚀作用的同时，厌氧细菌也在起作用。

细菌腐蚀并非其本身对金属的侵蚀作用，而是细菌生命活动的结果间接对金属腐蚀的电化学过程产生影响。

① 新陈代谢产物的腐蚀作用：细菌能产生具有腐蚀性的代谢产物，如硫酸、有机酸和硫化物等，恶化金属的腐蚀环境。

② 生命活动影响电极反应的动力学过程：如硫酸盐还原菌活动过程对腐蚀的阴极去极化过程起促进作用。

③ 改变金属所处环境的状况：如氧浓度、盐浓度、pH 值等。

④ 破坏金属表面有保护性的非金属覆盖层或缓蚀剂的稳定性。

细菌腐蚀的一个显著特点是在金属表面伴随有黏泥的沉积。金属遭受细菌腐蚀程度往往和黏泥积聚的数量有密切关系。另一个特点是腐蚀部位总带有孔蚀的迹象。黏泥使局部金属表面成为贫氧区。常见的腐蚀性细菌分为喜氧菌(铁细菌和硫氧化菌)和厌氧菌(硫酸盐还原菌)，其中铁细菌与腐蚀有关的主要是氧化铁杆菌，其活动特点是能在中性介质中依靠 $Fe^{2+} \longrightarrow Fe^{3+}+e$ 反应获得新陈代谢的能量。而高价铁盐的氧化力很强，可把硫化物氧化成硫酸；硫氧化菌与腐蚀有关的主要是硫杆菌；它可以把元素硫、硫代硫酸盐氧化成硫酸；硫酸盐还原菌其特点是把硫酸盐还原为硫化物，如硫化氢。

(5) 电偶腐蚀

当两种电极电位不同的金属或合金相接触并放入电解质溶液中时，可发现电位较低的金属腐蚀加速，而电位较高的金属腐蚀减慢(得到了保护)。这种在一定条件(如电解质溶液或大气)下产生的电化学腐蚀，即由于同电极电位较高的金属接触而引起腐蚀速率增大的现象，成为电偶腐蚀或双金属腐蚀，也叫接触腐蚀。

电偶腐蚀是一种局部腐蚀，在两种不同金属的连接处腐蚀速率最大，离连接处的距离越远，腐蚀速率越小。一般来说，两种金属的电极电位差越大，电偶腐蚀就越严重。在水冷器中，当管板、折流板、换热管等构件材质不统一时，易发生该类腐蚀。

(6) 冲蚀

冲蚀是因为流速过大或因金属表面结垢造成的湍流对金属表面产生切应力，破坏了保护膜，促进剥离腐蚀产物，裸露新鲜表面，造成侵蚀形成的。在水冷器中，U 形管换热器的弯管处，以及管板及管口部分处于流体专项湍流区，腐蚀最为明显。

三、主要影响因素

影响腐蚀速率的主要因素除了水中氯离子、溶解氧的浓度以及微生物外，还与水溶液的组成、温度以及溶液流经金属表面的速率等有关，国内也有不少学者通过静态旋转挂片试验及动态模拟试验研究了处理后回用污水的 pH 值、有机物浓度、浊度、氯离子及硫酸根离子、细菌等对循环冷却系统金属的腐蚀影响规律。

(1) 浓缩倍数

在敞开式循环冷却水系统中，浓缩倍数是一项主要指标。夏秋季节，环境温度较高，蒸发量、风吹损失量较大，浓缩倍数升高。浓缩倍数越大，说明水重复利用率越高。但浓缩倍数过高会造成水中离子(钙离子、镁离子、铁离子、硫酸根离子、碳酸根离子等)浓度过高，电导率增强，成为强电解质溶液，加快系统电化学腐蚀。特别是当碳酸氢根浓度升高后，稳定性变差，在换热器表面分解速率加快，使碳酸钙的溶解度降低，系统易结垢，垢下腐蚀随之产生。

(2) pH 值

循环系统中镍、铁、镁等金属表面的保护膜，易溶于酸性水溶液而不溶于碱性水溶液，pH 值越低，腐蚀率越大。循环水 pH 值控制在 6.8~9.5，一般不会发生酸性腐蚀，当 pH<7.0 时，水质偏酸性，腐蚀性增强。此外，敞开循环水系统受酸性气体溶解量的变化，pH 也会产生波动，如 CO_2、SO_2、H_2S 等。实际生产中，生产原料或物料一旦泄漏进入循环冷却水中，会使水质酸性发生改变，影响腐蚀速率。

(3) 卤素离子浓度

卤素离子对碳钢、不锈钢造成腐蚀，可以破坏金属表面钝化膜。如氯离子的腐蚀是通过破坏金属保护氧化膜而产生的，极化度高，是强烈的腐蚀催化剂，也是造成奥氏体不锈钢点蚀穿孔和应力腐蚀开裂的主要因素之一。氯离子的允许含量与冷却器的材质有关，还与是否在冷却水中加缓蚀剂，以及缓蚀剂种类、数量与其也有直接关系。实际运行中，杀菌灭藻剂、缓蚀阻垢剂中富含的氯离子、硫酸根离子，均对设备及管道产生一定腐蚀。循环水中阴离子对金属腐蚀速率大小的影响如下：$NO_3^- < CH_3COO^- < SO_4^{2-} < Cl^- < ClO_4^-$

(4) 微生物

敞开式循环冷却水系统极利于微生物的生长繁殖，大量细菌分泌出黏液，以微生物群体及其遗骸为主体，与水中灰尘、杂质、化学沉淀物、腐蚀产物等黏结在一起，形成生物黏泥，使系统造成微生物腐蚀。黏泥覆盖在金属表面还会形成氧浓差腐蚀电池造成腐蚀。黏泥附着在换热部位的金属表面上，还会降低冷却效果，降低药剂功效。

(5) 浊度

由于浊度是随水中有机物含量的增加而增加的，水中有机物可促进循环冷却系统的局部腐蚀和微生物腐蚀，同时会产生结垢。

(6) 水中溶解气体

水中溶解氧起阴极去极化作用，促进腐蚀；二氧化碳溶于水中形成碳酸而促进腐蚀；H_2S 如果进入，一方面引起 pH 值下降，而使腐蚀加速，另一方面形成的腐蚀产物硫化铁的电位较高，对铁而言是阴极，所以又导致电偶腐蚀而使腐蚀加速；氯气一般是为了抑制微生物而加入的，但由于形成次氯酸和盐酸，是 pH 值下降，促进腐蚀增加，并能阻滞某些缓蚀剂形成保护膜。

(7) 氨氮

促进微生物的繁殖。在水中若有充足的碳源、磷源、氧气、适宜的温度，非常适合细菌、藻类等微生物生长，若加上氮源，就会极大促进微生物的繁殖，硝化菌群大量繁殖。

(8) 悬浮物

悬浮物沉积在金属表面可导致局部腐蚀，严重时还可能造成设备堵塞。悬浮物允许值与冷却器结构形式、冷却水流速、温度等因素有关。

(9) 温度和流速

温度低于77℃时，氧的扩散速率决定腐蚀速率。因此，金属的腐蚀速率随着温度的增加而增加。温度高于77℃时，随着温度增加，氧在水中的溶解度随着温度的升高而下降，相应地，腐蚀速率随温度的升高而下降。

流速对腐蚀的影响是多方面的。流速增大，一方面由于氧的扩散速率加快，腐蚀速率相应的加快；另一方面，高流速对保持清洁设备表面、防止沉积物腐蚀是有利的。当流速过低(低于0.3m/s)，容易沉积污泥、结垢等，导致局部腐蚀加剧。但流速过大，水流的冲刷也容易破坏金属保护膜的形成，加速腐蚀。

第二节　防腐蚀措施

循环水系统的腐蚀可以通过循环水水质控制、水冷器清洗预膜、工艺参数控制、设计选材以及腐蚀监检测等方面开展防护。

一、水质控制

水质控制是防止循环水系统腐蚀的最有效方法，循环冷却水水质应符合GB 50050—2017《工业循环冷却水处理设计规范》的控制指标要求。使用再生水作为补充水应符合Q/SH 0628.2—2014《水务管理技术要求 第2部分：循环水》要求，具体见表20-1。

表20-1　循环水使用再生水作为补充水水质要求

项　　目	单　　位	控制值
pH值(25℃)		6.5~9.0
COD	mg/L	≤60
BOD	mg/L	≤10
氨氮[a]	mg/L	≤1.0
悬浮物[a]	mg/L	≤10
浊度	NTU	≤5.0
石油类	mg/L	≤5.0
钙硬度(以$CaCO_3$计)[a]	mg/L	≤250
总碱度(以$CaCO_3$计)[a]	mg/L	≤200
氯离子	mg/L	≤250
游离氯	mg/L	补水管道末端0.1~0.2
总磷(以P计)	mg/L	≤1.0
总铁	mg/L	≤0.5
电导率[a]	μS/cm	≤1200
总溶固	mg/L	≤1000
细菌总数	CFU/mL	≤1000

注：a. 在满足水处理效果(腐蚀速率、黏附速率等)基础上，可对指标进行适当调整。

1. 水质腐蚀与结垢控制措施

(1) 适当提高循环水的pH

铁、铜等金属氧化物易溶于酸性溶液中，而在碱性条件下溶解较慢，因此提高pH值可以减缓阳极类金属的溶解速率，同时由于循环水中[OH^-]浓度的提高，也可以抑制阴极溶解氧的反应过程，使金属腐蚀速率大大降低。

但pH值不可无限制地提高，因为碱性太强时，某些两性金属，例如铝、镀锌管表面的锌与碱反应生成盐，温度较高时，铁也能溶解生成铁酸盐。另外，pH提高后，一些行之有效的缓蚀剂将失去缓蚀能力。例如聚磷酸盐，其缓蚀pH范围为5~7，锌盐的缓蚀pH范围不超过8；此外，pH值太高容易引起水质结垢。

(2) 添加缓蚀阻垢剂

缓蚀剂选用得当，可以把腐蚀率控制在允许的范围内，并且还能与阻垢结合起来选用药剂，既达到缓蚀的目的，又达阻垢的目的。以下介绍一些常用的缓蚀剂和阻垢剂。

① 缓蚀剂

缓蚀剂一般分为无机缓蚀剂、有机缓蚀剂和聚合物类缓蚀剂。无机缓蚀剂有铬酸盐、钨酸盐、钼酸盐、亚硝酸盐、硅酸盐、锌盐、磷酸盐等；有机缓蚀剂又可以分为有机含膦类的缓蚀剂与有机无膦缓蚀剂两种。有机含膦类缓蚀剂如羟基乙叉二膦酸(HEDP)、氨基三亚甲基膦酸(ATMP)、2-磷酸基-1,2,4-三羧酸丁烷(PBTCA)。这几种有机含膦物质，除了保护金属免受腐蚀以外，也能阻止水垢的产生。有机无膦缓蚀剂如木质素、马来酸、丙烯酸等。聚合物类缓蚀剂有水解聚马来酸酐、聚环氧琥珀酸(PESA)、聚天冬氨酸(PASP)、聚丙烯酸、膦酰基羧酸共聚物等。

铬酸盐是一种高效的循环水缓蚀剂，在pH为6~11范围内都能把腐蚀率控制在0.025mm/a以下。它的缓蚀原理是利用它的强氧化性在被保护的金属表面生成一层致密的氧化物保护膜。铬酸盐单独用时浓度较高，起始浓度为500~1000mg/L，随后逐步降低，维持在200~250mg/L。铬酸盐对铁、铜、铝、锌都有很好的缓蚀作用。铬酸盐的缺点是：①使用浓度较高，成本大，所以常以较低的浓度与其他缓蚀剂(如锌盐、聚磷酸盐)联合使用。②毒性大，各国对废水的排放都有严格的铬盐含量要求。③容易被还原失效，很难保证有效的铬酸盐含量。所以一般不用于敞开式循环冷却水。

亚硝酸盐的作用机理与铬酸盐很相似，也是一种氧化型缓蚀剂，也有毒性(毒性比铬酸盐低得多)，使用浓度也较高(大于200mg/L)，也能被还原性物质还原而失效，并且其还原产物为氨，对铜及铜合金有腐蚀性。亚硝酸盐能促进微生物的生长，当水中侵蚀性离子(如氯离子、硫酸根离子)浓度高时，缓蚀能力大大降低，所以亚硝酸盐一般不用于敞开式循环冷却水的处理，若用于冷(热)媒水系统，必须与铜缓蚀剂合用。

钼酸盐是一种弱氧化性缓蚀剂，缓蚀效率低，须借助其他的氧化剂(如溶解氧等)才能在金属表面生成氧化物保护。但钼酸盐与上述两种氧化性缓蚀剂相比毒性低，对环境污染很小，所以常与其他缓蚀剂联合使用。

硅酸盐是一种环保型的缓蚀剂，无毒，成本低，但缓蚀效率不高，建立保护膜所需时间较长，容易形成难以去除的硅酸盐垢。但对防止黄铜脱锌特别有效。

锌盐是一种安全但低效的缓蚀剂，能快速生成保护膜，但保护膜缓蚀的效果欠佳，所以锌盐与其他作用较慢的缓蚀剂联合使用，有明显的增效作用。锌盐不易用在 pH 大于 7~8 及浑浊的水中。

磷酸盐缓蚀作用差，易促进藻类的繁殖。但磷酸盐毒性低、价格便宜，能在碱性环境使用。用磷酸盐作缓蚀剂时应防止磷酸钙垢的生成，所以常与对磷酸钙垢有抑制能力的丙烯酸和丙烯酸羟丙酯的共聚物联合使用。

聚磷酸盐缓蚀作用较好，并且还有阻垢作用。最常用的聚磷酸盐是六偏磷酸钠和三聚磷酸钠。聚磷酸盐需要水中含溶解氧和钙离子才能发挥作用，在温热的水中易水解使缓蚀能力降低，水解产物为正磷酸盐，因此应防止生成磷酸钙垢。在敞开式系统中聚磷酸盐易促进菌藻的繁殖。

有机多元膦酸的作用与聚磷酸盐类似，缓蚀和阻垢兼具。但有机多元膦酸不易水解，能在高温、高 pH 和高硬度下运行。缺点是对铜及铜合金的侵蚀性比聚磷酸盐高。

缓蚀剂的选用：某些缓蚀剂的缓蚀对象具有专一性，如聚磷酸盐、有机多元膦酸对铁具有很好的缓蚀能力，但对铜及铜合金不但无缓蚀能力，反而有侵蚀性；任何缓蚀剂都有其适用的 pH 范围，例如聚磷酸盐的缓蚀 pH 范围为 6.5~7.0，锌盐则 pH 超过 8 就会沉淀，而有机多元膦酸、水玻璃则须在碱性条件下运行，MBT 的缓蚀 pH 范围相当宽，在 pH 在 3~10 之间都能有很好的缓蚀作用。如水的浑浊度较高，则锌盐的缓蚀作用大大削弱。同时，水的硬度对缓蚀剂的选用影响也较大，硬度太高，水玻璃容易生成硅垢，不易选用；硬度太低，则聚磷酸盐和有机多元膦酸就失效；水中的余氯较高(往往发生在用氯杀菌的系统中)，MBT 的缓蚀作用大幅度下降。水中还原性物质含量较高(如还原性介质因泄漏进入循环水)，亚硝酸盐就易遭受破坏。

由于协同作用，当两种或两种以上的缓蚀剂混合在一起时，缓蚀效果比加入同等浓度的一种缓蚀剂时更好。事实上，在实际应用中很少采用单一的缓蚀剂。缓蚀剂之间的协同作用须经多次试验后确定，一般情况下，像锌盐这种成膜快但缓蚀差的缓蚀剂常与成膜慢但缓蚀效果好的缓蚀剂如聚磷酸盐合用，有机多元膦酸对钢有很好的缓蚀作用，但对铜及铜合金有侵蚀性，所以常与对铜有很好的缓蚀作用的唑类合用。

聚磷酸盐、有机多元膦酸不但有缓蚀作用，还有阻垢作用，但正磷酸、水玻璃等都有增加结垢的趋势，所以须与阻垢剂联合使用。

② 阻垢、分散剂

常用的阻垢剂有聚磷酸盐、有机磷酸、膦羧酸、有机膦酸酯、聚羧酸等几种类型。

聚磷酸盐主要有三聚磷酸钠和六偏磷酸钠。聚磷酸盐能螯合钙、镁离子，形成稳定的单环螯合物或双环螯合物。实验证明，聚磷酸盐的投加浓度只有 2mg/L 时就有很好的防垢效果，如此低的聚磷酸盐浓度螯合的钙、镁盐数量是有限的(因此聚磷酸盐与钙、镁离子形成螯合物不是阻垢的主要原因)。聚磷酸盐在 pH>7.5 或 pH<6.5 时，以及循环水温度升高时，水解速率加快，水解后生成的正磷酸盐有生成磷酸盐垢的可能。并且正磷酸

盐也是菌藻的营养物质，特别是光照充足的敞开式冷水系统，用聚磷酸盐作阻垢剂时，如果杀菌灭藻措施不力，水垢的阻止达到了目的，但由于菌藻的大量繁殖，污垢的量增加了。

有机膦酸的阻垢机理与聚磷酸盐相似，阻垢性能比聚磷酸盐好。并且它还具有聚磷酸不具备的优势，如化学稳定性好、不易水解、耐高温，与其他药剂的协同性好，不会导致菌藻的过度繁殖、低毒或极低毒等。常用的有机膦酸有氨基三甲叉膦酸（ATMP）、乙二胺四甲叉膦酸（EDTMP）、羟基乙叉二膦酸（HEDP）、二亚乙基三胺五亚甲基膦酸（DTPMP）。

膦羧酸的分子结构中同时含有磷酸基和羧基，因此阻垢、缓垢性能都优于有机膦酸。常用的膦羧酸是乙-膦酸基丁烷-1,2,4-三羧酸（PBTCA）。

有机膦酸酯的水解稳定性处于聚磷酸盐和有机膦酸之间，抑制硫酸钙垢的效果较好，但抑制碳酸钙垢的效果较差。有机膦酸酯的最大优点是毒性很低，且会缓慢水解，水解产物还可以生物降解，是一种环保型产品。

聚羧酸不但是水垢良好的阻垢剂，同时也是泥土、灰尘、菌藻尸体、腐蚀产物很好的分散剂，能使这些无定形粒子稳定地分散在水中不沉积。聚羧酸的使用浓度极微。常用的聚羧酸有聚丙烯酸、聚甲基丙烯酸、丙烯酸与丙烯酸羟丙酯共聚物、丙烯酸与丙烯酸酯共聚物。

常用的分散剂有木质素、丹宁、腐植酸钠、淀粉、纤维素。天然分散剂用量较大，成分复杂，作用机理也较复杂。天然分散剂的优点是除了有分散作用外还有缓蚀作用。

③ 复合型缓蚀阻垢剂

根据缓蚀剂的协同作用及综合考虑缓蚀和阻垢的性能把两种或几种缓蚀剂按一定比例混合的缓蚀剂称复合缓蚀剂，表 20-2 是一些常用的复合缓蚀剂。

表 20-2 复合缓蚀剂及其主要成分

分类	主要成分
铬酸盐系（铬系）	铬酸盐-锌盐 铬酸盐-锌盐-有机膦酸盐 铬酸盐-聚磷酸盐 铬酸盐-聚磷酸盐锌盐
磷酸盐系（磷系）	聚磷酸盐-锌盐 聚磷酸盐-有机膦酸盐 聚磷酸盐-有机膦酸盐—锌盐 聚磷酸盐-有机膦酸盐—巯基苯并噻唑 聚磷酸盐-有机膦酸盐—正磷酸盐—丙烯酸三元共聚物
锌盐系（锌系）	锌盐-有机膦酸盐 锌盐-膦羧酸分散剂 锌盐-多元醇膦酸脂-磺化木质素
硅酸盐系（硅系）	硅酸盐-有机膦酸盐-苯并三唑

续表

分类	主要成分
钼酸盐系(钼系)	钼酸盐-葡萄糖酸钠-锌盐-有机膦酸盐-聚丙烯酸 钼酸盐-正磷酸盐-唑类 钼酸盐-有机膦酸盐-唑类
全有机系	有机膦酸盐-聚羧酸盐-唑类 有机膦酸盐-唑类-木质素 有机膦酸盐-聚羧酸

(3) 电磁抑垢

电磁水处理技术是一种物理除垢法，虽然发展较晚，相关的研究和理论尚未完善，但是却突破了传统化学方法的的弊端，以其无添加试剂，无毒无污染，操作简单，成本低等优点受到大家的广泛关注。目前国内外学者针对电磁水处理技术已经做了很多研究，探索磁处理应用中各种最佳参数，并提出了不同的电磁抑垢机理理论模型，但仍存在很多亟待解决的问题，由于影响电磁抑垢的因素繁多，在实际应用中并不能做到实时优化电磁参数达到最佳抑垢效果。

(4) 水质腐蚀性预测

循环水的腐蚀性与水质、温度、流速和结垢等有关。其中水质是主要的因素，根据API 581—2016可估算碳钢在冷却水中的腐蚀速率。

$$CR = CR_B \cdot F_T \cdot F_v \tag{20-1}$$

其中：CR 为腐蚀速率，单位 mm/a；CR_B为根据氯离子浓度、RSI 和流速查表 20-3 获得的腐蚀速率，单位 mm/a；F_T为与温度有关的系数，查表 20-4 获得。

F_v为与流速有关的系数，$F_v = \begin{cases} 1+1.64(0.914-v), & (v<0.914) \\ 1, & (0.914 \leqslant v \leqslant 2.44) \\ 1+0.82(v-2.44), & (v>2.44) \end{cases}$

v 为流速，单位 m/s。

表 20-3 循环水基础腐蚀速率

氯离子浓度/ppm	基础腐蚀速率/(mm/a)	
	RSI>6 或流速>2.4m/s	RSI≤6 或流速≤2.4m/s
5	0.03	0.01
10	0.05	0.02
50	0.1	0.04
100	0.15	0.05
250	0.23	0.08
500	0.33	0.11
750	0.38	0.13
1000	0.43	0.14

续表

氯离子浓度/ppm	基础腐蚀速率/(mm/a)	
	RSI>6 或流速>2.4m/s	*RSI*≤6 或流速≤2.4m/s
2000	0.43	0.14
3000	0.41	0.14
5000	0.38	0.12
10000	0.33	0.11

表 20-4 温度影响系数 F_T

操作温度/℃	密闭系统	敞开系统	操作温度/℃	密闭系统	敞开系统
24	0.1	0.1	63	2.4	2.4
27	0.3	0.3	66	2.5	2.5
29	0.4	0.4	68	2.7	2.7
32	0.6	0.6	71	2.9	2.9
35	0.8	0.8	74	3.0	3.0
38	0.9	0.9	77	3.2	3.2
41	1.1	1.1	79	3.4	3.3
43	1.2	1.2	82	3.5	3.3
46	1.4	1.4	85	3.7	3.3
49	1.6	1.6	88	3.8	3.3
52	1.7	1.7	91	4.0	3.1
54	1.9	1.9	93	4.2	2.9
57	2.1	2.1	96	4.3	2.5
60	2.2	2.2	99	4.5	1.7

(5) 水质结垢趋势预测

结垢指数可以用来定性判断循环水结垢或腐蚀倾向，主要影响参数有 pH 值、总溶解固、钙硬度、碱度及温度等，不同的文献中提供了多种结垢指数的定义，通过计算 Langelier 指数(也称饱和指数)、Ryznar 指数(也称稳定指数)和 Puckorius 指数(也称结垢指数)三种指数，互为印证和补充，判断标准参见表 20-5。

Langelier 指数(LSI)：$LSI = pH_a - pH_s$

Ryznar 指数(RSI)：$RSI = 2\,pH_s - pH_a$

Puckorius 指数(PSI)：$PSI = 2\,pH_s - pH_e$

其中pH_a为循环水的实际 pH 值，pH_s为循环水的饱和 pH 值，$pH_s = (9.3 + C_1 + C_2) - (C_3 + C_4)$，$pH_e$ 为循环水的平衡 pH 值，$pH_e = 4.54 + 1.465\log[A]$，$[A]$为循环水的总碱度(以 $CaCO_3$计)，单位 $mgCaCO_3/L$，C_1、C_2、C_3和C_4参见表 20-6。

表 20-5　pH 值计算参数

参数 C_1		参数 C_3		参数 C_4	
总溶解固体(TDS)/(mg/L)	C_1	钙硬度/(mg/L $CaCO_3$)	C_3	甲基橙碱度/(mg/L $CaCO_3$)	C_4
50~400	0.1	10.5	0.6	10.5	1.0
>400~1000	0.2	12.5	0.7	12.5	1.1
参数 C_2		15.5	0.8	15.5	1.2
		20	0.9	20	1.3
温度/℃	C_2	25	1.0	1.4	1.4
		31	1.1	1.5	1.5
1	2.6	39	1.2	1.6	1.6
4	2.5	49.5	1.3	1.7	1.7
8	2.4	62.5	1.4	1.8	1.8
12	2.3	78.5	1.5	1.9	1.9
16	2.2	99	1.6	2.0	2.0
19	2.1	124.5	1.7	2.1	2.1
24	2.0	156.5	1.8	2.2	2.2
29	1.9	197.5	1.9	2.3	2.3
34	1.8	250	2.0	2.4	2.4
41	1.7	310	2.1	2.5	2.5
47	1.6	390	2.2	2.6	2.6
53	1.5	495	2.3	500	2.7
60	1.4	625	2.4	625	2.8
68	1.3	785	2.5	790	2.9
77	1.2	940	2.6	945	3.0

表 20-6　三种结垢指数的判断标准

LSI	*RSI*	*PSI*	水质描述
3.0	3.0	3.0	极严重结垢
2.0	4.0	4.0	很严重结垢
1.0	5.0	5.0	严重结垢
0.5	5.5	5.5	中等程度结垢
0.2	5.8	5.8	轻微结垢
0	6.0	6.0	稳定的水
-0.2	6.5	6.5	不结垢，具有非常轻微溶垢趋势
-0.5	7.0	7.0	不结垢，具有轻微溶垢趋势
-1.0	8.0	8.0	不结垢，具有中等程度溶垢趋势
-2.0	9.0	9.0	不结垢，具有强烈溶垢趋势
-3.0	10.0	10.0	不结垢，具有非常强烈溶垢趋势

2. 微生物的控制

(1) 做好水质清洁工作

做好水质清洁工作的目的是去除水中油、悬浮物等微生物的营养物。对于在含尘量较大的环境中的冷却水系统，最好加装旁滤设备。

(2) 添加杀生剂

循环水系统中添加杀生剂(也称杀菌灭藻剂)是控制微生物繁殖的最有效、最常用的方法之一。只要选药得当，方法合适，能有效控制微生物的繁殖。通常情况下，几种方法联合使用效果较好，费用较低。

主要杀生剂种类如下：氯系列、臭氧、溴及溴化物、氯酚类、有机锡化合物、季铵盐、有机硫化合物、铜盐、异噻唑啉酮等。循环冷却水微生物控制宜以氧化型杀菌剂为主，非氧化型杀菌剂为辅。当氧化型杀菌剂连续投加时，应控制余氯量为 0.1～0.5mg/L，冲击投加时，宜每天投加 2～3 次，每次投加时间宜控制水中余氯 0.5～1mg/L，保持 2～3h。非氧化型杀菌剂宜选择多种交替使用。

(3) 采用杀生涂料

用添加有能抑制微生物生长的杀生剂(如偏硼酸钡、氧化亚铜、氧化锌、三丁基氧化锡等)的特种涂料涂刷换热器的冷却水一侧，既能保护金属不受腐蚀，又能防止微生物黏泥的沉积，并且对水垢的沉积也有一定的预防作用。这种涂料的热阻较小，对换热效果影响不大。

用由酸性水玻璃、氧化亚铜、氧化锌和填料等组成的无机防藻涂料涂刷在冷却塔和水池内壁上，可有效地控制藻类的生长。

(4) 阴极保护

采用外加电流保护法或牺牲阳极保护法，可控制阴极金属上硫酸盐还原菌的繁殖。

(5) 清洗

用物理或化学清洗的方法去除微生物黏泥，可去除大部分的微生物，并破坏了微生物赖以生存的环境，微生物繁殖的速率受挫。清洗后剩下来的微生物暴露在外，更易于被杀生剂杀死。对于一个已经被微生物严重污染的冷却水系统来说，清洗是一个十分有效的措施。

(6) 防止阳光照射

采用各种方式防止或减少阳光直接照射冷却水，可大幅减小藻类繁殖的速率。

(7) 噬菌体法

噬菌体法也叫细菌病毒，是一种能吃掉细菌的微生物，是一种生物杀菌方法。噬菌体靠寄生在叫做“宿主”的细菌里繁殖，繁殖的结果是将“宿主”吃掉，这种过程叫溶菌作用。噬菌体繁殖的后代又寄生到其他的细菌里，其数量成百上千地增长，因此用噬菌体法杀菌只须加少量噬菌体即可，靠它的自我繁殖可达到杀菌的目的，因此费用较低。

据报道，噬菌体法杀菌对控制滨海火力发电站冷却水系统及造纸厂冷却水系统微生物繁殖十分有效。但在其他系统中应用效果未见类似的报告。

二、循环水系统的清洗预膜

根据中国石化《炼油工艺防腐蚀管理规定》，循环冷却水系统开车前应进行清洗和预膜处理，清洗和预膜处理程序宜按人工清扫、水清洗、化学清洗、预膜处理顺序进行。人工清扫范围包括冷却塔水池、吸收池和首次开车时管径不小于800mm的管道。水清洗管道内清洗流速不应低于1.5m/s。化学清洗剂及清洗方式根据具体情况确定，化学清洗剂后立即进行预膜处理。

对于运行时间很长的冷却器，往往存在锈垢、硬垢、软垢等，影响水稳药剂的使用效果，因此应在检修时采取机械或化学清洗的方法加以去除，必要时还应进行不停车清洗。常用的清洗方法有酸洗、碱洗、络合物清洗、聚电解质清洗等。

酸洗常用药剂有盐酸、硫酸、硝酸、磷酸、氢氟酸、氨基磺酸、柠檬酸、羟基乙酸等。酸洗结束后，金属表面上的水垢及保护膜均被除掉，金属表面的铁原子裸露出来，从化学上来说，此时这种原子是非常活泼的，容易被氧化生成二次铁锈，使钝化处理及钝化膜的质量受到影响。为此，在钝化处理前，须采用适当的方式把被酸洗的金属表面漂洗干净。常用的漂洗方式包括水压法、充氮气法、加药漂洗。漂洗结束后，要采用钝化剂在钢铁表面形成一薄层保护膜，使金属免遭腐蚀。常用钝化剂包括亚硝酸钠、磷酸钠、联氨等。

碱洗主要用于去除设备在制造和安装过程中由制造厂涂覆在内部的防锈剂及安装时沾染的油污等附着物，或清除一些不能用酸洗去掉的硬质水垢(如硫酸盐垢、硅酸盐等)。有时在酸洗前也要求采用碱洗来去除油脂和部分硅化物。常用的碱洗药剂有氢氧化钠、碳酸钠、磷酸钠等。

络合物、聚电解质清洗具有腐蚀程度小、可以不停车清洗、去除微生物垢效率高、洗脱物不易沉积等优点，常用药剂有乙二胺四乙酸(EDTA)、腐植酸钠、聚磷酸盐、羟基乙叉二膦酸(HEDP)等。

冷却水循环系统内设备和管道经化学清洗后，金属的本体裸露出来，很容易在水中溶解氧等的作用下再发生腐蚀；为了保证正常运行时缓蚀阻垢剂的补膜、修膜作用，应进行预膜处理。通过预膜剂的作用，使金属表面形成一层致密均匀的保护膜，从而使金属免于腐蚀。常用预膜剂包括聚磷酸盐-锌盐、有机膦-聚磷酸-锌盐、钼酸盐-锌盐、钨酸盐、硅酸盐等。其中钼酸盐、钨酸盐价格较高，目前使用最多的是聚磷酸盐-锌盐，它不仅来源广泛、价格低廉，而且容易溶解，运输方便，使用范围广。

三、工艺参数控制

循环水系统的流速不能太低，以减缓结垢和沉积，但也不能太高，以避免冲蚀。一定要制定运行时的最低流速和最高流速的限制。一般认为流速低于1m/s容易造成结垢，加速腐蚀。流速的范围应该视材质和水质而定。

控制循环冷却水出换热器的温度推荐不超过50℃。

四、主要设备设计选材

循环水系统的主要设备有冷却塔、冷却器和管线。

冷却塔目前多采用耐腐蚀玻璃钢制作，腐蚀问题并不突出。过去冷却塔多采用混凝土构架，可以采用涂料的方法进行防护，有企业采用环氧煤沥青涂料，成功解决了混凝土冷却塔塔体的腐蚀问题。

冷却器选材要根据管程和壳程的操作条件、操作温度综合考虑，可以参见本书前述各装置的冷换设备选材。一般冷却器常用材质有碳钢、低合金钢、奥氏体不锈钢、钛、双相钢、蒙乃尔合金等。由于循环水浓缩导致系统氯离子高，因此选择不锈钢时要注意。对于微生物腐蚀，选材可以按照以下顺序进行：钛>不锈钢>黄铜>纯铜>硬铝>碳钢。

炼油厂冷却器通常采用“碳钢+表面处理”的方式。表面处理方法有涂料、镍磷镀等。其中涂料防腐应用比较成功，常用冷却器用涂料有 TH-847、SHY-99、QSL-2 等。采用表面处理技术要注意施工质量管理，同时要防止针孔等现象的发生。

有企业采用“涂料+牺牲阳极保护”的方法，获得了满意的防腐效果。牺牲阳极通常选用镁合金阳极，阳极块安装在冷却器管箱、浮头内侧及浮头隔板上。阳极块的布局原则是：不能影响管程介质的流速，阳极前端尽量要靠近管板侧，阳极平面布局要尽量均匀。

循环水系统管线基本选用碳钢材质，要注意管线内垢下腐蚀和管线外腐蚀。管线内腐蚀可以通过控制水质、流速减少沉积等方法控制。管线外腐蚀可以通过防腐涂层和阴极保护来进行防护。

此外，在水冷器的设计上，应注意以下几方面的问题：一是设计时应尽量避免产生缝隙，如冷却器法兰连接面、管口与管板的接合面等；二是水冷器在结构上为减少沉积、结垢应尽量设计成循环水走管程，换热管使用光管；三是各部件材质的选取应保持相似性或一致性，消除电偶腐蚀问题；四是在壳程介质入口处应设防冲挡板，避免迎面的管束受到介质冲蚀。

在水冷器的制造过程中，应注意以下几方面的问题：一是要选择合适的管口与管板加工工艺，消除缝隙腐蚀、应力腐蚀问题；二是在需要焊接部位采用连续焊，焊缝要做到连续平滑，根部焊透，保证无微小气孔；三是含 H_2S+H_2O、$HCl+H_2S+H_2O$、$HCN+HCl+H_2O$ 等腐蚀环境的冷却器焊后应对碳钢施行消除应力热处理，对不锈钢施行固溶处理，以避免或降低管子/管板连接处、壳体拼接缝、U 形弯管等处产生硫化物应力腐蚀开裂(SSCC)与应力导向氢致开裂。

五、循环水冷却器的综合评估

各炼油企业可以根据装置生产特点，将循环水冷却器根据使用年限、材质、防腐情况、使用介质的温度、腐蚀性、以往泄漏统计等参数，对冷却器的运行情况进行综合评估，推断冷却器管束的使用寿命，提前进行检修或管束更换，达到预知维修的目的，有效减少冷却器突然泄漏对循环水质产生的影响。

六、腐蚀监检测

腐蚀监检测方式包括在线监测(在线 pH 计、低温电感或电阻探针、电化学探头、在线测厚等)、化学分析、定点测厚、腐蚀挂片等。各装置应根据实际情况建立腐蚀监检测系统和腐蚀管理系统，保证生产的安全运行。

(1) 水质常规分析检测

为全面做好水质管理，建议严格根据中国石化炼油工艺防腐蚀操作细则的规定进行水质分析及指标控制，循环水水质应符合 GB 50050—2017《工业循环冷却水处理设计规范》的控制要求。具体各项指标见表 20-7。具体分析方法参照《中国石化冷却水分析和试验方法》。对于影响循环水系统腐蚀和结垢的 pH 值、氯离子、氧含量、浓缩倍数、杀菌剂残余浓度以及冷却水出口温度等几个关键参数，建议使用在线检测。

表 20-7 中国石化炼油循环水水质控制要求

项目名称	指标	分析频率
浊度	≤20NTU	1 次/天
pH	6.8~9.5	1 次/天
总磷(以 PO_4^{3-} 计)	≯8.5mg/L	1 次/天
钙硬度(以 $CaCO_3$ 计)	150~880mg/L	1 次/天
总碱度(以 $CaCO_3$ 计)	200~500mg/L	1 次/天
钙硬+碱度(以 $CaCO_3$ 计)	600~1200mg/L	1 次/天
总硬度(以 $CaCO_3$ 计)	≤850mg/L	1 次/天
K^+	(实测值)mg/L	1 次/天
总铁	≤1.0mg/L	1 次/天
浓缩倍数	≥3.0	1 次/天
Cl^-	≤700mg/L	1 次/天
SO_4^{2-}	≤800mg/L	1 次/天
SiO_2	≤175mg/L	1 次/天
电导率	≯5500μS/cm	1 次/天
正磷	(实测值)mg/L	1 次/天
Zn^{2+}	(实测值)mg/L	1 次/周
COD	≤100mg/L	1 次/周
油	<10mg/L	1 次/周
黏泥	≤3.0mL/m^3	1 次/周
异养菌	≤1.0×10^5 个/mL	1 次/周
铁细菌	≤1.0×10^2 个/mL	1 次/月
硫酸盐还原菌	≤0.5×10^2 个/mL	1 次/月
总固体	(实测值)mg/L	2 次/月
总溶固	(实测值)mg/L	2 次/月
悬浮物	(实测值)mg/L	2 次/月
余氯	0.5~1.0mg/L	1 次/天

（2）监测模拟换热器及挂片器

对水质进行常规分析检测的同时，在每个循环水场设有监测模拟换热器及挂片器，以检测换热设备及管道的腐蚀结垢状况，根据测取的腐蚀率、黏附速率并结合水质分析情况，确定水处理的效果，把握循环水的腐蚀结垢状况，并据此进行相应调整。根据相关要求，现场监测换热器碳钢试管腐蚀速率应≤0.075mm/a、黏附速率应≤20mg/（cm^2·月），生物黏泥应≤3mL/m^3。腐蚀速率的测定通常采用试片法进行，将一定规格的并经过处理的金属挂片安装在循环水出塔管线上的引出管中，试验一个月后取下，称重计算挂片腐蚀失重情况。也可以采用试管法进行，试验管法是以金属试验管代替腐蚀试片进行现场监测的一种方法，它可以使监测条件与冷却水在换热器管子中流动的流动条件更接近一些。试验管的材质要与所监测的换热器中管子的材质一致，试验管的尺寸一般为直径 10mm×150mm 或与主管的口径相同，长 300~500mm。此外还可在试验旁路和监测测换热器的进出口水箱中安装电极探头，以监测腐蚀情况。监测换热器使用效果的好坏及所测数据的真实性与其在现场安装的位置有直接关系。通常现场安装位置有三种：①紧靠凉水塔的循环水水泵出口处，直接由循环水泵出口向监测换热器供水，经监测换热器后回凉水塔。②重点换热器的附近，并使监测换热器的工艺条件尽可能模拟生产工艺实际。③循环水系统的总回路上。见图 20-1。各厂可以根据本厂实际情况加以选择。

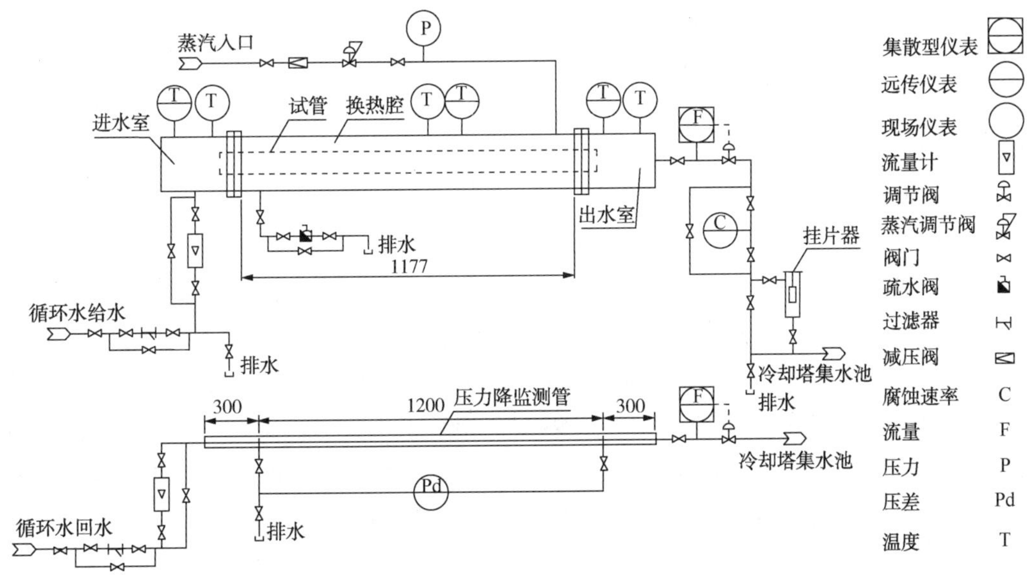

图 20-1 监测换热器流程示意图

此外中国石化近年来提出了打造样板循环水场的倡议，推进循环水场的标准化、自动化、信息化和智能化建设，制定了标准 Q/SH 0725.1—2017《循环水处理效果监控方法 第 1 部分：监测换热器法》。该标准规范了监测换热器的配置规格、安装方式、运行控制、数据处理及评价等方面的内容，以提高循环水系统管理水平和服务保障能力。

对于使用了阴极保护的管线，应该进行电位测试以判定阴极保护状态。

第三节 典型腐蚀案例

[案例 20-1] 循环氢水冷器管束循环水侧氯离子和冲刷腐蚀泄漏

背景：某石化公司柴油加氢装置循环氢水冷器管束多次发生腐蚀泄漏。其主要工艺流程为：从加氢精制反应器来的反应产物经反应产物/热循环氢换热器、反应产物/热原料油换热器、反应产物/分馏塔进料换热器、反应产物/冷循环氢换热器、反应产物/冷原料油换热器换热，然后经反应产物空冷器冷却至54℃，进入高压分离器。为了防止反应产物中的铵盐在低温部分结晶，通过注水泵将水注入到反应产物空冷器或反应产物/冷原料油换热器上游的管道中。冷却后的反应产物在高压分离器中进行油、气、水三相分离，气相经过循环氢水冷器换热后，进入循环氢储罐。

结构材料：发生泄漏的水冷器共有 A/B 两台，采用串联形式，水冷器管程介质为来自循环水厂的循环水，材质为15CrMo，循环水流速为1.3m/s，进口温度约34℃，出口温度约44℃，运行压力0.45MPa；壳程介质为循环氢，材质为14Cr1MoR，进口温度约54℃，出口温度约40℃，压力约6.89MPa。

失效记录：泄漏的循环氢水冷器于2016年更换管束，且新管束涂有防腐涂层，但开工8个月后发现管束腐蚀泄漏；2017年9月20日进行打压堵管后装置一直处于停工状态；2018年1月准备开工时，再次发现管束泄漏，因此直接更换为新管束。

失效原因及分析：宏观观察内壁有大量的红褐色腐蚀产物沉积，产物不坚硬，去除表面产物，可见管束内壁分布有许多大小不一的腐蚀坑(图20-2)。同时管束内壁未发现完整的涂层，局部涂层均已鼓包破裂并与腐蚀产物相混合。低倍腐蚀形貌观察可见腐蚀严重部位成溃疡状，且附近有大量腐蚀产物沉积，腐蚀坑最大深度约为5mm，同时可见腐蚀坑主要是由于腐蚀针孔相互连通形成的(图20-3)。在腐蚀坑底部分布有长短不一的横向裂纹，且局部裂纹有分支(图20-4)。管束钢金相组织检验为铁素体+珠光体，管束钢球化级别为5级(5级-完全球化；珠光体区域中的碳化物已经完全分散，珠光体形态无保留)(图20-5)。对管束内壁、管束内垢物及管束内壁附着层进行EDS成分分析，管束内壁主要含O、Cr、Fe、Mn、Si等，同时含有少量的S和Cl；而蚀坑底部除上述元素外，同时含有少量的Ca与Mg。管束内垢物主要含O、Fe等，其次还含有微量的S、Cl、Ca等。在能谱分析确定相应的元素后，通过X射线衍射分析来确定具体的物质构成，主要为腐蚀产物FeO(OH)。

图 20-2 管束内壁宏观腐蚀形貌

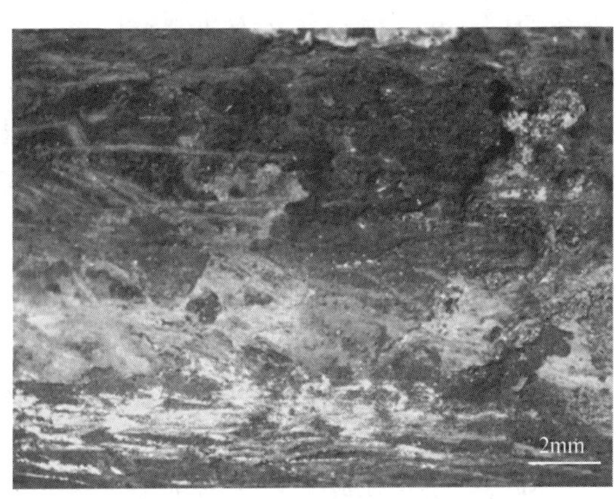

图 20-3 内壁低倍放大后的形貌

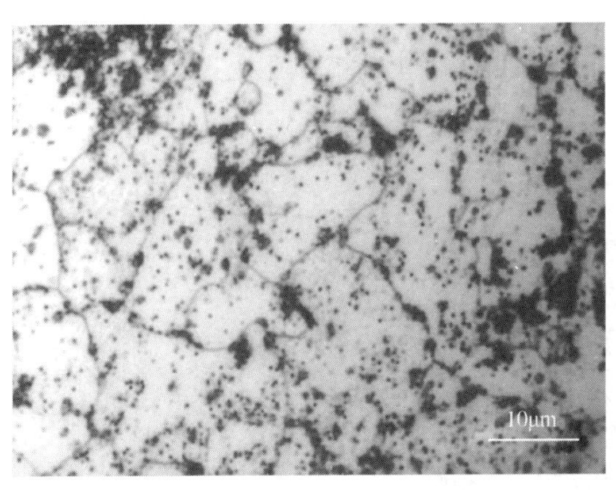

图 20-4 蚀坑部位微观腐蚀形貌

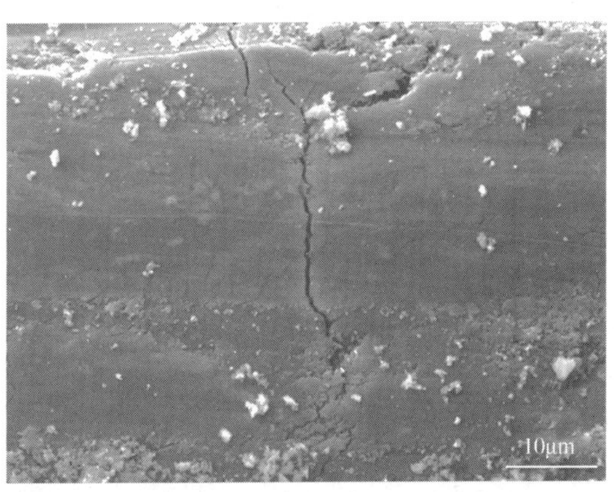

图 20-5 管束横截面金相组织

通过对腐蚀失效管束的腐蚀形貌、材质、垢物成分等结果进行综合分析显示，管束内壁发生腐蚀失效的主要原因是由于 Cl^- 点蚀和冲刷腐蚀共同作用造成的。发生点蚀的原因是由于介质中的 Cl 在局部发生富集造成的，氯的来源一方面为循环水，另一方面也不能排除涂层中的氯元素影响；发生冲刷腐蚀的原因一方面可能是偏流，另一方面与管束发生珠光体球化有关，珠光体球化后管束的强度和抗冲击能力均会大幅降低。

解决方案和建议：

(1) 管束内涂覆防腐涂层是一种有效的防腐手段，因此应选择适宜的涂层，并强化涂层施工质量，最大程度延缓管束失效的时间。

(2) 控制介质中和涂层中的有害元素 Cl 的含量，降低点蚀风险。

(3) 加强管束入厂检验工作，防止诸如珠光体球化等原始缺陷。

(4) 增加其他防腐技术手段，如牺牲阳极保护等。

[案例 20-2] 加氢脱硫反应产物水冷器循环水侧生物黏泥和垢下腐蚀泄漏

背景：某炼油厂汽油加氢装置用于冷却加氢脱硫反应产物的水冷器自装置开车以来，

连续使用 3 年，管束多次发生泄漏问题。

结构材料：发生泄漏的水冷器操作压力 1.53MPa，操作温度 55℃，管程介质为循环水，壳程介质为氢气和汽油的混合物，型式为 U 形管式换热器，管束规格 ϕ1500×6655mm，管板材料 16Mn，管束材料 10 号碳钢，管束规格 19mm×2mm，共计 962 根换热管，管束采用防腐蚀涂料喷涂。

失效记录：最近失效 2 处管束泄漏量较大，1 处管束焊口处微漏，另外 4 处泄漏量微小。

失效原因及分析：拆下水冷器封头后宏观观察管板上存在积垢情况。用氮气吹扫时，吹出大量黄色泥汤样沉积物，干后形成黄泥形状物质，为生物黏泥。泄漏的介质，如硫化氢、油等，为微生物提供了营养源，导致黏泥量增加。此外，该水冷器位于汽油加氢装置高框架三层平台，距地面 15m。装置循环水压力约 0.3MPa，到水冷器后循环水压力在 0.2MPa 左右，压力偏低导致循环水流速缓慢，在此处积累大量沉积物，长期积累造成垢下腐蚀。恶化水质进一步加速设备腐蚀，降低药剂的缓蚀阻垢作用和杀菌效果。见图 20-6、图 20-7。

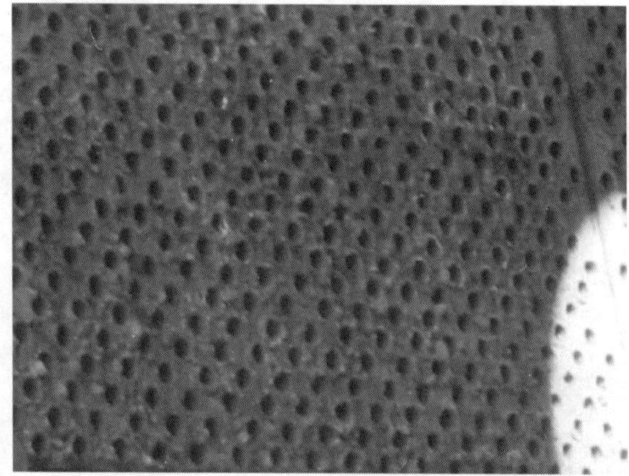

图 20-6　水冷器管板表面积垢

(a)封头内沉积的杂质

(b)封头内清理出的杂质

图 20-7　水冷器封头内部情况

解决方案和建议：

（1）进行必要的内防腐和阴极保护，同时为了防止腐蚀导致介质泄漏，应避免腐蚀严重的设备超期使用。

（2）加大循环水系统压力，或对个别末端、高层平台水冷器加压，提高流速，避免因流速不足造成结垢或泥沙沉积，从而引发垢下腐蚀，也可以使用在线超声防结垢技术。

［案例 20-3］级间冷却器结构设计造成的腐蚀

背景：某炼油厂新区循环水场是敞开式循环冷却水系统，该系统负责向炼油 9 套装置供应循环水，设计规模 16000m³/h，浓缩倍数 $N=4\sim9$，给水温度≤30℃，给水压力≥0.45MPa。系统内所使用的水冷器材质主要为碳钢、不锈钢，还有少量的铜。该系统共有各类水冷器 157 台，其中循环水走壳程共有 11 台、板换 14 台，框架以上高点水冷器 39 台，末端 15 台，运行期间多次发生泄漏。

结构材料：经排查发生泄漏的换热器为多台循环水走壳程换热器，加氢裂化装置新氢机 K-102A 二级出口冷却器 E111A，K102B 级间冷却器 E110B，柴油加氢装置压缩机 K-101A 新氢侧级间冷却器 E108A。

失效记录：级间冷却器泄漏，最近一次失效为大检修后，循环水系统在清洗预膜后不久即发现换热器泄漏且伴生严重的微生物爆发。

失效原因及分析：发生内漏的压缩机级间冷却器全部是循环水走壳程冷却器，循环水走壳程，冷却器管束有大量折流板，当循环水流经大量折流板时，流速下降，且循环水压力本身偏低，造成水冷器内局部循环水质量不好（油泥、生物黏泥、杂物等），部分流道被堵塞，即使冷却器进出口水线阀门全开，但壳程内部流速仍然非常缓慢。循环水中沉积的生物黏泥、松散的垢质附着在管束表面，为垢下腐蚀提供了良好的温床，易形成浓差电池腐蚀，且换热管外表面未做防腐处理，长期使用后管束表面形成严重的坑蚀。同时在壳程换热器中，循环水存在严重的偏流现象，即循环水不易到达污垢和黏泥沉积处，而是沿着阻力最小的通道流动，最终不能有效带出壳程内的污物，致使污物稳定长时间存在，成为设备腐蚀的主要因素之一。见图 20-8。

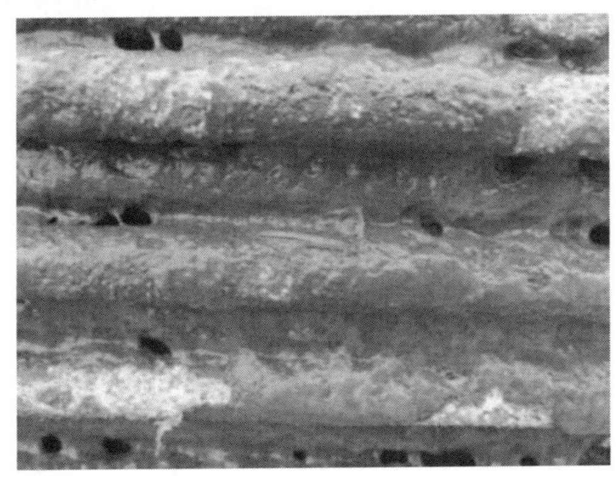

图 20-8 加氢装置级间冷却器腐蚀形貌

解决方案和建议：

（1）优化换热器选型及材质升级，此类水冷器换热管外表面择机做防腐处理，材质逐步升级为不锈钢，并且考虑选用螺旋式折流挡板；

（2）对区域内所有水冷器重新进行评估，原则上将末端、高点、循环水流速低、循环水走壳程以及历年泄漏过的水冷器视为A级，其余为B级；

（3）加强水质管理，做好相应流量调节，优化水冷器测流速频次，增加反洗频次，定期查漏。

CHAPTER 21 / 第二十一章

储罐系统腐蚀与防护

炼油企业常压储罐是指建造在具有足够承载能力的均质基础上，其罐底与基础紧密接触，储存液态石油、石化产品、工业水及其他类似液体的常压和接近常压(内压不大于6kPa)立式圆筒形钢制焊接油罐。不包括埋地、储存毒性程度为极度和高度危害介质、人工制冷液体储罐。按照结构类型可分为拱顶罐、外浮顶罐和内浮顶罐，其腐蚀风险各有特点。按照储存介质可分为轻质中间原料油储罐、原油储罐、重质油品储罐、成品油储罐等。成品油罐主要是指储存汽油、柴油、煤油等轻质油品的储罐，腐蚀状况相对轻微。根据结构类型、储存介质及工艺操作条件，不同种类的储罐腐蚀问题有其各自的特点，也有许多相似的地方。本章针对轻质中间原料油储罐、原油储罐及重质油储罐，分别介绍各类储罐的腐蚀特性及防腐蚀技术。

第一节　轻质中间原料油储罐

轻质中间原料油储罐是指储存终馏点不大于220℃轻质油品的立式圆筒形钢制焊接常压储罐，主要包括直馏石脑油储罐、焦化汽油储罐(含焦化汽柴油混装储罐)、催化汽油(未加氢、精制)储罐等中间原料轻质油储罐，以及含有轻质油组分的轻污油储罐、含硫污水储罐等。其中中间汽油、直馏石脑油罐的腐蚀状况尤为突出。一般中间原料油罐比成品油罐腐蚀严重。

一、储罐的结构

石脑油在储存温度下(不大于40℃，下同)的蒸气压超过88kPa时，储罐应选用压力储罐、低压储罐。不超过88kPa时，应选用内浮顶储罐或外浮顶储罐。焦化汽油、催化汽油、轻污油的储罐宜采用内浮顶型式。轻质油储罐设计储存温度不应大于40℃。

石脑油低压立式储罐应采取防止空气进入的措施，储罐补充气体应使用氮气(或其他惰性气体)、脱硫后的燃料气等。采用脱硫后的燃料气时，排放气应密闭收集处理，不得直接排向大气。焦化汽油内浮顶储罐应采用氮封措施；加工高硫、含硫原油的企业，储存含有直馏石脑油组分的内浮顶储罐应采用氮封措施；其他储罐可酌情选择性设置。氮封措施能够大幅缓解轻质中间原料油储罐的腐蚀问题。

二、腐蚀体系与易腐蚀部位

油罐的内腐蚀与储存介质的种类、性质、温度和油罐型式等因素有关。油罐内部存在两个腐蚀环境：液相和气相。对于温度小于100℃且存在水相的油罐，液相又分为两层：油层和罐底水层。

1. 内浮顶石脑油罐腐蚀

除含硫污水罐以外，轻质油中间油罐一般采用内浮顶或外浮顶结构。现有案例表明，未采用氮封设施的内浮顶罐的腐蚀部位一般出现在罐体中间壁板部分。这是因为罐顶及顶第一圈板、罐底及底第一圈板受浮盘密封件的摩擦较少，罐体其余部分涂层因为经常摩擦损坏严重，导致钢板减薄并出现大量硫铁化合物。采用内浮顶的油罐，一旦其浮盘失效，油气无法密封时，顶板腐蚀将比壁板更严重。

采用了氮封设施密闭的内浮顶罐，由于氮气的保护，罐壁板腐蚀状况会相对减轻，此时，腐蚀主要发生在罐底部含水部位。

油罐的腐蚀都是由氧和水(液态)造成的，小分子有机酸、硫化氢和二氧化碳等介质为主要腐蚀介质，特别是硫化氢的存在加剧了罐体的腐蚀。当罐内涂层被破坏或涂层质量不好时，腐蚀过程在溶解有硫化氢、二氧化碳、蒸汽及氧的水薄膜下进行。油面下降或气温降低时，罐壁暴露在气相部分，轻烃和水汽在罐壁上凝结，使罐壁上形成一层液膜。金属在液膜下的腐蚀速率是在大量液体中的几十倍，这是油气相交替部位腐蚀最快原因之一，主要表现为电化学腐蚀。

发生电化学腐蚀的原因及表现形式均十分复杂，腐蚀速率取决于油品中的硫化物、气相中的氧、二氧化碳和空气湿度等多方面因素。油品中硫化氢的含量越大，腐蚀速率越快，但硫化氢含量的绝对值并不起主要作用。研究表明当介质中氧与硫化氢的比例为114∶1时，腐蚀最严重。空气中的相对湿度越大，介质温度越高，腐蚀速率也会越快。这也正是南方地区油罐腐蚀远较北方严重的主要原因。当油罐内壁涂层破坏严重时，涂层囊孔内会生成多种硫铁类物质，在油罐付油时，没有氮封措施的储罐从呼吸阀补充的新鲜空气，其中氧与硫铁类物质发生缓慢氧化放热反应：

$$FeS_2+O_2 \longrightarrow FeS+SO_2+222.3kJ$$

$$2FeS+3O_2 \longrightarrow 2FeO+2SO_2+98kJ$$

反应的热量在被破坏的涂料层内大量积聚，囊孔内的物质温度急速升高，在达到硫铁类物质的自燃点后发生燃烧。

2. 外浮顶石脑油罐腐蚀

外浮顶罐同内浮顶罐的腐蚀机理相类似。外浮顶石脑油罐的主要腐蚀部位在罐内壁自浮船起浮高度(约2.0m)到安全高度间，外浮顶罐内有充分的空气和水分，涂层一旦被破坏或涂层致密性不好，水分及氧、硫化氢等介质就会渗进涂层内部，发生电化学反应造成罐体腐蚀加剧，大部分罐都是内壁先产生大量铁锈然后使涂层成片剥离。因为空气充分，生成的硫铁类物质很快氧化及散热，故不会发生自燃的危险。

3. 拱顶石脑油罐腐蚀

腐蚀部位主要在气相区域以及罐底存水区域。腐蚀机理同内浮顶罐腐蚀机理相类似。

三、储罐的防腐设计及选材

1. 防腐设计

常压储罐防腐蚀设计及选材可参考《中国石化加工高含硫原油企业储罐防腐蚀技术管理规定》及 SH/T 3022《石油化工设备和管道涂料防腐蚀技术规范》，并充分结合公司实际情况作出合理、经济、安全的设计及选材方案。储罐防腐蚀设计应依据 GB 50393《钢质石油储罐防腐蚀工程技术规范》和中国石化《加工高含硫原油储罐防腐技术管理规定》及 SH/T 3022《石油化工设备和管道涂料防腐蚀技术规范》等标准规定执行。

2. 选材

11000m^3 以下的常压储罐一般选用不低于 Q235A 的钢板制造；大于 11000m^3 且不大于 50000m^3 的常压储罐壁板一般选用 16MnR 制造，罐体其他部位选用 Q235A 钢板制造；内防腐涂料无法保证 3 年以上使用寿命的常压储罐，如重整石脑油常压储罐，可采用其他材料如复合钢板等制造。

污水罐宜采用碳钢(Q235A)现场制造内浮盘。其他轻质中间原料油储罐一般采用装配式铝制内浮顶、浮筒式或全接液蜂巢式内浮盘。

罐体其他附件的选材(选型)：

(1) 罐壁(罐顶)通气孔、导向柱和雷达液面计导波管等附件应选用不锈钢材料制造。

(2) 盘梯踏步及平台(包括带芯人孔、罐壁通气孔及平台梯子)整体宜采用碳钢热镀锌格栅板型式进行制造。

(3) 呼吸阀、液压安全阀及阻火器应选用二合一型阻火呼吸阀(阻火液压安全阀)，其中阻火器采用波纹板型式。

(4) 量油孔采用防锈铝或 1Cr18Ni9Ti(类似材料)制造，轻质油储罐的量油孔应采用能避免碰撞产生火花的有色金属材料制造，如采用防锈铝或碳钢内衬铝等制造。

(5) 通气孔应设置防雨雪罩，并配备 2~3 目的耐腐蚀钢丝网。

3. 涂料防腐

应针对不同储存介质特性进行涂料筛选，内壁防腐蚀措施的使用寿命应达 6 年以上。

(1) 石脑油储罐、焦化汽油储罐、催化汽油储罐和轻污油储罐等轻质油储罐的内防腐底漆宜采用无机富锌或环氧耐温耐油性导静电类涂料，面漆宜采用环氧或聚氨脂类耐热耐油性导静电涂料，底板及底板上一圈壁板(一般 1.8m 以下)涂层干膜厚度不宜小于 350μm，其余部位涂层厚度不宜小于 250μm。

(2) 苯、二甲苯等溶剂型介质储罐的内防腐应采用耐苯(二甲苯或相应介质)专用无机富锌涂料，干膜厚度 90μm。

(3) 含硫污水罐、碱渣罐等介质腐蚀性强的储罐内防腐应采用环氧类重防腐涂料，其他储罐内较易腐蚀部位的内防腐也应采用环氧重防腐涂料。涂层干膜厚度不宜小于 300μm，具体要求如下：环氧重防腐底漆两道，干膜厚度 120μm；环氧重防腐面漆三道，干膜厚度 180μm。

(4) 其他介质储罐的内防腐。①1.8m 以下部分总干膜厚度 350μm：环氧耐温耐油导静电底漆两道，干膜厚度 100μm；环氧耐温耐油导静电中间漆两道，干膜厚度 100μm；环氧耐温耐油导静电面漆三道，干膜厚度 150μm。②1.8m 以上部分总干膜厚度 250μm：环氧耐温耐油导静电底漆两道，干膜厚度 100μm；环氧耐温耐油导静电中间漆一道，干膜厚度 50μm；环氧耐温耐油导静电面漆两道，干膜厚度 100μm。

(5) 储罐外防腐涂料底漆可采用富锌类或环氧类涂料，面漆宜选用脂肪族聚氨酯面漆类、氟碳类等耐水耐候性涂料或耐候性热反射隔热防腐蚀复合涂层。对于聚氨酯类、氟碳类涂料总涂层干膜厚度不宜小于 200μm，热反射隔热涂层类不宜小于 250μm。

储罐罐底边缘板应采取有效的防水防腐措施，防水材料应具有良好的防腐蚀性能、耐候性及弹性。罐内防腐及储罐大修或新建时外防腐的表面处理均应采用石英砂喷(抛)射除锈，内防腐表面至少达到 Sa2.5 级；对外表面腐蚀较严重的油罐进行外防腐时，外表面采用石英砂喷(抛)射除锈至少达到 Sa2.0 级。

4. 储罐检测

做好储罐罐体及附件的月度检查及年度检查工作。应实行定点测厚制度，储罐壁(沿盘梯)及下两圈板、罐顶每年测厚 1 次并将数据归档管理，按储罐固定的测厚点在罐体作好标志，技术档案及测厚报告内容应包括测厚点布置图及编号。

做好轻质油储罐的硫含量，特别是硫化氢等活性硫数据的收集、分析和整理工作，监控储罐运行工况。氮封设施压力控制系统或氧含量分析仪器应定期进行校验，加强维护，确保完好投用。

加强原油储罐的防腐管理工作。对腐蚀严重的原油储罐底板，采用牺牲阳极保护和涂料防腐综合措施，罐壁涂料及其他防腐蚀设施的使用寿命应达到 6 年以上。

应按一定的检验周期对常压储罐进行全面检验或检查，可采用在线检验或停工开罐检验的方式；对于储罐群或罐区内的储罐，其全面检验还可采用基于风险的检验(RBI)方法。全面检验内容参照 SY/T 5921《立式圆筒形钢制焊接油罐操作维护修理规程》和 SHS 01012—2019《常压立式圆筒形钢制焊接储罐维护检修规程》。全面检验周期的确定还应以常压储罐的剩余寿命为依据，一般情况下每 6 年应进行一次，检验周期最长不超过储罐剩余寿命的一半，并且最长不得超过 9 年。

在实际操作中，可根据实测的腐蚀速率，或者由于类似运行中储罐的运行经验、预期的腐蚀率确定全面检验的周期，一般为 3~6 年。当腐蚀速率为未知，并且没有评估下一次检验类似的运行经验时，全面检验的周期不得超过 3 年。

对于腐蚀较重的常压储罐，设备管理部门根据实际情况组织相关专业人员讨论后合理确定全面检验的年限。对于储存介质腐蚀性不强，腐蚀速率≤0.1mm/a，并有可靠的防腐蚀措施，上一次全面检验确认储罐技术状况良好，可确保安全运行的储罐经公司分管领导批准后可适当延长全面检验时间，但最长不得超过 9 年。

如果储罐超过 6 年未进行全面检验或检修，应办理延期检验审批手续，同时，进行延期原因分析及风险评估，并且需经设备管理、安全环保等相关部门进行评审，并报公司主管领导审批。

常压储罐检修前，属地单位应按有关规定安排常压储罐的蒸罐和清扫工作，至达到安全施工条件。储罐蒸罐时宜控制罐内温度不大于 75℃，避免对储罐涂层、浮顶密封橡胶造成损坏。重点检查以下内容：

(1) 罐体腐蚀状况。对罐内壁、底板及内防腐涂层进行全面评估，并彻底清除罐内杂物。

(2) 组装式铝浮顶状况。直馏石脑油和经碱洗的催化汽油因含氯离子和碱液，对铝材有较强的腐蚀性，应重点检查储存该类介质的储罐浮顶情况。

(3) 浮顶密封及边缘橡胶密封，不能满足要求的应及时进行检修、更换。

(4) 大型及以上储罐探伤检查。大型储罐全面检查时，应对下部壁板的纵焊缝进行超声探伤抽查。容积小于 20000m^3 的只抽查下部一圈，容积大于或等于 20000m^3 的抽查下部两圈。抽查焊缝的长度不小于该部分纵焊缝总长的 10%，其中 T 型焊缝占 80%，出具超声波检测报告。

(5) 罐顶板、壁板、底板及内角焊缝腐蚀情况(全面检查要求)。罐顶板、壁板、底板、内构件及内角焊缝腐蚀情况检查记录齐全、完整。

(6) 阴极保护措施(全面检查要求)。原油储罐有阴极保护措施且运行记录齐全、完整。

(7) 其他检查内容。罐体外部及附件防腐涂层有无大面积龟裂、剥落(脱落)或粉化等现象；罐壁和罐顶上是否有固定测厚点标志及标志是否清晰、规范；保温层(保护层)是否有鼓胀、脱落、破损等现象；保温层的定点测厚盒是否完好、牢固、规范。

第二节 原油储罐

原油储罐是我国石油战略储备和石化行业重要的设备，在钢质储油罐安全事故中，腐蚀是危害钢质油罐安全的重要因素之一。美国对过去 40 年发生的 242 例储罐事故进行了统计分析，有 72 例储罐事故是由于储罐腐蚀引起的。原油储罐在生产运行过程中经常遭受内外环境介质的侵蚀，从而引起罐体腐蚀。同时，因腐蚀而造成储罐的穿孔、泄漏，不仅造成产品流失、污染环境，而且还易引发火灾、爆炸等严重事故，影响设备的正常运行，也给石油、石化企业和社会带来安全隐患和经济上的重大损失。

近年来，随着国内进口高硫原油比例的急剧增加，以及受建罐区域的地理环境、大气盐雾等因素的影响，原油储罐的腐蚀损伤问题日益严重。主要表现在出现严重腐蚀的油罐数量大；腐蚀介质、原因及形态复杂；腐蚀速率快，危害大；防腐难度大，部分储罐正在试用新防腐材料及方法，以便达到最佳的防腐效果。

通过对全国油罐火灾 139 个案例的分析，油罐破坏形式中火灾事故约有 72%为罐顶破坏，17%为罐底破坏，11%为罐壁破坏。因此，针对不同部位的腐蚀特点采用有效的防腐措施进行防护，是减少事故延长设备使用寿命的必要保障。

原油油罐的腐蚀理论上有土壤腐蚀、大气腐蚀和介质腐蚀三种形式。为了进一步研究钢质原油罐的腐蚀特征，做好腐蚀预防，根据储罐不同部位所处的腐蚀环境不同，将储罐分为罐壁与罐顶外表面(与空气接触，不包括罐外底板)、罐顶内表面(包括浮顶下表面，与油气接触的部位)、罐壁内表面(与油接触的部位)、罐底板上表面(与沉积水接触的部位)以及罐底板下表面(与砂层或土壤接触)五个不同的部位。

对原油储罐的腐蚀防护可参考 GB/T 50393—2017《钢质石油储罐防腐蚀工程技术标准》中的相关规定。

一、储罐外壁腐蚀与防护

储罐外壁接触大气，主要发生大气腐蚀。原油储罐所处的大气环境中氧、水蒸气、二氧化碳可导致原油储罐罐体的腐蚀，储罐周边的环境一般为石油化工企业，工业大气中含有二氧化硫、硫化氢、二氧化氮等有害气体，由于吸附作用、冷凝作用或下雨等原因，空气中的水汽或雨水在储罐外壁形成水膜，这种水中可能溶有酸、碱、盐类和其他杂质，会起到电解液的作用，使金属表面发生电化学腐蚀。因电解液层比较薄，所以外壁电化学腐蚀比较轻微，而且腐蚀也比较均匀。但在罐顶凹陷处、焊缝凹陷处、保温层易进水的地方、抗风圈与罐壁连接处以及其他易积水的地方，会形成较为严重的局部腐蚀。腐蚀产物为疏松的四氧化三铁，在锈层表面，空气中的氧与水不断进行阴极反应，而在锈层与金属的结合面，则不断进行阳极反应，这种氧浓差电池引起的大阳极小阴极反应，又由于氯离子的存在，反应进行得相当快，从而形成局部腐蚀。

海洋大气腐蚀发生在直接置于海洋大气中的罐体金属表面，如罐外壁、罐顶上表面。海边年平均湿度较大，约 70%~80%，金属表面在潮湿大气中会吸附一层很薄的水膜，构成电化学腐蚀的电解液膜。随着水分的凝聚，水膜溶入大气中的各种组分，如 CO_2，H_2S，SO_2和 NaCl 等，Cl^-具有很强的侵蚀性，提高了液膜中的导电性和腐蚀性，加速腐蚀，腐蚀速率可达 0.1mm/a。沿海地区油罐外表面腐蚀较严重，尤其以边缘板腐蚀较为突出。以原油储罐为例，腐蚀形态主要为均匀腐蚀减薄，腐蚀产物如千层饼状，边缘板上表面存在蚀坑，下表面与水泥罐基础之间有缝隙，存在缝隙腐蚀。现场测厚表明，腐蚀减薄达30%以上，腐蚀向罐壁发展，将严重影响油罐的安全运行。根据资料介绍，约有 25%的油罐失效由边缘板腐蚀造成。

大气腐蚀的影响因素：

(1) 水的影响。在大气环境下对钢材起腐蚀作用的物质中，水是主要因素(一般湿度越大，腐蚀性越强)。

(2) SO_2的影响。在受工业废气污染的地区，SO_2对钢材腐蚀影响最为严重。钢板的腐蚀速率随大气中SO_2的含量的增加而增加。

(3) 海洋大气影响。在海洋附近的大气中，含有较多的盐分，其主要成分是 NaCl，Cl^-具有很强的侵蚀性，因而它可加剧腐蚀，离海洋越远，大气中的盐分越少，腐蚀量越小。

(4) 其他影响。在石油生产的大气环境中，可能含有 Cl_2、NH_3、H_2S 和固体尘粒等有害物质，它们对钢铁的腐蚀也是随着其含量的上升而增加。几种物质的协同效应将导致钢材腐蚀的加剧。

对于沿海地区储罐外表面防腐层的要求是能耐近海洋大气腐蚀、大气老化、气温变化、干湿变化及风沙的吹打等。目前应用较多的防腐层有氯磺化聚乙烯、高氯化聚乙烯、锌铝金属覆盖层、过氯乙烯树脂等。

二、罐底板下表面腐蚀与防护

1. 罐底板下表面腐蚀类型与机理

罐底板下表面可以发生多种类型的腐蚀，比如土壤腐蚀、氧浓差电池腐蚀和杂散电流腐蚀等。

(1) 土壤腐蚀

储罐基础以砂层和沥青砂为主要构造，罐底板坐落在沥青砂面上。由于罐中满载和空载交替，冬季和夏季温度及地下水的影响，使得沥青砂层上出现裂缝，致使地下水上升，接近罐的底板，造成腐蚀。当油罐的温度较高时，罐底板周围地下水蒸发，使盐分浓度增加，增大了腐蚀程度。

原油储罐的土壤腐蚀实际是电化学腐蚀，其阴极过程为还原反应：

有氧条件：$O_2+2H_2O+4e \longrightarrow 4OH^-$　　缺氧条件：$SO_4^{2-}+4H_2O+8e \longrightarrow S^{2-}+8OH^-$

其阳极过程为氧化反应：

$$Fe \longrightarrow Fe^{2+}+2e$$

$$Fe^{2+}+2OH^- \longrightarrow Fe(OH)_2\text{(绿色腐蚀产物)}$$

$$2Fe(OH)_2+H_2O+1/2O_2 \longrightarrow Fe(OH)_3$$

$$Fe(OH)_3 \longrightarrow FeOOH+H_2O\text{(赤色腐蚀产物)}$$

$$Fe(OH)_3 \longrightarrow Fe_2O_3 \cdot 3H_2O\text{(黑色腐蚀产物)}$$

$$Fe^{2+}+CO_3^{2-} \longrightarrow FeCO_3$$

$$Fe^{2+}+S^{2-} \longrightarrow FeS$$

(2) 氧浓差电池腐蚀

罐底板与砂基础接触不良，易产生氧浓差。如满载和空载比较，空载时接触不良；大直径油罐不均匀沉降时，也会因罐底土壤的充气不均而形成氧浓差电池，罐底中心部分往往 O_2 少而成为阳极，使它成为被腐蚀的部位。

(3) 杂散电流腐蚀

罐区是土壤杂散电流较为复杂的区域。当站内管网有阴极保护而储罐未受保护时，则可能形成杂散电流干扰影响；当周围有电焊机施工、电气化铁路、直流用电设备时也可能产生杂散电流。

(4) 边缘板缝隙腐蚀

罐底边缘板与圈梁平面之间可能存在间隙，雨水会通过间隙逐步侵入罐底导致边缘板和罐底的腐蚀。可以通过使用弹性密封材料封闭边缘板的方式解决雨水侵入的问题，此种方法对所有储罐都适用。

2. 罐底板下表面防腐蚀技术

罐底板下表面外壁的腐蚀程度要比罐壁严重，有时甚至会产生腐蚀穿孔而出现漏油现象，因此有必要对其采取有效措施进行防护。

沿海地区土壤为富含盐的盐碱性土壤，大气环境为海洋大气。盐碱性土壤腐蚀主要发生在油罐底板与基础表面接触的一面，油罐底板或与含盐土壤直接接触，或与罐基础表面的沥青砂垫层接触，若储罐基础密实不均，加之海边土质砂化且疏松，试水后造成的沉降致使基础处土壤充气不均形成氧浓差电池引起罐底板腐蚀。

沿海地区土壤电阻率较低，可采用牺牲阳极保护，如镁阳极带、锌阳极块、铝阳极块等，但阳极块的检测及更换不方便。目前普遍采用外加电流的阴极保护法，将储罐阴极保护电位控制在相对于饱和铜/硫酸铜参比电极-0.85~1.5V。该保护法的关键是阳极材料的选择，常用阳极材料主要包括石墨、高硅高铬铸铁、柔性阳极、混合金属氧化物钛阳极等。常用阳极地床一般分为以下几种形式：浅埋地床、深井地床以及网状地床。浅埋阳极地床因其对附近非保护体的影响较大而不适宜于罐区或区域性阴极保护；网状地床一般用于新建储罐或大修更换底板的储罐；深井地床根据成井形式，又可分为直井地床、与地面成一定角度的斜井地床、与地面平行的水平井地床。

对新建储罐底板下表面的阴极保护，推荐使用混合金属氧化物网状阳极系统。网状阳极是贵金属氧化物带状阳极与钛基金属连接片交叉焊接组成的外加电流阴极保护辅助阳极。将该阳极网预埋在储罐基础中或罐底板与防渗膜、混凝土基础之间，为储罐底板提供保护电流，该方法安装简单，电流分布均匀，输出可调，使用寿命长。

对于在役储罐的阴极保护改造项目，建议采用分布式阳极地床、区域性阴极保护、定向穿越阳极植入等方法，具备条件的情况下更换罐底板埋入柔性阳极或网状阳极。也可以采用深井地床。

外加电流阴极保护设施包括阴极保护仪、混合金属氧化物阳极、汇流点、接线箱、长效参比电极($Cu/CuSO_4$)、阳极电缆等。工作原理是：阴极保护仪将交流电转换成直流电，由参比电极控制其电流输出，阴极电缆连接在储罐上，阳极电缆连接在混合金属氧化物阳极网系统上。工作时，电流从阳极网释放到砂层中并流入储罐底板，通过电缆返回到阴极保护仪的负极。当储罐罐底的保护电流达到一定密度后，罐底将停止腐蚀。为监测储罐罐底外壁的阴极保护效果，在储罐底板中心、底板中心至罐壁半径方向以及罐周围埋设长效参比电极。

大型储罐通常每罐使用一套阴极保护设备，可以使每个储罐的底板得到充足的保护电流，且便于阴极保护设备的调试，这种方法在国内大型储罐工程(如国家石油储备库)中已经应用。同时，可积极探索把在复杂管网领域应用较为成熟的区域性阴极保护方法引进到在役油罐保护上，设计时把整个罐区作为整体考虑，减少阴极保护系统套数，可显著缩短施工周期，降低工程造价。

三、罐壁内壁板腐蚀与防护

该部位直接与原油接触，罐壁上黏结了一层相当于保护膜的原油，因而腐蚀速率较低，腐蚀轻微，一般来说储罐内壁腐蚀速率稍低于罐顶内侧腐蚀速率。但是在罐壁液位波动处，由于油气与水汽冷凝在罐壁形成一层液膜，加速了腐蚀。另外，由于油品内和油面上部气体空间含氧量不同，在两者靠近的区域形成了氧浓差电池造成腐蚀加剧。此外，液位处还可因干湿状况频繁交替导致沉淀物的积聚而形成垢下腐蚀。在储罐收付油的过程中，液位的变化及搅动作用，更加速了这两种腐蚀。

四、罐顶内表面腐蚀与防护

罐顶和罐壁上部不直接与油品相接触，属气相腐蚀。主要腐蚀因素为 O_2、水蒸气、H_2S 及温度等。由于温度的变化，水蒸气易在罐顶和罐壁上部内壁凝结成水膜，气相中 SO_2，H_2S，CO_2、挥发酚等溶解在凝结水膜中，构成电解质体系。由于 O_2 很容易通过薄层液膜扩散到金属表面，因此，气相过程的阴极过程主要发生氧的去极化反应，发生不均匀的轻腐蚀。

可以采用金属热喷涂与涂层相结合的方式进行腐蚀防护。钢铁构筑物进行热喷涂加涂料封闭防腐处理的工艺流程为：表面预处理→热喷涂→涂料封闭。热喷涂前钢铁构件表面必须进行预处理，以达到干燥、洁净、粗糙的要求。可采用喷砂工艺进行表面预处理，所用砂子为干燥而无泥土的石英砂，粒度为6~12 目，其具有坚硬而有棱角的特点。喷砂时空气压力为0.5~0.6MPa。经喷砂处理后的工件要求达到均匀粗糙，呈金属光泽，无锈迹、污迹和水分。经喷砂处理后的工件，要尽快进行热喷涂，一般不超过2h，潮湿气候条件下，不超过0.5h。通常根据使用环境确定金属喷涂层厚度，喷铝层一般为120~150μm，喷锌层一般为200~300μm，喷涂层与基体之间应有很好的结合力且均匀细致，无大熔滴。由于热喷涂层存在有一定的孔隙，因此为提高防腐效果，需进行封闭处理。封闭涂料可采用环氧抗静电涂料、环氧氯磺化聚乙烯抗静电涂料、聚氨酯抗静电类涂料等。其中第一道黏度要稍低些，使其尽可能渗入喷涂层的孔隙中。

五、罐底板内表面腐蚀与防护

储罐底板的介质侧一般腐蚀的会比壁板更加严重，有时甚至会腐蚀穿孔而出现泄漏现象。这些腐蚀主要源于罐内的沉积水，虽然原油储罐都设计有排水管，但由于排水管的中心线一般比罐底约高300mm，所以罐底至少始终有200~300mm 的水；再加上受液体流动的黏滞性及罐底板不平等因素的影响，罐底长期处于浸水状态，沉积水中的硫化物、氯化物、氧等物质会与金属发生反应，造成电化学腐蚀。

另外，在物料的注入部位，由于流体的冲刷，可能形成局部的冲蚀。立柱在灌装、提取、液流运动等正常状态下，都可能与底板发生摩擦和振动，这种机械磨损配合缝隙腐蚀，可导致立柱下底板的腐蚀穿孔。

根据罐底沉积物、腐蚀性介质的化学成分可推断罐底的腐蚀类型，可分为以下几类：硫化物和氯化物对罐底的电化学腐蚀、溶解氧对罐底产生的氧腐蚀、硫酸盐还原菌的腐蚀和缝隙腐蚀。

针对罐底板内部的腐蚀现状，主要采用涂层与牺牲阳极联合防护法进行内防腐。所选用的涂层与罐壁的涂层材料有所不同，为防止导静电涂料与牺牲阳极并用加速牺牲阳极的溶解，失去应有的阴极保护作用，应采用非导静电的涂层材料，如重型玻璃鳞片涂料、有机环氧富锌漆或聚氨酯富锌漆等。

牺牲阳极阴极保护是控制钢质储罐腐蚀的有效方法，它有效弥补了涂层缺陷而引起的腐蚀，能大大延长储罐的使用寿命。牺牲阳极保护的设计过程如下：首先确定保护电流密度和被保护面积，计算出总电流；计算单支阳极的输出电流，确定所需阳极支数和保护年限；最后设计合理的阳极分布。牺牲阳极阴极保护范围为整个罐底板及罐壁下部 1m 高的表面。底圈壁板腐蚀严重部位一般处于 300mm 以下。镁合金阳极驱动电位过大，易产生电火花；锌合金阳极在温度高于 54℃的情况下可能发生极性逆转；故应采用铝合金阳极，一般用 Al-Zn-In-Cd 阳极，也可采用 Al-Zn-In-Sn 阳极或 Al-Zn-Cd-Sn 阳极。牺牲阳极易于安装，可以采用焊接或螺栓连接安装，而且当阳极消耗为初始质量的 85%时，可以利用清罐机会进行更换。

第三节　重质油储罐

沥青、渣油罐等重质油罐腐蚀相对轻微，但也有自身显著特征。渣油罐以罐顶腐蚀最突出，顶上第一圈板及底板也有腐蚀，而外表测厚一般很难有明显数据差别。部分老罐由于原设计在外壁采用吸水性强的珍珠岩保温使外壁也大面积产生点蚀。

腐蚀机理分析：由于这些罐罐顶一般直通大气且有充足的水分，涂层破坏后产生典型的硫化氢腐蚀。罐底主要是因为积水内含盐、硫等腐蚀性介质引起的电化学腐蚀，底板外侧也有腐蚀。

腐蚀原因分析：介质中轻组分(含硫)较多，罐内温度达 80~90℃，能加快重油中轻组分挥发速率，使腐蚀性介质接触钢板机会大大增加，而且 80~90℃正是 H_2S、H_2O 对碳钢腐蚀的临界温度，腐蚀性介质进罐后立即挥发并几乎全分布于罐顶，导致罐顶腐蚀严重。蒸汽吹扫管线带进大量水分，且与大气充分接触，加快腐蚀发生，导致管线易堵塞。各装置停工时扫线油、污油进入的储罐腐蚀速率更快，主要是沉积水及罐底外蚀的腐蚀。

这类罐防腐涂层寿命一般在 6 年左右，不及时处理会导致顶板坑蚀穿孔；底板坑蚀穿孔年限在 20 年左右。

第四节 典型腐蚀案例

[案例 21-1] 原油储罐底板内壁腐蚀

背景：国内某企业对原油罐进行腐蚀检测时发现其储罐底板腐蚀严重，其中边缘板发生腐蚀穿孔。

失效记录：腐蚀最严重的部位集中在底板最外圈等沉积水较多的浮盘支柱下面，底板腐蚀穿孔基本发生在该部位，罐底板其他部位主要表现为坑蚀，钢板表面存在大小、深浅不一的腐蚀坑，见图 21-1。

失效原因及分析：

(1) 罐底长期处于浸水状态，沉积水中的硫化物、氯化物、氧等物质会与金属发生反应，造成电化学腐蚀。

(2) 进料口物料夹带着具有腐蚀性的介质直接冲击罐底板，这样会增大介质与罐底板的接触面积，在冲击力和腐蚀性介质的双重作用下，进料口罐底板的腐蚀加剧。

解决方案和建议：建议严格把控储罐防腐内涂层的质量，增加阴极保护，定期排除储罐底部积水，加强储罐底板腐蚀检测及监测。

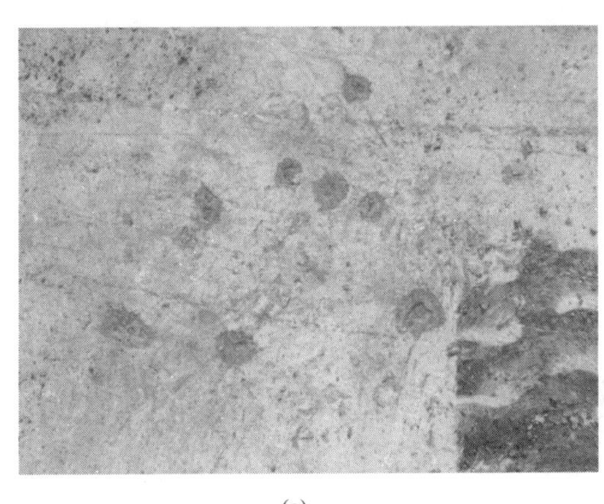

(a)

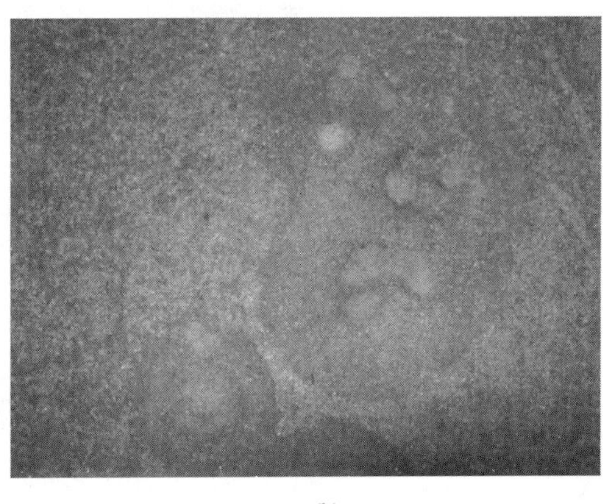

(b)

图 21-1 原油储罐底板内侧腐蚀穿孔

[案例 21-2] 油库储罐外壁腐蚀

背景：图 21-2 是某油库储罐外壁及附属结构腐蚀形貌，该油库位于临海城市，面临的外部腐蚀环境属于潮湿型大气和海洋大气的混合体，外防腐满足 SDEP-SPT-PD 2307—2008《中国石化炼化工程建设标准 防腐蚀涂层技术规定》、GB 50393—2017《钢质石油储罐防腐蚀工程技术规范》和 GB 8923—2008《涂装前钢材表面锈蚀等级和除锈等级》等相关标准规范要求规定。

失效记录：

（1）储罐罐顶和罐壁局部存在涂层脱落，焊缝及周围涂层脱落较严重。

（2）储罐附属结构存在腐蚀，尤以死角部位腐蚀严重，部分储罐附属结构材质不同，导致存在电偶腐蚀，加速了较低等级材质的腐蚀速率。

（3）保温层开孔后未进行回填密封可能导致保温层下腐蚀。

失效原因及分析：涂层破损导致金属基体直接与大气、水等腐蚀介质接触。

解决方案和建议：

（1）加强涂料施工监理，提高涂料施工质量，尤其在焊缝和死角位置。

（2）对罐顶积水部位进行整改，避免罐顶长期积水，并加强罐顶外防腐检查和修复工作。

图 21-2 储罐外壁及附属结构腐蚀形貌

［案例 21-3］润滑油储罐底板外表面腐蚀

背景：某企业一台 20000m^{3}润滑油储罐底板发生腐蚀泄漏，清罐后检查发现，储罐底板中部有一直径 25mm 的腐蚀穿孔，为土壤侧腐蚀导致的底板穿孔，该罐设计温度为 100℃，设计操作温度为 90℃，实际操作温度为 40~80℃。

结构材料：罐底材料为 Q235B，边缘板厚 14mm，中幅板厚 8mm，储罐地基为沥青砂。

失效记录：图 21-3 为罐底板下表面腐蚀形貌，从图中可以看出，底板腐蚀严重，底部防腐漆局部脱落，腐蚀形状不规则，以点蚀坑为主，有大面积蜂窝状腐蚀。

失效原因及分析：

(1) 实际使用温度为未达到设计使用温度，在40~80℃大气腐蚀速率、土壤腐蚀速率较快。

(2) 储罐的空载和满载会造成罐底板的起伏变形，在底板和基础之间形成了很多通道和空间，罐底土壤侧形成电化学腐蚀环境。边缘比中心腐蚀少，主要是因为边缘的水更容易干，一旦水气进入罐底板中心部位，短时间内很难干，导致腐蚀更严重。

(3) 罐底板土壤侧防腐层厚度为101~120μm，未达到设计要求的250μm。

解决方案和建议：

(1) 改进防水檐，防止雨水进入罐底。

(2) 改善地基材料环境和涂料防腐。

(3) 采取阴极保护措施。

(4) 定期进行储罐检测，能够了解储罐的腐蚀情况，减少储罐腐蚀穿孔的发生。

(a) (b) (c) (d)

图21-3 罐底板下表面腐蚀形貌

[案例21-4] 拱顶罐罐顶腐蚀

背景：某企业拱顶柴油罐和渣油罐顶腐蚀严重。柴油为加氢原料，操作温度为常温。渣油罐的操作温度为160℃，罐顶保温，保温层下腐蚀严重。

失效记录：该拱顶柴油罐和渣油罐罐顶腐蚀严重，罐顶发生腐蚀穿孔，如图21-4和图21-5所示。

失效原因及分析：

柴油罐顶腐蚀：柴油油品中含有硫、氯等腐蚀介质，硫化氢、氯化氢等腐蚀性介质溶解于凝结在罐顶的液态水中，形成强腐蚀性溶液，引起对罐顶的腐蚀。

渣油罐顶腐蚀：因保温层破损，进的水汽难以散发出去，形成湿环境，而引起了保温层下腐蚀；因保温破损等原因使得罐顶局部温度过低，罐顶内表面凝结有带腐蚀介质的液态水，从而对罐顶内表面也产生了腐蚀。

(a) (b)

图 21-4　柴油罐顶的腐蚀

(a) (b)

图 21-5　渣油罐顶的腐蚀

CHAPTER 22 / 第二十二章

火炬系统腐蚀与防护

第一节　典型装置及其工艺流程

本章所述炼油厂火炬系统包括火炬排放系统及火炬气回收系统。

一、装置简介

炼油企业配套火炬排放系统是用于满足工艺生产装置在正常生产时安全阀和泄压阀小流量泄漏、装置生产波动中火炬气正常排放的回收，以及装置开停车、停水、停电、停汽、停风等异常工况下火炬气燃烧排放的设施。火炬系统是极端工况下炼油企业最后一道安全屏障，其安全可靠运行尤为重要。

典型装置包括低压火炬系统、酸性气火炬系统等。其中低压火炬系统由低压瓦斯排放管网[管网操作压力一般为0.1~0.5MPa(A)]、火炬分液罐、水封罐、点火系统、消烟系统、气柜及瓦斯压缩机等组成；酸性气火炬系统由酸性气排放管网、水封分液罐、配风系统、点火系统及伴烧系统等组成。典型低压火炬及酸性气火炬设计条件见表22-1。

表22-1　典型低压火炬及酸性气火炬设计条件

系统名称	低压火炬(事故排放时)	酸性气火炬
介质名称	放空瓦斯气	酸性气
主要成分/%(体积)	烃类、H_2	H_2S：86.97、NH_3：3.9、H_2O：7.46、烃(含H_2)：微量0.09
平均相对分子质量	37.1	31.6
排放量/(kg/h)	660000	50000
(Nm^3/h)	398490	35443
温度/℃	260	30
设计压力/[MPa(A)]	0.1~0.5	0.108(火炬根部)
低发热值/(kJ/kg)	45727.436	10135
(kcal/Nm^3)	(18100.92)	(2631)
最大允许压降/kPa	≤25	≤8

注：最大允许压降是指最大排放量时火炬筒入口至火炬头出口处的压力降。

二、工艺流程

1. 低压火炬系统

工艺生产装置的排放气体，经低压排放管网收集后，进入火炬分液罐、水封罐和火炬头。通常瓦斯气体进入火炬分液罐之前，会设置旁路，排放气体可经旁路进入气柜，气柜气体经瓦斯压缩机压缩进行气体回收。在火炬气回收系统启用工况下(即正常生产工况)，低压火炬系统水封罐启用水封(一般为400mm以上)，火炬头处于长明灯状态；装置正常排放的可燃气体进入气柜，经瓦斯压缩机压缩后送至双脱装置；在装置开停工或事故工况下，低压火炬系统水封罐撤掉水封，同时关闭低压排放管网与气柜连通线上的阀门，自动启用高空自动点火系统，点燃火炬的长明灯，引燃排放气体。典型低压火炬系统工艺流程示意图见图22-1。

2. 酸性气火炬系统

硫黄联合装置紧急情况下的放空酸性气进入酸性气火炬系统，经酸性气水封分液罐进入酸性气火炬头。酸性气火炬水封分液罐通过U形溢流管建立一个200mm的固定水封，并定期置换水封用水。酸性气火炬头燃烧场一般设热电偶测量燃烧场温度，通过控制回路调节助燃气阀开度，使酸性气排放时火炬头燃烧场温度维持在600~800℃；酸性气火炬放空流量高时自动启动配风风机，也可根据火炬头烟雾情况调节配风流量。典型酸性气火炬系统工艺流程示意图见图22-2。

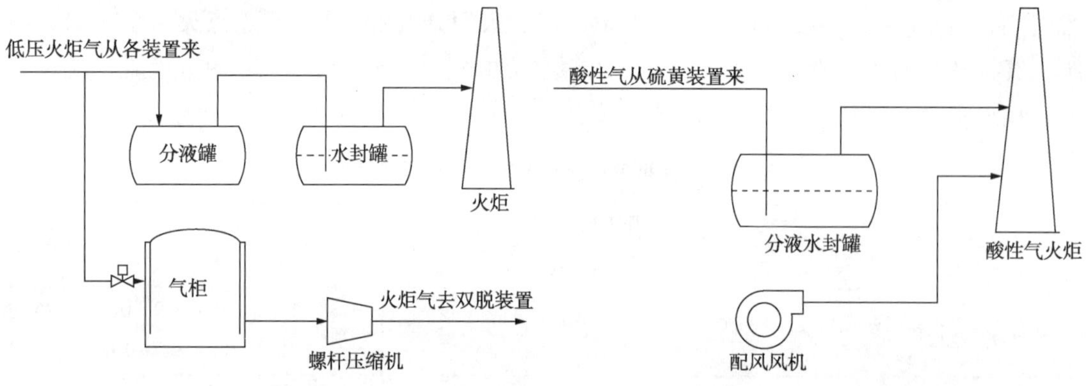

图22-1　低压火炬系统工艺流程示意图

图22-2　酸性气火炬系统工艺流程示意图

第二节　腐蚀体系与易腐蚀部位

低压火炬排放系统中的主要介质为瓦斯气(火炬气)，其成分比较复杂，典型气体组成见表22-2，具有腐蚀性的介质有H_2S、CO_2等气体。

表 22-2 典型火炬气体组成

组分	C_1	C_2	C_3	C_4	C_5	C_6	H_2	H_2S	CO	CO_2	N_2	O_2
含量%(体积)	21.06	5.28	3.83	2.87	1.06	0.99	44.85	6.48	0.05	0.78	11.86	0.89

一、腐蚀体系

火炬排放系统中，在低点位置不可避免地会有明水的集聚，尤其是火炬筒体底部会集聚保护蒸汽凝结及水封罐带水，瓦斯中的硫化氢溶于积水部位的水中，形成酸性液体，对管线底部和火炬筒体底部形成电化学腐蚀，导致均匀腐蚀减薄。腐蚀机理主要有：

(1) $H_2S+CO_2+H_2O$ 腐蚀

火炬气中含有的 H_2S、CO_2 等腐蚀性介质在水环境中对设备造成电化学腐蚀。通常认为，硫化氢溶解到水中形成弱酸，离解出 H^+ 与金属发生反应：

$$H_2S \longrightarrow HS^-+H^+$$

$$HS^- \longrightarrow S^{2-}+H^+$$

$$Fe+2H^+ \longrightarrow Fe^{2+}+H_2\uparrow$$

硫化氢加速金属的阳极电离，其反应机理如下：

$$Fe+H_2S+H_2O \longrightarrow (FeHS^-)+H_3O^+$$

$$(FeHS^-) \longrightarrow (FeHS^+)+2e$$

$$(FeHS^+)+H_3O^+ \longrightarrow Fe^{2+}+H_2O+S^{2-}+2H^+$$

对于火炬筒体底部，火炬在燃烧运行过程中，火嘴温度升高，用蒸汽消烟雾化，势必带来一定溶液，又因筒体输送且气量低、流速慢，导致筒底存在一定程度积液，客观上加剧了 H_2S 的腐蚀速率。当筒底积液后，瓦斯气中的 H_2S 和金属管线发生了电化学反应。

CO_2 溶于水形成碳酸，可直接腐蚀金属材质，反应方程式如下：

$$Fe+H_2CO_3 \longrightarrow FeCO_3+H_2\uparrow$$

钢铁在 $H_2S+CO_2+H_2O$ 环境中不仅发生一般的电化学腐蚀，还会发生氢腐蚀和应力腐蚀开裂。H_2S 的腐蚀是氢去极化腐蚀。吸附在钢表面的 HS^- 促进阴极放氢加速，同时硫化氢又能阻止原子氢结合成分子氢，使氢原子聚集在钢材表面，加速氢向钢中的渗入和扩散，引起钢的氢脆和氢鼓泡。当钢材有残余应力(或承受外拉应力)和钢材内部的氢致裂纹同时存在时，则发生硫化物应力腐蚀开裂。当系统中存在 HCN 时，会造成 FeS 保护膜溶解，生成络合离子 $Fe(CN)_6^{4-}$，加速腐蚀的进行，反应方程式为：

$$FeS+6CN^- \longrightarrow Fe(CN)_6^{4-}+S^{2-}$$

CO_2 的存在也会造成钢材在碱性环境中发生碳酸盐应力腐蚀开裂，特别是在温度高于 90℃ 的部位更容易发生此种脆裂。

(2) $H_2S+HCl+H_2O$ 腐蚀

氯离子具有很强的穿透性，能破坏金属表面的钝化膜，因此它的存在会加重金属腐蚀。当系统中同时具有 H_2S 和 HCl 时，两者相互促进，造成腐蚀循环发生，最终导致设备腐蚀穿孔，其反应如下：

$$Fe+2HCl \longrightarrow FeCl_2+H_2\uparrow$$

$$FeCl_2+H_2S \longrightarrow FeS+2HCl$$

$$Fe+H_2S \longrightarrow FeS+H_2\uparrow$$

$$FeS+2HCl \longrightarrow FeCl_2+H_2S\uparrow$$

这种腐蚀主要发生在容器的脱水包和脱水管线上。

(3) 氧腐蚀

氧腐蚀主要发生在气柜部位。由于气柜在运行中经常上下起落，不同部位的氧气浓度也不同，形成氧浓差电池，使气柜遭到腐蚀。

(4) 保温层下腐蚀

系统泄漏的少量瓦斯和设备脱水携带的少量腐蚀性气体，随大气和雨水一同进入保温层内长期积存，在保温层和设备之间共同作用形成一个潮湿的腐蚀环境，导致设备的氧去极化腐蚀：

$$O_2+2H_2O+4e \longrightarrow 4OH^-$$

腐蚀导致金属表面产生孔蚀，孔蚀坑内成为阳极，发生以下反应：

$$Fe+2OH^- \longrightarrow Fe(OH)_2$$

$$Fe \longrightarrow Fe^{2+}+2e$$

反应生成的 $Fe(OH)_2$ 和 Fe^{2+} 很不稳定，前者继续与水作用，生成疏松的红棕色铁锈（$Fe_2O_3 \cdot nH_2O$），后者与潮湿环境中的氯离子作用，生成 $FeCl_2$。$FeCl_2$ 水解后可产生游离态酸，使得蚀坑酸性增加，腐蚀加速。

$$FeCl_2+H_2O \longrightarrow Fe(OH)_2+HCl$$

(5) 露点腐蚀

主要发生在火炬筒体上。由于火炬气中含有 H_2S，在燃烧过程中生成 SO_2 和 SO_3，SO_2 和 SO_3 与空气中水分共同在露点部位冷凝，产生硫酸露点腐蚀。在硫酸露点腐蚀中，硫酸首先与 Fe 反应生成 $FeSO_4$，$FeSO_4$ 在烟灰沉积物的催化作用下与烟气中的 SO_2 和 O_2 进一步反应生成 $Fe_2(SO_4)_3$，而 $Fe_2(SO_4)_3$ 对 SO_2 向 SO_3 的转化过程也有催化作用，当 pH 值低于 3 时，$Fe_2(SO_4)_3$ 本身也会对金属造成腐蚀，生成 $FeSO_4$。这样整个系统形成了 $FeSO_4 \longrightarrow Fe_2(SO_4)_3 \longrightarrow FeSO_4$ 的腐蚀循环体系，使腐蚀速率大大加快。

(6) 高温氧化及硫化腐蚀

发生在火炬头部。火炬在运行过程中，火炬头部处于 200~1500℃ 的温度环境中，形成高温氧化和硫化的腐蚀环境。一般来说，当金属温度超过 538℃ 时，在高温环境下的管线设备会发生氧化。多数合金，包括碳钢和低合金钢，会因氧化而引起均匀减薄。高温硫化是金属在高温环境下与含硫介质作用生成硫化物的过程。一般钢铁和低合金钢在 300℃ 以上、不锈钢在 600~700℃ 以上就会发生硫化腐蚀。

二、易腐蚀部位(表 22-3)

表 22-3 火炬排放及回收系统易腐蚀部位和腐蚀类型

易腐蚀部位	腐蚀机理
火炬排放管线底部	$H_2S+CO_2+H_2O$ 腐蚀
火炬分液罐	$H_2S+CO_2+H_2O$ 腐蚀、$H_2S+HCl+H_2O$ 腐蚀
火炬筒体底部	$H_2S+CO_2+H_2O$ 腐蚀
气柜	$H_2S+CO_2+H_2O$ 腐蚀、氧腐蚀
伴烧瓦斯管线及螺杆压缩机出口回收瓦斯管线	H_2S+H_2O 腐蚀、保温层下腐蚀
酸性气排放管线及分液水封罐	$H_2S+CO_2+H_2O$ 腐蚀
火炬头	$H_2S+CO_2+H_2O$ 腐蚀、露点腐蚀、高温氧化及硫化腐蚀

第三节 防腐蚀措施

针对各重点腐蚀部位采取适当的防腐蚀措施，将有效抑制腐蚀发生，保证系统的安全运行。

一、工艺防腐

(1) 在各装置火炬分液罐处加强排放瓦斯的脱液、脱水工作。

(2) 加强瓦斯管线低点排凝工作，防止水的聚积。

(3) 对火炬筒体底部进行定期清理，保持底部排液畅通；火炬筒体的流体密封(或分子密封)氮气应达到设计流量要求，一般情况下，不允许采用蒸汽代替氮气。

(4) 加强低压火炬系统分液罐排水、排液，定期置换低压火炬水封罐及酸性气火炬水封分液罐水封用水，保证 pH 值接近中性。

(5) 生产装置开工时，引入瓦斯气体前推荐采用氮气置换空气，避免采用蒸汽置换空气，不允许超标氧气进入火炬系统，防止发生腐蚀及爆炸事故。

(6) 定期检查火炬排放系统的管托，尤其是固定管托的腐蚀情况，防止因固定管托的腐蚀问题造成管托强度下降，引发排放时的安全事故。

二、材料防腐

选材主要以碳钢为主，但应该辅以涂料或牺牲阳极保护等防腐措施。如果腐蚀严重，可以考虑采用 300 系列不锈钢替代，但应注意 Cl^- 应力腐蚀开裂问题。选用碳钢时，焊接完成后必须进行消除应力热处理。火炬的高温部位用材可以采用碳钢渗铝、300 系列不锈钢、400 系列不锈钢或复合的设备管线，推荐使用高 Cr 合金；低合金钢部件的渗铝处理有时可以降低硫化速率，但不能提供完全的防护。

1. 涂料保护

对于低温部位设备管线，包括分液罐、水封罐、火炬筒体底部、气柜等部位，可以采用耐腐蚀涂料进行防护，常用品种有环氧漆等；还可以采用耐酸涂层如沥青漆有效防止 H_2S 和 CO_2 酸性介质的腐蚀，但要避免蒸汽吹扫。

2. 牺牲阳极保护

在气柜及分液罐底部等部位采用牺牲阳极保护的措施，可以有效缓解腐蚀，常用牺牲阳极有铝阳极和镁阳极。采用铝基牺牲阳极对碳钢火炬线进行保护，可避免涂层因吹扫带来的问题，同时可以减少设备投资，是解决火炬系统低温部位腐蚀的有效方法。

三、腐蚀监检测

（1）加强火炬排放系统设备管线的定点测厚工作，增加检查频次和检测部位，防止事故的发生。

（2）定期检测瓦斯系统中的 H_2S、O_2、CO_2 等腐蚀性介质含量。

（3）定期检测瓦斯系统凝结水、凝缩油中腐蚀性介质的含量，包括 H_2S、CO_3^{2-}、CN^- 等。

第四节　典型腐蚀案例

［案例 22-1］火炬筒体及水封罐腐蚀减薄

腐蚀现象：某炼油企业火炬系统 2008 年投用，2018 年装置事故排放时出现排放不畅的问题，2019 年大检修时对火炬筒体底部管线及水封罐等进行检查，发现火炬筒体底部水封罐到火炬筒体横管处有大量淤积物（化验分析结果为 S 含量 5.52%，Fe 含量 13.7%，Ni 含量 177ppm），高度约占主管线的 1/3；水封罐底部也有淤积物（化验分析结果为 S 含量 27.95%，Fe 含量 40.2%，Ni 含量 102ppm）。结合化验分析结果及外观，综合判断淤积物主要应为硫铁化物与焦粉的混合物。见图 22-3。

失效原因及分析：在火炬筒体及水封罐处主要腐蚀原因是 H_2S 在有水环境下对金属材料的电化学腐蚀。由于受火炬保护蒸汽和水封罐带水的影响，瓦斯中的硫化氢溶于积水部位的水中，形成酸性液体，对管线底部和火炬筒体底部形成均匀腐蚀减薄。H_2S 只有溶解在管线内部的积水积液中才具有较强的腐蚀性，H_2S 在水中的溶解度较大，电离呈酸性，释放出的 H^+ 是强去极化剂，使管道和设备底部积液处出现较强腐蚀。瓦斯气中含有的 H_2S、CO_2 等腐蚀性介质在水的环境中对设备造成电化学腐蚀。

火炬在燃烧运行过程中，火嘴温度升高，作为消烟雾化的蒸汽在火炬筒体内流动时势必产生部分凝液，又因筒体输送且气量低、流速慢，导致筒底存在一定程度积液，客观上

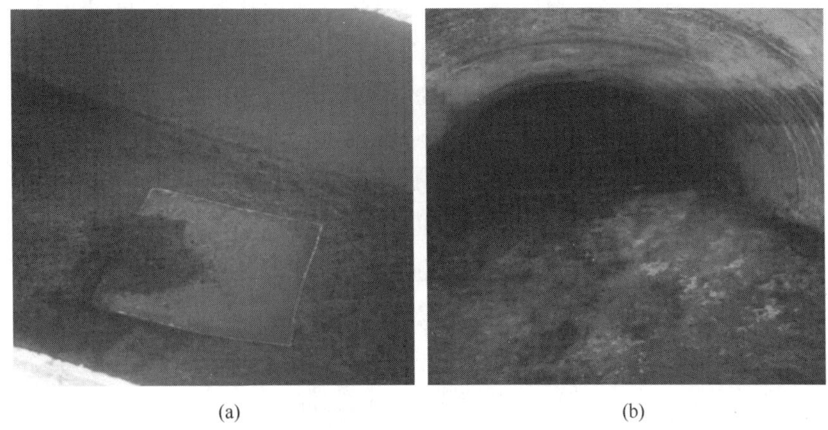
(a) (b)

图 22-3 火炬筒体(横管)及水封罐腐蚀淤积情况

加大了 H_2S 的腐蚀速率。当筒底积液后，瓦斯气中的 H_2S 和管线发生电化学反应。生成的硫铁化物与焦化等装置排放瓦斯中夹带的焦粉等杂质混合，形成淤积物，导致火炬排放不畅，且造成金属材料腐蚀减薄。

应对措施：

(1) 选用耐蚀材料。为防止火炬筒体发生 HIC，应根据火炬筒体的运行条件(压力、温度和介质的腐蚀性等)，经济合理地选用抗 SSC 的材料。

(2) 控制腐蚀环境。定期脱水，尽量阻止酸性环境的形成；对火炬筒体采取氮气保护代替蒸汽保护并定期清管；定期分析火炬气腐蚀介质(如 H_2S、CO_2和 H_2O 等)的含量；水封罐到火炬筒体横管设计为大坡度自动引流，减少火炬筒体带液。

(3) 选择有效的内防腐层。防止电化学腐蚀，对 SSC 和 HIC 也起到一定的减缓作用。

[案例 22-2] 火炬分子密封器腐蚀穿孔造成连续闪爆

腐蚀现象：某炼油厂高 120m 的低压瓦斯火炬在运行过程中顶部突然发生闪爆，经检查，确认为分子密封器腐蚀穿孔，使外界空气倒入，与瓦斯形成混合爆炸气并发生回火闪爆。从火炬投用到分子密封器发生闪爆，仅运行了一年半。分子密封器腐蚀程度为：①外部筒体下封头有大约为 400mm 和 250mm 的 2 个孔洞。②内管有 250mm 孔洞，壁厚由 10mm 减薄到 3~4mm，中间体与内管的 4 块环形连接筋板已脱落 3 块。③内管中心的 *DN*50 蒸汽管及底部 *DN*80 排液管大部分已腐蚀穿孔。

失效原因及分析：该炼油厂火炬主体由火炬头、分子密封器和火炬筒体组成，分子密封器材质为 16MnR，其结构及尺寸见图 22-4。从火炬底部来的 *DN*50 蒸汽线进入分子密封器内管中心后，经管端喷嘴的 8 个 5mm 小孔以雾化蒸汽形式向周围喷射散发，阻止回火。火炬分子密封器闪爆的主要原因之一是分子密封器的腐蚀穿孔。经采样分析，低压瓦斯中 H_2S 含量为 1.1%~1.5%。密封气体采用蒸汽，在分子密封器处凝结且排放瓦斯夹带较多水，造成分子密封器长期处于含 H_2S 的水溶液和火炬大小火、不放火炬的交变温度

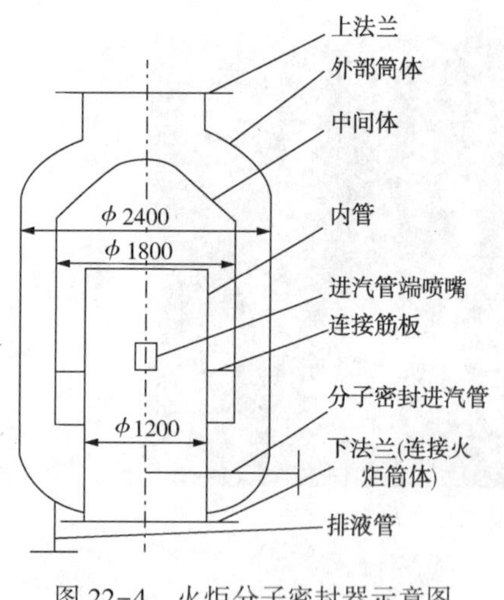

图 22-4 火炬分子密封器示意图

状态下。因此，钢铁在 H_2S-H_2O 环境中发生 H_2S 水电离、阳极、阴极等反应，生成硫铁化物的腐蚀产物，造成腐蚀减薄。

应对措施：

（1）分子密封器进汽管端喷嘴改为锥形梅花喷嘴，中间体与内管连接筋板采用三角形斜撑以增加强度和刚度，分子密封器整体采用 1Cr18N9Ti。

（2）排液孔设置在外部筒体与内管连接最低点，并在对称方位布置 2 个排液孔，定期对分子密封器脱液排污，吹扫脱液管。

（3）采用氮气替代密封蒸汽，改善腐蚀环境；保持足够氮气流量，防止空气进入火炬筒体。

（4）将分子密封更改为流体密封等其他密封形式。

［案例 22-3］火炬气回收管线腐蚀泄漏

腐蚀现象：某公司储运部火炬回收线于 2013 年 9 月 20 日投入使用，2014 年 9 月 17 日，发现在新区某架管线弯头处有泄漏。对该管线进行检测，发现所有直管和弯头的厚度均有减薄。其中有两个弯头已发生穿孔泄漏，10 个弯头最小厚度小于 2mm，弯头减薄严重部位均为介质入口端的外 R 处；直管段最小厚度为 2.5mm，减薄部位主要集中在该管线的中下游段，相对而言，低点部位的弯头壁厚减薄更为严重。失效管件宏观形貌见图 22-5。

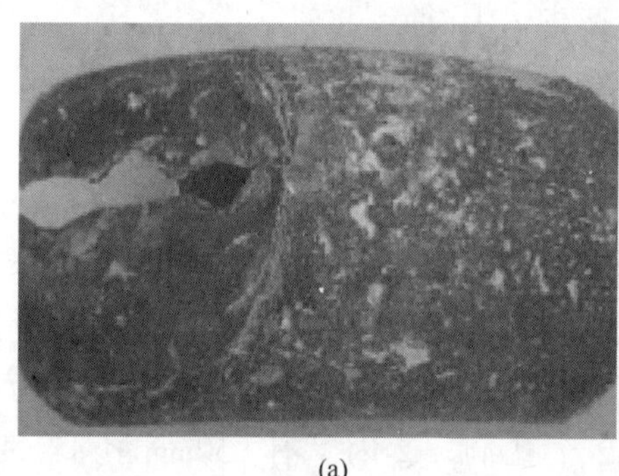

(a)

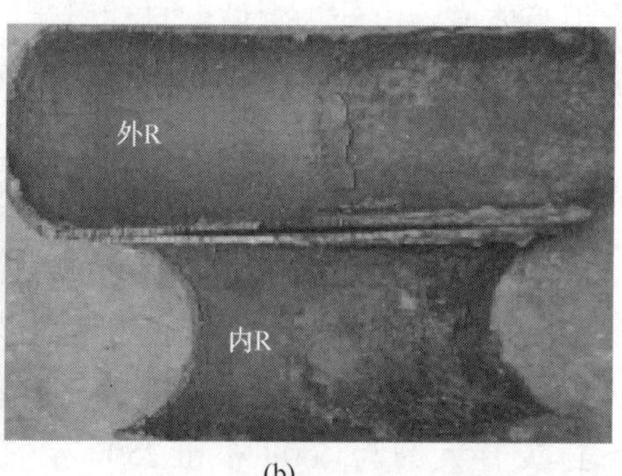

(b)

图 22-5 失效管件宏观形貌

失效原因及分析：火炬排放管线规格 $\phi168\times7$mm，操作压力 1.1MPa(a)，操作温度 <60℃，材质为 20#钢，工艺介质中 H_2S 含量 2%(体积)、O_2 含量 5.62%(体积)。失效管件的化学成分分析、金相分析、硬度测试均正常，EDX 分析元素含量：O 为 40.28%、S 为 5.04%、Fe 为 54.69%，腐蚀产物 XRD 分析结果为铁的氧化物、铁的硫化物以及 NH_4HS、NH_4Cl。

据此分析，管道及弯头腐蚀的主要原因是 H_2S-H_2O 腐蚀环境对碳钢管线的腐蚀及

NH_4HS、NH_4Cl 水解生成酸性介质对管道造成的腐蚀。

应对措施：

(1) 加强管道排水，防止出现腐蚀环境。

(2) 减少含氯气体向火炬系统排放，防止出现 NH_4HS、NH_4Cl 等物质。

[案例 22-4] 橡胶密封干式气柜密封泄漏

腐蚀现象：某炼化公司 20000m^3 橡胶膜密封干式气柜于 2002 年 11 月 21 日投入投用，运行一周后，瓦斯泄漏，经过三次紧固处理仍不见好转，后发现密封条软化流淌，泄漏点越来越多。检查发现：①泄漏主要发生在柜壁与外密封膜连接处，漏点较多，漏点周围有胶状物及黑色黏稠液状物，成流淌状。拆开泄漏点处发现，密封腻子已消耗殆尽。②密封胶膜的螺栓存在歪斜。③胶膜黏接处有开缝现象。

失效原因及分析：密封腻子的主要成分是丁基橡胶，其要求工艺介质中的 H_2S 含量不高于 3%，且不能含有苯系物。该炼化企业典型火炬气中介质含量：苯为 243.2mg/m^3、甲苯为 128.1mg/m^3、乙苯为 133.1mg/m^3。瓦斯气体中 H_2S、苯、甲苯、乙苯等对密封腻子有老化、稀释、溶解作用，使得介质渗入密封面后将腻子溶解，在内压作用下腻子从密封面中流淌出来，产生黑色悬挂黏稠物，从而导致瓦斯泄漏的发生。

应对措施：要解决介质对橡胶密封膜运行的影响，在日常操作中一是要加强对腐蚀介质的监控，定期对瓦斯气进行采样分析，二是要严格控制介质温度，介质温度的升高会加速橡胶密封膜的老化。具体的腐蚀介质控制方法有：

(1) 选用适应于含高 H_2S 的密封腻子。某企业气柜密封膜腻子采用改性耐硫聚硫橡胶，很好地解决了高 H_2S 气体对腻子的溶解破坏作用。

(2) 禁止含芳烃类组分气体进入气柜。瓦斯组分中的芳烃类组分对气柜橡胶密封膜密封腻子有不良影响，重整、芳烃装置尾气进入气柜量虽少，但对气柜橡胶密封膜损害最大。

(3) 禁止液态烃等重组分进入气柜。生产装置大量放空引发进入气柜的气量瞬间急增，造成气柜活塞偏移。液态烃重组分还会对气柜橡胶密封膜产生损害，威胁气柜的安全运行。在催化等装置停工或事故状态下大量放空时，应关闭气柜入口阀门，直接放火炬燃烧，减少液化气组分对气柜橡胶密封膜的损害。

(4) 禁止装置扫线蒸汽等高温气体组分进入气柜。橡胶密封膜的正常使用温度为-15~60℃，严禁超温运行。

(5) 严格控制进入气柜的气体氧含量，降低安全风险。

[案例 22-5] 螺杆压缩机结硫堵塞

堵塞现象：某炼油企业自 2013 年 10 月开始老区火炬气压缩机二级排气温度及排气压力频繁升高，排查发现压缩机二级出口单向阀、中间分液罐排液线及压缩机出口管线堵塞，造成二级排气压力上升，并导致二级排气温度进一步上升。为保证压缩机系统的正常运行，几乎每周要清理一次压缩机出口管线。对压缩机出口管线、一级冷却器拆检，发现管线内有大量淡黄色结晶物，取样分析得知，堵塞物大部分是单质硫 S_8，少量黑色粉末是铁的化合物。

失效原因及分析：该炼油企业新区火炬气压缩机没有结硫堵塞现象，老区火炬气压缩机结硫堵塞现象严重。在进行了工艺流程的比较后，发现主要区别是：老区火炬气 $C_{4^{\cdot}}$(约15%)高于新区(约2%)，且重整、芳烃装置的火炬气排放到老区火炬排放系统。因此，判断可能是排放到老区火炬系统的重整氢分液罐凝液含氯，氯与金属材料发生了某种机理的腐蚀，在系统中生成了 Fe^{3+}，而 Fe^{3+} 成为生成单质硫的催化剂；老区火炬气 $C_{4^{\cdot}}$(约15%)含量高则导致压缩机出口更容易产生凝结水。

应对措施：

(1) 改变流程：将重整氢分液罐凝液改去稳定塔，不直接排放火炬。

(2) 排查炼油老区火炬可燃气 $C_{4^{\cdot}}$ 组分含量高的原因，关严催化装置富气改火炬阀。

(3) 修订工艺控制指标，制定合理的 $C_{4^{\cdot}}$、H_2S、O_2 等组分含量控制指标；每周对火炬气体进行分析，一旦发现 $C_{4^{\cdot}}$、H_2S、O_2 等组分含量异常偏高，立即组织排查，消除非正常排放源。

［案例22-6］酸性气收集罐腐蚀

腐蚀现象：某炼化企业酸性气分液水封罐容器壳体、封头等材质均为Q245R，壳体设计壁厚12mm，封头设计壁厚14mm。腐蚀检查发现内部酸性气进料管(插底管，*DN*150)大面积腐蚀穿透；容器内表面发生全面腐蚀减薄，其中酸性气进液管下方壳体底部内表面腐蚀严重，检测进料管对应处器壁800mm×800mm区域剩余壁厚为6.5~8.5mm，容器本体其余部位均匀腐蚀深度为0.5~1.5mm。

失效原因及分析：

(1) 工艺介质影响：酸性气中 H_2S 含量为59.73%(体积)、CO_2 含量为38.52%(体积)，设备在运行中容器底部存有大量的水，pH值检测为5.5。因此，酸性环境将对金属产生腐蚀行为。

(2) 腐蚀产物分析：对腐蚀产物进行取样，样品1为接近基体的内层腐蚀物，样品2为外层脱落的絮状腐蚀物，结果EDX分析见表22-4。

表22-4 腐蚀产物EDX分析结果 %

位置	Fe	C	O	Na	S	Cl
样品1	67.21	4.31	17.66	5.11	2.31	2.66
样品2	33.49	25.73	24.01	9.32	0.5	6.23

由表22-4可知，基体表面腐蚀产物主要为铁硫化物，而脱落腐蚀产物主要为铁碳化合物。原因可能是脱落腐蚀产物的表面为絮状疏松层，碳原子比较容易集聚，随着铁的溶解，形成铁碳化物；而接近基体表面是紧密层，H_2S 容易与铁产生反应，生成铁硫化物。

现场检查情况表明，设备腐蚀最严重部位是气体刚刚接触壳体的进料管底部位置，壳体其他部位则发生均匀腐蚀。因为在进液管部位，高流速的工艺气体含有大量的 H_2S 和 CO_2，最容易破坏该部位钢材表面而产生剧烈腐蚀。

应对措施：

(1) 对腐蚀严重部位进行挖补修理，运行过程加强对容器尤其是进料管对应的容器底部区域的超声测厚，判断剩余壁厚。

(2) 检验人员在检验该类型设备时，应重点检查底部积液部位以及气液交界面是否存在氢致开裂、氢鼓泡和局部腐蚀坑；检查湿硫化氢环境裂纹建议采用湿荧光磁粉检测方法；进料管对应的底部为重点测厚部位。

(3) 可以考虑容器材料升级为 304L，以保证腐蚀可控。

[案例 22-7] 酸性气火炬排放管线腐蚀堵塞

腐蚀现象：某炼化企业 2005 年投产，2016 年 5 月检查发现酸性气水封分液罐至火炬筒体底部弯头管线水平段弯头腐蚀穿孔，因管线无法切出系统，临时采取钢带捆扎加固后，玻璃丝布包扎刷胶处理。2019 年装置大检修进行该段管线更换时，发现该段管线堵塞严重，有大量淤积物，高度约为管线直径的 2/3。见图 22-6。

(a)

(b)

图 22-6 酸性气火炬管线堵塞现象

失效原因及分析：酸性气火炬流程示意图见图 22-7。

经取样分析，淤积物质主要成分的质量含量：S 为 57.45%，Fe 为 27.7%，C 为 1.09%，Ni 为 0.067%。分析管线腐蚀穿孔的原因是硫黄装置含 N_2 和酸性气的混合气体串入酸性气管线，持续突破酸性气火炬分液水封罐的固定水封，带水汽进入水封罐后管段，在此部位形成 H_2S-H_2O 腐蚀环境，造成罐后碳钢材质的管线及火炬筒体不断腐蚀，生成大量铁锈，导致腐蚀穿孔。在铁离子存在情况下，突破水封的 H_2S 与进入火炬筒体的 O_2 不断发生反应，生成单质硫。

应对措施：

(1) 更换水封分液罐至火炬筒体管线，材质从碳钢升级为 304L。

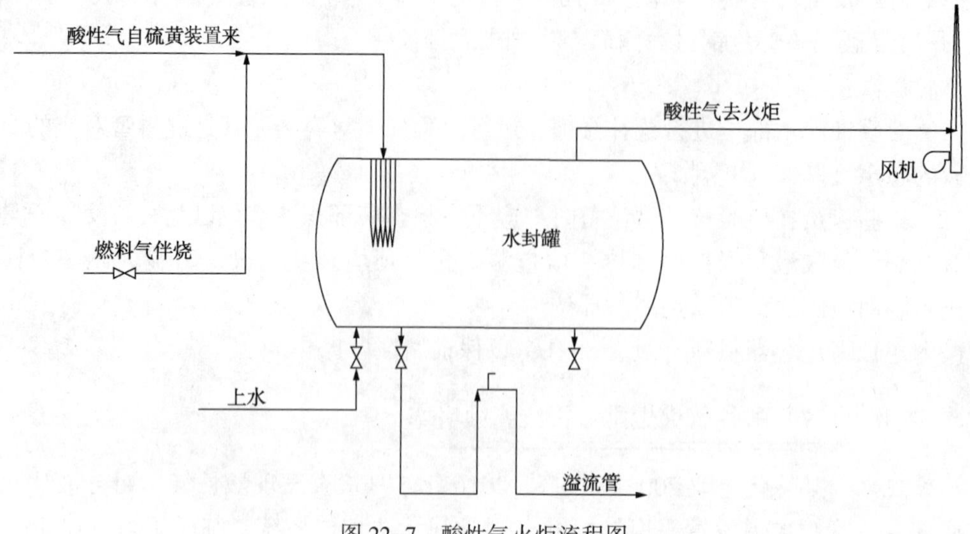

图 22-7　酸性气火炬流程图

（2）检查硫黄装置所有可能内漏的安全阀、安全阀副线及相关工艺阀门，消除内漏，杜绝放空。

（3）加强酸性气水封分液罐水质检查，每月定期置换。

（4）酸性气管线增加排污人孔和检查孔，便于检查酸性气火炬是否畅通。

参 考 文 献

[1] API RP970—2017，Corrosion Control Documents[S]. American Petroleum institute，2017.

[2] 刘小辉，李贵军，兰正贵，黄贤滨，张艳玲 . 炼油装置防腐蚀设防值研究[J]. 石油化工腐蚀与防护，2012，29(01)：27-29.

[3] Dingrong Qu，Xiaohui Liu，Xiu Jiang. Setting Critical Operational TAN and Sulfur Level for Crude Distillations[C]. NACE 2011，paper No. 18985.

[4] 徐金龙，邹联宁，李展江，等 . 进口原油酸值和硫含量调查研究[J]. 中国石油和化工标准与质量，2019，39(16)：178-181.

[5] 徐海丰 . 2018 年世界炼油行业发展状况与趋势[J]. 国际石油经济，2019，27(03)：46-53.

[6] 石宝明 . 中国原油供求分析及多元化进口建议[J]. 当代石油石化，2017，25(04)：18-24+30.

[7] 陈文武，郭路莉，黄贤滨，等 . 12Mt/a 常减压装置的典型腐蚀及防护[J]. 腐蚀与防护，2020，41(01)：41-46.

[8] 张典元 . 加工俄罗斯原油低温腐蚀分析及对策[J]. 石油化工腐蚀与防护，2019，36(05)：24-27.

[9] 邹积强 . 中东含硫原油加工装置典型腐蚀案例分析[J]. 石油化工腐蚀与防护，2015，32(06)：22-25.

[10] 徐春明，杨朝合 . 石油炼制工程(第四版)[M]. 北京：石油工业出版社，2009.

[11] 王慧，罗行，李文，程丽华 . 掺炼南帕斯凝析油的沙轻混合原油性质分析[J]. 当代化工，2019，48(04)：720-722+727.

[12] 中国石化集团技术考察组 . 加工中东高硫原油访日、韩技术考察报告[R]. 石油化工腐蚀与防护，2001(06)：1-17+56.

[13] 魏秀萍 . 进口原油酸值分布规律研究[J]. 精细石油化工，2015，32(2)：33-35.

[14] Heloisa P. Dias，Eliane V. Barros，Alexandre O. Gomes，et al. Corrosion rate studies of AISI 1020 steel using linear，cyclic，and aromatic naphthenic acid standards[J]. Journal of Petroleum Science and Engineering，2020，184：1-11.

[15] Li Xiaohui，Wu Bencheng，Zhu Jianhua，et al. Tracking catalytic esterification of naphthenic acids in crude oil by ESI FT-ICR MS[J]. China Petroleum Processing & Petrochemical Technology，2016，18(03)：57-65.

[16] Headley John V，Peru Kerry M，Barrow Mark P. Advances in mass spectrometric characterization of naphthenic acids fraction compounds in oil sands environmental samples and crude oil [J]. Mass Spectrometry Reviews，2016，35(2)：311-328.

[17] Yang Chun，Zhang Gong，Serhan Mariam，et al. Characterization of naphthenic acids in crude oils and refined petroleum products[J]. Fuel，2019，255.

[18] 杨敬一，何萧，蔡海军，徐心茹 . 风城稠油中石油酸组成结构分析[J]. 石油炼制与化工，2017，48(02)：106-112.

[19] Rowland Steven M，Robbins Winston K，Corilo Yuri E，et al. Solid-phase extraction fractionation to extend

the characterization of naphthenic acids in crude oil by electrospray ionization fourier transform ion cyclotron resonance mass spectrometry[J]. Energy & fuels, 2014, 28(8): 5043-5048.

[20] Doyle A , Saavedra A , Trist O M L B , et al. Direct chlorine determination in crude oils by energy dispersive X-ray fluorescence spectrometry: An improved method based on a proper strategy for sample homogenization and calibration with inorganic standards[J]. Spectrochimica Acta Part B Atomic Spectroscopy, 2011, 66(5): 368-372.

[21] 顾海波，张大华，雷秦睿，谢燕红 . X 射线荧光光谱法测定汽油中的氯含量[J]. 石油炼制与化工，2015，46(12)：94-97.

[22] 肖瑶，杨德凤 . 新型差减法测定原油有机氯含量[J]. 石油炼制与化工，2015，46(12)：86-89.

[23] Li Xiaohui, Yuan Huiying, Yin Juanjuan, Wu Bencheng. Compositional Characterization of Nitrogen Compounds in Changqing Crude Oil and Its Heavy Distillates[J]. China Petroleum Processing & Petrochemical Technology, 2018, 20(04): 51-59.

[24] Carlos Mejía Miranda, Dionisio Laverde Catano, Haydée Quiroga Becerra. Method for simulating the effect of pressure in transfer lines on the corrosivity of HACs[J]. NACE Corrosion 2015 Conference, Paper No. 6067.

[25] Flora Gomes Machado. Evolution of Oil Organic Acids Using a Laboratorial Distillation Unit[J]. NACE Corrosion 2014 Conference, Paper No. 4117.

[26] 单广斌，吕广磊，丁明生，等 . 减压塔发生严重腐蚀的原因分析与讨论[J]. 石油化工设备技术，2015，36(3)：33-36.

[27] 单广斌，吕广磊，刘小辉，李贵军 . 减压环境下的腐蚀实验研究[J]. 石油化工腐蚀与防护，2015，32(02)：15-17.

[28] 黄景峰，韩英杰，闫海清，等 . 减压蒸馏塔的腐蚀与防护[J]. 石油化工腐蚀与防护，2015，32(2)：34-36.

[29] Paulo P. Alvisi Vanessa F. C. Lins. An overview of naphthenic acid corrosion in a vacuum distillation plant[J]. Engineering Failure Analysis, 2011, 18: 1403-1406.

[30] SH/T 3129—2012，高酸原油加工装置设备和管道设计选材导则[S]. 北京：中国石化出版社，2012.

[31] SH/T 3096—2012，高硫原油加工装置设备和管道设计选材导则[S]. 北京：中国石化出版社，2012.

[32] 高延敏，陈家坚，杨怀玉，祝英剑，曹殿珍，吴维 . A3 钢在环烷酸中腐蚀的物理化学行为[J]. 材料保护，1999(06)：17-18.

[33] 屈定荣 . 高温环烷酸腐蚀和硫腐蚀及其交互作用[D].

[34] Gutzeit J. Naphthenic acid corrosion in oil refineries[J]. Materials Performance, 1977, 16: 24-35.

[35] 宋延达，王雪峰，张小建，等 . 炼油装置连多硫酸应力腐蚀开裂及防护研究进展[J]. 石油化工腐蚀与防护，2019，36(6)：8-12，37.

[36] 董月香 . 奥氏体不锈钢装置连多硫酸应力腐蚀与防护[J]. 石油与化工设备，2010，13：57-60.

[37] 侯伟，段玫 . 含硫环境波纹管的连多硫酸应力腐蚀开裂研究综述[A]. 中国压力容器学会膨胀节委员会 . 第十一届全国膨胀节学术会议膨胀节设计、制造和应用技术论文选集[C]. 中国压力容器学会膨胀节委员会：中国机械工程学会压力容器分会，2010：5.

[38] 崔思贤．石化工业中连多硫酸引起的应力腐蚀开裂及其防护措施[J]．石油化工腐蚀与防护，1996(03)：1-5.

[39] 王中校．保温层下腐蚀及防护措施[J]．石油化工腐蚀与防护，2019，36(02)：30-32.

[40] 杨宏泉，段永锋．奥氏体不锈钢的氯化物应力腐蚀开裂研究进展[J]．全面腐蚀控制，2017，31(01)：13-19.

[41] 章芳芳，方湘瑜，黄六一，等．氧氯协同作用下 304 不锈钢管的应力腐蚀开裂[J]．热加工工艺，2019，48(14)：167-169.

[42] 单广斌，迟立鹏，李贵军，等．黑水环境中氯离子浓度对不锈钢应力腐蚀开裂敏感性的影响[J]．腐蚀与防护，2019(40)：797-799.

[43] Baker H. R. etc. Film and pH Effects in the SCC of Type 304 Stainless Steel[J]. Corrosion，1970，26(3)：420.

[44] 王保峰，卢建树，张九渊，等．不锈钢及镍基合金在高温水中的腐蚀研究[J]．腐蚀与防护，2001，22(5)：187-190.

[45] Szklarska-Smialowska S，Cragnolino G. Stress corrosion cracking of sensitized type 304 austenitic stainless steel in oxygenated pure water at elevated temperature (a review) [J]. Corrosion，1980，36：653.

[46] Cragnolino G，Macdonald D D. Intergranular stress corrosion cracking of sustenitic stainless steel at temperature below 100℃-a review. Corrosion[J]. 1982，38：406.

[47] J. S. Eow，M. Ghadiri，A. Sharif，et al. Electrostatic enhancement of coalescence of water droplets in oil：a review of the current understanding[J]，Chemical Engineering Journal，2001，84(3)：173-192.

[48] 李志强主编．原油蒸馏工艺与工程[M]．北京：中国石化出版社，2010.

[49] SY/T 0045—2008，原油电脱水设计规范[S]．北京：石油工业出版社，2008.

[50] J. Gutzeit. Controlling crude unit overhead corrosion - rules of thumb for better crude desalting[C]，NACE CORROSION 2007，paper No. 07567，Nashville，2007.

[51] J. S. Eow，M. Ghadiri，A. Sharif. Deformation and break-up of aqueous drops indielectric liquids in high electric fields[J]，Journal of Electrostatics，2001，51-52：463-469.

[52] 王春升．浅谈原油电脱水器的设计[J]，中国海上油气(工程)，1998，10(5)：14-23.

[53] G. W. Sams，H. G. Wallace. Improving process efficiencies by optimizing fluid hydraulics in electrostatic oil dehydration[C]. 2001 Offshore Technology Conference，OTC 13216，Houston，2001.

[54] J. M. Lee，R. I. Khan，D. W. Phelps. Debottlenecking and CFD studies of high and low pressure production separators[C]，2008 SPE Annual Technical Conference，SPE 115735，Denver，2008.

[55] 陈家庆，李汉勇，常俊英，等．原油电脱水(脱盐)的电场设计及关键技术[J]．石油机械，2007，35(1)：53-58.

[56] 国家容器公司．一种使原油脱水的装置[P]．中国专利：87103382[P]，1992-3-25.

[57] 国家容器公司．静电混合器/分离器[P]．中国专利：86105817[P]，1988-10-5.

[58] G. W. Sams. Dual frequency electrostatic coalescence[P]. US：6860979B2，2005-3-1

[59] 廖芝文．原油注碱防腐技术在常减压装置中的应用[J]．石化技术与应用，2007，25(5)：437-441.

[60] 段永锋，王宁，侯艳宏，等．常减压蒸馏装置原油注碱技术的探讨与实践[J]．石油炼制与化工，2019，50(7)：58-62.

[61] NACE International Task Group 342. Crude distillation unit—distillation tower overhead system corrosion [R]. Houston：NACE International，2009.

[62] A. S. Al-Omari，A. M. Al-Zahrani. Refinery caustic injection systems：design，operation，and case studies [C]. NACE CORROSION 2008，paper No. 08551，New Orleans，2008.

[63] NACE International Task Group 174. Refinery injection and process mix points[S]. Houston：NACE International，2014.

[64] 诺尔科/埃克森能源化学有限合伙公司．使用胺掺混物抑制湿烃冷凝系统中氯化物腐蚀的方法[P]．中国专利：94116509.4，1994-9-28.

[65] 郑丽群，杨永宽，黄锦绣．蒸馏塔顶注氨及 pH 值自动控制系统的研制[J]．石油化工腐蚀与防护，2009，26(4)：34-36.

[66] 陈晓．炼油装置工艺防腐注剂自动控制模拟装置的研究[D]．杭州：浙江工业大学，2012.

[67] 徐朝阳．炼油装置工艺防腐自动控制系统的研究[D]．杭州：浙江工业大学，2012.

[68] 纳尔科公司．用于测定减轻原油蒸馏装置腐蚀的系统参数的方法和装置[P]．中国专利：201280003944.3，2012-4-26.

[69] D. P. Valenzuela，A. K. Dewan，Refinery crude column overhead corrosion control，amine neutralizer electrolyte thermodynamics，thermochemical properties and phase equilibria[J]. fluid phase equilibria，158-160(1999)：829-834.

[70] G. G. Duggan，R. G. Rechtien，Application of ionic equilibria process simulation for atmospheric distillation overhead systems[C]. NACE CORROSION 1998，paper No. 98586，San Diego，1998.

[71] S. A. Lordo，Practical field applications and guidelines for using overhead simulation models[C]. NACE CORROSION 2006，paper No. 06583，San Diego，2006.

[72] A. Anderko，N. Sridhar，Corrosion simulation for the process industry[C]. NACE CORROSION 2001，paper No. 01348，Houston，2001.

[73] 韩磊，刘小辉，屈定荣．常减压装置塔顶低温腐蚀评估中的相关计算[J]．腐蚀与防护，2019，40(5)：374-378.

[74] A. Harvey，W. T. Parry，J. Bellows，et al. ASME International Steam Tables for Industrial Use[M]. Third Edition，NY：ASME Press，2014.

[75] American Petroleum Institute. Design，materials，fabrication，operation，and inspection guidelines for corrosion control in hydroprocessing reactor effluent air cooler (REAC) systems[R]. API Recommended Practice 932-B，Third Edition，Washington DC：API Publishing Services，2019.

[76] 贾明生，凌长明．烟气酸露点温度的影响因素及其计算方法[J]，工业锅炉，2003(6)：31-35.

[77] 张建中．对烟气 SO_x 排量计算、脱硫前后烟气露点温度预测及烟气腐蚀性评定中若干问题的讨论[J]．热机技术，2003 年 11 月(增)：84-95.

[78] 张建中．烟气酸露点计算方法研究中一些误区和疑点的辨析和讨论[J]．锅炉技术，2013，44(2)：10-16.

[79] 张建中. 对燃煤锅炉烟气酸露点温度现行计算方法的评述和优化改进问题探讨[J]. 全面腐蚀控制, 2012, 26(10): 1-6, 21.

[80] 郎清江. 计算加热炉烟气露点温度的方法[J]. 炼油设备设计, 1983(4): 34-40.

[81] 苗家森. 管式加热炉远程智能监测系统[D]. 天津: 天津理工大学, 2013: 8-11.

[82] 史方军. 炼油加热炉烟气露点温度计算[J]. 工业炉, 2011, 33(4): 36-39.

[83] American Petroleum Institute. A study of corrosion in hydroprocess reactor effluent air cooler systems[R]. API Publication 932-A, Washington DC: API Publishing Services, 2002.

[84] James Turner, Design of hydroprocessing effluent water wash systems[C], NACE CORROSION 98, paper No. 98593, San Diego, 1998.

[85] 刘家明, 王玉翠, 蒋荣兴. 石油炼制工程师手册(第Ⅱ卷)炼油装置工艺与工程[M]. 北京: 中国石化出版社, 2017.

[86] B. Chambers, S. Srinivasan, etc. Corrosion in Crude Distillation Unit Overhead Operations: A Comprehensive Review[C]. NACE CORROSION 2011, paper No. 11360, Houston, 2011.

[87] NACE International. Corrosion Controlin The Refining Industry[R]. NACE International Publication 34109 (2009 Edition), December 2009.

[88] J. E. Lack. An in-depth look at amine behavior in crude units using electrolyte-based simulation[C]. NACE CORROSION 2005, paper No. 05570, Houston, 2005.

[89] Y. Yoon, S. Srinivasan. A Review of Naphthenic Acid Corrosion and Sulfidic Corrosion in Crude Oil Refining [C]. NACE CORROSION 2019, paper No. 13443, Houston, 2019.

[90] K. A. Wills, K. O. Sarpong. Survey on Crude Unit Overhead Control Practices[C]. NACE CORROSION 2019, paper No. 13109, Houston, 2019.

[91] 杨涛, 孙艳朋, 翟志清, 程前进. 延迟焦化装置分馏塔腐蚀原因分析及改进措施[J]. 石油炼制与化工, 2013, 44(03): 75-78.

[92] 侯继承, 许萧. 延迟焦化分馏塔除盐新技术的工业应用[J]. 炼油技术与工程, 2014, 44(09): 13-16.

[93] 李鹏飞, 钟其华. 延迟焦化装置常见腐蚀部位分析及防腐方法[J]. 化工管理, 2018 (24): 62.

[94] 邓福新. 延迟焦化装置常见腐蚀部位分析及防腐措施[J]. 云南化工, 2016, 43(06): 49-52.

[95] 贾晓龙, 杨剑锋, 刘文彬. 延迟焦化装置腐蚀与防护分析[J]. 当代化工, 2015, 44(04): 740-743.

[96] 翟志清. 延迟焦化分馏塔塔盘腐蚀原因分析及防护措施[J]. 石油化工腐蚀与防护, 2015, 32(04): 49-53.

[97] 张金先. 焦化分馏塔顶塔盘结盐的处理措施[J]. 炼油技术与工程, 2009, 39(03): 24-27.

[98] 刘全新. 脉冲涡流精扫技术在焦化分馏塔顶循环线中的应用研究[J]. 中国设备工程, 2019(15): 161-162.

[99] 李东珂, 唐嗣伟. 延迟焦化装置冷焦水空冷器管束腐蚀原因分析[J]. 石油化工设备技术, 2014, 35 (03): 56-60+8.

[100] 赵振新. 延迟焦化装置高压水泵节能及防腐蚀升级改造[J]. 石油化工腐蚀与防护, 2018, 35(06): 40-43.

[101] 赵权．延迟焦化装置焦炭塔急冷油管线腐蚀原因分析[J]．石油化工腐蚀与防护，2017，34(03)：41-43.

[102] 白宇，赵立忠，穆振斌．催化重整设备腐蚀原因分析及对策[J]．炼油与化工，2011，22(5)：76-78.

[103] 高晗．催化重整装置预处理系统的腐蚀分析与防护措施[J]．化工技术与开发，2017，46(1)：48-49.

[104] 赵明．芳烃抽提装置腐蚀问题分析及解决方法[J]．石油炼制与化工，2019，50(10)：98-102.

[105] 张小波．芳烃抽提装置环丁砜劣化的影响因素分析及对策[J]．齐鲁石油化工，2016，44(2)：117-121.

[106] 秦素亚．炼油厂催化重整装置预加氢管道腐蚀与选材[J]．管道技术与设备，2016，2：35-37.

[107] 徐承恩．催化重整工艺与工程(第二版)[M]．北京：中国石化出版社，2014.

[108] 张亚明，姜胜利．芳烃抽提装置环丁砜溶剂管线弯头穿孔原因分析[J]．金属热处理，2019，44(9)：472-476.

[109] 黄仲九．化学工艺学[M]．北京：高等教育出版社，2008.

[110] 中国石化设备管理协会主编．石油化工装置设备腐蚀与防护手册[M]．北京：中国石化出版社，2001.

[111] 赵小燕，等．加氢装置脱 H_2S 汽提塔塔顶系统的腐蚀评价及选材[J]．腐蚀与防护，2018，39(1)：63-67.

[112] 刘祥春．加氢装置循环氢水冷器管束泄漏原因分析[J]．腐蚀科学与防护技术，2019，31(2)：242-246.

[113] 梁佳，等．高压加氢裂化装置高压热交换器腐蚀分析及防护[J]．石油化工设备，2018，47(3)：63.

[114] 偶国富，朱祖超，杨健，等．加氢反应流出物空冷器系统的腐蚀机理[J]．中国腐蚀与防护学报，2005，25(1)：61-64.

[115] 单婷婷，姚连仲，张中洋．加氢裂化装置换热器腐蚀失效分析[J]．全面腐蚀控制，2014(6)：66-68.

[116] 章炳华，等．加氢裂化高压空冷器腐蚀分析与防护[J]．全面腐蚀控制，2007，21(2)：26-29.

[117] 俞国庆，沈春夜．加氢裂化装置工艺设备的腐蚀分析和防护措施[J]．石油化工设备技术，2004(1)：53-56.

[118] 邹晟红，张源．加氢裂化装置火灾危险性分析及安全管理对策研究[J]．防灾科技学院学报，2011(2)：90-93.

[119] 齐嵘．加氢裂化高压空冷器进出口管道的选材[J]．上海化工，2015(11)：11-15.

[120] 刘承．加氢装置循环氢系统腐蚀及防护现状研究[J]．安全、健康和环境，2018，18(12)：11-15.

[121] 熊卫国，李方杰，王小平．柴油加氢精制装置热高分气混合氢换热器腐蚀原因分析[J]．石油化工腐蚀与防护，2018，(35)：61-64.

[122] 纪志愿．氢提纯工艺的选择及其工业应用[J]．炼油设计，1998，8(6)：46-50.

[123] 王铁刚，徐效梅，姚淑香．循环氢夹带高分油的分离研究[J]．当代化工，2010，39(3)：237-238.

[124] 王军，穆海涛，张岳峰．加氢装置腐蚀问题分析及对策[J]．安全、健康和环境，2016，16(10)：13-17.

[125] 程四祥，王宇，等．加氢裂化装置脱丁烷塔塔底重沸炉腐蚀问题分析及对策[J]．压力容器，2017，34(7)：56-59.

[126] 于焕良，崔蕊，赵耀．加氢裂化换热器结垢腐蚀原因分析[J]．石油化工高等学校学报，2017，30(3)：15-19.

[127] 沈春夜，戴宝华，罗锦保，等．加氢裂化装置加工高硫原料腐蚀问题的剖析及对策[J]．石油炼制与化工，2003，34(2)：26-30.

[128] 韩建宇，宣征南．渣油加氢分馏炉炉管爆裂原因分析[J]．现代制造工程，2004，(6)：103-105.

[129] API 581—2008，基于风险的检验[S].

[130] 王征兵．加氢装置分馏炉炉管选材探讨[J]．石油化工设备技术，2012，33(2)：13-17.

[131] 马红杰．加氢装置塔顶馏出线弯头腐蚀泄漏分析及防护[J]．压力容器，2019，36(6)：60-64.

[132] 张德姜．石油化工装置工艺管道安装设计手册[M]．北京：中国石化出版社，2009.

[133] 林建华，林晓平，陈杰峰，等．高温导热油旋转接头失效案例及技术分析[J]．包装与食品机械，2018，36(3)：69-72.

[134] 白永涛，马建伟，宋红燕．S Zorb 装置节约吸附剂的措施[J]．石油炼制与化工，2018，49(08)：70-73.

[135] 陈尧焕．汽油吸附脱硫(S Zorb)装置技术问答(炼油装置技术问答丛书)[M]．北京：中国石化出版社，2015，1.

[136] 赵聪，秦正军．S Zorb 装置反应器顶过滤器长周期运行研究[J]．河南化工，2019，36(07)：34-36.

[137] 武志民，朱宏．循环水换热器腐蚀原因分析及改进措施[J]．中国设备工程，2019，(13)：85-87.

[138] 乐明聪，高鹏，徐庆磊．循环水换热器腐蚀原因分析及改进措施[J]．石油化工腐蚀与防护，2016，33(04)：55-58.

[139] 董绍平．循环水不锈钢换热器抗氯离子应力腐蚀研究[J]．石油化工腐蚀与防护，2012，29(01)：36-40.

[140] 郭良，齐万松，张建兵．S Zorb 装置进料换热器结焦原因分析及解决措施[J]．炼油技术与工程，2015，45(11)：47-49.

[141] 耿磊，曹宏武．S Zorb 催化汽油吸附脱硫技术探讨[J]．广东化工，2013，40(13)：121-122.

[142] 郭晓亮．S-Zorb 装置长周期运行影响因素及对策[J]．炼油技术与工程，2013，43(01)：5-9.

[143] 田金光，任锰钢．1.8Mt/a S Zorb 装置运行过程中存在的问题分析及应对措施[J]．石油化工应用，2015，34(03)：103-107+120.

[144] 成会改，蒋新建，王金伟．S Zorb 装置阻垢剂的使用效果分析[J]．石油化工安全环保技术，2019，35(6)：42-44.

[145] 刘志凯．防焦阻垢剂在 S Zorb 装置中的试验及工业应用[J]．能源化工，2019，40(3)：7-11.

[146] 宁玮，彭晨，张学恒，王晓强．S Zorb 汽油精制脱硫装置运行常见问题分析及解决方法[J]．石油炼制与化工，2018，49(03)：60-65.

[147] 马加壮 . S Zorb 装置反应器检修情况及分析[J]. 炼油技术与工程，2019，49(01)：36-39.

[148] 包材保 . S Zorb 装置过滤器差压高的处理方法[J]. 炼油技术与工程，2014，44(06)：38-41.

[149] 申仁俊 . S Zorb 工业装置长周期运行分析[J]. 炼油技术与工程，2018，48(02)：36-38+47.

[150] 吴国莹，陈斌斌 . S Zorb 装置闭锁料斗过滤器泄漏故障剖析[J]. 山东化工，2020，49(07)：127-129.

[151] 乐武阳 . S Zorb 装置运行存在问题分析及对策[J]. 石油石化绿色低碳，2019，4(02)：21-25.

[152] 段玉亮，刘锋，尹威威 . S Zorb 装置长周期运行分析[J]. 石油炼制与化工，2015，46(11)：46-51.

[153] 张昆，毛文华，沈安伟 . 程控球阀在 S Zorb 装置上的应用[J]. 炼油技术与工程，2013，43(10)：22-25.

[154] 王中营，张海红，武文斌，李永祥 . 物料颗粒在弯管内的摩擦磨损与运动分析[J]. 粮食与饲料工业，2014，(12)：15-17.

[155] 王中营，武文斌，曹宪周 . 粮食颗粒对输送管道的磨损机理分析及解决措施[J]. 粮食与饲料工业，2013，(10)：12-15.

[156] 李辉 . S Zorb 装置再生系统转剂线泄漏原因及对策[J]. 炼油技术与工程，2016，(10)：19-23.

[157] 高腾飞 . S Zorb 装置反应器分配盘穿透原因分析与处理[J]. 石油化工设备技术，2018，39(03)：49-51+7.

[158] 王虎庆 . S Zorb 装置 D105 脱气线减薄原因分析及对策[J]. 山东化工，2018，47(06)：110-114.

[159] 许凤旌 . 面测厚在腐蚀检测中的应用[C]. 山东省特种设备协会等：远东无损检测新技术论坛，2013：143-147.

[160] 万泽贵，程前进，于晓鹏，杨永宽，郑丽群 . 电场矩阵监测技术在炼化企业中的应用[J]. 石油化工腐蚀与防护，2017，34(02)：39-41.

[161] 侯芙生 . 中国炼油技术(第三版)[M]. 北京：中国石化出版社，2011.

[162] Albemarle Corporation. Albemarle Corporation to Acquire Catalysts [J]. Business of Akzo Nobel News Archive，2004，4：19.

[163] 姚国欣 . 润滑油基础油的发展和对我们的启示[J]. 当代石油石化，2004，12(3)：18-26.

[164] 祖德光 . 润滑油基础油生产技术的新进展[J]. 润滑油，2001，16(03)：1-5.

[165] 于姣洋，雷杨，潘超 . 润滑油加氢工艺[J]. 当代化工，2017，46(01)：80-91.

[166] 史春明 . 酮苯脱蜡装置工艺防腐浅析[J]. 当代化工研究，2017.06：121-122.

[167] 马向荣，国庆 . 润滑油加氢脱酸装置管线材质的选择[J]. 化工设计，2018，28(3)：10-12.

[168] 张建宇 . 润滑油加氢装置设备腐蚀分析及防护措施[J]. 石油化工设备技术，2001，22(5)：52-54.

[169] SH/T 3096—2012，高硫原油加工装置设备和管道设计选材导则[S]. 北京：中国标准出版社，2012.

[170] 关巍巍 . 糠醛精制装置的腐蚀及防护措施[J]. 石油化工设备技术，2011，32(6)：57-63.

[171] 沈艺，等 . 酮苯脱蜡装置溶剂回收系统腐蚀原因和对策[J]. 腐蚀与防护，2014，35(2)：196-199.

[172] 周世文 . 酮苯装置丁酮回收系统设备腐蚀分析[J]. 石油化工腐蚀与防护，2010，27(1)：61-64.

[173] 刘小辉，等 . 重质润滑油装置腐蚀初探[J]. 石油化工腐蚀与防护，1999，16(3)：5-7.

[174] 孔朝辉，等 . 白土装置蒸发汽提塔顶冷凝系统的防腐蚀研究[J]. 全面腐蚀控制，2005，19(5)：27-32.

[175] 柴祥东．加氢反应产物系统设备材料的选择[J]．炼油技术与工程，2015，45(10)：45-49.

[176] 李立峰，等．润滑油加氢装置高压空冷器腐蚀及防护措施[J]．石油化工腐蚀与防护，2019年，36(5)：32-36.

[177] 中国腐蚀与防护学会主编．石油工业中的腐蚀与防护[M]．北京：化学工业出版社，2001.

[178] 天华化工机械与自动化研究设计院主编．工业生产装置的腐蚀与控制[M]．北京：化学工业出版社，2008.

[179] 陈赓良．醇胺法脱硫脱碳装置的腐蚀与防护[J]．石油化工腐蚀与防护，2005(01)：27-31.

[180] 李宝顺，赵丽丽，周驰，刘亚莉．湿法烟气脱硫装置的腐蚀与防护[J]．化工机械，2009，36(06)：640-643.

[181] 单广斌，张艳玲，胡洋，刘小辉，屈定荣．催化烟气脱硫脱硝装置的腐蚀[J]．安全、健康和环境，2020，20(11)：48-50.

[182] 佘锋，宗瑞磊，张迎恺．催化裂化装置分馏塔底系统高温部位腐蚀和选材分析[J]．安全、健康和环境，2020，20(11)：65-68.

[183] 叶成龙，单广斌，黄贤滨．重油催化装置分馏塔顶循环管线失效分析[J]．安全、健康和环境，2020，20(11)：77-81.

[184] 李菁菁．炼油厂酸性水汽提工艺的选择[J]．中外能源，2008，13(4)：108 - 110.

[185] 于峰．炼油厂酸性水汽提装置的典型流程和工艺设计参数的选择[J]．石油化工，2014，43(5)：555-560.

[186] 白知成，刘畅．酸性水汽提装置氨汽提塔再沸器腐蚀原因及应对措施[J]．化工管理，2018，(8)：45.

[187] 满晓霞．酸性水汽提装置氨汽提塔再沸器腐蚀原因及应对措施[J]．化工设计通讯，2016，42(2)：3-5.

[188] 胡安定．炼油化工设备腐蚀与防护案例[M]．北京：中国石化出版社，2011.

[189] 陈良超．酸性水汽提装置腐蚀及防护分析[J]．全面腐蚀控制，2015，29(5)：51-54.

[190] 王乐．酸性水汽提塔塔顶管线腐蚀分析[J]．全面腐蚀控制，2013，27(7)：30-31.

[191] 蒋越．酸性水汽提装置冷凝器泄漏原因分析及对策[J]．石油化工技术与经济，2019，35(1)：39-42.

[192] 屈定荣，刘小辉，蒋秀，宫庆想，等．氢氟酸烷基化装置腐蚀风险分析及对策[C]．石油和化工设备、管道防腐技术与对策专题研讨会文集，2010，166~172.

[193] 丁庆如．烷基化装置氢氟酸对碳钢的腐蚀与选材[J]．石油化工设备，1996，17(1)，37~39.

[194] 张春武．烷基苯装置氢氟酸的腐蚀分析及对策[J]．当代化工，2017，46(06)：1183-1185.

[195] 姜万军，潘晓斐，杨冬伟．硫酸烷基化装置的管道材料设计[J]．石油化工腐蚀与防护，2017，34(03)：33-36.

[196] 欧阳健，郑明光，张绍良，邓成泳．DUPONT 工艺硫酸烷基化装置的腐蚀与防护[J]．石油化工腐蚀与防护，2012，29(06)：31-35.

[197] 曲豫．硫酸烷基化装置腐蚀原因分析及预防措施[J]．石油化工腐蚀与防护，2015，32(04)：40-42.

[198] 陈子香．硫酸烷基化工艺腐蚀分析及应对措施[J]. 天津化工，2016，30(06)：15-17.

[199] 田梅，刘凯，余汉波，仇晨．硫酸烷基化装置腐蚀与防护[J]. 齐鲁石油化工，2001(02)：134-137.

[200] 曲豫．硫酸法烷基化装置存在的腐蚀问题原因分析及解决措施[J]. 全面腐蚀控制，2015，29(07)：71-73.

[201] 梁毅．硫酸法烷基化处理段冲蚀腐蚀分析及处理[J]. 石油化工设备，2014，43(05)：104-107.

[202] 黄永芳，刘健．硫酸烷基化装置的腐蚀与防护[J]. 石油化工安全环保技术，2020，36(02)：31-34+62+6.

[203] 于凤昌，崔中强．第二届 NACE 上海国际腐蚀年会[C]. 上海：NACE 上海中国分会，2011.

[204] 高步良．高辛烷值汽油组分生产技术[M]. 北京：中国石化出版社，2006.

[205] 杜君．硫黄回收工艺特点与设备腐蚀浅析[J]. 化工管理，2014(06)：176-176.

[206] 霍俊儒．硫黄回收装置中硫的腐蚀特性和防腐研究[J]. 石化技术，2015，22(10)：31.

[207] 张立胜，裴爱霞，汤麟，朱德华，于艳秋．硫黄回收装置腐蚀原因及机理研究[J]. 石油化工设备技术，2011，32(05)：61-66.

[208] 尤克勤．浅析硫黄回收联合装置管道腐蚀和选材[J]. 硫磷设计与粉体工程，2014(03)：12-16.

[209] 姜敏．浅析硫黄回收装置管道腐蚀和选材[J]. 化工管理，2016(14)：9-11.

[210] 江茂清．典型硫黄回收装置的损伤机理与检验[J]. 硫酸工业，2019(07)：38-40.

[211] 冷传斌，李兵，姚圣兵．硫黄回收装置急冷水管线裂纹原因分析[J]. 设备管理与维修，2017(05)：55-57.

[212] 周倩颖，刘艳玲，刘禹源，王知微，耿宇轩．炼油循环水系统腐蚀研究及有效防护[J]. 化工管理，2018(18)：218-219.

[213] 王昕，朱丰可．炼油厂循环水设备腐蚀原因及对策[J]. 化工管理，2018(15)：192.

[214] 周枫．影响循环冷却水结垢腐蚀因素及其控制分析[J]. 科技创新与应用，2016(20)：110.

[215] 张敏．影响工业循环冷却水结垢和腐蚀的因素及其控制[J]. 科技传播，2013，5(07)：190-191.

[216] 陈兵，樊玉光，周三平．污水回用循环水对水冷器腐蚀的影响因素[J]. 腐蚀与防护，2010，31(09)：706-708+711.

[217] 胡艳华，郦和生．循环水腐蚀影响因素的研究[J]. 石化技术，2004(04)：18-21.

[218] 余伟明，田剑临，谭红，王湘，杨军文．炼油厂污水回用于循环水系统腐蚀影响因素[J]. 腐蚀与防护，2004(12)：538-540.

[219] 周锋．化工设备中循环水换热器的腐蚀与防护技术[J]. 设备管理与维修，2019(10)：136-138.

[220] 毕方丽．炼油循环水系统腐蚀分析及防护[J]. 中小企业管理与科技(下旬刊)，2018(01)：148-149.

[221] 石福琛，冯李杨，蒋毅．浅谈循环水换热器的腐蚀与防护[J]. 化工设计通讯，2017，43(11)：132+135.

[222] 罗晗月．提升回用水 pH 值减缓循环水系统腐蚀[J]. 全面腐蚀控制，2019，33(11)：82-83.

[223] 朱红进．工业循环水处理药剂行业发展现状[J]. 化工设计通讯，2017，43(10)：209+232.

[224] 王芳．浅析循环冷却水中磷酸盐测定[J]. 通讯世界，2019，26(03)：300-301.

[225] 刘沛，潘新明．无磷水处理方案在循环冷却水系统的应用[J]．石油化工应用，2019，38(02)：108-110.

[226] 杨庆军，杭志莹，史鹤鹤，张建斌，张黎平．无磷环保阻垢缓蚀剂在循环水系统中的应用[J]．清洗世界，2018，34(12)：50-52.

[227] 原云峰．循环冷却水加酸处理在工业应用实例[J]．电气传动，2017，47(10)：75-77.

[228] 朱丽兰．基于交变电磁场的防垢技术研究[D]．燕山大学，2017.

[229] 王建国，梁延东，尹钊，王瑜瑞．电磁抑垢效果及其机理研究进展[J]．东北电力大学学报，2016，36(06)：1-6.

[230] 王冬生，潘兴灿，蒋敏．一种用于复合型水质处理的杀菌剂[J]．南方农机，2020，51(01)：101.

[231] 王增科，余嵘，刘扬，田昭，吕芙蓉．阻垢杀菌常用药剂的应用研究[J]．当代化工，2019，48(12)：2930-2933.

[232] 吉倩倩．水处理工业杀菌技术[J]．当代化工，2019，48(09)：2010-2012+2016.

[233] 李涛，刘伟，吴丹，张辉，张琦，黄西平．含溴杀菌剂在工业循环冷却水中的应用进展[J]．盐科学与化工，2019，48(06)：6-10.

[234] 姚铁锋．腐蚀监测技术在工业循环水中的应用[J]．中国新技术新产品，2018(20)：60-61.

[235] 高永生，程桓，线宏伟．循环冷却水自动监测装置的研究[J]．山东工业技术，2018(19)：127+129.

[236] 李武平，武玉双，曹雅洁，时军华，崔永学，刘玉芳．钢质储油罐腐蚀原因分析及防护措施[J]．石油库与加油站，2019，28(06)：1-5+54.

[237] 任贵风．储油罐腐蚀及其防护措施探究[J]．全面腐蚀控制，2019，33(06)：104-106.

[238] 单启刚．储油罐腐蚀及其防护措施[J]．全面腐蚀控制，2016，30(07)：36-37.

[239] 丁少军．炼油系统中间轻质油罐内腐蚀及防护[J]．石油化工腐蚀与防护，2011，28(06)：13-17.

[240] 钱新．浅谈轻质油罐腐蚀的防护措施[J]．中国特种设备安全，2010，26(05)：57-59.

[241] 班久庆，贺欣．油库区油罐腐蚀情况分析[J]．化工设计通讯，2016，42(05)：40+65.

[242] 王刚．沿海地区钢质原油储罐腐蚀与防护[J]．石油化工腐蚀与防护，2015，32(05)：22-25.

[243] 刘杰．油罐的腐蚀与防护[J]．全面腐蚀控制，2014，28(04)：28-29.

[244] 周在金，杲志强，于汇军．储油罐腐蚀分析与防护[J]．山东化工，2013，42(07)：161-162+166.

[245] 孙中坤，刘佳．钢制油罐腐蚀机理及防护措施[J]．化工管理，2012(S1)：10-11.

[246] 赵鹏，裴林，包雪．油罐内的腐蚀与防护[J]．化工进展，2012，31(S2)：65-66.

[247] 齐志宏．钢制原油储罐内腐蚀与防护[J]．科技传播，2011(21)：130+86.

[248] 汪文强．原油储罐内底板腐蚀机理分析与涂层防腐蚀技术研究[D]．华东理工大学，2014.

[249] 胡永，韩敬翠，沈建民，周晓彤．某 2 万 m^3 润滑油储罐底板腐蚀检测及原因分析与预防[J]．石油工程建设，2017，43(05)：61-64.

[250] 黄书明．柴油加氢原料罐的腐蚀及防护措施[J]．油气储运，2004(09)：26-28+61-3.

[251] 周顺平．氮气保护解决火炬管线腐蚀[C]．第三届(2018)石油化工腐蚀与安全学术交流会论文集：中国化工学会，2018：196-198.

[252] 金静岳．火炬分子密封器闪爆原因及改进[J]．石油化工设备，2003(01)：54-55.

[253] 余晓东，翁斌，刘伟平．火炬回收气管线腐蚀减薄失效分析[J]．化学工程与装备，2015(05)：143-151.

[254] 蒋冠杰．橡胶膜密封干式气柜泄漏原因分析及处理[J]．全面腐蚀控制，2006(04)：44-46.

[255] 王孝忠，苏同君，李伟娟，田付海，王博．卷帘型干式气柜橡胶密封膜使用管理[J]．石油化工设备，2019，48(03)：76-79.

[256] 涂连涛．火炬可燃气压缩机系统结硫原因分析及解决措施[J]．炼油技术与工程，2017，47(03)：41-44.

[257] 叶南昌，林东文．酸性气环境下酸性气收集罐腐蚀原因分析[J]．质量技术监督研究，2018(06)：38-40.

[258] 梁春雷，艾志斌，李蓉蓉．金属粉化失效及其控制[J]．理化检验-物理分册，2013，49(8)：528-532.

[259] 苏健，李广占，姜文功，梁伟，王三勇．重整四合一加热炉衬里粉化原因分析及对策[J]．化工机械，2014，41(3)：401-402.

[260] 刘旭．循环水冷器腐蚀与防腐浅析[J]．当代化工研究，2018(11)：45-47.

[261] 刘祥春．加氢装置循环氢水冷器管束泄漏原因分析[J]．腐蚀科学与防护技术，2019，31(02)：242-246.

[262] 孟祥武，胡宝林，李景涛．汽油加氢装置水冷器泄漏原因分析及对策[J]．设备管理与维修，2017(10)：82-83.

[263] 孙兰霞．炼油装置级间水冷器泄漏原因剖析与处理[A]．中国化工学会工业水处理专业委员会、中国石油学会海洋石油分会．2016中国水处理技术研讨会暨第36届年会论文集[C]．中国化工学会工业水处理专业委员会、中国石油学会海洋石油分会：中国化工学会工业水处理专业委员会，2016：6.

[264] K. Toba，T. Suzuki，K. Kawano，et al. Effect of relative humidity on ammonium chloride corrosion in refineries[J]，Corrosion，67(5)：1-7.

[265] H. Lin，V. Lagad. Evaluating ammonium chloride corrosion potential with water partial pressure[C]，NACE CORROSION 2017，paper No. 8960，New Orleans，2017.

[266] 张艳玲，郑秋红，屈定荣．循环水系统腐蚀与结垢风险分析[J]．安全、健康和环境，2020，20(11)：42-47.

[267] 李善辉，连善涛，刘红军，马金臣．贫-富胺液换热器浮头螺栓失效分析[J]．安全、健康和环境，2020，20(11)：69-72.

[268] 李治，范亚苹，宋伟，鞠学锋．柴油加氢硫化氢汽提塔腐蚀与防护策略研究[J]．安全、健康和环境，2020，20(11)：51-56.

[269] 李春树．常压塔顶系统腐蚀与控制[J]．安全、健康和环境，2020，20(11)：57-59.

[270] 李冰毅，王振强．工艺管道腐蚀超声波在线监测技术及应用[J]．安全、健康和环境，2020，20(10)：26-29.

[271] 赵耀，张宝忠．FCC余热锅炉低温省煤器腐蚀原因分析[J]．安全、健康和环境，2020，20(08)：6-9.

[272] 张振强，张艳玲，陈文武．常压塔塔壁腐蚀穿孔原因分析及应对措施[J]．安全、健康和环境，2020，20(08)：15-19.

[273] 李贵军，单广斌．延迟焦化装置的腐蚀风险分析[J]．安全、健康和环境，2020，20(04)：9-11+18.

[274] 牛鲁娜，兰正贵，胡海军．常压塔塔顶腐蚀关键参量相关性分析与预测[J]．安全、健康和环境，2020，20(03)：21-26.

[275] 王军，高飞，张建文，段永刚．煤柴油加氢联合装置氯腐蚀分析及对策[J]．安全、健康和环境，2019，19(08)：15-19+55.

[276] 牛鲁娜，兰正贵，李伟华，宋晓良．炼化装置停工氮气保护与气相缓蚀剂保护效果研究[J]．安全、健康和环境，2019，19(05)：40-45.

[277] 单广斌，迟立鹏，宋晓良，黄贤滨，屈定荣．温度对奥氏体不锈钢应力腐蚀开裂敏感性的影响[J]．安全、健康和环境，2018，18(12)：42-44.

[278] 曹雪峰，田刚．乙烯裂解炉进料线腐蚀原因分析[J]．安全、健康和环境，2018，18(12)：87-89+104.

[279] 王申，张玉刚．近海原油储罐外防腐对策研究[J]．安全、健康和环境，2018，18(12)：45-48.

[280] 喻灿，胥晓东，王旸，金成山，屈定荣．腐蚀回路在炼化装置腐蚀评估中的应用[J]．安全、健康和环境，2018，18(12)：1-5.

[281] 邱枫，李明骏，屈定荣，黄贤滨，许述剑．基于全域监测的储罐底板腐蚀多声源辨识方法研究[J]．安全、健康和环境，2018，18(12)：23-28.

[282] 赵耀，郭灵通．重质原油加工过程腐蚀原因分析[J]．安全、健康和环境，2018，18(12)：40-41+44.

[283] 陈冰川，张龙，韩磊，张艳玲，屈定荣，刘小辉．常压塔顶部挥发线露点腐蚀与多相流模拟[J]．安全、健康和环境，2018，18(12)：49-54.

[284] 李贵军，单广斌．板式空冷器的腐蚀失效分析[J]．安全、健康和环境，2018，18(12)：71-73+83.

[285] 刘承．加氢装置循环氢系统腐蚀及防护现状研究[J]．安全、健康和环境，2018，18(12)：12-17.

[286] 付晓锋．常压塔空冷片翅片管腐蚀穿孔分析及安全对策研究[J]．安全、健康和环境，2018，18(11)：21-24.

[287] 李贵军，单广斌．腐蚀失效分析与装置的安全运行[J]．安全、健康和环境，2018，18(02)：28-32.

[288] 李贵军，单广斌，刘小辉．加氢裂化装置的腐蚀风险分析及防范措施[J]．安全、健康和环境，2016，16(10)：10-12.

[289] 章振宇．大型油品储罐罐底腐蚀与防护[J]．安全、健康和环境，2015，15(06)：20-23.

[290] 方煜，刘小辉．炼油厂腐蚀事故原因探析与防范措施[J]．安全、健康和环境，2015，15(05)：6-10.

[291] 权红旗，邱志刚，刘小辉，屈定荣，亓婧，兰正贵．轻质油中间原料储罐腐蚀现状及对策[J]．安全、健康和环境，2015，15(05)：21-23.

[292] 胥晓东．炼油装置的氯腐蚀及处理措施[J]．安全、健康和环境，2015，15(05)：30-33.

[293] 韩磊，张艳玲，刘小辉，文海涛. 电化学噪声技术在炼油厂腐蚀监测中的应用[J]. 安全、健康和环境，2015，15(05)：50-53.

[294] 方煜，刘小辉. 对美国一起高温氢腐蚀重大事故的反思[J]. 安全、健康和环境，2014，14(09)：4-7+11.

[295] 吕广磊，刘小辉，单广斌，金有海. 减压塔规整填料腐蚀现状与防护[J]. 安全、健康和环境，2014，14(01)：1-4.

[296] 李保国，杨扬. 声发射在线检测技术在储油罐罐底腐蚀监控中的应用[J]. 安全、健康和环境，2013，13(11)：17-19.

附 录

图 3-13　某企业气分装置排凝管线保温层下腐蚀

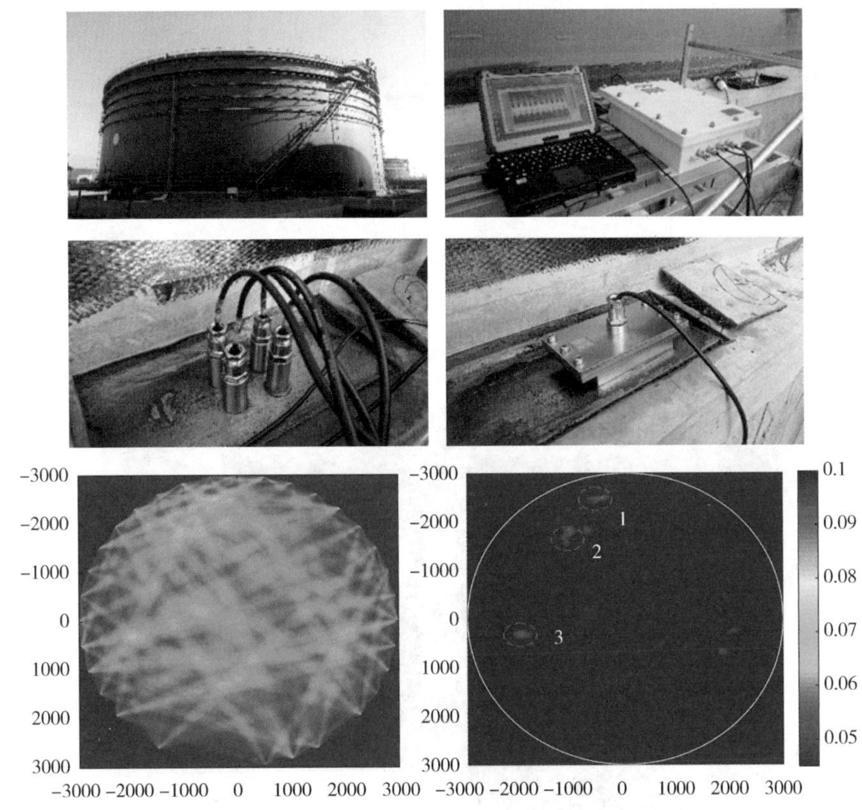

图 4-11　主动声发射检测系统对某 50000m^{3}原油储罐的检测结果

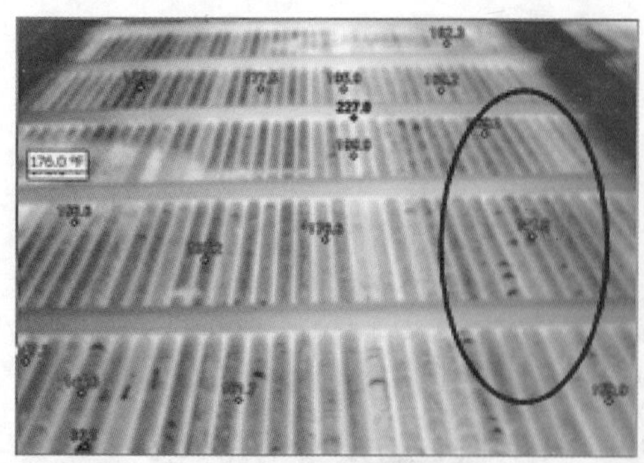

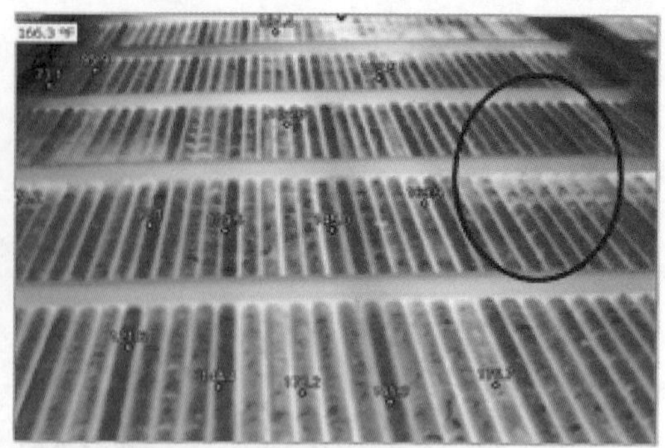

图 4-17　某高压加氢空冷器红外成像监测

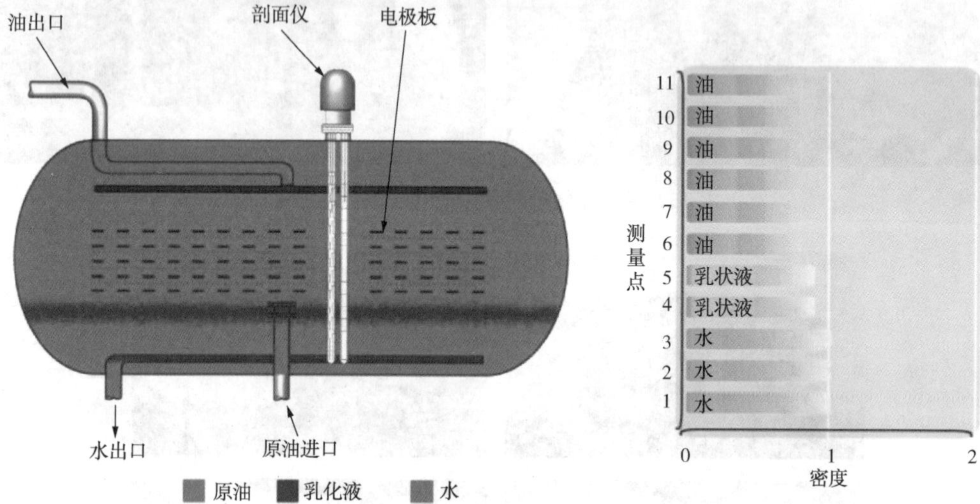

图 5-6　Tracerco 公司剖面仪

图 6-10　减一线填料宏观腐蚀形貌

图 6-11　减一线填料微观腐蚀形貌

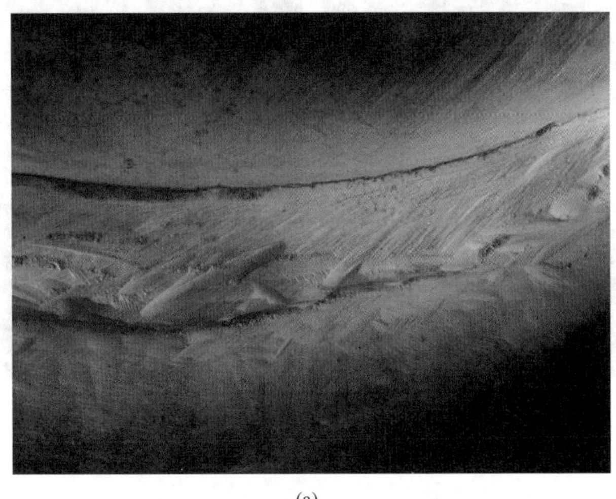

(a)

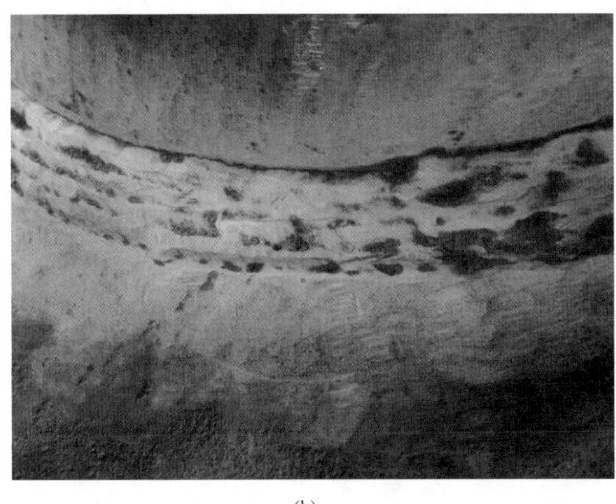

(b)

图 8-7　C-32101A 上封头的接管角焊缝外表面裂纹形貌

(a) (b)

图 8-8 C-32101B 塔体环焊缝内表面和塔顶接管角焊缝外表面裂纹形貌

(a) (b)

图 8-16 C-102 顶循段塔盘结盐和腐蚀形貌